普通高等教育“十三五”规划教材

中国石油和石化工程教材出版基金资助项目

精细化工工艺学

（第三版）

韩长日　刘　红　主编

中国石化出版社

内　容　提　要

本书主要介绍了精细化工产品的合成、工艺特点和应用范围，详细论述了表面活性剂、香精香料、日用化学品、胶黏剂、涂料、染料、农药、食品添加剂、合成材料助剂、电子化学品以及皮革化学品等精细化工和精细化学品的基础知识。内容丰富，实用，新颖。

本书可作为高等院校应用化学专业教材，也可作为从事化学、化工、精细化工生产、科研人员的学习参考用书。

图书在版编目（CIP）数据

精细化工工艺学／韩长日，刘红主编. — 3版. —北京：中国石化出版社，2019.9（2025.1重印）
普通高等教育“十三五”规划教材
ISBN 978-7-5114-5521-5

Ⅰ. ①精… Ⅱ. ①韩… ②刘… Ⅲ. ①精细化工-工艺学-高等学校-教材 Ⅳ. ①TQ062

中国版本图书馆CIP数据核字（2019）第190031号

中国石化出版社出版发行

地址：北京市东城区安定门外大街58号
邮编：100011　电话：(010)57512500
发行部电话：(010)57512575
http://www.sinopec-press.com
E-mail:press@sinopec.com
北京科信印刷有限公司印刷
全国各地新华书店经销

*

787×1092毫米16开本23印张573千字
2025年1月第3版第3次印刷
定价：58.00元

前　言

精细化工是化学工业中最具有活力的产业之一，世界上许多国家都十分重视发展精细化工，把它作为调整化工产业结构、提高产品附加值、增强国际竞争力的有效措施。发展精细化学品已成为世界各国化学工业发展的趋势，精细化率的高低已成为衡量一个国家或地区化学工业发达程度和化工科技水平高低的重要标志，“化学工业精细化”已成为发达国家科技和生产发展的一个重要特征。

《精细化工工艺学》是普通高等院校应用化学、化学工程与工艺专业普遍开设的一门专业选修课程，课程教学的宗旨是培养学生具备一定精细化工生产操作、产品设计、检验检测以及相关国际上行业标准和产品性能安全方面的知识。

《精细化工工艺学》出版以来，得到了同行们的关注和厚爱，为使其能更好接近专业发展前沿，将最新的文献和相关新合成工艺原理和流程编入教科书，让学生更多了解本专业课程领域的现状，我们组织相关作者对《精细化工工艺学》进行了修订。

经修改后的全书共分 13 章。第 1 章绪论，简单地介绍了精细化工的定义、分类、特点及精细化工在国际经济社会中的影响和发展方向。第 2 章精细化工工艺基础，介绍了精细化工过程开发、放大以及工业反应器。第 3 章表面活性剂，详细介绍了表面活性剂的结构、性质、制备方法和应用。第 4 章香精和香料，分别介绍了天然香料的提取、香料的合成和香精的配制方法。第 5 章日用化学品，主要介绍了化妆品和洗涤剂的生产配方、生产和用途。第 6 章涂料，阐述涂料的基本作用原理、原料的合成、涂料的配方设计、生产工艺以及涂饰工艺。第 7 章胶黏剂，简述胶黏剂的组成、分类、基本原理、配制方法和应用实例。第 8 章农药，介绍了杀虫剂、杀菌剂和除草剂的合成反应以及应用。第 9 章染料，分别介绍了染料的分类、基本属性以及酸性染料、分散染料、阳离子染料、活性染料合成方法和应用，并对偶氮染料的生产工艺和功能染料进行了介绍。第 10 章合成材料助剂，介绍了增塑剂、热稳定剂、抗氧剂、阻燃剂、发泡剂与偶联剂的性能、合成方法和应用。第 11 章食品添加剂，介绍了防腐剂、增稠剂、着色剂、抗氧化剂、乳化剂、甜味剂、鲜味剂等的性能和生产方法。第 12 章电子化学品，重点介绍超净高纯试剂、特种气体、液晶、光刻胶等电子化学品。第13章皮革化学品，主要介绍了皮革鞣剂、皮革加脂剂和皮革涂饰剂。

《精细化工工艺学》(第三版)由海南师范大学、海南科技职业大学合作修订。郭术老师修订第5章，刘红教授全面负责修订工作。全书由海南师范大学韩长日教授和刘红教授审定。

全书在修订过程中，得到了中国石化出版社、国家自然科学基金项目(21166009)、海口市重点科技计划(2016013)、海南师范大学和海南科技职业大学的资助和支持，在此，一并表示衷心的感谢！

由于编者水平有限，加之修订时间紧张，错漏和不妥之处在所难免，欢迎广大同仁和读者提出意见和建议。

目录

第1章　绪　　论

精细化工是化学工业中最具有活力的产业之一，世界上许多国家都十分重视发展精细化工，“化学工业精细化”已成为发达国家科技和生产发展的一个重要特征。本章讨论精细化工的定义、分类和特点，阐述精细化工在国民经济中的意义和发展现状及发展方向。

1.1　精细化工的定义与分类

1.1.1　精细化工的定义

精细化工是生产精细化工产品(fine chemicals)的简称。精细化工产品又称精细化学品，是化学工业中用来与通用化学品或大宗化学品(heavy chemicals)区分的一个专用术语。迄今为止，尚无统一确切的科学定义。在我国，精细化工产品一般是指生产规模小、合成工艺精细、技术密集度高、品种更新换代快、附加值高、功能性强和具有最终使用性能的化学品。例如：医药、染料、化学助剂等。通用化学品一般是指应用范围广泛，生产中化工技术要求高，产量大的基础化工产品。通用化工产品可分为无差别产品(如硫酸、烧碱、乙烯、苯等)和有差别产品(如合成树脂、合成橡胶、合成纤维等)。

“精细化学品”一词国外沿用已久，但国际上一般有两种定义，一种是日本的定义，即把凡是具有专门功能，研究、开发、制造及应用技术密集度高，配方技术决定产品性能，附加值高，收益大，批量小，品种多的化工产品统称为精细化学品。另一种是欧美国家将日本所称的精细化学品分为精细化学品和专用化学品(speciality chemicals)。欧美一些国家把产量小，经过改性或复配加工，具有多功能或专用功能，既按其规格说明书，又根据其使用效果进行小批量生产和小包装销售的化学品称为专用化学品。现代精细化工应该是生产精细化工品和专用化学品的工业，我国将精细化学品和专用化学品纳入精细化工的统一范畴。

实际上，欧美国家广泛使用“专用化学品”一词，而很少使用“精细化学品”，而我国和日本常用“精细化学品”一词。目前，随着精细化学品和专用化学品的发展，国外对精细化学品和专用化学品倾向于通用。当前得到较多国家公认的定义是：对基本化学工业生产的初级或次级化学品进行深度加工而制取的具有特定功能、特定用途、小批量生产的系列产品，称为精细化学品。

1.1.2　精细化工的分类

精细化工的范畴相当广泛，包括的范围也无定论，其分类方法根据每个国家各自的工业生产体制而有所不同，但差别不大，只是划分的范围宽窄不同而已。随着科学技术的发展，一些新型精细化工行业正在不断出现，行业会越分越细。日本1984年版《精细化工年鉴》中将精细化学品分为35个行业类别，2016版《精细化学品年鉴》将日本精细化工行业分为4个领域和36个分行业。1990年以来，日本的香料香精、化妆品产量和销售额持续增长，合成染料和橡胶助剂的产量和销售额在持续下滑，而触控面板和太阳能电池领域用专用化学品在快速发展。日本是世界精细化工行业发达地区之一。1985年，日本已发展为51个类别，它们是：医药、农药、合成染料、有机颜料、涂料、黏合剂、香料、化妆品、盥洗卫生用品、表面活性剂、肥皂、合成洗涤剂、印刷用油墨、塑料增塑剂、其他塑料添加剂、有机橡胶助剂、成像材料、催化剂、试剂、高分子絮凝剂、燃料油添加剂、润滑剂、润滑油添加剂、保健食品、食品添加剂、纤维用化学品、饲料添加剂与兽药、造纸用化学品、金属表面处理剂、芳香除臭剂、汽车用化学品、溶剂与中间体、皮革用化学品、油田用化学品、杀菌防霉剂、脂肪酸及其衍生物、合成沸石、稀有气体、无机纤维、储氢合金、非晶态合金、火药与推进剂、炭黑、稀土化学品、精细陶瓷、功能高分子材料、生物技术、酶、混凝土外加剂、水处理剂、电子用化学品和电子材料等。

我国精细化工分为11大类，分别是：①农药；②染料；③涂料(包括油漆和油墨)；④颜料；⑤试剂和高纯物；⑥信息用化学品(包括感光材料、磁性材料等能接受电磁波的化学品)；⑦食品和饲料添加剂；⑧黏合剂；⑨催化剂和各种助剂；⑩化学药品和日用化学品；⑪功能高分子材料(感光材料等)。

1.2 精细化工的特点

精细化工的含义，决定了精细化工的生产特点。它的全过程不同于一般化学品，由化学合成或复配、剂型加工和商品化(标准化)三个生产部分组成。在每一个生产过程中又派生出各种化学的、物理的、生理的、技术的、经济的要求和考虑，这就导致精细化工必然是高技术密集的产业。与传统化工(无机、有机、高分子化工等)相比，精细化工的综合特点主要表现在以下多个方面：

(1)多品种小批量

精细化工产品的用量相对来说不是很大，因此对产品质量要求较高，对每一个具体品种来说年产量不可能很大，从几百千克到几吨，上千吨的也有。由于产品应用面窄，针对性强，特别是专用品和特制配方的产品，往往是一种类型的产品可以有多种牌号，因而使新品种和新剂型不断出现，故而它又是多品种的。因此，不断开发新品种、新配方和提高开发新品种的创新能力，是当前精细化工发展的总趋势。

(2)综合生产流程和多功能生产装置

由于精细化工产品系多品种、小批量，生产上又经常更换和更新品种，故要求工厂必须具有随市场需求调整生产的高度灵活性，在生产上需采用多品种综合的生产流程和多用途、多功能的生产装置，以便取得较大的经济效益。由此对生产管理及工程技术人员和工人的素质提出了更高的要求。

(3)技术密集度高

精细化学品在实际应用中是以商品综合功能出现的，这就需要在化学合成中筛选不同化学结构，在剂型上充分发挥自身功能与其他配合物的协同作用，在商品化上又有一个复配过程以更好发挥产品优良性能。以上这些过程是相互联系又是相互制约的，这就形成精细化学品技术密集度高的一个重要因素。另外，由于技术开发的成功率低，时间长，造成研究开发投资较高。因此，它要求获得信息快，以适应市场的需要和占领市场，同时又反映在精细化工生产中技术保密性与专利垄断性强，竞争激烈。

(4)大量采用复配技术

为了满足各种专门用途的需要，许多由化学合成得到的产品，除了要求加工成多种剂型(粉剂、粒剂、乳剂、液剂)，常常必须加入多种其他试剂进行复配。因此，掌握复配技术是使精细化工产品具备市场竞争能力的重要方面。

(5)商品性强

由于精细化学品商品繁多，用户对商品选择性很高，商品性很强，市场竞争剧烈，因而应用技术和技术的应用服务是组织生产的两个重要环节，在技术开发的同时，应积极开发应用技术和开展技术服务工作，以增强竞争机制，开拓市场，提高信誉。

(6)投资少，附加值高，利润大

精细化学品一般产量较少，很多采用间歇式生产方式，与连续化生产的大规模装置相比，具有投资少，见效快的特点。另外，在配制新品种、新剂型时，技术难度不一定很大，但新品种的销售价格却比原来品种有很大的提高，其利润较高。

附加值是指在产品的产值中扣去原材料、税金、设备和厂房折旧费后剩余部分的价值。附加值高可以反映出产品加工中所需的劳动、技术利用情况以及利润是否高等。精细化工产品的附加值与销售额的比率在化学工业的各大部门中是最高的。

1.3　精细化工在国民经济中的战略意义

精细化工是当今世界各国发展化学工业的战略重点，也是一个国家综合技术水平的重要标志之一。精细化工与工农业、国防、人民生活和尖端科学都有着极为密切的关系。

(1) 精细化工与农业的关系

农业是国民经济的重要命脉，高效农业成为当今世界各国农业发展的大方向。高效农业中需要高效农药、兽药、饲料添加剂、肥料及微量元素等。化学农药工业重点是发展高效、安全、经济的新产品，如杀虫剂、杀菌剂、杀鼠剂、除草剂、植物生长调节剂及生物农药等。目前以新制剂为主，尽量满足农业对各种剂型产品的需求。全世界每年因病虫害造成粮食损失占可能收获量的三分之一以上。使用农药后所获效益是农药费用的 5 倍以上。使用除草剂其效益可达 10 倍于物理除草。兽药和饲料添加剂可使牲畜生病少、生长快、产值高、经济效益大。

(2)精细化工与轻工业和人民生活的关系

当今社会人们的生活水平越来越高，生活需求与日俱增。由原先的生活必需品增加到现在许多的高档消费品。各种用品讲求高效率、高质量、低价位。单就化妆品一项，其品种数量就够琳琅满目、百花争艳。美容、护肤、染发、祛臭、防晒、生发、面膜、霜剂、粉剂、膏剂、面油、手油、早用品、晚用品、日用品等举不胜举。个人卫生用品也是争奇斗艳，如家用清洗剂中有：餐具洗洁净、油烟机及厨具清洗剂、玻璃擦净剂、地毯清洗剂等等。还有冰箱用、卫生间用、鞋用等除臭剂，家用空气清新剂等。各种用途的表面活性剂更是精细化工行业最重要、最广泛的物质。各种香料、香精、食品添加剂以及皮革工业、造纸工业、纺织印染工业的各种助剂就更是不胜枚举。有关研究表面活性剂的分离方法、洗涤作用、表面改性、微胶囊化、薄膜化及超微粒化技术和增效复配技术的使用，改善印染需求量大的活性染料、分散染料、还原染料等以及涂料、橡胶与塑料、油墨和塑料加工的高档有机颜料和助剂的物化性质，使其更好地满足技术要求。涂料工业以发展满足建筑、汽车、电器、交通(船舶、路标)、家具需要的高档涂料，解决恶劣条件下的防腐难题，着重抓好低污染、节能型新品种的研制。主要有水性涂料、高固体分涂料、粉末涂料、光固化涂料等；同时重视涂料用无机颜料和配套树脂、助剂、填料、溶剂的开发。黏合剂工业主要发展低毒(或无毒)、中低温固化和高强耐候品种，开发功能型的新品种，尤其注重开发鞋用黏合剂。发达国家化工产品数量与商品数量之比为1∶20，总之，轻工业和人们的生活用品就是精细化工的一个很大的市场。

(3)精细化工与军工、高技术领域的关系

在军事工程、高空、水下、特殊环境等条件下需要各种不同性质和功能的材料。如宇宙火箭、航空与航天飞机、原子反应堆、高温与高压下的作业、能源开发等不同环境下需要的高温高强度结构材料。从功能角度来说，各种具有热学、机械、磁学、电子与电学、光学、化学与生物等功能材料，这些都无一不与精细化学品有关。如在航空工业中，巨型火箭所用的液态氧、液态氢贮箱是用多层保温材料制造，这些材料难以用机械方法连接，而采用了聚氨酯型和环氧-尼龙型超低温胶黏剂进行粘接。大型波音型客机所用的蜂窝结构以及玻璃钢和金属蒙面结构也都离不开胶黏剂。材料的复合化可以集合各自的优点，从而满足许多特殊用途的要求。继玻璃纤维增强塑料以后，又研究开发出碳纤维、硼纤维和聚芳酰胺纤维等增强轻塑料复合材料，在宇航和航空中，特别需要这种轻质高强度耐高温材料。过去，火箭喷管的喉部是用石墨制造的，但随着火箭的大型化，用石墨制造就困难了，于是出现了密度更小的耐热复合材料，如以碳纤维或高硅氧纤维增强酚醛树脂做喉衬，以玻璃纤维增强塑料做结构部分。美国的阿波罗宇宙飞船着陆用发动机的燃烧室就是采用这些复合材料制造的。其他，如生物技术、聚合物改性技术、计算机化工应用技术、综合治理技术等都与化学工业、精细化工的发展密切相关。它们的突破与发展，都会给经济的发展和社会的进步产生巨大的影响。

1.4 国内外精细化工的发展现状与发展方向

1.4.1 国内外精细化工的发展现状

据统计，全球500强中有17家化工企业，其中前几位是美国杜邦公司、道公司，德国巴斯夫公司、赫斯特公司和拜尔公司，以及瑞士的汽巴-嘉基公司等。它们都有百余年的历史，在20世纪70年代以前都大力发展石油化工，后来逐渐转向精细化工。德国是发展精细化工最早的国家。它们从煤化工起家，在20世纪50年代前，以煤化工为原料的占80%左右，但由于煤化工的工艺路线和效益不佳，1970年起以石油为原料的化工产品比例猛增到80 % 以上。1991年全世界精细化学品的销售额为400多亿美元，以西欧、美国和日本为主。他们的发展主要目标是扩大专用品的生产，如医药保健品、电子化学品、特种聚合物及复合材料等，并大力发展有关生命科学制品，如抗癌药物、仿生医疗品、无污染高效除草剂、杀菌剂等等。发达国家精细化工的比重已经超过了传统化工，美国、西欧多数发达国家精细化率已达55%左右，日本、德国等在60%左右，在瑞士，甚至高达95%以上。

我们国家自20世纪80年代确定精细化工为重点发展目标以来，在政策上予以倾斜，发展较为迅速。“八五”期间已建成精细化工技术开发中心10个，年生产能力超过800万吨，产品品种约万种，年产值达900亿元，已打下了一定的基础。20世纪末精细化工率达到35%。这与国外发达国家相比差距较大。他们仅就电子工业一项就需精细化学品1.6万种，彩电需7000多种。国内产品配套率都不到20%，其余靠进口。其他在织物整理剂、皮革涂饰剂等方面更为短缺。另外从我国精细化工产品的质量、品种、技术水平、设备和经验来看，都不能满足许多行业的需求。

随着经济全球化趋势的快速发展，一些跨国公司通过兼并和收购，调整经营结构，进行合理改组，独资和合资建立企业，使国际分工更为深化，技术、产品、市场形成了一个全球性的结构体系，并在科学技术推动下不断升级和优化。在这方面，许多跨国公司来华投资，也推动了我国精细化工的发展。例如，世界著名精细化工产品生产商、德国第三大化学品公司德古萨公司看好我国专用化学品市场，1998 年以来，该公司已在我国南京、广州、上海、青岛、天津和北京等 11 个地区建有 18 家生产厂，2004 年来实现营业额达到 3 亿欧元。为了扩大我国市场，德古萨在上海成立了研发中心，为中国乃至亚洲市场研发专用化学产品。

近几年，全世界化工产品年销售额约为 3.5 万亿美元，精细化工产品和专用化学品年均增长率在 5%~6%，高于化学工业 2~3 个百分点。目前，世界精细化学品种已超过 10 万种。精细化率已是衡量一个国家和地区化学工业技术水平的重要标志。美国、西欧和日本等化学工业发达国家和地区的精细化工产品也最为发达，代表了当今世界精细化工的发展水平。所以今后精细化工产品销售额增长速度会更快，精细化率提高幅度将会更大。

我国传统精细化工的发展现状从总体上讲是“量有余，而质不足”。目前，我国精细化工总产值超过 1.6 万亿元，已成为世界大宗传统精细化工产品的制造中心，产品出口比例很高，但高端产品仍然依靠进口；除染料外，传统精细化工的产品研发仍以引进和仿制为主；品牌及营销网络建设严重滞后于生产发展，目前 1/3 以上的生产能力只发挥了跨国公司生产车间的作用；企业数量众多，产业集中度有待提高；产业布局有待优化，目前集中在华东、华南地区；节能减排任重道远。

1.4.2 精细化工的发展方向

21 世纪是知识经济时代，一场以生物工程、信息科学和新材料科学为主的三大前沿科学的新技术革命必将对化学工业产生重大的影响。随着我国加入 WTO，以及全球绿色化学技术及其产业的兴起，我国的精细化工面临巨大的发展机遇，精细化工的发展趋势必定是越来越加重技术知识的密集程度，并与纳米和绿色化等高新技术相辅相成。

(1)纳米技术与精细化工的结合

所谓纳米技术，是指研究由尺寸在 0.1~100nm 之间的物质组成的体系的运动规律和相互作用，以及可能的实际应用中技术问题的科学技术。纳米技术是 21 世纪科技产业革命的重要内容之一，它是与物理学、化学、生物学、材料科学和电子学等学科高度交叉的综合性学科，包括以观测、分析和研究为主线的基础科学，和以纳米工程与加工学为主线的技术科学。由于纳米材料具有量子尺寸效应、小尺寸效应、表面效应和宏观量子隧道效应等特性，使纳米微粒的热磁、光、敏感特性、表面稳定性，扩散和烧结性能，以及力学性能明显优于普通微粒，所以在精细化工上纳米材料有着极其广泛的应用。具体表现在以下几个方面：

①纳米聚合物　用于制造高强度质量比的泡沫材料、透明绝缘材料，激光掺杂的透明泡沫材料、高强纤维、高表面吸附剂、离子交换树脂、过滤器、凝胶和多孔电极等。

②纳米日用化工　纳米日用化工和化妆品、纳米色素、纳米感光胶片、纳米精细化工材料等将把我们带到五彩缤纷的世界。最近美国柯达公司研究部成功地研究了一种既具有颜料又具有分子染料功能的新型纳米粉体，预计将给彩色影像带来革命性的变革。

③黏合剂和密封胶　国外已将纳米材料纳米 SiO_2 作为添加剂加入到黏合剂和密封胶中，使黏合剂的粘接效果和密封胶的密封性都大大提高。其作用机理是在纳米 SiO_2 的表面包覆一层有机材料，使之具有亲水性，将它添加到密封胶中很快形成一种硅石结构，即纳米 SiO_2 形成网络结构，限制胶体流动，固体化速度加快，提高粘接效果。由于颗粒尺寸小，

更增加了胶的密封性。

④涂料　在各类涂料中添加纳米 SiO_2 可使其抗老化性能、光洁度及强度成倍地提高，涂料的质量和档次自然升级。

⑤高效助燃剂　将纳米镍粉添加到火箭的固体燃料推进剂中可大幅度提高燃料的燃烧值、燃烧效率，改善燃烧的稳定性。纳米炸药将使炸药威力提高千百倍。

⑥贮氢材料　FeTi 和 Mg_2Ni 是贮氢材料的重要候选合金，吸氢很慢，必须活化处理，即多次进行吸氢-脱氢过程。Zaluski 等用球磨 Mg 和 Ni 粉末直接形成 Mg_2Ni，晶粒平均尺寸为 20~30nm，吸氢性能比普通多晶材料好得多。普通多晶 Mg_2Ni 的吸氢只能在高温下进行（当 pH=2，压力≤20Pa 时，则 $T \geqslant 250℃$），低温吸氢则需要长时间和高的氢压力；纳米晶 Mg_2Ni 在 200℃以下即可吸氢，毋须活化处理。

⑦催化剂　在催化剂材料中，反应的活性位置可以是表面上的团簇原子，或是表面上吸附的另一种物质。这些位置与表面结构、晶格缺陷和晶体的边角密切相关。由于纳米晶材料可以提供大量催化活性位置，因此很适宜作催化材料。如超细硼粉、高铬酸铵粉可以作为炸药的有效催化剂；超细的铂粉、碳化钨粉是高效的氢化催化剂；用 Ni、Co、Fe 等金属纳米粒子与 TiO_2-γ-Al_2O_3 混合、成型、焙烧，用于汽车尾气的净化，其活性与三元 Pt 族催化剂相似，600℃工作 100 h 活性不下降。

（2）精细化工绿色化

1）精细化工原料的绿色化

①精细化工原料的绿色化，就是要尽可能选用无毒无害化工原料进行精细化学品的合成和转化，以碳酸二甲酯替代硫酸二甲酯进行甲基化合成，以二氧化碳代替光气合成异氰酸酯，苄氯羰基化合成苯乙酸等。

②将廉价的生物质资源转化为有用的工业化学品，Michigan 州立大学 R. I. Holling sworth 教授开发出将碳水化合物中的核糖转化为氮杂糖（1，4-dideoxy-1，4-imino-L-ribitol）药物作为嘌呤核苷磷酸化酶的抑制剂，在临床诊断上已用于癌症的治疗。

③开发了不用有机溶剂的绿色化学合成，如将环己烯用 H_2O_2 催化氧化成己二酸，采取熔融态聚合而不是应用有机溶剂生成高分子量的聚乳酸等。

2）精细化工工艺技术的绿色化

精细化工工艺技术的绿色化，就是要利用全新化工技术，如新催化技术、生物工程技术、电化学合成技术、声化学技术、光化学技术、微波化学技术、膜技术、超微细粉体技术、微胶囊技术、分子蒸馏技术、超临界流体技术等，开发高效、高选择性的原子经济性反应和绿色合成工艺，从源头上减少或消除有害废物的产生；或者改进化学反应及相关工艺，降低或避免对环境有害原料的使用，减少副产物的排放，最终实现零排放。

①不对称催化合成　手性物质的获得从化学角度来说有外消旋体拆分、化学计量的不对称反应和不对称催化合成等几种方法，其中不对称催化合成是获得单一手性分子的最有效方法。2001 年诺贝尔化学奖授予 Knowles、Noyori 和 Sharpless 三位化学家，以表彰他们在不对称催化合成研究方面取得的卓越成就，特别是他们将这些技术应用于多种手性药物和香料等精细化学品的工业合成。这必将对 21 世纪不对称催化合成研究和工业应用产生深远的影响，激励化学家们更加关注精细化学品合成技术的创新和发展。

② 合成工艺的改革和创新　绿色化学是 21 世纪的中心科学，要求化学化工科学工作者从可持续发展的高度来审视“传统”的化学研究和化工过程，以“与环境友好”为出发点，提

出新的化学理念，改进“传统”合成路线，创造出新的环境友好的化工生产过程。Süd chemie 公司利用空气中 O_2 作氧化剂，而不用 HNO_3，采用适量羧酸作为活化剂，在室温条件下和金属反应，然后干燥焙烧制得金属氧化物催化剂。

③ 环境友好的反应介质　开发和利用环境友好的反应介质是绿色化学研究的重要组成部分，也是实现精细化工工艺技术绿色化的重要问题之一。人们越来越多地关注和选用环境友好的或非传统的“洁净”反应介质，主要有以下三种类型的反应介质：超临界流体、液体水、离子液体等，此外还包括一些无溶剂的固态反应。如美国在超临界二氧化碳流体清洗保护层技术用于半导体材料的加工，在离子液体和异丙醇体系中进行不对称催化氢化合成萘普生以及在水相有机合成反应领域的研究等方面做出突出贡献。

3)精细化工产品的绿色化

精细化工产品的绿色化，就是要根据绿色化学的新观念、新技术和新方法，研究和开发无公害的传统化学用品的替代品，设计和合成更安全的化学品，采用环境友好的生态材料，实现人类和自然环境的和谐与协调。生物科学公司开发出的一种农用化学品，一种无毒的天然蛋白质，能引发植物的天然保护体系抵御病虫害，使作物有效地抵御众多的病毒、霉菌和细菌的侵害，而对哺乳动物、鸟、蜜蜂、水中生物则没有不利的影响。

木材的防腐处理一直是人们关切的问题，美国开发出碱性季铜化合物替代有毒的铬酸化的砷酸铜作为木材的防腐处理，很受欢迎。

绿色化学及其应用技术在欧美等国发展很快，精细化工的绿色化已成为现代化学工业的一个重要发展方向。因此，我们应主动跟踪国际绿色化学研究及其产业发展动向，广泛开展和加强国际间的学术交流和合作，更多地吸收国外新学科、新工艺和新技术，促进我国精细化工产业结构的优化和绿色化的进程。

1.4.3　精细化工的发展趋势

目前，精细化工是当今世界各国争相发展的化学工业的重点，它也是 21 世纪评价一个国家综合国力的重要标志之一。发达国家都是相继将化学工业的发展重点转向精细化学工业，精细化学品生产工业的发展将从战略高度上促进化工产业结构发生重大转变。我国精细化学工业起步虽晚，但发展较快，国家也从“六五”到“十一五”把精细化学品生产工业列为国民经济发展的战略重点之一。“十二五”期间我国经济将由资源消耗型转为节约型，将高污染型转为清洁型。2015 年，我国精细化工自给率达到 80%以上，进入世界精细化工大国与强国之列。综合近几十年来精细化工的发展，预测今后国内外精细化工的发展趋势有以下几点：

(1)精细化工产品的品种继续增加，其发展速度继续领先

随着科学技术的发展，各种新材料、新技术不断出现，新领域的精细化学品将不断涌现。例如在能源方面：核聚变、太阳能、氢能、燃料电池、生物质能、海洋能、地热能、风能等新能源的开发利用中，都有精细化工产品的用武之地；食品结构的改变与保健食品的兴起离不开各种功能的食品添加剂；信息技术的发展要求高技术的精细无机材料与精细陶瓷；医用人工器官等品种及门类都将逐渐诞生和形成。从发展速度上看，近几十年来，发达国家化学工业发展速度一般在 3%~4%，我国精细化工产品需求量大，精细化率又远低于发达国家，所以今后精细化学品的品种会继续增加，发展速度会更快。

(2)精细化学工业将向着高性能化、专用化、系列化、绿色化方向发展

加强技术创新，调整和优化精细化工产品结构，重点开发高性能化、专用化、系列化、

绿色化产品，已成为当前世界精细化工发展的重要特征，也是今后世界精细化工发展的重点方向，特别是向低毒、无污染的绿色产品的发展。以精细化工发达的日本为例，技术创新对精细化工的发展起到至关重要的作用。过去十年中，日本合成染料和传统精细化工产品市场缩减了一半，取而代之的是大量开发高性能化、专用化、系列化等高端精细化工产品，从而大大提升了精细化工的产业能级和经济效益。

(3)大力采用高新技术，向着边缘、交叉学科发展

高新技术的采用是当今化学工业激烈竞争的焦点，也是综合国力的重要标志之一。对技术密集的精细化工行业来说，这方面更为突出。从科学技术的发展来看，各国正以生命科学、材料科学、能源科学和空间科学为重点进行开发研究。其中主要的研究课题有：①新材料，含精细陶瓷、高能高分子材料、金属材料、复合材料等；②现代生物技术，即生物工程，包含遗传基因重组的应用技术、细胞大量培养利用技术、生物反应器等；③新功能元件：如三维电路元件、生物化学检测元件等；④无机精细化工产品，如非晶态化合物、合金类物质、高纯化合物等。这些研究课题都要采用高新技术，靠交叉学科的力量完成。

(4)配方产品工程化

配方产品工程就是在微观层次上对产品质量和相应结构进行研究。最终的模型有助于研究不同参数对产品性质的影响，获知如何从生产和配方的角度去控制产品行为，减少产品在不同条件下的行为状态预测所需的实验工作。

配方产品通常是多组分体系，并且每种组分可能包含一簇组分，因此它们的特征值分散于均值(如聚合体的相对分子质量、颗粒加工的颗粒尺寸) 周围。因此，相平衡将变得更为复杂。已提出的处理分布式参数的热力学理论有连续分布热力学、孔道中相分离、共聚物相平衡性质的分布概率。另外，配方产品中的结构经常偏离它们的平衡状态而处于亚稳态，如绝大多数的乳化液、悬浮液、颗粒固体和凝胶。相平衡的改变，如乳化的沉淀结层、分散的沉淀、溶胶凝胶转变、凝胶的脱水收缩、玻璃体的结晶等的动力学过程将是研究的热点。

介观模拟是联系微观和宏观的桥梁，模拟真实试验条件(压力、温度、处理时间等) 下聚合物或胶体溶液的化学形态、微观形貌、相分离以及流变性等，有助于解决配方化学、高分子科学和化学工程所涉及的复杂问题，包括胶束形成、胶体絮状物构造、乳化、流变学、共聚物及高分子共混形态以及通过多孔介质的流动等研究。介观尺度上的计算机模拟发展很快，是目前计算化学的前沿研究领域。基于平均场密度泛函理论，将介观动力学(meso dynamics) 和耗散颗粒动力学(dissipative particle dynamics ，DPD)应用于有共聚物相分离、油-水-表面活性剂体系、逆变胶束、乳胶种子形成、高分子混合增溶剂等。

(5)多功能数字化工过程

研制多功能数字化工过程系统具有原创性、前沿性的探索性，主要包括：

①建造复杂化工过程的全范围、全流程、高精度动态数学模型。化工过程大多是间歇过程，在其开车、运行、停车的过程实验全范围内，工艺过程呈现出强非线性、强非平稳、时变、分布参数等复杂特性；并且在化工过程的全流程内，具有反应、精馏、萃取、吸收和脱吸、中和等多种单元操作过程，呈现了复杂的“三传一反”现象，工艺过程常存在固态、粉体、易结晶、黏稠、强腐蚀性工艺介质等，这些都给建造工艺过程动态数学模型带来很多困难。可探讨系统辨识建模、人工神经元网络建模、模糊逻辑建模和过程机理建模等混合建模方法，建立复杂化工过程的全范围、全流程、高精度动态数学模型。

②开发高度逼真的虚拟人机操作界面。为了实现工艺过程的数字化实验，需要有高度逼

真的人机操作界面，模拟实验人员控制工艺过程的各种操作，对数字化实验系统进行操作控制。需探讨工艺过程的虚拟现实人机操作界面的开发技术，实现高度逼真的人机交互。

③实现数学模型与人机操作界面的数据交互。为了研制多功能数字化工过程及其控制系统的整体系统，需要把从人机操作界面输入的操作和命令传送到数学模型进行运算，把数学模型运算结果传回人机操作界面显示。需探索建立高速动态数据链接库函数，或建立高速动态数据交换方法，实现数学模型与人机操作界面的数据交互和系统的整体集成。

思 考 题

1. 我国精细化工的产品分为哪些类型？
2. 精细化工产品的特点是什么？
3. 纳米技术在精细化工产品中的应用有哪些，请举例说明。

第 2 章 精细化工工艺基本理论

2.1 精细化工过程开发

化工过程开发(chemical process development)是指从实验室过渡到工业生产的全部过程，包括从最初概念的形成、研究、设计直至最终工厂的建立，同时伴随着技术经济的研究，还要考虑安全和生态等因素。它涉及化学工艺、化学工程、机械设备、自控仪表、材料、技术经济等各个工程领域，同时涉及实验、设计、试生产等内容。因此化工过程的开发是涉及面非常广的一门综合性工程技术学科。精细化工过程开发实质是寻找产品分离提纯的最优方法，最合适的单元操作组合，以及最优的生产设备，包括三个基本的部分：过程设计、过程工程以及放大。

2.1.1 化工过程开发的内涵

精细化工过程开发，是从概念的形成，经过科研、设计、建设，使一项新的技术或新的工艺付诸实施的整个过程。其内容主要有以下几个方面：选题、小型试验、模型试验、中间试验、示范工厂，以及各个阶段的技术经济评价、市场研究和开发、概念设计、基础设计、建设、试车投产。这些活动可按顺序进行，也可以根据需要只做其中几项工作。过程开发的关键环节是课题的选定、技术经济论证及放大技术的解决。在某些情况下还要进行产品的市场研究与开发。根据技术开发的不同类型，处理方法如下：

对新产品开发来说，首先要选择正确的原料路线。在化工产品中原料费用占生产成本比例很大，如合成原料约占 65%~85%，因此要选用容易得到而价格便宜的原料。其次要选择正确的工艺路线，它影响产品的质量、原材料和动力消耗。根据市场需要量的大小、获利的难易和技术上的复杂程度，可用下列三种不同的处理方法：①市场需要量不大的，可以在实验或中试装置中进行制备，如标记化合物、高纯试剂等。②市场需要量很大，又可获得较高利润，技术上也不太复杂的产品。为了满足市场需要，要求迅速建立一个大规模、高效率的工业生产装置，可以充分利用模型试验成果，结合已有的技术和数据，进行技术经济评价，可以不经开发全过程，从模型试验直接放大到工业生产。③某些产品市场需要量很大，但获利微薄，技术又比较复杂，则在建设大规模生产装置之前，必须经过技术开发全过程，认真进行技术经济评价，经示范工厂考验后，才能建设工业化装置，如煤的液化。

对现有产品的性能、生产过程或生产装置进行改进，以减少原材料和动力消耗，提高投资效果。对这一类的技术开发，往往可以由模型试验直接放大，或经部分流程的中试后，直接进行工业装置的设计和建设。例如从合成气中脱除二氧化碳，由原来的水洗流程改为碳酸丙烯酯吸收，在取得相平衡数据和高理论当量后，可以由模型试验直接放大到千倍以上的工业装置。又如煤的气化炉经过不断的技术开发而出现Ⅰ型、Ⅱ型等多种改进型号，扩大了煤种的适应性，提高了经济效益。

过程开发后，按照开发出来的工艺过程建成的生产装置需要达到以下要求：必须迅速而又比较容易地运转起来，在短期内达到设计能力和消耗定额；生产装置必须能持续、正常、平稳地操作，容易控制，只需要较低的维修费用；生产出的产品必须适应市场需要，在产品质量和生产成本上均有竞争能力，而且有一定的利润。

2.1.2 化工过程开发的重要性

化学工业是产品更新换代快、工艺更新迅速的工业，因此，需要不断进行开发。目前全世界的化工产品，都是由十余种最基本的原料生产的，如煤、石油、天然气和生物质等。而化学工业赖以生存的基本原料，由于技术更新等原因，正在不断发生变化。原料的改变，导致化工过程的重新开发。更重要的是，任何一个化工产品都有一个生命周期，相应的化学工艺也有自己的生命周期。工艺的更新，使得产品具有更大的竞争力。

1991 年，Roth 总结 20 世纪 30 年代到 80 年代化工重大技术开发和进展，提出技术进步周期的概念。一项技术通过漫长的开发期后，实现技术突破，从而取得了快速发展，然后在技术经济指标上达到一个极限，进入技术成熟期，发展逐渐放缓或停滞，从而完成一个连续性的周期进步；当一项技术达到或接近其发展极限时，技术进步只能通过“技术非连续性”转移到一个全新的、完全不同的知识基础上去取得。

化工过程开发的起点是实验室研究成果。例如合成了一种新的化合物，或者从大量配方中筛选了一种最佳配方，或者提出了一种新的生产方案等。但这种实验室研究结果，只能说明该方案的可行性，还不能直接用于工业生产。因为实验室研究与工业生产情况有许多重大的不同，见表 2-1。

表 2-1　实验室研究与工业生产的主要不同

比较内容	实验室研究	工 业 生 产
目的	迅速打通路线，确定可行方案	提供大量产品，获得经济效益
规模	一般尽量小，通常按克计算	在市场允许下，尽可能大，一般按吨计
总体行为	研究人员层次高，工资比例较大，故希望方便、省事，不算经济账	实用，强调经济指标，人员工资占生产成本比例相对较少
原料	多用试剂进行研究；一般含量在 95% 以上，且往往对杂质含量要求严格	使用工业原料
基本状态	物料少，设备小，流速低，趋于理想状态	处理物料量大，设备大，流速高，非理想化
反应温度及热效应	热效应小，体系热容小，易控制，往往在恒温下进行反应	热效应大，体系热容大，不易控制，很难达到恒温，有温度波动和温度梯度
操作方式	多为间歇式反应	倾向采用连续化，提高生产能力
设备条件	化学实验多用玻璃仪器进行，多为常压，可有无水、无氧操作	多在金属和非金属设备中进行，要考虑材质和选型；易实现压力下的反应；希望在普通条件下进行
物料	很少考虑回收，利用率低	必须考虑物料回收、循环使用和副产品联产等问题
三废	很少处理	要考虑处理方法，达到排放标准
能源	很少考虑	要考虑能量的综合利用

所以，在实验室初步工作完成之后，要结合即将工业化的现实情况，逐步开展小型工业模拟实验和中间工厂放大试验，获取工业生产所需的资料和数据。

2.1.3 化工过程开发程序

化工过程开发的程序，见图2-1。从概念性的设想开始，经过调查研究和初步的技术经济论证，形成了一个或若干个课题。与此同时，可进行一些实验室的小型试验，从小型试验取得的数据，来验证设想的现实性和可能性。如果结论是可行的，则可进行模型试验，反之，则停止下一步工作。经过模型试验取得足够的经验与数据，并进行认真的技术经济评价，以便决定这项工艺过程或技术是否值得和可能用于工业化生产。如果得到肯定的结论，可进行工业规模的概念设计；否则，即停止下一步工作。根据概念设计中提出对中间试验的要求和小型试验或模型试验中需要补做的工艺和工程数据，因情况不同，中间试验的内容也将变化。如果是全新的工艺，又无类似工程的技术和经验可以借鉴，或需要一定数量的产品来进行市场开发，那就要进行全流程中间试验；否则，只进行部分流程的中间试验即可。中间试验结束后，要进行细致的技术经济评价，如果证实技术上先进可靠，经济上合理有利，则据以进行工业规模基础设计。这在化学工业中称“化学工艺过程设计”。它是工程设计的基础和技术依据。一般的工艺过程开发工作，到此就告一段落。但对全新的、特大型的、技术复杂的、市场竞争激烈的工艺过程，在中间试验之后还要经过原型试验或示范工厂阶段，才能进入工业化生产。例如裂解油品制造乙烯、煤的气化和液化、原子能电站等，它们在工业化生产之前，都要经过大型装置考核后才能编制基础设计，完成技术开发工作。

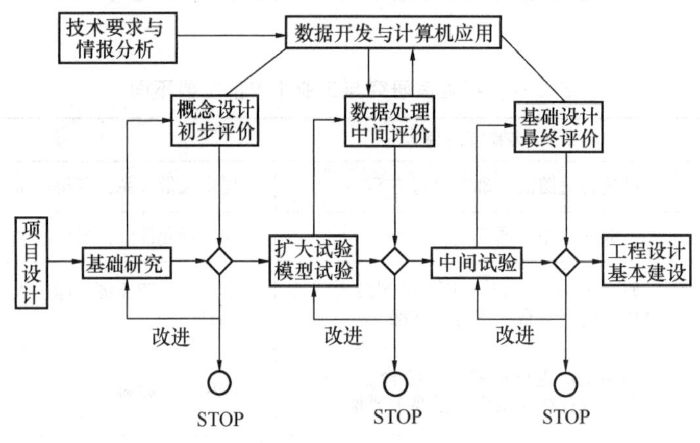

图2-1 过程开发工作框图

2.1.4 关于化工过程开发的一些术语

在化工生产中，物流从原料到产品，经过了一系列物理和化学加工处理步骤，人们称这一系列加工处理步骤为化工过程。化学工艺(chemical technology)是指在掌握自然科学和工程科学规律的基础上，寻求技术上最先进和经济上最合理的方法、原理、流程和设备，最经济地生产所需产品。研究重点是生产的原料路线、反应路线、工艺路线，使化学反应达到工业化应用水平，研究的是具体反应的个性问题。化学工艺被视为化工过程的精髓。化学工程(chemical engineering)是研究化学工业生产过程中的共同规律，用来指导化工装置的放大、设计和生产操作的科学，迄今包括传递过程、化工热力学、化学反应工程、过程工程和过程系统工程五个分支，其基础是单元操作，针对的是共性问题。化学工业是化学加工工业的简称，是运用化学工艺生产化学品的工厂(企业)形成的产业部类。

实验室研究：就化工过程开发而言，实验室研究是指在立项之前，为了收集资料，印证文献或设想所做的实验室工作。其目的是对可能的若干方案进行初步筛选，明确地提出一个设想流程。这些实验多是间歇性的，常采用玻璃仪器，按实验室常规方法进行。这些实验室工作的主要任务包括确定原料路线，探索反应的可行性，观察现象以及获得其他感性认识，获得样品等。

小试：是小型工业模拟试验的简称。一般在实验室进行。小试是在设想流程通过初步技术经济评价，研究工作正式立项后进行的系统工作。它是在按工程观点收集、整理与过程有关的技术信息资料的基础上，进行目的明确、尽量结合工业生产实际情况的试验工作。小试应完成以下主要任务：①验证开发方案的可行性和完整性，确定影响因素。明确过程原料路线，认识所涉及化学反应的特征和影响因素，确定工艺过程、单元操作和工艺条件，完成催化剂的筛选和表征。确定产物分离和精制方案，以及在此基础上完成物料衡算和能量衡算。②测定和收集需要的各种物理化学数据。③建立产品分析方法和过程监测方法。④在反复研究的基础上，将试验结果整理成一个最佳方案，完成概念设计。

模试：模型试验的简称。是对工业生产中的某些重要过程作放大的工业模拟试验。其设备一般比实验室研究规模大并且具有工业设备的仿真性质。主要任务是考察化工过程运行的最佳条件；考察设备内传热、传质、物料流动与混合等工程因素对于化工过程的影响；观察设备放大后出现的放大效应；寻找产生放大效应的原因，测定放大所需的有关数据等等。从总体看，模型试验考察的重点是工艺和工程问题。形式有冷模和热模。

中试：中间放大试验的简称。中试是在小试完成并通过技术经济评价后，在概念设计基础上进行的放大试验工作。其规模介于实验室规模和工业装置规模之间。对于精细化工产品，中试投料按公斤计已经足够，而对于许多基本化工产品扩试研究所建中试工厂规模相当可观，能达到年产数千吨的生产能力。中试工作必须按工业化条件进行，其主要任务是：①建立一定规模的放大装置，对开发过程进行全面模拟考察，明确运转条件、操作、控制方法，并解决长期连续稳定运转的可靠性等工程问题。包括对原料和产品的处置方法，必要的回收循环工艺，以及对反应器等设备的结构和材质的考察。②验证小试条件，收集更完整、更可靠的各种数据，解决放大问题，提供基础设计所需全部资料。③考察可达到的生产指标，在可信程度较大的条件下计算各项经济指标，以供对工业化装置进行最终评价。④研究三废处理、生产安全性等问题。⑤示范操作，培训技术工人，研究开停车和事故处理方案，获得生产专门技能和经验。⑥提供一定量产品(大样)，供市场开发工作所需。反应器的选型和放大以及随之而来的反应状况的研究，是中试的核心问题。化工过程开发中的若干问题往往不能都在小试阶段充分暴露，只有留在中试时加以研究和解决。需要注意的是，中试不是小试装置的简单放大，而是实际工厂的缩小。此外，在保证研究顺利进行的同时，在中试阶段应力求采用新技术，提高开发过程的技术含量。

概念设计：概念设计是对设想流程的修正、完善和规范化。包括两层含义。其一是依据小试结果和有关文献资料，提出工业化的规模和方案，故称预设计。其二是将预设计规模缩小到一定程度，制定中试方案和进行中试设计、模型研究，形成“预放大—缩小—放大”的开发放大程序。在概念设计的过程中，要检验小试研究的完整性和可靠性。因此，概念设计往往还会对小试工作提出进一步的要求，使小试在早期尽可能实现工艺与工程的结合，从而保证小试研究质量。其主要内容有：①以投产两年后市场需求为依据，提出建立工业化规模生产方案，包括原料和产品规格、工艺流程、工艺条件、流程叙述、物料衡算、能量衡算、消耗定额、设备清单、生产控制、三废处理、人员组成、投资以及成本估算等工作。②讨论实现工业化的可能。对可进入中试研究的项目，确定中试规模，提出中试方案。③提出对小试工作的要求和评价。④提出对将来进行基础设计的意见。尽管包括很多内容，概念设计仍不完整，还只是一种放大方案，不足以作为工程设计和建设的依据。概念设计一般由开发研究人员来完成。

基础设计：基础设计是在最终技术经济评价得到肯定后，依据中试结果以及有关资料，按照工业化的规模和要求，为建立工业化装置所做的设计和对放大结果的预测。

工程设计：基础设计的主要内容有：①产品名称、装置说明、设计依据、技术来源、生产规模、原料价格、产品规格、环境条件。②有关技术资料、物化数据。③生产工艺流程、特点、原理的详细说明。工艺操作参数、物料衡算、能量衡算、水电汽技术规格。提出带控制点的工艺流程图及控制点数据一览表，明确对仪表及管线的具体要求。④设备明细表、非标设备设计方案或简图、设备布置建议图及其他对工程设计的要求。⑤装置的操作原理、开停车过程说明以及故障排除方法、监控和分析方法。⑥三废排放点、三废主要成分、排放量以及处理方法。⑦主要技术经济指标。基础设计的内容比概念设计更详细、完善和准确。它是开放项目技术水平，包括实验和设计人员经验、才干和思维的综合体现。基础设计是化工过程开发成果的主要表现形式，是编制工业项目可行性研究报告和进行工程设计的主要依据。基础设计应由项目研究单位完成。

过程研究：过程研究是根据化学理论、基础研究和应用研究以及其他信息形成的概念，它包括确定原料路线，掌握设备结构特征，选择流程，确定基本工艺条件、催化剂性能、化学及化工热力学、化学反应动力学、传递过程规律及获得所需数据而进行的一系列实验。过程研究一般包含小型工艺实验、必要的大型冷模实验和中间实验三个环节。

工程研究：含概念设计、多级经济评价、基础设计三个环节。

基础研究只是化工过程开发的基础，过程研究才是化工过程开发的主体，而工程研究是化工过程开发的核心与灵魂。

2.2 精细化工过程放大

从实验室研究成果到建立工业装置的过程是靠放大来实现的。在化工放大中，往往会遇到一系列未曾预料的问题。这些问题可能属于化学方面，也可能属于物理方面，或兼有两个方面。这是因为，实验室成果通常是在理想条件、小规模、有限运行条件下取得的，消除了一些相互关联、错综复杂的影响因素，简单地将实验室的操作条件和设备结构条件移植到工业规模装置中，得到的一定是面目全非的结果。由于化工过程是在设备中实现的，所以过程放大也就是设备能力的放大。化工过程采用的模拟放大方法有：经验放大法、数学模型法、部分解析法和相似放大法。

随着化工过程规模的增加，反应器也要相应增大，这就是工业反应器的放大问题。化学加工过程不同于物理加工过程，物理过程只是发生量变，而没有发生质变，按相似规律成比例放大在技术上不会有什么问题，其结果只是数量上的重复与扩大；化学加工过程不仅发生量变，而且发生质变，将相似理论用于反应过程的放大，使其既满足物理相似又满足化学相似是无法做到的。长期以来，反应器放大的工程实践中主要形成了两种放大方法：逐级经验放大和数学模型放大。

2.2.1 逐级经验放大

逐级经验放大法是从实验室规模的小试开始，经过逐级放大到一定规模试验的研究，最后将模型研究结果放大到生产装置的规模。这种放大方法，每放大一级都必须建立相应的模型装置，详细观察记录模型试验中发生的各种现象和数据，通过技术分析得出放大结果。每一级放大设计的依据主要是前一级试验所取得的研究结果和数据。逐级经验放大法是经验性质的放大，一般放大倍数在50倍以内，而且每一级放大后还必须对前一级的参数进行必要的修正。因此，经验放大法的开发周期长，人力、物力消耗较大。一般按以下几个步骤进行：①设备选型，②优化工艺条件，③反应器放大。逐级经验放大法的特征是：①只综合考查输入变量和输出结果的关系，是一种"暗箱操作"；②存在前后试验结果互相矛盾的个别现象；③外推放大后的结果可靠性尚存问题。采用逐级经验放大时，应该应用化学工程的理论进行分析，应用已有的经验来判断和解决工程问题，尽量在理论指导下进行工程放大，避免完全的"黑箱试验"，以提高放大的准确性。

2.2.2 数学模型放大

数学模型放大法是随着化学反应工程学和计算机科学技术的进步，在20世纪60年代发展起来的一种比较理想的反应器放大方法。从放大原理来看，它并不需要通过试验去取得反应器放大的判据或数据，而是在充分认识过程的基础上，运用理论分析，找到描述过程运行规律的数学模型。只要验证了该数学模型与实际过程的运行等效，即可应用于反应器的放大计算。虽然数学模型法用于放大设计的依据是数学模型，不是由试验取得的经验数据；但是模型的建立，很大程度上仍然要通过严格的科学实验来认识过程。当然，这与逐级经验放大无论是方法还是目的都是截然不同的。数学模型法一般包括以下步骤：①实验室研究化学反应规律；②大型冷模试验研究传递过程规律；③建立数学模型；④通过中试检验数学模型的等效性。其基本特征是：①过程分解，将复杂反应过程分为化学过程(实验室研究)和物理过程(大型冷模试验)；②简化过程运行规律，建立等效模型；③建立和检验数学模型。

在工艺过程开发中，放大是一个关键问题。放大的手段与方法见图2-2。

放大方法有相似原理、黑盒模型和数学模型等几种。经常使用的是相似原理，数学模型也逐步推广其应用范围，黑盒模型正在发展中。放大的手段则有模型试验、中间试验或其他大型试验。

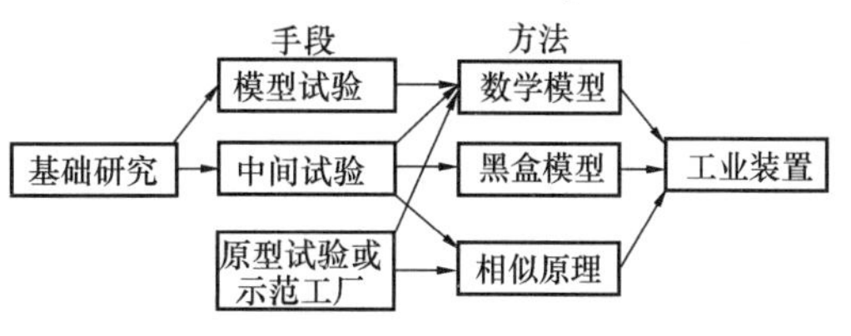

图2-2 放大手段和方法

目前都在想方设法使工业化的速度加快，并提高技术上的可能性。在技术开发中起关键作用的是开发者创新思想和解决难题的能力。化学工艺过程中的放大工作，要利用化学工程原理、化工热力学、工程动力学、系统工程、机械工程、材料科学等有关科学原理，运用小试、模试、中试或大型试验的数据和经验，辅之以数学模型，以决定一个工业装置系统的最佳组合和其中装备的大小及型式。在放大工作中，必须同时考虑技术上的先进可靠和经济上合理这两个方面。

放大手段为模型试验和中间试验。由于数学模型和计算机技术的应用，使工艺过程开发起了较大的变化。经过概念设计可以预测工艺过程的动态趋势，用反馈原理以指导试验进程。同时，因为大部分试验可在实验室或模型试验中进行，中试的目的逐步由以取得数据为主，转变成为验证预测和计算的结果为主。在工艺过程开发中，中试是关键的一步，而从放大的意义上来说，是开发过程中允许在技术上犯有错误的最后一步。示范工厂是一套试验性的生产装置，其规模略小于最终工业装置。原型试验是单个或单套工业规模的装置，将来在工业生产中规模的放大，仅是个数或套数的增加。示范工厂和原型试验仅用于全新的工艺过程，而又无类似的工程经验可以吸取。

为了节省开支和缩短试验时间，中试规模应当尽量的小。中试装置应是能够进行工业生产条件下的工艺动态研究的最小规模装置，它可用以研究反应器和分离装置的稳态操作，也可研究其过渡过程，如开车正常和事故停车，以及其他打乱生产条件和操作失去控制等非稳态过程的研究。中试所用的方法和设备要尽量模拟大型装置，以便放大。必要时试验中要提供足够数量的产品、副产品和废物，以便研究其应用或处理。在中试中尽量收集一些工程技术数据，以利于大型装置的设计。

在开发研究中，模型试验的重要性日渐增加，由于实验技术和测试技术的发展，工业生产中的动态条件也可在模型试验中实现，也可做到试验结果的重复性。由于模型试验技术进展，其所得数据可以满足数学计算的需要。借助电子计算技术和数学模型的帮助，利用模型试验结果，可以直接进行工业规模反应器的初步放大设计，对这种设计再进行细致严格的分析，作出技术经济评价；再反馈回去，以指导模型试验；然后再用这模型试验结果，进行工业规模反应器设计；用最佳化的方法，求出合理的操作范围；又在最劣化的条件下，以求出可以操作的极限、参数、灵敏度范围等。经过几次“模型试验—工业规模设计—技术经济评价”的循环，可以形成较好的工业规模概念设计；再经最后评价，缩小到中试规模设计，在中试装置上验证设想和计算结果，并在最佳和最劣的条件下考核预测的结果。如果试验结果与预测情况吻合，则可进行工业规模的基础设计，建设工业规模的生产装置，其工作关系见图 2-3。

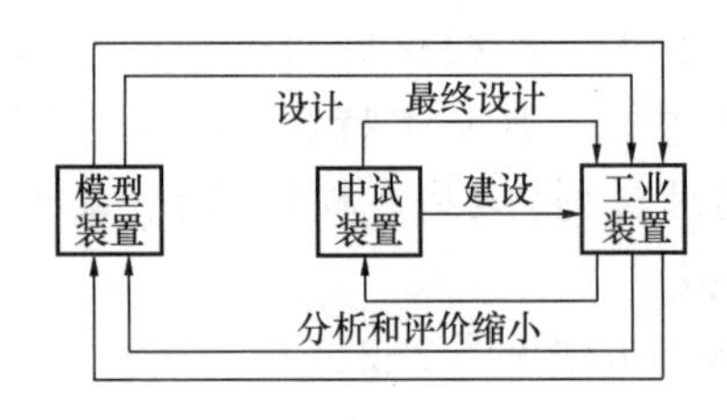

图 2-3　放大手段的工作关系

放大方法采用相似原理和数学模型。相似原理是指不同规模系统之间的相互关系可以用无因次组表示工艺过程的特性，在规模变化时，这些无因次组的数值保持恒量。这个原理应用到化学工程的放大已有多年的历史。但是，在复杂的工艺过程中，几乎不能使这些无因次组的数值在不同规模下保持不变。因此，在复杂工艺过程用此法放大将引起很大的误差。所以，相似原理仅能使用于简单情况下的放大。如固定床催化反应器在下列条件下可以用此法放大：等温一次反应，催化剂的性能和几何形状不变，床层高度保持不变，仅仅把截面乘以放大倍数，这样才能得到较可靠的放大。如果这个反应伴随着热量的变化(放热或吸热)，就会使放大复杂化，那么，只能用管式反应器。工业反应器的管数等于中试反应器的管数乘以放大倍数，而单管的直径和有效长度均不能改变。由于这样，有时因放大后管数太多，使物料分布和反应器结构遇到难以处理的问题。相似原理对改变工艺过程性质的放大也不适用。例如用等温式反应器，是不能放大成绝热式工业规模反应器的，在这种情况下，只得重新在绝热式中试反应器中进行试验，取得数据，再进行放大。

对于分离过程的放大，如蒸馏、吸收、萃取等，首先要有必要的相平衡数据，最好推导出普遍的关联式。尤其要注意塔顶、塔底等端值条件下的平衡数据，因为此处某一关键组分的浓度接近于0，偏离率很大。其次要求出该体系的填料效率和板效率。一般相对挥发与效率成反比。另外对于物料性质如黏度、起泡倾向、聚合性、结垢性、热敏性等，也要掌握相应数据并采取措施。

数学模型为放大一个工艺过程供了理想的方法。用数学模型模拟一个工艺过程，并用这个数学模型在模拟机或数字机求取条件变化所产生的结果。数学模型包含一组方程式，某些变数往往共同存在于几个方程之中，形成了相互的复杂关联。它可用来显示放大中的重要过程，找出任何起决定作用的因素，还可定性地表示出某些化工单元对装置规模的影响。模型中经常使用下列方程：物料衡算、能量衡算、化工动力学、传热和传质过程。这些模型可用于两个流体相之间、一个流体相和一个固体相之间、或在一连续相或假连续相(如多孔物料)之内。有些方程式是从理论推导出来的，另一些方程式则来自实践经验。由经验方程组成的称为形式数学模型，由物理和物理化学等理论推导而得的称为基本数学模型。它们的表示方式可能是一组微分方程或偏微分方程，也可能是一组代数方程。

一个模型要经过验证才能应用。当一个数学模型推导出来以后，其中所用参数如反应速度常数、活化能、热容、反应热等，必须通过实验求得(当然也可引用文献资料中的可靠数据)。在推导过程中所作各种假设，也必须通过实验予以证实是否切实可用。这个模型适用的范围必须用实验数据来核对；这些数据的求取必须用合适的仪器，在较大幅度内变化其工艺条件，获得一系列精确的可重复实现的结果。而将这些实验结果与模型计算的结果进行比较，如果是符合的，就证实在这个范围内可以应用。

化学反应器的数学模型推导呈现许多难题，特别是多相反应，在基本数学模型推导上要克服很多困难，但是人们都在努力克服这些困难，进行其数学模型的推导和关联。因为利用数学模型有下列优点：①根据数学模型可对工艺过程有更深入的了解，科研、设计和生产人员可利用它进行更有效的工作；②好的数学模型可以对工艺条件变化所产生的影响进行计算，在放大工作中可减少一些试验工作；③有了数学模型，可用电子计算机对一个生产装置进行在线控制，在一定的条件范围内可进行最佳化生产控制。

过程放大中要注意的几个问题：①中试规模的确定；②取得基础试验数据是中试的一个重要目的；③材质的耐腐蚀试验是中试的一个主要任务；④注意关键设备的选型；⑤注意对原材料、中间产品和成品的研究；⑥注意收集原材料、中间产品和成品的 MSDS(Material Safety Data Sheet，化学品安全数据说明书)数据，制定相应的防护措施，以及“三废”的成分研究及处理方式；⑦注意研究人员与工程设计人员的密切配合。

2.3 精细化工计量学

精细化工生产多数为间歇式生产，部分产量大、生命周期长的精细化学品大多已实现了自动化生产，建立了多功能的精细化学品生产车间，分析测试设备较先进。为了对生产过程的各种物料有定量的了解，以便确定最佳反应条件，提高经济效益，有必要了解和掌握精细化工计量学的有关内容。

2.3.1 精细化工计量学基本概念

在化学反应中，当反应物不按化学计量比投料时，其中以最小化学计量数存在的反应物称为“限制反应物”。而当某种反应物的量超过与限制反应物完全反应的所需理论量时，则称该反应物为“过量反应物”。

(1)过量百分数

过量反应物超过限制反应物所需的理论量部分，与所需理论量之比称为过量百分数。若以 N_t 表示过量反应物与限制反应物完全反应所消耗的物质的量，则过量百分数为：

$$过量\% = \frac{N_e - N_t}{N_t} \times 100\%$$

例如，在氯苯的二硝化反应中

$$ClC_6H_5 \quad + \quad 2HNO_3 \longrightarrow ClC_6H_3(NO_3)_2 + 2H_2O$$

化学计量比	1	2
投料物质的量	5.00	10.70
投料摩尔比	1	2.14

氯苯是限制反应物，硝酸是过量反应物，$N_t = 2\times5.00 = 10.00$mol，$N_e = 10.70$mol，所以硝酸的过量百分数为：

$$硝酸过量\% = \frac{10.70-10.00}{10.00} \times 100\% = 7\%$$

(2)转化率(conversion ratio)

某一反应物 R 反应掉的量 $N_{R,r}$ 占其向反应器中输入量 $N_{R,in}$ 的百分数，称为反应物 R 的转化率，即

$$x_R = \frac{N_{R,r}}{N_{R,in}} = \frac{N_{R,r} - N_{R,out}}{N_{R,in}} \times 100\%$$

式中，$N_{R,out}$ 表示反应物 R 从反应器中输出的量，均以物质的量(mol)表示。

如果各反应物的配比符合化学计量关系，可以选择任意一种反应物计算转化率。但在实际生产中，各反应物的配比往往不符合化学计量关系，这时，通常选择限制反应物计算转化率。按限制反应物计算的转化率最大不会超过 100%。

另外，在计算转化率的时候还要注意起始量的选择。对于连续反应，一般以反应器进口处的原料状态作为起始状态；而间歇反应器则以反应开始的状态作为起始状态。如果是数个反应器串联使用，选进入第一个反应器的原料组分为计算基准，这样便于计算和比较。

(3)选择性(selectivity)

在讨论复杂反应时，还可应用反应选择性。选择性是指某一反应物转化为目标产物时，理论上消耗的物质的量占该反应物在反应中实际消耗掉的总物质的量的百分比。设反应为：

	$rP \longrightarrow$	pP
化学计量数	r	p
反应前的物质的量	$N_{NR,in}$	0
反应后的物质的量	$N_{R,out}$	N_P

则该反应的选择性 s 为：

$$s = \frac{\frac{r}{p}N_P}{N_{R,in} - N_{R,out}} \times 100\%$$

由于复杂反应中有副反应的存在，转化了的反应物不可能全部转变为目标产物，因此导致选择性恒小于 100%。在实际反应过程中，选择性往往是不断变化的，和转化率有关联。

(4)理论收率(theoretical yield)

理论收率是指生成目标产物的物质的量占输入的反应物物质的量的百分比，简称收率，又称摩尔收率。对于上述反应，则摩尔收率可表示为：

$$y = \frac{\frac{r}{p}N_P}{N_{R,in}} \times 100\%$$

转化率、选择性和理论收率三者之间的关系为：

$$y=s\cdot x$$

对比转化率与收率的定义可以看出，当物系中只有单一的化学反应时，转化率与收率在数值上相等；但对于同时进行多个反应的复杂系统，情况就不一样了。例如，在银催化剂上进行的乙烯环氧化反应，乙烯既可以转化为环氧乙烷，又可以转化为二氧化碳，这时，乙烯的转化率既不会等于环氧乙烷的收率，也不会等于二氧化碳的收率。

例如，100mol 苯胺在用浓硫酸进行烘焙磺化时，产物中含有 87mol 对氨基苯磺酸，2mol 未反应的苯胺以及一定量的焦油。苯胺的烘焙磺化反应式为：

$$C_6H_5NH_2 \xrightarrow{H_2SO_4} C_6H_5NH_3SO_4H \xrightarrow{-H_2O} C_6H_5NHSO_3H \xrightarrow{\text{重排}} p\text{-}H_2NC_6H_4SO_3H$$

苯胺转化率为：

$$x=\frac{N_{R,r}}{N_{R,in}}\times100\%=\frac{N_{R,in}-N_{R,out}}{N_{R,in}}\times100\%=\frac{100-2}{100}\times100\%=98\%$$

生成对氨基苯磺酸的选择性为：

$$s=\frac{\frac{r}{p}N_P}{N_{R,in}-N_{R,out}}\times100\%=\frac{1\times87}{100-2}\times100\%=88.78\%$$

生成对氨基苯磺酸的收率为：

$$y=\frac{\frac{r}{p}N_P}{N_{R,in}}\times100\%=\frac{1\times87}{100}=87\%$$

或

$$y=s\cdot x=98\%\times88.78\%=87\%$$

(5)质量收率(mass yield)

摩尔收率一般用于计算某一反应步骤的收率，但在实际生产中，为了计算反应物经过预处理、化学反应和后处理之后，所得目标产物的总收率，常常采用质量收率。质量收率是指目标产物的质量占某一输入反应物质量的百分比，常用 y_m 表示。

例如，100kg 苯胺(纯度 99%，相对分子质量 93)经磺化和精制后制得 217kg 对氨基苯磺酸钠(纯度 97%，相对分子质量 213.2)。

对氨基苯磺酸钠的摩尔收率为：

$$y=\frac{\frac{217\times97\%}{213.2}}{\frac{100\times99\%}{93}}\times100\%=85.6\%$$

对氨基苯磺酸钠的质量收率为：

$$y_m=\frac{217}{100}\times100\%=217\%$$

这里 $y_m>100\%$ 是由于目标产物的相对分子质量大于反应物的相对分子质量。

(6)原料消耗定额

原料消耗定额是指生产 1t 产品需要消耗各种原料的质量(以 t 或 kg 为单位)。对于主要反应物来说，它实际上就是质量收率的倒数。在上例中，每生产 1t 的对氨基苯磺酸钠，苯胺的消耗定额是：

$$\frac{100}{217}=0.461\text{t}=461\text{kg}$$

(7)单程转化率和总转化率

有些生产过程中，主要反应物每次经过反应器后的转化率并不太高，有时甚至很低，但是未反应的主要反应物大部分可经过分离回收，并可循环使用。这时要将转化率分为单程转化率和总转化率。单程转化率(one pass conversion)是指反应物一次经过反应器所消耗的物质的量占输入反应物物质的量的百分比，而总转化率(overall conversion)则是指反应物经过全过程后消耗的物质的量占输入反应物的物质的量的百分比。

例如，在苯一氯化制氯苯时，为了减少副产物二氯苯的生成量，使氯为限制反应物。每 100mol 苯用 40mol 氯进行反应。产物中含有氯苯 38mol，二氯苯 1mol，还有未反应的苯 61mol，经分离可回收苯 60mol，损失苯 1mol。则苯一次经过反应器时的单程转化率为：

$$x=\frac{100-61}{100}\times100\%=39\%$$

苯的总转化率为：

$$x=\frac{100-61}{100-60}\times100\%=97.5\%$$

生成氯苯的选择性为：

$$s=\frac{38}{100-61}\times100\%=97.44\%$$

生成氯苯的总收率为：

$$s=\frac{38}{100-61}\times100\%=97.44\%$$

由上例可知，对于某些反应，主反应物的单程转化率可以很低，但总转化率和总收率可以很高。

2.3.2 反应过程中的物料衡算

物料衡算是工艺设计的基础，通过对全过程或单元过程的物料进行衡算，可以计算出主、副产品的产量，原材料的消耗定额，生产过程的物料损耗量以及三废的生成量，并以此为基础计算蒸汽、电、煤或其他燃料、水等的消耗定额。尤其在开发新的工艺流程中，工艺设计时应尽量做到进出物料的平衡。此外，在生产中，针对已有的化工装置及生产数据，通过物料衡算对生产情况进行分析，以确定实际的生产能力，衡量操作水平，找出问题，改进生产的方法或为设计先进工艺流程提供依据。

2.3.2.1 物料衡算的理论基础

物料衡算的理论基础是质量守恒定律。根据质量守恒定律可以得到反应过程的物料衡算关系式：

系统积累量=输入量-输出量-生成量+消耗量

式中生成和消耗量是由于系统内发生化学反应而生成和消耗的量。积累量可以大于零，也可以小于零。对连续生产过程，系统的积累量为零，成为稳态过程。

稳态过程时衡算式为：

输入量=输出量-生成量+消耗量

对无化学反应的稳态过程：　　　输入量=输出量

物料衡算又分为总质量衡算、总组分衡算、总原子的物质的量衡算。无化学反应时，一般用总质量衡算或组分衡算，根据具体条件决定采用哪一种方式。在有化学反应的过程中，输入量和输出量的物质的量不一定相等。

在反应过程中，物质的转化服从化学反应规律，可以根据化学反应式(主反应和副反应)求出物质转化的定量关系。进行物料衡算时，必须选择一定的基准为计算的基础，通常采用的基准有以下四种：

(1)时间基准

对于连续生产，以一段时间间隔，如一小时、一天等的投料量或产品量作为衡算基准。对间歇生产，一般以一釜或一批料的生产周期，作为衡算基准。

(2)质量基准

物料的组成如以质量分数表示，一般用1kg或1t原料或产品为衡算标准；如以摩尔分数表示，一般用100mol或100kmol原料或产品为衡算基准。

(3)体积基准

气体物料进行衡算时可用体积基准。衡算时将实际体积换算为标准状况下的体积，即标准体积，单位m^3。这样既排除了衡算时因温度、压力变化影响，还可以直接换算成物质的量衡算。

(4)干湿基准

实际生产中气、液、固态物料，均有一定量的水分，因而在选用基准时就要考虑算不算水分的问题。若以含有水分的物料为基准称为湿基，不含水分的物料为基准称为干基。实际衡算时，必须根据具体条件选择恰当的基准，不可一概而论。

2.3.2.2　物料衡算的有关数据及步骤

(1)收集数据

为了进行物料衡算，应根据工厂的操作数据或中试工厂的试验数据，收集下列各项数据：①反应物料的配比；②各种物料(原料、半成品、成品、副产品)的浓、纯度和组成；③阶段收率和车间总收率；④转化率和选择性等。

(2)计量和衡算步骤

①根据工艺流程图画出物料衡算方框图；

②列出化学反应式，包括主反应和副反应；

③写明年产量，年工作日或每昼夜生产能力，产率、产品纯度等要求；

④选择物料衡算的基准；

⑤收集和整理所必需的基本数据；

⑥进行物料衡算；

⑦将计算结果列成物料平衡表，画出物料平衡图。

2.4　精细化工反应器

化学反应器是将反应物通过化学反应转化为产物的装置，是化工生产及相关工业生产的关键设备。由于化学反应种类繁多，机理各异，因此，为了适应不同反应的需要，化学反应器的类型和结构相差很大。反应器的性能是否优良，不仅直接影响化学反应本身，而且影响原料的预处理和产物的分离。

反应器设计的主要任务首先是选择反应器的形式和操作方法，然后根据反应和物料的特点，确定所需的加料速度、操作条件(温度、压力、组成等)以及反应器体积，并以此确定反应器主要构件的尺寸，同时还应考虑经济的合理性和环境保护等方面的要求。

2.4.1　工业反应器的基本类型

实际工业反应器，必须考虑适宜的热量传递、质量传递、动量传递等特定的工程环境，以实现规定的化学反应。由此可知，化学反应器内的过程十分复杂，加之反应种类繁多，故反应器的种类也较多，从不同的角度有不同的分类。

按反应器的构型特征分类，有釜式反应器、管式反应器、塔式反应器、固定床反应器、移动床反应器、流化床反应器、气液相鼓泡反应器等。其中釜式反应器的结构主要有三个部分：釜体、搅拌器和换热器。釜体一般是高径比较小的圆筒体；搅拌器则是由电动机驱动的装有桨叶的搅拌轴组成；换热器有壳壁夹套和釜内安装蛇管两种形式。

管式反应器为一个细长的直管或由多管组成的列管，管子的长径比应大于30。

塔式反应器为高大的圆筒体内安装塔板或者填料。

固定床反应器为管式反应器或者塔式反应器内填充催化剂固体颗粒。

流化床反应器是将细小催化剂颗粒在管式或塔式反应器内借流体自下而上的鼓动作用，使之悬浮在反应器中。

按反应物料的相态分类，有均相反应器和非均相反应器。釜式反应器和管式反应器通常是均相反应器。其中釜式反应器多用于均相液相反应，有时也用作非均相反应器，用于气液两相或气液固三相反应。管式反应器主要用于均相气相反应，某些特殊的液相反应有时也采用。塔式反应器、固定床反应器和流化床反应器则是典型的非均相反应器。

按操作方法则可分为间歇操作、半间歇操作和连续操作几种。

间歇操作反应器的特点是将反应物料一次加入反应器内，反应到一定时间后，将反应物料全部卸出，清洗设备后，重新进行加料重复操作，如釜式反应器的间歇操作。

半间歇操作反应器的特点是将反应物料中的一种或几种一次加入反应器中，而将另外一种物料以一定速率连续加入反应器，直至反应过程完成后，停止加料，同时卸出全部物料。如釜式反应器内进行的气液相反应，液体一次性加入釜内，气体则连续通入进行反应。另一种半间歇操作是分批向反应器中加入物料，但连续将反应产物蒸出。

连续操作反应器的特点是物料以一定流速连续不断地送入反应器内，同时反应产物又连续不断地从反应器内流出。如管式反应器和釜式反应器均可连续操作。

按物料流动状态(流型)可分为平推流型(活塞流)、全混流型和非理想流型。

按传热特征可分为等温型、绝热型和换热型(非等温非绝热型)。

2.4.2　工业反应器的工艺特点

工业反应器的工艺特点，见表2-2。

表2-2　反应器的类型和特性

型　式	适用的反应类型	混合特性	温度控制性能	其他特性	应用举例
管式	气相，液相，气液相	返混很小	比传热面大，温度易控制	管内可加构件，如静态混合器	烃热裂解制乙烯、石油树脂
空塔或搅拌塔	液相，液液相	返混程度与高径比有关	轴向温差较大	结构简单	尿素合成，苯乙烯本体聚合

续表

型　式	适用的反应类型	混合特性	温度控制性能	其他特性	应用举例
搅拌釜	液相，液液相，液固相	物料混合均匀	温度均匀，容易控制	可间歇操作或连续操作	苯硝化，丙烯聚合，氯乙烯聚合
通气搅拌釜	气液相	返混大	温度均匀，容易控制	气液界面和持液量大，搅拌器密封结构复杂	微生物发酵
绝热固定床	气固相，液固相	返混小	床层内温度不能控制	结构简单，投资和操作费用低	苯烃化制乙苯，丁烯氧化脱氢
列管式固定床	气固相，液固相	返混小	传热面大，温度易控制	投资和操作费用介于绝热固定床和流化床之间	乙苯脱氢，乙烯制乙酸乙烯
流化床	气固相，液固相	返混较大，不适于高转化率或由串联副反应的系统	传热好，温度容易控制	颗粒输送方便，但能耗大，适用于催化剂失活快的反应，操作费用大	丙烯氨氧化制丙烯腈，催化裂化
移动床	气固相，液固相	固体返混小	床内温差大，温度调节困难	颗粒输送方便，但能耗大，适用于催化剂失活快的反应，操作费用大，允许的气液比范围大	石脑油连续重整，煤气化
板式塔	气液相	返混小	如需传热，可在板间加混热管	气液界面大，持液量较大	异丙苯氧化
填料塔	气液相	返混小	床层内温度不能控制	气液界面大，持液量较大	CO_2 脱除，合成气 CO 脱除
鼓泡塔	气液相，气液固相	气相返混小，液相返混大	如需传热，可设置换热管，温度容易控制	气相压降较大，气液界面小，持液量大	乙醛氧化制乙酸，丙烯氯醇化
喷射反应器	气相，液相	返混较大	流体混合好，直接传热速度快	操作条件限制严格，缺乏调节手段	氯化氢合成，丁二烯氯化
喷雾塔	气液相	气相返混小	无传热面，床层内温度不能控制	结构简单，气液界面大，持液量小	高级醇连续磺化
涓流床	气液固相	返混小	不能用传热法调节温度	气液均布要求高	碳三炔烃加氢，丁炔二醇加氢
浆态反应器	气液固相	返混大	如需传热，可设置换热管，温度容易控制	催化剂细粉回收、分离困难	乙烯溶液聚合

2.4.3 反应器选型原则

反应器形式繁多，合理的选型是工程放大和工艺流程的基础。选型的依据是：

(1) 反应类型和特征

不同的反应体系，都有其自身的特点。弄清反应的类型，是反应器选型首先使用的判据；了解主反应和副反应的生成途径、反应式、反应速率等。

(2) 反应过程的特征和要求

转化率和单程转化率，反应选择性。对于催化反应，应判别催化剂的失活速度、选择性、催化剂时空效率，反应压降要求，能耗要求，等等。

(3) 由反应的浓度效应决定的混合要求

反应器中的物流混合按尺度可分为宏观混合和微观混合两种。宏观混合指大尺度的混合现象，如在搅拌釜式反应器中由于机械搅拌反应物流发生的设备尺度的循环流动。在连续流动反应器中，宏观混合就是返混，返混使反应器中反应物的平均浓度降低，产物的平均浓度升高。

对于平行反应，若主反应级数大于副反应，应保持较高的反应物浓度，因此，要求反应器的流型为活塞流；若副反应级数大于主反应，则应保持较低的反应物浓度，选择返混程度大的反应器。对于连串副反应，应尽量降低产物浓度，选择返混程度较低的反应器。微观混合指小尺度的湍流脉动将流体破碎成微团，微团之间的碰撞、合并和再分散以及通过分子扩散使反应物系达到分子尺度均匀的过程。具有相同宏观混合状态的反应器，可以有 3 种完全不同的微观状态：微观完全均匀；微观完全离析；微观部分混合。

(4) 由反应的热负荷和温度效应所决定的热量传递和温度控制要求

若在反应过程中不进行热量的传递，那么必然造成放热反应温度逐渐升高，吸热反应温度逐渐降低。对强吸热反应，由于温度降低可能使反应在达到预期的转化率之前就已停止；对强放热反应则可能由于下列原因需对反应引起的温升加以限制：

①对可逆放热反应，温度升高会降低平衡转化率；

②过大的温升会超出催化剂的使用温度上限；

③当副反应活化能大于主反应活化能时，温升会导致目的产物的选择性降低。

因此应该按照反应系统的绝热温升和过程温度控制的要求，由简至繁选择反应器型式。

(5) 相际传质和化学反应的相对速度

对于非均相反应器有相际传质和化学反应两个以上串联的过程，应根据各个过程之间的相对速度选型。

①对于气液反应器，若是传质控制，应选择气液接触面大，持液量较小的反应器，如喷雾塔，喷射反应器；若是反应控制，则应选择持液量大的反应器，如鼓泡塔，板式塔。

②对于气固相催化反应，传质和反应的相对速度并非通过反应器选型，而是通过催化剂的工程设计，即对催化剂的粒径、孔道结构和活性组分分布提出要求而解决的。

③对于气液固三相反应器，传质过程的阻力由四部分组成，即气膜阻力、气液相界面液膜阻力、液固相界面液膜阻力和固相(催化剂)内扩散阻力等。若反应速度主要由催化剂内扩散控制，应减少催化剂颗粒直径或选择异形催化剂。当催化剂颗粒很小，若采用涓流床使床层压降过大时可采用浆态反应器。除此以外应选用涓流床或固定床鼓泡反应器，因为浆态反应器的催化剂要分离回收，这将使生产费用增加。

(6) 反应器特征

表 2-3 列出了反应相态和反应器型式的关系。

表 2-3　反应相态和反应器型式

反应器型式		气相	液相	气固催化	气固	气液	气液固	液液	液固	固固
固定床				○	△	○	○	△	○	
移动床				△	○				△	△
流化床				○	○		△			
搅拌釜			○			○	○	○	○	
鼓泡塔						○	○			
管式	加热炉	○	△			△	△			
	气液两相流					○	△			
火焰反应器		○			△					
板式塔						○	△			
转窑										○

注：○为适用；△为较少使用。

(7) 成本因素

例如间歇操作和连续操作的选择。连续操作的优点：没有间歇操作重复的装料和卸料，减少了人工费用；便于实现自动控制；能维持反应条件的长期稳定，保持了产品质量始终稳定。间歇操作与连续操作的正确选择，很大程度上取决于投资额和操作费用之间的关系。

2.4.4　搅拌釜式反应器

精细化工生产中大量遇到的是气-液、液-液和液-固相反应，应用最广泛的一类反应设备是釜式反应器(简称反应釜)。染料、医药、食品、试剂及合成材料等工业生产中都普遍采用反应釜作为主要反应设备。许多酯化反应、硝化反应、磺化反应及氯化反应都在反应釜中进行。

2.4.4.1　反应釜的结构

广义的反应釜实际上是一个罐式容器，有时也称为反应槽或反应罐。图 2-4 为反应釜的结构图。

由图 2-4 可见，反应釜主要由搅拌器釜体组成。搅拌器包括传动装置、搅拌轴(含轴封)、叶轮(搅拌桨)；釜体包括筒体、夹套和内构件。内构件有挡板、盘管、导流筒等。在反应釜中心垂直位置安装的机械搅拌器，可使物料充分混合，加速反应。反应釜的釜底可以是碟形、锥形或圆形，多采用碟形底以降低功率消耗，特殊情况下用锥形底，如有固体产物的情况。

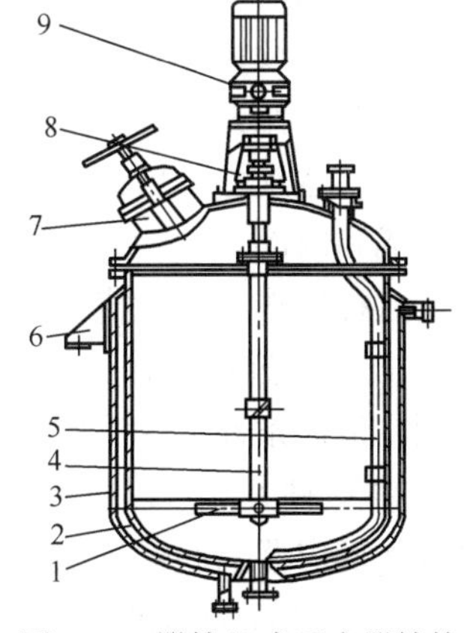

图 2-4　搅拌釜式反应器结构
1—搅拌器；2—罐体；3—夹套；4—搅拌轴；5—压出管；6—支座；7—人孔；8—轴封；9—传动装置

典型的釜式反应器主要由以下几部分构成：

① 壳体结构。壳体是进行化学反应的空间。由筒体和上下封头组成，其容积大小由生产能力和产品的反应要求所决定。

② 搅拌装置。搅拌装置由搅拌轴和搅拌器组成，其传动装置一般为电机经减速器、联轴器带动。搅拌装置可以使参与反应的物料搅拌均匀，接触良好，改善传质传热效果，提高反应速率。

③ 密封装置。由于化工过程易燃易爆有毒的特点，多数反应釜一般是密封的。由于搅拌轴是动的，而设备是静止的，在

搅拌轴和设备之间必须进行密封。密封装置的作用是为了保证反应釜内的压力一定，防止物料的泄漏或杂质的进入。通常采用的密封方式为填料密封或机械密封。

④ 换热装置。化学反应一般都伴随吸热或放热的热效应，所以在反应釜的内部或外部需设置加热或冷却的换热装置，使反应温度控制在需要的范围内。

2.4.4.2　反应釜的特点及其应用

釜式反应器结构简单、加工方便，传质、传热效率高，温度、浓度分布均匀，操作灵活性大，便于控制和改变反应条件，适合于多品种、小批量生产。几乎所有的有机合成单元操作(如：氧化、还原、硝化、磺化、卤化、聚合、缩合、烷化、酰化、重氮化、偶合等)，以及制药选择合适的溶剂作为反应介质，都可以在反应釜中进行。

反应釜广泛应用于精细化工反应中，是和它的特性分不开的：

① 温度易于控制，对于连续操作的反应釜，良好的混合可以使反应速率较低而易于控制。当反应剧烈放热时，反应釜可以消除过热点。间歇操作时，可以设置一个顺序控制系统，将温度作为反应的时间常数从而实现自动调节。

② 操作的灵活性，可按生产需要进行间歇、半间歇或连续操作。

③ 对于容量大和反应时间长的反应，往往更为经济。

④ 细小的催化剂颗粒能充分悬浮在整个液体反应体系中，从而获得有效的接触。

2.4.4.3　反应釜的操作方式

釜式反应器的操作方式非常灵活，可分为间歇、半间歇和连续操作。

(1) 间歇操作

间歇操作是将反应物料一次投入釜中，调节温度至反应温度，待反应结束后，取出产物。间歇操作的优点是：反应釜操作灵活，易于适应不同操作条件和产品品种，适用于小批量、多品种、反应时间较长的产品生产，较多地用于产量低、规模小的精细化工生产中。结构简单，容易清洗，只需反应完成后进行一般清洗即可。间歇釜的缺点是：间歇操作的搅拌釜式反应器生产能力相对较小，劳动强度大，装料、卸料、清洗等辅助操作消耗一定的时间，产品质量难以控制。

(2) 半间歇(半连续)操作

一种原料一次加入，另一种原料连续加入，其特性介于间歇操作和连续操作之间。

(3) 连续操作

连续操作方式是反应物料连续进入，反应产物连续取出，这样反应器内的物料量始终保持不变。达到稳定后，反应釜内各点充分混合，组成均匀，且不随时间而变。反应釜出口物料组成和内部相同。

这种操作方式的优点如下：

① 由于连续操作，釜内各点参数不随时间变化，反应速率也不发生变化，便于将反应控制在最佳条件下，反应釜内温度容易控制，不需要频繁进行调节。

② 这种方式可以进行两相液体逆流反应，互不相溶的两个液相进行反应时，密度轻的可以从反应器的底部进入，较重的可以从上部进入，使两相在逆流接触过程中进行反应。

③ 连续反应器的最大优势是生产能力强，操作成本低。因为连续进出料节省了装卸料和清洗时间，劳动强度降低，产品质量容易控制。

采用连续操作的反应釜可避免间歇釜的缺点。但搅拌作用会造成釜内流体的返混。在剧烈搅拌、液体黏度较低或平均停留时间较长的场合，釜内物料流型可视作全混流，反应釜相应地称作全混釜。在要求转化率高或有串联副反应的场合，釜式反应器的返混现象是不利因素，为了达到同一工艺条件下的相同转化率，可采用多釜串联反应器，以减小返混的不利影响，并可分釜控制反应条件。

2.4.4.4 反应釜的搅拌装置

搅拌在化工生产中的应用非常广泛，精细化工的许多过程都是在有搅拌结构的反应釜中进行的。搅拌的目的有以下几个方面：

① 加快传质。通过搅拌使互溶的几种液体混合均匀，不互溶的物质形成乳浊液或悬浮液。

② 强化传热。通过搅拌使釜内各处温度均匀，加速物理化学变化过程。

③ 提高反应速率。通过提高传质和传热效果，以及搅拌本身输入的能量使反应物接触更充分，从而促进化学反应，提高反应速率。

由于不同的生产过程对搅拌程度有不同的要求，需要选择恰当的搅拌器特性和操作条件，才能获得最佳的搅拌效果。

搅拌的方法很多，主要有机械搅拌、通气搅拌和罐外循环式搅拌等。

反应釜使用机械搅拌装置包括搅拌器、传动装置和搅拌轴。机械搅拌靠机械力向反应器内输入能量产生搅拌效果，是最常见的一种搅拌形式。影响搅拌效果的主要因素有搅拌转速、搅拌器形状和反应釜的内部结构。

搅拌器又称搅拌桨或叶轮。它的功能是提供工艺过程所需要的能量和流动形态，以达到搅拌的目的。

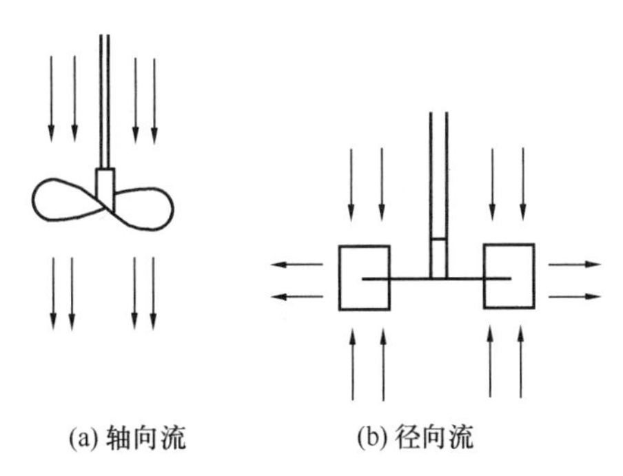

图 2-5　轴向流搅拌器和径向流搅拌器流型

搅拌器通过自身的旋转把机械能传递给流体，一方面在搅拌器附近区域给流体造成高团湍流充分混合区，另一方面产生一股高速射流推动全部液体沿一定的途径在反应釜内循环流动。这种循环流动的途径就是搅拌设备内的“流型”。根据搅拌器所产生的流型不同把搅拌器分为轴向流搅拌器和径向流搅拌器，见图 2-5。

所谓轴向流叶轮(图 2-6)，是使液体轴向入、轴向出；径向流叶轮则使液体由轴向入而由径向出，见图 2-7。一般轴向流主要对液体产生上下翻动的循环作用，径向流主要对液

图 2-6　螺旋桨产生的轴向流

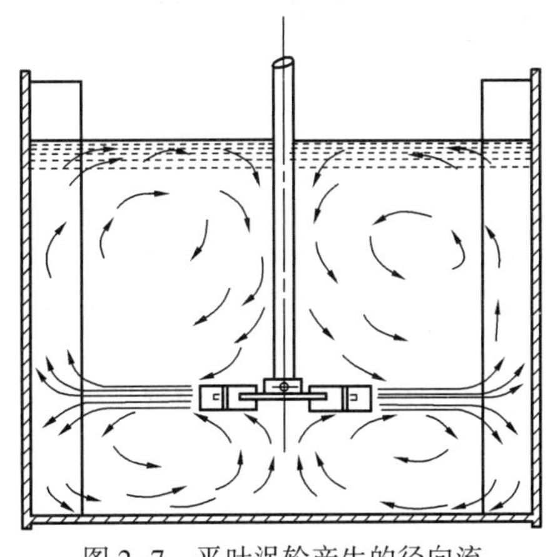
图 2-7　平叶涡轮产生的径向流

体产生剪切作用。属于轴向流叶轮有螺旋桨、斜桨等；径向流叶轮有涡轮桨、平桨等。

挡板及其作用：当叶轮搅拌较低黏度液体时，由于叶轮高速旋转，在离心力作用下产生一种切向流，它使液体甩向器壁四周，并沿釜周边上升，中心液面则自然下降，于是在釜内形成一个大凹穴，如图 2-8 所示。这种现象称为“打漩”。打漩的液体紧随搅拌轴而旋转，得不到良好的混合，如果搅拌的是多相体系，有可能产生相的分离或分层。高黏度液体此时会在液层表面吸入大量空气，降低液体的表观密度，从而使搅拌轴承受不同大小作用力而颤动。所以，一般应尽量避免打漩。消除的办法，可在釜壁四周安装挡板(一般为四块)，使流体切向流转变为轴向流或径向流。

安装挡板后的螺旋桨，使液体纵切面呈现的螺旋状凹流受挡板的阻截作用而形成垂直液面方向的上下折流，此时，液体被迫形成向轴心的轴向流而使凹穴消失。如图 2-9 所示。

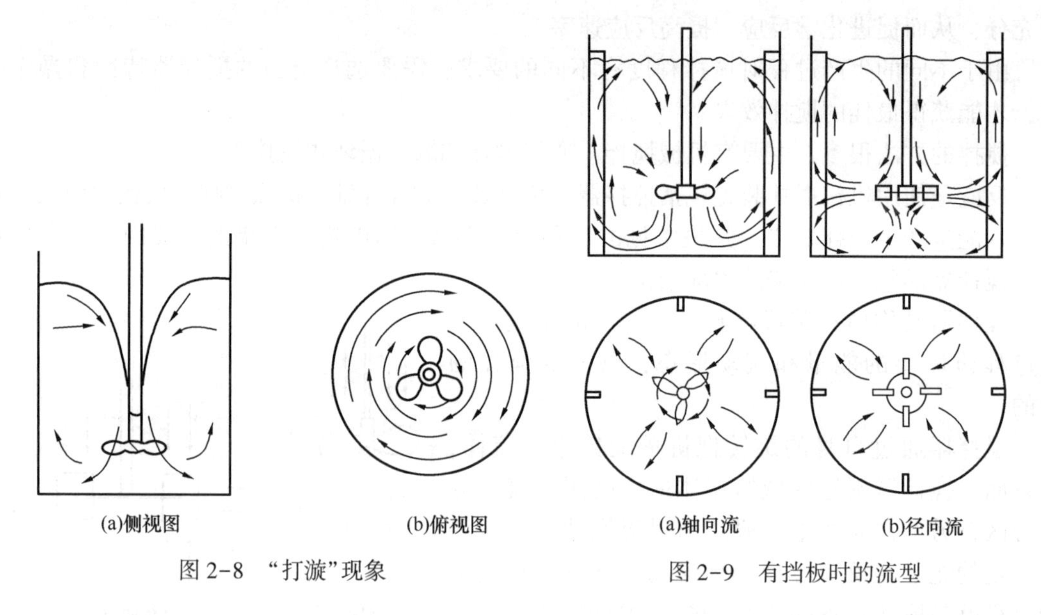

图 2-8 “打漩”现象

图 2-9 有挡板时的流型

除挡板外，设备内的附件，如蛇管、导流筒也起到一定程度的挡板作用。总之，搅拌器在釜内所造成的流型，对体系的混合效果以及热量和质量传递有密切关系，而搅拌流型不仅决定于搅拌器本身性能，还受釜内附件及其安装位置的影响。

思 考 题

1. 试阐述化工过程开发的主要含义。
2. 试述实验室研究与化工生产的主要不同点。
3. 阐述化工过程开发的主要步骤，指出开发工作的关键所在。
4. 解释名词：小试、模试、中试、过程研究；工程研究；概念设计、基础设计、工程设计；技术经济评价。
5. 试通过收集资料，谈谈对过程开发的认识。

第3章　表面活性剂

表面活性剂(surface active agent；surfactant；tenside)是由长链的疏水基烃链和体积较小的亲水基团形成的不对称双亲结构，活跃于表面和界面上，具有极高的降低表面、界面张力的能力和效率。在一定浓度以上的溶液中形成分子有序组合体，从而具有润湿、乳化、起泡以及增溶等一系列应用功能。早期主要应用于食品乳化、洗涤、纺织等行业，现在其应用范围几乎覆盖食品加工、印染、金属加工、电镀、采矿、采油等工业生产的所有领域，主要用作消毒杀菌剂、腈纶匀染剂、抗静电剂、矿物浮选剂、相转移催化剂、织物柔软剂等。它用量虽小，但对改进技术、提高质量、增产节约却收效显著，有"工业味精"之美誉。

本章着重介绍表面活性剂的结构、性质、原料、制备方法以及各种应用的基本知识。

3.1　表面活性剂概述

3.1.1　表面

3.1.1.1　*表面能*

表面(或称之为相界面)并不是简单的几何面，而是从一个相到另一个相的过渡层，具有一定厚度，约为几个分子厚。它的性质与两个相邻体相的性质不同，通常称之为表面相。物质相与相之间的分界面称为界面，包括气液、气固、液液、固固和固液五种。两相中有一相为气体的界面，习惯上也称为表面，包括液体表面和固体表面。表面相的性质由两个相邻体相所含物质的性质所决定。而表面自由能(简称表面能)是描述表面状态的主要物理量。

分子在体相内部及界面上所处的环境不同，如图3-1所示。

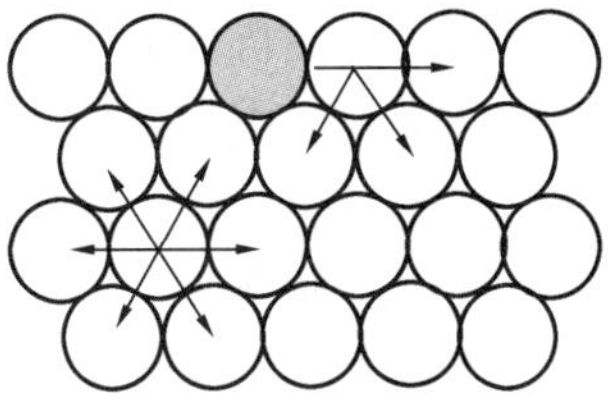

图3-1　分子在液相内部和在表面所受到的不同引力

物质表面层分子与内部分子所具有能量、作用力不同，对液相内部的分子来说，由于周围的其他分子对它的吸引力是对称的(如图3-1中箭头所示)，所以分子在液相内部移动无须做功。但是，对表面的分子而言，由于与周围分子间的吸引力是不对称的，受到向液相内部的拉力，所以表面层分子相对液相内部分子处于不稳定状态，有向液相内部迁移的趋势，液相表面积有自动缩小的倾向。从能量上看，要将液相内部的分子移到表面，需要对它做功。这就说明，要使体系的表面积增加，必然要增加它的能量。将在恒温恒压下增大 $1m^2$ 表面积所需的功称之为表面自由能，简称表面能，单位为 J/m^2。

从热力学观点来看，对于纯液体，如果在恒温恒压下，可逆地增加体系的表面积 dA，则对体系所做的功是正比于表面积的增量。设比例常数为 σ，简称表面自由能，则

$$-dW_{非膨} = \sigma dA$$

即欲使表面自由能增加，则必须消耗一定数量的功，所消耗的功即等于表面自由能的增加；数值与表面张力一样，只是物理概念不同。

3.1.1.2　表面张力

在没有外力的影响或影响不大时，荷叶上的露珠总是趋向于成为球状。根据几何学原理，体积一定的各种形状中，球形的表面积最小。即使施加外力后能将露珠压瘪，一旦外力消失，它便会自动恢复原状。可见液体有使自身表面积自动收缩到最小的倾向，这一表面现象可以从表面张力和表面自由能角度解释。

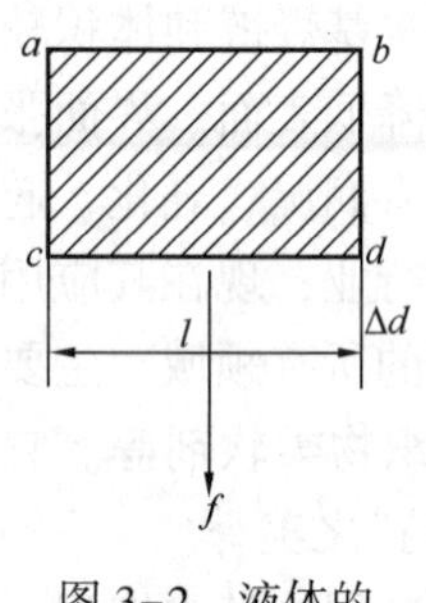

图 3-2　液体的表面张力

如果像图 3-2 一样将液体做成液膜，宽度为 l。为了阻止液膜收缩，就必须在 cd 的边上施加一个与液面相切的力 f 于液膜上。当达到平衡时，液膜的形状和面积不再改变，此时液膜的收缩力和外界施加的力 f 表示的大小相等，只是方向相反。由于这个力是在液膜表面产生的，是液体所固有的，即表面张力。

不难看出 l 越长，f 值越大，即 f 与 l 两者成正比例关系，由于液膜有两个平面，所以边界总长度为 $2l$，因此有：

$$f = 2\gamma l$$

式中，γ 为比例系数，表示垂直通过液面上任一单位长度，与液面相切的表面收缩力，简称表面张力，其单位通常为牛顿/米(N/m)。

前面提到，液体自动收缩的表面现象还可以从能量的角度来理解。液体表面自发地缩小，则会减小自由能，如按相反的过程，使液体产生新表面 $\mathrm{d}A$，则需要一定的功 $\mathrm{d}G$，它们之间的关系可表示为：

$$\mathrm{d}G = -\gamma \mathrm{d}A$$

式中，γ 为单位液体表面的表面自由能，单位为 J/m^2。此自由能单位也可以用力的单位表示，因为 $J=N\cdot m$；所以 $J/m^2=N/m$。

由此可见，γ 从力的角度讲是表面单位长度边缘的力，叫表面张力；从能量的角度讲是单位表面的表面自由能，是增加单位表面积液体时自由能的增值，也就是单位表面上的液体分子比处于液体内部的同量分子的自由能过剩值，是液体本身固有的基本物理性质之一。一些常见液体的表面张力可以查相关书籍、手册的数据表获取。

表面张力现象和表面自由能不仅存在于液体表面，也存在于一切相界面上，通常被称为表面张力，特别是在互不混溶的两种液体的界面上更为普遍。例如油水两相分子的相互作用存在一定的差异，但小于气相和水相的差异，因此油水的表面张力一般小于水的表面张力。

3.1.2　表面活性与表面活性剂

纯液体只有一种分子，故固定温度和压力时，其表面张力值是一定的。对于溶液有所不同，其表面张力会随浓度而改变。这种变化大致有三种情况：

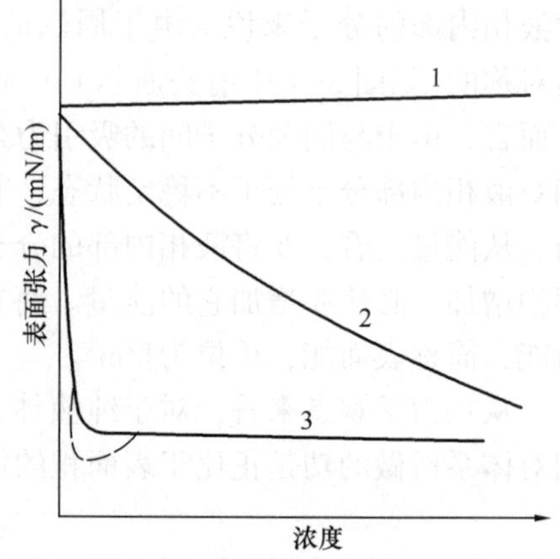

图 3-3　溶液表面张力随溶质性质和浓度变化曲线

第一种情形是表面张力随溶质浓度的增大而升高，且往往大致近于直线(图 3-3，1 线)。这种溶质有 NaCl、Na_2SO_4 等无机盐。第二种情形是表面张力随溶质浓度的增加而降低。通常开始时降低得快些，后来降低得慢些(2 线)。属于此类情形的溶质有醇类、酸类等大部分极性有机物。第三种情形是一开始表面张力急剧下降，但到一定浓度后开始几乎不再变化(3 线)。属于这类的溶质通常为带有 8 个碳原子以上的碳氢链的羧酸盐、硫酸酯盐、磺酸盐、季铵盐等。

不同类型的物质在溶液中的状态不同。当物质加入液体中，它在液体表面层的浓度和液体内部的浓度不同，这种浓度改变的现象称为吸附现象。使表面层的浓度大于液体内部浓度的作用称为正吸附作用，相反则为负吸附作用，通常人们也习惯将正吸附称为吸附。因溶质在表面发生吸附(正吸附)而使溶液表面张力降低的性质称为表面活性，这类物质被称为表面活性物质。从图 3-3 可以看到，第二、三类物质能使溶液的表面张力降低，具有表面活性，属于表面活性物质；而第一类物质则不具有表面活性，被称为非表面活性物质。

综上所述，表面活性剂是这样的一种物质：凡是在低浓度下吸附于体系的两相界面上，改变界面的性质，并显著降低界面张力，并通过改变界面状态，从而产生润湿与反润湿、乳化与破乳、气泡与消泡，以及在较高浓度下产生增溶的物质。通常所讲的表面活性剂都是对水溶液而言。表面活性剂的种类繁多，数量巨大，应用范围极广，已经自成体系，构成了化学学科中一个专门的领域。

3.1.3 表面活性剂的结构特点

表面活性剂之所以能在表面上吸附，改变表面的性质，降低表面张力，与其分子的结构特点密不可分。表面活性剂通常由疏水基团和亲水基团组成，疏水基团是由疏水的非极性碳氢链构成，也可以是硅烷基、硅氧烷基或者碳氟链。亲水基团由亲水的极性基团构成。普通的表面活性剂其亲水基是极性基团如羧酸基、磺酸基、硫酸基、磷酸基、铵盐、季铵盐、氧乙烯等。

表面活性剂的分子结构特点使它溶于水后，亲水基受到水分子的吸引，而疏水基受到水分子的排斥。为克服这种不稳定的状态，它们就从溶液的内部转移至表面，在水溶液体系中(包括表面、界面)发生定向排列。以疏水基伸向气相(或油相)，亲水基伸向水中，形成紧密的单分子吸附层，见图 3-4(a)。这个溶液表面富集表面活性剂分子的过程就是使溶液的表面张力急剧下降的过程。这是由于非极性物质往往具有较低的表面自由能，表面活性剂分子吸附于液体表面，用表面自由能低的分子覆盖了表面自由能高的分子，因此溶液的表面张力降低。

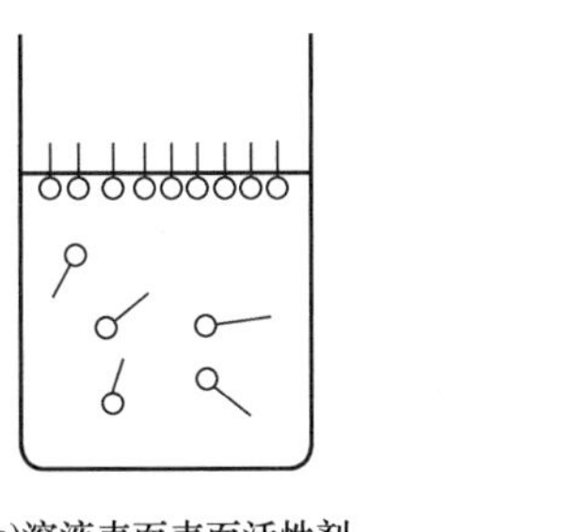

(a)溶液表面表面活性剂分子的定向排列　(b)溶液内部表面活性剂胶束的形成

图 3-4　表面活性剂分子在表面的吸附和胶束形成示意图

3.1.4 表面活性剂的分类

表面活性剂分子结构中亲水基和疏水基种类繁多，连接方式多样。亲水基主要有羧酸、磺酸、硫酸、磷酸酯盐、氨基或胺基及其盐(伯、仲、叔、季)、鎓盐型(磷、砷、硫、碘化合物)、羟基、酰胺基、醚键等种类，而烃基构成包括直链烷基、支链烷基、烷基苯基、烷基萘基、松香衍生物、高分子量聚氧丙烷基、长链全氟(或高氟代)烷基、聚硅氧烷基等疏水基。目前，表面活性剂有一万多种。表面活性剂分类方法也各异，本书按照常规表面活性剂和特种表面活性剂两个方面进行分类。

3.1.4.1 常规表面活性剂

通常按离子类型分类：在水中能电离而生成离子的叫离子表面活性剂；不能电离的叫非离子表面活性剂。在离子表面活性剂中，亲水基团带有负电荷的叫阴离子表面活性剂，如羧酸盐（RCOONa）、硫酸酯盐（$R-OSO_3Na$）、磺酸盐（$R-SO_3Na$）、磷酸酯盐（$R-OPO_3Na_2$）；亲水基团带有正电荷的叫阳离子表面活性剂，如伯胺盐（$R-NH_3^+X^-$）、仲胺盐（$R-\overset{H}{\underset{H}{N^+}}CH_3X^-$）、叔胺盐（$R-\underset{H}{N^+}(CH_3)_2X^-$）、季铵盐（$RN^+(CH_3)_3X^-$）。视溶液酸碱度不同而离解成阴离子或阳离子的则称为两性表面活性剂。常见的非离子活性剂有脂肪醇聚氧乙烯醚[$R-O-(CH_2CH_2O)_nH$]、烷基酚聚氧乙烯醚[$R-(C_6H_4)-O(C_2H_4O)_nH$]、聚氧乙烯烷基胺[$R_2N-(C_2H_4O)_nH$]、聚氧乙烯烷基酰胺[$R-CONH(C_2H_4O)_nH$]、多元醇型[$R-COOCH_2(CHOH)_3H$]等。因此传统表面活性剂分为阴离子、阳离子、两性、非离子表面活性剂四大类。

3.1.4.2 特种表面活性剂

随着合成表面活性剂及助剂的大规模生产和应用，消除表面活性剂引起的环境污染的呼声日趋高涨，表面活性剂的环境友好、可降解等方面的研究不断深入，表面活性剂的性质、作用（如表面活性、生物活性、药学活性等）也不断派生出一些特殊性。表面活性剂概念随之有所变化，不再绝对以溶剂表面张力的显著降低作为是否是表面活性剂的唯一衡量尺度。例如，高分子表面活性剂一般降低水的表面张力的能力较低，并且没有明显的临界胶束浓度，但却具有许多传统表面活性剂不具备的功能，如保水作用、增稠作用、成膜作用、粘附作用等，一般也划归到表面活性剂的范畴。

目前一般认为，只要在较低浓度时能显著改变溶液的表面性质或与此性质相关的物质，都可以划归表面活性剂范畴。由此，表面活性剂的类型有了较大扩展，如根据疏水基可以分为氟系表面活性剂、硅系表面活性剂、硫系表面活性剂、硼系表面活性剂等；根据来源的不同可分为生物表面活性剂、反应型表面活性剂、天然及天然改性表面活性剂；根据结构特征改变产生了冠醚表面活性剂和 Gemini 表面活性剂（含两个极性头的连体表面活性剂）。冠醚能与金属多价离子络合作用，作相转移催化剂、萃取剂等。

3.1.5 表面活性剂发展

世界表面活性剂工业是在第二次世界大战期间，由于制皂的油脂十分匮乏而得以发展。到目前为止，年产量接近 1200 万吨，呈缓慢、平稳的增长趋势。表面活性剂按用途分为家用、个人护理用、工业与公共设施用三部分。其中家用表面活性剂占市场份额最大，超过了表面活性剂总消费量的一半。据报道在上万种表面活性剂中，烷基苯磺酸钠 LAS、烷基硫酸盐 AS、脂肪醇聚氧乙烯醚硫酸盐 AES、烷基酚聚氧乙烯醚 APE 和脂肪醇聚氧乙烯醚 AE 五种产品占表面活性剂总产量的绝大部分，以阴离子表面活性剂为主，而直链烷基苯磺酸盐一种就占市场份额的 30%以上。其次是非离子表面活性剂，主要品种为脂肪醇聚氧乙烯醚和烷基酚聚氧乙烯醚；阳离子表面活性剂和两性表面活性剂的消费量最少。目前表面活性剂品种向专用性、功能性高度发展，并不断开发新技术，表面活性剂的理化性能亦受到重视，理论研究日趋完善。

我国表面活性剂工业起步于20世纪50年代末。自1958年开发成功我国第一个表面活性剂——蓖麻油聚氧乙烯醚后，“七五”“八五”期间通过引进三氧化硫连续磺化装置、乙氧基化装置、油脂水解装置及脂肪醇、脂肪胺和烷基酚的生产装置，使我国多种表面活性剂基本原料的生产很快达到世界水平，解决了原料匮乏和质量低下的问题。

目前表面活性剂的发展趋势表现在如下方面：

(1) 温和型及易降解的表面活性剂日益受到重视

由于APE的生物降解性不好，自1997年以后，欧洲已基本不再使用APE，LAS的使用率也逐渐减少。而温和型、易降解的表面活性剂越来越受到重视。

(2)绿色表面活性剂的研制与开发

绿色表面活性剂是20世纪90年代发展起来的新型产品，并成为表面活性剂工业的发展方向。绿色表面活性剂是由天然可再生资源加工而成的具有极高的安全性、生物可降解性、表面性能及其综合性能可靠的新型表面活性剂。这种表面活性剂应用广泛，将有逐渐取代传统表面活性剂的趋势。近年来发展的绿色表面活性剂品种主要有茶皂素、烷基多糖苷(APG)和葡萄糖酰胺(AGA)、单烷基磷酸酯及烷基醚磷酸酯、脂肪醇聚氧乙烯醚羧酸盐(AEC)及酰胺醚羧酸盐等。其中烷基多糖苷(APG)作为典型的温和型绿色表面活性剂，在国际上已是成熟品，世界APG的年生产能力为100kt以上。

(3) 新型功能性表面活性剂的研制和开发

双子(Gemini)表面活性剂是近些年迅速发展起来的一类新型表面活性剂，它是指分子中具有两疏水基和两亲水基的由一个间隔基团连接的表面活性剂，或者表面活性剂的分子由更多疏水基或更多亲水基及一个间隔基团组成的，不同于传统两亲性结构的新型表面活性剂。与传统表面活性剂相比，Gemini表面活性剂具有许多优异性能。

目前制约Gemini表面活性剂大规模工业化生产的重要原因是其价格昂贵，而且性能和应用都有待于进一步研究和开发，如何用廉价、易降解的天然原料来合成廉价、绿色且高性能的Gemini表面活性剂是目前表面化学研究的方向之一。

总之，目前表面活性剂正朝着低毒、高性能、环保型、绿色方向发展。

3.2 表面活性剂物化性质和功能应用

3.2.1 表面活性剂胶束

表面活性剂分子的亲油基团之间因疏水性存在显著的吸引作用，易于相互靠拢、缔合。在水介质中，表面活性剂将极性的亲水基团朝向外形成与水接触的外壳，将朝内排列的非极性基团包在其中，使它们不与水接触。当表面活性剂在溶液表面的吸附达到饱和后，它们便在溶液内部由分子或离子分散状态缔合成由数个乃至数百个离子或分子组成的稳定胶束。形成胶束是表面活性剂的重要性质之一，也是产生增溶、乳化、洗涤、分散和絮凝等作用的根本原因。胶束的形成实际上是表面活性剂分子为缓和水和疏水基团之间的排斥作用而采取的另一种稳定化方式，疏水作用导致表面活性剂在表面上的吸附和在溶液内部胶束的生成。

在表面活性剂的溶液中，胶束与分子或离子处于平衡状态，它起着表面活性剂仓库的作用，在其被消耗时释放出单个分子或离子。另一方面，胶束自身能够产生乳化、分散及增溶的作用，因此表面活性剂通常在一定的浓度以上，即形成胶束后而进行使用。

3.2.1.1 临界胶束浓度

表面活性剂的表面活性通常用加入表面活性剂后的溶剂表面张力降低及其形成胶团的能力(胶团化能力)两个性质来表征。表面活性剂的胶团化能力用其临界胶团浓度(Critical Micelle Concentration，CMC)表示，CMC越小，表面活性剂越容易在溶液中自聚形成胶团。

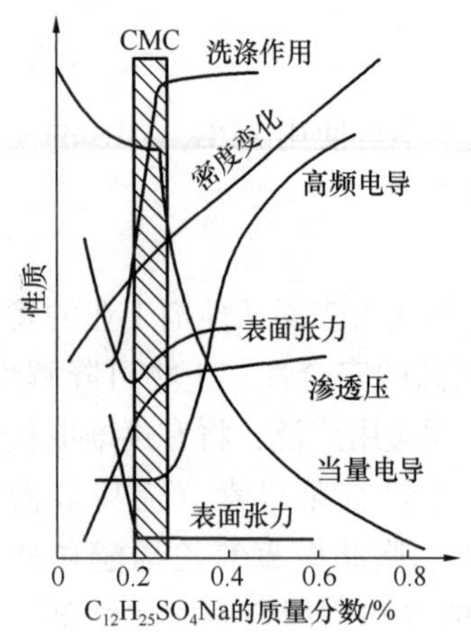

图3-5 十二烷基硫酸钠水溶液的物理化学性质与浓度关系

当表面活性剂浓度增大到形成胶束的临界胶束浓度以后，其表面张力和界面张力就不再随表面活性剂浓度增加而显著降低，而溶液的其他性质如离子活性、电导率、渗透压、蒸气压、冰点(下降)、黏度、增溶性、光散射性等性质都在CMC附近发生明显的转折，因此临界胶束浓度是表面活性剂的一个重要性能指标。

测量CMC值的方法主要有表面张力法、电导法、染料法、加溶作用法、光散射法等。测量CMC的方法很多，原则上都是依据溶液的物理化学性质随浓度变化关系出发而求得。上述几种方法比较常用，也比较简单、准确。图3-5是十二烷基硫酸钠水溶液的主要物理化学性质随其浓度变化关系曲线，这些性质均在阴影所示狭窄的范围内存在转折点，为临界胶束浓度。

3.2.1.2 胶束的性质和大小

通过光散射法对胶束的研究，发现胶束主要有图3-6所示几种形式。

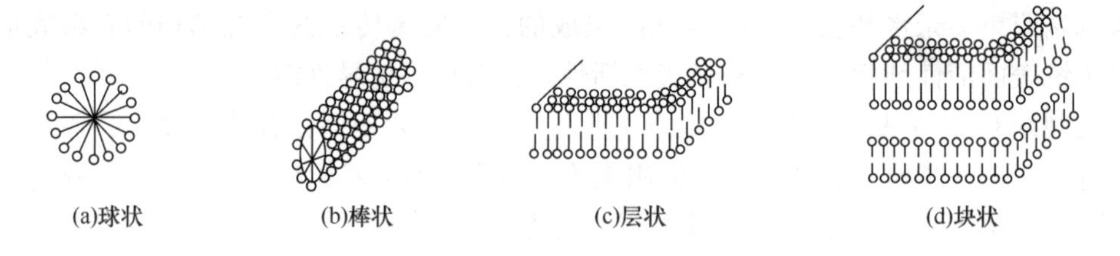

图3-6 表面活性剂胶束的结构

表面活性剂胶束并非以某种特定的形状出现，往往是几种形状共存，并且胶束的主要形态与表面活性剂的浓度有很大的关系。当表面活性剂的浓度不是很大时，胶束大多呈球状。当浓度在10倍于临界胶束浓度或更大时，会形成棒状胶束，其表面由亲水基团构成，内核由疏水基构成。这种形式使碳氢链与水接触的面积更小，随着表面活性剂浓度的继续增加，棒状胶束聚集成束，甚至形成巨大的层状和块状胶束，见图3-7。

胶束的形状受无机盐和有机添加剂的影响，并与胶束的大小有着密切的联系。胶束的大小一般由胶束聚集数来衡量。所谓胶束聚集数(缔合度)是指缔合成胶束的表面活性剂分子或离子的数量，可以通过光散射法测得胶束“相对分子质量”即胶束量，再通过计算求得胶束的聚集数。

$$胶束聚集数=\frac{胶束量}{表面活性剂相对分子质量}$$

通常亲油基碳原子数增加，表面活性剂在水介质中的聚集数增大。非离子表面活性剂亲水基团的极性较小，增加碳氢链长度引起的胶束聚集数的增加更为明显；亲油基相同时，聚

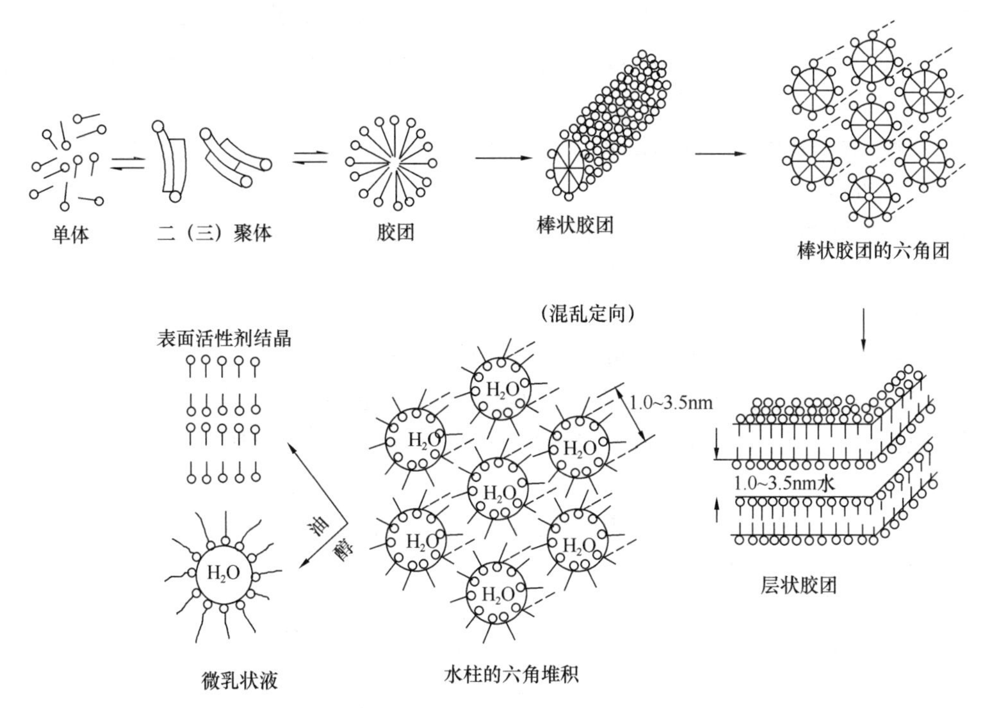

图 3-7　胶束变化示意图

氧乙烯基团数越大，胶束聚集数越小。总之，无论是离子型的还是非离子型表面活性剂，在水介质中，表面活性剂与溶剂水之间的不相似性(即疏水性)越大，则聚集数越大。

3.2.1.3　临界溶解温度与浊点

温度高低会影响表面活性剂的溶解度，对于离子型表面活性剂，温度较低时，表面活性剂的溶解度一般都比较小，当达到某一温度时，表面活性剂的溶解度突然增大，这一温度就称为 Kcrafft 点。它是离子型表面活性剂的特性常数；而非离子表面活性剂随温度升高，出现溶解度下降。当溶液由清亮变浑浊的温度，称为浊点。

3.2.2　表面活性剂亲水–亲油平衡与性质的关系

表面活性剂的应用性能取决于分子中亲水和亲油两部分的组成和结构，这两部分的亲水和亲油能力的不同，就使它的应用范围和应用性能有差别。表面活性剂分子中亲水基的强度与亲油基的强度之比值，就称为亲水亲油平衡值，简称 HLB 值。HLB 是表面活性剂亲水–亲油性平衡的定量反映。表面活性剂的 HLB 值直接影响着它的性质和应用，一般将表面活性剂的亲水亲油平衡值范围限定在 0~40，其中非离子表面活性剂的亲水亲油平衡值范围为 0~20。亲水型表面活性剂有较高的亲水亲油平衡值(>10)，亲油型表面活性剂的有较低的亲水亲油平衡值(<10)。表 3-1 列出表面活性剂 HLB 值与用途的关系。

表 3-1　表面活性剂 HLB 值与用途的关系

HLB 值的范围	表面活性剂的用途	HLB 值的范围	表面活性剂的用途
1~3	消泡作用	12~15	润湿作用
3~6	乳化作用(W/O)	13~15	去污作用
7~15	渗透作用	15~18	增溶作用
8~18	乳化作用(O/W)		

对离子型表面活性剂，可根据亲油基碳数的增减或亲水基种类的变化来控制 HLB 值；对非离子表面活性剂，则可采取一定亲油基上连接的聚氧乙烷或羟基数来增减，来调节 HLB 值。

表面活性剂的 HLB 值可计算得来，也可测定得出。常见表面活性剂的 HLB 值可由有关手册或著作中查得。

多元醇脂肪酸酯等非离子表面活性剂可使用如下公式：$HLB=20(1-S/A)$

式中，S 为酯的皂化数；A 为酸值。

皂化值不易得到的表面活性剂，则采用如下公式：$HLB=(E+P)/5$

式中，E 为分子中 C_2H_4O 的质量分数；P 为多元醇的质量分数。

如果 HLB 值是由表面活性剂分子中各种结构基团贡献的总和，则每个基团对 HLB 值的贡献可用数值表示，此数值称为 HLB 基团数(group number)。亲油基团数为负值，计算公式如下：

$$HLB=\sum(\text{亲水基团 HLB})+\sum(\text{亲油基团 HLB})+7$$

表面活性剂的基团数见表 3-2。

表 3-2　用于计算表面活性剂 HLB 值的基团数

亲水基团	基团数	亲油基团	基团数
$-SO_4Na$	38.7	$-CH-$	0.475
$-SO_3Na$	37.4	$-CH_2-$	0.475
$-COOK$	21.1	$-CH_3$	0.475
$-COONa$	19.1	$=CH-$	0.476
$-N=$	9.4	$-CH_2-CH_2-CH_2-O-$	0.15
酯(失水山梨醇环)	6.8	$-CH(CH_3)-CH_2-O-$	0.15
酯(自由)	2.4		
$-COOH$	2.1	$-CH_2-CH(CH_3)-O-$	0.15
$-OH$(自由)	1.9		
$-O-$	1.3	$-CF_2-$	0.870
$-OH$(失水山梨醇环)	0.5	$-CF_3$	0.870
$-(CH_2CH_2O)-$	0.33	苯环	1.662

混合表面活性剂 HLB 的计算根据表面活性剂 HLB 的加和性计算，公式如下：

$$HLB_{ab}=(HLB_a\cdot W_a+HLB_b\cdot W_b)/(W_a+W_b)$$

式中，HLB_a 为表面活性剂 a 的 HLB 值；HLB_b 为表面活性剂 b 的 HLB 值；W_a 为表面活性剂 a 的质量分数；W_b 为表面活性剂 b 的质量分数。

3.2.3　表面活性剂的功能与用途

表面活性剂的基本功能有起泡、消泡、乳化、破乳、分散、絮凝、润湿、铺展、渗透、抗静电、杀菌、药物载体、模板功能和其他一些特殊的应用功能。

3.2.3.1　增溶作用与增溶剂

某些不溶于或微溶于水的有机物在表面活性剂水溶液中的溶解度显著高于水中的溶解度，这就是表面活性剂的增溶作用。增溶作用是增溶物进入胶团，而不是提高了增溶物在溶剂中的溶解度，因此不是一般意义上的溶解。增溶方式有四种：

(1) 非极性分子在胶束内部增溶

被增溶物进入胶束内芯，犹如被增溶物溶于液体烃内。正庚烷、苯、乙苯等简单烃类的增溶属于这种方式，其增溶量随表面活性剂的浓度增高而增大。

(2) 在表面活性剂分子间的增溶

被增溶物分子固定于胶束"栅栏"之间，即非极性碳氢链插入胶束内芯，极性端处于表面活性剂分子(或离子)之间，通过氢键或偶极子相互作用联系起来。当极性有机物分子的烃链较长时，极性分子插入胶束内的程度增大，甚至极性基也被拉入胶束内。长链醇、胺、脂肪酸和各种极性染料等极性化合物的增溶属于这种方式增溶。

(3) 在胶束表面增溶

被增溶物分子吸附于胶束表面区域，或靠近胶束"栅栏"表面区域。高分子物质、甘油、蔗糖及某些不溶于烃的染料的增溶属于这种方式。当表面活性剂的浓度大于 CMC 时，这种方式的增溶量为一定值。较上两方式的增溶量少。

(4) 在聚氧乙烯链间的增溶

具有聚氧乙烯链的非离子表面活性剂，其增溶方式与上述三种有明显不同，被增溶物包藏于胶束外层的聚氧乙烯链内。例如苯、苯酚即属于这种方式增溶，此种方式的增溶量大于前三种。

3.2.3.2 乳化作用与乳化剂

乳化作用是一种分散现象，被分散的液体(分散相)以小液珠的形式分散于连续的另一个液体(分散介质)中形成乳状液，是热力学不稳定体系 。乳化是加入表面活性剂，使两种互不相溶的液体形成乳液，并具有一定稳定性的过程。形成乳状液的两种液体，一种通常称为水，另一种通称"油"。乳化作用除可形成乳状液外，也涉及洗涤作用中将油污以乳化形式去除的过程。乳化类型分为两种，一种是水包油型乳状液，常以 O/W 表示；另一种是油包水乳状液，以 W/O 表示。

3.2.3.3 分散作用与分散剂

分散是指将固体小粒子形式分布于分散介质中形成有相对稳定性体系的全过程。要使固体物质能在液体介质中分散成具有一定相对稳定性的分散体系，需借助于助剂(主要是表面活性剂)的加入以降低分散体系的热力学不稳定性和聚结不稳定性，这些助剂就称为分散剂。

低相对分子质量有机分散剂又可分为阴离子型、阳离子型、非离子型、两性型等表面活性剂。天然产物分散剂包括聚合物和低相对分子质量的物质，如磷脂(如卵磷脂)、脂肪酸(如鱼油)等。无机氧化物在有机液体中的分散体系通常可用合成高分子分散剂制备，但陶瓷粉在有机溶剂中的分散体系却用低相对分子质量的分散剂，如脂肪酸、脂肪酸酰胺、胺和酯等。有时带有扭曲碳链的脂肪酸可作为分散剂，而直链的却无效。例如油酸是分散剂，而硬脂酸不是。

3.2.3.4 起泡和消泡作用与消泡剂

泡沫是由于空气或其他气体从液面下通入，液体发生膨胀，并以液膜将气泡包围而形成。表面活性剂具有起泡作用，其疏水基伸向气泡的内部，亲水基向着液相的吸附膜，形成的泡由于溶液的浮力而上升到溶液的表面，最终逸出液面而形成双分子薄膜。一般阴离子表面活性剂的发泡力最强。

一般认为消泡剂的消泡作用是因为它能使局部区域的表面张力降到十分低的程度，从而使这些区域由于受周围较高表面张力部位的作用，使泡沫液膜迅速变薄直至达到破裂点而发生破裂，同时还能促使溶液从泡沫中流失而缩短泡沫的寿命。

表面活性剂做消泡剂的主要有低级醇消泡剂(甲醇、乙醇、异丙醇、仲丁醇、丁醇)；有机极性化合物系消泡剂[戊醇、二异丁基甲醇、磷酸酯(磷酸三丁酯、磷酸三辛酯、磷酸戊辛酯、有机胺盐)、油酸、妥尔油、金属皂、HLB值较低的表面活性剂(失水山梨醇单月桂酸酯、失水山梨醇三油酸酯、脂肪酸聚氧乙烯酯)、聚丙二醇及其衍生物]；矿物油系消泡剂(矿物油与表面活性剂复配物、矿物油与脂肪酸金属盐的表面活性剂复配物)；硅酮树脂系消泡剂(硅酮树脂、硅酮树脂与表面活性剂复配物、硅酮树脂与无机粉末配合物)；其他[卤化有机物(氯化烃、氟氯化烃、氟化烃)；某些金属皂(硬脂酸，棕榈酸的铝、钙、镁皂等)]。

3.2.3.5　洗涤功能与洗涤剂

从固体表面除掉污物统称为洗涤。洗涤去污作用，是表面活性剂降低了表面张力而产生的润湿、渗透、乳化、分散、增溶等多种作用综合的结果。被沾污物放入洗涤剂溶液中，先充分润湿、渗透，溶液进入被沾污物内部，使污垢容易脱落，然后洗涤剂把脱落下来的污垢进行乳化，分散于溶液中，经清水反复漂洗从而达到洗涤效果。

3.2.3.6　分离功能

以嵌段共聚物胶团为例，嵌段共聚物胶团和小分子表面活性剂胶团一样都有增溶作用，然而嵌段共聚物胶团对被增溶物表现出一定的选择性。这个结论是在研究聚氧丙烯-聚氧乙烯-聚氧丙烯(PPO-PEO-PPO)、聚苯乙烯-聚乙烯基吡啶(PS-PVP)嵌段共聚物在水介质中增溶脂肪族和芳香族碳水化合物时发现的。当正己烷和苯在水中同时存在时，共聚物选择性地增溶苯。另有报道，当PPO-PEO-PPO嵌段共聚物中PPO对PEO的比例增加时，共聚物胶团对苯的增溶力加大。嵌段共聚物这种选择性增溶将为分离科学开启一道大门，这将在生态环境方面有着很好的应用价值。

综上所述，正因为表面活性剂有如此多的功能，所以具有极其广泛的用途，应用几乎渗透到所有的工业领域，很难找到哪一项工业与表面活性剂无关。表面活性剂已广泛应用于化妆品、洗涤剂、制药、食品、造纸、纺织、皮革、毛皮、金属加工、石油、土木建筑、涂料、染料、印刷油墨、采矿、冶金；煤炭、农业、环保和其他等行业。

3.3　阴离子表面活性剂

阴离子表面活性剂是在水中离解出具有表面活性的阴离子，是各类表面活性剂中发展最早、产量最大的一类。阴离子表面活性剂一般具有优良的去污能力和良好的起泡性，是市售洗涤剂的主要成分。此外，阴离子表面活性剂还可用作乳化剂、渗透剂、润湿剂等。通常是按亲水基的不同分为四大类：磺酸盐型、羧酸盐型、硫酸酯盐、磷酸酯盐型。阴离子表面活性剂中产量最大、应用最广的是磺酸盐，其次是硫酸酯盐。

3.3.1　磺酸盐型表面活性剂

在磺酸盐类表面活性剂中以烷基芳基磺酸盐，特别是烷基苯磺酸盐$RC_6H_4SO_3M$(R为$C_8 \sim C_{20}$的烷基，M为Na^+、K^+、NH_4^+、Ca^{2+}等)最为重要。它去污力强，起泡性和稳泡性较好，在酸性、碱性、硬水及某些氧化物溶液(如次氯酸钠、过氧化物等)中都能稳定存在，而且原料来源丰富，成本较低，容易喷雾干燥成型，可制成颗粒状洗涤剂，亦可制成液体洗涤剂，在家用和工业洗涤中都有广泛的用途。

3.3.1.1 烷基芳基磺酸盐表面活性剂

(1) 烷基苯磺酸盐表面活性剂的合成

其原料主要来自石油，通过烷基苯的磺化制成烷基苯磺酸，再由碱中和而制得。

① 磺化。

$$R\text{-}ArH + H_2SO_4 \longrightarrow R\text{-}ArSO_3H + H_2O$$
$$R\text{-}ArH + SO_3 \longrightarrow R\text{-}ArSO_3H$$

式中，R-和-ArH 分别表示烷基和芳基。

由于用硫酸磺化是可逆反应，酸液利用率低，磺化效率不高；而 SO_3 磺化是以化学计量与烷基芳烃反应，无废酸生成，利用率高。加之 SO_3 来源丰富，成本较低，所以 SO_3 磺化技术发展很快，尤以意大利 Ballestra 膜式磺化最为先进。

② 中和。将上述磺化制得的烷基芳基磺酸用碱中和即可转变为烷基芳基磺酸盐。如用氢氧化钠中和，其主要反应为：

$$R\text{-}ArSO_3H + NaOH \longrightarrow R\text{-}ArSO_3Na + H_2O$$

除用 NaOH 中和烷基芳基磺酸外，还可以根据不同的用途改用氨(或胺)或$Ca(OH)_2$、$Ba(OH)_2$ 中和生成相应的烷基芳基磺酸盐。

(2) 十二烷基苯磺酸钠的工业合成

这类表面活性剂中，重要且应用最为广泛的是十二烷基苯磺酸钠，主要用于合成洗涤剂。十二烷基苯磺酸钠的生产包括两个主要过程，苯的烷基化和烷基苯的磺化。烯烃和氯化烃都可以作为烷基化剂。烷基苯与磺化剂反应生成烷基苯磺酸，再经氢氧化钠中和得烷基苯磺酸钠。反应式如下：

$$C_{10}H_{21}CH{=}CH_2 + C_6H_6 \xrightarrow{AlCl_3} C_6H_5\text{-}C_{12}H_{25} \xrightarrow{H_2SO_4}$$

$$C_{12}H_{25}\text{-}C_6H_4\text{-}SO_3H \xrightarrow{NaOH} C_{12}H_{25}\text{-}C_6H_4\text{-}SO_3Na \xrightarrow[\text{复配}]{\text{增效剂}} \xrightarrow{\text{干燥}} \text{成品洗涤剂}$$

十二烷基苯磺酸钠生产工艺流程见图 3-8。

3.3.1.2 烷基磺酸盐

烷基磺酸盐通式为 RSO_3M，R 为 $C_8 \sim C_{20}$的烷基。烷基的平均碳数为 $C_{15} \sim C_{16}$为宜。其中 M 为金属，可为碱金属或碱土金属。作为民用合成洗涤剂的表面活性物，其金属离子均为 Na^+，此类表面活性剂的亲水基直接与烷基链连接。烷基磺酸盐具有较高的润湿、起泡和乳化能力，去污作用也较强。制成合成洗涤剂，其性质与烷基苯磺酸盐洗涤剂性质相似，但它的毒性及对皮肤的刺激性均较低，且生物降解速率高。烷基磺酸盐还常应用于石油、纺织、合成橡胶等领域。烷基磺酸盐表面活性剂的主要生产方法为磺氧化法及磺氯化法。

(1) 磺氯化法

虽然是最早实现工业化的方法，但该法具有较大的局限性，并未得到发展。

$$RH \xrightarrow{SO_2,\ Cl_2} RSO_2Cl \xrightarrow[\text{[2]}NaOH]{\text{[1]}H_2O} RSO_3Na$$

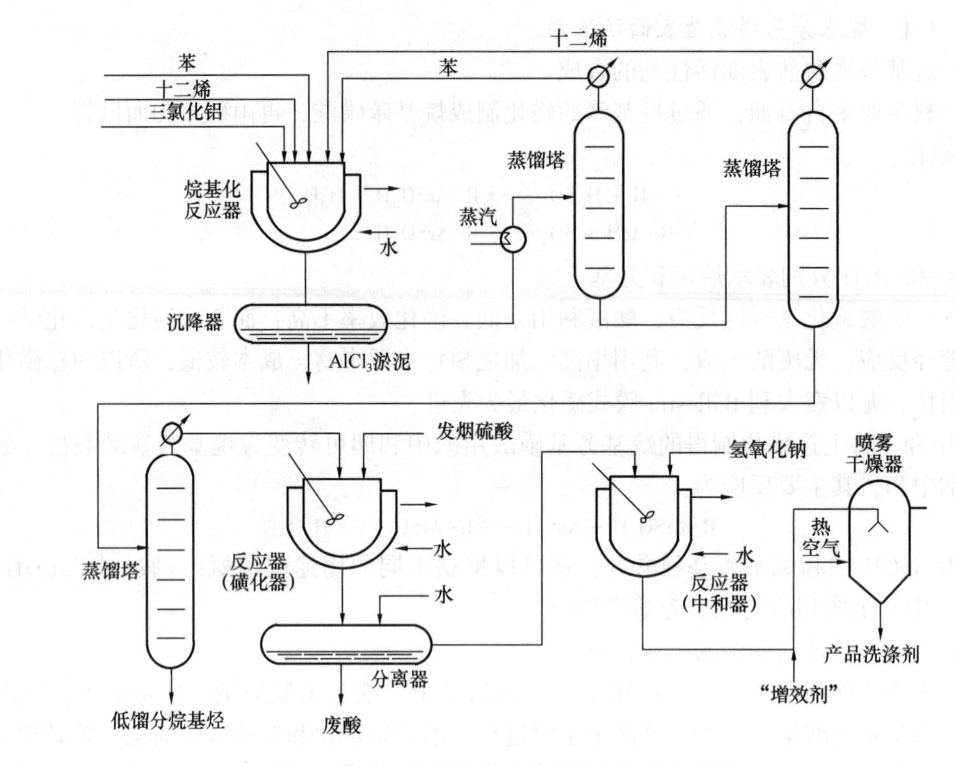

图 3-8　十二烷基苯磺酸钠的生产工艺流程图

(2) 磺氧化法

二氧化硫和氧与烷烃反应制取烷基磺酸盐的反应是在 20 世纪 40 年代发现、在 20 世纪 50 年代发展起来的方法，称为磺氧化法。目前认为是一种有工业价值的方法，所得产品为膏状物。本法不需要氯气、副产物少，可以简化纯化工艺，降低成本。

$$RCH_2CH_3 + SO_2 + 1/2O_2 + H_2O \xrightarrow{h\nu} R-\underset{\displaystyle SO_3H}{\underset{|}{C}}-CH_3 \xrightarrow{NaOH} R-\underset{\displaystyle SO_3Na}{\underset{|}{CH}}-CH_3$$

另外，以溶解氧、游离基、紫外线或 γ 射线为引发剂，亚硫酸氢钠与 α-烯烃加成制备。其中，代表产品：德国 BASF 的快速浸水剂 Aerosolo T、Amollan Aps、Pelzwashmittel LP 等。

$$RCH=CH_2 \xrightarrow[O_2]{NaHSO_3} RSO_3Na$$

3.3.1.3　α-烯基磺酸盐(AOS)

AOS 与 LAS 的性能相似，但对皮肤的刺激性稍弱，生化降解的速度也稍快。由于它的生产工艺简便，原料成本低廉，因此，AOS 一直有很大的吸引力。AOS 的主要用途是配制液体洗涤剂和化妆品。AOS 所用原料 α-烯烃可由乙烯聚合及蜡裂解法制备。AOS 合成工艺流程见图 3-9。

3.3.2　硫酸酯盐型表面活性剂 AS

脂肪醇硫酸酯盐的化学通式可写为 $ROSO_3M$，M 为碱金属，或 NH_4^+或有机胺盐，如二乙醇胺或三乙醇胺盐，R 为 $C_8 \sim C_{18}$的烷基，$C_{12} \sim C_{14}$醇通常是硫酸化最理想的醇。这类表面活性剂具有良好的发泡力和洗涤性能，在硬水中稳定，其水溶液呈中性或微碱性，它可以作

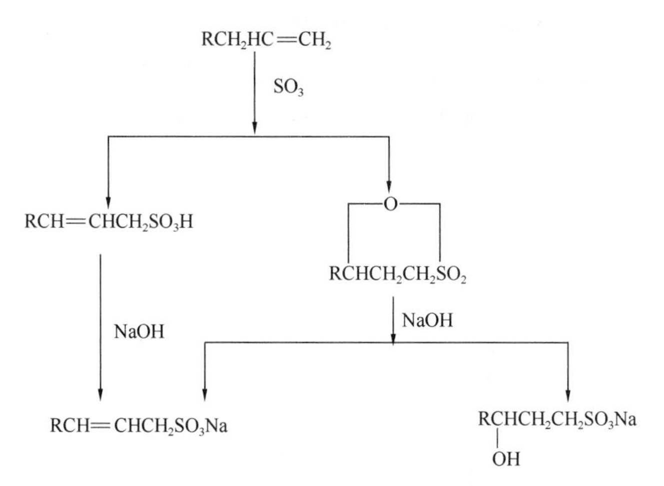

图 3-9　AOS 的合成工艺过程

为重垢棉织物洗涤剂，也可以用作轻垢液体洗涤剂，在配制餐具洗涤液、香波、地毯和室内装饰品清洁剂、硬表面清洁剂等洗涤制品时，硫酸酯盐类表面活性剂是必不可少的组分之一。此外，还可以用作牙膏发泡剂、乳化剂、纺织助剂及电镀添加剂等。脂肪醇硫酸酯盐是以脂肪醇、脂肪醇醚或脂肪酸单甘油酯经硫酸化反应后碱中和而制得。脂肪醇的硫酸化试剂有浓硫酸、发烟硫酸、三氧化硫、氯磺酸和氨基磺酸等多种。

（1）SO_3硫酸化

$$R—OH+SO_3 \longrightarrow R—OSO_3H \xrightarrow{NaOH} ROSO_3Na$$

$$RO(C_2H_4O)_nH+SO_3 \longrightarrow RO\leftarrow C_2H_4O\rightarrow_n SO_3H \xrightarrow{NaOH} RO\leftarrow C_2H_4O\rightarrow_n SO_3Na$$

（2）浓硫酸硫酸化

$$C_{12}H_{25}OH+H_2SO_4 \longrightarrow C_{12}H_{25}OSO_3H+H_2O$$

（3）氯磺酸硫酸化

$$RCH_2OH+ClSO_3H \longrightarrow R—CH_2OSO_3H \xrightarrow{NaOH} R—CH_2OSO_3Na$$

（4）氨基磺酸硫酸化

$$R—C_6H_4—O\leftarrow CH_2CH_2O\rightarrow_n H+H_2NSO_3H \longrightarrow$$

$$R—C_6H_4—O\leftarrow CH_2CH_2O\rightarrow SO_3NH_2 \xrightarrow{NaOH} R—C_6H_4—O\leftarrow CH_2CH_2O\rightarrow SO_3Na$$

浓硫酸是最简单的硫酸化剂，随着浓度的增加，反应速率及转化率均提高。发烟硫酸结合反应生成水的能力更强，反应也将更快、更完全，但与三氧化硫和氯磺酸比较，高级醇的转化率较低。氯磺酸硫酸化的反应几乎是定量反应，脂肪醇转化率可达 90%以上。但这一方法成本较高，反应中排出的氯化氢较难处理，因而，常用于小规模硫酸化生产，如牙膏、化妆品用月桂醇硫酸钠的制取等。对于大规模生产，三氧化硫是更具优势的硫酸化剂，没有氯化氢副产物，脂肪醇转化率高，产品含盐量低，质量好，成本也最低。其缺点是三氧化硫反应能力强，容易产生副反应，需使用合适的反应器及严格控制工艺条件。

3.3.2.1　十二醇硫酸钠

十二醇硫酸钠(sodium lauryl sulfate)，又称月桂醇硫酸钠、十二烷基硫酸钠。化学式是$C_{12}H_{25}OSO_3Na$，白色或淡黄色粉状，溶于水，为半透明液体，对碱和硬水稳定，具有去污、乳化和优异的发泡力，是一种无毒的硫酸酯盐类阴离子表面活性剂，其生物降解度>90%。

用作乳化剂、灭火剂、发泡剂及纺织助剂，也用作牙膏和洗发香波等的发泡剂。

十二醇硫酸钠的合成反应分两步进行。第一步为磺化反应，反应原料十二醇与氯磺酸以1：1.03摩尔比在28~35℃下进行磺化反应，生成十二醇硫酸酯。第二步为中和反应，十二醇硫酸酯与氢氧化钠作用，生成十二醇硫酸钠。工艺流程见图3-10。

$$C_{12}H_{25}OH+HSO_3Cl \longrightarrow C_{12}H_{25}OSO_3H+HCl\uparrow$$

$$C_{12}H_{25}OSO_3H+2NaOH \longrightarrow C_{12}H_{25}OSO_3Na+NaCl+H_2O$$

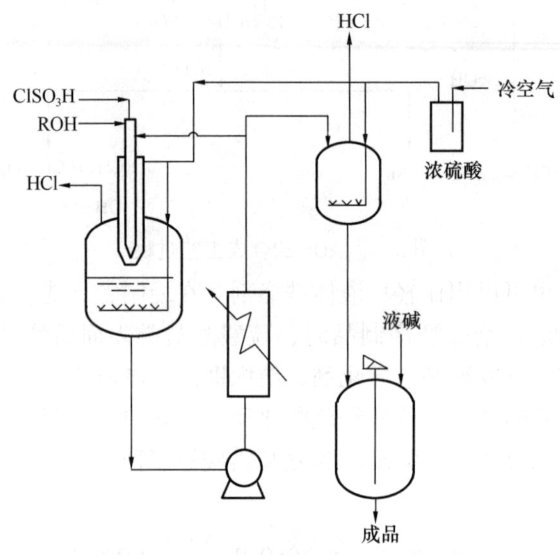

图3-10　十二醇硫酸钠的工艺流程

3.3.2.2　脂肪醇聚氧乙烯醚硫酸盐(AES)

脂肪醇聚氧乙烯醚硫酸盐又称脂肪醇硫酸盐。由于分子中加入了乙氧基使其具有很多优点，如抗硬水性强，泡沫适中而稳定，溶解性好。缺点是在酸性和强碱性条件下不稳定，易于水解。

AES采用C_{12}~C_{14}的椰油醇为原料，有时也用C_{12}~C_{16}醇，与2~4分子环氧乙烷缩合。再进一步进行硫酸化，中和可用氢氧化钠、氨或乙醇胺。

脂肪醇聚氧乙烯醚硫酸盐的制法是脂肪醇与环氧乙烷进行加成反应后，以气态三氧化硫进行硫酸化，最后以碱中和。

$$ROH+nH_2C\underset{O}{-}CH_2 \longrightarrow RO\left(CH_2CH_2O\right)_nH$$

$$RO\left(CH_2CH_2O\right)_nH+SO_3 \longrightarrow RO\left(CH_2CH_2O\right)_nSO_3H$$

$$RO\left(CH_2CH_2O\right)_nSO_3H+NaOH \longrightarrow RO\left(CH_2CH_2O\right)_nSO_3Na$$

在硫酸化之前，先将醇与一个或几个环氧乙烷分子缩合，这样就改变了亲水基团的性质。化妆品中最常用的是聚氧乙烯月桂醇硫酸钠，月桂醇加成较多物质的量的环氧乙烷即可制成稠厚的液体。由于分子中具有聚氧乙烯醚结构，月桂醇聚氧乙烯醚硫酸钠比月桂醇硫酸钠水溶性更好，其浓度较高的水溶液在低温下仍可保持透明，适合配制透明液体香波。月桂醇聚氧乙烯醚硫酸盐的去油污能力特别强，可用于配制去油污的洗涤剂，如餐具洗涤剂，该原料本身的黏度较高，在配方中还可起到增稠作用。

3.3.2.3　单月桂酸甘油酯硫酸钠

单月桂酸甘油酯硫酸钠是以月桂酸和甘油在碱性催化剂作用下加热反应成单甘油酯，再以硫酸处理，然后以氢氧化钠中和而制得。它是白色或微黄粉末，接近无臭、无味，溶于水呈中性，对硬水稳定，其洗涤力、发泡性和乳化作用良好。

3.3.2.4 磺化琥珀酸二(1-甲基戊酯)钠盐

磺化琥珀酸二(1-甲基戊酯)钠盐又称渗透剂T，相对分子质量444.57。

生产方法为：琥珀酐在硫酸催化下与1-甲基戊醇发生酯化反应，生成顺丁烯二酸二仲戊酯。然后与亚硫酸氢钠磺化制得。

$$\text{(CH—CO)}_2\text{O} + 2CH_3-CH(OH)C_4H_9 \longrightarrow \begin{matrix} CHCOOCH(CH_3)C_4H_9 \\ \| \\ CHCOOCH(CH_3)C_4H_9 \end{matrix} + H_2O$$

$$\begin{matrix} CHCOOCH(CH_3)C_4H_9 \\ \| \\ CHCOOCH(CH_3)C_4H_9 \end{matrix} + NaHSO_3 \longrightarrow \begin{matrix} CH_2COOCH(CH_3)C_4H_9 \\ | \\ Na_2O_3S-CH_2COOCH(CH_3)C_4H_9 \end{matrix}$$

3.3.3 磷酸酯盐型表面活性剂

具有代表性的磷酸酯阴离子表面活性剂为烷基聚氧乙烯醚磷酸酯盐，它的分子通式：

$$RO(CH_2CH_2O)_n-\overset{\overset{O}{\|}}{\underset{\underset{OM}{|}}{P}}-OM \qquad \begin{matrix} RO(CH_2CH_2O)_n \\ RO(CH_2CH_2O)_n \end{matrix}\!\!>\overset{\overset{O}{\|}}{P}-OM$$

式中，R为$C_8 \sim C_{18}$烷基；M为Na、K、二乙醇胺、三乙醇胺；n一般为3~5。磷酸酯盐类表面活性剂的合成方法与硫酸盐相似，由高级醇或聚氧乙烯化的高级醇与磷酸化试剂反应，然后用碱中和而得。常用的磷酸化试剂有五氧化二磷、聚磷酸、三氯氧磷、三氯化磷等，其中主要是五氧化二磷和聚磷酸。

(1) 五氧化二磷合成法

由于条件温和，工艺简便，收率较高，在工业上最为常用。如五氧化二磷与烷基聚氧乙烯醚[摩尔比为1∶(2~4.5)]在30~50℃下反应，先生成单酯，继续反应生成双酯，因此在产品中是单酯和双酯盐的混合物。反应式如下：

$$3RO(CH_2CH_2O)_nH + P_2O_5 \longrightarrow RO(CH_2CH_2O)_n-\overset{\overset{O}{\|}}{\underset{\underset{OH}{|}}{P}}-OH + \begin{matrix} RO(CH_2CH_2O)_n \\ RO(CH_2CH_2O)_n \end{matrix}\!\!>\overset{\overset{O}{\|}}{P}-OH$$

(2) 三氯化磷与醇反应

制取磷酸双酯的反应过程如下：

$$3ROH + PCl_3 \longrightarrow RO-\overset{\overset{O}{\|}}{\underset{\underset{OR}{|}}{P}}-H + RCl + 2HCl$$

$$RO-\overset{\overset{O}{\|}}{\underset{\underset{OR}{|}}{P}}-H + Cl_2 \longrightarrow RO-\overset{\overset{O}{\|}}{\underset{\underset{OR}{|}}{P}}-Cl + HCl$$

$$RO-\overset{\overset{\displaystyle O}{\|}}{\underset{\underset{\displaystyle OR}{|}}{P}}-Cl + H_2O \longrightarrow RO-\overset{\overset{\displaystyle O}{\|}}{\underset{\underset{\displaystyle OR}{|}}{P}}-OH + HCl$$

3.3.4 羧酸盐型表面活性剂

这类表面活性剂是以羧基为亲水基的一类阴离子表面活性剂。依据亲油基与羧基的连接方式，可以再分为两大类：一类是亲油基与羧基直接连接的脂肪酸盐(俗称皂类)，其通式为ROOM。另一类是亲油基通过中间键，例如酰胺键，与羧基相连接，其通式可写作：

$$R-\overset{\overset{\displaystyle O}{\|}}{C}-NH-(CH_2)_n-COONa$$

皂类表面活性剂可以分为碱金属皂、碱土金属及高价金属皂和有机碱皂，碱金属皂主要作为家用洗涤制品，如脂肪酸钠是香皂和肥皂的主要组分，脂肪酸钾是液化皂的主要组分。金属皂和有机碱皂主要作工业表面活性剂。

(1) 合成

① 天然动植油脂为原料。制造皂类表面活性剂的原料是来自天然动植物油脂，油脂与碱皂化反应制得。

$$\begin{array}{l} CH_2COOR \\ | \\ CHCOOR \\ | \\ CH_2COOR \end{array} + 3NaOH \xrightarrow[\text{加热}]{H_2O} \begin{array}{l} CH_2OH \\ | \\ CHOH \\ | \\ CH_2OH \end{array} + 3RCOONa$$

皂化所用的碱可以是氢氧化钠、氢氧化钾。用氢氧化钠皂化油脂得到的肥皂称为钠皂，而用氢氧化钾进行皂化得到的肥皂称为钾皂。

② 石油为原料。以石油为原料合成脂肪酸，部分地代替了天然油脂。

$$2RCH_3+3O_2 \xrightarrow[\triangle]{\text{催化剂}} 2RCHOOH+2H_2O$$

③ 多羧酸为原料

多羧酸为原料如 $C_nH_{2n+1}-\underset{}{\overset{\overset{\displaystyle CH_2COONa}{|}}{C}}HCOONa$ ($n=12\sim16$)等，在胶片生产中用作润湿剂。用三乙醇胺与油酸制成的皂为淡黄色浆状物，溶于水，易氧化变质，常用作乳化剂。

④ 松香酸为原料。松香酸与纯碱溶液中和形成的松香皂易溶于水，有较好的抗硬水能力和润湿能力，多用于洗涤用肥皂的生产。

(2) 皂类表面活性剂的性质

① 皂类表面活性剂的水溶性。皂类在水中的溶解度大小与它的化学成分有关。碱金属能溶于水和热酒精中，而不溶于乙醚、汽油、丙酮和类似的有机溶剂，在食盐、氢氧化钠等电解质水溶液中也不溶解。各类皂类在水中的溶解情况大致为：铵皂、钾皂、钠皂，不饱和酸皂比饱和酸皂易溶；低分子皂类较高分子皂类易溶；环烷酸皂及树脂酸皂也易溶于水；而重金属与碱土金属皂则不易溶于水。

② 皂类表面活性剂降低表面张力的能力。碱金属皂类的表面活性起始于 C_8 的脂肪酸盐，随着脂肪酸盐的碳链增长，降低表面张力的能力逐渐增强，超过 C_{18}者能力下降；而不

饱和酸盐降低表面活性的能力一般比饱和酸盐大。同时，降低表面张力的能力受其反离子的影响很大。实验证明，反离子对其降低表面张力的影响，按下列 $Na^+ < K^+ < NH_4^+ < N^+(C_2H_4OH)_3 < N^+(C_2H_4OH)$ 的顺序增强。另外，皂类的临界胶束浓度(CMC)也随着烷链长度的增长而减小。

③ 皂类表面活性剂的发泡性能。一般而言，碱金属皂的泡沫性能较好。就肥皂而言，其碳链短些的，泡沫易于形成，如 $C_{10} \sim C_{12}$的脂肪酸皂的泡沫粗大，但不稳定；而碳链较长的脂肪酸皂，形成的泡沫细小而持久，但不易形成；不饱和酸皂如油酸钠起泡性能差，且泡沫不持久；松香酸皂的起泡性能也差，但加入碳酸钠后，起泡性大为增加。

④ 皂类表面活性剂的去污力。肥皂的去污力与肥皂的种类有关。$C_{16} \sim C_{18}$的饱和酸皂在80~90℃的去污性能最好；不饱和酸皂在20~50℃时的去污力最好。肥皂在软水中去污力强，水的硬度增大，去污力低。

肥皂在硬水中去污力下降的主要原因，是由于它与硬水中的 Ca^{2+}、Mg^{2+}反应生成不溶于水且失去洗涤能力的钙、镁皂。此外肥皂适于在碱性、中性环境中使用，不宜在酸性环境中使用。这是因为肥皂在酸性溶液中易使其脂肪酸游离析出，结果使肥皂失去表面活性。

(3) 皂类表面活性剂的用途

羧酸盐型表面活性剂早已应用于各个领域，如硬脂酸钠皂、钾皂早已用作洗涤剂、起泡剂、乳化剂以及润湿剂等。脂肪酸的三乙醇胺，常用在非水溶剂中作乳化剂。硬脂酸的钙、钡、镁及铝皂也是很好的金属防锈油添加剂。

在石油工业中，羧酸盐表面活性剂能使油层和水层的界面张力达到 $10^{-3} \sim 10^{-4}$mN/m，可以用作提高原油采收率的驱油剂。松香酸钠、环烷酸钠、硬脂酸钠以及油酸钠可用作 Ca^{2+}、Mg^{2+}含量高的出水油井封堵剂；铝皂可用作泥浆消泡剂和 W/O 乳化剂。妥尔油碱土金属皂也可用于配制 W/O 型乳化泥浆，脂肪酸皂和环烷酸皂也曾用作原油破乳等方面。

3.4 阳离子表面活性剂

所有工业上的阳离子表面活性剂都是有机氮化合物。它们大致可分为两类，一类是胺盐型阳离子表面活性剂；另一类则是季铵盐型阳离子表面活性剂，其分子中带有正电荷。在通常情况下，阳离子表面活性剂一般都具有良好的乳化、润湿、洗涤、柔软、杀菌、抗静电、匀染和抗腐蚀等性能。阳离子表面活性剂的其他用途还包括金属防腐剂、头发调理剂、沥青乳化剂、农药杀虫剂、化妆品添加剂、抗氧化剂、矿物浮选剂和发泡剂等，由于其特殊的性能与应用，具有良好的发展潜力。

3.4.1 季铵盐型阳离子表面活性剂

季铵盐型阳离子表面活性剂是最为重要的阳离子表面活性剂品种，其性质和制法均与胺盐型不同。此类表面活性剂既可溶于酸性溶液，又可溶于碱性溶液，具有一系列优良的性质，而且与其他类型的表面活性剂相容性好，因此使用范围比较广泛。

合成阳离子表面活性剂的主要反应是 N-烷基化反应，其中叔胺与烷基化试剂作用，生成季铵盐的反应也叫作季铵化反应。

3.4.1.1　烷基季铵盐

烷基季铵盐结构特点是氮原子上连有四个烷基，即铵离子 NH_4^+ 的四个氢原子全部被烷基所取代，通常四个烷基中只有一个或者两个是长链碳氢烷基，其余烷基的碳原子数为一个或两个。根据其特点，烷基季铵盐的合成方法主要有三种，即由高级卤代烷与低级叔胺反应制得、由高级烷基胺和低级卤代烷反应制得和通过甲醛-甲酸法制得。

(1) 高级卤代烷与低级叔胺反应

由高级卤代烷与低级叔胺反应合成烷基季铵盐是目前比较常用的方法，该方法的反应通式为：

$$\overset{\delta^+}{R}\overset{\delta^-}{X} + :N(R_1)(R_2)-R_3 \longrightarrow R-\overset{+}{N}(R_1)(R_2)-R_3 \cdot X^-$$

在这一反应中，卤代烷的结构对反应的影响主要表现在以下两个方面：

① 卤离子的影响。当以低级叔胺为进攻试剂时，此反应为亲核置换反应，卤离子越容易离去，反应越容易进行。因此当烷基相同时，卤代烷的反应活性顺序为：R-Cl<R-Br<R-I。

可见，使用碘代烷与叔胺反应效果最佳，反应速率快，产品收率高。但碘代烷的合成需要碘单质作原料，成本偏高，因此在合成烷基季铵盐时使用较少。多数情况下采用氯代烷与叔胺反应。

②烷基链的影响。卤原子相同时，烷基链越长，卤代烷的反应活性越弱。

此外，叔胺的碱性和空间效应对反应也有影响。叔胺的碱性越强，亲核活性越大，季铵化反应越易于进行。当叔胺上烷基取代基存在较大的空间位阻时，对季铵化反应不利。

常用的烷基季铵盐表面活性剂有十二烷基三甲基溴化铵和十六烷基三甲基溴化铵等。十二烷基三甲基溴化铵，即 1231 阳离子表面活性剂，主要用作杀菌剂和抗静电剂。它是由溴代十二烷与三甲胺按摩尔比 1∶(1.2~1.6)、在水介质中于 60~80℃ 反应制得的。反应中使用过量的三甲胺是为了保证溴代烷反应完全。

$$C_{16}H_{33}Br + (CH_3)_3N \xrightarrow{水} C_{16}H_{33}-\overset{+}{N}(CH_3)_3 \cdot Br^-$$

(2) 高级烷基胺和低级卤代烷反应

这种方法是由高级脂肪族伯胺与氯甲烷反应先生成叔胺，再进一步经季铵化反应得到季铵盐。例如十二烷基三甲基氯化铵的合成即可采用此种方法。

$$C_{12}H_{25}NH_2 + 2CH_3Cl + 2NaOH \longrightarrow C_{12}H_{25}-N(CH_3)_2 + 2NaCl + 2H_2O$$

(3) 甲醛-甲酸法

甲醛-甲酸法是制备二甲基烷基胺的最古老的方法，这种方法操作简单，成本低廉，因此在工业上得到广泛的应用，占有重要的地位。但是用该法生产的产品质量略低。

甲醛-甲酸法是以椰子油或大豆油等油脂的脂肪酸为原料，与氨反应经脱水制成脂肪腈，再经催化加氢还原制得脂肪族伯胺，这两步反应的方程式为：

$$RCOOH \xrightarrow{NH_3} RCOONH_4 \xrightarrow[360℃]{-H_2O} RCONH_2 \xrightarrow[360℃]{-H_2O} RCN$$

$$RCN + 2H_2 \xrightarrow{\text{催化加氢}} RCH_2NH_2$$

然后以此脂肪族伯胺为原料，先将其溶于甲醇溶液中，在35℃下加入甲酸，升温至50℃后再加入甲醛溶液，最后在80℃回流反应数小时即可得到二甲基烷基胺，产物中叔胺的含量为85%~95%。

$$RNH_2 + 2HCHO + 2HCOOH \xrightarrow[\triangle]{\text{甲醇溶液}} R{-}N(CH_3)_2 + 2CO_2 + 2H_2O$$

为了提高反应的收率，应当控制适宜的原料配比。研究表明，提高甲酸的投料量有助于主产物收率的提高。例如，当脂肪胺、甲酸和甲醛的摩尔比为1∶5.2∶2.2时，叔胺的收率可达到95%。

由甲醛-甲酸法制得的叔胺与氯甲烷反应便可制得烷基季铵盐型阳离子表面活性剂。

$$C_{12}H_{25}{-}N(CH_3)_2 + CH_3Cl \xrightarrow[\text{加压}]{\text{加热}} [H_3C{-}N^+(CH_3)(C_{12}H_{25}){-}CH_3] \cdot Cl^-$$

这种表面活性剂也称为乳胶防黏剂DT，易溶于水，溶液呈透明状，具有良好的表面活性。

3.4.1.2　含有苯环的季铵盐

以氯化苄为原料合成含苯环的季铵盐型阳离子表面活性剂的种类较多，这里仅就代表性的品种简要介绍。

(1) 洁尔灭

$$C_{12}H_{25}{-}N^+(CH_3)_2{-}CH_2{-}C_6H_5 \cdot Cl^-$$

洁尔灭的化学名称为十二烷基二甲基苄基氯化铵，又叫1227阳离子表面活性剂。该表面活性剂易溶于水，呈透明溶液状，质量分数为万分之几的溶液即具有消毒杀菌的能力，对皮肤无刺激、无毒性，对金属不腐蚀，是一种十分重要的消毒杀菌剂。使用时将其配制成20%的水溶液应用，主要用于外科手术器械、创伤的消毒杀菌和农村养蚕的杀菌。此外，该产品还具有良好的发泡能力，也可用作聚丙烯腈的缓染剂。

它是由氯化苄与*N*，*N*-二甲基月桂胺在80~90℃下反应3h制得的。

$$C_{12}H_{25}{-}N(CH_3)_2 + C_6H_5{-}CH_2Cl \xrightarrow[3h]{80\sim90℃} C_{12}H_{25}{-}N(CH_3)_2{-}CH_2{-}C_6H_5 \cdot Cl^-$$

如果将配对的负离子由氯变为溴，则得到的表面活性剂称为新洁灭尔，是性能更加优异的杀菌剂。值得注意的是其合成方法与洁灭尔有所不同。它是由氯化苄先与六亚甲基四胺(乌洛托品)反应，得到中间产物再先后与甲酸和溴代十二烷反应制得，其合成过程如下：

$$C_6H_5CH_2Cl + (CH_2)_6N_4 \xrightarrow{40\sim60℃} C_6H_5CH_2[(CH_2)_6N_4]Cl$$

$$\xrightarrow[H_2O]{4HCOOH} C_6H_5CH_2N(CH_3)_2 \xrightarrow{C_{12}H_{25}Br} C_{12}H_{25}-N^+(CH_3)_2-CH_2-C_6H_4 \cdot Br^-$$

(2) NTN

NTN 即 *N*，*N*-二乙基-(3′-甲氧基苯氧乙基)苄基氯化铵，也可命名 *N*，*N*-二乙基-(3′-甲氧基苯氧乙基)苯甲胺氯化物，这是一种杀菌剂，其结构式如下：

$$3\text{-}CH_3O\text{-}C_6H_4\text{-}OCH_2CH_2-N^+(C_2H_5)_2-CH_2-C_6H_4 \cdot Cl^-$$

该表面活性剂的疏水部分含有醚基，因此首先应合成含有醚基的叔胺，再与氯化苄反应，具体步骤如下：

$$3\text{-}CH_3O\text{-}C_6H_4\text{-}OH \xrightarrow{NaOH} 3\text{-}CH_3O\text{-}C_6H_4\text{-}ONa \xrightarrow[-NaCl]{ClCH_2CH_2N(C_2H_5)_2} 3\text{-}CH_3O\text{-}C_6H_4\text{-}OCH_2CH_2-N(C_2H_5)_2$$

$$\xrightarrow[100℃，24h]{C_6H_5CH_2Cl} 3\text{-}CH_3O\text{-}C_6H_4\text{-}OCH_2CH_2-N^+(C_2H_5)_2-CH_2-C_6H_4 \cdot Cl^-$$

3.4.1.3 含杂原子的季铵盐

这里所谓的杂原子的季铵盐一般是指疏水性碳氢链中含有 O、N、S 等杂原子的季铵盐，也就是指亲油基中含有酰胺键、醚键、酯键或者硫醚键的表面活性剂。由于亲水基团季铵阳离子与烷基疏水基是通过酰胺、酯或硫醚等基团相连，而不是直接连接在一起，故也有人将这类季铵盐称作间接连接型阳离子表面活性剂。

(1) 含氧原子

含氧原子的季铵盐多是指疏水链中带有酰胺基或者醚基的季铵盐。

①含酰胺基的季铵盐　酰胺基的引入一般是通过酰氯与胺反应实现的。在表面活性剂的合成过程中，先制备含有酰胺基的叔胺，最后进行季铵化反应得到目标产品。

例如表面活性剂 Sapamine MS 的合成主要有三步反应。

第一步，油酸与三氯化磷反应制得油酰氯。

$$3C_{17}H_{33}COOH+PCl_3 \xrightarrow{NaOH} 3C_{17}H_{33}COCl+H_3PO_4$$

第二步，油酰氯与 *N*，*N*-二乙基乙二胺缩合制得带有酰胺基的叔胺 *N*，*N*-二乙基-2-油酰胺基乙胺。

$$C_{17}H_{33}COCl+NH_2CH_2CH_2N(C_2H_5)_2 \xrightarrow{-HCl} C_{17}H_{33}CONHCH_2CH_2N(C_2H_5)_2$$

第三步，*N*，*N*-二乙基-2-油酰胺基乙胺与硫酸二甲酯剧烈搅拌反应 1h 左右，分离得到 Sapamine MS。

$$C_{17}H_{33}CONHCH_2CH_2N(C_2H_5)_2 + (CH_3O)_2SO_2 \longrightarrow H_3C-N^+(C_2H_5)_2-CH_2CH_2NHCOC_{17}H_{33} \cdot CH_3SO_4^-$$

②含醚基的季铵盐　含有醚基的季铵盐表面活性剂通常具有类似如下化合物的结构：

$$C_{18}H_{37}OCH_2N^+(CH_3)_3 \cdot Cl^-$$

该表面活性剂的合成方法是：在苯溶剂中将十八醇与三聚甲醛和氯化氢充分反应，分离并除去水，减压蒸馏得到十八烷基氯甲基醚。以此化合物为烷基化试剂，同三甲胺进行 *N*-烷基化反应制得产品。

$$C_{18}H_{37}OH + HCHO + HCl \xrightarrow{5\sim10℃} C_{18}H_{37}OCH_2Cl$$

$$C_{18}H_{37}OCH_2Cl + N(CH_3)_3 \longrightarrow C_{18}H_{37}OCH_2N^+(CH_3)_3 \cdot Cl^-$$

(2) 含氮原子

在亲油基团的长链烷基中含有氮原子的表面活性剂如 *N*-甲基-*N*-十烷基氨基乙基三甲基溴化铵，它是由 *N*-甲基-*N*-十烷基溴乙胺与三甲胺在苯溶剂中、于密闭条件下 120℃反应 12h，经冷却、加水稀释得到的透明状液体产品。

$$C_{10}H_{21}-N(CH_3)-CH_2CH_2Br + N(CH_3)_3 \xrightarrow{120℃,\ 压力,\ 12h} C_{10}H_{21}-N(CH_3)-CH_2CH_2N^+(CH_3)_3 \cdot Br^-$$

(3) 含硫原子

合成长链烷基中含有硫原子的季铵盐，首先要制备长链烷基甲基硫醚的卤化物，即具有烷化能力的含硫亲油基，并以此为烷基化试剂进行季铵化反应。

长链烷基甲基硫醚的卤化物合成通常采用长链烷基硫醇与甲醛和氯化氢反应的方法。例如，十二烷基氯甲基硫醚的合成反应如下所示：

$$C_{12}H_{25}SH + HCHO + HCl \xrightarrow{-H_2O} C_{12}H_{25}SCH_2Cl$$

反应中向十二烷基硫醇与 40%甲醛溶液的混合物中通入氯化氢气体，脱水后即可得到无色液态的产品。将生成的硫醚与三甲胺在苯溶剂中于 70~80℃加热反应 2h 即到达反应终点，分离、纯化，可以制得无色光亮的板状结晶产品。其反应式为：

$$C_{12}H_{25}SCH_2Cl + N(CH_3)_3 \xrightarrow{70\sim80℃,\ 2h} C_{12}H_{25}SCH_2N^+(CH_3)_3 \cdot Cl^-$$

3.4.1.4　椰油酰胺丙基季铵盐的合成

(1) 椰油酰胺丙基二甲基胺的合成

在装有搅拌器、分水器和温度计的反应釜中，按摩尔比投入椰子油和 *N*, *N*-二甲基丙二胺，并加入一定量的甲苯，升温至 130~150℃，在搅拌回流条件下反应 5~8h(至分水器中的水量不再增加)。反应完毕后，减压蒸馏，除去甲苯及过量的 *N*, *N*-二甲基丙二胺。然后用正己烷重结晶，干燥后得浅黄色固体状产品。

(2) 季铵盐的合成

椰油胺酰胺丙基二甲基胺和季铵化试剂氯甲烷按摩尔比 1：1.1 投料，在反应釜中加热反应，反应温度控制在 95~98℃，时间为 6h。反应完毕后，用无水乙醇反复萃取产品，然后干燥得到淡黄色带黏性的固体产品。

3.4.1.5　双季铵盐的合成

在阳离子表面活性剂的活性基上带有两个正电荷的季铵盐称为双季铵盐。例如，以叔胺与 β-二氯乙醚反应，可以制取双季铵盐，反应如下：

$$2RN(CH_3)_2 + ClCH_2CH_2OCH_2CH_2Cl \longrightarrow Cl^- \cdot R-N^+(CH_3)_2-CH_2CH_2OCH_2CH_2-N^+(CH_3)_2-R \cdot Cl^-$$

同样，以叔胺与对苯二甲基二氯反应，可生成如下的双季铵盐。

$$2RN(CH_3)_2 + ClCH_2-C_6H_4-CH_2Cl \longrightarrow Cl^- \cdot R-\overset{CH_3}{\underset{CH_3}{N^+}}-CH_2-C_6H_4-CH_2-\overset{CH_3}{\underset{CH_3}{N^+}}-R \cdot Cl^-$$

3.4.2 胺盐型阳离子表面活性剂

胺盐型阳离子表面活性剂是脂肪胺与无机酸形成的盐，常用的酸有盐酸、甲酸、乙酸、氢溴酸、硫酸等。例如，十二胺是不溶于水的白色蜡状固体，加热至 60~70℃ 变成为液态后，在良好的搅拌条件下，加入乙酸中和，即可得到十二胺乙酸盐。

3.4.2.1　伯胺盐酸盐

这类表面活性剂的合成是用伯胺与无机酸的反应制得。所用的原料是以椰子油、棉籽油、大豆油或牛脂等油脂制成的胺类混合物，主要用作纤维柔软剂和矿物浮选剂等。

$$RNH_2 + HCl \longrightarrow RNH_2 \cdot HCl$$

3.4.2.2　仲胺盐

仲胺盐型表面活性剂的产品种类不多，目前市售商品主要是 Priminox 系列，此类产品的结构式为 $C_{12}H_{25}NH(CH_2CH_2O)_nCH_2CH_2OH$，对应的牌号如表 3-3 所示。

表 3-3　Priminox 系列商品牌号

n	0	4	14	24
商品牌号	Priminox43	Priminox10	Priminox20	Priminox32

Priminox 表面活性剂可以分为两种合成方法。一种是由高级卤代烷与乙醇胺的多乙氧基物反应制备，即

$$C_{12}H_{25}Br + NH_2(CH_2CH_2O)_nCH_2CH_2OH \longrightarrow C_{12}H_{25}NH(CH_2CH_2O)_nCH_2CH_2OH$$

另一种是由高级脂肪胺与环氧乙烷反应制备。

$$C_{12}H_{25}NH_2 + (n+1)H_2\overset{O}{C-C}H_2 \longrightarrow C_{12}H_{25}NH(CH_2CH_2O)_nCH_2CH_2OH$$

3.4.2.3　叔胺盐

叔胺盐型阳离子表面活性剂中最重要的品种是亲油基中含有酯基的 Soromine 系列和含有酰胺基的 Ninol、Sapamine 系列产品。

(1) Soromine 系列

该系列表面活性剂中最重要的品种为 Soromine A，是由 IG 公司开发生产的，其国内商品牌号为乳化剂 FM，具有良好的渗透性和匀染性。其结构式为：

$$C_{17}H_{35}COOCH_2CH_2-N\begin{matrix} CH_2CH_2OH \\ CH_2CH_2OH \end{matrix}$$

它是由脂肪酸和三乙醇胺在 160~180℃ 下长时间加热缩合制得而成。

$$C_{17}H_{35}COOH + N(CH_2CH_2OH)_3 \xrightarrow{160\sim180℃} C_{17}H_{35}COOCH_2CH_2N(CH_2CH_2OH)_2$$

(2) Ninol(尼诺尔)系列

该系列产品结构通式为：

$$\mathrm{RCON}\begin{cases}\mathrm{CH_2CH_2OH}\\ \mathrm{CH_2CH_2OH}\end{cases}$$

此类产品的长碳链烷基和酰胺键相连，抗水性能较好。日本战后最初生产的柔软剂即采用此化合物。它的合成方法是由脂肪酸与二乙醇胺反应制得，例如：

$$C_{17}H_{35}COOH+NH(CH_2CH_2OH)_2 \xrightarrow[-H_2O]{150\sim175℃} C_{17}H_{35}CON(CH_2CH_2OH)_2$$

(3)Sapamine 系列

这一系列产品由瑞士汽巴-嘉基公司最先投产，其分子中烷基和酰胺基相连，具有一定的稳定性，不易水解。其价格高于 Soromine 系列产品。此类表面活性剂主要用作纤维柔软剂和直接染料的固定剂等。其结构通式为：

$$C_{17}H_{33}CONHCH_2CH_2N(C_2H_5)_2 \cdot HX$$

根据成盐所使用的酸不同，可以得到不同牌号的产品，见表 3-4。

表 3-4 Sapamine 主要产品

HX	CH_3COOH	HCl	$CH_3CHOHCOOH$
商品牌号	Sapamine A	Sapamine CH	Sapamine L

该类表面活性剂由油酸与三氯化磷反应生成油酰氯，再与 *N*，*N*-二乙基乙二胺缩合，最后用酸处理制得，其反应式为：

$$3C_{17}H_{33}COOH + PCl_3 \longrightarrow 3C_{17}H_{33}COCl$$

$$C_{17}H_{33}COCl + NH_2CH_2CH_2N(C_2H_5)_2 \xrightarrow{-HCl} C_{17}H_{33}CONHCH_2CH_2N(C_2H_5)_2$$

$$\xrightarrow{酸处理} C_{17}H_{33}CONHCH_2CH_2N(C_2H_5)_2 \cdot HX$$

3.4.3 咪唑啉盐

该类表面活性剂的结构通式如下：

$$\mathrm{R{-}C}\begin{cases}{=}\mathrm{N{-}CH_2}\\ \mathrm{{-}N(H){-}CH_2}\end{cases}$$

其制备方法是将脂肪酸和乙二胺的混合物加热，先在 180~190℃时脱水生成酰胺，然后再在高温(250~300℃)加热下脱水成环生成咪唑啉。其反应过程为：

$$\mathrm{RCOOH} + \begin{matrix}\mathrm{H_2N{-}CH_2}\\ |\\ \mathrm{H_2N{-}CH_2}\end{matrix} \xrightarrow[-H_2O]{180\sim190℃} \begin{matrix}\mathrm{RC({=}O){-}NH{-}CH_2}\\ |\\ \mathrm{H_2N{-}CH_2}\end{matrix} \xrightarrow[-H_2O]{250\sim300℃} \mathrm{R{-}C}\begin{cases}{=}\mathrm{N{-}CH_2}\\ \mathrm{{-}N(H){-}CH_2}\end{cases}$$

使用不同的羧酸和胺为原料，可以合成多种咪唑啉盐表面活性剂的产品，而且合成条件也有差别。这些品种的合成反应方程式如下：

$$C_{17}H_{33}COOH + H_2N{-}CH(CH_2NH_2){-}CH(CH_3)_2 \xrightarrow[HCl]{290\sim300℃} C_{17}H_{33}{-}C{=}N{-}CH(CH(CH_3)_2){-}CH_2{-}NH\ (\text{ring}) \cdot HCl$$

$$C_{15}H_{31}COOH + H_2N{-}CH(CH_3){-}CH_2{-}NH_2 \xrightarrow{320\sim325℃} C_{15}H_{31}{-}C{=}N{-}CH(CH_3){-}CH_2{-}NH\ (\text{ring}) \cdot \frac{1}{2}H_2SO_4$$

$$C_{11}H_{23}COOH + H_2N{-}CH_2{-}CH(C_6H_5){-}NH_2 \xrightarrow[HBr]{290℃} C_{11}H_{23}{-}C{=}N{-}CH_2{-}CH(C_6H_5){-}NH\ (\text{ring}) \cdot HBr$$

3.5 两性表面活性剂

3.5.1 两性表面活性剂概述

从广义上讲两性表面活性剂是指在分子结构中，同时具有阴离子、阳离子和非离子中的两种或两种以上离子性质的表面活性剂。根据分子中所含的离子类型和种类，可以将两性表面活性剂分为以下四种类型。

(1)同时具有阴离子和阳离子亲水基团的两性表面活性剂

$$R{-}N^+(CH_3)_2{-}CH_2COO^-$$

式中，R 为长碳链烷基。

(2)同时具有阴离子和非离子亲水基团的两性表面活性剂

$$R{-}O{+}CH_2CH_2O{+}_nSO_3^-Na^+ \qquad R{-}O{+}CH_2CH_2O{+}_nCH_2COO^-Na^+$$

(3)同时具有阳离子和非离子亲水基团的两性表面活性剂

$$R{-}N^+(CH_3)(CH_2CH_2O)_qH{-}(CH_2CH_2O)_pH$$

(4)同时具有阳离子、阴离子和非离子亲水基团的两性表面活性剂

$$R{-}O{+}CH_2CH_2C{+}_nCH_2{-}CH(OH){-}CH_2{-}\overset{+}{N}(CH_3)_2{-}CH_2{-}COO^-$$

通常情况下人们所提到的两性表面活性剂大多是指狭义的两性表面活性剂，主要指分子中同时具有阳离子和阴离子亲水基团的表面活性剂，也就是前面提到的(1)和(4)类型的表面活性剂，而其余两种分别归属于阴离子和阳离子表面活性剂。

两性表面活性剂的正电荷绝大多数负载在氮原子上，少数是磷或硫原子。负电荷一般负载在酸性基团上，如羧基($—COO^-$)、磺酸基($—SO_3^-$)、硫酸酯基($—OSO_3^-$)、磷酸酯基

($—OPO_3H^-$)等。其结构的特殊性决定了两性表面活性剂具有独特的性质和功能。

3.5.2　两性表面活性剂的特性

两性表面活性剂基本不刺激皮肤和眼睛，在相当宽的 pH 值范围内都有良好的表面活性作用，它们与阴离子、阳离子、非离子型表面活性剂都可以兼容。由于以上特性，可用作洗涤剂、乳化剂、润湿剂、发泡剂、柔软剂和抗静电剂。

3.5.3　两性表面活性剂的等电点

两性表面活性剂分子中同时具有阴离子和阳离子亲水基团，也就是说它的分子中同时含有酸性基团和碱性基团。因此两性表面活性剂最突出的特性之一是具有两性化合物所共同具有的等电点性质，这是两性表面活性剂区别于其他类型表面活性剂的重要特征。其正电荷中心显碱性，负电荷中心显酸性，这决定了它在溶液中既能给出质子，又能接受质子。

例如，*N*-烷基-β-氨基羧酸型两性表面活性剂在酸性和碱性介质中呈现如下的电解平衡：

$$\underset{pH>4}{RNHCH_2CH_2COO^-} \underset{OH^-}{\overset{H^+}{\rightleftharpoons}} \underset{pH\approx 4}{RNHCH_2CH_2COOH} \underset{OH^-}{\overset{H^+}{\rightleftharpoons}} \underset{pH<4}{R\overset{+}{N}H_2CH_2CH_2COOH}$$

在 pH 值大于 4 的介质，如氢氧化钠溶液中，该物质以负离子形式存在，呈现阴离子表面活性剂的特征；在 pH 值小于 4 的介质，如盐酸溶液中，则以正离子形式存在，呈现阳离子表面活性剂的特征；而在 pH 值为 4 的介质中，表面活性剂以内盐的形式存在。可见两性表面活性剂的所带电荷随其应用介质或溶液的 pH 值的变化而不同。

N-烷基-β-氨基羧酸型两性表面活性剂的等电点为 4.0 左右，而大部分两性表面活性剂的等电点在 2~9 之间，两性表面活性剂的等电点可以用酸碱滴定法的方法确定，即用盐酸或氢氧化钠标准溶液滴定，并测定 pH 值的变化曲线，从而确定等电点。

3.5.4　两性表面活性剂的分类与合成

在两性表面活性剂中，已经商品化的品种相对其他类型的表面活性剂而言仍然较少。按照化学结构，两性表面活性剂主要分为甜菜碱型、咪唑啉型、氨基酸型三类。

(1)甜菜碱型

甜菜碱型两性表面活性剂的分子结构如下所示：

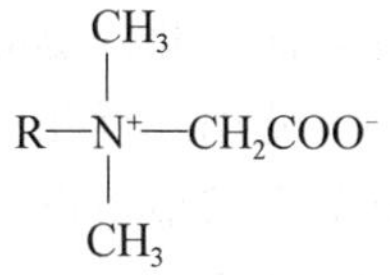

$$R-\overset{\overset{CH_3}{|}}{\underset{\underset{CH_3}{|}}{N^+}}-CH_2COO^-$$

其中阴离子部分还可以是磺酸基、硫酸酯基等，阳离子还可以是磷或硫等。

(2)咪唑啉型

分子中含有咪唑啉环，如：

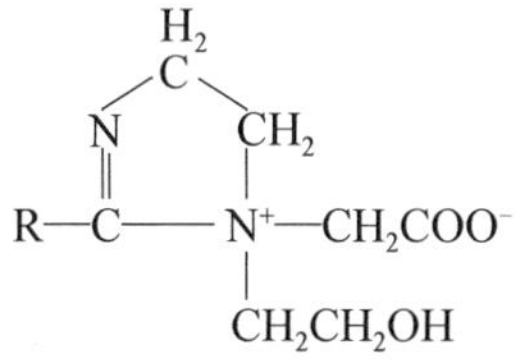

$$R-C\underset{N^+(CH_2CH_2OH)-CH_2COO^-}{\overset{=N-CH_2-CH_2}{}}$$

(3) 氨基酸型

此类表面活性剂的结构是β-氨基丙酸型和α-亚氨基羧酸型，它们的分子式结构如下：

$$RN^{+}H_2—CH_2CH_2COO^{-} \qquad \begin{matrix} RCHCOO^{-} \\ | \\ ^{+}NH_2R \end{matrix}$$

N-烷基-*β*-氨基丙酸型　　*N*-烷基-*α*-亚氨基羧酸

在上述两性表面活性剂分类中，最重要的表面活性剂品种是甜菜碱型和咪唑啉型。

3.5.4.1　甜菜碱型两性表面活性剂

甜菜碱型两性表面活性剂多用于抗静电剂、纤维加工助剂、干洗剂或香波中的表面活性剂成分。天然甜菜碱主要存在于甜菜中，其化学名称为三甲胺乙(酸)内酯，结构式为：

$$(CH_3)_3N^{+}CH_2COO^{-}$$

最典型的结构为 *N*-烷基二甲基甜菜碱，商品名为 BS-12，其结构通式为：

$$\begin{matrix} & CH_3 & \\ & | & \\ R— & N^{+} & —CH_2COO^{-} \\ & | & \\ & CH_3 & \end{matrix}$$

它的合成大多采用氯乙酸钠法制备。即是用氯乙酸钠与叔胺反应制备羧基甜菜碱。在制备过程中先用等摩尔的氢氧化钠溶液将氯乙酸中和至 pH 值为 7，使其转化成为氯乙酸的钠盐，该反应方程式为：

$$ClCH_2COOH+NaOH \longrightarrow ClCH_2COONa+H_2O$$

然后氯乙酸钠与十二烷基二甲胺在 50~150℃反应 5~10h 即可以制得产品，反应式为：

$$ClCH_2COONa + C_{12}H_{25}—N(CH_3)_2 \xrightarrow{50\sim150℃} C_{12}H_{25}—N^{+}(CH_3)_2—CH_2COO^{-} + NaCl$$

反应结束后向反应混合物加入异丙醇，过滤除去反应生成的氯化钠，再蒸馏除去异丙醇后即可得到浓度约为 30%的产品，该商品呈透明状液体。这种表面活性剂具有良好的润湿性和洗涤性，对钙、镁离子具有良好的螯合能力，可在硬水中使用。

3.5.4.2　咪唑啉型两性表面活性剂

咪唑啉表面活性剂是开发较晚的品种，其最突出的优点就是具有极好的生物降解性能，能迅速完全地降解，无公害产生；而且对皮肤和眼睛的刺激性极小，发泡性很好，因此较多地用在化妆品助剂、香波、纺织助剂等方面。此外也应用在石油工业、冶金工业、煤炭工业等作为金属缓蚀剂、清洗剂以及破乳剂等使用。近几年来，国外对咪唑啉型表面活性剂新品种的研制和扩大应用工作进展较快，有关文献报道也较多。据统计，在美国生产的两性表面活性剂中，咪唑啉衍生物占其总量的 60%以上。

该类表面活性剂的代表品种是 2-烷基-*N*-羧甲基-*N'*-羟乙基咪唑啉和 2-烷基-*N*-羧甲基-*N*-羟乙基咪唑啉，它们的结构通式为：

(结构式：咪唑啉环，R—C=N⁺(CH₂COO⁻)—CH₂—CH₂—N(CH₂CH₂OH)—)

2-烷基-*N*-羧甲基-*N'*-羟乙基咪唑啉

(结构式：咪唑啉环，R—C=N—CH₂—CH₂—N⁺(HOH₂CH₂C)(CH₂COO⁻)—)

2-烷基-*N*-羧甲基-*N*-羟乙基咪唑啉

式中，R 是含有 12~18 个碳原子的烷基。

3.5.4.3　氨基酸型两性表面活性剂

氨基酸型两性表面活性剂的制备方法大致有以下三种：

(1) 由高级脂肪胺与丙烯酸甲酯反应，再经水解制得

例如月桂胺与丙烯酸甲酯反应引入羧基，制得 *N*-十二烷基-β-氨基丙烯酸甲酯，该化合物在沸水浴中加热，并在搅拌下加入氢氧化钠水溶液进行水解生成表面活性剂 *N*-十二烷基-β-氨基丙烯酸钠。该反应方程式为：

$$C_{12}H_{25}NH_2 + H_2C{=}CHCOOCH_3 \longrightarrow C_{12}H_{25}NHCH_2CH_2COOCH_3$$

$$C_{12}H_{25}NHCH_2CH_2COOCH_3 + NaOH \longrightarrow C_{12}H_{25}NHCH_2CH_2COONa + CH_3OH$$

这类表面活性剂洗涤能力极强，可用作特殊用途的表面活性剂。

(2) 由高级脂肪胺与丙烯腈反应，再经水解制得

使用丙烯腈代替丙烯酸甲酯可以降低成本，使产品价格低廉。例如用这种方法合成 *N*-十八烷基-β-氨基丙烯酸钠的反应如下。

$$C_{18}H_{37}NH_2 + H_2C{=}CHCN \longrightarrow C_{18}H_{37}NHCH_2CH_2CN$$

$$C_{18}H_{37}NHCH_2CH_2CN + NaOH \xrightarrow{H_2O} C_{18}H_{37}NHCH_2CH_2COONa$$

以上两种方法合成的均是烷基胺丙烯酸型两性表面活性剂，若合成氨基与羧基之间只有一个亚甲基的品种时，可采用高级脂肪胺与氯乙酸钠反应的方法。

(3) 由高级脂肪胺与氯乙酸钠反应制得

烷基甘氨酸($RNHCH_2COOH$)是最简单的氨基酸型两性表面活性剂，它的氨基与羧基之间相隔一个亚甲基，其制备方法是由脂肪胺与氯乙酸钠直接反应制得。

$$RNH_2 + ClCH_2COONa \longrightarrow RNHCH_2COONa$$

合成过程是先将氯乙酸钠溶于水，然后加入脂肪胺，在 70~80℃ 下加热搅拌反应即可制得 *N*-烷基甘氨酸钠。

3.6　非离子表面活性剂

3.6.1　非离子表面活性剂的概述

非离子表面活性剂起始于 20 世纪 30 年代，最早由德国学者 C. Schuller 发现，并首次于 1930 年 11 月申请德国专利。在此之后美国先后开发了烷基酚聚氧乙烯醚、聚醚以及脂肪醇聚氧乙烯醚等产品。在 20 世纪 50~60 年代，又开发了多元醇型非离子表面活性剂。

所谓的非离子表面活性剂是一类在水溶液中不电离出任何形式的离子，亲水基主要由具有一定数量的含氧基团(一般为醚基或羟基)构成亲水性，靠与水形成氢键实现溶解的表面活性剂。其性能比离子型表面活性剂优越，具有如下特点：

① 稳定性高，不易受强电解质无机盐类的影响；

② 不易受镁离子、钙离子的影响，在硬水中使用性能好；

③ 不易受酸碱影响；

④ 与其他类型表面活性剂的相容性好；

⑤ 在水和有机溶剂中皆有较好的溶解性能；

⑥ 此类表面活性剂的产品大部分呈液态和浆态，使用方便；

⑦ 随着温度的升高，很多种类的非离子表面活性剂变得不溶于水，存在“浊点”，这也是这类表面活性剂的一个重要特点。

正是由于以上的特点，非离子表面活性剂具有较阴离子表面活性剂更好的发泡性、渗透性、去污性、乳化性、分散性，并且低浓度时有更好的使用效果，被广泛应用于纺织、造纸、食品、塑料、皮革、玻璃、石油、化纤、医药、农药、油漆、染料等工业部门。

3.6.2 非离子表面活性剂的分类

非离子表面活性剂的疏水基多是由含有活泼氢原子的疏水基团，如高碳脂肪醇、脂肪酸、高碳脂肪胺、脂肪酰胺等物质。目前使用量最大的是高碳脂肪醇。亲水基的来源主要有环氧乙烷、聚乙二醇、多元醇、氨基醇等物质。

按其亲水基结构的不同，非离子表面活性剂主要分为聚乙二醇型(或称聚氧乙烯型)和多元醇型两大类，其他还有聚醚型非离子表面活性剂。

① 聚乙二醇型　包括高级醇环氧乙烷加成物、烷基酚环氧乙烷加成物、脂肪酸环氧乙烷加成物、高级脂肪酰胺环氧乙烷加成物。

② 多元醇型　主要有甘油的脂肪酸酯、季戊四醇的脂肪酸酯、山梨醇及失水山梨醇的脂肪酸酯。

3.6.2.1 脂肪醇聚氧乙烯醚(AEO)

脂肪醇聚氧乙烯醚的结构通式为 $RO(CH_2CH_2O)_nH$，是最重要的非离子表面活性剂品种之一，商品名为平平加。它具有润湿性好、乳化性好、耐硬水、能用于低温洗涤、易生物降解以及价格低廉等优点。其物理形态随聚氧乙烯聚合度的增加从液态到蜡状固体，但一般情况下以液体形式存在，不易加工成颗粒状。

现以 Peregal(平平加 O)为例介绍脂肪醇聚氧乙烯醚的具体合成方法。月桂醇 184g (1mol)与催化剂 NaOH 1g 加热至 150～180℃，在良好搅拌下通入环氧乙烷，则反应不断进行，其反应式如下。

$$C_{12}H_{25}OH + nH_2\overset{O}{C-C}H_2 \xrightarrow[150\sim180℃]{NaOH} C_{12}H_{25}O(CH_2CH_2O)_nH$$

控制通入环氧乙烷的量，在 150～180℃可以得到不同物质的量的加成物。工业上一般采用加压聚合法，以提高反应速率。

脂肪醇聚氧乙烯醚的合成可认为是由如下两反应阶段完成：

$$C_{12}H_{25}OH + H_2\overset{O}{C-C}H_2 \xrightarrow{NaOH} C_{12}H_{25}OCH_2CH_2OH$$

$$C_{12}H_{25}OCH_2CH_2OH + nH_2\overset{O}{C-C}H_2 \xrightarrow{NaOH} C_{12}H_{25}O(CH_2CH_2O)_nCH_2CH_2OH$$

这两个阶段具有不同的反应速率。第一阶段反应速率略慢，当形成以分子环氧乙烷加成物($C_{12}H_{25}OCH_2CH_2OH$)后，反应速率迅速增加。

3.6.2.2 烷基酚聚氧乙烯醚

烷基酚聚氧乙烯醚是非离子表面活性剂早期开发的品种之一，其结构通式为：

$$R-C_6H_4-O(CH_2CH_2)_nH$$

式中，R 为碳氢链烷基，一般为 8~9 碳烷基，很少有十二个碳原子以上的烷基。苯酚也可以用其他酚如萘酚、甲苯酚等代替，但很少用。

例如壬基酚聚氧乙烯醚的合成反应如下：

$$C_9H_{19}-C_6H_4-OH + n\,H_2C\overset{O}{\frown}CH_2 \longrightarrow C_9H_{19}-C_6H_4-O(CH_2CH_2)_nH$$

该反应分为两个阶段，第一阶段是壬基酚与等物质的量的环氧乙烷加成，直到壬基酚全部转化为其单一的加成物后，才开始第二阶段即环氧乙烷的聚合反应。反应过程如下：

$$C_9H_{19}-C_6H_4-OH + H_2C\overset{O}{\frown}CH_2 \longrightarrow C_9H_{19}-C_6H_4-OCH_2CH_2OH$$

$$C_9H_{19}-C_6H_4-OCH_2CH_2OH + m\,H_2C\overset{O}{\frown}CH_2 \longrightarrow C_9H_{19}-C_6H_4-OCH_2CH_2O(CH_2CH_2)_mH$$

这类表面活性剂的生产大多采用间歇法，在不锈钢高压釜中进行氧乙基化反应，反应器内装有搅拌和蛇管，釜外带有夹套。

生产过程中，首先将烷基酚和氢氧化钾催化剂加入反应釜内，抽真空并用氮气保护，在无水无氧条件下，用氮气将环氧乙烷加入釜内，维持 0.15~0.3MPa 压力和 170℃进行氧乙烯化反应，直至环氧乙烷加完为止。冷却后用乙酸或柠檬酸中和反应物，再用双氧水漂白或活性炭脱色以改善产品颜色，最终制得烷基酚聚氧乙烯醚产品。

3.6.2.3 聚乙二醇脂肪酸酯

聚乙二醇脂肪酸酯 $RCOO(CH_2CH_2O)_nH$ 的工业合成方法有两种：脂肪酸与环氧乙烷酯化、脂肪酸与聚乙二醇酯化。

(1) 脂肪酸与环氧乙烷反应

脂肪酸与环氧乙烷在碱性条件下发生氧乙基化反应，分两个阶段进行。

第一阶段，是在碱的作用下脂肪酸与 1mol 环氧乙烷反应生成脂肪酸酯。此阶段也可叫作引发阶段，其反应式为：

$$RCOOH + OH^- \longrightarrow RCOO^- + H_2O$$

$$RCOO^- + H_2C\underset{O}{\smile}CH_2 \longrightarrow RCOOCH_2CH_2O^-$$

$$RCOOCH_2CH_2O^- + RCOOH \longrightarrow RCOOCH_2CH_2OH + RCOO^-$$

第二阶段是聚合阶段，由于醇盐负离子碱性高于羧酸盐离子，因此它可以不断地从脂肪酸分子中夺取质子，生成羧酸盐离子，直至脂肪酸全部耗尽。反应式为：

$$RCOOCH_2CH_2O^- + (n-1)\,H_2C\underset{O}{\smile}CH_2 \longrightarrow RCOO(CH_2CH_2O)_n^-$$

$$RCOO(CH_2CH_2O)_n^- + RCOOH \longrightarrow RCOO(CH_2CH_2O)_nH + RCOO^-$$

两步总反应式为：

$$RCOOH + H_2C\underset{O}{\smile}CH_2 \longrightarrow RCOOCH_2CH_2OH$$

$$RCOOCH_2CH_2OH + (n-1)\,H_2C\underset{O}{\smile}CH_2 \longrightarrow RCOO(CH_2CH_2O)_nH$$

(2)脂肪酸与聚乙二醇反应

由脂肪酸与聚乙二醇直接酯化制备脂肪酸聚乙二醇的反应为：

$$RCOOH + HO(CH_2CH_2O)_nH \longrightarrow RCOO(CH_2CH_2O)_n + H_2O$$

由于聚乙二醇两端均有羟基，因此可以同两分子羧酸反应，即

$$2RCOOH + HO(CH_2CH_2O)_nH \longrightarrow RCOO(CH_2CH_2O)_nOCR + 2H_2O$$

在酸性催化剂下，加入过量的聚乙二醇，可获得单酯。

以月桂酸聚乙二醇酯为例，其合成反应式为：

$$C_{11}H_{23}COOH + HO(CH_2CH_2O)_{14}H \xrightarrow{H_2SO_4} C_{11}H_{23}COO(CH_2CH_2O)_{14}H + H_2O$$

月桂酸200g(1mol)和相对分子质量约为600的聚乙二醇650g(1mol，EO聚合度约为14)，加入催化剂浓硫酸16g，在搅拌下于110~120℃反应2~3h，经酯化制得羧酸酯，中和残留的硫酸，再经脱色等处理即可制得产品。

3.6.2.4　聚甘油脂肪酸酯

聚甘油脂肪酸酯是由聚甘油混合物与脂肪酸进行酯化反应的产物，其外观和性状与脂肪酸的种类、含量和聚甘油的聚合度有关。以饱和脂肪酸和低聚合度的聚甘油为原料制得的聚甘油脂肪酸酯为塑性蜡状体；以饱和脂肪酸与较高聚合度的聚甘油为原料制备的聚甘油脂肪酸酯为脆性硬蜡状体；以不饱和脂肪酸与聚甘油制成的聚甘油不饱和脂肪酸酯为塑性黏稠状液体。

聚甘油脂肪酸酯的合成一般分为两步。

第一步，由甘油缩合或甘油酯与甘油加成反应制取聚甘油。甘油缩合是在碱性催化剂(NaOH、KOH或LiOH)存在下加热到200~300℃进行。

$$n\,HOCH_2\underset{\displaystyle OH}{\underset{|}{C}}HCH_2OH \xrightarrow[200\sim300℃]{NaOH} H\!\leftarrow\!OCH_2\underset{\displaystyle OH}{\underset{|}{C}}HCH_2\!\rightarrow_n\!OH + (n-1)H_2O$$

第二步，聚甘油与脂肪酸直接酯化，或与甘油三脂肪酸酯进行酯交换，生成聚甘油脂肪酸酯。

$$RCOOH + H\!\leftarrow\!OCH_2\underset{\displaystyle OR_1}{\underset{|}{C}}HCH_2\!\rightarrow_n\!OR_2 \longrightarrow R\overset{\displaystyle O}{\overset{\|}{C}}\leftarrow\!OCH_2\underset{\displaystyle OR_1}{\underset{|}{C}}HCH_2\!\rightarrow_n\!OR_2$$

式中，R_1、R_2=H或脂肪羧基，$n>1$。

反应产物中除含有聚甘油单脂肪酸酯外，还含有聚甘油的二脂肪酸酯、三脂肪酸酯和多脂肪酸酯，以及游离甘油和聚甘油、游离脂肪酸和脂肪酸钠等。

此外，还有几种非离子表面活性剂：

① 聚氧乙烯烷基酰醇胺 $RCONH(CH_2CH_2O)_nH$　　$RCON\begin{cases}(CH_2CH_2O)_xH\\(CH_2CH_2O)_yH\end{cases}$

当x、y、n均为1时，则有如下表面活性剂

$RCONHCH_2CH_2OH$　　$RCON\begin{cases}CH_2CH_2OH\\CH_2CH_2OH\end{cases}$　**(尼诺尔)**

② 聚氧乙烯烷基胺 $RN\begin{cases}(CH_2CH_2O)_xH\\(CH_2CH_2O)_yH\end{cases}$

③ 多元醇表面活性剂　这类表面活性剂主要是脂肪酸与多羟基物作用而生成的酯，如单硬脂酸甘油酯，季戊四醇酯和失水山梨醇酯。

④ 聚醚(聚氧乙烯-聚氧丙烯共聚) $HO(CH_2CH_2O)_b(\underset{\displaystyle CH_3}{\underset{|}{C}}HCH_2O)_a(CH_2CH_2O)_c$ 型表面活性剂是环氧乙烷及环氧丙烷的嵌段聚合物。这类表面活性剂商品名为 Pluronie，是应用比较广泛的一种表面活性剂，其中 $a \geqslant 15$，$(CH_2CH_2O)_{b+c}$的含量占 20%~90%。

3.7　新型表面活性剂

近一二十年来，特别是 20 世纪 90 年代以来，一些具有特殊结构的新型表面活性剂被相继开发。它们有的是在普通表面活性剂的基础上进行结构修饰(如引入一些特殊基团)，有的是对一些本来不具有表面活性的物质进行结构修饰，有些是从天然产物中发现的具有两亲性结构的物质，更有一些是合成的具有全新结构的表面活性剂。这些表面活性剂不仅为表面活性剂结构与性能关系的研究提供了合适的对象，而且具有传统表面活性剂所不具备的新性质，特别是具有针对某些特殊需要的功能，如：在纳米材料方面、化学催化、生物模拟、强化采油、药物载体与控制释放、乳液聚合、矿物浮选等方面都需要拥有特殊功能的表面活性剂。主要的新型表面活性剂有以下几种：

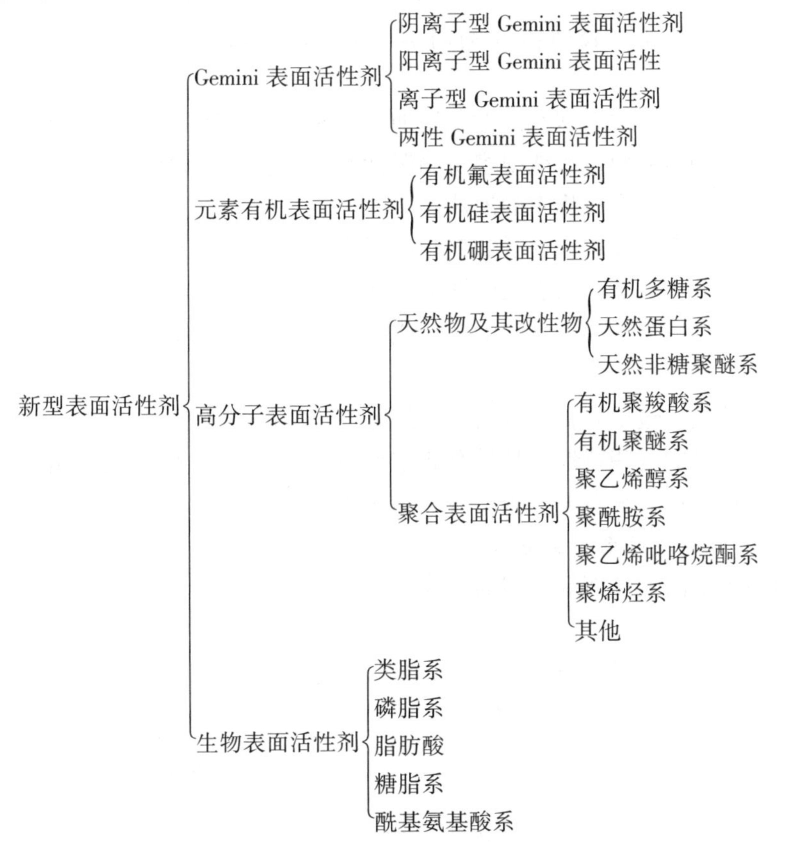

3.7.1　含氟表面活性剂

3.7.1.1　含氟表面活性剂的特性

普通的表面活性剂，以分子中的碳氢烃基为憎水基，分子中还可以含有氧、氮、硫、氯、溴、碘等元素，也称为碳氢表面活性剂。如果在分子中除了含有以上 8 种元素外，还含有氟、硅、磷、硼等元素的表面活性剂则称为特种表面活性剂。

含氟表面活性剂是普通表面活性剂的碳氢链中氢原子部分或全部被氟原子取代后，具有碳氟链憎水基的表面活性剂，属特种表面活性剂的一类。氟元素是电负性最大的非金属元素，具有高氧化性、高电离能，使得碳氟键键能高，结构比碳氢结构稳定，同时又使氟原子难以被极化，这种低极性使氟碳链疏水作用远超过碳氢链。氟原子的电负性大，直径小，能够将碳碳单键屏蔽起来，使之在强酸、强碱、高温和高辐射等各种环境下均显示出很高的稳定性。含氟表面活性剂具有高表面活性、高耐热稳定性及高化学稳定性这“三高”和含氟烃基既憎水又憎油这“两憎”的特性。此外，它还具有优良的复配性能等。

①高表面活性。含氟表面活性剂是迄今为止所有表面活性剂中表面活性最高的一种，这是含氟表面活性剂最重要的性质。它在浓度很低时就能使溶液的表面张力显著降低。一般含氟表面活性剂的浓度为 0.01%左右时，其水溶液的表面张力可以降低至 15~20mN/m。

②高耐热稳定性。一般含氟表面活性剂加热到 400℃ 以上不会分解，这也与 C—F 键十分稳定有关。

③高化学稳定性。含氟表面活性剂中的 C—F 键十分稳定，使它具有很高的抗强酸、强碱、强氧化剂的能力，可以在更多苛刻的环境中使用。

④既憎水又憎油。含氟表面活性剂分子中的含氟烃基，既是憎水基又是憎油基，这使一些固体材料表面有含氟表面活性剂时就不能粘附水性或油性的物质，大大减少了污染。

⑤良好的润湿渗透性和起泡稳泡性。添加含氟表面活性剂的液体润湿力和渗透力大为提高，在各种不同的物质表面上都能很容易润湿铺展。在普通表面活性剂不能起泡的物质中，使用含氟表面活性剂可以形成稳定的泡沫。

⑥优良的复配性能。含氟表面活性剂与碳氢表面活性剂复配后，具有更高的降低表面张力的能力。这可以大大降低含氟表面活性剂的使用成本。而且含氟表面活性剂在水中可以形成含水的稳定液晶，成为不溶于水的活性物质，分散于水中，从而使任何两种不同类型的含氟表面活性剂可以相互复配。

⑦其他优良性能。包括乳化分散性、抗静电性、润滑流平性、脱膜性等。

含氟表面活性剂的这些特性使其具有非常高的附加值、广泛的用途和市场前景，特别是在一些特殊的应用领域，有着其他表面活性剂无法替代的作用。

3.7.1.2 氟表面活性剂的制备方法

全氟聚氧丙烯链的氟表面活性剂的合成：

$$CF_3CF{=}CF_2 \xrightarrow{H_2O_2} CF_3\underset{\diagdown O \diagup}{CF - CF_2} \xrightarrow{KF} C_3F_7O(\underset{CF_3}{\underset{|}{C}}FCF_2O)_n\underset{CF_3}{\underset{|}{C}}FCOF$$

$$\downarrow NH_2(CH_2)_3N(C_2H_5)_2$$

$$C_3F_7O(\underset{CF_3}{\underset{|}{C}}FCF_2O)_n\underset{CF_3}{\underset{|}{C}}FCONH(CH_2)_3\underset{CH_3}{\underset{|}{\overset{+}{N}}}(C_2H_5)_2\cdot I^- \xleftarrow{CH_3I} C_3F_7O(\underset{CF_3}{\underset{|}{C}}FCF_2O)_n\underset{CF_3}{\underset{|}{C}}FCONH(CH_2)_3N(C_2H_5)_2$$

将全氟聚氧丙烯直接水解、中和，得到全氟羧酸盐阴离子型表面活性剂：

$$C_3F_7O(\underset{CF_3}{CF}CF_2O)_n\underset{CF_3}{CF}COF \xrightarrow[NaOH]{H_2O} C_3F_7O(\underset{CF_3}{CF}CF_2O)_nCFCOONa$$

全氟磺酸盐表面活性剂的合成路线：

$$CF_2{=}CF_2 \xrightarrow{SO_2} \begin{array}{c}CF_2{-}CF_2\\ |\quad\ \ |\\ O{-}\ SO_2\end{array} \xrightarrow{F^-} {}^-OCF_2CF_2SO_2F \xrightarrow{(n+1)CF_3CF{-}CF_2\ (O)} FC(=O){-}CF(CF_3){-}(OCF_2CF)_n^-OC_2F_4SO_2F$$

$$\xrightarrow{Na_2CO_3} F_2C{=}CF{-}(OCF_2CF)_n^-OC_2F_4SO_2F \xrightarrow{F_2} C_2F_5{-}(OCF_2CF)_n^-OC_2F_4SO_2F \xrightarrow{NaOH} C_2F_5{-}(OCF_2CF)_n^-OC_2F_4SO_3Na$$

3.7.2 含硅表面活性剂

有机硅表面活性剂主要是以聚二甲基硅氧烷为其疏水主链，在其中间位或端位连接一个或多个有机极性基团而构成的一类表面活性剂。常见的结构类型有：

$R_3\text{-}Si\text{-}C_nH_{2n}COOH$

$$RO{-}\underset{OR}{\overset{OR}{Si}}{-}(CH_2)_3{-}\underset{CH_3}{\overset{CH_3}{N^+}}{-}R'\cdot X^-$$

$$H_3C{-}\underset{CH_3}{\overset{CH_3}{Si}}{-}O{-}\underset{(CH_2)_3(OCH_2CH_2)_nOR}{\overset{CH_3}{Si}}{-}O{-}\underset{CH_3}{\overset{CH_3}{Si}}{-}CH_3$$

n=7~8

R=H，CH_3，CH_2CH_3

3.7.2.1 含硅表面活性剂的性能

(1) 界面性能

有机硅表面活性剂优异的表面活性源于其分子结构中疏水基团的结构。以三硅氧烷表面活性剂为例，其与普通碳氢表面活性剂的结构差异可用图 3-11 说明。从图中可以看出，决定有机硅表面活性剂活性的是甲基($-CH_3$)，柔软的 Si—O—Si 骨架仅仅起着支撑作用，使得这些甲基呈伞形排布在气液界面上。布满甲基的表面的表面能约 20mN/m，这正是采用硅氧烷表面活性剂所能达到的最低表面张力数值。而碳氢表面活性剂的疏水基团为长链烃基或烃基芳基，主要由亚甲基(CH_2)构成，且疏松地排布在气液界面上，因而采用碳氢表面活性剂一般能达到的表面张力为 30mN/m 或者以上。硅氧烷表面活性剂在水溶液和非水溶液中都具有表面活性。二甲基硅氧烷表面活性剂不仅在水溶液中，而且在有机溶剂中，它们的表面张力都可下降到 20~21mN/m，相当于纯二甲基硅氧烷的表面张力。

(2) 超润湿性

三硅氧烷表面活性剂不但能降低油水界面的界面张力；同时，还能在低能疏水表面(如聚苯乙烯表面) 润湿扩展，这一能力称为“超润湿性”或“超扩展性”。这种现象被认为是在溶液中存在特殊的表面活性剂聚集体。

(3) 与 CO_2 的作用

聚氧乙烯醚三硅氧烷表面活性剂可以使 CO_2 和水形成乳液，通过调节 EO 数，改变表面活性剂的“亲水亲 CO_2 平衡(HCB) ”，可以使乳液由 CO_2 包水(W/C) 转变为水包 CO_2(C/W)。

3.7.2.2 硅表面活性剂制备

为了解决上述表面活性剂中的 Si—O—C 易于水解的问题，可将 Si—O—C 键换

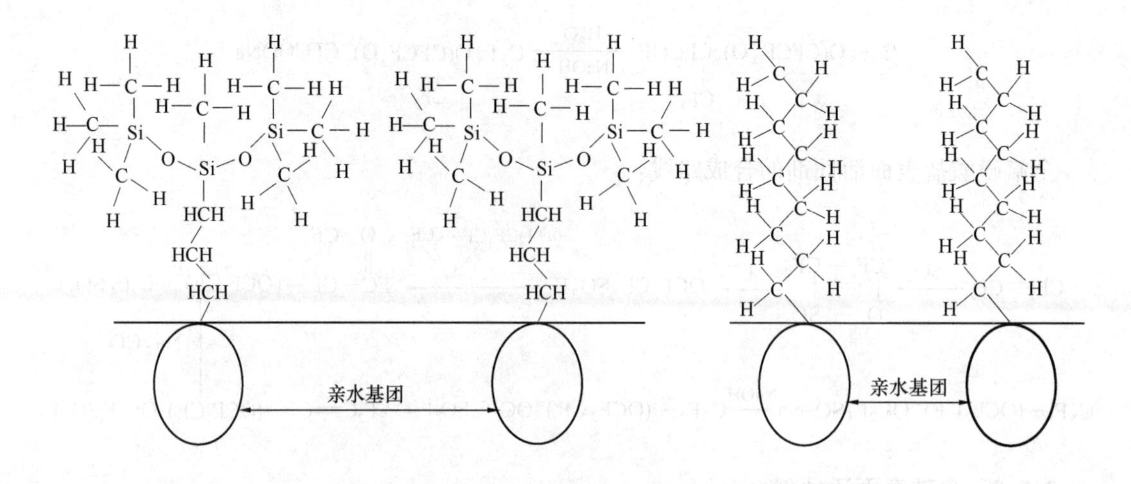

图 3-11　有机硅表面活性剂和碳氢表面活性剂表面活性特征

成Si—C 键：

$$\mathrm{RCOOH}+\begin{array}{l}\mathrm{CH_2-O}\\ \mathrm{CH-O}\\ \mathrm{CH_2-OH}\end{array}\!\!\mathrm{B-OH}\xrightarrow{\mathrm{DMF}}\begin{array}{l}\mathrm{CH_2-O}\\ \mathrm{CH-O}\\ \mathrm{CH_2-OOCR}\end{array}\!\!\mathrm{B-OH}$$

$$\mathrm{CH_3-\overset{CH_3}{\underset{CH_3}{Si}}-CH_3-O-\overset{CH_3}{\underset{CH_3}{Si}}-\cdots\ O-\overset{CH_3}{\underset{CH_3}{Si}}-OC_2H_5+HO(C_2H_4O)_xR}$$

$$\xrightarrow{-\mathrm{C_2H_5OH}}\mathrm{CH_3-\overset{CH_3}{\underset{CH_3}{Si}}-CH_3-O-\overset{CH_3}{\underset{CH_3}{Si}}-\cdots\ O-\overset{CH_3}{\underset{CH_3}{Si}}-O(C_2H_4)_xR}$$

$$\mathrm{CH_3-\overset{CH_3}{\underset{CH_3}{Si}}-CH_3-O-\overset{CH_3}{\underset{CH_3}{Si}}-\cdots\ O-\overset{CH_3}{\underset{CH_3}{Si}}-OC_2H_5+CH_2{=}CH-CH_2(OC_2H_4)_xR}$$

$$\xrightarrow{\mathrm{Pt}}\mathrm{CH_3-\overset{CH_3}{\underset{CH_3}{Si}}-CH_3-O-\overset{CH_3}{\underset{CH_3}{Si}}-\cdots\ O-\overset{CH_3}{\underset{CH_3}{Si}}-(CH_2)_3(OC_2H_4)_xOR}$$

3.7.3　含硼表面活性剂

硼原子是一个缺电子原子，形成化合物时的成键特性可归纳为三点：共价性、缺电子和多面体特性。硼是一个亲氧元素，它能形成许多含有 B—O 键的化合物。其特性如下：

（1）抗摩擦性

硼酸酯表面活性剂抗磨润滑的机理是形成了边界润滑膜。硼酸酯表面活性剂分子经过吸附、裂解、聚合、缩合、沉积以及摩擦渗硼等复杂的过程，在摩擦表面产生吸附膜、摩擦聚合物膜、表面沉积膜与渗透膜，减少了摩擦，从而起到抗磨作用。

（2）防锈性能

有机硼系咪唑啉防锈剂属于吸附膜型防锈剂，它的吸附基的中心原子（N）电子云密度高，可向金属表面提供电子形成配位键，从而吸附在金属表面，形成覆盖的保护膜。

（3）抗静电性

塑料制品中使用的传统非离子抗静电剂是通过不断迁移到表面，分子中的亲水基吸附空气中的水分，在制品表面形成水膜，从而实现抗静电作用。因此，具有很强的湿度依赖性。而有机硼酸酯结构中的半极性的硼螺环结构，由于类似于离子态，自身具有较强的静电衰减能力，故抗静电性能的实现对湿度依赖性大大降低。

（4）阻燃性

硼酸酯表面活性剂还具有一定的阻燃性，可用于防火材料的添加剂。

（5）抗菌性能

硼原子具有杀菌作用，硼酸就是医药中常用的消毒剂。硼酸酯表面活性剂的杀菌作用可使水中微生物繁殖能力下降，提高表面活性剂的应用效率；同时硼酸酯表面活性剂毒性低。

3.7.4 双子表面活性剂

近些年来，特别是20世纪90年代以来，一些具有特殊结构的新型表面活性剂被相继开发。分子中有两个疏水基，两个亲水基和一个联接基团将它们关联，使得它们比传统表面活性剂具有更高的表面活性。m-s-m 型的Gemini表面活性剂是一种典型的代表，其分子结构示意如图3-12所示

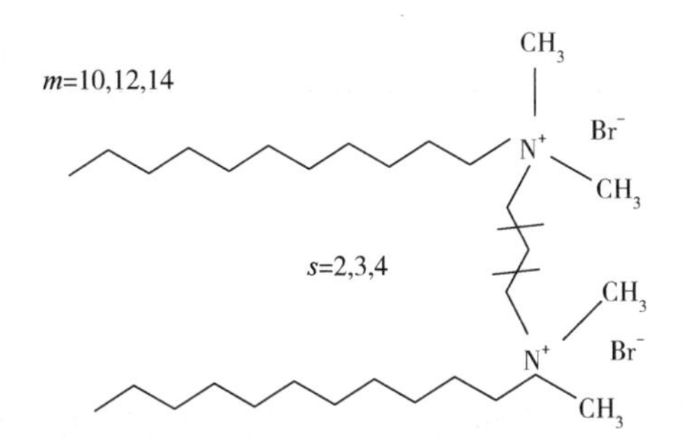

图3-12 m-s-m 型的Gemini表面活性剂结构示意图

m-s-m 型的Gemini表面活性剂连接链的长度对于二元表面活性剂和水的混合物的相态性质具有很大的影响。例如，对于侧烷基疏水链 m 为12的Gemini表面活性剂，在一定的范围内，所形成的溶致型液晶随 s 的增加逐渐减少，当 s 为10或12时液晶态完全消失，而当 $s \geqslant 16$ 时，溶致型液晶又重新出现。而侧烷基疏水链长度对相态的影响并不是很明显。在水-油-m-s-m 表面活性剂三相体系中，相图中微乳区域（单相区）的面积与 s 成非线性关系，当 s 约为10时达到最大值。m-s-m 型的Gemini表面活性剂的合成反应方程式如下：

$$C_nH_{2n+1}Br+N(CH_3)_2(CH_2)_mN(CH_3)_2 \xrightarrow{C_2H_5OH} \left[\begin{array}{c} C_nH_{2n+1}\overset{+}{N}(CH_3)_2 \\ | \\ (CH_2)_m \\ | \\ C_nH_{2n+1}\underset{+}{N}(CH_3)_2 \end{array}\right]2Br^-,\ m<2$$

$$C_nH_{2n+1}N(CH_3)_2 + Br(CH_2)_mBr \xrightarrow{C_2H_5OH} \left[\begin{array}{c} C_nH_{2n+1}\overset{+}{N}(CH_3)_2 \\ | \\ (CH_2)_m \\ | \\ C_nH_{2n+1}\underset{+}{N}(CH_3)_2 \end{array}\right] 2Br^-,\ m \geq 2$$

3.7.4.1 双子表面活性剂的优良特性

双子(Gemini) 表面活性剂与传统表面活性剂在分子结构上的明显区别是联接基团的介入。因此 Gemini 表面活性剂可以看作是几个传统表面活性剂分子的聚合体。在 Gemini 表面活性剂结构中，两个(或多个) 亲水基依靠联接基团通过化学键而联接起来，由此造成两个(或多个) 表面活性剂单体相当紧密地结合。因而，联接基团的介入及其化学结构、联接位置等因素的变化，将使 Gemini 表面活性剂的结构具备多样化的特点，进而对其溶液的界面等性质产生影响。表 3-5 列出一些典型 Gemini 表面活性剂的 CMC、pC_{20}(将水溶液表面张力降低 20mN/m 所需表面活性剂浓度的负对数)及 γ_{cmc}。为了便于比较，表中同时列出了传统表面活性剂 $C_{12}H_{25}SO_4Na$ 和 $C_{12}H_{25}SO_3Na$ 的表面活性数据。

表 3-5 Gemini 表面活性剂的表面活性数据

类　型	Y	CMC/（mmol/L）	γ_{cmc}/（mN/m）	pC_{20}/（mmol/L）
A	$—OCH_2CH_2O—$	0.013	27.0	0.0010
B	$—O—$	0.033	28.0	0.0080
B	$—OCH_2CH_2O—$	0.032	30.0	0.0065
B	$—O(CH_2CH_2O)_2—$	0.060	36.0	0.0010
$C_{12}H_{25}SO_4Na$		8.100	39.5	3.1000
$C_{12}H_{25}SO_3Na$		9.800	39.0	4.4000

注：A、B 结构式分别为：

A: R—O—, SO_4Na, Y, R—O—, SO_4Na ; B: R—O—, O, SO_3ONa, Y, R—O—, O, SO_3ONa

从表 3-5 中的数据可以看出，Gemini 表面活性剂 pC_{20} 值比传统表面活性剂降低 2~3 个数量级；CMC 值比传统表面活性剂降低 1~2 个数量级；其 γ_{cmc} 也远低于传统表面活性剂。因此与传统表面活性剂相比，Gemini 表面活性剂具有更高的表面活性。

用短联接基团联接的 Gemini 表面活性剂，在相当低的浓度时其水溶液就有很高的黏度，而相应的传统表面活性剂则是低黏度；Gemini 表面活性剂的聚集数目通常不超过传统表面活性剂的聚集数目(聚集数目是胶束的大小)，因此 Gemini 表面活性剂具有更加优良的物理化学性质，如：

①更易吸附在气-液表面，而且有很多种形态，从而有效地降低了水溶液的表面张力。

②Gemini 表面活性剂降低水溶液表面张力的倾向远大于聚集生成胶团的倾向，降低水溶液表面张力的效率是相当突出的。

③因分子中同时有两个亲水基团，所以其 kraft 点低，因此 Gemini 表面活性剂具有良好的低温溶解性能。

④对水溶液表面张力的降低能力和降低效率而言，Gemini 表面活性剂和传统表面活性

剂尤其是和非离子表面活性剂的复配能产生更大的协同效应。因此在实际应用中采用与廉价表面活性剂复配可降低成本，提高其应用价值。

⑤具有良好的钙皂分散和润湿性质。

⑥在溶液中，Gemini 表面活性剂具有特殊的聚集结构形态，在很低的浓度下，即可使溶液产生表观黏弹行为，因而具有特殊用途。

3.7.4.2　双子表面活性剂的应用

（1）制备新材料

Gemini 表面活性剂可以制备纳米材料的模板剂。Van der Voort 等通过控制阳离子 Gemini 表面活性剂的烷基长度以及联接基团的长度，可以制备不同晶相、不同孔径的高质量的纯硅胶。例如，1998 年 Voort 等用双子表面活性剂做模板剂制备出高质量立方相的分子筛 MCM-48和 MCM-41。利用电中性 Gemini 表面活性剂也可制备对热及热水超稳定的中孔囊泡状氧化硅材料。Kunio 等在 1998 年用紫外线辐射含 Gemini 表面活性剂的 $HAuCl_4$ 溶液，制得纤维状的 Au，而用传统表面活性剂则形成球状或棒状。

（2）增溶

与经典表面活性剂相比，Gemini 表面活性剂胶团增溶油的能力显著增加。例如，二聚体 2RenQ[1，2-bis(dodecyldimethylammonio)ethane dibromide]增溶甲苯时，甲苯/2RenQ = 38，而对于 CTAB(十六烷基三甲基溴化铵)体系，甲苯/CTAB 仅为 0.78。聚亚甲基链的季铵盐型 Gemini 表面活性剂(简称 m-s-m，2Br)对甲苯和正己烷的增溶能力随 m 的增加而增大，并且增溶甲苯的能力比正己烷强。这为从烷烃化合物中分离芳烃提供了新的途径。CTAB、2RenQ 和三聚体 3RenQ[methyldodecylbis(2-dimethyldodecylammonio)ethyl ammonium tribromide]对β-萘酚的增溶能力，则先随表面活性剂浓度增加而增大，达到最大值后降低；随 Gemini 表面活性剂分子结构中十二烷基链的增多，对β-萘酚的增溶量增加，即 3RenQ 的增溶能力最强。但是，若将 2RenQ 与非离子表面活性剂 $C_{12}E_6$ 混合，混合胶团增溶偶氮苯的能力却比单独 2RenQ 表面活性剂少。另外，在研究联接基团为己二酸或草酸的磺酸型 Gemini 表面活性剂的增溶能力时，发现它们增溶甲苯的能力较低。加入 NaBr，2RenQ 增溶β-萘酚的绝对量增大。

（3）乳液聚合

带有各种联接基团的阳离子 Gemini 表面活性剂，用于苯乙烯乳液聚合时，所形成的O/W微胶乳粒子的大小可由 Gemini 表面活性剂/单体比来控制。当联接基团为柔性的疏水烷基或亲水性低的聚氧乙烯时，粒子大小明显依赖于联接基团的长度；若联接基团为刚性链(芳基)，则粒子大小不确定。12-s-12，$2Br^-$(s=2，4，6，8，10 和 12)，20℃，s=10 时的乳液微粒最大，半径为 15nm，而 s=2 时仅为 10 nm。胶乳粒子的形成和大小，受微液滴结构、曲率和表面活性剂形状的影响。以 14-4-14 双子表面活性剂为微乳液相中的表面活性剂相，正丙醇为助表面活性剂，正庚烷为油相，超纯水为水相的微乳液体系来包载姜黄素，并考察其相应的性质，姜黄素的质量分数增加，其粒径也不断增加。一些非离子 Gemini 表面活性剂也是油在水中的很好的乳化剂。

（4）抑制金属腐蚀

金属腐蚀造成的经济损失是巨大的，Gemini 表面活性剂在抗腐蚀应用上也有突出的例子。Achouri 等研究了用联接基团将长碳链二甲基叔胺连接起来的一类 Gemini 表面活性剂 14-s-14(s=2，3，4) 系列抑制铁在盐酸中的腐蚀情况，结果表明，它们对在 1mol/L 盐酸中的金属铁有很好的保护作用，并且随着 Gemini 表面活性剂浓度增大防腐效果也增强，在 CMC 浓度附近达到最大值。

(5) 化合物的分离

Chen 用 20mmol/L 1，3-双(十二烷基-*N*，*N*-二甲基铵) -2-丙醇氯化物，通过电动毛细管色谱柱将 17 种麦角碱混合物完全分离开来(在 20℃，pH = 0.3，50mmol/L 磷酸缓冲溶液条件下)。而对应的单链表面活性剂十六烷基三甲基溴化铵就不能将 17 种麦角碱混合物分离开来。这是利用表面活性剂胶团的超强增溶能力。胶团增溶超滤，不仅可除去低分子有机物，还可分离水中的多价金属离子。Gemini 表面活性剂这种超强增溶性和低 CMC 大大降低油-水表面张力，为三次采油提供新助剂。

(6) 高效泡排剂

阳离子型和阴离子型 Gemini 表面活性剂普遍具有优良的起泡能力和泡沫稳定性。阳离子 Gemini 表面活性剂还可以作为低相对分子质量的胶凝剂，两性、阴离子和非离子型 Gemini 表面活性剂还可用作清洁剂或洗涤剂、皮革整理剂、药物分散剂，以及用于护肤、护发和化妆品中。研究表明，Gemini 阴离子表面活性剂在气液界面形成致密排列的结构，增强泡膜的稳定性；固态稳泡剂——纳米粒子吸附在气水界面形成稳定的空间壁垒，从而阻止气泡的聚并和歧化。在温度为 150℃、矿化度为 250000μg/g、H_2S 浓度为 400μg/g 下起泡性、稳泡性优良，而压力的增加则会提高泡沫稳定性，可以满足高温、高矿化度及含酸性腐蚀气体产水气井的泡排施工要求。

传统表面活性剂已广泛用于化工各个领域，人们称为工业的味精，双子表面活性剂则将无愧是工业味精的新一代精品。由于双子表面活性剂的特殊结构，它不仅具有高表面活性，而且产生新形态聚集体和奇异性质，为多学科交叉创造了条件，将在化学生物学、纳米材料、超分子与合成化学的发展中受到重视。预期在抗 HIV、抗肿瘤、基因转染方面，在环境保护、三次采油和新型功能材料制备等中有较好的应用前景。

3.7.5 其他表面活性剂

3.7.5.1 可解离型表面活性剂

可解离型表面活性剂(也称可控半衰期的表面活性剂)，是指在完成其应用功能后，通过酸、碱、盐、热或光作用能分解成非表面物质或转变成新表面活性化合物的一类表面活性剂。可离解型表面活性剂引起人们极大的兴趣，主要是由于以下原因：①表面活性剂在环境中易于分解，使其更容易生物降解；②通过表面活性剂的分解使其更容易在使用后分离除去；③通过表面活性剂的解离可使解离产物产生新功能，如用于个人护理品的表面活性剂在完成正常应用功能后，进一步解离产生对皮肤有利的物质。可解离型表面活性剂可通过其可解离的基团(键) 分为酸解型、碱解型、盐解型、热解型和光解型等。

3.7.5.2 反应型表面活性剂和可聚合表面活性剂

反应型表面活性剂是指带有反应基团的表面活性剂，它能与所吸附的基体发生化学反应，从而键合到基体表面，对基体起表面活性作用，同时也成了基体的一部分，它可以解决许多传统表面活性剂的不足。反应型表面活性剂至少应包括两个特征：其一它是表面活性剂，其二它能参与化学反应，而且反应之后也不丧失其表面活性。反应型表面活性剂除了包括亲水基和亲油基之外还应包括反应基团，反应基团的类型和表面活性对于反应型表面活性剂有特别重要的意义。

3.7.5.3　冠醚类表面活性剂

冠醚类大环化合物具有与金属离子络合、形成可溶于有机溶剂相的络合物的特性，因而广泛地用作“相转移催化剂”。由于冠醚大环主要由聚氧乙烯构成，与非离子表面活性剂极性基相似，故在冠醚大环上加入烷基取代基，则可得到与非离子表面活性剂相似，但又有其独特性质的新型表面活性剂——冠醚类表面活性剂。冠醚类表面活性剂的最主要特点，即其极性基与某些金属离子能形成络合物。形成络合物之后，此类化合物实际上从非离子表面活性剂转变为离子表面活性剂，而且易溶于溶剂中，故大环化合物可用做相转移催化剂，在合成时，可以调节环的大小，使之适应于与大小不同的离子的络合。正是由于冠醚类表面活性剂结构的特殊性，所形成的上述表面物理化学性质，使其在金属离子的萃取剂、相转移催化剂和离子选择性电极等方面，显示出良好的应用前景。

3.7.5.4　螯合性表面活性剂

螯合性表面活性剂是由有机螯合剂如 EDTA、柠檬酸等衍生的具有螯合功能的表面活性剂，其分子中含有一个长碳链烷基和几个相邻胺羧结构的离子型亲水基。早期的螯合性表面活性剂是由 EDTA 与脂肪胺制备的混合酯或混合酰胺类产物，在 20 世纪 90 年代出现了一类由邻苯二甲酸酐、柠檬酸和聚乙二醇制备而成的柠檬酸性螯合表面活性剂，用于纺织加工过程。螯合性表面活性剂在许多领域有用途。例如作为软水剂用于印染、纸浆、选矿、清洗等工业；作为络合剂用于制药、感光、稀有金属冶炼等工业。

3.7.5.5　有机金属表面活性剂

有机金属表面活性剂是指分子中含有有机过渡金属元素的表面活性剂。这类表面活性剂的典型代表是分子中含有二茂铁结构的表面活性剂：

$$—C_{11}H_{22}(OCH_2CH_2)_nOH$$

Fe

此类表面活性剂的最显著的特点是其表面活性可以利用二茂铁发生的电化学变化加以控制和改变。如图 3-13 所示，通过改变氧化还原电位控制这类表面活性剂聚集状态。通过氧化还原反应可使金属元素电位改变，含有电中性原子的表面活性剂分子在水中能聚集成胶团，而金属元素电位改变后带电表面活性剂分子则由于静电斥力作用而使胶团解离。

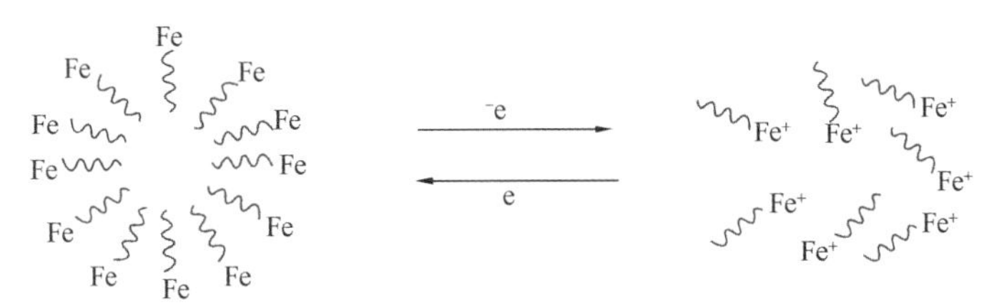

图 3-13　通过改变氧化还原电位控制表面活性剂聚集状态示意图

因此，可在需要时把不溶于水的有机物质增溶于表面活性剂的胶团中，或把溶液中有机物质捕捉到胶团中。而在另一些条件下，又通过氧化剂或还原剂使表面活性剂的胶团解离，将被捕捉到的有机物质释放出来。除了在有机物分子中引入二茂铁以外，还可以引入其他有机过渡金属离子或其他配位基团，通过控制氧化还原状态来调控表面活性剂的表面活性。

3.7.5.6 生物表面活性剂

生物产生的生物表面活性剂包括许多不同的种类。依据它们的化学组成和微生物来源可分为糖脂、脂肽和脂蛋白、脂肪酸和磷脂、聚合物和全胞表面本身等五大类。生物表面活性剂结构与合成表面活性剂相类似。生物表面活性剂的分子结构主要由两部分组成：一部分是疏油亲水的极性基团，如单糖、聚糖、磷酸基等；另一部分是由疏水亲油的碳氢链组成的非极性基团，如饱和或非饱和的脂肪醇及脂肪酸等。疏水基一般为脂肪酰基链；极性亲水基则有多种形式，如中性脂的酯或醇官能团。常见的生物表面活性剂有鼠李糖脂(rhamnolipids)、皂素(saponin)、烷基多苷(alkyl polyglucosides)等，生物表面活性剂由于其良好的增溶、乳化、降低表面活性以及环境友好性等性能，在环境修复、化妆品、采油工业中得到了广泛应用。

思 考 题

1. 表面活性剂的概念和特点是什么？
2. 表面活性剂的一般作用有哪些？
3. 根据亲水基团的特点表面活性剂分哪几类？各举几个实例。
4. 试述烷烃和烯烃磺酸钠阴离子表面活性剂的结构、合成方法、主要性能和用途。
5. 试述脂肪醇硫酸盐和脂肪醇聚氧乙烯醚硫酸盐阴离子表面活性剂的结构、合成方法、主要性能和用途。
6. 试述烷基聚氧乙烯醚磷酸酯盐的性能、主要用途和合成方法。
7. 试述聚醚羧酸盐的性能、主要用途和合成方法。
8. 什么是 HLB？如何计算？
9. 什么是浊点？
10. 试述脂肪醇聚氧乙烯醚非离子表面活性剂的结构、合成方法、主要性能和用途。
11. 试述烷基酚聚氧乙烯醚非离子表面活性剂的结构、合成方法、主要性能和用途。
12. 试述脂肪酸失水山梨醇酯和脂肪醇失水山梨醇聚氧乙烯醚的结构、主要用途和合成方法。
13. 试述脂肪醇酰胺非离子表面活性剂的结构、合成方法、主要性能和用途。
14. 阳离子表面活性剂有哪几类？各主要用途是什么？
15. 试述咪唑啉系两性表面活性剂的结构和主要性能、合成方法。
16. 试述烷基甜菜碱两性表面活性剂的结构和合成方法。
17. 有机氟和有机硅表面活性剂有何特点？写出它们的主要用途。

第4章　香　精　香　料

香气和香味会增加人们的愉快感。香精与香料已广泛应用于食品、化妆品、洗涤用品、烟草、医药、纺织及皮革等工业。香料是一种能被嗅觉嗅出香气或被味觉尝出香味的物质，早期的香料和树脂来源于天然的动植物，至14世纪，阿拉伯人经营香料业，开始采用蒸馏法从玫瑰花中提取玫瑰油和玫瑰水。18世纪起，由于有机化学的发展，开始对天然香料的成分分析与产品结构的探索，逐渐用化学合成法来仿制天然香料。最早制造合成香料是在1834年，人工合成了硝基苯。不久人们发现了冬青油的主要成分是水杨酸甲酯、苦杏仁油的成分是苯甲醛，并且用化学方法合成了这些香料。1868年合成了干草的香气成分香豆素，1893年合成了紫罗兰的香气成分紫罗兰酮，这些化合物作为重要的合成香料陆续进入市场。合成香料在单离香料之后陆续问世。除了动植物香料外，还增加了以煤焦油等为起始香料的合成香料品种，进入了一个合成香料的新时期，这大大增加了调香用香料的来源，且大大降低了香料价格，促进了香料的发展。

香料按来源分为天然香料、单离香料和合成香料，其中，天然香料又可分为植物性天然香料和动物性天然香料两大类。动物性天然香料的主要品种有麝香、灵猫香、海狸香、龙涎香、麝鼠香五种；植物性天然香料的种类很多，是以植物的花、枝、叶、草、根、皮、茎、籽或果实等为原料，采用水蒸气蒸馏法、浸提法、压榨法、吸收法、超临界萃取等方法，生产出精油、浸膏、酊剂、香膏、香树脂、油树脂和净油等类型的香料提取物产品。单离香料是利用物理或化学的方法(如层析、膜蒸发、分子蒸馏、光学分割、分子包结等技术)，从天然香料中分离出来的单体香料化合物，其成分单一，具有明确的分子结构；通过化学合成的方法制取的香料称为合成香料。合成香料按官能团分类分为烃类香料、醇类香料、酚类香料、醚类香料、醛类香料、酮类香料、缩醛缩酮类香料、酸类香料、内酯类香料、腈类香料、硫醇类香料、硫醚类香料。

香精是由多种香料调配出来的，具有一定的香型，可直接用于产品加香。加香制品的优劣和是否受消费者欢迎，往往与该产品所加入的香精质量有很大关系。好的香精留香时间长，且自始至终香气圆润纯正，绵软悠长，香韵丰润，给人以愉快的享受。香精的质量取决于香原料的质量与调香技术、香精与加香介质之间的相容性。按用途分为日用香精、食用香精和工业香精。

本章主要介绍括香精的调配、天然香料、单离香料和合成香料。

4.1　香　　精

4.1.1　香精及其分类

香精(perfume compound)，亦称调和香料，是由人工调配出来的各种香料的混合体。香精的分类方法如下：

(1) 按香型分类

所谓香型，是用来描述某种香料、香精或加香制品的整个香气类型或格调。香精按不同香气特征可分为以下几类：花香型香精、非花香型香精、果香型香精、幻想型香精。每一类又可细分为很多具体香型，如花香型香精可分为玫瑰、茉莉、晚香玉、铃兰、玉兰、丁香、水仙、葵花、橙子、栀子、风信子、金合欢、薰衣草、刺槐花、香竹石、桂花、紫罗兰、菊花等。非花香型香精，是模仿天然实物调配而成，如皮革香、麝香、甜蜜香、苦橙叶香、松林香和檀香等香精。果香型香精包括苹果、甜瓜、橘子、樱桃、柠檬、草莓、香蕉等香型的香精。幻想型香精一般都有一个优雅抒情的美称，如古龙、力士、夜巴黎、素心兰、吉卜赛少女、微风、黑水仙等。

（2）按剂型分类

香精按剂型分为液体食品香精、膏状食品香精和粉末食品香精。液体香精又分为水溶性食品香精、油溶性食品香精和乳化食品香精。

4.1.2 香精的基本组成

香精是多种香料的混合物。香精留香时间长短，香气是否纯正决定于香精的质量。为了了解在香精的配制过程中，各香料对香精性能、气味及生产条件等方面的影响，首先必须仔细分析它们的作用和特点。

4.1.2.1 按照香料在香精中的作用来分

香精中的每种香料对香精整体香气都发挥着作用，但起的作用却不同，有的是主体原料；有的起到协调主体香气的作用；有的起修饰主体香气的作用；有的为减缓易挥发香料组分的挥发速度。按照香料在香精中的作用来分，大致可分为以下五种组分。

（1）主香剂

主香剂亦称主香香料，是形成香精主体香韵的基础，是构成香精香型的基本原料，在配方中用量较大。在香精配方中，有时只用一种香料作主香剂，但多数情况下都是用多种香料作主香剂。如茉莉香精中的乙酸苄酯、邻氨基苯甲酸甲酯、芳樟醇；玫瑰香精中的香茅醇、香叶醇；檀香型的檀香油、合成檀香。

（2）合香剂

合香剂又称协调剂，它是用来调和主体香料的香气，使香精中单一香料的气味不至于太突出，从而产生协调一致的香气。因此，用作合香剂的香料香型应和主香剂的香型相同。如茉莉香精的合香剂常用丙酸苄酯、松油醇等；玫瑰香精常用芳樟醇、羟基香茅醛作合香剂。

（3）修饰剂

修饰剂亦称变调剂，其作用是使香精变化格调，增添某种新的风韵。用作修饰剂的香料香型与主香剂香型不同，在香精配方中用量较少，但却十分奏效。广泛采用高级脂肪醛类来突出强烈的醛香香韵，增强香精的扩散性能，加强头香。

（4）定香剂

定香剂又称保香剂，不仅本身不易挥发，而且能抑制其他易挥发香料的挥发速度，从而使整个香精的挥发速度减慢，同时使香精的香气特征或香型始终一致，是保持香气持久稳定性的香料。它可以是单一的化合物，也可以是多种香料的；可以是有香物质，也可以是无香物质。天然麝香与灵猫香是常用于香水香精的优秀“提扬”定香剂，能使整个香精扩散力与持久力都有所提高。

定香剂在不同的香型香精中有不同的效果，所以说定香剂的合理选择是比较困难的，因为这里要涉及不同香型、不同档次或等级、不同加香介质或基质、不同安全性的要求等复合因素。可以在原则上对选用定香剂的品种和数量上作出总的规定，例如，在不妨碍香型或香气特征的前提下，通过使用蒸气压偏低的相对分子质量稍大一些的，黏度稍高一些的香料来达到持久性与定香作用较好的目的。这也是水杨酸苄酯等大分子酸酯、大环化合物、固体物质、有香味的树脂用作定香剂的原因。

(5) 增加天然感香料

增加天然感香料是只给出逼真感和自然感用的香料，主要采用各种香花精油或浸膏。

4.1.2.2 按照香料在香精中的挥发度来分

1954年，英国著名调香师扑却(Poucher)按照香料香气挥发度，在辨香纸上挥发时间的长短，将三百多种天然香料和合成香料，分为头香、体香、基香三个部分。但是应该说明的是，在用嗅觉去判定一种香料相对挥发度时会因人而异。

(1) 头香香料

头香亦称顶香，是对香精嗅辨时最初的香气印象。用作头香的香料一般香气挥发性较好，留香时间短，在评香纸上的留香时间在2h以下。其作用是使香气轻快、新鲜、活泼、隐蔽基香和体香的抑郁部分，取得良好的香气平衡。头香香料一般应该选择嗜好性强、清新、能和谐地与其他香气融为一体，使全体香气上升并具有独创性的香气成分。

(2) 体香香料

体香亦称中香，是在头香之后，立即被嗅感到的中段主体香气。它代表了香精的香气主题，而且能使香气在相当长的时间内保持稳定和一致。体香香料是由具有中等挥发度的香料所配制而成的，在评香纸上的留香时间为2~6h。体香香料构成香精香气特征，是香精的核心部分，体香起连接头香和基香的桥梁作用，遮蔽基香部分的不佳气味，使香气变得华丽丰盈。

(3) 基香香料

基香又称尾香，是在香精的头香和体香挥发后，留下来的最后香气。用作基香的香料通常是由挥发度较低的香料或定香剂所组成，在评香纸上的留香时间超过6h。基香香料不但可以使香精香气持久，同时也是构成香精香气特征的一个部分。

4.1.3 调香

4.1.3.1 调香的常见术语

调香就是调配出令人喜爱而又安全的香精，使加香产品在使用和食用过程中，具有一定的香气或香味的效果。调香不仅是一项工业技术，同时也是一门艺术。像音乐和绘画一样，音乐家以一系列音符建立主体，画家凭色调创作题材，而调香师则通过调配一定的香基，创造出令人喜悦的香气。例如，20世纪60年代调香师们创作的代表作——古龙香水，现代的古龙香水在头香中具有果香等清香香气，体香则有鲜花香气，而基香更有一种优美飘逸的麝香香气，可谓男女皆宜，风行不衰，一直受到人们的喜爱。

尽管现代科学技术已经相当发达，但欲配出令人满意的香精，鼻子是迄今仪器所不能取代的“工具”。因此，作为调香者在学习调香时，具备和掌握以下几个方面的基本知识是很有必要的。

①应该不断地训练嗅觉，提高辨香能力，能够辨别出各种香料的香气特征，并能评定其品质等级。

②学习和掌握各种典型配方，尤其是对某些著名的成分以及某些基本的花香型的配方结构要熟悉牢记，为以后创作配方时作参考。

③要熟悉和掌握各种香料的香气及性能，了解各种香花和天然精油的挥发香成分以及天

然香料的产地、取香部位、加工方法，合成香料的起始原料、合成路线和精制方法等。因为上述诸因素都会直接影响香气的质量，造成同一产品会有细微的香气差别。例如，从玫瑰木油中单离出的芳樟醇质量为佳，具有较高的香料使用价值；而来自芳樟油的芳樟醇带有樟脑气息，会使香气受很大影响。

④了解不同消费者的消费心理。例如，男人多喜欢玫瑰型，女人多喜欢茉莉型；北方人多喜欢香气浓郁，而南方人喜欢清雅；欧洲人多喜欢清香型，而东方人喜欢沉厚香型。这样调香根据不同消费对象，调配出各种不同的香精产品，供不同喜好的人选用。

为了更好地从事与香料香精行业有关的工作，正确理解与调香有关的一些基本概念是非常必要的。简要叙述调香中常用的术语，如下：

①气息(odor)：通过嗅觉器官感觉到的或辨别出的一种感觉，它可能是令人感到舒服愉快的，也可能是令人厌恶难受的。

②香气(scent)：通过人们的嗅觉器官感觉到的令人愉快舒适的气息。

③香味(flavor)：通过人们的嗅觉和味觉器官同时感觉到的令人愉快舒适的气息和味感的总称。

④气味(aroma)：用来描述一个物质的香气和香味的总称。

⑤香韵(note)：用来描述多种香气结合在一起时所带有的某种香气韵调。它反映的不是整体香气的特征，而是其中的一个部分。香韵的区分和描述是一项十分细致的工作。

⑥香型(type)：用来描述某种香精或加香制品的整体香气类型或格调。

⑦香势(odor concentration)：亦可称为香气强度，是指香气本身的强弱程度。这种强度可通过香气阈值来判断，阈值越小，其强度越大。

⑧透发(diffusion)：是指香气的扩散性，香气是否迅速广泛地扩散向四方，是香精或加香制品香气的重要评价之一。

⑨提扬(lifting)：使浓重、滞凝、下沉等不能很好透发的香气易于散发。

⑩香基(base)：是一种香精，但它不作为直接加香使用，而是作为香精中的一种香料来使用。香基应具有一定的香气特征，或代表某种香型。

4.1.3.2 调香方法

在调香工作中，根据香精的用途，要适当调整头香、体香、基香香料的比例。例如，要配制一种香水香精，如果头香占50%，体香占30%，基香占20%，则不太合理。因为头香与基香相比，基香的比例太小了，这种香水将缺乏持久性。一般来说，头香占30%左右，体香占40%左右，而基香占30%左右比较合适。总之，头香、体香和基香之间要注意合理的平衡。在香精的整个挥发过程中，各个层次的香气能循序挥发、前后具有连续性，使其典型香韵不前后脱节，达到香气完美、协调、持久、透发的效果。表4-1列出了常用作头香、体香、基香的一些香料物质。

表4-1 常用作头香、体香和基香的香料

天然香料			合成香料		
头香	体香	基香	头香	体香	基香
香柠檬	罗勒油	乳香油	芳樟醇	松油醇	草莓醛
柠檬油	格蓬油	柏木油	乙酸戊酯	香叶醇	桃醛
橄榄油	马鞭草油	檀香油	乙酸乙酯	香茅醇	己基桂醛
酸柠檬油	百里香油	橡苔净油	甲酸苯乙酯	香茅醛	戊基桂醛

续表

天然香料			合成香料		
头香	体香	基香	头香	体香	基香
橘子油	香茅油	岩兰草油	辛醛	癸醛	苯乙醇
薰衣草油	橙花油	广藿香油	苯甲醛	乙酸苄酯	合成麝香
杂薰衣草油	香叶油	芹菜籽油	苯乙醛	乙酸香茅酯	麝香酮
橙叶油	丁香油	玫瑰净油	甲酸苄酯	乙酸香叶酯	灵猫酮
玫瑰油	保加利亚玫瑰油	茉莉净油	樟脑	龙脑	甲基紫罗兰酮
芫荽油	留兰香油	薰衣草净油	异松油烯	柠檬醛	紫罗兰酮
月桂油	松针油	秘鲁香脂	*d*-柠檬烯烃	丁香酚	*cis*-茉莉酮
薄荷油	众香子油	泰国安息香	甲酸香茅醇	乙酸松油酯	香兰素
依兰依兰油		香荚兰豆香树脂	乙酸环乙酯	苯乙酮	桂醇
樟脑白油		银白金合欢净油		麝香草酚	兔耳草醛
榄香酯油		当归根油		异丁香酚	金合欢醇
桉树油				乙酸龙脑酯	γ-癸内酯
迷迭香油				乙酸苯乙酯	柏木脑
香柠檬薄荷油				异丁酸苯乙酯	乙酸柏木脑
				丙酸苄酯	苯乙酸苯乙酯
					苯乙酸丁香酯

4.1.3.3 调香中应注意的几个重要问题

(1) 持久性

香气的持久性也称留香性，是指香精或香料在一定的环境下(如温度、湿度、压力、空气流通度、挥发面积等)，于一定的介质中的香气留存时间限度。持久性与它们的相对分子质量(或平均相对分子质量)大小、蒸气压高低、沸点(熔点)高低、化学结构特点或官能团的性质、化学活泼性等有关。一般认为，持久性强的香料作为香精中的体香和基香组分，而持久性强且有一定扩散力的香料就较适合作头香组分。香气的持久性与定香作用密切相关。

定香作用就是由于物理或化学的因素使其中某些较易挥发散失的香料香气能保持持久的作用。关于定香作用的规律目前尚未完全定论，有以下几种解释：

①定香剂能在被定香分子或颗粒的表面形成一种有渗透性的薄膜，从而阻止了香精中易挥发成分的散失。

②定香剂与香料之间、香料与香料分子之间分子的静电引力。氢键作用或分子缔合作用的结果导致某种香料蒸气压下降或某组分的蒸气压下降，从而延缓其蒸发速率，达到持久与定香的目的。

③由于定香剂的加入，使香精中某些香料的阈值浓度发生变化或是改变了其黏度，因此，同一数量的香料就相对地使人们易于嗅觉到，或是延缓了被人嗅感的时限，也达到了提高香气持久性与定香的效果。

延长香精的持久性和提高定香作用是一项十分复杂的工作，要涉及几种因素及其各因素的复合因素，而每一种因素本身又往往是比较复杂的。所以只能从原则上和定香剂的用量上做一些总的规定。例如：在不妨碍香型或香气特征的前提下，通过使用蒸气压偏低的、相对分子质量偏大的、黏度较高的香料或定香剂来达到持久性和定香作用较好的目的，同时还要考虑扩散力与香韵间的和合协调，也就是头香、体香、基香三者互相密切协调，并能使整个香气均衡地自加香产品中散发出来，以防顾此失彼。

（2）稳定性

香料、香精的稳定性主要表现在两个方面：一是它们在香型或香气上的稳定性，这就是说它们的香气或香型在一定时期和条件下，是基本上相同或是有明显变化。二是它们自身以及在介质或基质中的物理化学性能是否保持稳定，特别是在储放一定时间后或遇热、遇光照或与空气接触后是否会发生质量变化或是基本没有差异。

形成香精不稳定的原因可以归纳为以下几个方面：香精中某些分子间发生的化学反应；香精中某些分子与空气发生的化学反应；香精中某些分子遇光照后发生的物理化学变化；香精中某些分子与加香介质中某些成分发生的化学变化；香精中某些分子与包装材料之间的反应。

要考虑某香精在某加香介质中是否稳定，可以采用一些快速强化的方法来检验，这些方法有：

①加温法：将香精放于超过室温的温度下保存一定的时间后，评价其香型或香气的变化。

②冷冻法：将香精或加香成品在低温中放置一定时间后，观察其黏度、澄明度（有无沉淀或晶体析出）的变化。

③光照法：用紫外光或人造光照射香精，在一定的时间内，观察其色泽、黏度变化和评辨其香型和香气的变化。

香精的稳定性问题是调香工作者不能忽视的一个重要方面。对香料的物理化学性能要心中有数，对使用任何一种新香料品种都宜经过仔细探讨，发现问题要随时记录。香精的处方，使它既要在加香介质香型或香气稳定，又要与介质在物理化学性能上协调，因此，对所用的香料要严格检查其质量规格，保证小样与生产的香精一致性。设计任何一个新配方，都要针对要求，通过应用实验来达到心中有数，确保加香成品的质量。

（3）安全性

香料香精的应用量与应用范围的日益扩大，人们在日常生活中与之接触的机会渐渐增多，因此涉及对人的安全性问题越来越引起人们的关注。香精香料的安全性也是调香工作中的一个非常重要的问题。

世界卫生组织（WHO/FAD）对作为食品添加剂的食品香料安全性管理的品种还不多，有关国家在自己的药典中对可同时作为药用的香料做了规定。我国的药典中也规定了一些品种。

对于食品香料的安全卫生管理，各国有其自己的法规和管理机制，如：美国的食品和药物管理局（Food and Drug Administration，简称 FDA），就是主管食用香料的政府组织。民间有“美国食用香料制造者协会”（Flavoring Extract Manufacturer's Association of United States，简称 FEMA），该机构在政府的支持下，编制美国化学品法规（Food Chemicals Codex，简称 FCC），FEMA 从事关于食用香料毒性及使用剂量的研究，并公布 GRAS（Generally Recognised as Safe）名单。欧洲国家共同组织的“欧洲委员会”（Council of Europ，简称 CE）对食品香料的安全使用问题也有正式规定。

我国成立了食品添加剂标准化技术委员会，负责制订食用香料和食品添加剂的管理条例和法规。中华人民共和国食品卫生法也有关于食用香料的安全卫生管理要求。

关于日用香精香料的安全卫生管理工作，目前只有民间组织在进行，他们实行“行业内自己管自己的"办法。如在1966年由43家具有一定规模的世界香精香料企业发起并出资在美国设立了"日用香料研究所"(Research Institute for Fragrance Materials Inc.，简称RIFM)，从事有关香料(包括合成、单离与天然香料，但不包括香精）的安全问题研究。该所的主要任务是：

①收集香料及有关原料样品并进行有关分析测定；

②向成员企业提出香料的测试(包括有关安全性的）方法和评估方法；

③与政府或有关部门合作进行香料的安全性的测试工作并评估结果；

④推动统一测试方法的实施等。

1973年10月，十个国家的香精香料协会(同业协会）联合发起并在比利时首都布鲁塞尔组织成立了"国际日用香料香精协会"(International Fragrance Association，简称IFRA)，现在成员国已发展到了十几个，该机构采取公布开章法业(Code of Practice)的方式限制某些香料的使用。尽管IFRA发布的限制使用法规不是法定的，但仍具有一定的权威性。

香精的安全性依赖于其中所含香料和辅料是否符合安全性要求，所以，调香工作者在为某加香成品设计香精配方时，就要根据该加香成品的使用要求来选用包括持久性、稳定性和安全性在内的合适的香料和辅料，三者不可偏废。香精的持久性、稳定性和安全性在调香中是三位一体，是科学和艺术的结晶。

4.1.4 常用香精

4.1.4.1 日用香精

(1) 花香型日用香精

花香型日用酒精大多数模仿天然花香配制而成。主要包括玫瑰、茉莉、铃兰、白兰、紫罗兰、丁香、水仙、橙花、桂花、香石竹、风信子、金合欢、银白金合欢、晚香玉、仙客来、郁金香、香罗兰、依兰依兰、草兰、木兰花、树兰花、栀子花、向日花、刺槐、腊梅花、月桂花、金银花、山梅花、山楂花、葵花、桃花、荷花、菊花、椴花、薰衣草、含羞草、三叶草等数十种。它们主要用于化妆品、香水、花露水、空气清新剂、香皂、香波、洗涤剂、清洁剂等日化产品中。

①白兰(tmidelia) 香精　白兰，又名白玉兰，木兰科的常绿乔木，花白色，极芳香，原产于印度尼西亚的爪哇森林中，我国广东、福建有种植，是著名的香料植物，也用于制造花茶，地位仅次于茉莉。

白兰香精配方(质量份)：

白兰叶油　10	肉桂醇　5	洋茉莉醛　2
白兰花浸膏　5	α-松油醇　3	酮麝香　3
白兰花净油　2	乳香香树脂　3	昆仑麝香　2
依兰依兰油　5	乙酸苄酯　7	羟基香茅醛　5
橙叶油　4	苯乙醛二甲缩醛　3	丁香酚甲醚　5
芳樟醇　15	铃兰醛　5	α-戊基桂醛　5
苯乙醇　10	甲基紫罗兰酮　3	

②丁香(lilac) 香精　丁香花香气鲜幽双韵，是鲜、甜、清混合香气。鲜似茉莉，清似梅花。在调香中有紫花和白花两种，紫花鲜幽偏清，白花鲜幽偏浊。

丁香香精配方(质量份)：

乙酸苄酯　15	茴香醛　3	茴香醇　2

赛茉莉酮 7	柠檬醛 2	二甲基苄基原醇 2
二氢茉莉酮 3	乙酸苯乙酯 4	白兰叶油 8
α-紫罗兰酮 2	苄醇 5	柠檬油 5
甲基紫罗兰酮 2	α-松油醇 5	树兰油 3
苯乙二甲缩醛 4	苯乙醇 4	小茉莉花浸膏 10
戊基桂醛二茴香缩醛 4	肉桂醇 3	苦橙叶油 2
羟基香茅醛 5		

③紫罗兰(violet)香精　紫罗兰花极香，属幽香清香韵，原产欧洲，在亚洲和北美洲也有野生或栽培，品种很多。用于香料行业的主要由两种：一种是重花瓣，苍蓝色，幽清中甜气较浓；另一种是单瓣花，蓝紫色，幽清中清气较浓。紫罗兰叶也可提取香料，香气与紫罗兰浸膏有很大不同，属于非花香清滋香韵。

重瓣紫罗兰香精配方(质量份)：

甲基紫罗兰酮 20	羟基香茅醛 2	灵猫香净油 1
α-紫罗兰酮 10	辛炔羧酸甲酯 2	檀香油 1
β-紫罗兰酮 10	香兰素 1	金合欢净油 1
茴香醛 7	小花茉莉香基 15	大花茉莉净油 1
丁香酚 5	依兰依兰油 8	鸢尾油 3
洋茉莉醛 3	香柠檬油 5	香豆素 2
月桂醛(10%) 3		

(2) 非花香型日用香精

日用香精调香中一般将非花香划分为十二个香韵，即青滋香、草香、木香、蜜甜香、脂蜡香、膏香、琥珀香、动物香、辛香、豆香、果香和酒香。非花香型日用香精中往往由一种或一种以上的非花香香韵或一种以上的花香香韵所组成，只是非花香香韵处于主导地位。

非花香型日用香精可以分为模仿型和创香型两大类。模仿型非花香日用香精是仿照某一种天然香料香气调配而成，例如麝香、龙涎香、檀香、藿香、鸢尾、香叶、薄荷、柠檬等。创香型非花香日用香精是调香师创拟的作品，创拟出的香型既要适应加香产品的特点，又要被消费者喜爱，因此难度更大一些。这类香型包括素心兰型、馥奇型、古龙型、东方型、龙涎-琥珀型、麝香-玫瑰型等。

①古龙(cologne) 香精　古龙亦称科隆，由法文和德文翻译而来。古龙香精主要用于男用香水中，至今已有几个世纪的历史，是深受人们喜爱的经典香型之一。古龙香型是以果香(柑橘) 及鲜韵(橙花) 为主，主要突出柑橘类果香，具有新鲜令人愉快的清新气息。

古龙香精配方(质量份)：

香柠檬油 33	苦橙叶油 8	迷迭香油 5
柠檬油 18	橙花油 3	香紫苏油 0.5
甜橙油 25	薰衣草油 6	安息香香树脂 1.5

②麝香(musk)香精　麝香作为一种名贵的中药材和高级香料，在我国已经有2000多年的历史。麝香的香味浓郁，留香持久，属于柔和的动物香韵，对人的心理和生理系统有极其显著的影响，在香料工业和医药工业中有十分重要的价值。

麝香的市场价格十分昂贵，国际市场上1850年麝香的价格约为黄金的1/4，而1650年麝香的价格已与黄金等同，目前麝香价格约为黄金价格的6~8倍。由于麝香一直是一种稀缺的资源，供不应求，因此在调香上使用合成麝香和麝香香精是很必要的。

麝香香精配方(质量份):

麝香 15	岩兰草油 5	异丁香酚苄醚 3
十五内酯 15	檀香油 5	肉桂醇 2
酮麝香 10	树兰油 2	洋茉莉醛 1
环十五酮 5	水杨酸苄酯 10	α-紫罗兰酮 1
萨利麝香 3	水杨酸异丁酯 5	甲基紫罗兰酮 1
二甲苯麝香 2	香豆素 5	灵猫香酊(3%) 2
愈创木油 8		

4.1.4.2 食用香精

食用香精泛指所有直接或间接进入人或动物口中的加香产品中使用的香精。食用香精的概念更多是从安全角度考虑的,食用香精中所用的香料必须是允许在食品中使用的香料。

食用香精根据用途可分为食品香精、酒用香精、烟用香精、药品香精、口腔卫生用品香精、饲料香精、鱼饵香精、餐具洗涤剂用香精、蔬菜水果洗涤剂用香精等;食用酒精按状态分为水溶性液体食用香精、油溶性液体食用香精、乳化食用香精和粉末食用香精。

(1) 食品香精

①水溶性食品香精 水溶性食品香精最常用的溶剂是蒸馏水和95%食用香精,溶剂用量一般为90%~95%。

水溶性食品香精大部分为水果香型香精,其主要香原料为酯类香料,同时使用一些其他种类的合成香料和天然香料。在配制水果香型水溶性香精时,橘子、橙子、柚子、柠檬等柑橘类精油往往是不可缺少的,但由于在柑橘精油中含有大量的萜烯类化合物,为了提高它在水中的溶解度,必须进行除萜处理,用除萜处理后的柑橘精油配制的水溶性香精,溶解度较好,外观透明,性质稳定,香气浓厚。去萜不良的香精会出现浑浊现象。

食品用水溶性香精主要用于汽水、果汁、果子露、果冻、冰棒、冰淇淋、酒制品中。用量一般为0.05%~0.15%。

柠檬香精配方(质量份):

柠檬醛 0.5	乙酸芳樟油 0.02	黑香豆酊 0.07
月桂醛 0.01	橘子油(除萜) 5	酒精(95%) 80
乙酸乙酯 1	柠檬油(除萜) 1	蒸馏水 13

橘子香精配方(质量份):

柠檬醛 0.1	广柑油(除萜) 10	酒精(95%) 60
葵醛 0.01	甜橙油 5	蒸馏水 35
黑香豆酊 0.5	丙三醇 5	

②油溶性食品香精 油溶性食品香精一般是透明的油状液体,其色泽、香气、香味与澄清度均应符合标准,不呈现表面分层或浑浊现象。油溶性食品香精适用于糖果、巧克力、糕点、饼干等食品的加香。在糖果中用量一般为0.05% ~0.1%;面包中用量一般为0.01%~0.1%;饼干、糕点中用量一般为0.05%~0.5%。

油溶性食品香精的溶剂油精制茶油、杏仁油、胡桃油、色拉油、甘油和某些二元酸二酯等高沸点稀释剂,其耐热性比水溶性香精高。各种允许食用的天然香料和合成香料都可用于油溶性食品香精中,因而油溶性食品香精的原料比水溶性食品香精的更加广泛。

油溶性椰子香精配方(质量份)：

椰子醛 10.0	丁香油 0.3	香兰素 2.0
γ-戊内酯 2.0	苯甲醛 0.5	植物油 85.2

③乳化香精 乳化香精属于水包油型乳化液体，即分散相(内相)为油相，连续相(外相)为水。乳化液体是一种热力学不稳定体系。控制分散相粒子的大小，是配制香精的技术关键。

乳化香精的分散相主要由芳香剂、增重剂、抗氧化剂组成。其中，芳香剂也可称为香基，增重剂的作用是为了使油相的相对密度与水相的相对密度接近。乳化香精的连续相主要由乳化剂、增稠剂、防腐剂、pH调节剂、调味增香剂、色素和水组成。

食品乳化香精主要应用于柑橘香型汽水、果汁、可乐型饮料、冰淇淋、雪糕等食品中。用量一般为0.1%~0.2%。乳化香精的贮存期一般为6~12个月，存放温度5~27℃，过冷或过热都会导致乳化香精体系稳定性下降，最终产生油水分离现象。乳化香精中的某些原料易受氧化，开了桶的乳化香精，氧化速度加快，应尽快使用完毕。

柠檬乳化香精配方(质量份)：

柠檬香精 6.5	苯甲酸钠 1.0
松香酸甘油酯 6.0	柠檬酸 0.8
BHA 0.02	色素 2.0
乳化胶 3.50	蒸馏水 80.18

(2) 烟用香精

香料在香烟制品中主要起两大作用，即矫味和增香，因而所用的香料按作用分为两类：烟草矫味剂和烟味增强剂。使用烟草矫味剂的主要目的是掩盖、矫正烟气中青、苦、辣、涩等杂味，减少刺激性，使其与烟香协调，改变吸味。使用烟味增香剂的主要目的是增强香味、提高烟劲。这类香料大部分是烟草或烟气中具有烟香气的有效成分。

烟用香精按种类可分为卷烟用香精、雪茄烟用香精、斗烟香精、嚼烟香精、鼻烟香精等。按照香精的用途可分为加料用香精、加表用香精、滤嘴用香精；按状态分也可分为水溶性香精、油溶性香精、乳化香精和粉末香精。目前，国内使用的烟用香精大部分是水溶性香精。

雪茄烟用香精配方(质量份)：

卡藜油 2.0	香荚兰酊(10%) 10.0	白兰地 7.0
肉桂叶油 3.0	玫瑰油 5.0	乙醇 75.0
香豆素 1.5	白檀油 1.0	

(3) 酒用香精

酒用香精一般是以脱臭食用酒精和蒸馏水为溶剂配制而成的水性酒精。酒用香精一般包括主香剂、助香剂、定香剂。主香剂的作用主要体现在闻香上。酒用主香剂的特点是：挥发性比较高，香气的停留时间较短，用量不多，但香气特别突出，可分为浓香型主香剂(乙酸异戊酯、丁酸乙酯、己酸乙酯等)、清香型主香剂(乙酸乙酯、乳酸乙酯等)、米香型主香剂(如苯乙醇、乳酸乙酯等)、酱香型主香剂(如4-乙基愈创木酚、苯乙醇、香茅醛等)；助香剂的作用是辅助主香剂的不足，使酒香更为纯正、浓郁、清雅、细腻、协调、丰满。在酒用香精中，除主香剂外，其他多数香料起助香剂作用；定香剂的主要作用是使空杯留香持久，回味悠长。如安息香香膏、肉桂油等，均可起到定香剂的作用。

白兰地酒用香精配方(质量份)：

乙酸乙酯　4.0	亚硝酸戊酯(5%)　0.6	精馏酒精　70.0
庚酸乙酯　3.2	康酿克油　1.5	水　15.0
亚硝酸乙酯　0.6	玫瑰水　0.4	其他　4.8

威士忌酒用香精配方(质量份)：

乙酸乙酯　2.8	亚硝酸乙酯(5%)　0.5	脱臭酒精　60.0
乙酸戊酯　1.0	亚硝酸戊酯(5%)　1.5	蒸馏水　15.0
庚酸乙酯　0.2	小茴香酊　0.3	其他　5.0
戊醇　0.6	葛缕子油　0.1	

清香型白酒香精配方(质量份)：

乙酸乙酯　35.96	异丁醇　1.42	乙醛　1.18
己酸乙酯　0.24	异戊醇　5.90	乙缩醛　5.90
庚酸乙酯　0.35	乙酸　11.20	2，3-丁二酮　0.12
乳酸乙酯　30.65	丙酸　0.12	3-羟基-2-丁酮　1.18
丙醇　1.18	丁酸　0.12	β-苯乙醇　0.24
仲丁醇　0.35	乳酸　3.54	2，3-丁二醇　0.35

4.1.5　微胶囊香精的生产工艺

在人们的生活中，植物和花的香味有着不可思议的魅力，它微妙地支配着人们的情感，还具有杀菌、消炎、提神等卫生保健功能。直接喷涂在身体或衣物上的香水的香味会很快消失，因此，使香料的释香期延长成了研究的课题。据研究，香精微胶囊是使香味较长时间留在植物上的有效途径。

微胶囊技术是利用一种成膜材料把目的物包覆，使之成为直径从几微米、几百微米到几千微米的微小粒子的技术。包覆用的外壳物质叫壁材，被包覆的物质成为芯材。芯材主要是各种香料物质，香料在微胶囊化后，与外界环境隔绝，性质相对稳定。随着摩擦、受热等外来作用，微胶囊内部的香精缓缓释放香味，从而起到长效缓释的作用，使香味持久。

微胶囊制备的方法大致可分为化学法、物理化学法和物理机械法三类。化学法分为界面聚合法、原位聚合法等。物理化学法可分为相分离法、干燥浴法、粉体床法等。物理机械法可分为包合法、喷雾干燥法、空气悬浮法等。下面介绍几种常用的方法：

(1) 喷雾干燥法

喷雾干燥法的原理是：将含有香料和壁材的混合乳状液通过喷头的作用进行雾化，液滴以细微的球状喷入热空气中，当其中的水分蒸发后，分散在液滴中的固体(壁材)即被干燥并形成近乎球状的粉末，而香料则被壁材包裹在球里面的空间内，不受外界环境因素的影响。生产工艺过程主要为：

微胶囊初始溶液配制→微胶囊制备液的乳化→喷雾干燥→产品分级、造粒

此方法是目前制造香精香料微胶囊最普遍的方法，具有的优点是可连续化生产；生产操作简单、方便、经济、环保；设备是常规设备；产品得率比较高；颗粒均匀，且溶解性好。但这一方法又有其缺陷：颗粒太小(一般小于100μm)，使得流动性较差；操作控制不好时，

会有较多的香料吸附在胶囊的表面，发生氧化，影响风味；而且，在干燥过程中，为了迅速把水蒸发，干燥温度会比较高，容易造成高挥发性香料的损失。

为了改善这一状况，可在后道工序中增加造粒技术，目前是形成较大的微胶囊颗粒，适用于要求香精以粒化使用的情况，如确保香精不在茶袋中分离或从薄孔中筛出。其工艺流程如下：

790g 明胶加入 2000g 60℃水→明胶溶液 67~68℃，加入 133g 小蜡树脂、343g 薄荷油的混合物，均质，用水调黏度至 0.18Pa · s 喷雾干燥［条件为酪蛋白喷涂剂（3~4kg/min，85℃），85℃补充热风（3L/min，65℃）］→流化床干燥（63℃）

（2）挤压法

挤压法是目前最受推崇的香精香料的微胶囊方法。将芯材物质分散于熔化了的糖类物质中，然后将其挤压通过一系列模具并进入脱水液体，糖类物质凝固变硬，同时将芯材物质包埋于其中，得到一种硬糖状的微胶囊产品，这便是挤压法生产的简单过程。挤压法的优点在于：①微胶囊表面孔面积非常小，能防止挥发性和氧气的渗入；②表面油量小，货架寿命长；③操作温度较低，对风味物质的损害小；④具有吸引人的颜色、大小和外观，适合于对外观有较高要求的产品。挤压法美中不足之处在于产品产量不高，只有 70%，而喷雾干燥法可达 90%~95%。另外，它的硬糖颗粒的物性也限制了它在某些食品体系中的应用。

（3）包结络合法

所谓分子包结法是利用β-环糊精做载体，在分子水平上进行包结。包结方法一般有两种。①饱和水溶液法：先将环糊精用水加温制成饱和溶液，加入芯材。水溶性芯材直接加入，混合几小时形成复合物直到作用完全；水难溶液体直接或先溶于少量有机溶剂加入，充分搅拌；水难溶固体先溶入少量有机溶剂加入，充分搅拌至完全形成复合物，通过降低温度，使复合物沉淀，与水分离，用适当溶剂洗去未被包结物质、干燥。②固体混合法（研磨法）：环糊精加溶剂 2~5 倍，加入被包结物，在研磨机中充分搅拌混合，至成糊状，干燥后用有机溶剂洗净即可。此法的优点在于：在干燥状态下产品非常稳定，达 200℃时胶囊分解；产品具有良好的流动性；良好的结晶性与不吸湿性；可节省包装和贮存费用；无需特殊的设备，成本低。不足之处：包络量低，一般为 9%~14%；要求芯材分子颗粒大小一定，以适应疏水性中心的空间位置，而且必须是非极性分子，这就大大限制了该法的应用，小分子的短链脂和酐不适合于这一方法；对于水溶性香精的包埋效果较差。分子包埋香精的生产工艺如下：

60g 烟草香精，300g β-环糊精，100mL 水混合成糊状，40g 乙二醇 40~60℃下加热搅拌 1h，冷却至 4℃，过滤、干燥得产品。

此方法中，β-环糊精能防止由氧、光、热和挥发造成的、风味物质的大小和极性受到限制，小分子的短链脂肪酐不适合这种方法。

（4）原位聚合法制备香精微胶囊

一般乳液聚合体系由分散介质、反应单体、乳化剂和引发剂等 4 种组分构成，把以上 4 种成分混合通过搅拌形成乳化或增溶体系，乳液聚合反应往往是在含有囊心增溶单体的表面活性剂胶束之中进行。在强烈搅拌和表面活性剂乳化作用下，非水溶性单体和非水溶性囊心在水中乳化分散，并大部分增溶到表面活性剂胶束之中。当用引发剂或高能辐射作用引发聚合反应之后，增溶在胶束中的单体很快发生聚合，而仍分散在水相中的单体会不断补充进入胶束之中，直至单体全部转变成聚合物，生成的聚合物分子包覆在囊心周围形成胶囊。

方法一举例：

乳化液的制备：取一定量的香精加入蒸馏水，然后加入0.5%（相对于香精）的吐温80，在均质机中以10000 r/min 均质3~5min 备用。

预聚体的制备：取一定量的尿素与质量分数为37%的甲醛混合，用NaOH调节pH值至7.0，将搅拌器速度调至约500 r/min，于70℃水浴下反应1h，得黏稠透明脲-甲醛预聚体。

微胶囊的制备：在脲-甲醛预聚体中加入上述乳化液，于1000r/min下充分搅拌使预聚体溶解于乳化液的分散介质水中，再加入浓HCl调节pH值至2左右，然后继续固化1 h后停止反应，用NaOH调节pH值至7，加入冷水冷却后过滤、干燥，即得到可以自由流动的球型固体微胶囊。

方法二举例：取一定量森林浴香精，加入聚电解质PDA(马来酸酐-苯乙烯共聚物）和蒸馏水，乳化并调节pH值至弱酸性；按照表4-2所示壁材用量，滴加一定量部分醚化的密胺树脂预聚体A，升温至55℃，保温1.5h进行单层造壁，降至室温，再滴加一定量部分醚化的密胺树脂预聚体B，升温至65℃，保温2h进行双层造壁；降至室温，调节pH值至弱碱性，出料，抽滤，得到微胶囊滤物。

表4-2　香精微胶囊不同制备工艺条件

工艺条件	单壁微胶囊					双壁微胶囊		
	1#	2#	3#	4#	5#	6#	7#	8#
m(壁材)/*m*(芯材)	0.25	0.375	0.5	0.625	0.75	0.6	0.8	1

4.2 天　然　香　料

天然香料的成分非常复杂，如保加利亚玫瑰油的香成分现在已鉴定出275种，其中化学成分含量1%以上的有：香茅醇38%、玫瑰蜡16%、香叶醇14%、橙花醇7%、β-苯乙醇2.8%、丁香酚甲醚2.4%、芳樟醇1.4%、丁香酚1.2%、金合欢醇1.2%。

4.2.1　动物性香料

动物性香料很少，能形成商品和常用的有麝香、灵猫香、海狸香、龙涎香和麝鼠香5种，但在香料中占有重要的地位。它们均为动物体类的分泌物，香气各有特色，且留香长久，特别是在香水、香粉香精中，是日用香精最理想的定香剂。由于资源稀少，故其价格昂贵，在使用上受到很大的限制。近年来随着合成替代品的出现，在调香中的应用也越来越广泛了。

4.2.1.1　麝香(musk)

麝香又称当门子、脐香、麝脐香、香脐子、腊子，是我国特产香料之一。

①来源：雄性麝鹿腹部香腺囊中的分泌物。麝香系生活于中国西南、西北部高原和印度北部、尼泊尔以及西伯利亚寒冷地带的雄性麝鹿腹部香腺囊的分泌物。2岁的雄麝鹿开始分泌麝香，10岁左右为最佳分泌期，每只麝鹿可分泌麝香50g左右。

②采集：位于麝鹿脐部的麝香香囊呈圆锥形或梨形。自阴囊分泌的成分储积于此，随时自中央小孔排泄于体外。麝香的传统采集方法是猎捕后杀麝取香，切取香囊经干燥而得。现在已能人工驯养并活麝刮香。我国四川、陕西人工饲养麝鹿并活体取香已获得成功，这对保

护野生动物资源具有重要意义。

③性状：麝香香囊经干燥后，割开香囊取出的麝香呈暗褐色粒状物，品质优者有时会析出白色结晶。麝香通常是制成酊剂使用，酊剂为浅棕色或深琥珀色液体，浓度为2%~10%。固态时具有强烈的恶臭，用水或酒精高度稀释后具有独特的动物香气，甜而不浊，有些皮革香。香气扩散力最强，留香也很持久。

④成分：黑褐色的麝香粉末大部分为动物树脂及动物性色素所构成，其主要芳香成分是仅占2%左右的饱和大环酮即麝香酮(muscone)。1906年Walabaum从天然麝香中将此大环酮单离出来，1926年Ruzicka确定其化学结构为3-甲基环十五烷酮。后来，Mookherjee等对天然麝香成分进行进一步研究，鉴定出其香成分还有5-环十五烯酮、3-甲基环十三酮、环十四酮、5-环十四烯酮、麝香吡喃、麝香吡啶等十几种大环化合物。

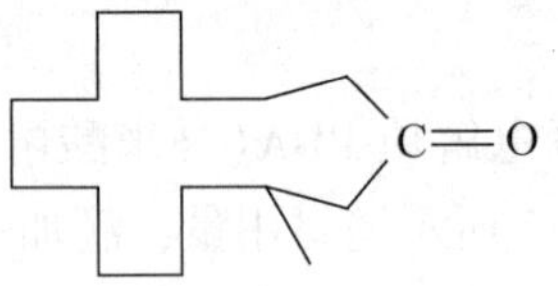

C═O　　C═O

3-甲基环十五烷酮 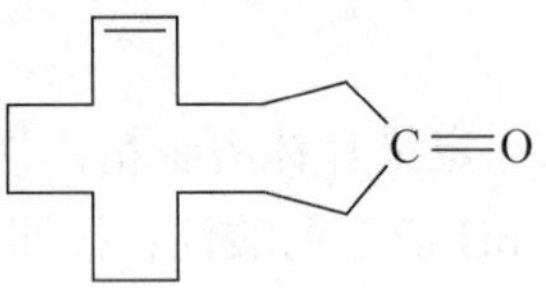　　5-环十五烯酮

⑤用途：麝香本身属于高沸点难挥发物质，在调香中被用作定香剂，使各种香成分挥发匀称，提高香精稳定性，同时也赋予诱人的动物性香韵，被视为最珍贵的香料之一。国际市场上畅销的香水，如"珞利亚"、"如意花"、"香奈儿"、"夜巴黎"等，都是以麝香香气为基调配以名花而成的。亦可用于坚果、焦糖、果香等食用香精和烟草香精中，有圆和作用。麝香除用于高档香水香精外，还是名贵的中药材。目前国产麝香主要用于医药和出口，真正用作香料的极少。

4.2.1.2　灵猫香(civet)

①来源：雌性灵猫的囊状分泌腺中的分泌物。灵猫有大灵猫和小灵猫两种，分布在我国长江中下游、云南、广西和印度、菲律宾、缅甸、马来西亚、埃塞俄比亚等地。雌雄灵猫有2个囊状分泌腺，位于肛门及生殖器之间，采取香囊分泌的黏稠物质，即为灵猫香。

②采集：传统的采集方法与麝香取香类似。捕杀灵猫后割下2个30mm×20mm的腺囊，刮出灵猫香封闭在瓶中储存。现代方法是人工饲养灵猫，用竹刀定期刮取分泌出来的黏稠物质，一次最多可刮取约30g，一年可刮40次左右。

③性状：新鲜的灵猫香为淡黄色流动物质，久置则凝结成褐色膏状物，遇阳光久后色泽转为深棕色。浓时具有不愉快的恶臭，稀释后则发出令人愉快的香气。

④成分：灵猫香中大部分为动物性黏液质、动物性树脂及色素，其主要香成分为仅占3%左右的不饱和大环酮即灵猫酮(civetone)。1915年Sack单离成功，1926年Ruzicka确定其化学结构为9-环十七烯酮，以顺式形式存在于天然灵猫中。后来，Mookherjee、Wan Dorp等对天然灵猫香成分进行了进一步分析，鉴定出其香成分还有二氢灵猫酮、6-环十七烯酮、环十六酮等8种大环酮化合物。

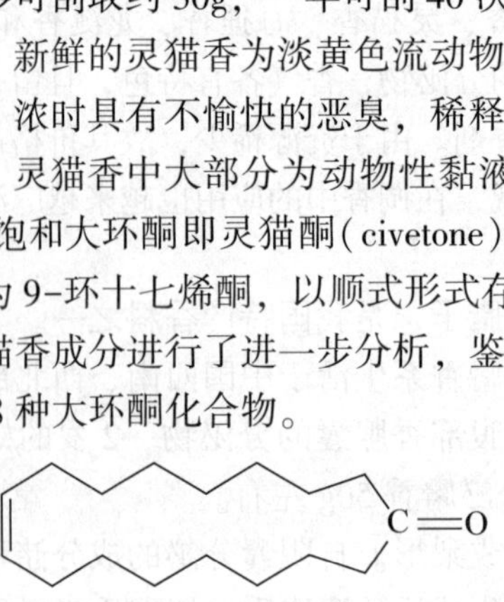

C═O　　C═O

9-环十七烯酮 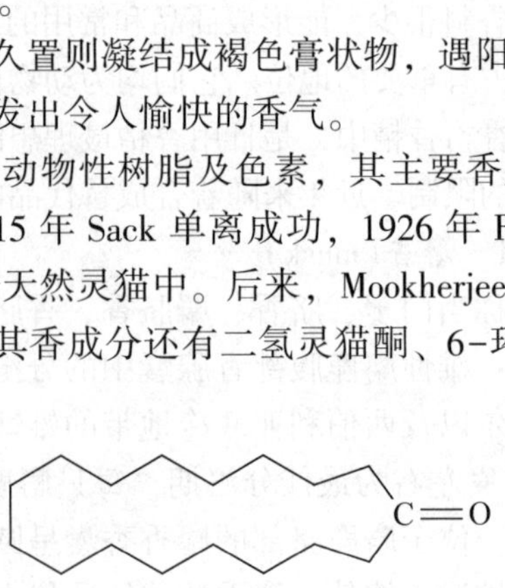　　二氢灵猫酮

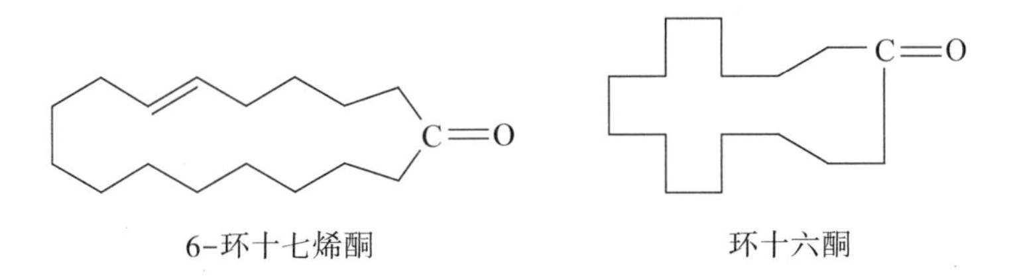

6-环十七烯酮　　环十六酮

⑤用途：灵猫香具有腥臭的动物香，极度稀释后具有优雅的香气，比麝香更为优雅，常作为高级香水香精的定香剂，作为名贵中药材具有清脑的功能。

4.2.1.3　*海狸香(castoreum)*

①来源：雌雄海狸生殖腺附近的香囊中取出的分泌物。海狸栖息于小河岸或湖沼中，主要产于俄罗斯和加拿大，我国新疆、东北与俄罗斯接壤的地区也有。雌雄海狸的生殖器附近均有2个梨状腺囊，称为香囊。切取香囊，内藏白色乳状黏稠液即海狸香。

②采集：捕杀海狸后，切取香囊，经干燥后取出海狸香封存于瓶中。

③性状：新鲜的海狸香为乳白色黏稠物，经干燥后为褐色树脂状。俄罗斯产的海狸香具有皮革-动物香气。加拿大产的海狸香为松节油-动物香。经稀释后则具有温和的动物香韵。

④成分：海狸香的大部分为动物性树脂。主要香成分为含量为4%~5%的结晶性海狸香素(castorin)，结构尚不明确，此外，还有苯甲酸、苄醇、苯乙酮、左旋龙脑、对甲氧基苯乙酮、对乙基苯酚。1977年瑞士化学家在海狸香中分析鉴定出海狸香胺、喹啉衍生物、三甲基吡嗪和四甲基吡嗪等含氮成分。

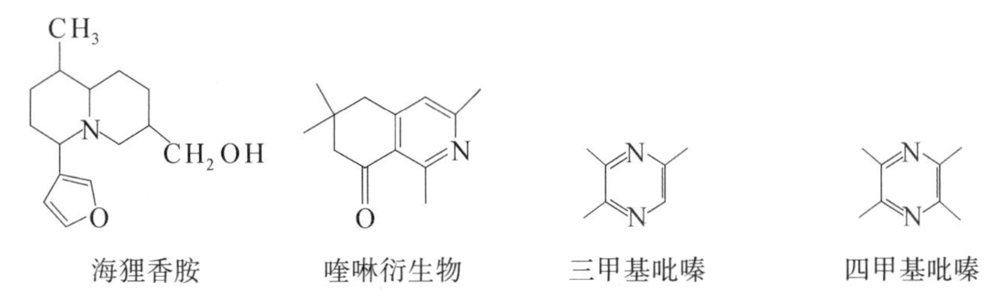

海狸香胺　　喹啉衍生物　　三甲基吡嗪　　四甲基吡嗪

⑤用途：海狸香是五种动物香中最为廉价的一种，浓时具有腥臭的动物香，稀释后则有温和的动物香韵。由于受产量、质量等影响，其应用不及麝香和灵猫香广，但必要时可用它代替。可用于香水(特别是男用)、香粉、香皂等日用香精中，用以调配琥珀香、皮革香、百花、檀香、东方、素心兰等香型，有协调及定香的作用。亦可用于香荚兰豆、覆盆子、朗姆酒等食用香精及烟草香精中。

4.2.1.4　*龙涎香(ambergris)*

①来源：龙涎香来源于抹香鲸的肠内。龙涎香的成因说法不一，一般认为是抹香鲸吞食多量海中动物而形成的一种结石，由鲸鱼体内排出，漂浮在海面上或冲上海岸。主要产地为中国南部、印度、南美和非洲等地的热带海岸。

②采集：漂浮在海洋中的龙涎香，小者为数克，大者可达数百克。从海洋中得到的龙涎香首先要放置数月，使色泽变浅而香气熟化后即为龙涎香料。

③性状：龙涎香料是蜡烛状固体，能浮于海面，60℃时变软，温度更高时成液体。色泽不一，有白、银灰、褐色，以白色者香气最佳，其次为银灰，颜色越深，香气越差。其相对密度为0.8~0.9，溶于乙醚或乙醇中。

④成分：在龙涎香中除已查明含有少量的苯甲酸、琥珀酸、磷酸钙、碳酸钙外，尚还有有机氧化物、酮、羟醛和胆固醇等有机物。龙涎香的主要成分是龙涎香醇，其分子式为$C_{30}H_{52}O$，结构式为：

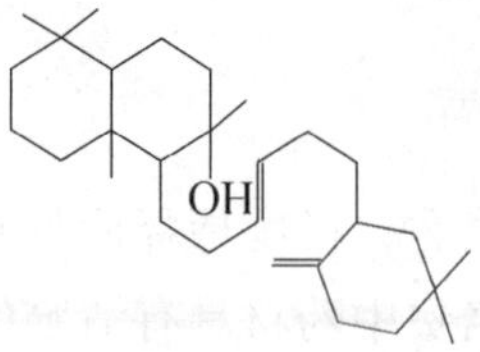

龙涎香醇

⑤用途：龙涎香具有清灵而文雅的动物香，留香持久，为麝香的20~30倍。香之品质最为高尚，是高级香水香精优良的定香剂。因物稀价昂，限制了其应用范围。亦可用于果香、酒香等食用香精及烟草香精中，以圆和人造气息。

4.2.1.5　麝鼠香(muskrat)

①来源：雄性麝鼠香腺囊中的脂肪性液状分泌物。

②采集：每年4~9月份为麝鼠的泌香期，采用人工活体取香，每只麝鼠每年可得麝鼠香5g左右。同麝香一样，麝鼠香也要先制成"麝鼠香酊"再使用。

③性状：新鲜的麝鼠香为淡黄色黏稠物，久置则颜色变深。具有强烈的类似麝香的动物香气，留香持久。

④主要成分：大环酮及醇类、酯类及脂肪酸类等多种成分，如环十五酮、环十七酮、顺-5-环十五烯酮。

⑤用途：可用于高档香水与化妆品香精中，是麝香的天然替代品。

4.2.2　植物性香料

植物性香料是从芳香植物的花、草、叶、枝、干、根、茎、皮、果实或树脂提取出来的有机混合物。大多数呈油状或膏状，少数呈树脂或半固态。根据它们的形态和制法，通常称为精油、浸膏、酊剂、净油、香脂、香树脂和油树脂等。

4.2.2.1　植物性天然香料的化学成分

植物性天然香料均是由数十种乃至数百种有机化合物的混合物组成，如保加利亚玫瑰油的香成分现在已鉴定出275种，其中化学成分含量1%以上的有：香茅醇38%、玫瑰蜡16%、香叶醇14%、橙花醇7%、β-苯乙醇2.8%、丁香酚甲醚2.4%、芳樟醇1.4%、丁香酚1.2%、金合欢醇1.2%。随着有机化学分析技术的进步，查明的有机成分肯定还会增加。

迄今为止，从植物性天然香料中分离出来的有机化合物已有5000多种，其分子结构、种类均很复杂，从化学结构上大体可分为如下4大类：萜类化合物、芳香族化合物、脂肪族化合物和含氮化合物、含硫化合物。

(1) 萜类化合物

萜类化合物广泛存在于天然植物中，它们往往构成各种精油的主要香成分，如松节油中的蒎烯(质量分数为80%左右)、柏木油中的柏木烯(质量分数为80%左右)、薄荷油中的薄荷醇(质量分数为80%左右)、山苍籽油中的柠檬醛(质量分数为80%左右)、樟脑油中的樟脑(质量分数为50%左右)、桉叶油中的桉叶油素(质量分数为70%左右)等均为萜类化合物。根据碳原子骨架中碳的个数来分类，可分为单萜(C_{10})、倍半萜(C_{15})、二萜(C_{20})、三萜(C_{30})、四萜(C_{40})等。从化学结构的角度分类，也可分为开链萜、单环萜、双环萜、三环萜、四环萜。此外还可分为含氧萜和不含氧萜等。几类有代表性的萜类化合物结构如下：

①萜烃

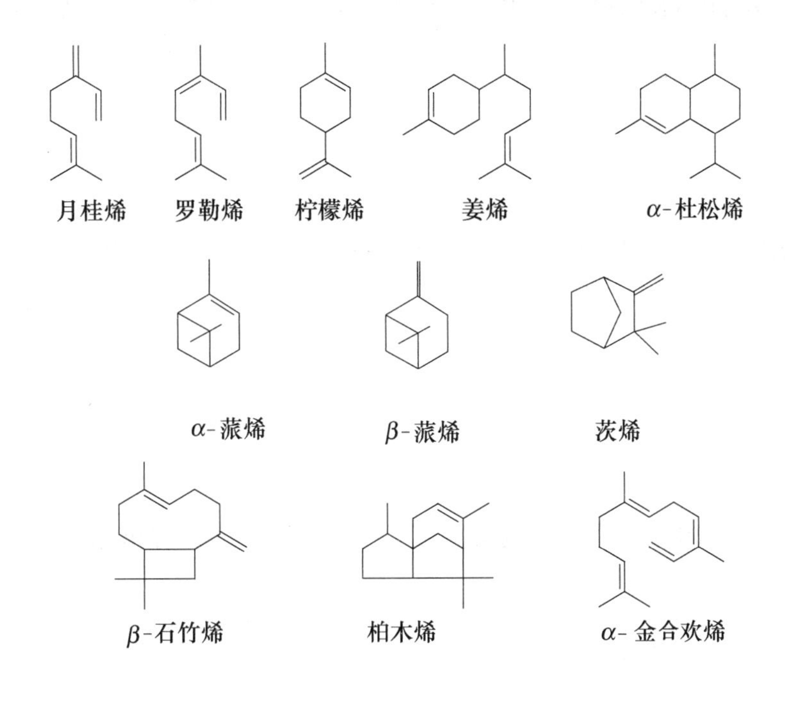

②萜醇

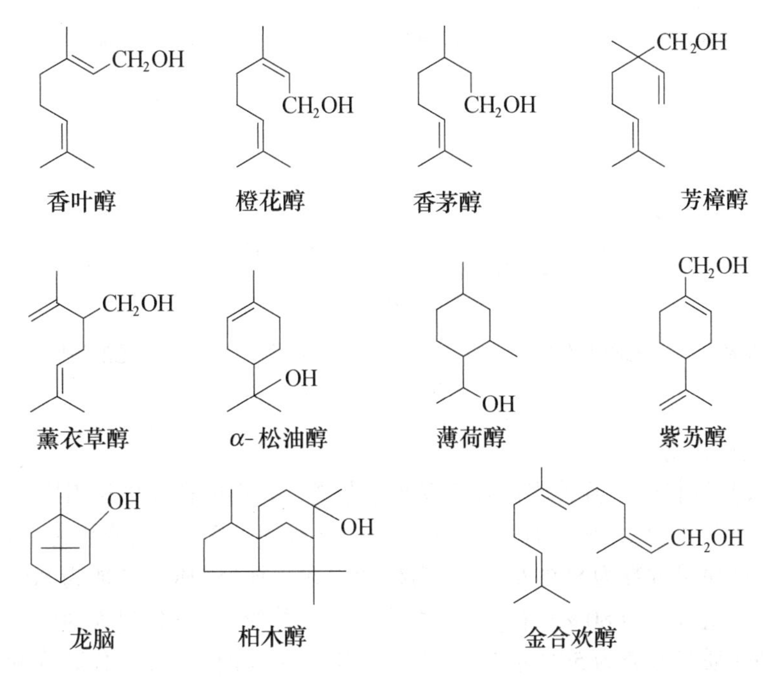

③萜醛

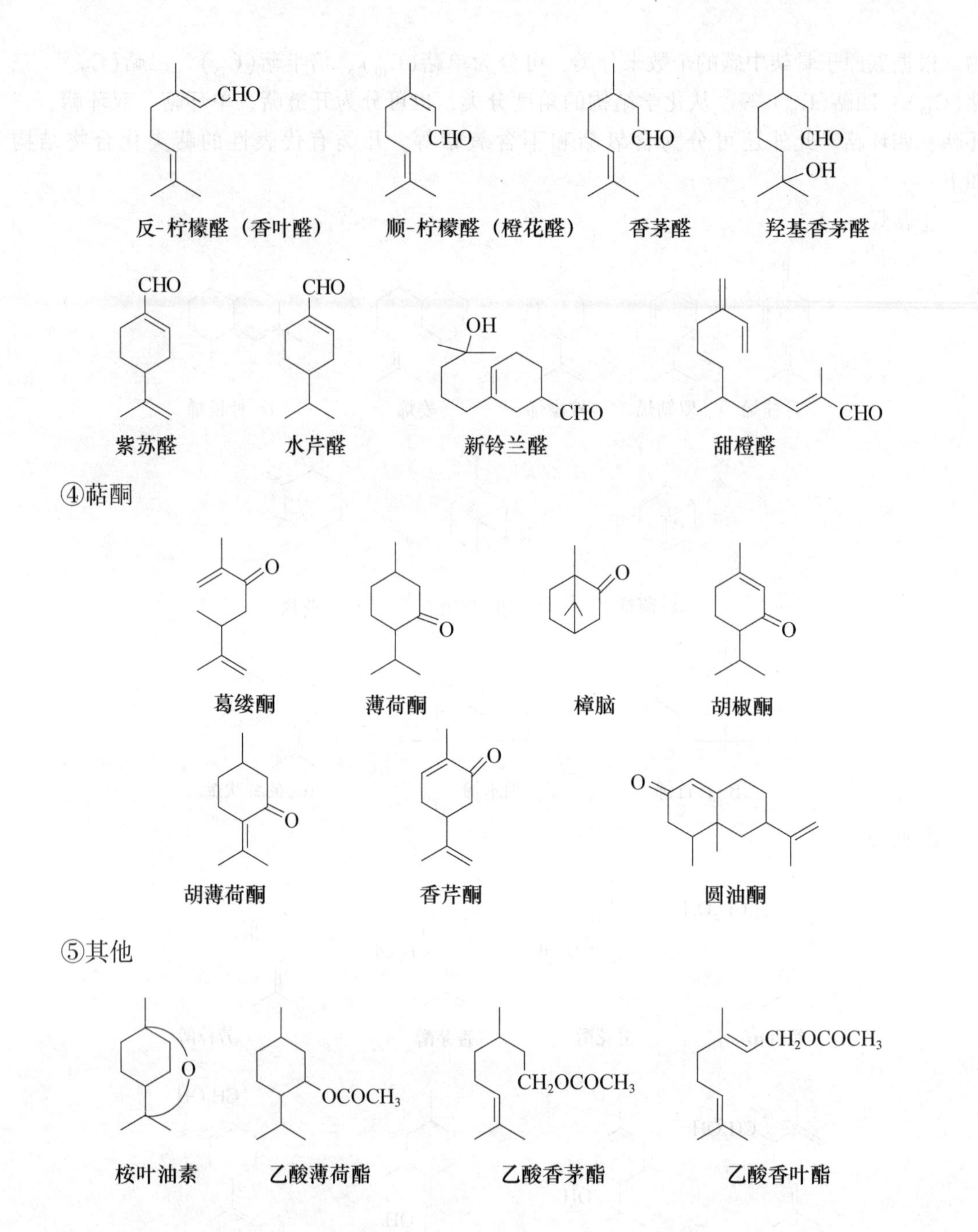

④萜酮

⑤其他

（2）芳香族化合物

在植物性天然香料中，芳香族化合物仅次于萜类，它们的存在也相当广泛，如玫瑰油中含有苯乙醇(质量分数为2.8%左右)、香荚兰油中含有香兰素(质量分数为2%左右)、苦杏仁油中含苯甲醛(质量分数为80%左右)、肉桂油中含肉桂醛(质量分数为80%左右)、茴香油中含茴香脑(质量分数为80%左右)、丁香油中含丁香酚(质量分数为80%左右)、百里香油中含百里香酚(质量分数为50%左右)、黄樟油中含黄樟油素(质量分数为90%左右)、茉莉油中含有乙酸苄酯(质量分数为65%左右) 等。

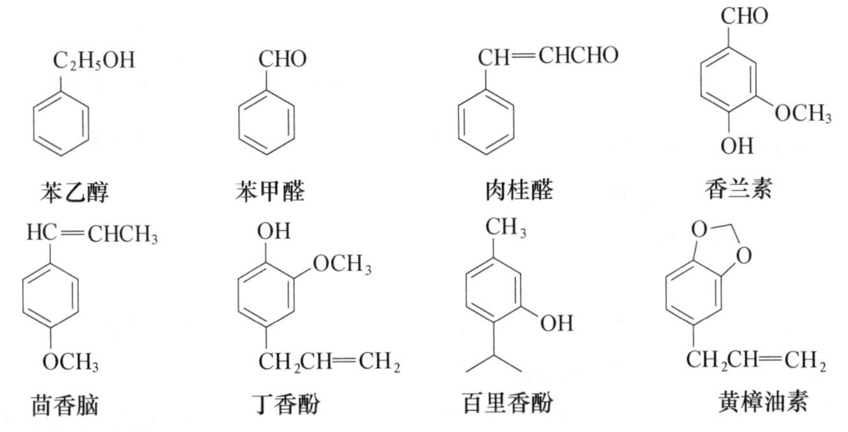

(3) 脂肪族化合物

脂肪族化合物在植物性天然香料中广泛存在，但其含量和作用一般不如萜类化合物和芳香族化合物。在茶叶及其他绿叶植物中含有少量的顺-3-己烯醇，由于它具有青草的清香，所以也称叶醇，在香精中起清香香韵变调剂作用。2-己烯醛也称叶醛，是构成黄瓜青香的天然醛类。2，6-壬二烯醛存在于紫罗兰叶中，所以又称为紫罗兰叶醛，在紫罗兰、水仙、玉兰、金合欢香精配方中起重要的作用。在芸香油中含有70%左右的甲基壬基甲酮，因是芸香油中的主要成分而得名芸香酮。

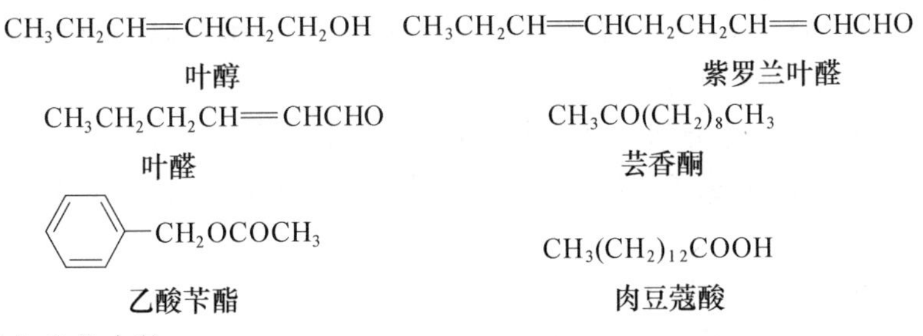

(4) 含氮含硫化合物

含氮含硫化合物在天然芳香植物中存在且含量极少，但在肉类、葱蒜、谷物、豆类、花生、咖啡、可可等食品中常常有发现。虽然它们属于微量化学成分，但由于气味往往很强，所以不可忽视。模仿天然植物中含氮含硫化合物结构，目前已合成了大量硫醚类、呋喃类、吡咯类、吡嗪类化合物，它们在食品香精中起着重要作用。

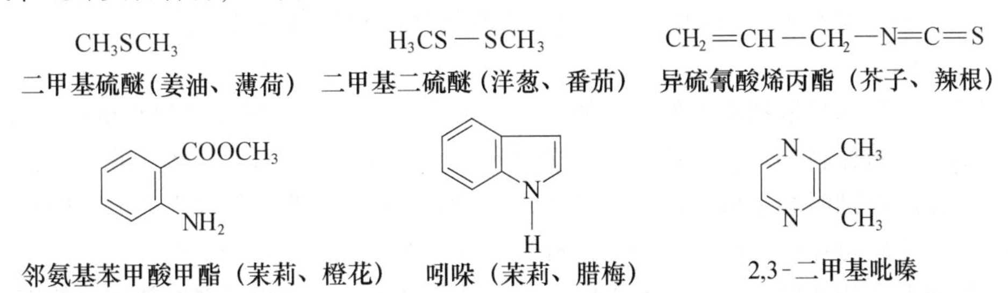

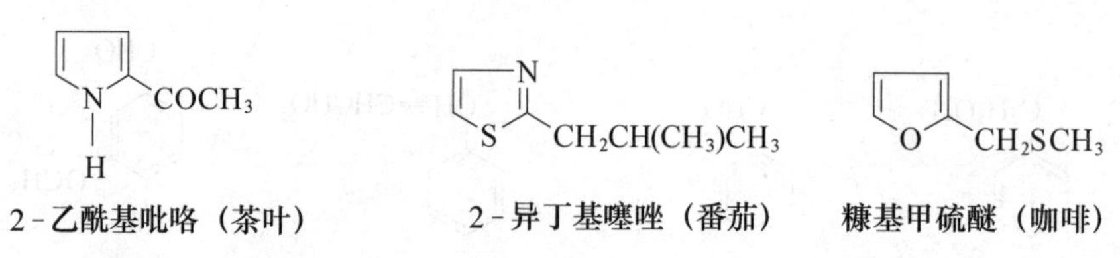

2-乙酰基吡咯（茶叶）　2-异丁基噻唑（番茄）　糠基甲硫醚（咖啡）

4.2.2.2　植物性天然香料的生产方法

(1)植物性天然香料制品的名词

①精油(essential oil)：从广义上说，精油是指从香料植物或泌香动物中加工提取所得到的挥发性含香物质制品的总称。从狭义上讲，精油通常是指用水蒸气蒸馏法和压榨法从香料植物中提取所得到的芳香挥发性油状物。

②浸膏(concrete)：通常是指用有机溶剂浸提香料植物组织(如花、草、叶、枝、干、根、茎、皮、果实等)，然后除去溶剂而得到的香料制品。成品中不含有水，但含有相当数量的植物蜡和色素等，不会完全溶于乙醇中，如小花茉莉浸膏。

③香膏(balsam)：是香料植物由于生理或病理原因而渗出带有香成分的树脂样物质。香膏大多呈半固态或黏稠液体，不溶于水，而全溶或几乎全溶于乙醇中，在烃类溶剂中部分溶解。

④香脂(pomade)：用脂肪(或油质)冷吸法将某些鲜花中的香成分吸收在纯净无臭的脂肪(或油质)内，这种含有香成分的脂肪(或油质)称为香脂。

⑤香树脂(tesinoid)：是指用有机溶剂浸提香料植物渗出的树脂样物质所得到的香料制品，其中也不含有机溶剂和水分。

⑥净油(absolute)：用乙醇萃取浸膏或香脂后的萃取液，经冷冻处理，滤去乙醇中的不溶物，然后在低温下减压蒸去乙醇后所得到的产物统称为净油。在绝大多数情况下，净油是液态，完全溶于乙醇中。

⑦冷法酊剂(tincture)：用一定浓度的乙醇，在室温下(不加热)浸提天然香料所得到的乙醇浸出液，经澄清过滤后的制品，统称为冷法酊剂。

⑧热法酊剂(infusion)：用一定浓度的乙醇，在加热(一般高于60℃)或加热回流的条件下，浸提天然香料或香脂，所得到的乙醇浸出液，经冷却、澄清过滤的制品，统称为热法酊剂。

⑨辛香料(spice)：一般来说，辛香料是指专门作为调味用的香料植物(其枝、叶、果、籽、皮、茎、根、花蕾等)，有时也指从这些香料植物中制得的香料制品。

(2)加工方法

我国传统采用的提取植物天然香料的手段是水蒸气蒸馏法、压榨法和有机溶剂萃取法。水蒸气蒸馏法需将原料加热，不适用于化学性质不稳定组分的提取，压榨法收率低；有机溶剂萃取法在去除溶剂时会造成产品质量下降或有机溶剂残留。为了解决上述方法的弊端，近年来我国天然香料行业探索出一系列新的提取技术，如超临界 CO_2 萃取法、微波(辅助)萃取法、微胶囊双水相萃取法、超声波萃取法、分子蒸馏法等，减少了对有效成分的破坏，有效地提取出香成分，使天然植物香料的香气更加纯正。

①超临界萃取法　纯净物质根据其温度和压力的不同，呈现出液体、气体、固体等状态变化。如果提高温度和压力，会出现液体与气体界面消失的现象，该点被称为临界点。如图4-1所示。超临界流体(supercritical fluid)是超过临界温度和临界压力的高密度流体，其性质

介于气体和液体之间，兼有两者的优点，具有优异的溶剂性质。

②微波(辅助)萃取法　微波(辅助)萃取技术是将微波萃取的原料浸于某选定的溶剂中，通过微波反应器发射微波能，使原料中的化学成分迅速溶出的技术和方法。微波萃取技术与传统的提取方法，如水蒸气蒸馏、索氏提取、有机溶剂萃取等相比，具有操作简便、经济、省时、有效保护功能成分和风味物质等优点，同时可以提高产品的收率和纯度，是一种新型、高效、节能的方法，应用前景十分广阔。然而微波萃取技术也有一些缺点，如设备很难有效防止微波泄漏。

目前工业上超临界萃取首选的溶剂是 CO_2，由于 CO_2 无毒、无味、不燃、无残留、价廉、易精制，所以对热敏性和易氧化产物的分离更具有吸引力。一般来说，物质的溶解能力与其密度成正比关系。超临界 CO_2 的密度可通过压力和温度的变化而较大幅度地变化(图4-2),因此，在萃取过程中，利用压力和温度变化使溶解介质的溶解能力发生大幅度变化，可以有选择地溶解目的成分，从而达到分离纯化的目的。超临界流体萃取工艺如图4-3所示。

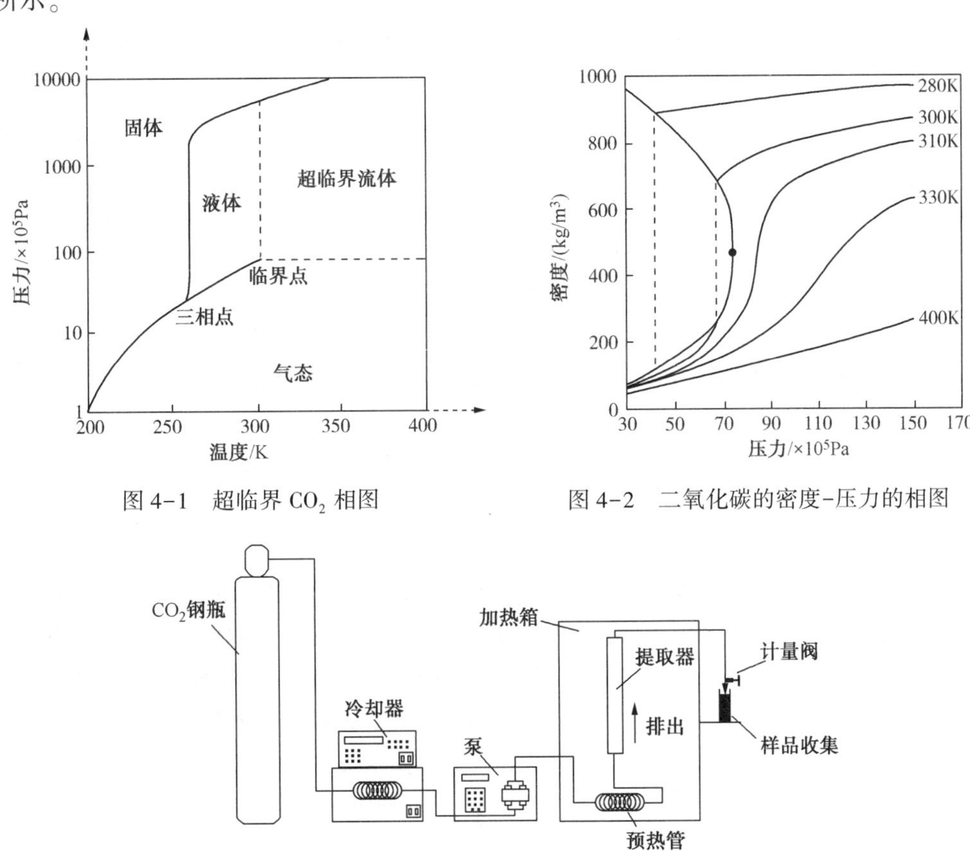

图 4-1　超临界 CO_2 相图

图 4-2　二氧化碳的密度-压力的相图

图 4-3　超临界流体萃取工艺

影响萃取效率的因素主要有溶质在流体中的溶解度、流体扩散至样品母体内的速度、溶质-母体间相互作用力；压力、温度、时间、萃取溶剂流速等参数以及溶剂极性等也影响萃取效率。溶质的性质是影响超临界流体特别是超临界 CO_2 流体溶解能力的最主要因素。低相对分子质量的脂肪烃、低极性的亲脂性化合物如酯、醚、醛等在超临界 CO_2 流体中表现出较好的溶解能力，而大多数无机盐、极性较强的糖、氨基酸、淀粉等几乎不溶，有强极性的官能团的物质如—OH、—COOH 等也会造成萃取的困难。因此，为了提高超临界 CO_2 的溶解能力，可通过加入少量称为夹带剂的物质来提高溶解能力。通常使用的夹带剂有水、甲醇、乙醇、丙酮、丙烷等。此外，流体流速也会对萃取过程产生一定的影响。增大流速可以缩短萃取时间，但超过一定限度时，CO_2 流体中溶质含量也会急剧降低。但对于一些溶质与基体作用较弱且浓度较高的体系，增大流体流速可显著提高萃取效率。另外，在超临界流体萃取过程中还常采用微波强化、超声波强化、电场强化、磁场强化以及搅拌等必要的措施来减少溶质的阻力，强化超临界流体萃取的传质效果。

超临界流体萃取法有效地克服了传统分离方法的不足，它利用在临界温度以上的高压气体作为溶剂，分离、萃取、精制有机物。超临界萃取技术在天然香料中芳香成分的提取具有良好的应用前景，可以从植物根茎叶芳香成分、水果芳香成分和鲜花芳香成分提取香味物质，随着天然产物的研究深入和超临界萃取技术的成熟以及人们对绿色产品的日益重视，这一技术将会得到更广泛的应用。

③超声波萃取和超声雾化　超声波萃取技术利用超声波辐射产生的强烈空化效应、扰动效应、高加速度等多级效应，增大物质分子运动频率和速度，增加溶剂穿透力，从而加速目标成分溶解，促进提取的进行。

当超声波频率为 40kHz 时，超声提取主要源于超声波的“空化”效应。即气泡闭合可形成几百度的高温和超过 100MPa 的瞬间高压，连续不断地产生瞬间高压冲击物件表面，可以使悬浮在水中的固体表面受到急剧的破坏，样品颗粒外表面被其冲击细胞壁而破坏，从而使得有效成分得到提取。

超声雾化提取装置如图4-4所示，自制的提取瓶放置在超声加湿器压电晶片的上方，提取瓶有 3 个口，上端 2 个口作为出料和进料口，提取瓶底部的口被一层有机薄膜封闭，其直径是 3cm，整个瓶的容积约为 100mL，瓶高 13cm。提取时，超声波通过耦合水和有机薄膜直接作用在提取瓶中的提取溶剂和样品。在强烈的超声波作用下，提取瓶中心提取液和样品颗粒被激起，形成水柱。当水柱落下时形成气溶胶。样品颗粒落下时会被气溶胶包裹，提取液分子浸入植物细胞中使得有效成分被提取，随着气溶胶的增多，气溶胶相互碰撞凝结成较大的液滴又落入提取溶液中。这个过程类似于喷泉形成过程，使样品和提取溶剂在提取瓶反复作用。而超声雾化提取中，超声波的频率为 1.7MHz，在高频机械波的作用下，超声及其空化场的指向性就很好，所产生的超声空化场便呈喷射状。这种提取液与样品在高频超声波作用下喷起的过程类似于喷泉产生的过程，称为超声喷泉，其也被称为超声空化喷射水(场)。在超声雾化提取中，样品颗粒同时被空化效应和气溶胶的浸入作用影响。由于气溶

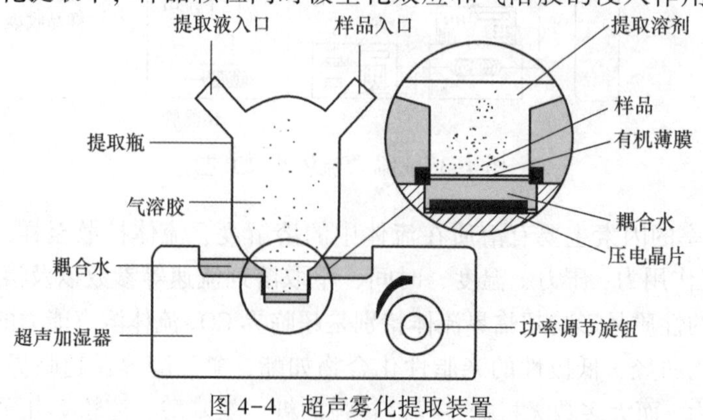

图4-4　超声雾化提取装置

胶的粒径非常小，在样品外表面包裹的液膜也非常薄，这种模式下的浸提效果和常态下液体中的浸提效果可能不同。另外，在提取的过程中，样品颗粒外的液膜不断被更新，可以看作更新了提取剂，也同时增大提取率。

④分子蒸馏法　分子蒸馏又称为短程蒸馏，是一种利用高真空在较低温度下将轻重分子分离的蒸馏技术。作为特殊的新型分离技术，它具有浓缩效率高、质量稳定可靠、操作易规范化等优点，能分离常规蒸馏较难分离的物质，特别适合于高沸点、高黏度、热敏性的物质，它在油脂工业、精细化工、食品添加剂、医药工业、保健食品工业等方面的应用比较广泛。

由热力学原理可知，分子运动自由程为一个分子相邻两次分子碰撞之间所走的路程。一分子在某时间间隔内自由程的平均值为平均自由程。

$$\lambda_m = K/\sqrt{2}\pi \cdot T/d^2p$$

式中，λ_m 为平均自由程；d 为分子有效直径；p 为分子所处空间的压强；T 为分子所处环境的温度；K 为波尔兹曼常数。

由分子运动平均自由程的公式可以看出，不同种类的分子，由于其分子有效直径不同，其平均自由程也不相同。压力降低、温度提高，能够加大分子的运动自由程；分子有效直径的减小，能够使分子的运动自由程加大。在一定的压力和温度中，不同有效直径的物质的分子运动自由程也不尽相同，而分子有效直径之间的差别越大，则分子运动的平均自由程的差别也越大。

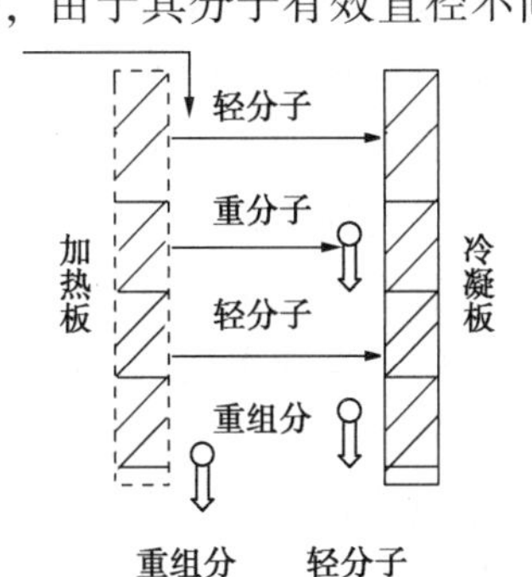

图 4-5　分子蒸馏分离的原理

分子蒸馏分离的原理如图 4-5 所示，轻分子的平均自由程大，重分子的平均自由程小，若在离液面小于轻分子的平均自由程而大于重分子平均自由程处设置一冷凝面，使得轻分子落在冷凝面上被冷凝，而重分子因达不到冷凝面而返回原来液面，从而分离出混合物。

刮膜式分子蒸馏方法分离天然产物，一般考虑温度、压力、刮膜器转速以及进料速度等因素对产物得率的影响. 工艺装置见图 4-6。

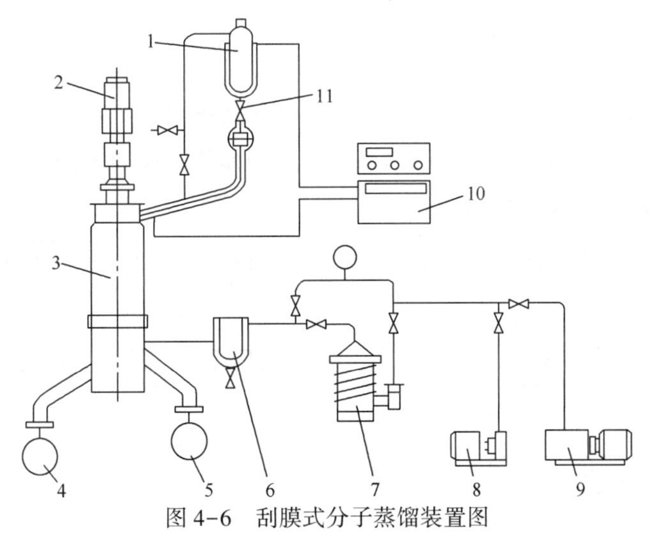

图 4-6　刮膜式分子蒸馏装置图

1—进料瓶；2—电动机；3—蒸馏柱；4—轻组分收集瓶；5—重组分收集瓶；6—冷阱；7—增压泵(油扩散泵)；8、9—真空泵；10—恒温水浴；11—阀门

操作工艺如下：首先将物料加入进料瓶中进行预脱气，当系统真空度达到所需要求后，物料以设定流速从进料器进入分子蒸馏装置进行蒸馏。转子环在高速离心条件下贴着内壁滚动，当料液流到内壁时很快被滚刷成薄膜，均匀分布于加热面上，膜厚度在10~100μm之间。在一定温度和高真空条件下，易挥发轻组分迅速挥发到冷凝柱上，沿冷凝器流入轻组分收集瓶；而平均自由程较短、相对挥发性较低的重组分，因不能到达冷凝器，则沿着蒸馏器筒体内壁流入重组分收集瓶。为防止挥发性物质进入真空系统，在管路上设置冷阱，冷阱中加入冰水混合物作为制冷剂。由于真空系统中有中间冷凝管和冷阱双重冷凝作用，将保证整个系统操作压力均衡。

4.3 单离香料

天然香料是多种化合物的混合物，其成分一般多达数百种。在这些天然香料中，如其中某一种成分或几种成分含量较高，根据实际使用的需要常将它们从天然香料中分离出来，称为单离。单离出来的香料化合物称为单离香料。

单离香料的香气和质量比普通天然香料稳定，在调香中使用起来很方便。另外，单离香料是合成其他香料和有机合成的重要原料。

随着石油化工和有机合成技术的发展，许多单离香料化合物可以用有机合成的方法制备，有的甚至成本更低。由于单离香料属于天然香料，并且是可再生资源，随着人类回归大自然的呼声的增高和人们对香料安全性的日益关注，单离香料的生产更加受到重视。

单离香料生产方法分为两大类，物理方法(分馏、冻析和重结晶）和化学方法(硼酸酯法、酚钠盐法和亚硫酸氢钠法)，其具体生产实例介绍如下。

4.3.1 分馏法

分馏是从天然香料中单离某一化合物最普遍采用的一种方法。例如从芳樟油中单离芳樟醇，从香茅油中单离香叶醇，从松节油中单离α-蒎烯、β-蒎烯等。

分馏法生产的关键设备是分馏塔，为防止分馏过程中受热温度过高引起香料组分的分解、聚合、相互作用，故均用减压蒸馏。

4.3.2 冻析法

冻析是利用低温使天然香料中某些化合物呈固体状析出，然后将析出的固体状化合物与其他液体状成分分离，从而得到较纯的单离香料。例如从薄荷油中提取薄荷脑，从柏木油中提取柏木脑，从樟脑油中提取樟脑等。

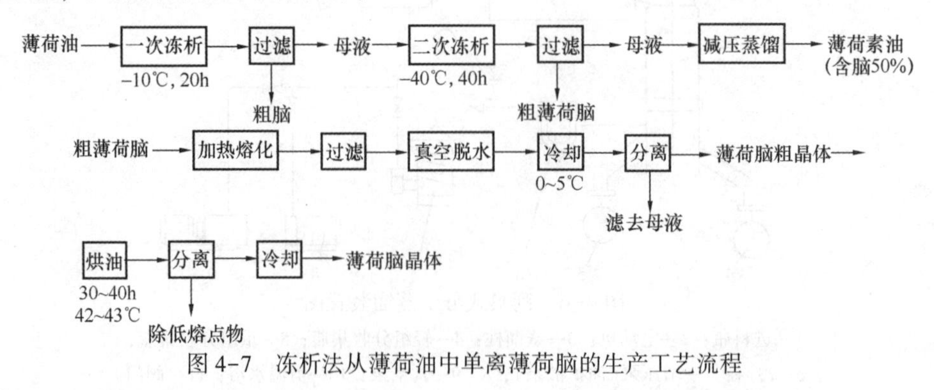

图4-7 冻析法从薄荷油中单离薄荷脑的生产工艺流程

以从薄荷油中单离薄荷脑为例，将其工艺流程简单归纳，如图 4-7 所示。

4.3.3 硼酸酯法

硼酸酯法是从天然香料中单离醇的主要方法。例如芳樟油、玫瑰油中均含有 80%左右芳樟醇。粗芳樟醇与硼酸或硼酸丁酯反应，能生成高沸点的硼酸芳樟酯，经减压蒸馏除去低沸点的有机杂质，剩下高沸点的硼酸芳樟酯，经加热水解使醇游离出来，再经减压蒸馏即可生成纯芳樟醇和硼酸沉淀。

芳樟油 —单离→ 粗芳樟醇 —$B(OH)_3$，苯→ [硼酸芳樟酯]$_3$ —H_2O，△→ 纯芳樟醇 + H_3BO_3

生产过程如图 4-8 所示：

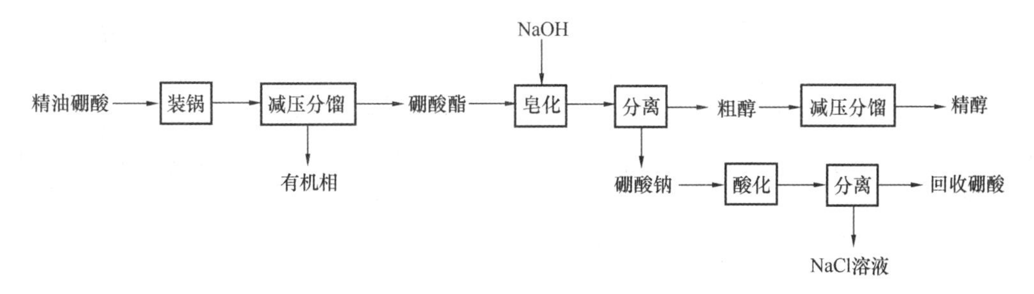

图 4-8　硼酸酯法从精油中单离醇的生产工艺流程

4.3.4 酚钠盐法

在丁香油中含有 80%左右的丁香酚，经分馏后可分离出粗丁香酚。向粗丁香酚中加入氢氧化钠水溶液，可生成溶于水的丁香酚钠。经分离除去不溶于水的有机杂质后，再用硫酸溶液处理，即可分离出不溶于水的丁香酚。

丁香油 —单离→ 粗丁香酚（不溶于水）—NaOH→ 丁香酚钠（溶于水）—H_2SO_4→ 纯丁香酚（不溶于水）

4.3.5 亚硫酸氢钠法

山苍子油中含有约 80%的柠檬醛，在桉叶油中含有约 70%的香茅醛，在桂皮油中含有约 70%的肉桂醛，为了制取精醛产品，经常采用亚硫酸氢钠加成法。

例如，香茅油中约含有 40%的香茅醛，分离香茅油便可得到粗香茅醛。粗香茅醛与浓度为 35%亚硫酸氢钠发生加成反应，可生成磺酸钠盐沉淀物，经过滤将其分离出来后再用氢氧化钠水溶液处理可得纯香茅醛。其生产过程如图 4-9 所示。

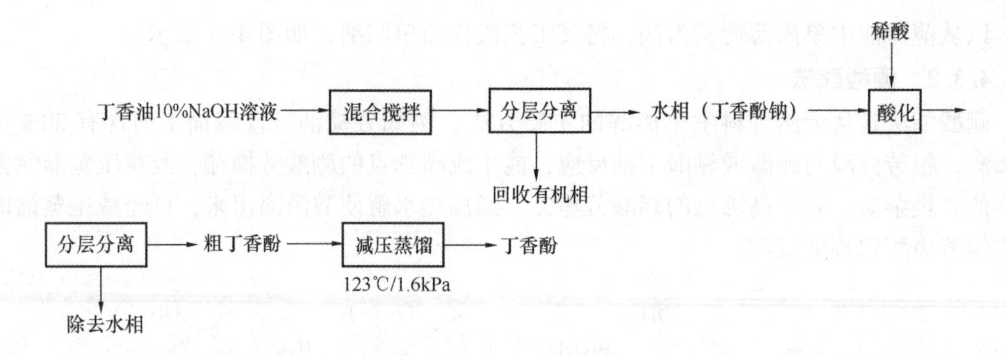

图 4-9　酚钠盐法将丁香酚从精油中单离出来的生产工艺流程

香茅油 —单离→ 粗香茅醛（CHO） —35%$NaHSO_3$→ （沉淀）（HC(OH)OSO_2Na） —NaOH→ 纯香茅醛（CHO）

含有双键的醛与大量的亚硫酸氢钠直接反应时，双键与亚硫酸氢钠发生加成反应，会有稳定的二磺酸盐加成物生成，该二磺酸盐用碱或酸处理不再转变成醛。为防止二磺酸盐加成物的生成，故在一般操作时常用亚硫酸钠、碳酸氢钠和水的混合溶液代替亚硫酸氢钠。其生产过程如图 4-10 所示。

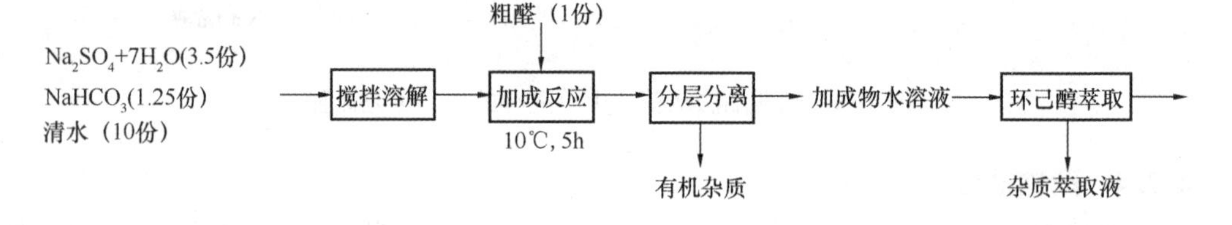

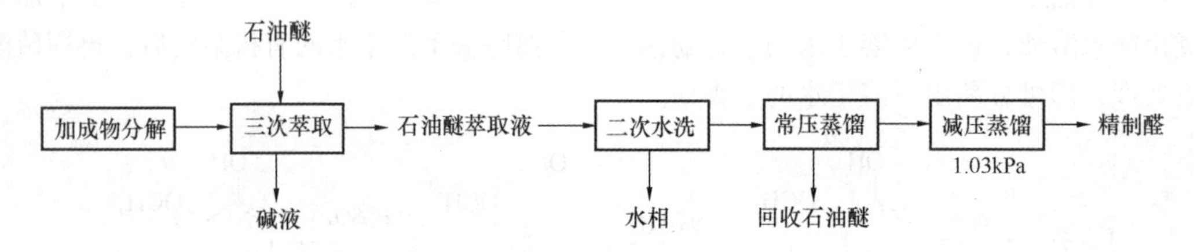

图 4-10　亚硫酸氢钠法制取精醛的生产工艺流程

4.4　合　成　香　料

合成香料按碳原子骨架分类大体如下：

①萜烯类：萜烯、萜醇、萜酮、萜酯。

②芳香族类：芳香族醇、醛、酮、酸、内酯、酚、醚。

③脂肪族：脂肪族醇、醛、酮、酸、内酯、酚、醚。

④含氮、硫、杂环和稠环类：腈类、硫醇类、硫醚类、呋喃类、噻吩类、吡咯类、噻唑类、吡啶类、喹啉类等。

⑤合成麝香类：硝基麝香、大环酮麝香、大环内酯麝香、茚满型麝香等。

4.4.1 合成香料的生产

合成香料包括全合成香料、半合成香料、单离香料和生物合成香料，其中生物合成法尚不成熟。全合成香料是从各种基本有机化工原料出发，经一系列有机反应合成香料化合物，如从乙炔、丙酮合成芳樟醇等香料的 Roche 合成法、异戊二烯合成法等。用物理或化学方法从精油中分离出较纯的香成分叫单离香料，如从山苍籽油分离柠檬醛，从柏木油中分离的柏木脑等。由单离香料或精油中的萜烯化合物经化学反应衍生而得到的香料称为半合成香料，如从柠檬醛制得的紫罗兰酮、从蒎烯合成松油醇等，常用的单离香料有蒎烯、柠檬烯和单萜类化合物等。合成香料的生产由于不受自然条件的限制，产品质量稳定，价格低廉，而且有不少产品是自然界不存在的却具有的独特香气，故近 20 多年来发展迅速。

合成香料的生产，是利用单离香料为原料，或煤化工产品或石油化工产品为原料通过有机合成的方法来制备香料。同有机合成一样，香料合成也有氧化、还原、水解、缩合、酯化、卤化、硝化、环化、加成等单元操作。这里按原料来源的不同，将合成香料的生产简单介绍如下。

4.4.1.1 用天然植物精油生产合成香料

首先通过物理或化学的方法从天然精油中分离出单离香料，然后用有机合成的方法，合成出一系列香料化合物，如松节油、香茅油、山苍籽油等。

(1) 松节油

松节油为无色至深棕色液体，由烃的混合物组成，主要成分是萜类化合物，其中 α-蒎烯约占 64%，β-蒎烯约占 33%。溶于乙醇、乙醚、氯仿等有机溶剂。根据所用原料和制法不同，可分为：①松脂松节油(即普通的松节油)，用蒸汽蒸馏松脂而得，透明，几乎无色；②提取松籽油，从松根明籽用有机溶剂浸提加工而得，透明，略带淡黄色；③干馏松节油。

α-蒎烯可以直接作为合成芳樟醇和香茅醇等香料的原料，产量很大的薄荷醇也可以 α-蒎烯为原料进行合成，反应式如下：

OH　H^+　Cr_2O_3　H_2　OH　O　O　OH

3-蒎烯-2-醇　3-蒎烯-2-醇　马编草烯醇　马编草烯酮　胡椒烯酮　*l*-薄荷醇

樟脑一般采用如下所示的路线合成：

HCl　Cl　RCOOH H^+　OCOR　−HCl　O　α-蒎烯　樟脑　活性白土　CH_3OH H^+　OCH_3

（2）香茅油

香茅油称香草油或雄刈萱油，由香茅的全草经蒸汽蒸馏而得，淡黄色液体，有浓郁的山椒香气。主要成分是香茅醛、香叶醇和香茅醇。用于提取香茅醛，供合成羟基香茅醛、香叶醇和薄荷脑，也可用作杀虫剂、驱蚊剂和皂用香料。在香茅油和柠檬桉油中，分别含有40%和80%的香茅醛。从精油中分离出来的香茅醛，用亚硫酸氢钠或乙二胺保护醛基，然后再进行水合反应，可以合成具有百合香气的羟基香茅醛和具有西瓜香气的甲氧基香茅醛，其化学反应如下所示：

CHO + $NaHSO_3$ → HC(OH)(OSO$_2$Na) —H_2SO_4, H_2O→ HC(OH)(OSO$_2$Na), OH —Na_2CO_3→ CHO, OH

CHO + HN(C_2H_5)$_2$ → HC–(N(C_2H_5)$_2$)$_2$ —CH_3OH→ HC–(N(C_2H_5)$_2$)$_2$, OCH_3 —OH^-→ CHO, OCH_3

香茅醛还可用来合成 *l*-薄荷醇，合成路线如下所示：

CHO → $OCOCH_3$ → OH → OH

d-香茅醛　　异胡薄荷醇　　*l*-薄荷醇

（3）山苍籽油

山苍籽油亦称姜籽油，主要由山苍籽（山胡椒）树的果实经蒸汽蒸馏而得。主要成分是柠檬醛，含量约达70% ~ 80%。从山苍籽油中单离出来的柠檬醛是一种很重要的香料原料，例如将柠檬醛与丙酮作用，可得假性紫罗兰酮，在浓硫酸的存在下经环合可得具有优雅淡美的紫罗兰香气的 α-紫罗兰酮、β-紫罗兰酮和 γ-紫罗兰酮等，合成路线如下所示：

CHO —CH_3COCH_3→ O →

柠檬醛　　假性紫罗兰酮

O + O + O

α-紫罗兰酮　　β-紫罗兰酮　　γ-紫罗兰酮

以天然精油中柠檬醛为原料，碱催化醇醛缩合先生成假性紫罗兰酮，然后在硫酸或乙酸存在下加三氟化硼，使假性紫罗兰酮转化成 α-紫罗兰酮，最后在酸催化剂影响下，其环内的双键转移到共轭的位置，生成共轭的双烯酮——β-紫罗兰酮。

半合成法路线如下：

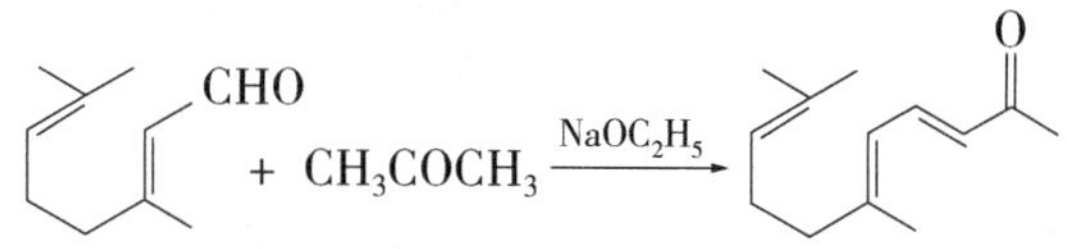

CHO + CH_3COCH_3 $\xrightarrow{NaOC_2H_5}$ O

柠檬醛　　　　假性紫罗兰酮

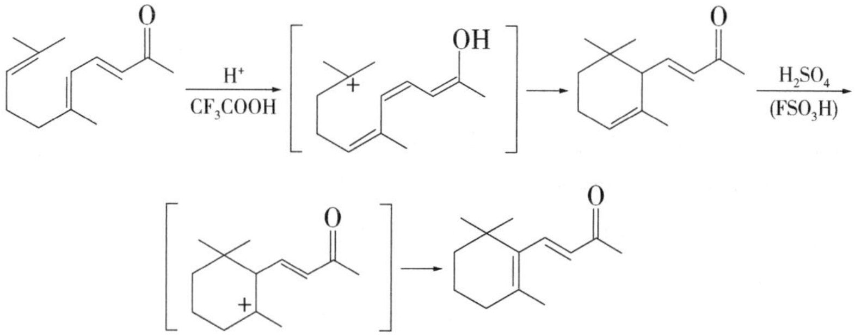

O　$\xrightarrow[CF_3COOH]{H^+}$ [OH +] → O $\xrightarrow[(FSO_3H)]{H_2SO_4}$

[O +] → O

以山苍籽油为原料，减压精馏得到柠檬醛，与丙酮进行缩合、环化、精馏得到紫罗兰。天然精油中柠檬醛为原料的工艺流程如下：

山苍籽油或柠檬草 → 精馏单离 → 缩合 →

中和、回收丙酮 → 水洗、脱水 → 环化 →

中和水洗 → 回收溶剂 → 精馏 → 产品

如以丁酮与柠檬醛为原料，按上述方法可得到甲基紫罗兰酮。

（4）八角茴香油

八角茴香油又称茴油，由大(八角)茴香的果实或枝叶经蒸汽蒸馏而得，无色或淡黄色液体，有茴香豆气味，溶于乙醇和乙醚。主要成分是大茴香脑，含量达 80%左右。单离出来的大茴香脑，经臭氧还原水解或高锰酸钾氧化，可制得具有山楂花香的大茴香醛。

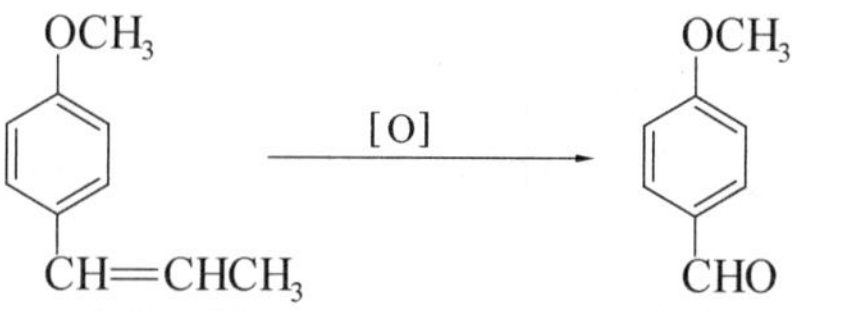

OCH_3　$\xrightarrow{[O]}$　OCH_3

CH═$CHCH_3$　　CHO

大茴香脑　　大茴香醛

另外，在八角茴香油中还含有黄樟油素，从精油中分离出来的黄樟油素，经异构化反应可制得具有葵花香的洋茉莉醛。

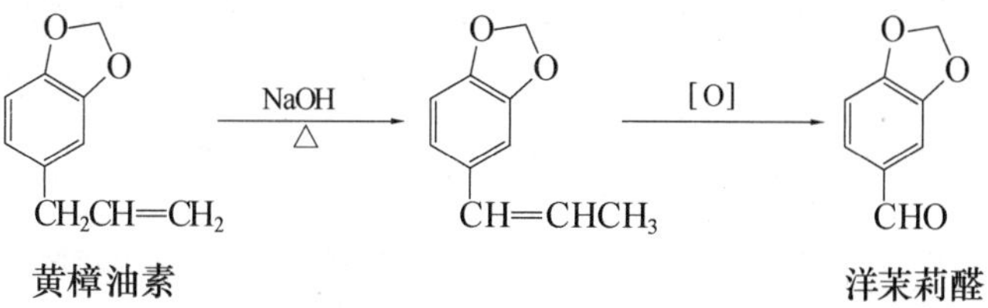

O O $\xrightarrow[\triangle]{NaOH}$ O O $\xrightarrow{[O]}$ O O

CH_2CH═CH_2　　CH═$CHCH_3$　　CHO

黄樟油素　　　　洋茉莉醛

（5）蓖麻油

蓖麻籽经压榨后可以得到蓖麻籽油，主要成分是蓖麻油酸的甘油酯、蓖麻油进行碱裂解可得 ω-羟基癸酸；高温裂解可得到庚醛；蓖麻籽干馏可得到十一烯酸。这些单离体是合成

11-氧杂十六内酯麝香香料、椰子醛及具有花香-清香的庚醛缩乙二醇的原料，它们都是新型的香料。

(6) 菜籽油

由芸苔菜籽(含油35%~48%)所得到的半干性油，来源非常丰富。精炼菜籽油时可得到大量芥酸。芥酸经氧化、酸化、缩合、氢化、酯化等多步反应可制得具有麝香香气的环十五酮(环十五酮结构式)。

4.4.1.2 用煤化工产品合成香料

我国煤炭的资源非常丰富，其储量和产量均名列世界前茅，煤炭化工产品的开发和利用具有广阔的前景。煤在炼焦炉炭化室中受高温作用发生热分解反应，除生产炼铁用的煤炭外，尚可得到煤焦油和煤气等副产品。这些焦化副产品经进一步分馏和纯化，可得到酚、萘、苯、甲苯、二甲苯等基本有机化工原料。

利用这些基本有机化工原料，可以合成出大量芳香族原料和硝基麝香等极有价值的常用香料化合物。例如，以苯酚为原料可合成大茴香醛、双环麝香-DDHI 等。

β-萘酚与甲醇或乙醇在硫酸的存在下，经醚化反应即可得到具有橙花香气的β-甲醚和具有草莓-橙花香的β-萘乙醚，它们都是常用的花香型香料原料。

(1) 苯

苯是香料工业中最常用的基本原料之一。它除作溶剂外，还可合成出许多种芳香族香料。如苯与甲醛在浓硫酸存在下发生缩合反应生成的二苯甲烷(反应式如下)，具有香叶似的香气，可广泛用于皂用香精中。

$$2\,C_6H_6 + HCHO \xrightarrow{H_2SO_4} C_6H_5CH_2C_6H_5$$

苯也可转化为邻苯二酚，在氧化铝存在下，于300℃时与甲醇进行甲基化反应生成愈创木酚，而愈创木酚与三氯甲烷反应最终可制得香兰素，反应式如下所示：

$$C_6H_6 \longrightarrow C_6H_4(OH)_2 \xrightarrow[CH_3OH]{Al_2O_3} C_6H_4(OH)OCH_3 \xrightarrow[KOH]{CHCl_3} C_6H_3(OH)(OCH_3)CHO$$

愈创木酚　香兰素

(2) 甲苯

甲苯也是合成香料工业中最常用的有机溶剂之一，同时也是合成芳香族香料和合成麝香的重要原料。反应式如下所示。利用甲苯可制得苯甲醇、苯甲醛和肉桂醛等常用香料。

$$C_6H_5CH_3 \xrightarrow{Cl_2} C_6H_5CH_2Cl \xrightarrow{K_2Cr_2O_7} C_6H_5CHO \xrightarrow{CH_3CHO} C_6H_5CH{=}CHCHO$$

苯甲醛　肉桂醛

$$C_6H_5CH_2Cl \xrightarrow[OH^-]{H_2O} C_6H_5CH_2OH$$

苯甲醇

(3) 二甲苯

二甲苯是合成硝基麝香的主要原料，它是合成香料中世界产量最大的一类。以间二甲苯和异丁烯为原料，在三氯化铝存在下进行叔丁基化反应，然后可以由此合成出酮麝香、二甲苯麝香和西藏麝香，合成路线如下所示：

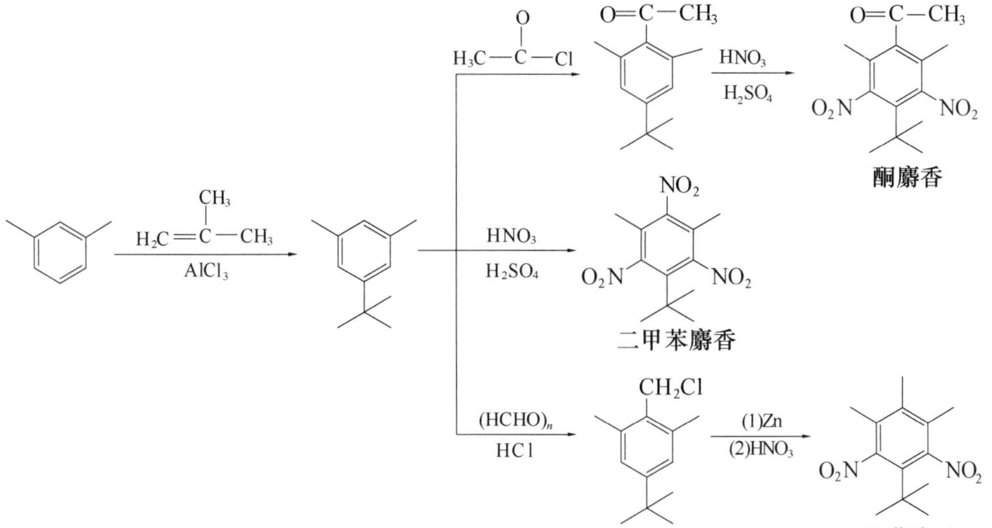

$H_3C-\overset{O}{\overset{\|}{C}}-Cl$ 　$O=C-CH_3$ 　HNO_3 　H_2SO_4 　O_2N 　NO_2

酮麝香

CH_3 　$H_2C=C-CH_3$ 　$AlCl_3$ 　HNO_3 　H_2SO_4 　NO_2 　O_2N 　NO_2

二甲苯麝香

CH_2Cl 　$(HCHO)_n$ 　HCl 　(1)Zn 　(2)HNO_3 　O_2N 　NO_2

西藏麝香

4.4.1.3 用石油化工产品生成合成香料

随着石油化工的发展，以廉价石油化工品为基本原料的香料化合物全合成，已成为国内外香料工业界开发的重要领域。

从炼油和天然气化工这两个途径，可以直接或间接地得到，如苯、甲苯、乙烯、丁二烯、异戊二烯、环氧乙烷等有机化工原料。利用这些石油化工原料，除了可以合成脂肪族醇、醛、酮、酯等香料外，还可以合成芳香族香料、萜类香料、合成麝香等重要的香料产品。

(1) 乙炔

以乙炔和丙酮为基本原料，按如下所示的合成路线，经炔化反应生成甲基丁炔醇，经还原生成甲基丁烯醇，然后与乙酰乙酸乙酯缩合，即可得到甲基庚烯酮。

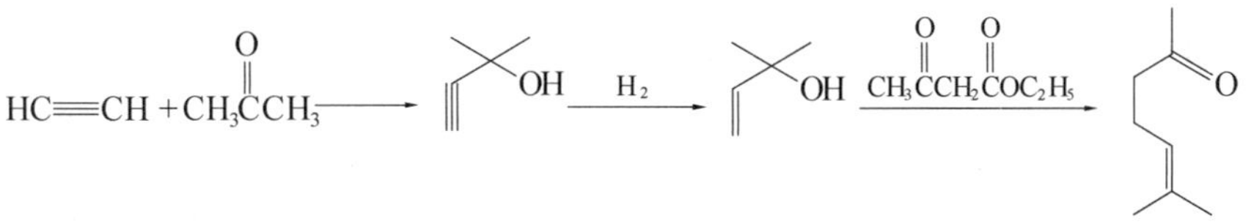

$$HC\equiv CH + CH_3\overset{O}{\overset{\|}{C}}CH_3 \longrightarrow \text{(OH)} \xrightarrow{H_2} \text{(OH)} \xrightarrow{CH_3\overset{O}{\overset{\|}{C}}CH_2\overset{O}{\overset{\|}{C}}OC_2H_5} \text{(O)}$$

乙炔与甲基庚烯酮反应生成脱氢芳樟醇，经加氢可制得芳樟醇、芳樟醇经氢化可制得香茅醇。芳樟醇与乙酰乙酸乙酯在磷酸氢二钠催化下加热 170℃左右，缩合生成香叶基丙酮，再与乙炔反应生成脱氢橙花叔醇，然后氢化可得到橙花叔醇。如果将脱氢芳樟醇异构化，可制取柠檬醛。柠檬醛与硫酸羟胺发生肟化反应，可制得柠檬腈。柠檬醛与丙酮发生缩合反应生成假性紫罗兰酮，在浓硫酸存在下，假性紫罗兰酮经环化可制得 α-紫罗兰酮和 β-紫罗兰酮。

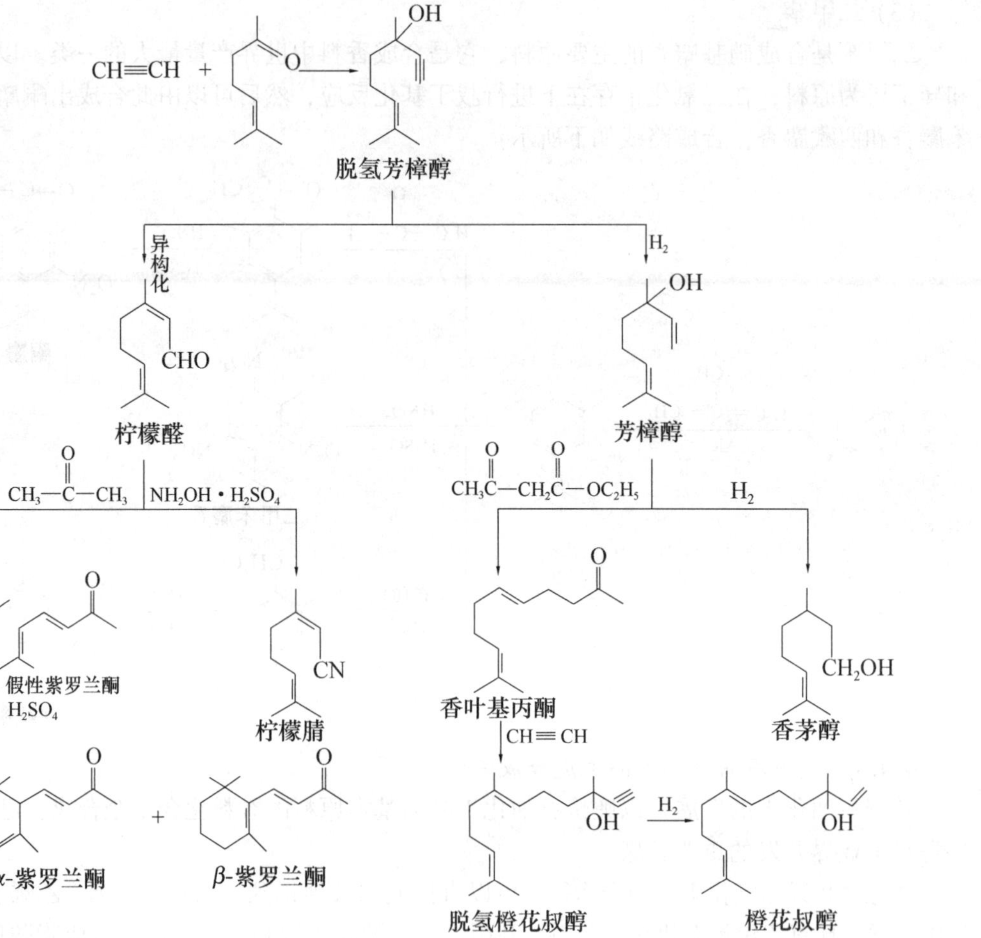

CH≡CH + [甲基庚烯酮] → 脱氢芳樟醇 (OH)

脱氢芳樟醇 —异构化→ 柠檬醛 (CHO)；—H_2→ 芳樟醇 (OH)

柠檬醛 —$CH_3-\overset{O}{C}-CH_3$→ 假性紫罗兰酮 —H_2SO_4→ α-紫罗兰酮 + β-紫罗兰酮

柠檬醛 —$NH_2OH \cdot H_2SO_4$→ 柠檬腈 (CN)

芳樟醇 —$CH_3\overset{O}{C}-CH_2\overset{O}{C}-OC_2H_5$→ 香叶基丙酮 —CH≡CH→ 脱氢橙花叔醇 (OH) —H_2→ 橙花叔醇 (OH)

芳樟醇 —H_2→ 香茅醇 (CH_2OH)

（2）乙烯

乙烯是石油裂解的主要产物之一，它不但是生产聚乙烯的单体，也是合成乙醇、环氧乙烷的重要原料。乙醇与羧酸发生酯化反应，可以合成一系列乙醇类香料化合物。在250℃下，以银为催化剂，乙烯可以氧化成环氧乙烷。环氧乙烷与苯发生傅-克反应，可以制取β-苯乙醇。β-苯乙醇不但是玫瑰香精的主香剂，由它又可以合成苯乙醇酯类香料、苯乙醛、苯乙缩醛等香料化合物。合成路线如下所示：

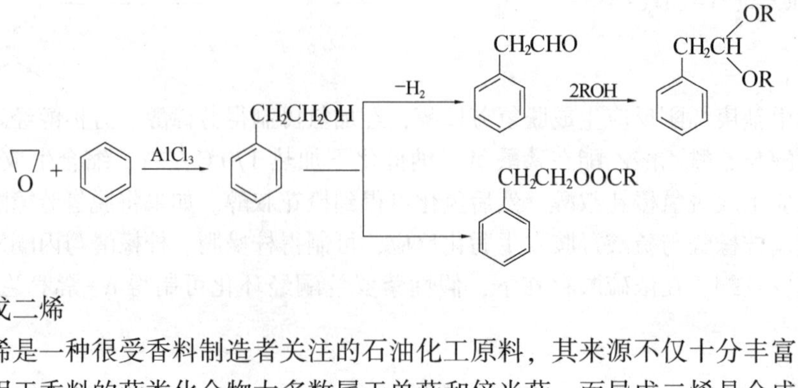

环氧乙烷 + 苯 —$AlCl_3$→ $C_6H_5CH_2CH_2OH$ —$-H_2$→ $C_6H_5CH_2CHO$ —2ROH→ $C_6H_5CH_2CH(OR)_2$

$C_6H_5CH_2CH_2OH$ → $C_6H_5CH_2CH_2OOCR$

（3）异戊二烯

异戊二烯是一种很受香料制造者关注的石油化工原料，其来源不仅十分丰富，而且价格也较低廉。用于香料的萜类化合物大多数属于单萜和倍半萜，而异戊二烯是合成这些萜类化合物的重要原料之一。

异戊二烯与氯化氢发生加成反应，可以生成异戊烯氯，然后与丙酮反应也可以生成甲基庚烯酮；如果异戊烯氯与异戊二烯反应，则可制备香叶醇和薰衣草醇，反应式如下所示：

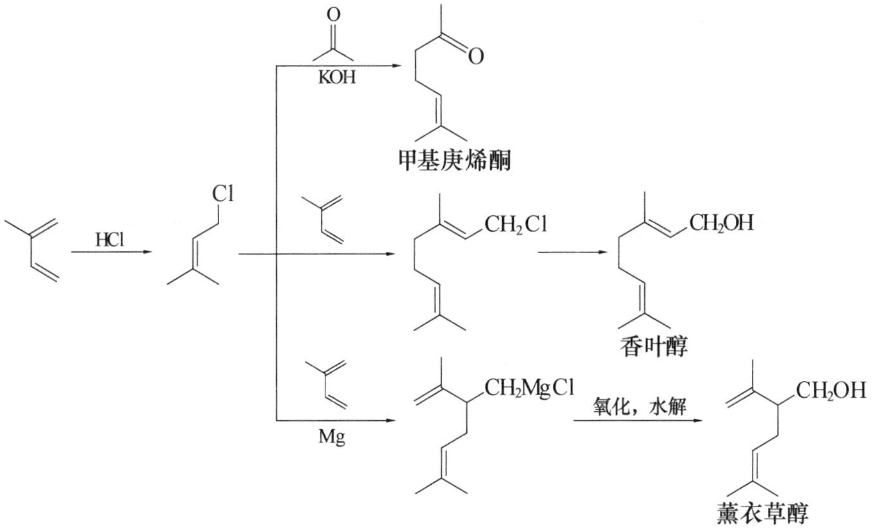

HCl；KOH；Cl；CH_2Cl；CH_2OH；Mg；CH_2MgCl；氧化，水解；CH_2OH

甲基庚烯酮　香叶醇　薰衣草醇

以异戊二烯为原料，经二聚，与甲醛环合，再经氧化和加氢反应生成玫瑰醚酮，然后经格利雅反应，脱水后得到保加利亚玫瑰油中的微量成分——氧化玫瑰，反应式如下所示：

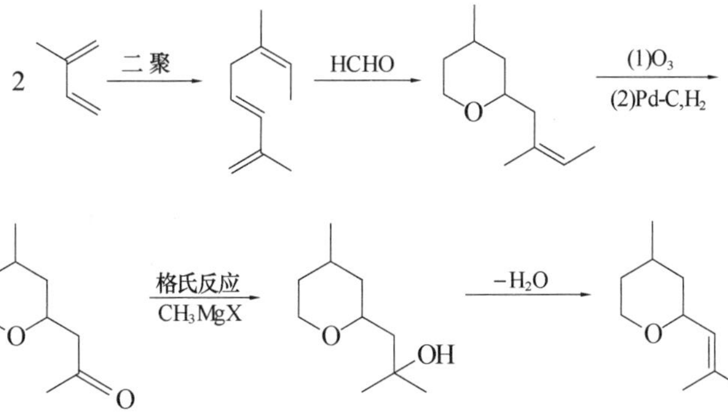

2　二聚　HCHO　(1)O_3　(2)Pd-C,H_2

格氏反应　CH_3MgX　$-H_2O$

4.4.2 常用合成香料的制造

4.4.2.1　烃类化合物

烃类化合物主要是萜类化合物，用于仿制天然精油及配制香精中，它又是合成含氧萜烯化合物的重要原料，如松节油成分中的α-蒎烯和β-蒎烯可合成许多重要的单体香料。

一些重要的烃类化合物合成香料简介如下：

① 莰烯　又名樟脑精。该化合物为无色结晶体，气味类似樟脑，天然存在于姜油内，熔点为51~52℃，沸点为160℃，能溶于醚和醇。其合成方法是首先由松节油加氯化氢气体反应生成氯氢氧化松节油精，然后与苯酚钾反应而成。

② 柠檬烯　又名苎烯，为无色至淡黄色易流动液体，溶于乙醇等有机溶剂中，实际上不溶于水。具有旋光异构，为右旋体。大量存在于柠檬油、橘子油、葛缕子油中，在橘子油中含量高达90%。具有愉快的柠檬样香气，可用来配制人造柑橘油。

③ 二苯甲烷　为白色针状结晶，具有香叶油和甜橙油香气。溶于乙醇等有机溶剂中，不溶于水。广泛用于调配皂用香精。作为定香剂，应用于蔷薇、玫瑰等香型化妆品香精中。

其合成方法为：用氯化苄和苯为原料，在催化剂作用下，于分子间脱水去氯化氢，生成二苯甲烷，反应式为：

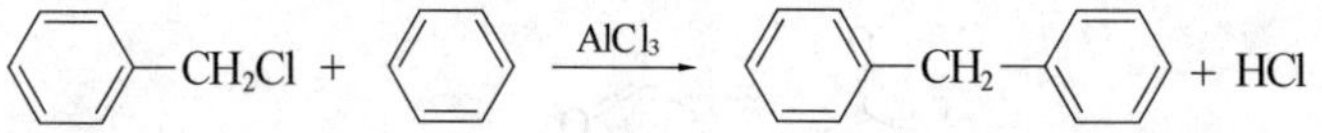

$$C_6H_5CH_2Cl + C_6H_6 \xrightarrow{AlCl_3} C_6H_5CH_2C_6H_5 + HCl$$

氯化苄　　　　　　　　联苯甲烷

4.4.2.2　醇类化合物

天然芳香成分中大都含有醇类化合物，如玫瑰、蔷薇等花香中均含有多种醇类化合物。目前调香中使用的醇类大部分由化学合成，而且它又可作为合成其他香料单体的中间体。

(1) 香叶醇和橙花醇

香叶醇：

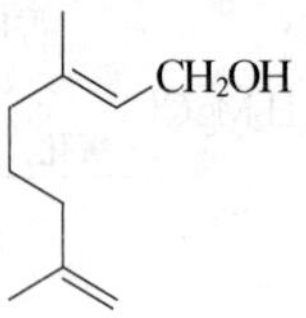

CH_2OH　　CH_2OH

α-位 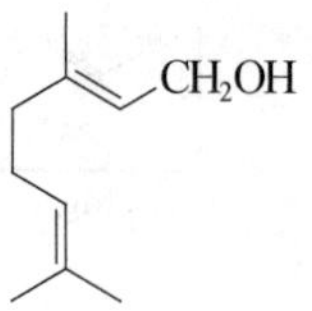　　　　β-位

橙花醇：

CH_2OH　　CH_2OH

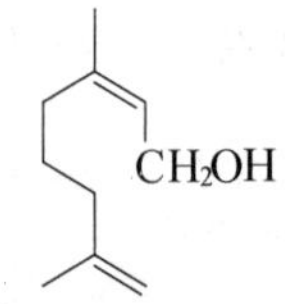

α-位 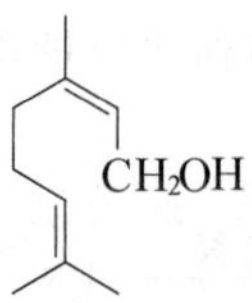　　　　β-位

二者仅是结构上顺式和反式之别(第七个碳原子上)，反式为香叶醇，顺式为橙花醇，前者为无色或淡黄色液体，后者为无色液体。香气上二者均为玫瑰香味，但后者更柔和。

自然界中存在于姜草油、柠檬草油及雄刈萱草油内，两者往往同时存在，为玫瑰香精主要成分。

橙花醇用甲基庚烯酮为起始原料，与乙炔甲醚加成，生成物经酸化、还原处理，得香叶醇和橙花醇混合物，经分离制得橙花醇。

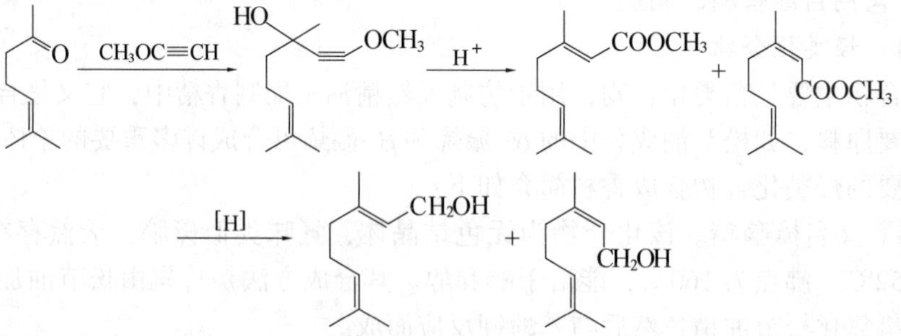

O　$\xrightarrow{CH_3OC\equiv CH}$　HO　OCH_3　$\xrightarrow{H^+}$　$COOCH_3$ + $COOCH_3$

$\xrightarrow{[H]}$　CH_2OH + CH_2OH

(2) 苯甲醇

也称苄醇，存在于天然的苏合香内。它为无色有果子香的液体，沸点206~207℃，能溶于乙醇及乙醚。具有固定香气的能力，能使其他香料中的香气久久不消失，故常用作香料的溶剂。

它可由氯化苄与碳酸钾共沸而得：

$$2C_6H_5CH_2Cl+K_2CO_3+H_2O \xrightarrow{\triangle} 2C_6H_5CH_2OH+2KCl+CO_2$$

也可用苯甲醛加苛性钾反应而成：

$$2C_6H_5CHO+KOH \longrightarrow C_6H_5CH_2OH+C_6H_5COOK$$

(3) β-苯乙醇

苯乙醇天然产于玫瑰油及橙花油中，为无色液体，具有柔和的玫瑰油香，是配制玫瑰型香精的主要原料，因为它对碱稳定，故被广泛用于皂用酒精中。

合成方法为：

$$C_6H_5-CH{=}CH_2 \xrightarrow[NaClO_3+H_2SO_4]{NaBr} C_6H_5-CHOH-CH_2Br \xrightarrow{NaOH}$$

$$C_6H_5-\underset{\diagdown O \diagup}{CH-CH_2} \xrightarrow[Ni]{H_2} C_6H_5-CH_2CH_2OH$$

也可直接用苯为原料：

$$C_6H_6 + \underset{O}{\triangle} \xrightarrow{AlCl_3} C_6H_5-CH_2CH_2OH$$

4.4.2.3　醛类化合物

(1) 柠檬醛

它天然存在于柠檬油及柠檬草油中，是一种不饱和醛的化合物，典型的萜类化合物，它除了有顺反异构外，还有因双键位置不同而形成的异构体，一般为几种异构体的混合物。一般可由山苍籽油减压精馏而得。常用于各类果香香精（如玫瑰、橙花、紫罗兰等香精）中，也可用于调香，还大量作为合成紫罗兰酮的单体，是合成萜类香料的一个重要的中间体。根据顺反异构可分为 α-柠檬醛即香叶醛，β-柠檬醛即橙花醛。

CHO 或 CHO　　　　CHO 或 CHO

α-柠檬醛(香叶醛)　　　　**β-柠檬醛(橙花醛)**

(2) 甲基壬基乙醛(2-甲基十一醛)

甲基壬基乙醛的化学结构式如下：

$$CH_3(CH_2)_8\overset{\overset{CH_3}{|}}{C}HCHO$$

它不存在于自然界中，香气似柑橘香并带有龙涎香气息，又似琥珀香。香味温和持久，较其他脂肪醛均佳。多用于香水香精中，但是它香气浓烈，只能微量用于配方中，否则会掩盖其他香气。

合成方法：一般以 2-十一酮与氯乙酸乙酯在醇钠存在下，通过 Darzens 缩合反应而合成。

$$CH_3(CH_2)_8-\overset{\overset{CH_3}{|}}{C}{=}O + ClCH_2COOC_2H_5 \xrightarrow{C_2H_5ONa} CH_3(CH_2)_8-\overset{\overset{CH_3}{|}}{C}\underset{\diagdown O \diagup}{-}CHCOOC_2H_5$$

$$\xrightarrow{NaOH}\xrightarrow{H^+} CH_3(CH_2)_8-\overset{\overset{CH_3}{|}}{C}\underset{\diagdown O \diagup}{-}CHCOOH \xrightarrow{\triangle} CH_3(CH_2)_8\overset{\overset{CH_3}{|}}{C}HCHO$$

原料2-十一酮，大量存在于天然芳香油中，可直接蒸馏分离而得，可用于Sabatier-Senderens反应，将癸酸及乙酸蒸气通过加热的锰类催化剂，经气相催化脱羧生成甲基壬基酮。

(3) 香兰素及乙基香兰素

香兰素及乙基香兰素的化学结构式如下：

香兰素　　　　乙基香兰素

香兰素天然存在于热带兰科植物的香豆中，以香兰素葡萄糖苷的形式存在。可用乙醇由香豆中浸出而得。

香兰素为白色针状结晶，熔点80~82℃，溶于水、乙醇，具有香兰素芳香味及巧克力的香气。乙基香兰素在自然界中并不存在，它的香气与香兰素类似，但更强烈，比香兰素强3~4倍。香兰素大量用于香料、调味剂及药物等。由于天然资源的限制，目前大都采用化学合成法。按采用原料不同又有全合成及半合成法。全合成法因不采用天然原料，故生产不易受影响，它们的合成路线如下：

①以邻氨基苯甲醚为原料的全合成法　原料先经重氮化，再水解得到邻甲氧基苯酚。

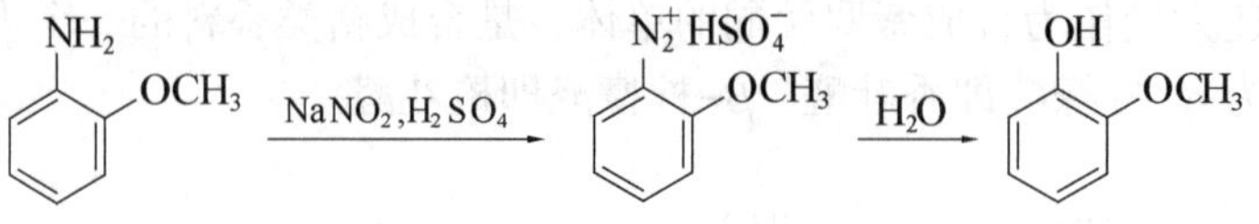

②与甲醛及对亚硝基-*N*,*N*-二甲苯胺盐酸盐反应而成。

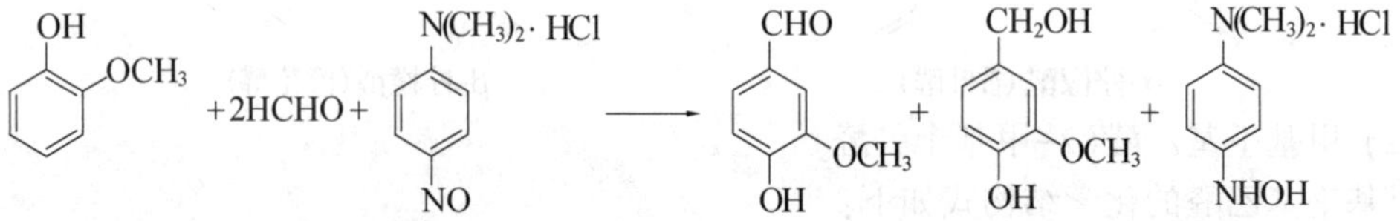

③产品为混合物,经分离,继续反应：

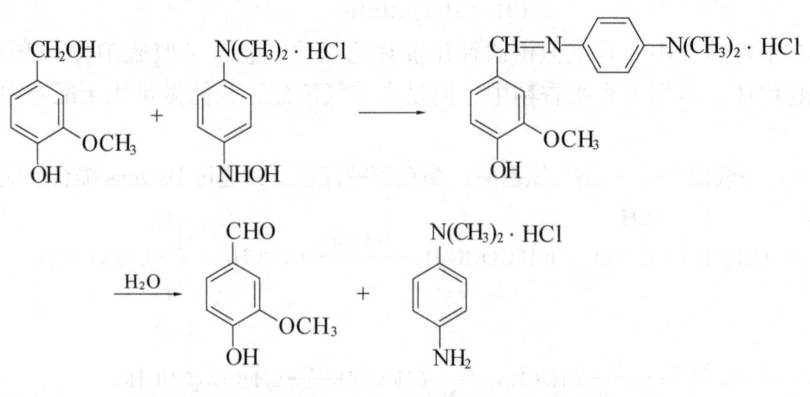

对亚硝基-*N*,*N*-二甲基苯胺,可由*N*,*N*-二甲基苯胺亚硝化而成。

此外,香兰素还可以采用以丁香精或黄樟油素为原料的半合成法。

近年来许多国家采用造纸工业亚硫酸纸浆废液中的木质素来生产香兰素,由于原料来源丰富,是很有前途的合成法。反应过程如下:

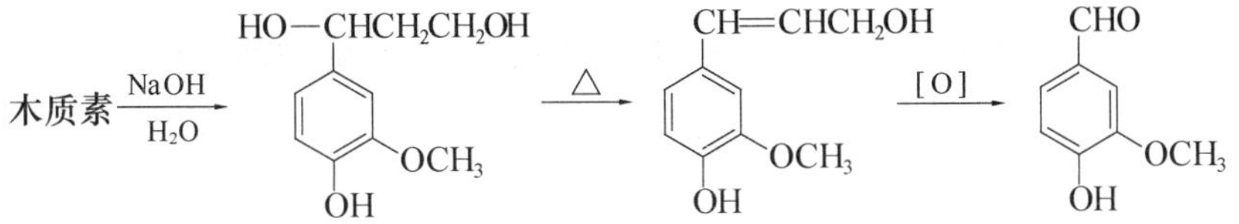

木质素 $\xrightarrow[H_2O]{NaOH}$ HO—CHCH$_2$CH$_2$OH (OCH$_3$, OH) $\xrightarrow{\triangle}$ CH=CHCH$_2$OH (OCH$_3$, OH) $\xrightarrow{[O]}$ CHO (OCH$_3$, OH)

造纸工业的纸浆废液经发酵提取乙醇后,内含相当数量的木质素,在碱性介质中经水解、氧化等反应后也可生成。此法为木材工业的综合利用开辟了新途径。

乙基香兰素可以邻乙氧基苯酚、邻氨基苯乙醚、黄樟油素等为起始原料合成。如以邻乙氧基苯酚为原料合成的反应式如下:

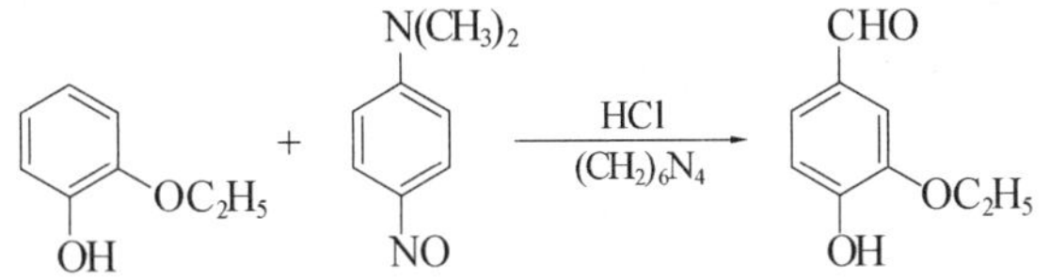

(OC$_2$H$_5$, OH) + N(CH$_3$)$_2$ (NO) $\xrightarrow[(CH_2)_6N_4]{HCl}$ CHO (OC$_2$H$_5$, OH)

香兰素和乙基香兰素是贵重香料,主要作为香草香精的主体原料应用于食品工业。在化妆品工业中被用作为增加甜的香气。另外也可作为矫臭剂、空气清洁剂,其数量极微。

4.4.2.4 酮类化合物

酮类化合物的脂肪酮一般不直接用作香料,低级脂肪酮可作为合成香料的原料。在C_7~C_{12}的不对称脂肪酮中,有一些具有强烈令人不愉快的气味,其中只有甲基壬基酮被用作香料。但许多芳香族酮类化合物具有令人喜爱的香气,很多可用作香料,如C_{15}~C_{18}的巨环酮,它具有麝香香气。

(1) 紫罗兰酮和甲基紫罗兰酮

紫罗兰酮天然存在于堇属紫色的植物中,而甲基紫罗兰酮全由合成制得。由于紫罗兰鲜花昂贵,人工耗费又大,种植过程中香气很易变型,故目前紫罗兰也几乎由合成制取。

紫罗兰酮是重要合成香料之一,有 α、β、γ 三种异构体。

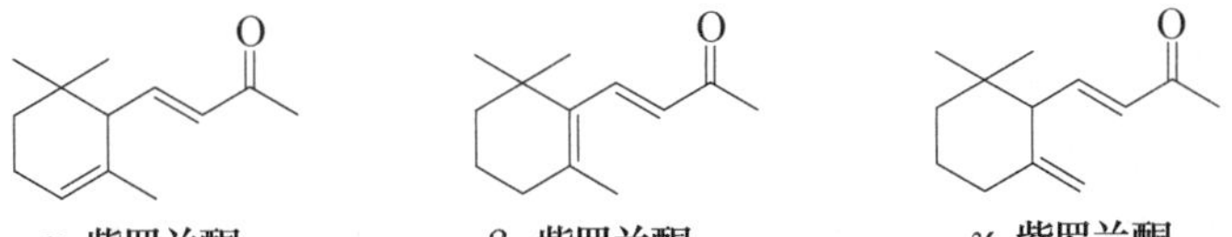

α-紫罗兰酮　　β-紫罗兰酮　　γ-紫罗兰酮

一般市售品为 α 和 β 异构体的混合物,淡黄色油状液体,香气柔和具紫罗兰花的香气,略有鸢尾的香型,是配制紫罗兰、金合欢、桂花、含羞、兰花型等香精不可缺少的原料,因它对碱稳定,因此常用作皂用香精,也可用于食品香精中。

α-紫罗兰酮具有甜的紫罗兰、木香、果香等香气。β-紫罗兰酮具有新鲜紫罗兰花的香气且有杨木气息。从香气来说,α-紫罗兰酮比 β-紫罗兰酮更令人喜爱,β-紫罗兰酮也是维生素 A 的原料,故被用于医药工业中。γ-紫罗兰酮具有珍贵的龙涎香香气。

由于 α-紫罗兰酮结构中的三个双键只有二个处于共轭位置,而 β-紫罗兰酮三个双键均处于共轭位置,故 β-紫罗兰酮的最大吸收波长较长为 290.6nm,而 α-紫罗兰酮为 228nm。

甲基紫罗兰酮也是重要的合成香料之一，它共有六种异构体：

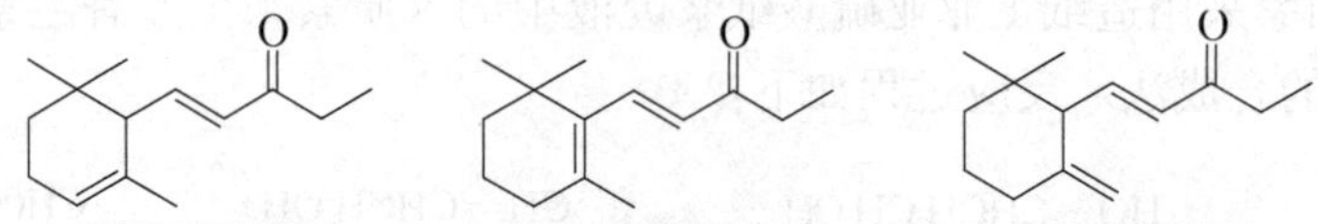

α-甲基紫罗兰酮　　β-甲基紫罗兰酮　　γ-甲基紫罗兰酮

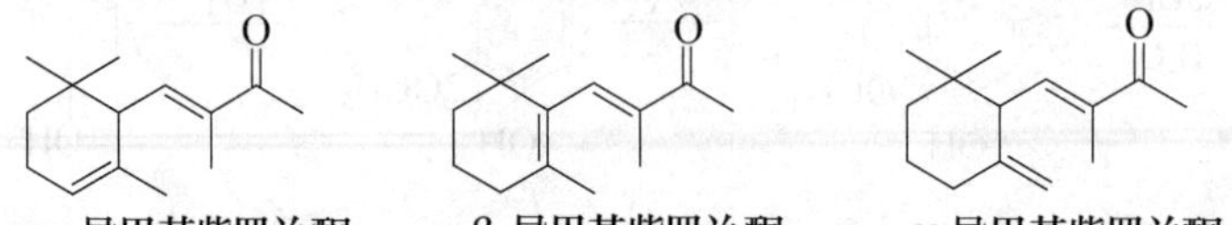

α-异甲基紫罗兰酮　　β-异甲基紫罗兰酮　　γ-异甲基紫罗兰酮

市售甲基紫罗兰酮一般以 α、β 的四种异构体的混合物为主，香气甜盛，有似鸢尾酮和金合欢醇的气息，它是桂花、紫罗兰、金合欢香精的主要基香。

合成方法：

以脱氢芳樟醇为原料与乙酰乙酸乙酯或双乙烯酮反应，脱去二氧化碳，经分子重排而得到假性紫罗兰酮，然后在酸性条件下环化而成紫罗兰酮。

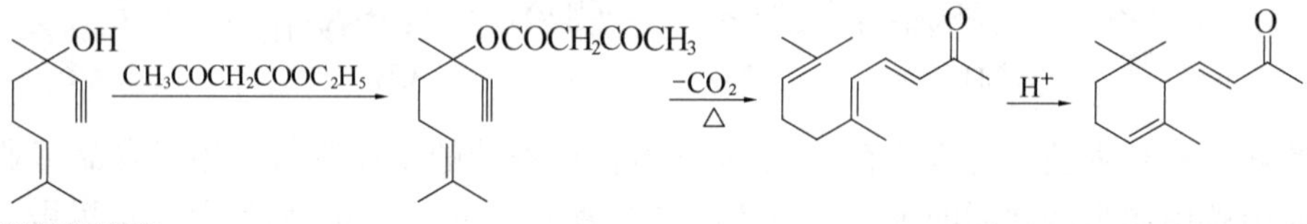

OH　$\xrightarrow{CH_3COCH_2COOC_2H_5}$　$OCOCH_2COCH_3$　$\xrightarrow[\triangle]{-CO_2}$　O　$\xrightarrow{H^+}$　O

脱氢芳樟醇　　　　　　　　　　　　α-紫罗兰酮

如果采用甲基乙酰乙酸乙酯与脱氢芳樟醇反应，则生成假异甲基紫罗兰酮，同样在酸性环构下可得异甲基紫罗兰酮。

(2) 香芹酮

香芹酮具有留兰香气息，天然存在于芹菜籽油中。其制备方法主要以柠檬烯为原料。

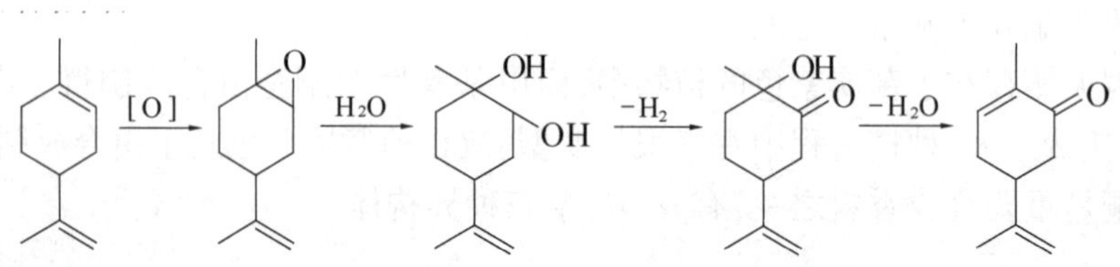

$\xrightarrow{[O]}$　O　$\xrightarrow{H_2O}$　OH OH　$\xrightarrow{-H_2}$　OH O　$\xrightarrow{-H_2O}$　O

柠檬烯　　　　　　　　　　　　香芹酮

4.4.2.5　羧酸酯类化合物

羧酸酯类化合物广泛存在于自然界中，而且绝大部分具有令人愉快的香气，虽然它在调配任何一种香型的香精时不能赋予决定性的香气，但在香精中能加强与润和其香气，而且有些酯类能起到定香剂作用，因此在配制各类香型香精中都含有酯类化合物

(1) 乙酸芳樟酯

乙酸芳樟酯的结构如下：

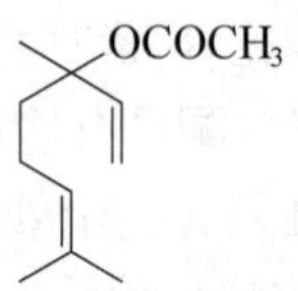

$OCOCH_3$

它天然存在于香柠檬、香紫苏、薰衣草及其他植物的精油中，香味近似香柠檬油及薰衣草油。化学合成法可由芳樟醇与乙烯酮反应而得。

$$\text{OH} + H_2C{=}C{=}O \longrightarrow \text{OCOCH}_3$$

也可使用催化剂磷酸与酸酐制成的复合催化剂，反应可在低温下进行，并减少副反应。

$$3(CH_3CO)_2O + H_3PO_4 \longrightarrow (CH_3CO)_3PO_4 + 3CH_3COOH$$

$$3\ \text{OH} + (CH_3CO)_3PO_4 \longrightarrow 3\ \text{OCOCH}_3 + H_3PO_4$$

反应生成的磷酸可连续与酸酐作用。

乙酸芳樟酯的香气芬芳而幽雅，常用于配制古龙水、人造香柠檬油和薰衣草油。在中高档香制品及皂用香精中是不可缺少的原料之一。

（2）苯甲酸酯类

重要的苯甲酸酯类香料有：

$$C_6H_5\text{—}COOCH_3 \qquad C_6H_5\text{—}COOC_2H_5 \qquad C_6H_5\text{—}COOCH_2\text{—}C_6H_5$$

苯甲酸甲酯 **苯甲酸乙酯** **苯甲酸苄酯**

苯甲酸甲酯天然存在于依兰油、月下香油、丁香油等中，具有芬芳香味，系依兰香之必需成分，常用来配制依兰香油。

苯甲酸乙酯天然产于岩兰草油及橙花油等中，它具有果香及甜味，但比苯甲酸甲酯略为淡雅些，也主要用来配制依兰香油和丁香油。

苯甲酸苄酯为秘鲁树脂的主要成分，也存在于依兰香油及月下香油中，其本身香气较微，但由于它沸点高（323～324℃），故可用作定香剂，同时它又是难溶于香精中的一些固体香料的最好溶剂，故常作为合成麝香的溶剂。

它们可按一般方法制备：

$$C_6H_5\text{—}COOH + CH_3OH \xrightarrow{H_2SO_4} C_6H_5\text{—}COOCH_3 + H_2O$$

$$C_6H_5\text{—}COOH + C_2H_5OH \xrightarrow{H_2SO_4} C_6H_5\text{—}COOC_2H_5 + H_2O$$

$$C_6H_5\text{—}COOC_2H_5 + C_6H_5\text{—}CH_2OH \longrightarrow C_6H_5\text{—}COOCH_2\text{—}C_6H_5 + C_2H_5OH$$

（3）邻氨基苯甲酸甲酯

该化合物在自然界中存在于橙花油、茉莉、甜橙油及其他芳香油中，此外还存在于葡萄汁中，具有橙花油香气，常用来配制人造橙花油。

$$C_6H_4(CO)_2O + 2NH_4OH \longrightarrow C_6H_4(COONH_4)(CONH_2) + 2H_2O$$

$$C_6H_4(COONH_4)(CONH_2) + C_6H_4(CO)_2O \xrightarrow{NaOH} C_6H_4(COONa)(CONH_2)$$

$$C_6H_4(COONa)(CONH_2) \xrightarrow[CH_3OH]{NaClO} C_6H_4(COOCH_3)(NHCOONa) \xrightarrow{H_2O} C_6H_4(COOCH_3)(NH_2)$$

（4）食用香料乳酸乙酯

以离子液体[HSO_3-pmim]HSO_4 为催化剂，乳酸和乙醇为原料合成乳酸乙酯。[HSO_3-pmim]HSO_4 用量 10mL，酸醇摩尔比 1.0∶1.5，反应温度 110℃，反应时间 2.0h，酯化率达 96.7%。离子液体易分离回收，可重复使用。离子液体[HSO_3-pmim]HSO_4 的制备如下：

$$H_3C\text{-}N\text{(咪唑)}N + O{=}S(=O)\text{-}O\text{(环)} \longrightarrow H_3C\text{-}N^{\oplus}\text{(咪唑)}N\text{-}(CH_2)_3\text{-}SO_3^{\ominus} \xrightarrow{H_2SO_4} \left[H_3C\text{-}N^{\oplus}\text{(咪唑)}N\text{-}(CH_2)_3\text{-}SO_3H\right]HSO_4^{\ominus}$$

4.4.2.6 内酯类

内酯化合物具有酯类特征，香气上均有特殊的果香。一般酯类香料几乎可在一切香型香精中使用，而内酯类由于受到原料来源及复杂工艺等原因的影响，在应用上受到一定限制。

（1）γ-十一内酯（桃醛）

γ-十一内酯的结构如下：

$$CH_3(CH_2)_6\underbrace{C\,HCH_2CH_2C}_{O}{=}O$$

天然来源：水解大豆蛋白、黄油、桃子、杏、西番莲果、苹果和肥牛。香气特征：1.0%，奶油香，桃子样模糊果香，含脂肪香的内酯气息，并带有蜡样香韵。尝味特征：10μg/g，内酯样奶油香味，模糊的桃子和杏样果味，有蜡样香韵的乳制品脂肪香；建议应用：杏、桃子、黄油、奶油、巧克力，脂肪替代剂，牛油和猪油香调，西番莲果和芒果。该化合物具有桃香气息，故又名桃醛。

其化学合成可由 ω-十一烯酸经内酯化而得。而 ω-十一烯酸可由蓖麻油酸甲酯进行热裂，分离出去庚醛十一烯酸甲酯，再经皂化、酸化后可得到游离的 ω-十一烯酸。合成路线如下：

$$CH_2{=}CH(CH_2)_8COOCH_3 \xrightarrow{NaOH} CH_2{=}CH(CH_2)_8COONa \xrightarrow{H^+} CH_2{=}CH(CH_2)_8COOH$$

$$\xrightarrow{H_2SO_4} CH_3(CH_2)_6CH{=}CHCH_2COOH \xrightarrow{H_2SO_4} CH_3(CH_2)_6\underbrace{CHCH_2CH_2C}_{O}{=}O$$

近些年来桃醛合成工艺中工业上运用最为广泛的是酸醇合成法。因为相对于其他反应而言，该合成方法原料价廉易得且桃醛产品收率较高。在合成 γ-内酯的过程中，人们在寻找价廉易得的原料时，使用伯醇同丙烯酸酯在自由基引发剂存在下进行自由基加成反应制取 γ-内酯。反应分两步完成，路线如下：第一步：二叔丁基过氧化物发生均裂生成自由基引发剂，在游离基引发剂作用下醇类形成醇类游离基，然后进行与丙烯酸的加成反应。第二步：游离基经加成反应形成的中间体经过闭环反应生成产物桃醛。此类方法原料易得，产品得率高，工艺条件温和，成本较低，是一种比较理想的工业生产方法。反应式如下：

$$H_2C{=}CH{-}CHO + H_3C(CH_2)_7OH \xrightarrow{\text{二叔丁基过氧化物}} \gamma\text{-十一内酯（桃醛）}$$

副反应:

$$(CH_3)_3C{-}O{-}O{-}C(CH_3)_3 + H_3C(CH_2)_7OH \longrightarrow (CH_3)_3C{-}OH$$

$$H_2C{=}CH{-}COOH \longrightarrow \left[\,CH_2{-}CH(COOH)\,\right]_n$$

采用辛醇、丙烯酸和过氧化物作为反应物，在辛醇与丙烯酸比例为 4∶1 至 8∶1，二叔丁基过氧化物与丙烯酸的比例为 5∶1 至 10∶1 的条件下进行反应生产桃醛。然后在真空的条件下蒸馏回收未反应的辛醇，分离得到桃醛产品。生产流程如图 4-11 所示。

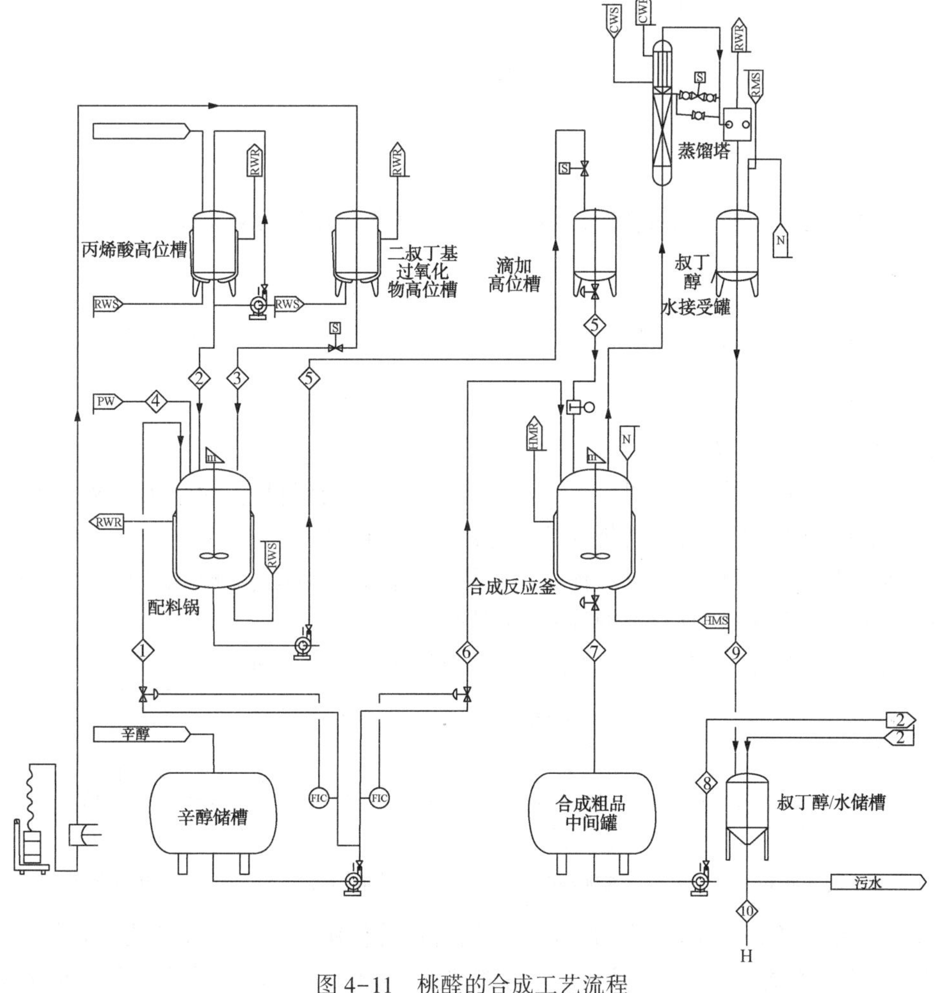

图 4-11　桃醛的合成工艺流程

(2) 芳香族内酯类

在香料工业上最常见的芳香族内酯类是香豆素：

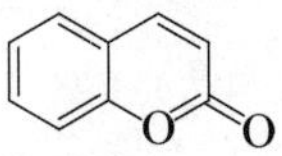

O O

香豆素天然产于香豆及车叶草中，其香气颇似香兰素，具刈草甜香和巧克力气息。目前使用的主要是其合成产品，产量很大。因其价廉，香味芬芳，并能固定其他香气，故常用于新刈草型和馥奇型香精中配制香水。也用作工业香精中的除臭剂，消除家用橡胶塑料品中的不愉快气息。

它可由水杨醛与酸酐通过珀金反应而成：

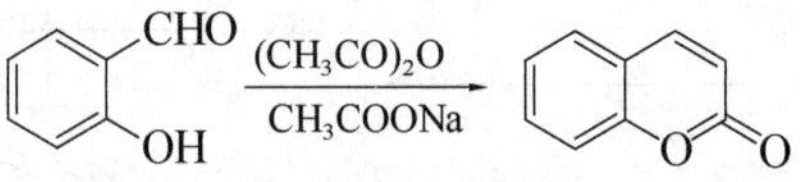

CHO OH $\xrightarrow[CH_3COONa]{(CH_3CO)_2O}$ O O

4.4.2.7 乙缩醛类

由于一般醛类化合物的化学性质较活泼，在空气和光、热的影响下极易被氧化成酸，在碱性介质中易起醇醛缩合反应。而缩醛类则无此弊病，在碱性介质中稳定而不变色，是它的优点，在香气上缩醛类化合物比醛类化合物和润，没有醛类那样刺鼻的香味。

例如二乙缩柠檬醛（结构如下），其香味似花信子。

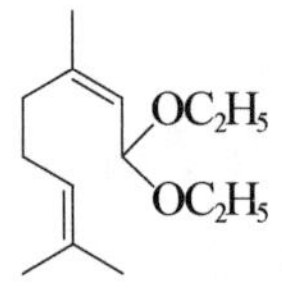

OC_2H_5 OC_2H_5

其化学合成是柠檬醛与原甲酸三乙酯在对甲苯磺酸存在下反应而成。

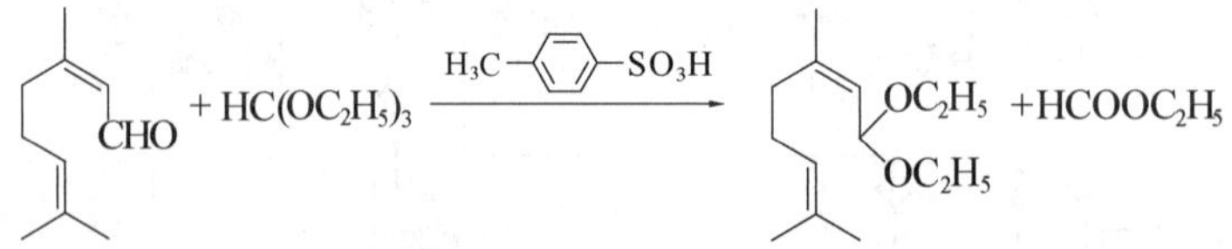

CHO $+ HC(OC_2H_5)_3 \xrightarrow{H_3C-C_6H_4-SO_3H}$ OC_2H_5 OC_2H_5 $+ HCOOC_2H_5$

4.4.2.8 麝香化合物

麝香是一种昂贵的香料，是调配高级香精中不可缺少的原料，但由于天然麝香来源稀少，不易获得，近年来均采用合成法以获得具有麝香香气的香料。

具有麝香香气的香料品种较多，有巨环麝香类（包括酮、内酯、双酯、醚内酯）、多环麝香类（包括茚满型、四氢萘型、异香豆素型等）及硝基麝香类。

(1) 硝基麝香类 目前被应用于调香上的硝基麝香有以下几种：

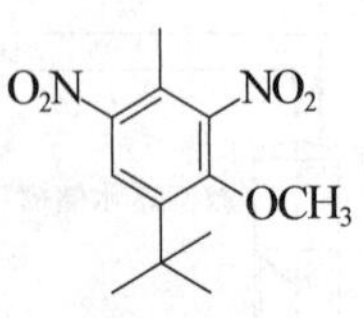

O_2N NO_2 OCH_3 **葵子麝香**　　$COCH_3$ O_2N NO_2 **酮麝香**　　NO_2 O_2N NO_2 **二甲苯麝香**　　O_2N NO_2 **三甲苯麝香**

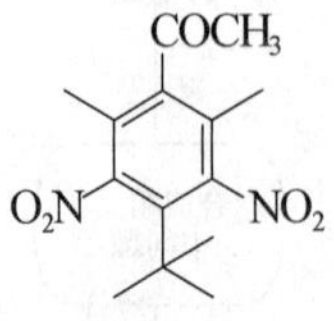

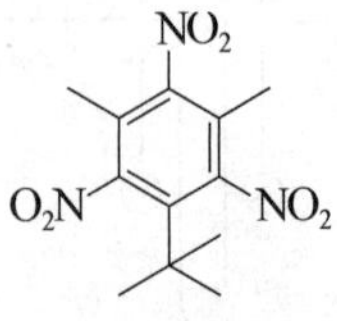

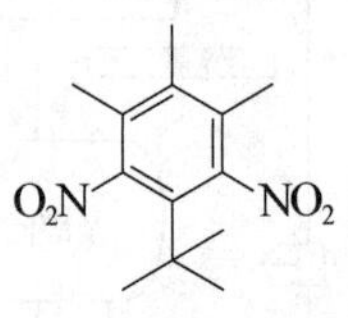

以上四个硝基麝香不仅香气可贵，而且它们有定香作用。硝基麝香虽然在香气上不及芳檀、巨环类及万山麝香，并且具有遇光易变色的缺点，但在合成上却比其他麝香方便，故硝基麝

香目前还是许多香精中必要的成分，并常与天然麝香同时使用。其中二甲苯麝香香气品质稍差，一般用于皂用香精，而不用于高档香水香精中。

几种硝基麝香的制法如下：

①葵子麝香

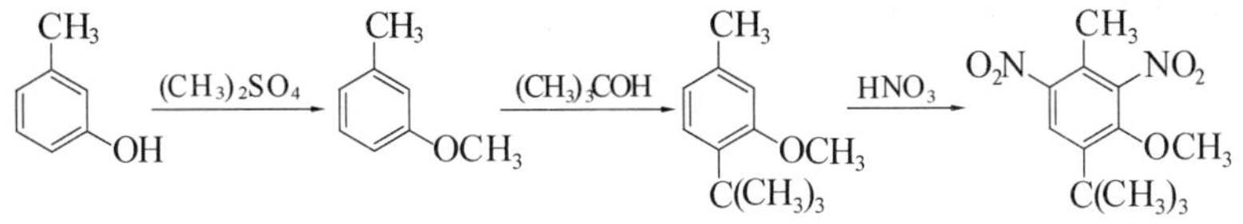

$$\xrightarrow{(CH_3)_2SO_4}\ \xrightarrow{(CH_3)_3COH}\ \xrightarrow{HNO_3}$$

②酮麝香

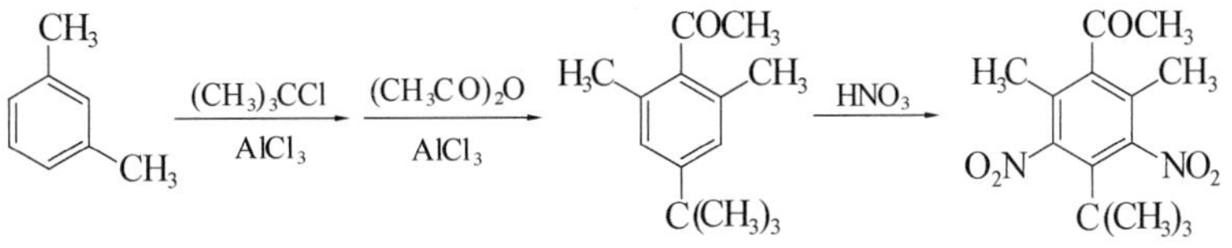

$$\xrightarrow[AlCl_3]{(CH_3)_3CCl}\ \xrightarrow[AlCl_3]{(CH_3CO)_2O}\ \xrightarrow{HNO_3}$$

③二甲苯麝香

$$\xrightarrow[AlCl_3]{(CH_3)_3CCl}\ \xrightarrow{HNO_3}$$

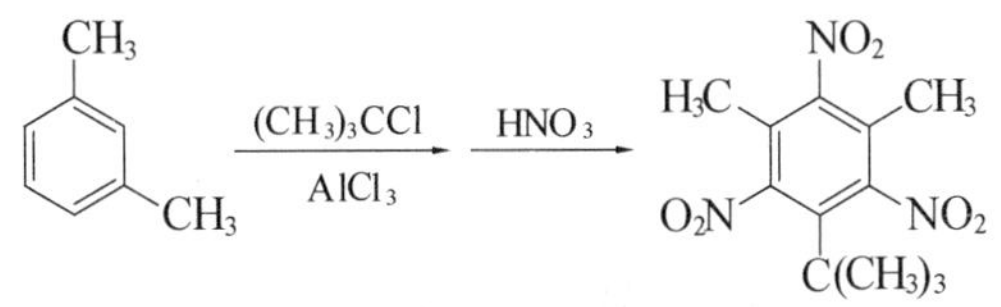

(2) 万山麝香

万山麝香的结构如下：

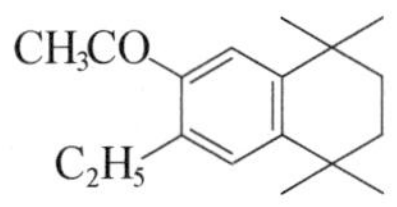

即1,1,4,4,-四甲基-6-乙基-7-乙酰基-1,2,3,4-四氢萘，具有天然麝香的优点，又无硝基麝香遇光变色的缺点，但制造较为复杂，成本较高。

其化学合成以丙酮及乙炔为原料，合成反应如下：

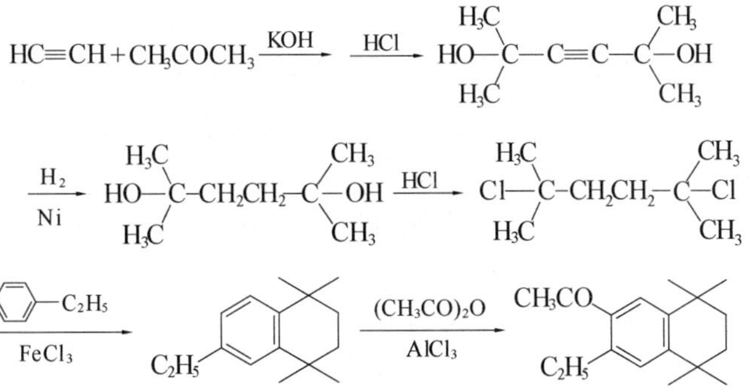

$$HC\equiv CH + CH_3COCH_3 \xrightarrow{KOH}\ \xrightarrow{HCl} (CH_3)_2C(OH)-C\equiv C-C(OH)(CH_3)_2$$

$$\xrightarrow[Ni]{H_2} (CH_3)_2C(OH)-CH_2CH_2-C(OH)(CH_3)_2 \xrightarrow{HCl} (CH_3)_2CCl-CH_2CH_2-CCl(CH_3)_2$$

$$\xrightarrow[FeCl_3]{C_6H_5C_2H_5}\ \xrightarrow[AlCl_3]{(CH_3CO)_2O}$$

(3) 芬檀麝香

芬檀麝香的结构如下：

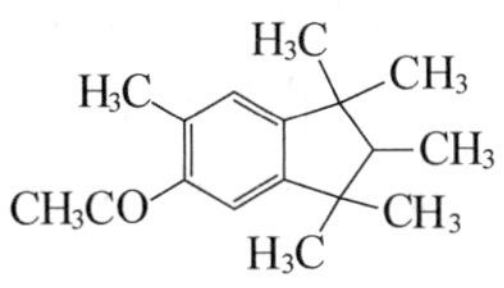

即6-乙酰基-1,1,2,3,3,5-六甲基茚满。它为茚满衍生物,由于它的香气比硝基麝香优越得多,与万山麝香及十五内酯相仿,其性质对光和碱稳定,并对化妆品加工过程中的氧化、还原、高温都稳定,它的沸点较高,和其他香料调配时能抑制易挥发的香料,又是一种定香剂。一般使用量为5%时即有很高的定香作用。

它的合成方法可以由异丙烯基甲苯和2-甲基丁烯反应生成六甲基茚满,然后乙酰化制取。

$$H_3C\text{-}C_6H_4\text{-}C(CH_3){=}CH_2 + H_3C\text{-}\underset{CH_3}{C}{=}CHCH_3 \xrightarrow{H_2SO_4} \text{1,1,2,3,3,5-六甲基茚满}$$

$$\xrightarrow[AlCl_3]{(CH_3CO)_2O} \text{6-乙酰基-1,1,2,3,3,5-六甲基茚满}\ (CH_3CO\text{-})$$

另外,也可以来自松节油的对异丙烯基甲苯为原料,与叔戊醇缩合生成六甲基茚满,然后乙酰化制取。

4.5 香料和香精的鉴别与分析

4.5.1 香料的物理检验和化学分析

香料与人们的生活息息相关,香料的质量与人的身体健康关系密切。因此,无论是天然香料、合成香料还是调和香料,都必须进行严格的质量检验。主要包含物理检验和化学分析两方面。

(1) 香味和色泽检验

目前,香料香气或香味质量的评定,主要还是靠人的嗅觉或味觉进行。其具体方法如下。

① 香气评定　香料香气的鉴定,主要是采用与同种标准质量香料香气相比较的方法。将等量的待测试样和标准样品,分别放在相同的容器中,用宽0.5~1cm、长10~15cm的辨香纸,分别蘸取待测试样和标准样品约1~2cm,用夹子夹在测试架上,然后每隔一定时间,作嗅感进行评比,鉴别其头香、基香、尾香微细的变化,对香气质量进行全面评价。

不易直接辨别其香气质量的产品,例如香气特强的液体或固体样品,可先用溶剂稀释至相同浓度,然后蘸在辨香纸上评定。常用的溶剂有水、乙醇、苄醇、苯甲酸苄酯、邻苯二甲酸二乙酯等。

香气评定可以参考GB/T 14454.2进行。

② 香味评定　用作食用的香料,除进行香气质量的评定外,还需要进行香味评定。其方法是用1mL样品的1%的乙醇溶液,加入250mL糖浆,然后进行试味。

③ 色泽检定　色泽是天然香料中的第2个重要外观质量指标。色泽检定的要求是待检试样是否与标准试样相符,是否达到了质量标准。对液体标准试样色泽,除特殊的选用能够代表当前生产水平的产品做标准样外,一般采用无机盐配成标准色样供检验对比。为了求得准确的色泽情况,较先进的方法是用比色仪与标准样品对比。

色泽检定可以参考GB/T 14454.3进行。

(2) 物理常数和测定

物理常数主要包括相对密度、折射率、旋光度、熔点、凝固点、闪点、沸点、乙醇中溶混度、蒸发后残留物的定量测定等。

(3) 化学常数的测定

① 酸值(AV)　是指中和1g精油中所含的游离酸时所需氢氧化钠的质量(mg)。酸值是精油的主要化学常数之一。一般精油游离酸量很小,但如果加工不当或贮存过久,由于精油成分的分解、水解或氧化,都会使酸值变大。通过酸值的测定,可以辨别精油的质量。酸值的测定原理是用标准的碱滴定液去中和游离的酸。

酸值的测定可以参考GB/T 14455.5进行。

② 酯值(EV)　是指中和1g精油中酯水解所放出的酸所需的氢氧化钠的质量(mg)。精油中的酯类化合物,往往是精油中的主要成分,酯值是表示含酯量的一种方法,所以它是精油质量检验中主要化学常数之一。其测定原理是在规定的条件下,用过量的标准氢氧化钾乙醇溶液水解精油中的酯类,然后用标准盐酸溶液滴定过量的碱。

精油酯值的测定可以参考GB/T 14455.6进行。

③ 醇含量　在天然香料中往往含有多种醇类,含醇量是决定天然香料质量的主要指标之一。含醇量的测定,常规方法为乙酰法,即对精油试验用乙酸酐或乙酰氯进行乙酰化,然后测定乙酰化后的精油试样中的含酯量,再从精油试样乙酰化前和乙酰化后的酯值变化计算含醇量。

精油醇含量的测定可以参考GB/T 14455.7和GB/T 14455.8进行。

④ 醛量和酮量的测定　醛或酮类化合物往往是天然香料的主要芳香成分,因此,醛量和酮量是天然香料的重要指标之一。它们的含量可以用羰值表示。常用的测定羰值的方法有很多,其中盐酸羟胺法和硫酸氢钠法比较方便易行。

盐酸羟胺法羰值是指1g精油与盐酸羟胺的肟化反应中,需要中和释放出的盐酸所用氢氧化钾的质量(mg)。

$$RR'C{=}O + NH_2OH \cdot HCl \longrightarrow RR'C{=}N{-}OH + HCl + H_2O$$

用亚硫酸氢钠法测定羰值的原理为:精油中的醛或酮与亚酸氢钠发生加成反应生成磺酸盐,此磺酸盐溶于水而不溶于油相,而精油中其他部分成为油相而分出。

$$RR'C{=}O + NaHSO_3 \longrightarrow R'{-}C(R)(OH){-}OSO_2Na$$

亚硫酸氢钠法对于测定桂油中的桂醛、杏仁油中的苯甲醛、柠檬桉油中的香茅醛、柠檬草油中的柠檬醛特别适用,但对测定香芹酮、薄荷酮、樟脑不适用。

⑤ 酚量　酚类与强碱作用生成可溶于水的酚盐,这是测定精油中的酚含量方法的基础,由于酚的钾盐比钠盐更易溶解,在应用时使用氢氧化钾效果更好。

精油中酚含量的测定参考GB/T 14454.11进行。

4.5.2 香精检测新技术

香精由多种香组分组成;质量浓度极少,常以1×10^{-6}g/L、1×10^{-9}g/L、1×10^{-12} g/L计,但对

奶味香气贡献极大;具有一定的挥发性和热不稳定性。下文简要介绍香精检测中的新技术:电子鼻检测技术、气相色谱-吸闻检测技术。

(1)“电子鼻”技术

所谓“电子鼻”实质上是一种能够感知和识别气味的电子系统,也有人将它看成是人和动物鼻子的仿真产品。这是因为,电子鼻的工作原理就是模拟人的嗅觉器官对气味进行感知、分析和判断。电子鼻一般由气敏传感器阵列、信号处理子系统和模式识别子系统三大部分组成。工作时,气味分子被气敏传感器阵列吸附,产生信号;生成的信号被送到信号处理子系统进行处理和加工;并最终由模式识别子系统对信号处理的结果作出判断。越来越多的研究证明,运用电子鼻技术进行气味分析,可以客观、准确、快捷地评价气味,并且具有重复性好的特点,这是人和动物的鼻子所不及的。电子鼻技术响应时间短、检测速度快,测定评估范围广,重复性好。电子鼻技术已广泛地应用到食品、医药、化妆品、化工、环境监测等行业,国外对电子鼻的研究比较活跃。尤其是在食品行业中的应用,如酒类、烟草、饮料、肉类、奶类、茶叶等具有挥发性气味的食品的识别和分类。利用电子鼻技术可以检测出牛奶中的丙酮、2-丁酮、甲苯、柠檬油精、苯乙烯、氯仿等化合物。

(2)气相色谱-吸闻技术(gas chromatography-olfactometry,GC-O)法

GC-O 技术是一种基于色谱柱洗出液感官评价的技术。GC-O 是将嗅味检测仪与分离挥发性物质的气相色谱相结合的一种技术。由于该仪器配有特殊附件,即所谓的嗅觉端口,使得定性和定量气味评价成为可能。嗅觉测量谱图形式取决于被分析物的分离程序和实验中所采用的定量方法。20 世纪 80 年代中期,Acre 等及 Ullrich、Grosch 等几乎同时分别在美国和德国开始采用定量稀释分析的方法来分析香味强度。Firdecih 等将 GC-O 定义为将分离挥发性物质的气相色谱与用来评价气流组分香味活性的嗅闻仪(或以人鼻来作为一种检测器)相结合的一组技术,也可简单地把 GC-O 理解为以人的鼻子来嗅闻 GC 流出组分的一类实验。理论上,人鼻对一些气味的检测下限可达到 10^{-19}mol。因此,它可以成功地被用来分析色谱流出的组分,而且在很多情况下,它的灵敏度甚至要比一些仪器检测器比如 FID 高得多。一般来说,仅通过一次的 GC-O 操作来判断挥发性物质的感官贡献是非常难的,已发展了几项技术来客观化 GC-O 的信息并评估单一香味组分的感官贡献。

思 考 题

1. 叙述下列英文简写所代表的意义:

FEMA　FDA　GRAS　RIFM

2. 调香方法及注意事项。
3. 写出薄荷醇的合成过程。
4. 写出香兰素的合成过程。
5. 硝基麝香分为几种,如何合成?
6. 酯类的单体香料有哪些性质和用途,以及合成方法?
7. 桃醛的合成方法有哪些?试举例说明。

第5章 日用化学品

国民经济的高速发展，人们生活水平的迅速提高带来了以洗涤剂、化妆品等为代表的日用化学品工业的空前繁荣，日用化学品与人们的生活及工作已密不可分。化妆品的开发和研制中越来越多、越来越广泛地应用了现代高新技术。化妆品的生产已经超脱了日用化工范畴，它以精细化工为背景，以制药工艺为基础，融汇了医学、生物工程学、生命科学、微电子技术等，化妆品产业正在逐步发展成一个应用多学科的高技术产业。化妆品的安全性、功能性、天然性、环保性是未来发展的一个重要特点。本章主要介绍日用化学品(包括洗涤剂、化妆品)的基本知识，如定义、分类、特性、用途、使用方法等。

5.1 化妆品概述

化妆品的发展历史，大约可分为下列四个阶段：第一代是使用天然的动植物油脂对皮肤作单纯的物理防护。第二代是以油和水乳化技术为基础的化学成分化妆品。第三代是添加各类动植物萃取精华的化妆品。诸如从皂角、果酸、木瓜等天然植物或者从动物皮肉和内脏中提取的深海鱼蛋白和激素类等精华素，加入化妆品中去。第四代是仿生化妆品，即采用生物技术制造与人体自身结构相仿并具有高亲和力的生物精华物质复配到化妆品中，以补充、修复和调整细胞来达到抗衰老、修复受损皮肤等功效，这类化妆品代表了化妆品的发展方向。

根据2007年8月27日公布的《化妆品标识管理规定》，化妆品(cosmetics)的定义是指：以涂擦、喷洒或者其他类似的方法，散布于人体表面任何部位(皮肤、毛发、指甲、口唇)以达到清洁、消除不良气味、护肤、美容和修饰目的的日用化学品。

5.1.1 化妆品的作用

化妆品对人体的作用必须缓和、安全、无毒、无副作用，并且主要以清洁、保护、美化为目的。还有一类化妆品，如用于育发、染发、烫发、脱毛、美乳、健美、除臭、祛斑、防晒等目的，称之为特殊用途化妆品。

化妆品的作用可概括为如下5个方面：

① 清洁作用　祛除皮肤、毛发、口腔和牙齿上面的脏物，以及人体分泌与代谢过程中产生的不洁物质。如清洁霜、清洁奶液、净面面膜、清洁用化妆水、泡沫浴液、洗发香波、牙膏等。

② 保护作用　保护皮肤及毛发等处，使其滋润、柔软、光滑、富有弹性，以抵御寒风、烈日、紫外线辐射等的损害，增加分泌机能活力，防止皮肤皲裂、毛发枯断。如雪花膏、冷霜、润肤霜、防裂油膏、奶液、防晒霜、润发油、发乳、护发素等。

③ 营养作用　补充皮肤及毛发营养，增加组织活力，保持皮肤角质层的含水量，减少皮肤皱纹，减缓皮肤衰老以及促进毛发生理机能，防止脱发。如人参霜、维生素霜、珍珠霜等各种营养霜、营养面膜、生发水、药性发乳、药性头蜡等。

④ 美化作用　美化皮肤及毛发，使之增加魅力，或散发香气。如粉底霜、粉饼、香粉、

胭脂、唇膏、发胶、摩丝、染发剂、烫发剂、眼影膏、眉笔、睫毛膏、香水等。

⑤ 防治作用　预防或治疗皮肤及毛发、口腔和牙齿等部位影响外表或功能的生理病理现象。如雀斑霜、粉刺霜、抑汗剂、祛臭剂、生发水、痱子水、药物牙膏等。

5.1.2　化妆品的分类

化妆品的品种十分丰富，有多种分类方法。按使用部位分类：

① 皮肤用化妆品：指面部及皮肤用化妆品。这类化妆品如各种面霜、浴用产品。

② 发用化妆品：指头发专用化妆品。这类化妆品如香波、摩丝、喷雾发胶等。

③ 口腔卫生品：漱口水、牙膏等日用品。

④ 美容化妆品：主要指面部美容产品，也包括指甲、头发(染发、烫发、定发)的美容品。

⑤ 特殊功能化妆品：指添加有特殊作用药物的化妆品。

5.1.3　化妆品的原料

根据化妆品的原料性能和用途，大体上可分为基质原料和辅助原料两大类。前者是化妆品的一类主体原料，在化妆品配方中占有较大比例，是化妆品中起到主要功能作用的物质。后者则是对化妆品的成形、稳定或赋予色、香以及其他特性起作用，这些物质在化妆品配方中用量不大，但却极其重要。

5.1.3.1　基质原料

基质原料主要是油性原料。包括天然油质原料和合成油质原料两大类，主要指油脂、蜡类原料等天然原料，还有脂肪酸、脂肪醇和酯类等人工合成原料，是化妆品的一类主要原料。

(1) 油脂

油脂的主要化学成分是三分子脂肪酸与一分子甘油酯化形成的化合物，称为甘油酯。油脂包括植物性油脂和动物性油脂。各种不同脂肪酸和甘油相结合，就成为各种不同性质的甘油酯。从动植物中获取的天然油脂，实质上并没有根本的区别，通常在常温下为液体者称为油，固体者称为脂。而它们的主要化学成分都是甘油酯，只是其含脂肪酸成分及含量有所不同。实际上，大多数天然油脂都是混合的甘油酯。

化妆品中常用的植物性油脂有：橄榄油、椰子油、蓖麻油、棉籽油、大豆油、芝麻油、杏仁油、花生油、玉米油、米糠油、茶籽油、沙棘油、鳄梨油、石栗子油、欧洲坚果油、胡桃油、可可油等。动物性油脂用于化妆品的有水貂油、蛋黄油、羊毛脂油、卵磷脂等。动物性油脂一般含饱和脂肪酸，和植物性油脂相比，其色泽、气味等感官指标较差，在具体使用时应注意防腐问题。

水貂油具有较好的亲和性，易被皮肤吸收，用后滑爽而不腻，性能优异，故在化妆品中得到广泛应用，如营养霜、润肤霜、发油、洗发水、唇膏及防晒霜化妆品等。

蛋黄油含油脂、磷脂、卵磷脂以及维生素 A、D、E 等，可作唇膏类化妆品的油脂原料。

卵磷脂是从蛋黄、大豆和谷物中提取的，具有乳化、抗氧化、滋润皮肤的功效，是一种良好的天然乳化剂，常使用于润肤膏霜和油中。

(2) 蜡类

蜡类是高碳脂肪酸和高碳脂肪醇构成的酯。这种酯在化妆品中起到稳定性、调节黏稠度、减少油腻感等作用。主要应用于化妆品的蜡类有：棕榈蜡、小烛树蜡、霍霍巴蜡、木蜡、羊毛酯、蜂蜡等。

棕榈蜡主要成分为蜡酸醇酯和蜡酸蜡酯。在化妆品中主要起到增加硬度、韧性和光泽，也有降低黏性、塑性和结晶的倾向。主要用于唇膏、睫毛膏、脱毛蜡等制品。

小烛树蜡主要成分为碳水化合物、蜡酯、高级脂肪酸、高级醇等。应用于唇膏等粉状化妆品中。

霍霍巴蜡主要为十二碳以上脂肪酸和脂肪醇构成的蜡酯，不易氧化和酸败，无毒、无刺激，易于被皮肤吸收以及具有良好的保湿等作用。广泛应用于润肤膏、面霜、香波、头发调理剂、唇膏、指甲油、婴儿护肤用品以及清洁剂等用品。

木蜡主要成分为棕榈酸的甘油三酯，为植物性脂肪或高熔脂肪。易于与蜂蜡、可可脂和其他甘油三酯配伍，易被碱皂化形成乳液。用于乳液和膏霜类化妆品中。

蜂蜡是制造发蜡、胭脂、唇膏、眼影棒、睫毛膏等美容修饰类化妆品的原料。此外，它具有抗细菌、真菌、愈合创伤的功能，还用在香波、洗发剂、高效去头屑洗发剂等。

羊毛脂是羊的皮质腺分泌物，主要成分为各种脂肪酸与脂肪醇的脂，属于熔点蜡。它具有较好的乳化、润湿和渗透作用。具有柔软皮肤、防止脱脂和防止皮肤皲裂的功能，可以和多种原料配伍，是一种良好的化妆品原料。广泛用于护肤膏霜、防晒制品以及护发脂品种，也用于香皂、唇膏等美容化妆品中。

(3) 烃类

烃是指来源于天然的矿物精加工而得到的一类碳水化合物。在化妆品中，主要是起溶剂作用，用来防止皮肤表面水分的蒸发，提高化妆品的保湿效果。通常用于化妆品的烃类有液体石蜡、固体石蜡、微晶石蜡、地蜡、凡士林等。

液体石蜡又叫白油，广泛用在发油、发蜡、发乳、雪花膏、冷霜、剃须膏等化妆品中。

凡士林主要为 $C_{16} \sim C_{32}$ 高碳烷烃和高碳烯烃的混合物。具有无味、无臭、化学惰性好、粘附性好、价格低廉、亲油性和高密度等特点。用于护肤膏霜、发用类、美容修饰类等化妆品，如：清洁霜、美容霜、发蜡、唇膏、眼影膏、睫毛膏以及染发膏等。在医药行业还作为软膏基质或者含药物化妆品重要成分。

固体石蜡由于对皮肤无不良反应，主要作为发蜡、香脂、胭脂膏、唇膏等油脂原料。

地蜡在化妆品中主要作为乳液制品和发蜡的重要原料。

(4) 合成油脂

指由各种油脂或原料经过加工合成的改性的油脂和蜡，组成和天然油脂相似，在纯度、物理形状、化学稳定性、微生物稳定性以及对皮肤的刺激性和皮肤吸收性等方面比天然油脂更加优越，因此，已广泛用于各类化妆品中。常用的合成油脂原料有：角鲨烷、羊毛脂衍生物、聚硅氧烷、脂肪酸、脂肪醇、脂肪酸酯等。

角鲨烷为深海鲨鱼肝油中取得的角鲨烯加氢反应制得。角鲨烷具有良好的渗透性、润滑性和安全性，常常被用于各类膏霜类、乳液、化妆水、口红、护发素、眼线膏等高级化妆品中。

羊毛脂衍生物为一系列羊毛脂的衍生物。包括：羊毛醇、羊毛脂酸、纯羊毛蜡、乙酸化羊毛蜡、乙酰化羊毛醇、聚氧乙烯氢化羊毛脂等。性能上比羊毛脂要好，广泛用于各类化妆品中，如婴儿制品、干性皮肤护肤品、膏霜、乳液等。羊毛脂酸对皮肤具有良好的滋润作用，常用于剃须膏。纯羊毛蜡易于吸收，润肤较好，主要用于乳化制品，如膏霜和油膏。乙酰化羊毛蜡在乳液、膏霜类护肤产品和防晒化妆品中产品常常使用，与矿物油混合，用于婴儿油、浴液、唇膏、发油和发胶等化妆品。聚氧乙烯氢化羊毛脂稳定性高，吸水性好，适用于烫发剂、双氧水油膏等，还用于唇膏、护发素和各种膏霜及其乳液制品。

聚硅氧烷又称硅油或硅酮。它与其衍生物是化妆品的一种优质的原料，具有生理惰性和良好的化学稳定性，无臭、无毒，对皮肤无刺激性，有良好的护肤功能；具有润滑性能，抗紫外线辐射作用，透气性好，对香精香料有缓释作用，抗静电好，具有明显的防尘功能；稳定性高，不影响与其他成分匹配。常用的有聚二甲基硅氧烷、聚甲基苯基硅氧烷、环状聚硅氧烷等。聚二甲基硅氧烷在化妆品中常取代传统的油性原料，如石蜡、凡士林等来制造化妆品，如膏霜类、乳液、唇膏、眼影膏、睫毛膏、香波等。聚甲基苯基硅氧烷对皮肤渗透性好，可增加皮肤的柔软性，加深头发的颜色，保持自然光泽，常用在高级护肤制品以及美容化妆品中。环状聚硅氧烷黏稠度低，挥发性好，主要用于化妆品中，如膏霜类、乳液、浴油、香波、古龙水、棒状化妆品等。

作为化妆品原料的脂肪酸有多种，如月桂酸、肉豆蔻酸、棕榈酸、硬脂酸、异硬脂酸、油脂等。脂肪醇主要为 $C_{12} \sim C_{18}$ 的高级脂肪醇，如月桂醇、鲸醇、硬脂醇等常作为保湿剂；脂肪酸酯多为高级脂肪酸与低相对分子质量的一元醇酯化生成。其特点是与油脂有互溶性，且黏度低，延展性好，对皮肤渗透性好，在化妆品中应用较广。

5.1.3.2 辅助原料

辅助原料主要是用来增强化妆品使用感受的一类原料。一般来说包括粉质原料、胶质原料、表面活性剂和一些其他原料，如溶剂、香精香料、染料、颜料以及防腐剂、抗氧剂等。

(1) 粉质原料

粉质原料主要用于粉末状化妆品，如爽身粉、香粉、粉饼、唇膏、胭脂以及眼影等，起到遮盖、滑爽、附着、吸收、延展作用。化妆品中使用的无机粉质原料有：滑石粉、高岭土、膨润土、碳酸钙、碳酸镁、钛白粉、锌白粉、硅藻土、磷酸氢钙、氧化锌、硬脂酸锌、硬脂酸镁等。

(2) 胶质原料

胶质原料是水溶性的高分子化合物，它在水中能膨胀成胶体，在化妆品中被用作黏胶剂、增稠剂、成膜剂、乳化稳定剂等。

化妆品中所用的水溶性的高分子化合物主要分为天然的和合成的两大类。天然的水溶性的高分子化合物有：淀粉、植物树胶、动物明胶等，但质量不稳定，易受气候、地理环境的影响，产量有限，且易受细菌、霉菌的作用而变质。合成的水溶性的高分子化合物有：甲基纤维素、乙基纤维素、羧甲基纤维素钠、羟乙基纤维素以及瓜耳胶及其衍生物、聚乙烯醇、聚乙烯吡咯烷酮、丙烯酸聚合物等，性质稳定，对皮肤的刺激性低，价格低廉，成为胶体原料的主要来源。

(3) 其他原料

在化妆品中，除使用上述原料外还有以下物质：溶剂、香精香料、染料、颜料以及防腐剂、抗氧化剂等。

溶剂是液状、浆状、膏霜状化妆品配方中不可缺少的一类组成成分。在化妆品中起到溶解作用，使得制品具有一定的性能和剂型。溶剂原料包括：水、醇类、酮类、醚类、酯类、芳香族溶剂。在化妆品中，水是化妆品不可缺少的原料，通常使用的产品用水为经过处理的去离子水。乙醇是香水、古龙水、花露水的主要原料；异丙醇和正丁醇是指甲油的原料；丙酮、丁酮、醚类酯类、芳香族溶剂如甲苯、二甲苯用作指甲油、油脂、蜡的溶剂。

为了防止化妆品的油脂、蜡、烃类等油性成分发生氧化作用，使化妆品变色、酸败、质量下降，需要在化妆品中添加抗氧化剂，常用的抗氧化剂有生育酚、特丁基羟基小茴香脑、特丁基羟基甲苯、没食子酸丙酯等等。

化妆品中使用防腐剂的目的是抑制微生物在化妆品中的生长繁殖。防腐剂有尼泊金酯类、六氯酚、苯乙醇、苯氧基乙醇、二苯基苯酚等。

保湿剂添加在化妆品中可达到保持皮肤角质层中水分的作用。常用的保湿剂有甘油、丙二醇、山梨醇、乳酸钠等。此外可适量加用皮肤渗透剂，如氮酮，可帮助皮肤吸收。

5.1.4 化妆品的安全性

化妆品都是由多种化妆品原料混合配制成的，它们的危害性与其组成的原料有关。市面上的化妆品所使用的化学物质种类已经超过 3000 种，其中，已经知道会引起过敏的物质超过 100 种以上。实际上，常常引起皮肤功能障碍的危险性原料反而是那些用量不大甚至用量极少的香料、防腐剂、紫外线吸收剂、着色剂以及许多其他限用的化学物质。它们或者是原发性刺激物，或是化学致敏源，有的则可经皮肤吸收至体内，对健康产生程度不同的损害。各个国家对化妆品的管制有很大差异，有些发达国家严格禁止毒性物质的添加，有的要求必须标示该毒性物质，并对使用新原料或新添加剂的产品，要求进行严格的动物和人皮肤的各项安全试验，经确认合格后方可生产。有的国家则放任这些毒物在化妆品的使用。因此，怎样科学合理地使用化妆品的确是一门学问，化妆品使用得好，可以美化容貌、保护皮肤、增进健美；反之，就达不到美容和健康的目的，还会出现副作用，危害健康。

5.1.4.1 微生物和重金属指标

我国在《化妆品卫生规范》(2007 版)中，对上市化妆产品有严格要求：“在正常以及合理的可预见的使用条件下，化妆品不得对人体健康产生危害。化妆品必须使用安全，不得对施用部位产生明显刺激和损伤，且无感染性。”我国规定了微生物学质量的定量指标：即眼部、口唇等黏膜用化妆品以及婴儿和儿童用化妆品细菌总数不得大于 500CFU/mL 或 500CFU/g(CFU，Colony-Forming Units，菌落形成单位：单位体积中的细菌群落总数)；其他化妆品细菌总数不得大于 1000CFU/mL 或 1000CFU/g，每 g 或每 mL 产品中不得查出粪大肠菌群、绿脓杆菌和金黄色葡萄球菌；化妆品中霉菌和酵母菌总数不得大于 100CFU/mL 或 100CFU/g。重金属有害物质也应符合规定，如汞<1mg/kg，铅(以铅计)<40mg/kg，砷(以砷计)<10mg/kg，有机溶剂应符合规定，如甲醇<2000mg/kg 等。

5.1.4.2 对化妆品生产企业的要求

国家规定在化妆品研制前期，就应对化妆品的安全性进行科学评估，对化妆品成分及其终产品的安全性评价是保证化妆品安全性的关键措施和核心内容。生产企业必须明确化妆品的不良反应既源自所用的原料(成分)本身，亦可能源自最终产品，化妆品生产企业应确保所生产的化妆品组成成分及其终产品在正常和可预见的条件下使用时是安全的。一般来说带来的安全问题表现在化妆品对人体的局部刺激、过敏和全身毒性；此外，经皮吸收、意外或合理的可预见的经口摄入可能导致的全身毒性也应尽力避免。对此，应从以下几个方面严格把关：①谨慎选用化妆品的组成成分，保证在所用浓度下的安全性；②考察终产品的局部耐受性；③尽量按 GMP(一套适用于制药、食品等行业的强制性标准)进行生产；④选用合适包装以保护产品质量，以尽可能避免误用或意外导致的危险性。

化妆品从配方设计、原料采购、生产加工、检验包装、储存运输，到最终消费者手中要经过多个环节，任何一个步骤出现问题都可能带来安全问题。

比如在配方设计环节，就化妆品原料的选择，按照中国《化妆品卫生规范》的强制要求，一般需进行毒理学试验。其包括的实验项目非常广泛，主要有：急性经口和急性经皮毒性试验；皮肤和急性眼刺激性/腐蚀性试验；皮肤变态反应试验；皮肤光毒性和光敏感试验(原料具有紫外线吸收特性需做该项试验)；致突变试验(至少应包括一项基因突变试验和一项染色体畸变试验)；亚慢性经口和经皮毒性试验；致畸试验；慢性毒性/致癌性结合试验；毒物代谢及动力学试验；以及根据原料的特性和用途，增加其他必要的试验。这就要求选用经科学研究证实真实无害的原料来组织配方，一些化工原料就属国家明令禁止在化妆品中添加，如苯、联苯氨基偶氮染料、间苯二胺、邻苯二胺及盐类；人的细胞、组织或其产品；具有雄激素效应的物质、疫苗、毒素或血清；多种着色剂；剧毒植物提取物，如木香根油、库美、呋喃香豆素、巴豆(巴豆油)、5-甲氧基补骨脂素(佛手柑内酯)等；一些药物，如糖皮质激素、酮康唑、甲硝唑、二甲双胍及其盐类、保泰松、雌激素、孕激素类、磺胺类、抗生素类，等等。在《化妆品卫生规范》中，专门规定了化妆品中严格禁用的1208种化学物目录，78种动植物物质(包括提取物及其制品，如海芋、白芷、槟榔、青木香、铃兰、石蒜、麻黄等毒性植物)，56种限用的防腐剂，28种限用的防晒剂，156种限用的着色剂。对于可以适用于化妆品的化工原料，在2014版化妆品原料名单中，共推荐了8783种，选用这些目录所列原料，在规定的剂量以下使用，安全性将可以得到有效保证。

化妆品是健康人的长期行为，抗衰老、美白和生发是近年来化妆品追逐的热点，随着消费升级和技术经验的不断积累，加之高新技术的应用，开发确实有效的功能性产品成为爱美之人的迫切需要，对此一些新型功能性化妆品辅料也不断加入化妆品原料家族中，如化学药物添加剂、生化药物添加剂、中草药物添加剂等。它们的加入大大改善了化妆品的性能和用途，是化妆品发展的深入和进步。这些辅料所涉及的动、植物组织的提取物，有相当一部分是可以起到既保健又美容的效果的，但也有一部分的副作用是不可忽视的，这是化妆品自身的缺陷，无法完全克服，只能在科学研究基础上严格控制用量、浓度，对消费者公开利弊，正确引导，而不能片面夸大功能效果，而故意隐瞒所带来的副作用。现以除皱、美白产品举例介绍：除皱产品的主打成分是类肉毒杆菌和胶原蛋白，其中类肉毒杆菌的有效性是85%，安全性却仅有55%。类肉毒杆菌是细菌的一种，毒性强烈，在医学美容上利用它部分麻痹面部表情肌和咬肌，以达到消除面部活动性皱纹和瘦脸的作用，但是刺激性大，过敏性皮肤很不适用。另外，自身的皮肤也会对这种产品有强烈的依赖性。目前流行的胶原蛋白安全性就高得多，其有效性为50%，安全性为75%。足够的胶原蛋白可以使皮肤细胞变得丰满，可维持皮肤细腻光滑，并使细纹、皱纹得以舒展。但是一般的胶原蛋白分子太大，不能从表皮渗入真皮层，因此需添加一些辅助成分，而这些辅助成分又往往对皮肤有刺激性。

美白产品主打成分主要是维生素C、熊果苷、桑树提取物、甘草提取物、曲酸、果酸及对苯二酚。其中维生素C、熊果苷、桑树提取物、甘草提取物这类植物美白成分的副作用较小。维生素C的作用是将深色的黑色素还原成为浅色的黑色素，同时抑制中间体生成黑色素。但是维生素C的稳定性很差。熊果苷别名杨梅苷或熊葡萄叶，从植物中提取成分，性质温和且副作用少，它可以抑制酪氨酸酵素的活化，并通过自身与酪氨酸酶结合，加速色素的分解和排泄，从而有效减少黑色素。但熊果苷很怕光线，因此在配方上一定要加入高浓度的紫外线吸收剂。芦荟对晒后的皮肤有很好的护理作用，可减轻紫外线皮肤黑化。另外，芦荟还可以保湿、防晒、祛斑、除皱、美白、防衰老。甘草提取物是从甘草的根中提取而来，油溶部分的甘草提取物可抑制酶的活性，水溶性的甘草酸盐有温和的消炎作用，具有细胞修护功能且安全性很好，但是在生化试验中，其美白作用却是微乎其微。桑树提取物可凝结酪氨酸酵素，温和有效，自然美白。相对于维生素C、芦荟等植物美白成分，曲酸、果酸及对苯二酚的安全系数则低得多。曲酸能有效抑制酪氨酸酶的活性，在现有美白成分中效果最明显，但是它一般是从青霉、曲霉等丝状真菌中提取，含有一定毒性。果酸是从水果中提取出来的有机酸，并无直接美白作用，可促进角质细胞代谢，间接协助美白。一般地说，美白产品中只允许使用3%以下低浓度的果酸。但是，不少人使用果酸产品后出现敏感状况。对苯二酚的美白机理是凝结酪氨酸酵素，破坏黑色素，其美白效果非常显著，但是涂擦部位多数人会有明显的红斑出现，对苯二酚的副作用并非只是局部发红，若浓度超过5%时，会引起全身性副作用。

另外，还有防晒化妆品、保湿化妆品也都存在诸如此类的自身限制。例如紫外线吸收剂中常用的防晒剂PARSOL 1789，含有可以吸收UVA（波长320~420nm）的分子结构，制成的产品透明感好，但却对皮肤有一定的刺激性，因此种类和添加量都要受到严格限制。

至于传统的美白产品添加剂，大多数都含有汞、铅、铬、砷等重金属成分，这些成分会让皮肤表层脱落，使黝黑的皮肤变白。但是长期使用这类化妆品就会产生慢性中毒，伤害肝脏功能、消化功能，有非常大的潜在危害。这些重金属通过皮肤进入体内，长期积累不仅造成色素沉积，而且还可能引起重金属中毒。化妆品增白剂中的氯化汞、碘化汞会干扰皮肤中氨基酸类黑色素的正常酶转化。汞的慢性毒害也很大，特别是抑制生殖细胞的形成，影响年轻人的生育。因此国家已经命令禁止含重金属原料进入化妆品领域，但由于这类辅料短期美白效果明显，加之价格低廉，仍有部分厂家打擦边球，甚至铤而走险，违规添加，这就需要相关部门加大打击力度，当然也需要民众普及美容知识，睁大双眼，选用名牌和国家批准的正规渠道化妆品。

5.1.4.3 化妆品风险评估

化妆品安全离不开化妆品风险评估，2015年年底我国发布的《化妆品风险评估指南》征求意见稿，表明我国化妆品安全风险评估工作进入一个新的发展阶段，这里作一简单介绍。

（1）危害识别

根据化妆品原料的理化特性、毒理学试验数据，临床研究、人群流行病学调查、定量构效关系等资料来确定化妆品是否对人体健康存在潜在的危害。

（2）剂量反应关系评定

即分析评价受试原料的毒性反应与暴露间的关系，保证该原料在化妆品中添加不超过引起毒性的剂量。这涉及三个毒理学名词，对一个化学物，应明确其NOAEL（no observable adverse effect level，不出现副反应的剂量水平）。NOAEL水平值为在规定的试验条件下，用现有的技术手段或检测指标未观察到任何与受试样品有关的毒性作用的最大染毒剂量或浓度。如无法得到NOAEL，可退而求其次用LOAEL（lowest observed adverse effect level，观察到有害作用的最低剂量水平）代替，测定是通过一系列重复染毒的动物试验，某种外源化学物在一定时间内按一定方式或途径与机体接触后，根据现有认识水平，用最为灵敏的试验方法和观察指标，未能观察到对机体造成任何损害作用或使机体出现异常反应的最高剂量。对于同一化学物质，在使用不同种属动物、染毒方法、接触时间和观察指标时，往往会得到不同的LOAEL或NOAEL。因此，在表示这两个毒性参数时应注明具体试验条件。另外，NOAEL或LOAEL不是一成不变的，随着检测手段的进步和更为敏感的观察指标的发现，这个毒性参数也会得以更新。对于无阈值的致癌剂，可根据试验数据用合适的剂量反应关系外推模型来确定该化学物的实际安全剂量(VSD，vitural safety dose)。实际安全剂量，为无阈值的致癌物引起致癌率低于可忽略不计的或可接受的危险性的剂量水平。

(3) 暴露评定

指通过对化妆品原料或风险物质暴露于人体的部位、强度、频率以及持续时间等的评估，确定其暴露水平，对原料或风险物质进行暴露评价时应考虑含该原料的成品的使用部位、使用量、使用频率以及持续时间等因素。

全身暴露量(*SED*，systemic exposure dose)的计算：

如果原料的暴露是以每次使用经皮吸收 $\mu g/cm^2$时，根据使用面积，按以下公式计算：

$$SED = \frac{DA_a \times SSA \times F}{BW} \times 10^{-3}$$

式中 *SED*——全身暴露量，mg/(kg·d)；

DA_a——经皮吸收量，$\mu g/cm^2$，每平方厘米所吸收的原料的量，测试条件应该和产品的实际使用条件一致，在无透皮吸收数据时，吸收比率以100%计；

SSA——暴露于化妆品的皮肤表面积；

F——产品的日使用次数，d^{-1}；

BW——默认的人体体重(60kg)。

接触每种化妆品的皮肤暴露表面积见表 5-1。

表 5-1 接触每种化妆品的皮肤暴露表面积(*SSA*)

化妆品种类	皮肤表面积	
	表面积/cm^2	参　数
洗发香波	1440	手部面积+1/2 头部面积
面霜	565	1/2 女性头部面积
面部彩妆	565	1/2 女性头部面积
淋浴皂液	17500	全身总面积
手霜	860	手部面积

(4) 危险性特征

指化妆品原料或风险物质对人体健康造成损害的可能性和损害程度，此项评估是确定受试原料对人体健康造成危害的概率及范围。

对于有阈值的化合物，通常通过计算其安全边际(MoS，Margin of Safety)进行评估。

计算公式为：

$$MoS = \frac{NOAEL}{SED}$$

式中 *MoS*——安全边际；

NOAEL——未观察到有害作用的剂量；

SED——全身暴露量，mg/kg·d。

在通常情况下，当原料的 $MoS \geqslant 100$ 时，可以判定是安全的。如化妆品原料的 $MoS <$ 100，则认为其具有一定的风险性，对其使用的安全性应予以关注。

对于没有阈作用的物质(如无阈值的致癌剂)，应确定暴露量与实际安全剂量(*VSD*)之间的差异。可通过计算其终生致癌风险度(lifetime cancer risk，*LCR*)进行风险程度的评估。

终生致癌风险度(LCR)计算如下：

① 首先按照以下公式将动物试验获得的 T_{25} 转换成人 T_{25}(HT_{25})：

$$HT_{25}=\frac{T_{25}}{[BW(\text{人})/BW(\text{动物})]^{0.25}}$$

式中 T_{25}——诱发 25%实验动物出现癌症的剂量；

HT_{25}——由 T_{25} 转换的人 T_{25}；

BW——体重，kg。

② 根据计算得出的 HT_{25} 以及暴露量按以下公式计算终生致癌风险：

$$LCR=\frac{SED}{4\times HT_{25}}$$

式中 LCR——终生致癌风险；

SED——终生每日暴露平均剂量，mg/(kg·d)。

如果该原料的终生致癌风险度少于 10^{-6}，则认为其引起癌症的风险性较低，可以安全使用。

如果该原料的终生致癌风险度大于 10^{-6}，则认为其引起癌症的风险性较高，应对其使用的安全性予以关注。

(5) 毒理学研究

通过一系列毒理学研究，测定化妆品原料或风险物质的毒理学情况，是化妆品产品和原料风险评估的基础。至少应该取得以下实验数据：①整体动物试验；②经确证或有效的体外替代试验方法；③人体临床观察和人体志愿者的相容性试验资料；④源于资料库、发表文献、内部经验及原料供应商的资料，构效关系的结构变化资料；⑤同类化合物的相关资料。对于化妆品终产品，评价的重点应放在局部毒性(皮肤和眼刺激、皮肤过敏和光毒及光敏性)的评价。对于有明显的经皮吸收的，更应详尽地评价全身作用。

随着化妆品行业的不断发展和新的形式要求，我国化妆品安全性评价工作逐步推进，但与国外的差距也比较明显。如目前国内开展的风险评估多直接采用欧盟人群暴露数据，并不能真正代表国人使用化妆品的频率和每日用量。要进行准确的风险评估还应针对我国国民的化妆品使用习惯进行流行病学调查，建立适合我国人群的暴露量数据库。

5.1.4.4 使用化妆品必须注意的问题

除了把好化妆品原料关外，化妆品的微生物污染带来的安全危害也不容小觑。由于化妆品中富含各种营养成分和水分，其中有微生物生长、繁殖所必需的碳源、氮和水。在适宜的温度、湿度下，微生物在化妆品中将会大量生长繁殖，吸收、分解和破坏化妆品中的有效成分，使其发生变质、发霉和腐败。由于许多化妆品与人体皮肤直接甚至长期接触，所带来的微生物损害更为严重。因此在化妆品中通常必须加入防腐剂，使之免受微生物污染，延长产品的货架寿命，确保产品的安全性，防止消费者因使用受微生物污染的产品而引起可能的感染。因此各国对化妆品的微生物指标有严格规定，但防腐剂的过量添加虽然抑制了微生物的繁殖，但也不可避免增加了防腐剂的毒害风险。因此正确使用化妆品也是避免化妆品带来损害的关键一环，这需要使用者自己以科学的态度认真遵守，使用化妆品必须注意以下问题：

① 注意过敏反应：化妆品的成分可能导致使用者过敏，引起皮疹、瘙痒等，因此，初次使用某种化妆品时，要慎重，更要注意观察，一旦出现异常，应该及时停用。

② 选择最合适的化妆品：不同化妆品的使用范围是不一样的，有的适用于油性皮肤，

有的适用于皮肤干燥者，有的用于增白，有的用于防晒等，一定要根据自己的需要选择最适合自己的化妆品。比如痤疮患者可用化妆水、霜剂和乳剂等，及时清洗面部油性分泌物，防止毛囊及皮脂腺堵塞，不能够用膏剂和油剂化妆品。

③ 不要过量使用：有人认为化妆品不是药品，可以随意使用，甚至不受使用量的限制，这是一种误解。如果化妆品使用量偏多，可能会对皮肤产生一定的刺激，甚至出现毒性反应，所以不宜过量使用。

④ 儿童不要使用成人化妆品：儿童的化妆品与成人的化妆品质量标准不一样，儿童的皮肤比较细嫩，容易受到伤害，成人化妆品对儿童不适宜，儿童应该使用儿童型专用化妆品。

⑤ 不要混用：不同的化妆品其成分、含量及理化性质是不一样的，有的化妆品混用时，不仅起不到相应的效果，而且有可能产生相互作用，导致效果降低，甚至出现致病作用，所以应该单一使用。

⑥ 不使用过期变质化妆品：由于化妆品保存方法不当，可能导致化妆品过期变质，在化妆品里出现霉菌，从而伤害患者的皮肤。因此，在使用化妆品时，一定要注意其使用日期，超过使用期限的化妆品不可使用。

⑦ 不同时间使用不同的化妆品：人体的皮肤不是一成不变的，不同的季节都有不同的细微变化，比如冬季皮肤干燥，容易失水，这时应该选择油性大的化妆品，而其他季节则可以选择水分大的化妆品；干性皮肤应选择油包水性的脂剂，皮肤娇嫩应选用刺激性小的化妆品。

使用化妆品确实可以让我们瞬间变漂亮，但它却隐藏很大的危害。劣质的化妆品严重损害我们的肌肤甚至健康，同样对化妆品的使用不当和滥用也会引发伤害，更加速皮肤的凋零，其效果反而会适得其反。所以我们不能太依赖化妆品，有时回归自然、亲近自然可能是最好的化妆品。

5.1.5 化妆品的发展趋势

化妆品的发展取决于新原料和新技术的开发和应用。从技术上讲，它是生物技术，包括基因工程、细胞工程、蛋白质工程、酶工程、发酵工程等生化工程，分离精制技术，生物分子分析测试技术、功能包覆技术、皮肤输送及给药技术、化妆品制造技术等发展的综合结果。

以生命科学为基础的生物新原料的研究和应用、天然资源新原料的研究、利用基因技术生产高活性生物制品，丰富了化妆品的原料范围。作为化妆品功能性添加剂，如透明质酸(HA)、表皮生长因子、表皮营养因子、表皮润泽因子等正在化妆品中得到应用。此外，从植物中提取胶原蛋白、植物激素、植物多糖、溶角蛋白酶、天然丝肽和丝素等，添加到化妆品中。这些天然高活性物质，具有延缓或抑制皮肤衰老、恢复或修复皮肤创伤等功能。

功能性化妆品的开发、化妆品功效评价和对皮肤科学研究成果的应用等，是今后化妆品发展的基础和趋势。而新技术主要表现在新的生产技术、先进的生产装备和科学的生产管理过程的实施。化妆品的制备也由于活性原料的采用有不同的特点，其配制技术更多采用了新的技术及装备：①采用分步配伍技术：在配方设计得当的条件下，注意配制的顺序，以加强配伍的正协同效应；②活性物保护技术：为促进皮肤对活性物的吸收利用，开发了如质脂体、微胶囊、空心微球等包覆技术和缓释技术；③低温配制技术：生物活性物容易受高温影响而失效，采用低温配制法可以减低活性物的损失。

总之，利用多学科高新技术研制化妆品是现代化妆品发展的主要趋势，是化妆品科学发展的必然结果。

5.2 化妆品生产实例

5.2.1 膏霜类化妆品

膏霜类化妆品是广泛使用的化妆品，主要是由油脂、蜡和水、乳化剂所组成的一种乳化体。膏霜类化妆品按其乳化的性质可分为油包水和水包油两种。

油包水型膏霜类的乳化体是水被分散成微小的水珠由油所包裹，此水珠的直径一般 1~10μm。因此水为分散相，油脂是连续相，再加入一种或二种以上乳化剂以使乳化体成为稳定状态。反之，水包油型膏霜类的乳化体是油分散成微小的油珠被水所包裹，在这里油脂是分散相，水是连续相，一般也需要加入一种或二种以上乳化体使之成为稳定状态。其中雪花膏和冷霜是两种比较古老的膏霜类化妆品。

5.2.1.1 冷霜

冷霜是一种半固体状态的膏霜类化妆品。其水分含量是一项重要的因素：一般含水量低于 45%将得到油包水型乳化体，而当含水量超过 45%则是水包油型。前者生产的冷霜质地滑润，在较低的温度下胶体不易变性，但在较高温度时(40℃以上)易产生渗油现象。后者主要特点是质地特别细腻，光泽度好，受热至 40℃时胶体不被破坏，没有油水分离现象，也可抵御一般低温。

质量好的冷霜应是乳化光亮、细腻，没有油水分离现象，不易收缩，稠厚程度适中，便于使用。冷霜使用后要求能在皮肤上留下一层油性薄膜，具有保护皮肤、柔软、滋润的作用，因此是干燥皮肤的必需用品。

冷霜配方实例：

成　分	含量/%		
	(1)	(2)	(3)
固体石蜡	6.0	5.0	—
微晶石蜡	4.0	—	11.6
蜂蜡	6.0	10.0	4.0
凡士林	12.0	15.0	5.0
液体石蜡	44.5	41.0	—
山梨糖醇酐倍半油酸酯	3.2	—	—
聚氧乙烯(20)山梨糖醇酐油酸酯	0.8	—	1.0
聚氧乙烯(20)山梨糖醇酐-月桂酸酯	—	2.0	—
甘油-硬脂酸酯(非自乳化型)	—	2.0	—
甘油-油酸酯	—	—	3.0
十六烷基己二酸酯	—	—	10.0
加水羊毛脂	—	—	7.0
皂粉	0.3	0.1	—
丙二醇	—	—	2.5
异三十烷	—	—	34.0
十六醇	—	—	—

硼砂	—	0.2	—
精制水	22.7	23.7	22.0
香精	0.5	1.0	0.5
防腐剂和抗氧剂	适量	适量	适量

配方(1)为油包水型按摩雪花膏，配方(2)为水包油型按摩雪花膏，配方(3)为油包水型营养霜。

蜂蜡和硼砂为基础的水包油型霜剂，是典型的冷霜。蜂蜡中的游离脂肪酸和硼砂中和成钠皂，根据不同配方的要求，蜂蜡的用量为2%~15%，硼砂用量则根据蜂蜡的酸值而定。配方中硼砂的用量对产品的质量有较大影响，如果硼砂的用量不足以中和蜂蜡的游离脂肪酸，则乳化体粗糙不细腻，容易渗出水分，常温时有乳化不稳定等情况。如果硼砂用量过多，则易析出针状硼酸钠晶体。一般配方中水的含量要低于油、脂、蜡的总含量，油与水的比例大概是2∶1左右，目的是使乳化体稳定；如果水分含量太高，乳化体则易有水渗出。

其基本工艺为：将硼砂溶解在水里，水溶液的温度应比油溶液略高一些，然后将水溶液缓慢地加入油、脂、蜡的混合物中去，使熔化成透明的液体。开始搅拌时可剧烈一点，当水溶液加完后，应缓慢地搅拌，这样制成的产品倾向于水包油型，乳化体稳定而有光泽。在开始乳化时应保持在70~75℃的较低的温度。若反应温度高于90℃，则制成油包水型乳剂。然后降温到45℃时加入香精，继续搅拌至42℃，静置过夜。次日经过研磨后装瓶，可以得到较细腻的润肤霜产品。

5.2.1.2　清洁霜

清洁霜和冷霜基本上是同一类型的乳化体，所不同的只是清洁霜的主要作用是帮助去除沉积在皮肤表皮及毛孔上的异物，如油污、香粉等。皮肤上的油污必须以溶剂或乳化的方法除去，单靠水对皮肤的清洗是不够的。用溶剂去除油污是基于它对油污的溶解性。矿物油对油污的溶解性能较好，但如单独使用，会在皮肤上留下一层油，使人有过分油腻的感觉。肥皂或合成洗涤剂能使油污在水中起乳化作用，但必须用大量的水才能洗净。而清洁霜则是靠原料中油分和水分的溶剂作用，把污垢溶入清洁霜内，其中水分溶解水溶性污垢，而油分则溶解油溶性污垢，同时分散于清洁霜内，最后擦掉清洁霜后，皮肤即被清洁干净。

油包水型清洁霜配方实例：

成分	含量/%	成分	含量/%
蜂蜡	9.0	硼砂	1.5
石蜡	3.0	Carbomer resin	0.2
白油	48.0	防腐剂	适量
十六醇	1.0	香精	适量
月桂基醚磷酸钾	1.3	去离子水	余量加至100%

清洁霜的原料和润肤霜基本相同，但有其独特的要求，即必须将这些原料适当地配合成一种凝胶，即在常温时具有触变作用的固体，当涂敷于皮肤上经摩擦后即能液化。

操作工艺：将水和多元醇混合加热至90℃，搅拌20min，冷却至72℃时，同时将油脂加热至72℃，两者混合，搅拌至40℃，加入香精，搅拌均匀即可进行包装。

5.2.1.3　洗面奶

洗面奶是乳液状的液态霜，洗面奶主要的成分是油脂、水分和乳化剂。但和清洁霜不同的是，洗面奶的主要成分不是油脂而是表面活性剂，其中的水分可以清洁水溶性的污垢和分泌物；油脂可以溶解油溶性的污垢，并能润肤。乳化剂通常由阴离子表面活性剂、非离子表面活性剂和两性表面活性剂组成。表面活性剂的选用是根据产品的性质和价格来决定的，例如两性表面活性剂的刺激性最小，但是价格非常昂贵。由于有很好的展开性能和渗透性能，适用于干燥皮肤的产品可含有较多的油脂润肤剂。适用于油性皮肤的应含有维生素 C 或收敛剂等。洗面乳液使用方便，可使皮肤柔软、润滑，有代替清洁霜的趋势。

天然果酸-Vc-尿囊素多效洗面乳液配方实例：

成 分	含 量/%	成 分	含 量/%
黄原胶	0.2	Vc 单磷酸酯钠	0.7
去离子水	70.0	天然果酸	3.0
脂肪酸羟乙基磺酸钠盐	8.0	尿囊素	0.2
椰油酰胺丙基甜菜碱	6.0	EDTA -2Na	0.1
丙二醇(或甘油)	6.0	十二醇硫酸铵	1.0
硬脂酸	4.0	防腐剂	0.1
三乙醇胺	0.7	香精	适量

水分能除去汗液的分泌物和水溶性污物；油脂可作为润肤剂和溶剂之用；乳化剂可由皂类或阴离子和非离子双乳化剂组成。

加入具有功效的原料或活性成分，可赋予化妆品美白保健作用。Vc 磷酸酯盐能抑制黑色素的形成，淡化已存在的黑斑，增强皮肤弹性。尿囊素为皮肤保护活性添加剂，有显著的细胞再生、保湿、润肤、抗炎和抗过敏的功效。浓度适宜的果酸有去角质的作用，可以破坏角质层细胞间的连结，促进皮肤的新陈代谢。

其基本工艺为：将所有油脂及乳化剂加热至 70℃，添加其他的添加剂，保湿剂和螯合剂加入去离子水中加热至同样的温度，将油相加入至水相中进行预乳化，加入调整好的聚丙烯酸水溶液，搅拌均匀，脱气过滤后冷却即可。

5.2.1.4 面膜

面膜是用于美容护肤的较新型的面部化妆品。它是利用覆盖在脸部的短暂时间，暂时隔离外界的空气与污染，提高肌肤温度，使皮肤的毛孔扩张，促进汗腺分泌与新陈代谢。逐渐干燥的一层薄膜覆盖在皮肤表面，使肌肤的含氧量上升，面膜中的水分渗入肌肤表皮的角质层，敷在皮肤上的面膜中添加的营养成分，如维生素、水解蛋白等也能更好地被皮肤吸收，达到增进皮肤机能的作用，这时皮肤变得柔软，富有弹性。同时经一段时间后将面膜揭掉，可将粘附在毛孔及皮肤表面的尘埃和油腻同时除去，达到比较满意的清洁效果。面膜还有减轻皱纹的功效，因为面膜干燥时的收缩能使皮肤产生张力，有助于皱纹消失。

好的面膜首先要安全性高，对正常皮肤没有刺激性，又要具有稳定性；使用时应当涂布和剥落容易；敷用后应和皮肤密合，并给皮肤以适当的紧绷感；能够在短时间内干燥并有足够的吸收性以达到清洁的效果。

面膜配方实例：

成 分	含 量/%	成 分	含 量/%
聚乙烯醇	15.0	硅乳	1.0
海藻酸钠	1.0	乙醇	10.0
羧甲基纤维素	4.0	苯甲酸钠	适量
丙二醇	1.0	去离子水	65.0
甘油	3.0	香精	适量

成膜的主要原料多采用聚乙烯醇、聚乙烯吡咯烷酮、羧甲基纤维素、聚乙烯乙酸酯、海藻酸钠及其他一些胶质物等。其中聚乙烯醇的效果最佳，能迅速形成皮膜，但涂到皮肤上后粘着力太强，难以去除。可将聚乙烯醇的用量控制在10%~15%左右，并加入一定量的羧甲基纤维素和海藻酸钠加以调节。在聚乙烯醇型面膜中加入保湿剂，可保护或延长产品贮藏干缩程度，且能滋养皮肤，多用丙二醇、甘油、聚乙二醇、硅乳等。

面膜配制工艺：先将聚乙烯醇用乙醇润湿，再加到有苯甲酸钠、海藻酸钠和羧甲基纤维素的水中，加热恒温到70℃，并不断地进行搅拌，使之混合均匀，静置过夜。次日加入丙二醇、甘油、硅乳及香精充分搅匀即可。

5.2.2 香水类化妆品

香水类化妆品是指以水、酒精或水-酒精溶液为基质的透明液体类产品，主要有香水、古龙水、花露水、化妆水、润发水等品种。这类产品虽然没有分离等问题，但必须一直保持清晰透明，即使在-4℃左右的低温也不能产生混浊和沉淀。对这类产品的包装容器的要求也是极严格的，必须是优质的中性玻璃，与内容物绝对不发生作用，所用色素也必须是能耐光、稳定性强、不会变色的。生产设备最好采用不锈钢或耐酸搪瓷材料。

5.2.2.1 香水

香水的用途极广，可搽在身上、洒在衣物上或喷在房间里，具有气味浓郁、留香持久的特点。香水中由于香精的用量多少不一，差别较大。香水中香精的含量一般是15%~20%，使用的乙醇浓度为90%~95%。香水中存在一定数量的水，可以使香气效果发挥得更好；如果制造浓度稍淡的香水，香精的用量应略有降低。香水中还可以加入0.5%~2%的豆蔻酸异丙酯，它能使搽用香水的部位或在喷洒的衣物上形成一层薄膜，使其留香持久。

香水是化妆品中较高等的一种芳香佳品，它的品级高低，除与调配技术有关系外，还和所含的香精浓度及用料好坏有关。高级香水里的香精，多选用天然花和果的芳香油及动物的香料，如麝香和灵猫香等来配制。应有花香、果香、动物香浑然一体、芳香持久的特点；低档香水多以人造香料来配制，香精含量一般在5%左右，香气稍劣，留香时间也较短。

香水是配合各种动物、植物、合成香料的香精，加适量定香剂溶于酒精的溶液。混合好的香水要经过至少6个月左右的低温陈化，陈化期可能有一些不溶性物质沉淀出来，应过滤除去，以保证香水透明清澈。在陈化期中，香水的香气会渐渐由粗糙转变为醇厚芳香。但如调配香精不当，也可能会产生不够理想的变化。这需要几个月到一年的时间，才能确定陈化的效果。酒精对香水、古龙香水、花露水等都影响很大，不能带有丝毫杂味。特别是香水，否则会使香气产生严重的破坏。一般香水用酒精都要经过精制才可使用。

香料分子挥发快慢对香气的持久平衡很重要。挥发快的香料要设法使挥发减慢，使各种香料以差不多的速度挥发，因此要用保香剂。植物性保香剂如秘鲁香胶、吐鲁香胶、安息香、苏合香乳香、白核油、香草油、岩兰草油、鸢尾油等。动物性保香剂如麝香、灵猫香、海狸香、龙涎香等的配剂。合成保香剂如酮麝香、二甲苯麝香、苯甲酸苄酯等。

茉莉香水配方实例：

成分	含量/%	成分	含量/%
茉莉香精	13.5	癸醛	0.1
茉莉精油	0.6	麝香酮	0.2
橙花精油	0.3	龙涎香酊	2.0
玫瑰精油	0.2	麝香酊剂	3.0
灵猫精油	0.1	乙醇	80.0

5.2.2.2 古龙水

含有乙醇、去离子水、香精和微量色素等。香精用量一般在3%~8%之间，香气不如香水浓郁。古龙水的生产过程基本上和香水是一致的。一般古龙水的香精中含有香柠檬油、柠檬油、薰衣草油、橙叶油等。古龙水的乙醇含量为75%~80%。

古龙香水配方实例：

成分	含量/%	成分	含量/%
柠檬油	1.4	香柠檬油	0.8
迷迭香油	0.6	乙醇	80.4
橙花油	0.8	去离子水	16.0

5.2.2.3 花露水

制作方法和制造原理基本与香水和古龙水相似。花露水用乙醇、香精、蒸馏水(或去离子水)为主体，辅以少量防止香精被氧化的螯合剂，如柠檬酸钠，抗氧剂二叔丁基对甲酚，耐晒的水(醇) 溶性染料，价格较香水低廉。香精用量一般在2%~5%之间，酒精浓度为70%~75%之间。花露水由于含乙醇，对于细菌的细胞膜渗透力高，乙醇渗入细胞膜，可以达到杀菌的目的。

花露水配方实例：

成分	含量/%	成分	含量/%
橙花油	0.15	丁香油	0.23
柠檬油	2.8	安息香酸	0.07
玫瑰油	0.15	乙醇(75%)	96.6

制备方法：将乙醇、香精和水按比例混合后，经三个月以上的低温陈化，沉淀出不溶性物质，并加入硅藻土等吸附剂，用压滤机过滤，以保证其透明清晰。陈化方法很多，可用机械搅拌，空气鼓泡，红外、紫外光照射，超声波处理，化学法催化等，老化过程是伴随着化学反应进行的，如醛与醇生成缩醛或半缩醛，醇和酸生成酯，酯又可以水解为相应的醇和酸。为防止香水在衣服和手帕上留下斑迹，也可不加色素。

5.2.2.4 化妆水

化妆水是一种低黏度、流动性好的液体状护肤化妆品，具有润肤、收敛、柔软皮肤的作用，大都在洁肤洗面之后，化妆之前使用，故有化妆水之称。它的主要成分是保湿剂、收敛剂、水和乙醇，有的也添加些表面活性剂，以起增溶作用，来降低乙醇用量或制备出无醇化妆水，制造时一般不需经过乳化。现在更多的是在化妆水中添加滋润剂和各种营养成分，使其具有良好的润肤和养肤作用，成为润肤水。添加的活性营养物质多为天然提取物和一些生化物质，如胎盘提取液、人参提取液、透明质酸等具有活肤、抗皱和滋润作用，而甘草提取液、车前草提取液等则具有消炎和修复作用。

化妆水配方实例：

成分	含量/%	成分	含量/%
乳酸	4.0	聚氧乙烯	2.5
硫酸铝	0.2	EDTA 二钠	0.1
硼砂	2.0	95%乙醇	25.0
山梨醇	3.0	去离子水	54.9
甘油	8.0	香精、色素	适量
Kathon(防腐剂)	0.1		

配方工艺：将水加热至85℃，加入羟乙基纤维素(HEC)，搅拌溶解，加入甘油，冷却至40℃时加入提取液、质酸、已增溶的香精、防腐剂，搅拌混合均匀即可。

5.2.2.5 奎宁水和润发水

润发水和奎宁水都是乙醇溶液的美发用品，有杀菌、消毒、止痒及防止头屑的功效。

奎宁水的主要成分为乙醇、香精、去离子水、止痒消毒剂等。有时还用一些保湿剂，如甘油、丙二醇与乙醇合用，以防头发干燥。用盐酸奎宁作为消毒止痒剂，习惯上叫作奎宁水，其生产过程基本上与花露水相同。

奎宁水配方实例：

成分	含量/%	成分	含量/%
盐酸奎宁	0.1	乙醇	70.0
水杨酸	0.8	去离子水	28.0
香精	1.0	染料	适量

制法：将盐酸奎宁、水杨酸、香精溶解于乙醇中，在不断搅拌下，加入适量染料，搅拌均匀后再用水稀释，静置，冷却，滤除沉淀物质，然后恢复至室温，再经一次过滤即可。

润发水用于油性和干性头皮，它包括部分营养性物质和治疗性药物，可防止脱发和去除头皮屑，也可成为营养性润发水。它的主要成分为乙醇、药物、蒸馏水(或去离子水)等，需要时可适当加些色素。药物有樟脑、硫黄、水杨酸、百里香酚、盐酸奎宁、胆固醇、丙酸睾丸素、氢化可的松、谷氨酸、胎盘组织液、中草药侧柏叶浸胶等。其生产过程与花露水基本相同。

润发水配方实例：

成分	含量/%	成分	含量/%
金鸡钠酊	20.0	乙醇	55.0
丙二醇	5.0	香精	适量
橙花水溶液	20.0		

制法：先将金鸡钠酊、丙二醇、香精溶解于乙醇中，在不断搅拌下，加入橙花水溶液，混合均匀，静置，冷却，滤除沉淀物质，然后恢复至室温，再经过一次过滤即可。

5.2.3 粉类化妆品

5.2.3.1 香粉

香粉是用于面部化妆的物品，为柔细、滑腻的粉末，一般为白色、肉色或粉红色。人们大都是在使用面霜型粉底后再扑敷香粉，作用在于使颗粒极细的粉质涂敷于面部以遮盖皮肤上某些缺陷，如皮肤褐斑、雀斑等缺陷，并可吸收过多的皮脂而消除油光，使皮肤有致密的细腻感。香粉类制品应有良好的滑爽性、粘附性、吸收性和遮盖力，它的香气应该芳馥醇和而不浓郁，以免喧宾夺主，掩盖香水的香味。因此，必须具备下列特性：

① 遮盖力：香粉涂敷在皮肤上，必须能遮盖住皮肤的本色，而赋予香粉的颜色。这一作用主要通过采用具有良好遮盖力的粉质原料来达到。钛白粉是常用的最好的遮盖剂，其他常用遮盖剂如：氧化锌、胶态高岭土、轻质碳酸镁、轻质沉淀碳酸钙、硅藻土和精制白垩粉等。

② 吸收性：吸收性主要是指对香精的吸收，同样也包括对油脂和水分的吸收。用以吸收香精的粉质原料为沉淀碳酸钙、碳酸镁、胶态高岭土、淀粉与硅藻土，一般以采用沉淀碳酸钙与碳酸镁较多。碳酸钙颗粒有许多气孔，表面积大，具有对香精和油脂的良好吸收能力。又由于它呈白色，无光泽，所以它和胶性陶土一样，还可消除滑石粉的闪光。但它也有不足，碳酸钙在水中显碱性，如果在粉类制品中用量过多，吸汗后会在皮肤上形成条纹。因此，粉类产品中碳酸钙的用量不宜过多，用量一般不超过15%。碳酸镁较碳酸钙优越性更为明显。它的吸收性比碳酸钙强3~5倍，对香精有优良的混合特性，但由于吸收力过强，对干性皮肤脱水严重。解决的办法是：可以适当减少用量，增加硬脂酸镁或锌的含量；在粉类化妆品中增加含脂物质，称为加脂香粉。

③ 粘附性：香粉最忌在敷用后脱落，因此必须有很好的粘附性。硬脂酸镁、硬脂酸锌通常用于这个目的，用量至少为4%。十一烯酸锌也有很好的粘附性，但成本较高。

④ 滑爽性：粉类常有结团、结块的倾向，因此必须使其具有滑爽性，擦在皮肤上没有阻滞的感觉。香粉的滑爽性是依靠滑石粉的作用，用量约在40%以上。优质滑石粉能赋予香粉一种特殊的半透明性。

香粉的配方实例：

成分	含量/%	成分	含量/%
滑石粉	45.0	氧化锌	15.0
高岭土	10.0	钛白粉	10.0
轻质碳酸钙	5.0	硬脂酸锌	5.0
碳酸镁	10.0	香精和色素	适量

香粉的生产方法比较简单，主要是混合、磨细及过筛。可以混合磨细后过筛，也可以磨细过筛后混合。磨细必须使原料的粉粒细度小于70μm，并且混合得十分均匀。不均匀时，在磨细或过筛过程中极易使轻重大小不匀的各种成分分离开来，使产品品质下降。在加工过程中由于机械摩擦而产生的热量对香粉质量的影响也不容忽视，必须正确调节和使用机器设备，使产生的热量降低到最低限度。

5.2.3.2 粉饼

粉饼是由粉状香粉加入黏合剂，混合均匀后用压饼机压制而成。其基本功能与粉状香粉类同，配方组成相近，但由于剂型不同，在产品使用性能、配方组成和制造工艺上有差别。如为了提高粉饼的便携性，加入水溶性黏合剂和油溶性黏合剂，加强粉质的胶合性能。常用水溶性黏合剂选用阿拉伯树胶、羧甲基纤维素（CMC），同时添加少量的保湿剂，如甘油、丙二醇、山梨醇；油溶性黏合剂包括单甘酯、十六醇、羊毛脂及衍生物、地蜡、蜂蜡等。

粉饼配方实例：

成分	含量/%	成分	含量/%
滑石粉	50.0	羊毛脂	0.5
高岭土	10.0	十六醇	1.5
锌白粉	8.0	CMC	0.06
硬脂酸锌	5.0	海藻酸钠	0.03
碳酸镁	5.0	色素、防腐剂、香精	适量
碳酸钙	10.0	去离子水	6.0
白油	4.0		

粉饼生产工艺：按配方于水相罐中制备胶质溶液。依次加入去离子水、CMC和海藻酸钠，加热搅拌均匀后，加入防腐剂；在油相罐中制备脂质原料，依次加入白油、羊毛脂和十六醇，加热熔化后备用。将粉质原料、颜料、香精加入球磨机中混合研磨2h，再将脂质原料加入球磨机中混合研磨2h。混合好的粉料过筛，在超微粉碎机中粉碎、研细。灭菌后，放入压饼机压制成型。

5.2.4 美容类化妆品

美容类化妆品是为了达到某些修饰目的，使修饰部分悦目健美，特别着重于发挥色彩和芳香效果所用的化妆品。美容化妆品包括唇部化妆品、眼部化妆品、指甲化妆品和胭脂、面膜等。

5.2.4.1 唇膏

唇膏用来点缀嘴唇，使之具有健康红润的色彩，并有一定的光泽，以达到美容要求的产品，它是用油、脂和蜡类加入色素后制成，对嘴唇还有滋润保护作用。因唇膏的功用就是赋予唇部诱人的色彩，因此色素是唇膏中最重要的成分。唇膏用的色素可分为两类，一类是可溶性的染料，另一类是不溶性的颜料。最常用的溶解性染料是溴酸红染料，它是溴化荧光素染料的总称。溴酸红染料能染红嘴唇并有牢固持久的附着力。它不溶于水，在油脂中溶解性也很差，须有优良溶剂方可产生良好的显色效果。

不溶性颜料主要是色淀，是极细的固体粉粒，经搅拌和研磨后，混入油、脂、蜡基体中。这样的唇膏涂在嘴唇上能产生一层鲜丽的色彩，但由于附着力不好，所以必须同溴酸红染料并用。有时唇膏中还会加入一些珠光颜料，使唇膏产生闪烁的效果，主要是添加天然鱼鳞、氯化氧铋(珠光白)和钛云母，其中云母-二氧化钛由于性能优越而被使用广泛。

油、脂、蜡是唇膏的基体，要求对染料有一定的溶解性，还必须具有一定的触变性，能方便地涂在唇部成为均匀的涂膜，并且温度的变化不致导致其形态的变化。因此对油、脂、蜡原料的选用及比例要谨慎。

精制蓖麻油是唇膏中最常用的油脂原料。主要是由于它黏度适中，对溴酸红染料也有一定的溶解性。但蓖麻油的用量不宜超过50%，否则在使用时会形成稠厚油腻的膜。

唇膏配方实例：

成分	含量/%	成分	含量/%
巴西棕榈蜡	5.0	硬脂酸甘油酯	9.5
蜂蜡	20.0	棕榈酸异丙酯	2.5
无水羊毛脂	4.5	溴酸红	2.0
鲸蜡	2.0	色淀	10.0
蓖麻油	44.5	香精、抗氧化剂	适量

生产工艺：按配方将溴酸红溶解或分散于蓖麻油中；将色淀调入熔化的液态油酯类的混

合物中，经胶体磨研磨使其分散均匀；将羊毛脂、蜡类一起熔化，温度略高于配方中最高熔点的蜡；然后将三者混合，再经一次研磨。当温度降至较混合物熔点略高时即可浇模，并快速冷却。香精在混合物完全熔化时加入。

5.2.4.2 胭脂

胭脂是用来涂敷于面颊使面色显得红润、艳丽、明快、健康的化妆品。可制成各种形态：粉质块状胭脂，习惯上称为胭脂；制成膏状的称之为胭脂膏；另外还有粉状、液状等。胭脂是由颜料、粉料、胶合剂、香精等混合后，经压制成为圆形面微凸的饼状粉块。胭脂是涂敷于粉底之上，必须较易与基础美容化妆品融合在一起，应该柔软细腻，不易破碎；色泽鲜明，颜色均匀一致，且颜色不会因出汗和皮脂分泌而变化；容易涂敷，遮盖力好，易粘附于皮肤；对皮肤无刺激性；容易卸妆，在皮肤上不留斑痕等。

块状胭脂的配方组成与粉饼类似。滑石粉是胭脂的主要原料。应选无闪耀发光现象、粉质颗粒在 5~15μm 的滑石粉，用量要适当，过多时会使胭脂略呈半透明状。高岭土在压制粉块时能增强块状胭脂的强度，但用量不超过 10%为好。碳酸镁、香精与滑石粉、高岭土等亲和性能较差。应先将香精和碳酸镁混合均匀后加入所有粉质原料中混合使用。脂肪酸锌一般用量为 3%~10%，使粉质易粘附于皮肤，并使之光滑。黏合剂在压制胭脂时，能增强块状的强度和使用时的润滑性。过去多采用水溶性天然黏合剂，易受细菌污染，或带有杂质，因此后来多采用合成黏合剂，如羧甲基纤维素钠、聚乙烯吡咯烷酮等。各种黏合剂的用量为 0.5%~2%。

胭脂的配方实例：

成分	含量/%	成分	含量/%
滑石粉	60.0	白油	1.9
高岭土	10.0	无水羊毛脂	1.0
硬脂酸锌	5.0	颜料	5.0
碳酸钙	5.0	香精和防腐剂	适量
凡士林	2.1		

工艺过程为：按配方混合研磨使白色原料与红色颜料混合均匀，色泽均匀一致。首先用球磨机把颜料、高岭土、碳酸钙混合研磨 3~5h 得到着色料。然后将着色后的物料放入搅拌机里不断搅拌，将胶合剂如羊毛脂、硬脂酸锌等用喷雾器喷入，这样可以使胶合剂均匀地拌入物料。在油相罐中制备脂质原料，依次加入白油、凡士林，加热熔化后备用。将脂质原料和胶质原料加入球磨机中混合研磨 2h。后加入冲压机用模子压制成型。

5.2.4.3 指甲油

指甲油是用来美化指甲的特殊化妆品。它的工艺要求较高，要求成膜迅速，光亮度高，耐磨性佳，不易剥落等。

指甲油的主要成分为薄膜形成剂、树脂类、增塑剂、溶剂、颜料和珠光剂等。其中以薄膜形成剂和树脂最为重要。薄膜形成剂是指甲油的基质，最常用的成膜剂是硝酸纤维素。其优点是能在指甲表面产生粘着性好的光亮、韧性硬膜，涂膜干燥快、透明，有良好可涂刷性，很好的流动性，成本较低。缺点是较硬，需要添加树脂和增塑剂来改性。

树脂是指甲油成分中不可缺少的原料。配用树脂能增加硝化纤维膜层的亮度和附着力。常用的树脂有天然的和合成的。天然树脂有虫胶等，合成树脂有醇酸树脂、氨基树脂、丙烯酸树脂等，一般采用合成树脂较多。

增塑剂的作用是为了软化和增加硝化纤维的韧性，减少膜层的收缩和开裂，使涂膜柔软、持久。

溶剂是指甲油的主要成分，约占70%~80%，它对指甲油的涂敷性能、干燥速度、流动性和硬化速度以及对硝化纤维、树脂、增塑剂等的溶解有直接的影响。

指甲油配方实例：

成 分	含 量/%	成 分	含 量/%
硝化纤维素	15.0	乙酸丁酯	30.0
对甲苯磺酰胺甲醛树脂	7.0	丁醇	4.0
邻苯二甲酸二丁酯	3.5	甲苯	35.5
乙酸乙酯	5.0	色素	0.5

生产工艺：在不锈钢罐中加入硝化纤维素，用丁醇和甲苯润湿。在另一罐中加入树脂和增塑剂邻苯二甲酸二丁酯、乙酸乙酯、乙酸丁酯，混合溶解，两者加入预混罐中搅拌使其完全溶解。加入色素继续搅拌使溶解、混合均匀，过滤除杂后，静置包装。

5.2.5 毛发用化妆品

毛发是人体的附属器官之一。由于覆盖于皮肤表面，不论古今中外，男女老幼几乎都非常重视毛发的保护和修饰。其中，头发是人们关注最多的。浓密、光亮的头发，不仅把人衬托得容光焕发、美丽多姿，而且这也是一种健康的标志。保护修饰头发，除了需要经常梳洗、保持清洁外，为了把头发修饰得更加美丽，还需要通过物理的或化学的方法使头发保持良好的外表。因此，发用类化妆品种类繁多，包括洗发化妆品(液体香波、膏状香波)，护发化妆品(发油、发蜡、发乳、发水、发膏、护发素、焗油等)，整发化妆品(发胶、摩丝、定型发膏、烫发剂、染发剂、脱毛剂等)和剃须化妆品(剃须膏、须后水等)。

5.2.5.1 洗发化妆品

洗发化妆品包括清洗和调理头发的化妆品，洗发的英文名称为shampoo，音译为香波，现在香波已成为洗发化妆品的同义词。人们之所以喜欢用香波取代肥皂洗发，是因为香波不单是一种清洁剂，而且有良好的护发和美发效果，洗后能使头发光亮、美观和顺服。随着人们生活水平的提高，对香波性能的要求也越来越高。一种性能理想的香波，应具有如下性能特点：适度洗净力，既能洗去灰尘、污秽、多余的油腻和脱离的头皮屑，又不会脱尽油脂而使头发干燥；使用方便，易于清洗，性能温和，对皮肤和眼睛无刺激性；洗后头发滑爽、柔软而有光泽，不产生静电，易于梳理；能赋予头发自然感和保持头发良好的发型；能保护头发，促进新陈代谢；洗后头发留有芳香；还有去屑、止痒、抑制皮肤过度分泌等功能。

香波中的洗涤剂利用其渗透、乳化和分散作用，将污垢从头发、头皮中除去。香波主要由两种成分组成：表面活性剂和添加剂。在香波的原料中作为洗涤成分的有阴离子、非离子和两性离子表面活性剂，一些阳离子表面活性剂也可作为洗涤的原料，但去污发泡仍以阴离子表面活性剂为主。使用添加剂的目的是使香波具有某种独特的功效。香波中的添加剂种类很多，如增稠剂、稀释剂、遮光剂、澄清剂、整合剂、防腐剂、珠光剂。各种功能添加剂，包括去头屑剂、杀菌剂、动植物提取物和各种药物等。

(1) 主表面活性剂

表面活性剂是香波的主要成分，为香波提供了良好的去污力和丰富的泡沫。现代香波以合成表面活性剂为基础，阴离子型的脂肪醇硫酸钠是较早被采用的表面活性剂。随着科学技术的发展，用于香波中的表面活性剂品种日益增多，通常以阴离子表面活性剂为主，为改善香波的洗涤性和调理性还加入非离子、两性离子及阳离子表面活性剂。用于香波的常用表面活性剂有：脂肪醇硫酸盐（AS）、脂肪醇聚氧乙烯醚硫酸盐（AES）、烷基苯硫酸盐、烯基硫酸盐（AOS）、椰子油酰胺基丙基甜菜碱、醇醚磺基琥珀酸单酯二钠盐（MES）等，其中较常使用的是十二烷基硫酸钠（SLS）和月桂醇醚硫酸酯盐类（SLES）或两者的复配物。

（2）辅助表面活性剂

辅助表面活性剂主要具有锁定泡沫、降低产品的刺激性、黏度调节等作用，它能延长和稳定泡沫使其保持长久性。它的添加含量一般为3%～10%。辅助表面活性剂主要为非离子表面活性剂和两性表面活性剂。最常用的稳泡剂是烷基醇酰胺和氧化胺，烷基醇酰胺不但可以增泡、稳泡，还可以提高香波的黏稠度，增加去污力以及具有轻微的调节作用。氧化胺用作稳泡剂，有助于生成丰富、稳定和细小致密的泡沫，同时还起着调理剂和抗静电剂的作用。

（3）添加剂

香波中使用的添加剂很多。下面简单做一介绍。

①增稠剂。增稠剂的主要功能是调节香波的黏性。常用的增稠剂有：无机盐类：如氯化钠、氯化铵等；脂肪醇聚氧乙烯酯，增稠效果好，但价格较高；水活性胶质原料：如黄原胶、羧甲基纤维素钠、羧乙基纤维素、聚乙烯吡咯烷酮等。

②澄清剂。用来保持和提高透明香波的透明度，主要是一些溶剂，如：乙醇、丙二醇等。

③珠光剂。有时由于香波中添加了某些不透明的原料，需要使用珠光剂，使香波的观感更加美观。一般用量为2%～5%。

④螯合剂。用于肥皂型液体香波中。用以防止或减少硬水生成钙镁皂而沉积于头皮上，用量范围是0.1%～0.5%，常用的螯合剂有EDTA及其盐。

⑤防腐剂、抗氧化剂。防腐剂用来防止香波受细菌污染而腐败、变质；抗氧化剂是用来防止香波中某些成分因空气氧化而变质。

香波配方实例：

成分	含量/%	成分	含量/%
月桂醇硫酸三乙醇胺（LST）	5.0	十六醇	1.0
月桂醇聚氧乙烯醚硫酸钠（AES）	5.0	甘油	3.0
		柠檬酸	适量
醇醚磺基琥珀酸单酯二钠（MES）	15.0	氯化钠	1.0
		香精、防腐剂	适量
脂肪醇酰胺	5.0	去离子水	60.0
珠光粉	2.0		

香波的生产工艺：根据配方，首先将去离子水加入混合罐中，然后将表面活性剂如月桂醇硫酸三乙醇胺（LST）、脂肪醇聚氧乙烯醚硫酸盐（AES）、醇醚磺基琥珀酸单酯二钠盐（MES），稳泡剂脂肪醇酰胺，增稠剂十六醇和澄清剂甘油等溶解于水中，在不断搅拌下再加入其他助剂，如香料、色素、防腐剂，待形成均匀溶液后，加入柠檬酸调节pH值为6～7，加入氯化钠调节黏度。搅拌均匀，用泵经过滤器送至静置槽中静置、排气，待泡沫基本消失后罐装。

5.2.5.2　整发化妆品

整发化妆品的作用是使梳理后的头发定型，使之不易被风吹散，一般喷发胶为气溶性化妆品，含有醇溶性薄膜形成剂，喷雾于卷发上能形成具有良好性能的薄膜，以保持发型。形成的薄膜应具有良好的透明性、平滑性、耐水性、耐湿性、强韧性、柔软性和粘附性。一般可维持头发卷曲3~7天。

定型摩丝和喷发胶主要成分为成膜剂、溶剂、增塑剂、中和剂、护发剂等。现在采用的成膜剂主要是聚乙烯吡咯烷酮及它与乙酸乙烯酯的共聚物和聚丙烯酸树脂烷基醇胺等，它们均具有一定的表面活性，也有采用水溶性树脂，加入少量蛋白质制成的头发定型剂；溶剂主要起溶解成膜剂的作用，常用的有乙醇或去离子水，其中乙醇对高分子化合物有较好的溶解性，并且在喷射后又较易挥发而成膜；增塑剂是为了增加定型膜的弹性，使用后头发柔软而富有弹性，常用的增塑剂有二甲基硅氧烷、高级醇乳酸酯、乙二酸二异丙酯等；中和剂的作用是将酸性聚合物形成羧酸盐，以增加在水中的溶解性，常用的中和剂有三乙醇胺、二异丙醇胺等；护发剂是定型产品中调理头发的添加剂，常用的有硅油、羊毛脂等。定型剂若为摩丝泡沫剂型则需添加脂肪醇聚氧乙烯醚类、山梨醇聚氧乙烯醚类非离子表面活性剂作为发泡剂。

喷发胶配方举例：

成　　分	含量/%	成　　分	含量/%
乙烯吡咯烷酮/乙酸乙烯酯共聚物	1.5	乙醇	48.5
乙酰化羊毛脂	0.5	香精	适量
油醇醚-5	0.1	丙烷/丁烷混合(喷射剂)	49.4

制作方法：按照配方，先将乙醇加入搅拌锅中，依次加入辅料和高聚物，搅拌使其充分溶解(必要时可加热)，然后加入香精，搅匀后经过滤制得原液。按配方将原液充入气压容器内，安装阀门后按配方量充气即可。

5.2.5.3　烫发剂

烫发必须包括两个步骤，卷曲和定型。因为头发主要由角蛋白构成，是由多种化学键组成的网状结构，头发的卷曲形状主要由二硫键决定。要使得直发卷曲，必须使用含还原剂的烫发液，使头发中的胱氨酸二硫键断裂，形成两个半胱氨酸。此时，毛发将显得柔软，并可在卷发杠的作用下随意成型。成型后的头发还需用含氧化剂的定型液复原断裂的二硫键，使卷曲的头发形状得以保存。

烫发剂的原料有还原剂(胱氨酸、巯基乙酸及其盐类)、碱、软化剂、滋润剂、调理剂、乳化剂、增稠剂等等。其中还原剂是促使二巯基发生断裂的主要因素；碱用于调节烫发剂的pH值，增强还原剂的还原性，常用的有氢氧化铵、三乙醇胺和硫酸钠等；而软化剂可使头发软化膨胀，有利于烫发剂渗透至发质内部，常用烷基硫酸钠、三乙醇胺等；滋润剂可使卷烫过的头发不至于过度受损；调理剂则可改善头发的光泽和柔软性，一般用脂肪醇、羊毛脂、甘油和蛋白质水解物等；乳化剂与增稠剂用于膏霜及乳液的配制。

定型剂的原料有氧化剂、酸类、调理剂及其他一些配制用品。其中氧化剂为主要成分。氧化剂的作用是复原被还原剂打断的二硫键，使卷曲后的头发定型，常用过氧化氢、溴酸钠等；酸类用于调节定型液的pH值，有利于氧化反应的进行，常用柠檬酸、乙酸和乳酸等；调理剂用于改善头发的光泽和柔软性，并有利于头发的保湿，常用水解蛋白、脂肪醇和各种保湿剂。

在定型液的制作中，同样需要增加一些增稠剂、香精、色料等，以增强定型剂的物理性能。

烫发剂配方实例：

成　分	含量/%	成　分	含量/%
冷烫液部分		冷烫液部分	
50%巯基乙酸铵水溶液	8.0	去离子水	64.4
氨水(28%)	1.2	定型液部分	
丙二醇	4.0	溴酸钠	4.8
液体石蜡	0.6	对羟基苯甲酸乙酯	适量
聚氧乙烯油醇醚	1.4	去离子水	75.2
乙二胺四乙酸 EDTA	适量		

制备方法：将各种物料溶解于水中，混合均匀，配成溶液即得，冷烫液和定型液分别配制，分瓶罐装。使用前清洗干净头发，再分次涂上冷烫精并卷在适当粗细的卷发棒上，保持20~40min。用定型液均匀地涂抹在发卷上1~2遍，保持10min后，拆除卷发棒，用剩余定型液润湿全部头发，最后用水冲洗干净。

5.2.5.4　染发剂

染发用品用于满足白发的染黑或其他色泽的漂染，染发化妆品有永久性染发剂和暂时性染发剂。暂时性染发化妆用品其主要原料为颜料和粘接剂。其上色原理如同采用毛刷将颜料直接涂刷在头发表面，或是通过透明液体介质将染料喷洒至头发表面，使头发染成所需要的颜色。使用暂时性染发用品，其优点是安全而有效，方便于各种场合使用；其缺点是色泽牢度差，持续时间短，因此常用于特殊造型的需要。

永久性染发化妆用品其主要成分是染料中间体，常用的染料中间体为氧化染料，如苯二胺、甲苯二胺及其衍生物，另外还有氨基酚、苯二酚及其衍生物作染发剂的辅助染料。染发原理是染料中间体渗透入毛发组织，被氧化剂，如过氧化氢、一水合过硼酸钠等氧化而使毛发染色。氧化剂还可使头发颜色变淡，并可根据氧化染料用量的多少及反应程度的不等，控制头发的漂染颜色。使用永久性染发化妆品，其优点是染发色泽牢固，可耐多次洗涤，色泽有较大的选配余地，是目前染发化妆用品的主导产品；其缺点是容易损伤头发且不易掌握染色深浅及均匀度。氧化型染发用品通常配制成二剂型。

染发剂配方实例：

成　分	含量/%	成　分	含量/%
A 组分		A 组分	
对苯二胺	1.0	去离子水	50.5
儿茶酚	1.0	KOH	调 pH 值至 8.0
乙二胺四乙酸钠盐	0.5	B 组分	
亚硫酸钠	2.0	过氧化氢 6%	100
丙二醇	25.0	磷酸盐缓冲溶液	调 pH 值至 4.0
碳酸氢铵	20.0		

制备方法：组分A中对苯二胺和儿茶酚溶于丙二醇后，再与水溶性混合物混合，A、B两组分分开包装，用前混合。该染发剂无刺激性且不损伤头发。

5.2.6 功能性化妆品

功能化妆品，是指含有一种或一种以上的活性成分的化妆用品，可增加容貌的美丽，而且也具有影响机体结构或功能，或具有减轻、治疗或预防疾病的医疗作用。因此，有时也称药物化妆品，意思是介于化妆品和药物之间。由于其具有预防与治疗双重功效，能满足当前消费者的需求，因而发展迅速。国际化妆品市场中，功能性产品占到了1/4的份额。在日本和韩国，药用化妆品以及功能性化妆品取得了空前的成功，增长率超过了30%，远高于基础护肤品的增长率，是日化领域最为活跃、最有发展前途的领域。功能化妆品的发展如此迅猛，新功能产品不断涌出，如去除面部皱纹、色斑、粉刺、防晒、增白、减肥、健美、防脱发、生发、抗菌等作用的化妆品。使用功能性化妆品，能真正达到美化、健康肌肤和毛发、保持青春活力的目的，从而体现化妆品的内在本质。

5.2.6.1 防晒化妆品

防晒化妆品是具有屏蔽或吸收紫外线作用，减轻因日晒引起皮肤损伤功能的化妆品。由于地球大气层中臭氧层的变薄，紫外线辐射增强，人类环保意识的薄弱使生存环境遭到破坏，这些都将会导致过量紫外线对人体的伤害。

晒红、晒黑、光致老化和光敏感性皮肤病是紫外线对人体皮肤产生损害的最直接外在表现。阳光中紫外线分为：短波紫外线、中波紫外线和长波紫外线。短波紫外线被臭氧层阻挡，故不会造成对皮肤的伤害；而中波和长波紫外线是可对皮肤造成伤害的波段，因此防晒制品要对这部分紫外线有吸收或散射的能力，这是对防晒制品中的防晒剂的要求。此外还要求防晒剂能够均匀地溶解或分散于制品某些介质中；用后即使液体挥发或其他原料流失，而防晒剂仍能较好地附着于皮肤表面。防晒剂应具有化学稳定性并不会刺激皮肤。在化妆品中添加物理性的紫外线屏蔽剂和化学性的紫外线吸收剂是目前防晒化妆品的最直接解决办法。

为了表征防晒制品的防晒效果，国际上以通用的防晒系数——SPF值(Sun Protection Factor)来进行评价，用公式表示如下：

$$SPF=\frac{\text{使用防晒化妆品时的 MED}}{\text{不使用防晒化妆品时的 MED}}$$

式中，MED为最小红斑量(Minimum Erythema Dose)，其测定方法是在一定的紫外线波长下，逐步加大光量照射皮肤某一部位，当照射部位产生红斑时的最小光量即为最小红斑值。系数越高，防晒功能越强，但也不是越大就越好，SPF值过大的产品会感觉油腻，对过敏性皮肤的人来说，还可能引起过敏。

表5-2 一些物质的紫外线折射率

名　称	折射率	名　称	折射率
硫酸钙	1.51~1.54	氧化钛	2.50~2.90
滑石粉	1.55~1.58	水	1.33
氧化锌	2.0~2.02	橄榄油	1.46
氧化铁	2.70~2.90	亚麻油	1.48

由表5-2可见，氧化锌、二氧化钛的屏蔽紫外线透射效果较好，它们常用作为物理防晒剂添加于化妆品中。而氧化铁由于颜色太深，用于化妆品并不合适。

在防晒化妆品中所使用的防晒剂还有化学性的紫外线吸收剂。化学性紫外线吸收剂常用的包括甲氧基肉桂酸辛酯、二甲基对氨基苯甲酸辛酯、羟苯甲酮、二甲基对氨基苯甲酸辛酯、水杨酸辛酸、丁基甲氧基二苯甲酰甲烷等。其中甲氧基肉桂酸辛酯、二甲基对氨基苯甲酸辛酯是较理想的防晒剂，两者对紫外线有很强的吸收，且不溶于水，经皮肤吸收很少，在皮肤停留形成的气味很弱，且不会使乳液变色。

除化学合成的防晒剂以外，目前还开发出不少天然防晒剂。天然防晒剂包括维生素及其衍生物，一些抗氧剂，如超氧化物歧化酶(SOD)、辅酶Q、谷胱甘肽、金属硫蛋白(MT)等。有些植物提取物也有不错的防晒效果，如芦荟、红景天、甘草、燕麦等提取物。一方面，这些植物中含有能吸收紫外线的化学成分；另一方面，这些植物提取物能够清除或减少紫外线辐射造成的活性氧自由基，从而阻止或减少皮肤组织损伤，促进日晒后修复，有一种间接防晒作用；而且对皮肤的安全性好，不会引起肌肤的不良反应。因此，天然防晒剂越来越受到化妆品公司的青睐。

防晒化妆品配方实例：

成　分	含　量/%	成　分	含　量/%
5-苯基-2-甲基戊烷-3,5-二酮	4.0	丙二醇	10.0
硬脂酸	3.5	吐温-60	0.5
甲基苯基硅氧烷	4.0	对羟基苯甲酸甲酯	0.05
十六醇	2.0	硼砂	0.5
橄榄油	14.0	三乙醇胺	10.0
液体石蜡	12.0	二氧化钛	0.2
对羟基苯甲酸丁酯	0.05	去离子水	35.7
蜂蜡	3.5	香精、防腐剂	适量

配制工艺：将硼砂、三乙醇胺、二氧化钛和对羟基苯甲酸甲酯与70℃水混合得水相，其余物料混合加热至70℃为油相。将水相与油相混合乳化，冷却至40℃加香料，制得防晒霜。

5.2.6.2　祛臭化妆品

祛臭化妆品是用来去除或减轻汗液分泌物的臭味，防止体臭或腋臭的一类化妆品。

汗液是由汗腺分泌的，人体汗腺可分为小汗腺和大汗腺，可以说遍身分布的小汗腺所分泌的汗液，其成分几乎全部是水。但分布于腋窝等特定部位的大汗腺所分泌的汗液，其成分有蛋白质、脂质、脂肪酸等，虽然它们本身不具有很浓的气味，但经皮肤表面细菌的分解可产生臭气。尤其是大汗腺所分泌的汗液，经细菌分解后，可发出特异的臭气。这臭味是由腋窝散发的，一般称之为狐臭。

具有抑制人体汗液过量分泌和排出的主要物质是收敛剂，这类化合物对蛋白质有凝聚作用，接触皮肤后，能使汗腺口膨大而阻止汗液的流通、抑制排汗，从而达到减少汗液分泌量的目的。常用抑汗剂有羟基氯化铝、苯酚对磺酸锌等。常用的祛臭杀菌剂有六氯二苯酚基甲烷、氯化苄铵、盐酸洗必泰等。具有祛臭作用的还有氧化锌等物质，因氧化锌与产生体臭的低级脂肪酸可进行反应生成金属盐，臭气便可部分消除。

祛臭霜配方实例：

成　分	含　量/%	成　分	含　量/%
甘油单硬脂酸酯	10.0	氢氧化钾	1.0
硬脂酸	5.0	甘油	10.0
鲸蜡醇	1.5	香精	适量
肉豆蔻酸异丙酯	2.5	去离子水	68.7
六氯二苯酚基甲烷	0.5		

制法：将六氯二苯酚基甲烷与油脂性成分混合，加热熔化，保持在75℃。将氢氧化钾、水和甘油混合，加热至同一温度。在搅拌下将水相加于油相，继续搅拌，待温度降至45℃时加入香精，在室温下静置过夜，在包装前再搅拌数分钟。

5.2.6.3　祛斑美白化妆品

皮肤内色素增多会在皮肤上沉积，使皮肤表层呈现黑色、黄褐色的小斑点，称作色斑。色斑形成的根本原因是由于体内的黑色素增多。皮肤黑色素的产生是一系列复杂的生理生化过程。常见的色斑有雀斑、黄褐斑、老年斑。

黑色素的代谢途径大致分为4个阶段：

①皮肤受日光照射后引起黑素细胞分裂或酪氨酸酶活性亢进。

②在表皮黑色素细胞内生产黑素体。

③黑素体从黑色素细胞向角质细胞转移。

④黑素体在表皮内扩散，随着表皮更新、消失。

根据黑色素形成的机理，控制、抑制黑色素的产生，加速黑色素排泄，就能使肤色变白。

①疏松角质，使活性成分更易渗透。有这种作用的添加剂有：果酸、尿囊素、甘醇酸。

②紫外线引起的应激反应使活性黑色素细胞数增加，促进黑色素的形成。所以加入防晒剂(各类有机、无机防晒剂)，可抑制黑色素的形成。

③酪氨酸酶在黑色素形成过程中起促进作用，所以有效抑制酪氨酸酶活性，可减少黑色素生成，如甘草黄酮、曲酸、内皮素拮抗剂、熊果苷、灵芝提取液等降低酪氨酸酶活性。

④清除氧自由基，从而抑制黑色素的形成。可添加维生素C、维生素E、氢醌和超氧化物歧化酶(SOD)等。

⑤加速黑色素排泄，如宫宝素、四异棕榈酸酯、亚油酸等。

祛斑美白化妆品配方实例：

成　分	含　量/%	成　分	含　量/%
白油	10.0	甘草酸(甘草提取物)	0.5
棕榈酸异丙酯	8.0	甘油	3.0
二甲基硅油	3.0	硫酸镁	0.7
微晶蜡	0.5	泛醇	1.0
聚氧乙烯(30)二聚羟基硬脂酸脂	4.0	防腐剂	适量
		去离子水	68.3
油溶性Vc衍生物	1.0		

祛斑美白化妆品制法与一般化妆品相同。

5.2.7 抗菌型沐浴露

抗菌皂基沐浴露温和亲肤，可有效抗菌保湿，特别适合于角质层较厚、油脂分泌旺盛、有皮肤瘙痒及体癣的人群使用。原料组分：百里香酚 0.1%~0.5%、水杨酸 0.1%~0.5%、植物提取物等 0.2%~2.0%、乙醇 0.2%~1%、丙二醇 0.5%~3.5%、赤藓醇 0.3%~0.8%、月桂酸 2%~8%、肉豆蔻酸 4%~9%、棕榈酸 2%~8%、氢氧化钾 1.5%~6%、乙二醇二硬脂酸盐 1%~2%、磺基琥珀酸二乙基己酯钠 1%~5%、椰油酰胺丙基甜菜碱 3%~7%、椰油酰甘氨酸钠 1%~5%、聚季铵盐-7 0.1%~1.5%、聚甘油脂肪酸酯组合物 0.3%~3%、乙二胺四乙酸四钠 0.1%~1%、氯化钠 0.2%~1.5%、柠檬酸 0.1%~1%、香精 0.2%~1%、防腐剂 0.1%~0.3%，余量为水。主要配制步骤为：

① 将百里香酚、水杨酸加入乙醇中溶解至透明，再加入植物提取物、丙二醇搅拌至完全透明，制备成抗菌组合物，备用；

② 向组分总质量 45%~55%的水中加入氢氧化钾溶解并搅拌均匀，然后加入月桂酸、肉豆蔻酸、棕榈酸，持续搅拌加热到 75~85℃，保温中和反应 50~60min；

③ 反应完成后，加入乙二醇二硬脂酸、磺基琥珀酸二乙基己酯钠、椰油酰胺丙基甜菜碱、聚甘油脂肪酸酯组合物，并搅拌均匀；

④ 体系降温至 55~65℃，加入椰油酰甘氨酸钠、聚季铵盐-7，并搅拌均匀；

⑤ 体系降温至 35~45℃，然后向体系中加入赤藓醇、乙二胺四乙酸酸钠、氯化钠、柠檬酸、香精，搅拌至完全溶解；

⑥ 加入步骤①的抗菌组合物，搅拌均匀，最后加入防腐剂和水，搅拌均匀即可。

5.3 洗涤剂

5.3.1 洗涤剂基本知识

5.3.1.1 洗涤剂的发展历史

洗涤剂，是指以去污为目的而设计的制品，其组成包含必需的活性成分——表面活性剂和辅助成分，辅助成分的作用是增强和提高洗涤剂的各种效能。成分有助剂、抗沉淀剂、酶、填充剂等。

我国使用洗涤用品的历史已有几千年的历史。那时人们就知道利用自然界的天然产物，如草木灰、皂荚、茶籽饼、马粟等来洗涤衣服。这些植物中含有 5%~30%的皂素，即皂角苷，是天然中性高分子化合物，在硬水或软水中都能形成丰富的泡沫，对织物无损伤，丝、毛织物洗涤后还具有较好的手感和光泽。但是，这些植物性洗涤剂的来源有局限性，而且皂素有一定毒性，故未能得到很好的发展。

公元前 600 年，生活在地中海东岸的腓尼基人用羊脂和草木灰制造出原始的肥皂，用于护肤和治疗，至公元 2 世纪才发现它们有重要的洗涤作用。1788 年法国的 Leblanc 发明了第一个工业制纯碱(即碳酸钠)法，并将纯碱经石灰苛化而生产出苛性钠，从此，肥皂从手工制作转向工业化生产。

第一次世界大战时期，由于动植物油脂供应紧张，德国首先开发了合成洗涤剂，主要成分是短链的烷基萘磺酸盐，由丙醇或丁醇和萘结合，再经磺化而成。

20 世纪 20 年代，开始用长链脂肪醇合成脂肪醇硫酸钠，当时仅添加少许硫酸钠，作为合成洗涤剂出售。30 年代初期，随着石油化工的发展，美国生产了长链的烷基芳基磺酸盐，这种烷基芳基磺酸盐直接作为洗涤剂出售，或仅添加一些硫酸钠。1944 年采用廉价的石油气中的丙烯为原料，经四聚和苯缩合制成十二烷基苯，再经发烟硫酸磺化、烧碱中和而制成烷基苯磺酸钠。由于价格低廉、性能良好，从此合成洗涤剂取得了很大的发展，直到 60 年代初期，一直占据统治地位。当时世界上大部分合成洗涤剂是由这种表面活性剂配制而成的。60 年代后期，由于四聚丙烯在化学结构上存在支链，不易被生物所降解，造成环境污染，因此用直链烷基苯逐步取代了四聚丙烯烷基苯。

随着化学工业的发展，在使用烷基苯磺酸钠之类的优良表面活性剂作为基本组分外，还配用其他表面活性剂和各种不同的助剂和辅助剂，以提高洗涤效果。在第二次世界大战时期，德国就开始用羧甲基纤维素作为合成洗涤剂的辅助剂以消除污垢的再沉积问题。到第二次世界大战末期，将碳酸盐、硅酸盐、磷酸盐等碱性物作为合成洗涤剂的助剂加以使用。聚磷酸盐的使用是合成洗涤剂工业发展中的一个重要阶段。初期使用焦磷酸四钠，以后改用三聚磷酸钠，取得了良好的洗涤效果。

全世界合成洗涤剂的产量逐年增长。合成洗涤剂工业已成为发展最快、应用范围最广的工业之一。合成洗涤剂按产品配方组成及洗涤对象不同，分为重垢型洗涤剂和轻垢型洗涤剂。重垢型洗涤剂是指产品配方中活性物含量高，或含有大量、多种助剂，用于清除较难洗涤的污垢的洗涤剂，如棉质或纤维质地污染较重的衣料。轻垢型洗涤剂含较少助剂或不加助剂，用于清除易洗涤的污垢的洗涤剂。

5.3.1.2　洗涤剂去污原理

洗涤剂的去污作用在于吸附在界面上的表面活性剂分子，降低了界面自由能，改变了污垢与介质间的界面性质。通过吸附层电荷排斥和铺展，使污垢从基质移除。见图 5-1。

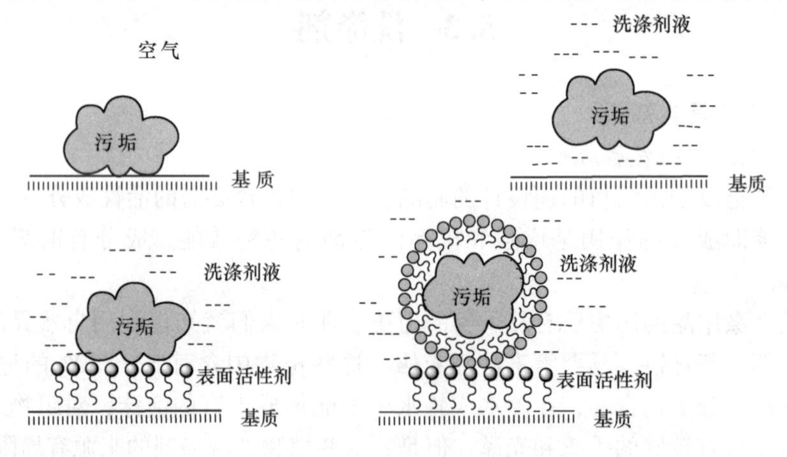

图 5-1　洗涤剂去污示意

洗涤剂具体的去污作用在整个去污过程中大体有以下几点：

①化学反应去污：据测定，衣服上的污垢含有 15%～30%的游离脂肪酸，这些化合物与洗涤剂中的碱性物质发生作用，即转变成脂肪酸钠，脂肪酸钠不仅可以溶入水中而从衣服上除去，而且可以带走一部分污垢。

②卷离作用：脏衣服浸泡在洗涤剂溶液中，洗涤剂中的表面活性剂分子能够逐渐向污垢和纤维之间渗透并按其基团的极性进行定向吸附。一方面使污垢与纤维之间的界面张力大幅度地降低，结合开始松弛；另一方面污垢因吸附表面活性剂分子而承受一种挤压的力，加上水的浮力，污垢即与纤维脱离而进入洗涤液中，此种现象称为污垢的卷离。

③乳化作用：油污吸附表面活性剂分子后，油水间的界面张力降低，油污分散在水中所需的功也减少，再辅以一定的机械力，油和水即可发生乳化作用，形成水包油型乳状液。有时油性污垢的去除不需要机械能也可以自行乳化。

④增溶作用：洗涤剂溶液中的表面活性剂浓度达到临界胶束浓度以后，表面活性剂分子在溶液中即可聚集在一起而形成胶束。胶束一般由20~100个表面活性剂分子聚集而成，有的胶束则含有几百个表面活性剂分子。这些分子在胶束中大多都是亲油基向内、亲水基向外，成为一个球形胶束，也有亲油基相对，一层一层叠起来的层状胶束。这种胶束结构能够把不溶于水的物质包容到胶束内部而使其随着胶束“溶解”到水中，而发生增溶作用。一般1mol表面活性剂能够增溶0.2~0.4mol的脂肪酸或甲苯之类的油状物。增溶作用的强弱与表面活性剂的分子结构有关，疏水基烃链长的分子比较强，含不饱和烃链的分子比较强；非离子表面活性剂的临界胶束浓度一般比阴离子表面活性剂小，所以增溶能力强。加入无机电解质可使该溶液的临界胶束浓度下降，增溶污垢的量增加，所以洗涤剂配方中都加有大量的无机盐。

⑤分散作用：洗涤剂中的表面活性剂分子能使固体粒子分散悬浮在水溶液中，成为稳定的胶体溶液，当表面活性剂对固体粒子的润湿力足以破坏固体微粒之间的内聚力时，固体颗粒将破裂成颗粒而悬浮于水溶液中。洗涤剂中的一些有机助剂，如羧甲基纤维素等，以及一些无机助剂，如泡花碱和磷酸盐等，可以提高固体微粒悬浮液的稳定性。

5.3.2 洗衣粉的生产工艺

(1) 配料

洗衣粉生产中，一般需将各种洗衣粉原料与水混合成料浆，这个过程成为配料。配料工艺要求料浆的总固体含量要高而流动性要好，但总固体含量高时黏度大，流动性就受到一定影响，反之亦然，因此必须正确处理两者的关系，力求在料浆流动性较好的前提下提高总固体含量。

(2) 料浆后处理

配制好的料浆需进行过滤、脱气和研磨处理，以使料浆符合均匀、细腻及流动性好的要求。

①过滤：料浆配制过程中或多或少会有一些结块，一些原料中会夹杂一些水不溶物，需过滤除去。间歇配料可采用筛网过滤或离心过滤方式，连续配料一般采用磁过滤器过滤。

②脱气：料浆中常夹带大量空气，使其结构疏松，影响高压泵的压力升高和喷雾干燥的成品质量，因此，必须进行脱气处理。目前均采用真空离心脱气机进行脱气。当采用复合配方时，由于加入了非离子表面活性剂，料浆结构紧密而不进行脱气处理。

③研磨：脱气后的料浆，为了更加均匀，防止喷雾干燥时堵塞喷枪，还要对料浆进行研磨。常用的研磨设备是胶体磨。

(3) 成型

将配方中的各组分均匀混合成型是生产洗衣粉的重要环节。成型后的粉剂应保持干燥、不结块，颗粒具有流动性，并具有倾倒时不飞扬、入水溶解快等特点。

多数表面活性剂均以液体形式供应，为满足成型的要求，配入表面活性剂都具有一定限量。这一限量既与配方中的表面活性剂品种有关，也与粉剂成型的方法有关。

①高塔喷雾干燥成型法：高塔喷雾干燥成型法是当前生产空心颗粒合成洗衣粉最常采用的方法。先将表面活性剂和助剂调制成一定黏度的料浆，用高压泵和喷射器喷成细小的雾状液滴，与200~300℃的热空气进行传热，使雾状液滴在短时间内迅速干燥成洗衣粉胶粒。干燥后的洗衣粉经过塔底冷风冷却、风送、老化、筛分制得成品。而塔顶出来的尾气经过旋风分离器回收余粉，除尘后尾气通过尾气风机而排入大气。

②附聚成型法：附聚成型法制造粉状洗涤剂，是近十多年发展起来的新技术。所谓附聚是指固体物料和液体物料在特定条件下相互聚集，成为一定的颗粒状产品的一种工艺。附聚成型法主要包括预混合、附聚、老化调理、筛分、后配料、包装工艺，见图5-2。

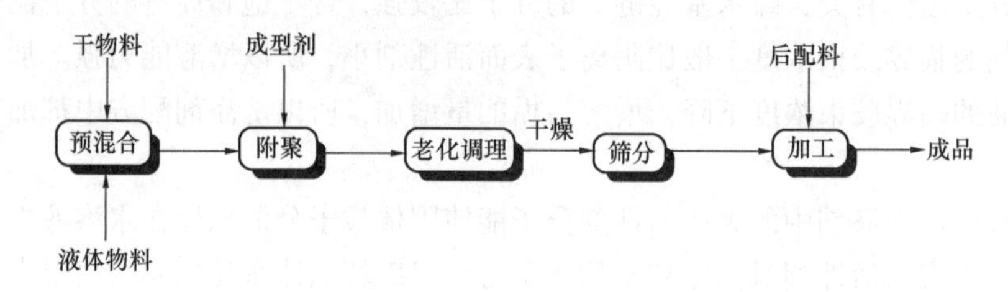

图5-2　附聚成型法工艺流程

③干混法：对无须进行复杂加工的配料，干混法是生产各种工业产品的最经济和最简单的方法。它的基本工艺原理是：在常温下把配方组分中的固体原料和液体原料按一定比例在成型设备中混合均匀，经适当调节后获得自由流动的多孔性均匀颗粒成品。其工艺流程如图5-3所示。

④流化床工艺：各种粉状助剂送至料仓预混经料仓下面的传送带传送至流化床成型室。液体组分由喷嘴连续喷入流化床的粉剂中。在流化床中布满进气孔，各种物料被压缩空气翻腾混合，流化床上有气罩可以回收被风吹出的细粉。由于成型过程是在低温下进行，所以三聚磷酸盐、过硼酸盐等很少分解。成型颗粒比高塔喷雾成型法稍大，流动性好。见图5-4。

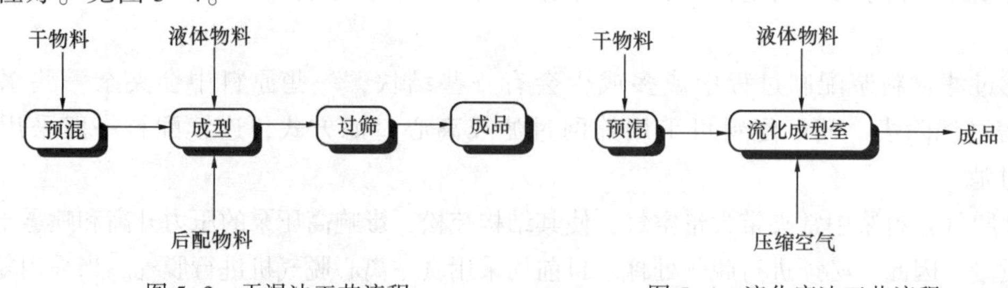

图5-3　干混法工艺流程　　图5-4　流化床法工艺流程

5.3.3　液体洗涤剂生产工艺

液体洗涤剂生产一般采用间歇式批量化生产工艺，主要是因为其生产工艺简单，产品品种繁多，没有必要采用投资高、控制难的连续化生产线。不同的液体原料经熔化、溶解、预混等前处理过程输送至反应釜(乳化机)，搅拌或加热混合。在均质机中进一步混合均匀。送入冷却罐，在一定温度下，经加香、加色、增稠等，过滤得到成品。液体洗涤剂生产所涉及的化工单元操作和设备主要是：带搅拌的混合罐、高效乳化均质设备、物料输送泵和真空泵、计量泵、物料贮罐、加热和冷却设备、过滤设备、包装和灌装设备。把这些设备用管道串联在一起，即组成液体洗涤剂的生产工艺流程(图 5-5)。

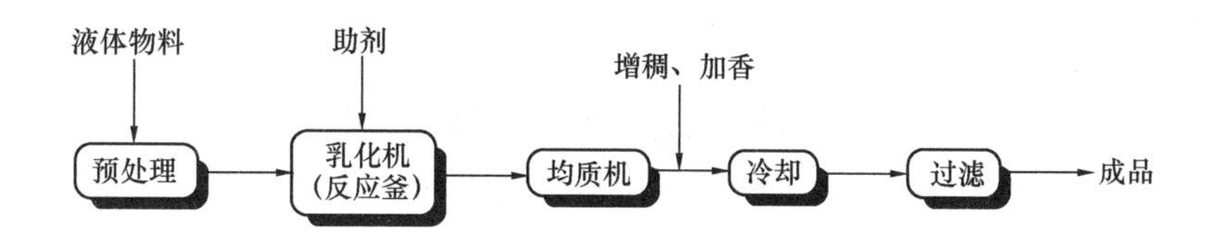

图 5-5　液体洗涤剂工艺流程

一般的操作工艺主要有下面几项：

(1) 原料处理

液体洗涤剂原料至少是两种甚至更多，应提前做好原料预处理。如有些原料应预先加热熔化，有些原料要用溶剂预溶，杂质多的原料还应预先滤去一些机械杂质，使用的主要溶剂(主要是水)，应进行去离子处理等，然后才加到混配罐中混合。液体洗涤剂若含有重金属、铁等杂质都可能对产品带来有害的影响，因此生产设备的材质多选用不锈钢、搪瓷玻璃衬里等材料。

(2) 混配或乳化

为了制得均相透明的溶液型或乳液型液体洗涤剂产品，物料的混配或乳化是关键工序。在按照预先拟定的配方进行混配操作时，混配工序所用设备的结构、投料方式与顺序、混配工序的各项技术条件，都体现在最终产品的质量指标中。混配过程的投料顺序一般是先将规定量去离子水先投入锅内，调节温度同时打开搅拌器，达 40~50℃时边加料边搅拌，先投入易溶解成分，AES 较难溶解，先加入增溶成分如甲苯磺酸钠或其他易溶的表面活性剂，再投入 AES，避免出现 AES 的凝胶。

用 LAS 与 AES 复合型活性剂配制液体洗涤剂时，应十分注意在过程中控制 pH 值及黏度，否则会出现混浊，使产品不易呈透明状。影响产品的黏度的因素很多，如各种原料投入量是否准确，原料中的杂质尤其是无机盐，各成分的配伍性，甚至加料顺序等都会严重影响产品的黏度和透明度。

混配工序操作温度不宜太高，投料过程一般温度约 40℃，投完全部原料后要在 40~60℃范围内继续搅拌至物料充分混合或乳化完全后为止。料液温度在降至 40℃以下时，在搅拌下分别加入防腐剂、着色剂、增溶剂等各种添加剂，最后加入香料，待搅拌均匀后送至下道工序。

(3) 混合物料的后处理

无论生产透明溶液还是乳液，在包装前还要经过一些后处理，以保证产品质量或提高产品的稳定性。在混合和乳化操作时，要加入各种物料，难免带入或残留一些机械杂质，或产生一些絮状物，这些都直接影响产品外观，所以物料包装前的过滤是必要的。经过乳化的液体，其稳定性较差，最好再经过均质工艺，使乳液中分散相的颗粒更细小、更均匀，得到稳定的产品。由于搅拌作用和产品中表面活性剂的作用，有大量的微小气泡混合在产品中，气泡有不断冲向液面的作用力，可造成溶液稳定性较差，包装计量时不准。一般采用抽真空排气工艺，快速将液体中的气泡排出。将物料在老化罐中静置贮存几个小时，在其性能稳定后再包装。

5.3.4 洗涤剂配方设计

5.3.4.1 洗衣粉

洗衣粉是指粉状(粒状)的合成洗涤剂，其使用、携带、贮存、运输方便。在20世纪80年代以后，我国洗衣粉的总产量已经超过了肥皂。洗衣粉目前已经成为每一个家庭必需的洗涤用品。

(1)洗衣粉的配方组成

洗衣粉按洗涤对象不同分重垢型和轻垢型洗衣粉两种。重垢型洗衣粉碱性较强，pH值一般大于7，适用于洗涤污垢较重的内衣裤、外衣、被单、被褥等，以阴离子表面活性剂为主，其他还有助剂、有机整合剂、抗沉积剂、消泡剂、荧光增白剂、防结块剂、香精等。漂白剂和柔软剂的用量很少或不加。最初产品配方中表面活性剂含量较高，后来在配方中加入助剂使表面活性剂用量逐渐减少。通常可用于机洗和手洗。

重垢型洗衣粉溶液碱性较强，不宜洗涤丝、毛等蛋白质纤维纺织品。如要洗涤丝、毛纺织品，最好用轻垢型的中性洗衣粉。轻垢型洗涤剂主要成分为表面活性剂和助剂。常用的表面活性剂有直链烷基苯磺酸盐、烷基硫酸盐、脂肪醇聚氧乙烯醚硫酸盐等阴离子表面活性剂；脂肪醇聚氧乙烯醚、聚醚等非离子表面活性剂。常用的助剂有磷酸盐、硅酸盐、硫酸盐、沸石等无机助剂及有机整合剂、抗沉积剂和消泡剂等，此外还可加入适量的色料、香精等。

(2) 洗衣粉的配方设计

配方是洗衣粉生产中很重要的一个环节，配方的好坏关系到整个生产过程和产品质量问题。洗衣粉最后成型工艺采用喷雾干燥法时，由于温度较高，表面活性剂宜选择热稳定性好的活性物，如LAS(直链烷基苯磺酸盐)、AOS(α-烯烃磺酸钠)和AS(烷基磺酸钠)等。非离子活性剂不耐热，宜在后配料时加入。目前复配型洗衣粉一般以烷基苯磺酸钠为主要活性剂，再配以脂肪醇硫酸钠、AES(脂肪醇聚氧乙烯醚硫酸钠)等。

手洗用的洗衣粉习惯泡沫多些，故在配方中应考虑加入增泡剂和稳泡剂。而机洗用的洗衣粉希望泡沫少些，可配入泡沫少的十八醇硫酸钠、非离子活性剂、肥皂或其他抑泡剂。

配制中性洗衣粉的关键是不加入三聚磷酸钠和其他碱性剂而仍需达到较好的洗涤效果。此外根据需要加入适量的抗再沉积剂(如CMC)、抗结块剂(如对甲苯磺酸钠)和荧光增白剂等。

普通重垢洗衣粉配方实例：

成　分	含量/%	成　分	含量/%
十二烷基磺酸钠	14.9	三聚磷酸钠	31.4
羧甲基纤维素	1.7	颜料分散液	0.03
乙二胺四乙酸钠	0.55	碳酸钠	16.4
荧光增白剂	0.32	硫酸钠	20.3
硅酸钠	6.0	水	8.4

普通重垢洗衣粉操作工艺：在80℃以上，将三聚磷酸钠、碳酸钠、羧甲基纤维素、硫

酸钠和荧光增白剂混合物，加入卧式流化床上，依次喷入十二烷基磺酸钠和其余的硅酸钠、乙二胺四乙酸钠、颜料分散液和水的混合溶液，即可制得。

轻垢型无磷洗衣粉配方实例：

成　　分	含量/%	成　　分	含量/%
十二烷基苯磺酸钠	15.0	牛油皂	3.0
烷基苯硫酸钠	7.0	羧甲基纤维素	2.0
硅酸钠	5.0	荧光增白剂	0.5
碳酸钠	10.0	4A 沸石	20.0
水	7.0	硫酸钠	30.5

轻垢型无磷洗衣粉制备工艺：采用干混法将各物料按比例拌和均匀，即得去污力强、起泡性好的无磷洗衣粉。

5.3.4.2　液体洗涤剂

洗衣粉在使用时需要先溶解成水溶液后才能洗涤，而生产洗衣粉时需要耗用大量的能量，因此人们开发了液体洗涤剂。液体洗涤剂不但制作过程节省能源，在使用过程也适合低温洗涤；液体洗涤剂使用廉价的水作为溶剂或填充料，使生产成本降低；液体洗涤剂在洗涤用品中品种最多，适应范围广，除洗涤作用外，还可以使产品具有多种功能，最适宜洗衣机等机械化洗涤。根据洗涤对象不同，生产厂家同样开发出了轻垢型和重垢型液体洗涤剂。

(1) 轻垢型液体洗涤剂

洗衣用的轻垢型液体洗涤剂用于洗涤羊毛、羊绒、丝绸等柔软、轻薄织物和其他高档面料服装。这类洗涤剂并不要求有很高的去污力，洗涤对象为轻薄和贵重的丝、毛、麻等，其配方结构比较考究，这种液体洗涤剂应呈中性或弱碱性，脱脂力要弱一些，不应损伤织物，洗后的织物应保持柔软的手感，不发生收缩、起毛、泛黄等现象。

①轻垢型液体洗涤剂的组成成分：不同牌号和不同用途的轻垢型液体洗涤剂通用性好，配方结构相似。各国的这类液体洗涤剂中的活性物含量不同，但平均在12%左右，一般不超过20%。轻垢液体洗涤剂所用的主要是阴离子表面活性剂和非离子表面活性剂，如线型烷基苯磺酸的钠盐、钾盐，三乙醇胺盐，脂肪醇聚氧乙烯醚硫酸盐，脂肪醇聚氧乙烯醚，烷基醇酰胺等。

液体洗涤剂通常为透明溶液。洗涤剂的浊点是影响其商品外观的一个重要因素。好的配方产品要求其浊点不要太高或太低，以保证在正常贮运及使用时，溶解良好，而呈透明的外观。

为使洗涤剂产生另一种外观，即不透明性，可以在配方中加入遮光剂。遮光剂一般是碱不溶性的水分散液，如苯乙烯聚合物、苯乙烯-乙二胺共聚物、聚氯乙烯或偏聚二氯乙烯等。以上物料加入产品中，都能产生不透明性，这些产品则是不透明型的液体洗涤剂，不同于透明型液体洗涤剂的浑浊变质现象。

液体洗涤剂在贮存时会变色或分层，一般是因为光的作用而产生的，如果不太严重时，不大影响其去污效果。为避免这种现象，在液体洗涤剂制造中可通过添加紫外线吸收剂或用不透光的瓶子包装，另外，尽量避光保存。

②轻垢型液体洗涤剂的配方设计：轻垢型液体洗涤剂的洗涤对象为轻薄和贵重的丝、

毛、绒、绸、麻等纤维织物。配方结构比较考究，低碱性或中性，脱脂力要弱，不损伤织物。去污力不要求太高，比较温和。

轻垢型液体洗涤剂的配方实例：

成　分	含量/%	成　分	含量/%
水	67.3	二甲苯磺酰钠	3.0
十二烷基苯磺酸钠	13.0	乙二酸四乙酸钠	0.5
椰子油醇聚氧乙烯醚	8.0	乙醇	2.0
月桂醇聚氧乙烯醚硫酸钠	4.0	香精	0.2
月桂酰二乙醇胺	2.0	柠檬酸、氯化钠	适量

配制工艺：将水置于混合器中加热至55℃，依次加入十二烷基苯磺酸钠、椰子油醇聚氧乙烯醚、月桂醇聚氧乙烯醚硫酸钠和月桂酰二乙醇胺。搅拌至透明后，加二甲苯磺酰钠、乙二酸四乙酸钠，用柠檬酸调节pH值为7~7.5，加入乙醇和香精，混合均匀后用氧化钠调节至合适黏度。

（2）重垢型液体洗涤剂

弱碱性液体洗涤剂有时也称重垢液体洗涤剂，可以代替洗衣粉和肥皂，具有碱性高、去污力强的特点。同重垢洗衣粉一样，属于弱碱性液体洗涤剂产品。重垢液体洗涤剂有两种：一种是高活性物而不加助剂，活性物含量可达30%~50%的复配型产品；另一种则是活性物含量降低为10%~15%，助剂含量为20%~30%的产品。

①重垢型液体洗涤剂的组成成分：液体洗涤剂中使用的表面活性剂一般是水溶性较好的，如烷基苯磺酸盐、醇醚硫酸盐、醇醚、烷醇酰胺、烷基磺酸盐等。液体洗涤剂中最常用的助剂有柠檬酸钠、焦磷酸钾等，溶解性好，用于水的软化。有时也可加入少量三聚磷酸钠。

为了提高衣用液体洗涤剂的去污能力，不得不加入硬水软化作用等的助剂、pH缓冲剂，这些物质溶解度都有限，为了获得表面透明的均匀液体，还需加入增溶剂。弱碱性液体洗涤剂中常用的增溶剂有尿素、低碳醇、低碳烷基苯磺酸钠等。

②重垢型液体洗涤剂的配方设计：重垢液体洗涤剂的洗涤对象是脏污较重的衣物，选用的表面活性剂应对衣服上的油质污垢、矿质污垢、灰尘、人体分泌物等都有良好的去污性。从配方结构看，重垢液体洗涤剂有两种类型：一种为不加或少加助剂，活性物含量高达30%~50%，且为多种活性物复配的产品。另一种则是加入20%~30%的洗涤助剂，如焦磷酸钾、柠檬酸钠等，活性物含量为10%~15%。

重垢型液体洗涤剂的配方实例：

成　分	含量/%	成　分	含量/%
脂肪醇聚氧乙烯醚	8.0	异丙醇	5.0
烷基酚聚氧乙烯醚	2.0	荧光增白剂	0.1
碳酸钠	6.0	碱性蛋白酶	0.3
偏硅酸钠	3.0	香精	0.3
三乙醇胺	1.0	去离子水	74.0
乙二胺四乙酸钠	0.3		

制备工艺：在常温下将称量好的脂肪醇聚氧乙烯醚和乙烯醚烷基酚聚氧乙烯醚加入去离子水中，慢慢搅拌，充分混合均匀后，慢慢加入碳酸钠、偏硅酸钠和乙二胺四乙酸钠，待全部固体物料溶解完全后，加入三乙醇胺和异丙醇；搅拌混合 0.5h 后，静置 0.5h；然后通过真空过滤上层清液，底料下次备用。向滤液中加入荧光增白剂和碱性蛋白酶，加入香精，充分搅匀后即可。

5.3.4.3　柔软型液体洗涤剂——丝、毛、羽绒洗涤剂

液体洗涤剂中加入织物柔软抗静电剂后，可使洗涤剂同时具有洗涤、柔软、抗静电等多重作用，使洗后的织物蓬松、柔软、光泽好。用于洗涤丝、毛、羽绒等精细织物，如毛巾、毛巾被、毛毯、羽绒服、仿毛皮衣物、床单等。尤其是羽绒服类衣物，其特点蓬松、柔软、轻便。但由于羽绒的特殊性，其洗涤方面的问题值得重视，用一般的洗涤剂或肥皂都不够理想。洗后往往使面料褪色、发花、失去光泽，而且使得羽绒发板、绒毛不软、保暖性变差。而柔软型液体洗涤剂由于配有抗硬水剂、抗静电剂及柔软剂，因此洗后除增加织物的柔软度外，还可以消除绒毛和羽毛、羽绒和面料的静电，从而提高了羽绒的蓬松性和保暖性。

（1）柔软型液体洗涤剂的组成成分

柔软型液体洗涤剂中使用的柔软剂多为阳离子型表面活性剂，其中双烷基二甲基型用量最大，大约占阳离子的 80%，其柔软效果也最好。从柔软效果看，双烷基二甲基季铵盐好于双烷基酰胺咪唑啉型。从抗静电效果看，双烷基酰胺咪唑啉型>双烷基二甲基季铵盐>双烷基酰胺型。

柔软性和抗静电性都是由于阳离子表面活性剂在纤维上被吸附产生的。即由于在纤维表面的取向效应，使疏水基团尾端之间形成滑移面，降低了纤维之间的摩擦系数，使润滑性增加，阻止了纤维的联锁，使原纤维平顺地回到纤维的主体上来，使纤维伸展而不易黏结，即获得了柔软的效果。

由于阳离子柔软剂与阴离子表面活性剂为主要活性物的洗涤剂配伍效果差，使洗涤用织物柔软剂发展出现障碍。最初的配方是以非离子表面活性剂为洗涤剂与阳离子柔软剂配伍制成柔软性液体洗涤剂。技术关键是要求柔软剂组分液体化并有较低的浊点。现在，由于适当的阳离子和阴离子的出现，使这一技术关键得以解决。即将亲水基引入阳离子分子中，使阴、阳离子可以搭配使用，虽然去污力有所下降，但总体性能优良。

（2）柔软型液体洗涤剂的配方设计

丝、毛、羽绒洗涤剂属于精细织物洗涤剂，采用高档表面活性剂复配，或加入阳离子柔软剂而制得。洗涤剂中含有织物柔软剂，具有去污力强，贮存稳定，可赋予被洗织物柔软性和抗静电性。

柔软型液体洗涤剂的配方实例：

成　分	含量/%	成　分	含量/%
十四醇聚氧乙烯醚	9.5	十八酸乙二醇酯	0.3
十四醇聚醚	9.2	水	77.0
羟乙基双（十八酸乙酯基）甲基甲酯硫酸铵	4.0	染料	适量
		香精	适量

制作工艺：将各物料分散于水中，均质后得液体柔软洗涤剂。

5.3.5 洗涤剂发展趋势

纵观全球洗涤剂市场。比较显著的变化是洗涤剂品产转向浓缩化和液体产品，洗衣片剂和胶囊产品也作为新产品出现。洗涤革新技术倡导洗涤新概念，传统产品向对人体安全性和对环境相容性更佳的产品转变，人们对洗涤剂的追求已经不再是简单的满足其良好的去污能为，而是呈现多样化需求的趋势。洗涤剂将继续向着专业化(洗涤薄型织物、精纺呢绒织物、毛线织物和粗布等不同种类的专用洗涤剂)、系列化(适合老人、男士、女士和儿童等不同人群)、多功能(柔软织物、防皱、抗静电、抗菌消毒)、环保化(无磷、可降解、天然生物原料)和人性化等方向发展。

思 考 题

1. 结合自己的亲身经历，谈谈对化妆品的认识。
2. 试设计一种香波配方，并解释配方中各种物质的作用。
3. 黑色素的产生过程和祛斑美白机理。
4. 简述化妆品的发展趋势。
5. 表面活性剂的结构特点是什么？
6. 简述洗涤剂是如何发挥去污作用的。
7. 请设计一种洗涤剂配方，并大致说明各种物质的主要作用。

第6章　涂　　料

涂料是指涂布于物体表面在一定的条件下能形成薄膜从而起保护、装潢或其他特殊功能(绝缘、防锈、防霉、耐热等)的一类液体或固体材料。早期的涂料是以植物油和天然漆为主要原料，故又称作油漆。现在合成树脂已大部分或全部取代了植物油。由于在生产实践中需要特殊功能的材料，促使人们转向更方便的实用涂料，涂料工艺成为高度发展的科学技术领域里一门不可缺少的技术，涂料工业已在国民经济和国防建设中，发挥着举足轻重的作用。

本章介绍涂料的作用、组成、分类及主要品种。

6.1　概　　述

6.1.1　涂料的作用

涂料是施工最方便，价格较低廉，效果很明显，附加值高的一种化工产品。它不仅具有使建筑、船舶、车辆、桥梁、机械、化工设备、电子电器、军械、食品罐头、文教用品等的表面防止腐蚀，延长使用寿命之功能，还有装饰环境、给人以美的享受或醒目标记的功能。在高科技不断发展的今天，如果没有耐高温、防辐射、导电磁、具有伪装等特种涂料，要想顺利地发展高新科技是不可想象的。世界各国无不把各种涂料开发和应用放在精细化工生产的重要位置。

涂料和涂装有以下几方面的作用：

①保护作用　金属、木材等材料长期暴露在空气中，会受到水分、气体、微生物、紫外线的侵蚀，造成金属锈蚀、木材腐朽、水泥风化等破坏现象。在物件表面涂上涂料，形成一层保护膜，就能够阻止或延迟这些破坏现象的发生和发展，使各种材料的使用寿命延长。金属材料在海洋、大气和各种工业气体中的腐蚀极为严重，因此，涂装是金属防腐的重要手段。

②装饰作用　自古以来装饰美观与色彩运用就与美化产品和周围生活环境密切关系。对建筑物、电车、汽车、船舶及日常生活用品等涂以彩色涂料，借以提高产品的使用和商品销售价值。而且在涂料工艺过程中也可以按照产品的造型设计要求，配以各种色彩，改进产品外观质量，给人们美的享受，达到装饰美观的目的。

③标志作用　涂料可作色彩广告标志，利用不同色彩表示警告、危险、安全、前进、停止等信号。在各种管道、容器、机械设备的外表涂上各种色彩涂料调节人的心理，使色彩功能达到充分发挥。目前应用涂料做标志的色彩在国际上已逐渐标准化了。

④特殊作用　涂料在产品涂装后满足在特定的环境条件下使用，发挥特殊作用。例如电器产品的绝缘，用于湿热带及海洋地区的产品，要求涂料有三防性能(防湿热、防盐雾、防霉菌)。飞机、卫星、宇航器要受高速气流冲刷，在高温低温、多种射线辐射、超高温报警等特殊条件下使用。涂料具有的特殊作用为各种特定条件使用的产品提供了可靠的表面层，增强了产品的使用性能，扩大了使用范围，如航空涂料、耐辐射涂料、示

温涂料等满足了飞机、宇航器表面的涂装要求，特种涂料对国防军工产品、高精尖的科学技术具有重要意义。

⑤其他作用　在日常生活中，涂料用于纸、塑料薄膜、皮革等上面，使它们能抗水和抗油，以及能使服装具有抗皱的性质。

涂料正走向集团化、规模化、专业化方向发展，重视环保，发展水性涂料、无溶剂涂料、粉末涂料、高固体分涂料、辐射固化涂料等。

6.1.2　涂料的组成

涂料一般由成膜物质、溶剂、颜填料和其他助剂组成。

(1) 成膜物质

成膜物质，也称为基料、漆料或漆基，都是以天然树脂(如虫胶、松香、沥青等)、合成树脂(酚醛树脂、醇酸树脂、氨基树脂、聚丙烯酸酯、环氧树脂、聚氨酯、有机硅树脂等)及其复合物或它们的化学结构改性物(如有机硅改性环氧树脂等)和油料(桐油、豆油、蓖麻油等)三类原料为基础。

(2) 颜填料

颜填料有颜料(着色颜料、防锈颜料)和体质颜料(填料)两类，它们是无机或有机固体粉末粒子。涂料配制时，用机械办法将它们均匀分散在成膜物质中。颜料应具有良好的遮盖力、着色力、分散度，色彩鲜明，对光、热稳定，应能阻止紫外光线的穿透、延缓漆膜老化等。它们主要包括白色颜料(钛白、锌钡白、氧化锌)、红色颜料(铁红、镉红、甲苯胺红、大红粉、醇溶大红)、黄色颜料(铬黄、铁黄、镉黄、锌黄)、绿色颜料(铅铬绿、氯化铬绿、钛菁绿)、蓝色颜料(铁蓝、群青、钛菁绿)、紫色颜料(甲苯胺紫红、竖莲青莲紫)、黑色颜料(炭黑、铁黑、石墨、松墨、苯胺墨)、金属颜料(铝粉、铜粉)和防锈颜料(红丹、锌铅黄、铅酸钙、碳氮化铅、铬酸钾钡、铅粉、改性偏硼酸钡、锶钙黄、磷酸锌)。体质颜料(填料)通常是无着色力的白色或无色的固体粒子，如滑石粉、轻质碳酸钙、白炭黑(SiO_2)、硫酸钡、高岭土、云母等。应用填料以提高漆膜体积，增加漆膜厚度和强度，降低涂料的成本。

(3) 涂料助剂(添加剂)

助剂是涂料的一个组成部分，它不能单独自己形成涂膜，在涂料成膜后可作为涂膜中的一个组分而在涂膜中存在，在涂料配方中用量很少，但能显著改善涂料或涂膜的某一特定方向的性能。赋予涂料特殊功能的添加剂，如抗静电剂、导电剂、阻燃剂、电泳改进剂、荧光剂等。涂料助剂的种类很多，例如催干剂、增塑剂、流平剂、消泡剂、紫外光吸收剂、分散剂、乳化剂等。

催干剂是指能提高氧化交联型涂膜固化速度的物质，起加速固化的作用，俗称干料。主要是油溶性的有机酸金属盐类，常用的有铅、钴、锰的环烷酸盐、辛酸盐、松香酸盐和亚油酸盐。

增塑剂用于增加涂膜柔韧性的助剂。常用的有邻苯二甲酸二丁酯、邻苯二甲酸二辛酯及氯化石蜡等。

获得一个光滑、平整的表面，是涂料装饰性的最基本要求。但在涂膜表面常常会出现缩孔、气孔、刷痕等与界面张力相关的表面缺陷，必须添加流平剂改善流平性，提高装饰性。常用的流平剂有：高沸点优良溶剂，如高沸点的酯、酮、芳烃及其混合物，用于溶剂型涂料中；有机硅树脂类一般采用0.1~0.4Pa·s黏度、低相对分子质量有机硅树脂，它与合成树脂有一定的相容性，可以降低表面张力。

防沉淀剂作用是防止涂料贮存过程中颜料沉底结块。防沉淀剂有硬脂酸锌、硬脂酸铝、气相二氧化硅、滑石粉、改性膨润土、氢化蓖麻油等。

在日光中，紫外线(290~400nm)的能量与有机材料的化学键能相当，当有机材料长期暴露于日光中时，会发生光氧化降解而老化。常用的光稳定剂有：二苯甲酮衍生物，主体结构为邻羟基二苯甲酮，与树脂有良好的相容性和加工稳定性，吸收波长范围 280~340nm。邻羟基苯基苯并三唑衍生物，吸收波长范围 300~385nm，与树脂相容性良好，色浅，应用较广。

(4) 溶剂和稀释剂

它是用于溶解树脂和调节涂料黏度的挥发性液体。溶剂必须有适当的挥发度，它挥发之后能使涂料形成规定特性的涂膜，它可能全部或部分决定涂料的施工特性以及干燥时间和最终涂膜的性能。理想的溶剂应当是无毒，闪点较高、价廉，对环境不造成污染。在涂料生产中常采用混合溶剂，这种混合溶剂作为基料的溶剂和稀释剂。稀释剂不是基料的真溶剂，但它有助于基料在溶剂中溶解，它应比真溶剂的价格更低，加入稀释剂能降低涂料配方的成本。常用的溶剂品种如下：

①烃类溶剂——脂肪烃和芳香烃　脂肪烃主要是 200 号溶剂汽油，俗称松香水，毒性较小，不溶于合成树脂。芳烃溶剂有二甲苯、甲苯、苯等。甲苯和二甲苯广泛用作合成树脂漆的稀释剂，甲苯的溶解力、挥发性及毒性均大于二甲苯。

②萜烯溶剂　主要为松节油，沸点 140~200℃，挥发性适中，对天然树脂和油类的溶解力大于松香水，小于苯类。

③醇类溶剂　主要有乙醇和丁醇。乙醇多用作乙基纤维素、聚乙烯醇缩丁醛及醇溶性酚醛树脂的溶剂。丁醇挥发性较慢，溶解力不如乙醇，是氨基树脂的优良溶剂。

④酯类溶剂　各类溶剂中溶解力较强的一类，常用乙酸酯类。乙酸乙酯溶解力强，挥发快，为高极性溶剂；乙酸丁酯溶解力强，挥发速度适中；乙酸戊酯溶解力强，挥发速度较慢。

⑤酮类溶剂　对合成树脂的溶解力很强，与酯类溶剂常合称为强溶剂，常用的有丙酮、甲乙酮、环己酮等。丙酮、甲乙酮挥发性大；环己酮挥发性最慢，常用于改善涂料的流平性。

6.1.3　涂料的分类和命名

6.1.3.1　涂料的分类

涂料的组成中没有颜料和体质颜料的透明体称为清漆，加有颜料和体质颜料的不透明体称为色漆(磁漆、调和漆、底漆)，加有大量体质颜料的稠厚浆状体称为腻子。

涂料的组成中没有挥发性稀释剂的则称为无溶剂漆，而又呈粉末状的则称为粉末涂料。以一般有机溶剂做稀释剂的称为溶剂漆，以水作稀释剂的则称为水性漆。

根据涂料体系的顺序分类，直接涂覆于底材上的涂料称为底漆，主要起防腐蚀作用；最外层涂料称为面漆，主要起装饰作用；介于底漆与面漆之间的中间过渡层称为中间涂料。

我国国家标准规定，涂料按成膜物质的类别分。若成膜物质为混合树脂，则按在漆膜中起主要作用的一种树脂为基础来分。成膜物质分为 18 大类，其中第 18 类为涂料用辅助材料(见表 6-1 和表 6-2)。

表 6-1　涂料的类别与代号

序号	代号(汉语拼音字母)	成膜物质类别	主要成膜物质
1	Y	油性树脂漆类	天然动植物油、清油(熟油)、合成油
2	T	天然树脂漆类	松香及其衍生物、虫胶、乳酪素、动物胶、大漆及其衍生物
3	F	酚醛树脂漆类	改性酚醛树脂、纯酚醛树脂、二甲苯树脂
4	L	沥青漆类	天然沥青、石油沥青、煤焦油沥青、硬脂酸沥青
5	C	醇酸树脂漆类	甘油醇酸树脂、季戊四醇醇酸树脂、其他改性醇酸树脂
6	A	氨基树脂漆类	脲醛树脂、三聚氰胺甲醛树脂
7	Q	硝基漆类	硝基纤维素、改性硝基纤维素
8	M	纤维素漆类	乙基纤维、苄基纤维、羟甲基纤维、醋酸纤维、醋酸丁酯纤维、其他纤维酯及醚类
9	G	过氯乙烯漆类	过氯乙烯树脂、改性过氯乙烯树脂
10	X	乙烯漆类	聚乙烯共聚树脂、聚酯酸乙烯及其共聚物、聚乙烯醇酸醛树脂、聚二乙烯乙炔树脂、含氟树脂
11	B	丙烯酸漆类	丙烯酸酯树脂、丙烯酸共聚物及其改性树脂
12	Z	聚酯漆类	饱和聚酯树脂、不饱和聚酯树脂
13	H	环氧树脂漆类	环氧树脂、改性环氧树脂
14	S	聚氨酯漆类	聚氨基甲酸酯
15	W	元素有机漆类	有机硅、有机钛、有机铝等元素有机聚合物
16	J	橡胶漆类	天然橡胶及其衍生物、合成橡胶及其衍生物
17	E	其他漆类	未包括在以上所列的其他成膜物质，如无机高分子材料、聚酰亚胺树脂等
18		辅助材料	稀释剂、防潮剂、催干剂、脱漆剂、固化剂

表 6-2　辅助材料分类

序　号	代　号	名　称	序　号	代　号	名　称
1	X	稀释剂	4	T	脱漆剂
2	F	防潮剂	5	H	固化剂
3	G	催干剂			

6.1.3.2　涂料的命名

①涂料的型号　涂料的型号分三个部分。第一部分是成膜物质，用汉语拼音字母表示；第二部分是基本名称，用两位数字表示；第三部分是序号，以表示同类品种间的组成、配比或用途的不同，这样组成的一个型号就只表示一个涂料品种，则不会有重复。例如，C04-2，C 代表成膜物质是醇酸树脂，04 代表磁漆，2 为序号。

②辅助材料型号　辅助材料型号分为两个部分。第一部分是种类，第二部分是序号。例如 G-2，G 为催干剂，2 为序号。

③基本名称编号原则　采用 00～99 两位数字来表示。00～13 代表基础品种；14～19 代表美术漆；20～29 代表轻工漆；30～39 代表绝缘漆；40～49 代表船舶漆；50～59 代表防腐蚀漆等(见表 6-3)。

表 6-3 基本名称编号

代号	代表名称	代号	代表名称	代号	代表名称
00	清油	22	木器漆	53	防锈漆
01	清漆	23	罐头漆	54	耐油漆
02	厚漆	30	(浸渍)绝缘漆	55	耐水漆
03	调和漆	31	(覆盖)绝缘漆	60	防火漆
04	磁漆	32	绝缘(磁、烘)漆	61	耐热漆
05	粉末涂料	33	黏合绝缘漆	62	变色漆
06	底漆	34	漆包线漆	63	涂布漆
07	腻子	35	硅钢片漆	64	可剥漆
09	大漆	36	电容器漆	66	感光涂料
11	电泳漆	37	电阻漆、电位漆	67	隔热涂料
12	乳胶漆	38	半导体漆	80	地板漆
13	其他水溶性漆	40	防污漆、防蛆漆	81	渔网漆
14	透明漆	41	水线漆	82	锅炉漆
15	斑纹漆	42	甲板漆、甲板防滑漆	83	烟囱漆
16	锤纹漆	43	船壳漆	84	黑板漆
17	皱纹漆	44	船底漆	85	调色漆
18	裂纹漆	50	耐酸漆	86	标志漆、路线漆
19	晶纹漆	51	耐碱漆	98	胶漆
20	铅笔漆	52	防腐漆	99	其他

6.2 涂料的基本作用原理

内聚力是“向内的”力，黏合力则是“向外的”力。具有高度“向内”力的物质就不再有更多的黏合力。这个问题尽管十分简单，却集中了涂料化学家们的主要研究精力。另一个相关的问题是收缩，当溶剂和水蒸发时，高分子薄膜必须收缩，当不饱和聚酯或环氧树脂涂料应用时要发生聚合，也就是固化。高分子固化时伴随着收缩，收缩引起张力，破坏了黏合力，造成薄膜从基质上剥离。假如黏合力很强，它就能收缩平衡。颜料和其他填充剂，特别是无机化合物也有相同的作用。如果薄膜有一定的伸缩性，即使内聚力较小，收缩也少。例如，环氧树脂的粘接力强，收缩很少；而不饱和聚酯的收缩则较多。

涂料的固化机理有三种类型，一种是物理机理，其余两种为化学机理，分述如下。

(1) 物理机理干燥

只靠涂料中液体(溶剂或分散相)蒸发而得到干硬涂膜的干燥过程称为物理机理干燥。高聚物在制成涂料时已经具有较大的相对分子质量，失去溶剂后就变硬而不黏，在干燥过程中，高聚物不发生化学反应。

(2) 涂料与空气中的氧反应

氧与干性植物油或其他不饱和化合物交联固化，产生游离基引起聚合反应，水分也能和异氰酸酯发生缩聚反应，这两种反应都能得到交联的涂膜，所以在贮存期间，涂料罐必须密封良好、与空气隔绝。属于这个机理的涂料有油脂漆和醇酸树脂漆等。

(3) 涂料组分间的反应使其交联固化

涂料在贮存期间必须保持化学上稳定，固化反应必须要求发生在涂料施工以后进行。为了达到这个目的，可以有两种方法。一种方法是采用将相互能发生反应的组分分灌包装，在使用时现用现配，但有时这种方法在施工时候比较麻烦。因此也有用溶剂将两种组分充分稀释，使其相互间的反应进行得十分缓慢，而当涂料施工后，溶剂挥发而使反应性组分的浓度提高，反应才能很快进行，当然这种涂料贮存期是不会很长的。另一种方法是选用在常温下互不发生反应，而只有在高温下或受辐射时才发生反应的组分。不论用哪种方法，这种交联型涂料的反应性组分一般是黏性的、相对分子质量较小的聚合物或简易化合物，它们只有在施工后发生交联反应才能变为硬干的涂膜。属于这种机理的涂料有以氨基树脂交联的热固性醇酸树脂、聚酯和丙烯酸涂料等。

6.3 按成膜物质分类的重要涂料

6.3.1 醇酸树脂涂料

醇酸树脂涂料是以醇酸树脂为主要成膜物质的一类涂料，由于它所用的原料简单，生产工艺简便，具有的优异性能，漆膜柔韧坚牢，耐摩擦，不易老化，耐候性好，光泽持久不退；加之具有抗矿物油、抗醇类溶剂良好，烘烤后的漆膜耐水性、绝缘性、耐油性都大大提高，因而得到了广泛的应用。

6.3.1.1 醇酸树脂的合成

醇酸树脂是由多元醇、多元酸和其他单元酸通过酯化作用缩聚得到，也可称为聚酯树脂。其中多元醇最常用的是甘油、季戊四醇，多元酸(酐)最常用的邻苯二甲酸酐，其次为间苯二甲酸、对苯二甲酸、顺丁烯二酸酐、偏苯三甲酸酐、六氯苯二甲酸酐和癸二酸等。单元酸常用植物油脂肪酸，合成脂肪酸、松香酸，其中以油的形式存在的如桐油、亚麻仁油、脱水蓖麻油等干性油，豆油等半干性油和椰子油、蓖麻油等不干性油；以酸的形式存在的如上述油类水解而得到的混合脂肪酸和饱和合成脂肪酸、十一烯酸、苯甲酸及其衍生物(如对叔丁基苯甲酸)、乳酸等。

以苯酐和甘油反应为例，主链的合成反应如下：

$$n\,C_6H_4(CO)_2O + n\,\begin{matrix}H_2C-OH\\ HC-OH\\ H_2C-OH\end{matrix} \longrightarrow H\!\left[O-H_2C-\underset{}{\overset{OH}{\overset{|}{C}H}}-H_2C-O-\overset{O}{\overset{\|}{C}}-C_6H_4-\overset{O}{\overset{\|}{C}}\right]_n OH$$

侧链合成反应：由单元羧酸与主链上羟基酯化

$$H\!\left[O-H_2C-\overset{OH}{\overset{|}{C}H}-H_2C-O-\overset{O}{\overset{\|}{C}}-C_6H_4-\overset{O}{\overset{\|}{C}}\right]_n OH + n\,RCOOH \longrightarrow$$

$$H\!\left[O-H_2C-\overset{O-\overset{O}{\overset{\|}{C}}-R}{\overset{|}{C}H}-H_2C-O-\overset{O}{\overset{\|}{C}}-C_6H_4-\overset{O}{\overset{\|}{C}}\right]_n OH$$

主链是强极性的，侧链的脂肪酸基团和要由 C—C、C ═C 键构成的非极性链。可以通过改变原料的组成来调节极性。

6.3.1.2　合成反应的影响因素

（1）油度及其对醇酸树脂性能的影响

油度的定义是指醇酸树脂组分中油所占的质量分数，称为油度(OL)，其表示式如下：OL(%)=(油的质量/树脂理论产量)×100=[油的质量/(多元醇质量+多元酸质量+油的质量-生成水的质量)]×100

醇酸树脂按油度来分为

短油度：35%～45%；

中油度：46%～60%；

长油度：60%以上。

短油度醇酸树脂硬度大，保光保色性好，但自干性能不好；长油度醇酸树脂刷涂性能好，在涂膜硬度、韧性、抗摩擦性能等方面不佳；中油度醇酸树脂综合性能最好。

（2）羟值及其对醇酸树脂性能的影响

100g 树脂中含有羟基的当量数，称为羟值。醇酸树脂的黏度随羟值增加而增大。羟基与自动氧化过程中形成的过氧化氢能形成较稳定的络合物，阻止过氧化氢基分解，降低膜干燥速度。随羟值增加，涂膜的保光性下降。游离羟基的存在，对涂膜的耐水性、硬度、抗张强度、耐候性均有不利影响。

6.3.1.3　醇酸树脂的改性

（1）有机硅改性的水性醇酸树脂涂料

制备方法：

①制备反应性的有机硅低聚物，再和醇酸树脂上的羟基反应。

②将有机硅低聚物作为多元醇与醇酸树脂进行共缩聚。

优点：既保留了醇酸树脂涂料涂刷性好、室温固化和涂膜物理、机械性能好的优点，又具有有机硅树脂耐热、耐紫外线老化及耐水性好的特点，是一种综合性能优良的涂料。

（2）丙烯酸树脂改性的水性醇酸树脂涂料

制备方法：将(甲基)丙烯酸(酯)单体与脂肪酸上有不饱和双键的醇酸树脂共聚生成水性树脂。

优点：具有丙烯酸树脂优良的保色保光性、耐候性、耐腐蚀性及快干、高硬度的特点，又具有醇酸树脂的特性。

（3）氨基树脂改性的水性醇酸树脂涂料

制备方法：氨基甲酸酯树脂中含有的氨基与醇酸树脂中的羧基反应交联。

优点：漆膜的硬度得到明显的改善，耐水、耐酸碱性、耐溶剂性、耐污染性优良，附着力强。

6.3.1.4　醇酸树脂漆的配方设计

醇酸树脂是 18 类涂料中品种最多的一个类别。它们的配方变化多种多样，影响因素也特别多。故此处依据传统配方设计几个实际配方，以供参考。

以色漆为例，色漆主要是由漆基(基料)和颜料、溶剂所组成。漆基是漆料中的不挥发部分，它能形成涂膜，并能黏结颜料。溶剂是一种在通常干燥条件下可挥发的，并能完全溶解漆基的单一或混合的液体。必要时还用一些添加剂亦称助剂。

表6-4中的清漆和表6-5中的白漆在140℃、1h或120℃、2h烘干，摆杆硬度0.5以上，漆膜的各项性能特别是泛黄性、耐潮、保光、保色等性能比一般的醇酸氨基漆要好得多。

表6-4　银色醇酸树脂磁漆参考配方

原　料	质量分数/%	原　料	质量分数/%
中油度脱水蓖麻油醇酸树脂(50%)	62	松节油	10
环烷酸钴	0.7	浮型铝粉浆(65%)	20(分装)
环烷酸锰(2%)	1.3	合计	100
二甲苯	6		

表6-5　无油醇酸氨基烘漆配方

原　料	质量分数/%	原　料	质量分数/%
钛白	25	硅油溶液(5%)	0.2
无油醇酸树脂(50%)	52	二丙酮醇	2.5
低醚化度三聚氰胺树脂(60%)	18.8	溶剂	1.5

6.3.2　氨基树脂涂料

6.3.2.1　氨基树脂漆的主要原料

氨基树脂主要利用三聚氰胺、尿素、甲醛等合成三聚氰胺甲醛树脂、脲醛树脂，作为涂料来说，单纯的氨基树脂经加热固化后的漆膜过分地硬而脆，且附着力差，故不能单独制漆，一般都是与其他成膜物质配合使用，最常用的是醇酸树脂。在氨基漆中氨基树脂改善了醇酸树脂的硬度、光泽、烘干速度、漆膜外观，以及耐碱、耐水、耐油、耐磨性能。醇酸树脂则改善了氨基树脂的脆性、附着力，因此所获得的漆膜兼有这两种树脂原有特性，相互弥补各自的不足之处。

6.3.2.2　氨基醇酸树脂漆的配方设计原则

(1) 氨基醇酸树脂漆

由于氨基树脂与醇酸树脂的用量比例不同，制得的氨基醇酸树脂漆的性能也有差异。目前，氨基醇酸树脂漆大致分为三类：

高氨基：醇酸树脂：氨基树脂=(1~2.5)：1

中氨基：醇酸树脂：氨基树脂=(2.5~5)：1

低氨基：醇酸树脂：氨基树脂=(5~9)：1

氨基的含量愈高，生成漆膜光泽、硬度、耐水性、耐油性、绝缘性能愈好，但是成本增高，且漆膜的脆性增大，附着力变差，因此都与不干性油醇酸树脂混合使用，只在罩光漆和特种漆中应用。低氨基品种，都用干性油醇酸树脂与氨基树脂配合使用，虽然性能较差，但在某些要求不高的场合，也用得较好。一般以中氨基含量的漆用得较多。

目前在氨基漆中用得较多的是短油度(含油量45%以下)及中油度(含油量50%~55%)醇酸树脂。长油度醇酸树脂与氨基树脂混溶性差，故用得很少。短油度醇酸树脂，由于它有足够的羟基，与氨基树脂合用，能制成漆膜性能较好的烘漆。另外其中还含有少量邻苯二甲酸酐，亦有助于氨基漆的加速固化。

(2) 其他氨基树脂漆

①合成脂肪酸氨基树脂漆　这种树脂漆是采用石蜡氧化制得的多种羟基酸，中低碳(C_5~C_9)以及中碳(C_{10}~C_{18})部分，低碳与中碳按质量比2∶1调配，它们是不干性脂肪酸，氨基树脂的用量要多些，因为不含不饱和双键，碳链较短，所以高温烘烤变色较轻，漆膜硬度和光泽稍高，耐候性好。原料来自石油工业，故不受植物油资源限制。

②快干氨基树脂漆　为了缩短氨基树脂漆的烘烤时间，人们长时期以来经过一系列的试验，采用在醇酸树脂中引入部分苯甲酸改性来加速干燥，提高漆膜硬度。如在脱水蓖麻油醇酸树脂(37%油度)用苯甲酸改性后，制得的氨基树脂漆，在不增加氨基树脂用量的条件下，能缩短烘烤温度及时间至120℃、1h，漆膜摆杆硬度可达0.5以上。漆膜的保光、保色性也比采用豆油醇酸树脂制造的氨基漆有较大的提高。但是漆膜的丰度比豆油醇酸树脂制造的氨基漆略差。

如果进一步缩短蓖麻油醇酸树脂的油度，用三羟甲基丙烷代替甘油，加入苯甲酸改性，适当提高氨基树脂的用量，干燥时间可缩减至130℃、20~30min，漆膜的耐水、保光和保色性也可进一步提高。

快干氨基树脂漆由于醇酸树脂油度短，干燥快，要求用高沸点的煤焦油溶剂，以改进漆的流平性。若用二甲苯则漆的流平性差，采用二丙酮醇代替丁醇则效果更好。

③无油氨基树脂漆　它是由多元醇(如甘油、季戊四醇、三羟甲基丙烷)和多元酸(如苯二甲酸酐、己二酸等)缩合成的一种聚酯树脂，加入一定比例的单元酸(如十一烯酸、合成脂肪酸、苯甲酸等)可改善溶解性和与三聚氰胺树脂的混溶性，它也是一种不用脂肪酸制造的醇酸树脂。采用的溶剂由一元酸的量而定，量越大，在苯类溶剂中的溶解性越好，与氨基树脂的混溶性也越好。为了降低交联固化温度和加快固化速度，往往在其中加入适量的酸性催化剂如苯二甲酸酐、磷酸二氢丁酯等。

无油氨基树脂漆的光泽、保光和保色性好，能耐高温烘烤(200℃)，漆膜硬度比一般短油度氨基树脂漆高，弹性、附着力好。用于轿车、机械部件、漆包线以及工业品表面涂装。

除醇酸树脂以外，与氨基树脂混溶的物质也比较多，如蓖麻油及五氯联苯作增韧剂，与硝化棉、环氧树脂、甲基丙烯酸树脂拼用。特别指出的是在沥青漆中加入一定量的氨基树脂，可降低沥青漆烘烤温度和改善其后层干透性，仅混溶性较差。

只要在配方中变更氨基树脂和醇酸树脂的种类及用量，就可得到不同特性的漆膜，以提供给不同要求的各方面应用。例如电冰箱用漆，它要求漆膜白度高、保色性好、良好的耐肥皂水性、耐油和耐磨性，可采用椰子油改性醇酸树脂和氨基含量较高的白氨基烘漆。由十一烯酸改性醇酸树脂与氨基树脂拼用制成的漆，耐光性、耐水性、不易泛黄性均十分好，是制白色漆和罩光漆较理想的材料。三羟甲基丙烷代替甘油制得的醇酸树脂和氨基树脂拼用制得的漆，保光、保色及耐候性都有很大提高，适用于轿车及要求较高的物件上。耐高温的电机、电器，可用聚酰亚胺漆。

6.3.3 环氧树脂漆

环氧树脂漆(epoxy coating)是近年来发展极为迅速的一类工业涂料，一般而言，对组成中含有较多环氧基团的涂料统称为环氧树脂漆。环氧树脂漆的主要品种是双组分涂料，由环氧树脂和固化剂组成。

6.3.3.1 环氧树脂漆的性能与用途

环氧树脂漆突出的性能是附着力强，特别是对金属表面的附着力更强，耐化学腐蚀性好。当环氧树脂中加入固化剂以后，变成热固性漆膜，所含有脂肪族羟基与碱不起作用，故耐碱性好。此外，环氧树脂还具有较好的稳定性和电绝缘性。

目前，环氧树脂漆是一种良好的防腐蚀涂料，广泛用于化学工业、造船工业或其他工业部门，供机械设备、容器和管道等涂装用，环氧树脂漆的应用范围见表6-6。

表6-6 环氧树脂漆的应用范围

类 别	应 用 范 围
工厂建筑物涂料	如化工厂、炼油厂、煤气厂、钢铁厂、酿造厂等钢铁结构建筑物的保护
包装容器涂料	如软管、罐头内壁用涂料，静电槽、螺丝帽的涂饰
家用器具涂料	如洗衣机、冰箱、电烘箱、电风扇、家具等打底和涂饰
交通车辆涂料	飞机、自行车、农机，特别是使用丙烯酸树脂涂料时，需要环氧树脂配套
船舶涂料	船壳、水舱、甲板、船舱内壁、环氧沥青漆可用于海洋建筑结构防腐蚀
电工绝缘涂料	各种电工器材底材底浸渍、绝缘、覆盖等保护
防腐涂料	贮槽、反应器外壁、油用槽内壁、石油化工机械设备、地下设施保护

6.3.3.2 环氧树脂的合成及主要化学性质

大多数环氧树脂是由环氧氯丙烷和二酚基丙烷，在碱作用下缩聚而成的高分子聚合物。根据配比和操作条件的不同，可制得相对分子质量大小不同的环氧树脂。其平均相对分子质量一般在300~7600之间。

$$(n+1)HO-C_6H_4-C(CH_3)_2-C_6H_4-OH+(n+2)ClH_2C-\underset{\diagdown O \diagup}{CH-CH_2}\xrightarrow{NaOH}$$

$$\underset{\diagdown O \diagup}{H_2C-CH}-\!\!\left(O-C_6H_4-C(CH_3)_2-C_6H_4-O-H_2C-\underset{OH}{CH}-CH_2\right)_n\!\!O-C_6H_4-C(CH_3)_2-C_6H_4-O-\underset{\diagdown O \diagup}{CH-CH_2}$$

环氧树脂中有相当活泼的官能团——环氧基。氧上带有负电荷，碳上带有正电荷，形成两个反应活性中心。亲电试剂向氧原子进攻，亲核试剂向碳原子进攻，结果引起C—O键断裂。环氧基可以和胺、酰胺、酚、羟基、羧基等起反应，这是环氧树脂涂料固化交联反应的依据。

6.3.3.3 环氧树脂的固化

固化剂的种类很多，如脂肪族多元胺类，芳香族多元胺类，各种胺改性剂，各种有机酸及酸酐，咪唑，一些合成树脂如脲醛树脂、酚醛树脂等。

(1) 与胺类固化剂交联

脂肪族胺类固化剂在目前使用得比较多。常用的胺类固化剂有乙二胺、多乙撑多胺、氨基乙醇胺等。

$$\sim NH_2+\underset{O}{\triangle}\sim \longrightarrow \sim\underset{H}{N}-CH_2-\underset{OH}{CH}\sim \xrightarrow{\underset{O}{\triangle}\sim} \sim CH(OH)CH_2-\underset{\wr}{N}-CH_2CH(OH)\sim \xrightarrow{\underset{O}{\triangle}\sim} \sim CH(OH)CH_2-\underset{\wr}{N}-CH_2CH(O-CH_2CH(OH)\sim)\sim$$

用这类固化剂制成的漆膜，能常温干燥，也能加温干燥。采用烘干，可以缩短施工时间。使用期(有效的施工时间)的长短，与环氧树脂和固化剂的种类(胺值大小)有密切关系。除此以外，还与溶剂种类、用量、温度以及是否加入颜料、体质颜料等有关。当上述条件不变，溶剂用量增加，使用期则相应延长，加入颜料、体质颜料后也能延长使用期。一般使用期是2~8h，气温低，时间还可延长一些。待漆膜充分固化后，性能才能全面发挥出来，才好使用。这个时间大约为7~10天。

胺的用量与树脂按当量比 1∶1 为合适，溶剂量最多可加到树脂质量的一半(甲苯∶乙醇=1∶1)，有延长使用期的效果。

以聚酰胺为固化剂，如650#、651#、300#、200#、203#等聚酰胺，用量可根据涂层的性能(要求)，选择不同比例，与环氧树脂的配比范围在30%~100%(质量分数)。聚酰胺作固化剂比一般有机胺固化的环氧树脂的使用期长，漆膜粘合力高，柔韧性好，因此显著地增加了耐冲、抗弯强度，可涂刷在纸张上。但另一方面，它的耐化学药品腐蚀性能却有所下降，比用脂肪族胺为固化剂的耐化学腐蚀性能要低得多。一般能常温干燥，也可烘烤干燥。

聚酰胺与多元胺固化不同之点有：

①变稠和凝胶的速度比胺固化要慢数倍，故便于使用；

②聚酰胺树脂不刺激皮肤，因此毒性比胺固化剂小；

③聚酰胺与环氧树脂的配比，不像胺固化剂严格，一般按质量比计算即可。

环氧聚酰胺涂料有较好的附着力，适于制造底漆，同时它的保光性要比胺固化环氧树脂好，有良好的耐水性，可以用于水下施工涂料。环氧聚酰胺涂料可用于海面油井设备的涂饰，能耐海水的冲击腐蚀。涂料中加入氧化亚铜或氯化三丁基锡等防污剂，可防止海生物的生长和提高防霉性能。

(2) 与酸酐和羧酸固化剂交联

①酸酐与环氧树脂中的羟基反应生成单酯

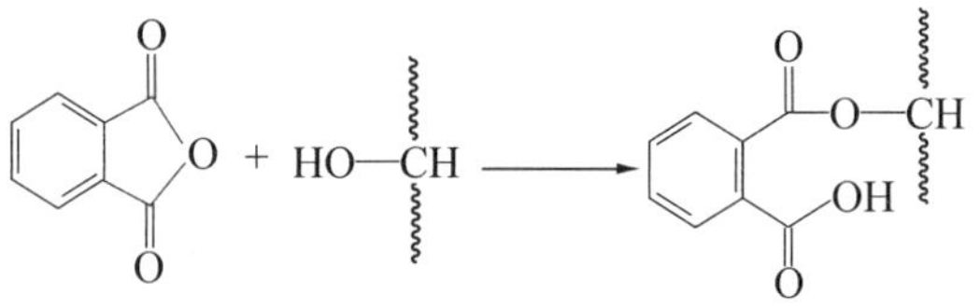

②单酯中的羧基与环氧基酯化生成二酯

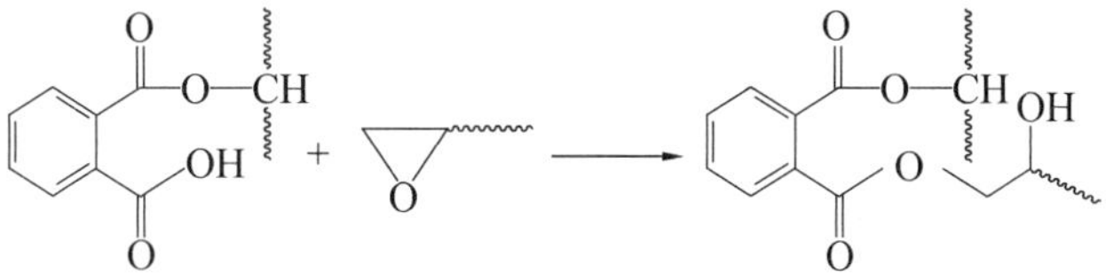

③在酸存在下，环氧基与羟基起醚化反应

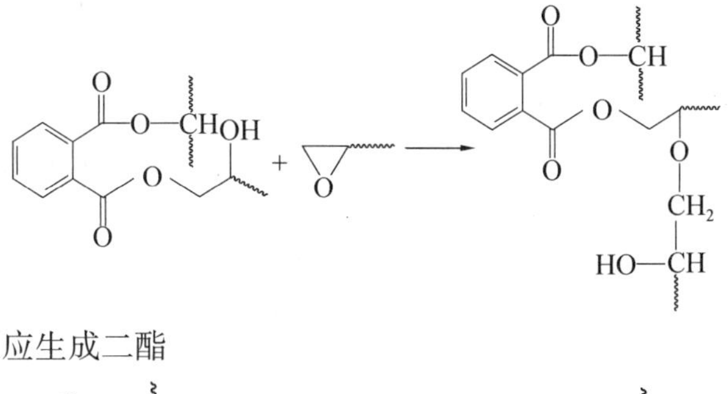

④单酯与羟基反应生成二酯

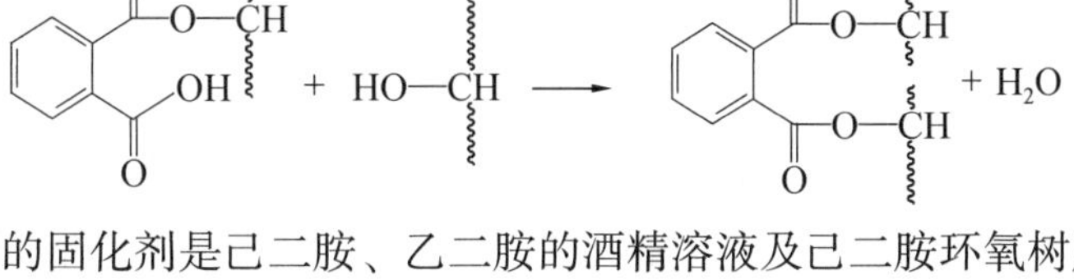

目前广泛采用的固化剂是己二胺、乙二胺的酒精溶液及己二胺环氧树脂加成物。此外还

有酸类固化剂，如邻苯二甲酸酐、顺丁烯二酸酐、均苯四甲酸酐等。

(3) 以其他树脂为固化剂　固化环氧树脂不是采用胺类而是用加入带有活性基团的其他树脂与环氧树脂在高温下交联成膜，主要有：

①环氧酚醛型　所用的酚醛树脂除了丁醇醚化的酚醛树脂外，还可用苯基、苯酚甲醛树脂、丁氧基酚醛树脂、二酚基丙烷酚醛树脂。酚醛树脂的加入不但对环氧树脂起固化作用，同时还弥补了环氧树脂耐酸的不足，是耐化学腐蚀最好的产品之一。除了用于化工机械设备、管道内外壁防腐外，还可作罐头食品内壁涂料，亦可用于电气绝缘方面，但不宜作浅色漆。

②环氧酚醛氨基型　它和环氧酚醛型性能差不多。氨基树脂的加入，改进漆膜外观和流平性。烘干温度为290~205℃、30min。可用于防腐设备及仪器、仪表表面的防腐。

③环氧酚醛氨基醇酸型　由于醇酸树脂的加入提高了漆膜的柔韧性和抗粉化性，但防腐蚀性能有所降低；氨基树脂加入量为环氧树脂和氨基树脂的30%，可以提高光泽，改善漆膜流平性。用量适当，漆膜能经一定冲压和耐一定的化学腐蚀。但氨基树脂太多，漆膜脆性大，它的最高用量只能为漆中树脂总量的20%~30%，同时防腐性能也不及用酚醛树脂的好。

④环氧聚酯酚醛型　此种漆适于作绝缘用漆，三防性能好。聚酯的加入，使漆膜的柔韧性好，没有醇酸树脂易生霉的缺点，但防腐性能降低。

⑤环氧有机硅酚醛型　它能满足某种苛刻的要求，如既要求防腐性能好，还要能耐高温。有机硅树脂(或单体)加入，显著地提高了耐热温度。

⑥环氧氨基型　防腐性能和环氧酚醛近似或稍差一点，但它颜色浅，可制成白漆，有不易泛黄之优点，耐候性及漆膜表面状况都有所改善。另外在此基础上加入醇酸树脂，柔韧性比环氧氨基型要好，防腐性能虽有所下降，但它广泛用作有一定防腐要求的装饰漆，也可作为普通装饰用漆。

⑦环氧聚氨酯型　这种漆兼有环氧树脂及聚氨酯耐化学腐蚀的性能，而没有(或降低了)聚氨酯漆施工时怕水、怕酸、怕碱及怕盐等杂质的弊病，是一种很好的耐水、耐溶剂及耐化学腐蚀的涂料。

以上各类涂料所采用的环氧树脂均系高相对分子质量的，其平均相对分子质量在1500以上。它们的共同特点是漆膜都需经高温烘烤而交联成网状的体型结构，结构紧密，因此耐化学腐蚀性好，热稳定性高，只是因为树脂的种类和用量的多少不同，性能有所差异。

6.3.4 聚氨酯涂料

聚氨酯涂料(polyurethane coating)是聚氨基甲酸酯涂料的简称。它是以多异氰酸酯和多羟基化合物反应而制得的含有氨基甲酸酯的高分子化合物。以聚氨酯为基础的涂料具有优良的耐摩擦性、柔韧性和硬度、抗化学药品性与耐溶剂性，且能常温和低温固化。聚氨酯涂料是突出的耐久性与优良的综合性能和低温固化特性结合很好的一类涂料，可与聚酯、聚醚、环氧、醇酸、聚丙烯酸酯、乙酰丁酸纤维素、氯乙烯与醋酸乙烯共聚树脂、沥青、干性油等配合使用，聚氨酯漆电性能好，宜作漆包线漆和其他电绝缘漆。聚氨酯涂料在国外已选定为军事和工业航空器的涂料，以及舰船、汽车、机车牵引的油罐车的维修涂料。聚氨酯涂料在防腐领域中也占有重要位置。

6.3.4.1 主要类型

近年来，由于环保法规日益严格，降低VOC(挥发性有机化合物)的压力日益加大，聚氨酯涂料的发展也受到很大影响。保持聚氨酯优良的综合性能和符合环保规定的VOC量，是聚氨酯涂料品种的发展方向。目前，各种低污染涂料得到快速发展，聚氨酯涂料在此方面也开发出许多环保型涂料，比较有代表性的有以下几种：

（1）高固体分聚氨酯涂料

聚氨酯丙烯酸或聚氨酯聚酯的高固体分涂料的固体分一般在55%~70%。在给定的羟基含量下，作为主剂的丙烯酸和聚酯低聚物的最低相对分子质量分别为3000和1000(计量值)，否则，涂膜硬度、抗溶剂性、对颜料湿润和絮凝稳定性等都受损害。要提高聚氨酯涂料固体分不能单靠降低主剂树脂的相对分子质量，还要采取其他的方法，如采用高反应性的多异氰酸酯固化剂、添加反应性稀释剂等。

①采用高反应性的多异氰酸酯固化剂。由于作主剂的丙烯酸或聚酯相对分子质量降低，需要黏度低、交联活性高的聚氨酯固化剂，推荐使用近年来开发出的多异氰酸酯多聚体，有TDI(甲苯二异氰酸酯)的三聚体、HDI(1,6-己二异氰酸酯)的缩二脲与三聚体、IPDI(异佛尔酮二异氰酸酯)三聚体，分子中官能度都在3以上，相对分子质量比预聚物小，黏度低，交联活性高。实验发现，HDI三聚体涂料的耐候保光性、硬度、热稳定性、使用期明显优于缩二脲的涂料。和HDI缩二脲相比，HDI三聚体更适用于高固体分涂料。HDI三聚体虽然不形成氢键，但也是低聚物的混合体，从三聚体直到9个以上的HDI多聚体，其相对分子质量分布取决于制备过程中所用单体总量的转化率的高低。HDI转化率越高，三聚体含量降低，而含五聚体以上的多聚体就增多，黏度、相对分子质量都增加。其原因是相对分子质量分布宽，造成黏度增加。HDI三聚体和丙烯酸或聚酯低聚物配合，可获得60%以上组分。

②采用反应性稀释剂。采用反应性稀释剂提高固体分是熟知的办法，对于溶剂型聚氨酯涂料的理想反应性稀释剂应具有以下特性：低特性黏度；良好的溶解能力和溶剂化本领；合适的使用期和固化特性；良好的涂膜性能和耐候性。

试验证实，几种化合物可供选择和作聚氨酯高固体分稀释剂，如低相对分子质量二元醇或多元醇、受阻胺、醛亚胺、酮亚胺、噁唑烷等。如用二环噁唑烷取代20%丙烯酸多元醇，体系黏度降低50%以上，对在色浆中，可使体系黏度降至13000mPa・s以下。高固体分涂料的应用十分广泛，可用作汽车涂料、家电涂料、金属表面等的防腐蚀涂装，甚至在航空、航天、海洋事业，高固体分涂料都得到了很好的应用。

（2）聚氨酯粉末涂料

聚氨酯粉末涂料，尤其是脂肪族聚氨酯粉末涂料的户外曝晒性和物理机械性能均可与聚酯/TGIC(异氰尿酸三缩水甘油酯)粉末涂料相媲美，而其装饰性能却明显优于聚酯/TGIC粉末涂料。至于芳香族聚氨酯粉末涂料，其物理机械性能和成本与环氧/聚酯(E/P)粉末涂料相当，而耐户外曝晒性却优于后者。聚氨酯粉末涂料的主要缺点是烘烤时引起封闭剂的解离，从烘炉中排出含有封闭剂的白烟，而且当涂膜厚度较厚时容易产生气泡。

聚氨酯粉末涂料系用封闭异氰酸酯固化含羟基聚酯配制而成，开发该类产品的关键在于封闭异氰酸酯的开发。聚氨酯粉末涂料所用封闭异氰酸酯固化剂必须满足易于粉碎、封闭剂要无毒、解离封闭剂的温度适当等条件要求。异氰酸酯一般采用脂肪族异氰酸酯，其有很好的耐候性。可作为封闭剂的原料主要有己内酰胺、酚类、酮类、酯类和醚类等。用于产品的封闭剂主要是己内酰胺，其次是苯酚、丙二酸二烷基酯。

目前应用较多的是异佛尔酮的多元醇预聚物。以己内酰胺封闭的固化剂，用它制得的涂膜耐热性与耐候性均较理想。

聚氨酯粉末涂料的耐候性、外观、物理机械性能和抗腐蚀性能等均良好，所以它特别适合用于户外场合使用的工件涂装。由于聚氨酯粉末涂料易于薄涂层化，所以也适用于家电产品的涂装。此外聚氨酯粉末涂料还适用于金属预涂材料的涂装。PCM 钢板预涂装法同以往后涂装制造成品的方法相比生产效率显著提高，成本也明显降低，是一种很有前途的新型加工工艺。

6.3.4.2　制备聚氨酯涂料的基本反应

聚氨酯预聚体通常是由端羟基预聚体(包括二羟基聚醚、二羟基聚酯及多羟基聚醚等)与二元或多异氰酸酯进行重键加成聚合而成：

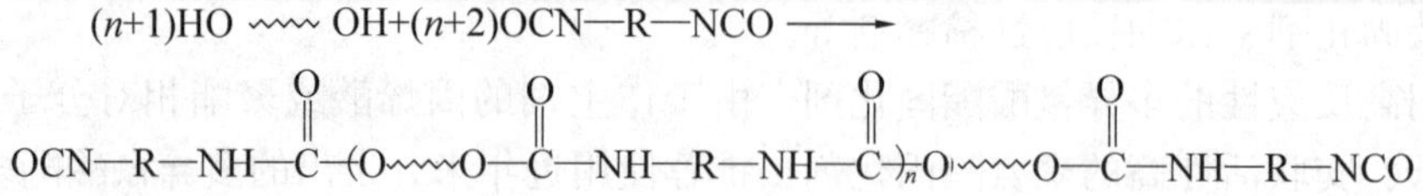

$$(n+1)\mathrm{HO}\sim\sim\sim\mathrm{OH}+(n+2)\mathrm{OCN{-}R{-}NCO}\longrightarrow$$

$$\mathrm{OCN{-}R{-}NH{-}\overset{O}{\overset{\|}{C}}{-}(O\sim\sim\sim O{-}\overset{O}{\overset{\|}{C}}{-}NH{-}R{-}NH{-}\overset{O}{\overset{\|}{C}})_{n}O\sim\sim\sim O{-}\overset{O}{\overset{\|}{C}}{-}NH{-}R{-}NCO}$$

与水反应：潮(湿)气固化型涂料

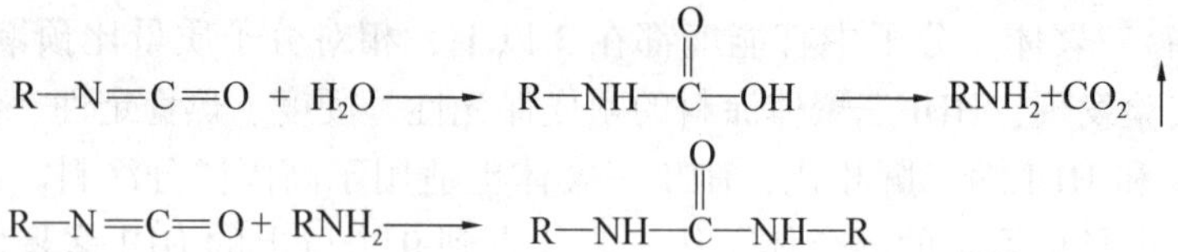

$$\mathrm{R{-}N{=}C{=}O + H_2O \longrightarrow R{-}NH{-}\overset{O}{\overset{\|}{C}}{-}OH \longrightarrow RNH_2+CO_2\uparrow}$$

$$\mathrm{R{-}N{=}C{=}O + RNH_2 \longrightarrow R{-}NH{-}\overset{O}{\overset{\|}{C}}{-}NH{-}R}$$

6.3.4.3　聚氨酯涂料的制备方法

聚氨酯涂料主要分为单组分湿固化涂料和双组分涂料。单组分湿固化涂料是含异氰酸酯基的预聚物，涂布后与空气中的湿气反应而交联固化。常用的有以聚醚或蓖麻油(含有羟基)醇解物为基础的预聚物。双组分涂料包括多羟基组分和多异氰酸酯两组分，在使用前将两组分混合，羟基与异氰酸根反应而交联成膜。

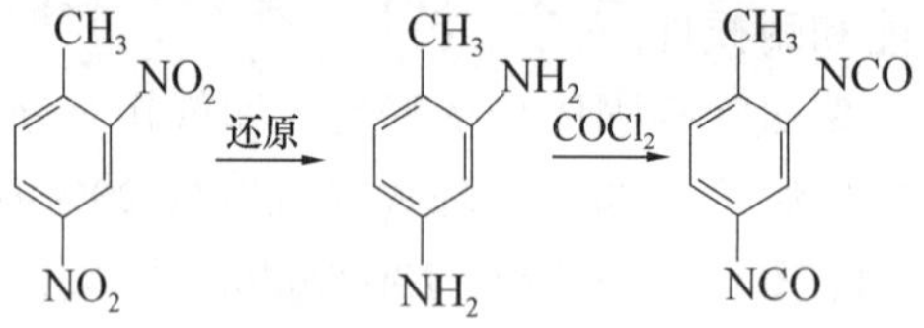

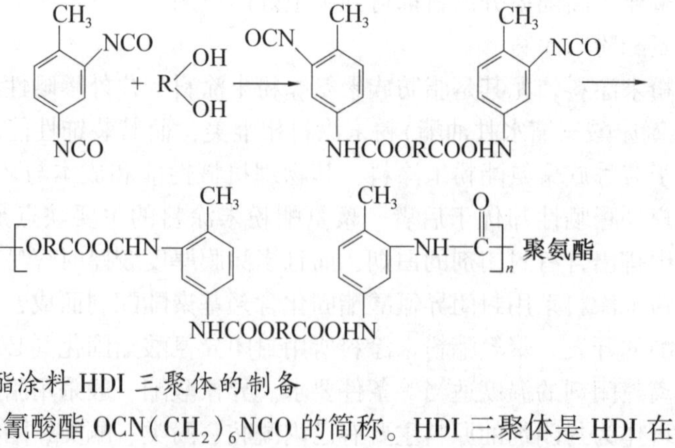

CH_3, NO_2, NO_2 $\xrightarrow{\text{还原}}$ CH_3, NH_2, NH_2 $\xrightarrow{COCl_2}$ CH_3, NCO, NCO

CH_3, NCO, NCO + R(OH)(OH) ⟶ CH_3, OCN, NHCOORCOOHN ⟶ CH_3, NCO ⟶

$$\left[\mathrm{ORCOOCHN}{-}(CH_3)(\mathrm{NHCOORCOOHN}){-}(CH_3){-}\mathrm{NH{-}\overset{O}{\overset{\|}{C}}}\right]_n$$ 聚氨酯

6.3.4.4　水性聚氨酯涂料 HDI 三聚体的制备

HDI 是六亚甲基二异氰酸酯 $OCN(CH_2)_6NCO$ 的简称。HDI 三聚体是 HDI 在催化剂作用下自聚而成的多异氰酸酯固化剂。理论官能团为 3，异氰酸根质量分数为 25%。但由于催化剂的选择性及反应条件的局限，Scholl，Fuj ita，Kumada 和 Ueyanagi 等用季铵盐作催化剂，得到了 HDI 的三聚产物。而季铵盐催化剂的反应温度相对较低，反应时间相对较长。近年来用季铵碱催化剂对 HDI 的自聚取得了成功。

装置精制系统所用的设备是：两台串联的旋转式真空薄膜蒸发器。若单凭简单蒸馏除去粗制品中的游离单体，则必须将粗制品长时间高温加热，但异氰酸酯在100℃以上副产物较多，使产品变质，游离HDI却依然残留很多。而旋转式薄膜蒸发法可使受热时间缩短到几分钟，蒸发面积大，游离单体蒸出快，经旋转式薄膜蒸发的产品游离单体可大大降低。将粗制品送入旋转式薄膜蒸发器的蒸发塔，在塔内被旋转的刮板刮成薄膜缓缓流下，塔内抽真空至0.3kPa，按工艺要求用700kPa的饱和蒸汽，以及刮板转速设定为43r/min，且在旋转式薄膜蒸发器的内部含有U形管式冷凝器，轻组分的HDI单体被蒸出后，在旋转式薄膜蒸发器内部被冷凝后，进入底部的HDI收集罐中收集，然后再用屏蔽泵将其泵入HDI储罐。在下一批反应时，打入第一级反应器中参与反应。重组分则会沿着蒸发器壁流至重组分收集罐中，然后用齿轮泵泵送至第二级旋转式薄膜蒸发器内，进行相同的处理，加热介质也为700kPa的饱和蒸汽。流程见图6-1。

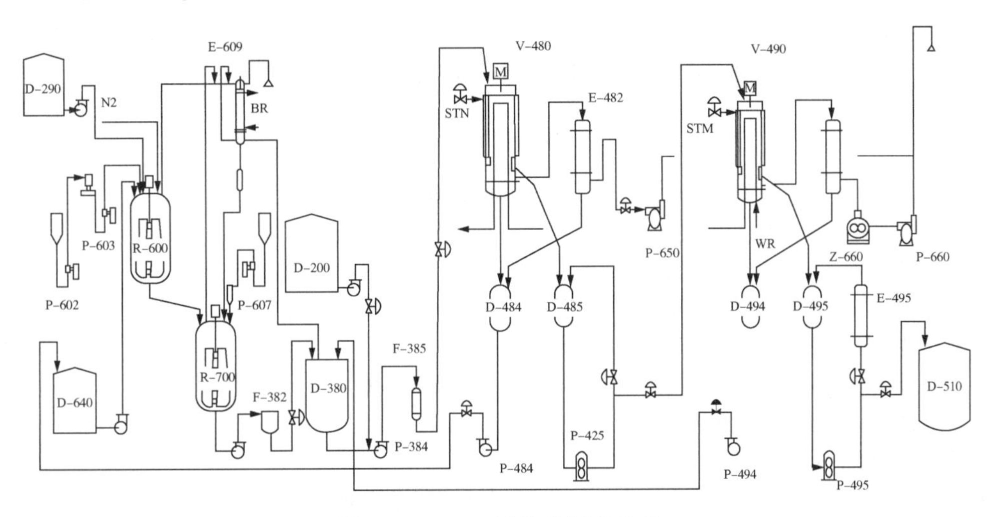

图6-1 HDI三聚体的制备流程

D-200—新鲜HDI储罐；D-290—助催化剂储罐；P-602—催化剂卸料泵；P-603—催化剂输送泵；D-640—HDI调整液储罐；R-600—第一级反应器；R-700—第二级反应器反应器；E609—放空气冷凝器；P-607—催化剂终止剂输送泵；P-382—硅藻土过滤器；D-380—精制系统进料缓冲罐；F-385—滤芯式过滤器；V-480—第一级旋转式薄膜蒸发器；D-484—第一级旋转式薄膜蒸发器轻组分收集罐；D-485—第一级旋转式薄膜蒸发器重组分收集罐；E-482—第一级旋转式薄膜蒸发器轻组分冷凝器；P-650—第一级旋转式薄膜蒸发器真空泵；P-484—第一级旋转式薄膜蒸发器轻组分输送泵；V-485—第一级旋转式薄膜蒸发器重组分输送泵；V-490—第二级旋转式薄膜蒸发器；D-494—第二级旋转式薄膜蒸发器轻组分收集罐；D-495—第二级旋转式薄膜蒸发器重组分收集罐

6.4 涂料的施工

涂料是重要的化工产品之一，因此，选择一种合适的涂料是非常必要的。所以，不只要注重涂料的性能，还需要考虑施工的质量，这样才能达到事半功倍的效果。

(1) 涂料的选择

涂料的种类和品种繁多，性能与用途各有不同。使用者首先要掌握各种涂料的型号、组成、性能和用途，这样才有选用涂料的基础。如果涂料选择不当或施工工艺不合理，往往就达不到所期望的效果，造成经济损失和时间的延误。因此在选择涂料品种时必须注意考虑使用的范围和环境条件，诸如耐候性能、耐磨性能、耐冲击性能、光泽等。在使用材质上的选择也非常重要，例如金属、木器、水泥、橡胶、纤维、皮革等。如何使涂料在配套性上达到非常好的效果也是至关重要的，例如面漆与底漆，底漆与腻子，腻子与面漆，面漆与罩光漆的附着力。

(2) 施工应注意的问题

①材质的表面处理。涂料与物件的附着力取决于表面处理，表面处理包括金属的脱脂、去锈、化学磷化处理等步骤。例如，新钢铁器材特别是要注意把氧化皮(蓝皮)清除干净，铝及铝合金最好经过阳极氧化处理。木材需要事先将木材干燥，用漂白剂、封闭剂进行处理。塑料用溶剂洗去脱模剂并进行粗糙处理。

②涂料的干燥。涂料干燥要得当，符合要求，涂层要均匀而致密，如果涂料干燥不当常会给涂层带来很多的缺陷，例如起皱、发黏、麻点、针孔、失光、泛白等弊病。

③遵守质量标准和工艺流程。在涂料工程中一定要严格遵守相关质量标准，才能保证质量，还要严格遵守工艺流程标准，以免由于疏忽造成返工浪费。

思考题

1. 涂料的基本组成有几部分？列举出每一组分常用的物质。
2. 举例说明醇酸树脂的合成方法。
3. 什么是油度？油度对醇酸树脂性能有何影响？
4. 什么是羟值？羟值对醇酸树脂性能有何影响？
5. 有哪些方法可改性制备水性醇酸树脂涂料？
6. 写出合成聚氨酯的基本化学反应式。合成聚氨酯有哪些单体？
7. 什么是环氧树脂涂料？举例说明环氧树脂的合成方法。
8. 环氧树脂涂料有哪些固化方法？
9. 水性涂料有何优点？聚氨酯水性涂料及水性环氧树脂涂料分别是如何制备的？

第7章 胶 黏 剂

凡能通过表面的连接使材料结合在一起的物质称为胶黏剂(adhesives)，早期人类所使用的胶黏剂大都来源于天然产物或经过简单的加工，如黏土、动物皮骨与角熬制的黏液、树脂、植物淀粉、昆虫分泌物、矿物(如沥青、石灰）等。至1909年，Baekeland发明由甲醛和苯酚缩聚得到酚醛树脂标志着合成胶黏剂的出现。随着科学的发展，胶黏剂的品种越来越多，性能不断改善，它不仅可以粘接木材、玻璃、陶瓷、塑料、橡胶、纤维等非金属材料，还可以粘接金属材料。应用行业从木材加工扩大到机械、建筑、造船、飞机制造、仪器仪表、家用电器、制鞋、服装、医疗，直到高新技术的各个领域。

本章主要介绍胶黏剂的组成、作用机理、粘接工艺和合成树脂的特点。

7.1 概 述

7.1.1 胶黏剂发展简史

环氧树脂胶黏剂出现于20世纪50年代，与其他胶黏剂相比，具有强度高、种类多、适应性强的特点。1957年，美国Eastman公司发明的氰基丙烯酸酯胶黏剂，开创了瞬间粘接的新时期。60年代开始出现了热熔胶黏剂。70年代有了第二代丙烯酸酯胶黏剂。80年代以后，胶黏剂的研究主要在原有品种上进行改性、提高其性能、改善其操作性、开发适用涂布设备和发展无损检测技术。进入20世纪90年代后，胶黏剂行业取得了突飞猛进的发展，2005年中国合成胶黏剂消费量将达到2650kt，年均增长率将继续保持在8%~10%。国家已将新技术胶黏剂和密封剂的研究开发列为精细化工行业的重点发展项目。

7.1.2 行业现状

胶黏剂已广泛用于木材加工、汽车制造、制鞋与皮革、医用及航空航天等领域。

(1)木材加工业

木材加工行业是胶黏剂市场的消费大户，每年耗胶300多万吨。国内木材胶黏剂的使用主要是人造板制造和木制品生产两大领域，目前我国木材胶黏剂主要以“三醛”胶——脲醛树脂(UF)胶、酚醛树脂(PF)胶和三聚氰胺-甲醛树脂(MF)胶为主。随着人们对室内环境要求的提高，木材胶黏剂品种应加速更新换代，向水性化、固体化、无溶剂化、低毒化方向发展。其中，聚醋酸乙烯酯乳液主要是改进抗冻性和低温成膜性能，提高耐水性。脲醛胶主要向低甲醛、高耐水方向发展。酚醛树脂胶主要向快速固化和降低成本方向发展。

(2)汽车行业

汽车胶黏剂密封胶是汽车生产所需的一类重要辅助材料，这类材料的应用在汽车产品的结构增强、紧固防松、密封防锈、减振降噪、隔热消音和内外装饰以及简化制造工艺等方面起着特殊的作用。随着汽车向轻量化、高速节能、安全舒适、低成本、长寿命和无公害方向发展，目前国内车用胶黏剂产品已经从比较落后、品种单一、需大量进口高品质、高性能胶黏剂，向着高性能、多品种、系列化和专业化方向发展，无论是品种还是技术含量均已接近世界先进水平。

(3)制鞋工业

我国是世界产鞋大国，国内鞋总产量在25亿~30亿双左右，如按每双用胶40g，耗胶约需100~120kt。目前，含有大量苯、甲苯、二甲苯等苯系溶剂的氯丁胶黏剂占据我国制鞋业所需胶黏剂的大部分市场，聚氨酯胶和热熔胶因为价格贵，只有少数独资、合资企业使用。进入21世纪，我国的制鞋业已成为重要的出口加工行业，高档产品主要外销欧美，因而，顺应欧美市场要求，开发“绿色”环保鞋用胶，在我国发展空间巨大。

(4)医用

胶黏剂在医学临床中也有十分重要的作用。在外科手术中，切口胶黏剂代替缝线可用于某些器官和组织的局部粘合和修补，其优点是方便、快捷，不用拆线，伤口愈合后瘢痕很小。骨水泥可用于骨科手术中骨骼、关节的结合与定位，牙科用胶黏剂在齿科手术中可用于牙齿的修补。在计划生育领域中，医用胶黏剂更有其他方法无可比拟的优越性，用胶黏剂粘堵输精管或输卵管，既简便、无痛苦，又无副作用，必要时还可以很方便地重新疏通。

(5)航空航天领域

飞机制造业，为减轻飞机自身的重量，大量使用铝合金。铝合金具有轻质、高强度的特点，但不能焊接，在关键部件上也不能铆接和螺接，于是胶接应运而生。目前我国的结构胶黏剂特别是耐高温结构胶黏剂的研制也取得了质的飞跃，已基本满足我国航空、航天和高新技术发展的要求。在卫星或其他在轨飞行器中，要求所采用的胶黏剂具有耐高低温交变和挥发分小等特点，通常多采用改性的环氧酚醛型结构胶。在运载火箭中，燃料箱的密封要求所用的胶黏剂在-253 ℃时具有良好的强度和韧性，常用聚氨酯(PU)类或改性EP类低温胶黏剂。

7.1.3 胶结技术的优点及发展方向

(1)胶结技术的优点

胶结技术与传统的连接方法相比有以下优点：

①力学性能优越。相对于螺栓连接、铆接、焊接，胶粘连接是一种非破坏性连接技术，胶粘面积大，粘接界面整体承受负荷而提高负载能力，延长了使用寿命，对于飞行器等运载工具来说，所获得的经济效益十分明显。应力分布均匀，可避免因螺钉孔、铆钉孔和焊缝周围的应力集中所引起的疲劳龟裂。

②工艺简单。焊接、铆接、键连接都需要多道工序，粘接可一次完成，可降低成本，缩短工期。不要求较高的加工精度，对复杂零件可分别加工、胶粘组装。可在水下粘接，也可在带油表面上粘接。

③轻质性。胶黏剂的相对密度较小，大多在0.9~2之间，约是金属或无机材料密度的20%~25%，因而可以大大减轻被粘物体连接材的重量。这在航天、航空、导弹上，甚至汽车、航海上，都有减轻自重、节省能源的重要价值。

④其他性能方面。连接件重量轻和外形光滑，具有较好的密封性、光滑的表面，不存在电位差导致的电化学腐蚀，增加了结构抗腐蚀性，使用寿命长。

(2)新型胶黏剂发展方向

胶黏剂的广泛应用引发了一系列的环境保护问题，例如生产过程中的废水、废气以及危险废弃物的处置问题，产品废弃后处置过程中引起的污染问题，产品中有毒有害物质严重超标等，已引起政府和公众的普遍关注。随着市场竞争日趋激烈，环保节能要求日益提高，环保型胶黏剂逐渐成为发展的主流，主要体现在以下三个方面：①重点发展环保型的热熔胶型、水基型和无溶剂型胶黏剂。②从低甲醛排放向零甲醛排放的转变。③选择无毒、无臭的“绿色”原料、助剂，改善胶黏剂行业从业人员的工作环境，也将是胶黏剂工业发展的一个方向。

溶剂型胶黏剂在生产过程中排放的溶剂不仅会污染空气，而且会直接危害操作工人的健康，最终仍会有小部分溶剂无法排除，残留在食品包装中危害消费者的健康。国内食品包装复合膜行业中使用的胶黏剂绝大部分是溶剂型，因此存在着大量溶剂对环境的污染和安全问题，并且耗用大量能源。据估算仅食品包装行业每年排放到大气中的有机溶剂就超过四十万吨。

水基型胶黏剂不含有机溶剂，无污染，是环保型胶黏剂。水基型橡胶-金属胶黏剂是其中应用最广泛的一种，它的首次突破始于 1981 年开发成功的 Chemosil XW 3447。它在粘接性和耐刹车液方面的性能超过所有溶剂型产品。但在与天然橡胶的粘接性方面，这种产品不如溶剂型产品。为改进水基型胶黏剂的性能，降低生产成本，一般需添加一定比例的填料，如淀粉、矿物等。

热熔胶是一种在室温下固态，加热到一定温度后即熔化为液态流体的热塑性粘接剂。在熔化时，将其涂敷于被胶结物表面，叠合冷却至室温，即将被胶结物连接在一起，具有一定的胶接强度。它的优点是可制成块状、薄膜状、条状或粒状，使包装、储存使用都极为方便；另外，它的粘接速度较快，适合工业部门的自动化操作以及高效率的要求。特别地，由于它在使用过程中无需挥发溶剂，因而不会给环境带来污染，利于资源再生和环境保护。热熔胶的应用范围已从传统的卫生制品、包装、书籍装订等领域扩展到服装胶带、制鞋乃至冰箱、电缆、汽车等行业。

7.1.4 胶黏剂的组成

胶黏剂通常是一种混合料，由基料、固化剂、填料、增韧剂以及其他辅料配合而成。

(1)基料

基料是构成胶黏剂的主要成分，可分为三类 ：

天然聚合物：如天然橡胶、多糖类等；

合成聚合物：如合成树脂、合成橡胶等；

无机化合物：如硅酸盐类、磷酸盐类等。

粘接接头的性能主要受基料性能的影响，而基料的流变性、极性、结晶性、相对分子质量及分布又影响着物理机械性能。

(2)固化剂。

固化剂亦称为硬化剂。其作用是使低分子聚合物或单体化合物经化学反应生成高分子化合物；或使线型高分子化合物交联成体型高分子化合物，从而使粘接具有一定的机械强度和稳定性。固化剂的种类随基料品种不同而异(如：脲醛胶黏剂选用乌洛托品或苯磺酸；环氧树脂胶黏剂选用胺、酸酐或咪唑类等)。其在选择固化剂时要慎重，用量要严格控制。

(3)填料

在胶黏剂组分中不与主体材料起化学反应，但可以改变其性能，降低成本的固体材料叫填料。填料的选择一般应注意：①无活性，与胶黏剂中其他组分不起化学反应；②易于分散且基料有良好的润湿性；③填料的密度与树脂的密度不能相差太大，否则易造成分层；④来源广泛，加工方便，成本低廉。⑤具有一定粒度大小，且颗粒均匀，无毒。

(4)增韧剂

增韧剂是为提高胶黏剂的柔韧性，改善胶层抗冲击性的物质。它是结构胶黏剂的重要组成之一。通常增韧剂是一种单官能团或多官能团的物质，能与胶料起反应，成为固化体系的一部分结构。

(5)稀释剂

稀释剂是一种能降低胶黏剂黏度的易流动液体，加入它可以使胶黏剂有好的浸透力，改善胶黏剂的工艺性能。可分为活性与非活性稀释剂两类。

(6)偶联剂

偶联剂是一种既能使被粘材料表面发生化学反应形成化学键，又能与胶黏剂反应提高胶接接头界面结合力的一类配合剂。常用的偶联胶黏剂有：硅烷偶联剂、钛酸酯偶联剂等。在胶黏剂中加入偶联剂，可增加胶层与胶执着表面抗脱落和抗剥离，提高接头的耐环境性能。

(7)触变剂

触变剂是利用触变效应，使胶液静态时有较大的黏度，从而防止胶液流挂的一类配合剂。常用的触变剂是白炭黑(气相二氧化硅)。

(8)增塑剂

增塑剂是一种具有在胶黏剂中能提高胶黏剂弹性和改进耐寒性的功能的物质。增塑料通常为沸点高的、较难挥发的液体和低熔点的固体。按化学结构分类为：邻苯二甲酸酯类，脂肪族二元酸酯类，磷酸酯类，聚酯类和偏苯三酸酯类等。

7.1.5 胶黏剂的分类

(1)按基料来分类

分为无机胶黏剂与有机胶黏剂。

无机胶黏剂与有机胶黏剂相比较，其具有粘接强度的3~4倍，耐高温，套接粘接45号钢，在高温600℃高温状态下还能保持原强度的70%，且不存在老化问题，粘接物可在数十年或更长时间内使用，粘接强度变化不大，胶本身固化后变形微小。但无机胶黏剂也有一些缺点，如性脆、单纯平面粘接强度不如有机胶黏剂等。

(2)按物理形态分类

分为：①溶液型；②水基型；③膏状或糊状型；④固体型；⑤膜状型。

(3)按受力情况分类

胶接件通常是作为材料使用的，因此人们对胶接强度十分重视。为此可分为下面两大类：

①结构胶黏剂：能传递较大的应力，可用于受力的构件的连接。

②非结构胶黏剂：为不能传递较大的力的胶黏剂。

7.1.6 胶黏剂的选择及粘接工艺步骤

7.1.6.1 胶黏剂的选择

(1)根据被粘物表面性状来选择胶黏剂

粘接多孔不耐热材料，可选用水基型、溶剂型胶黏剂；表面致密，而且耐热的被粘物，可选用反应型热固性树脂胶黏剂；对于难粘的被粘物，需进行表面处理，提高表面自由能后，选用乙烯-醋酸乙烯共聚物热熔胶或环氧胶。

胶接极性材料应选用极性强的胶黏剂；胶接非极性材料一般采用热熔胶、溶解胶等进行；对于弱极性材料，可选用高级反应性胶黏剂。

一般介电常数在3.6以上的为极性材料；在2.8~3.6之间的为弱极性材料；在2.8以下的为非极性材料。

(2)根据胶接接头的使用场合来选择胶黏剂

①粘接强度要求不高的一般场合，可选用廉价的非结构胶黏剂。

②对于粘接强度要求高的结构件，选用结构胶黏剂。

③要求耐热和抗蠕变的场合，选用能固化生成三围结构的热固性树脂胶黏剂。
④冷热交替频繁的场合，选用韧性好的橡胶-树脂胶黏剂。
⑤要求耐疲劳的场合，应选用合成橡胶胶黏剂。
⑥对于特殊要求的考虑，选择供这些特殊应用的胶黏剂。
(3)根据胶接的成本来合理选择胶黏剂
被选用的胶黏剂应是成本低、效果好，整个工艺过程经济。
7.1.6.2　粘接工艺步骤
①表面处理。
基本原则：设法提高表面能；增加粘接的表面积；除去粘接表面上的污物剂、疏松层。
处理方法：溶剂及超声波清洗法；机械处理法；化学处理法；放电法等。
②胶黏剂涂布。
③胶黏剂的固化。

7.2　胶　接　理　论

7.2.1　胶接界面

胶接是使胶黏剂相和被胶接相形成必要的具有稳定的机械强度的体系，即通过将胶黏剂夹在中间被胶接物连在一起的过程，因此，胶接接头是一个复杂的体系。

影响胶接结合的主要因素有：被粘物表面的化学状态和吸附物；被粘物表面的细微结构；胶黏剂/底物胶分子的链结构、黏度和弹性；胶黏剂/底物/被粘物表面的相容性和各组成及其界面对应力-环境作用的稳定性；胶接工艺等。胶接界面具有下列特性：界面中胶黏剂/底物和被粘物表面以及吸附层之间无明显边界；界面的结构、性质与胶黏剂/底物或被粘表面的结构、性质是不同的，这些性质包括强度、模量、膨胀性、导热性、耐环境性、局部变形和抵抗裂纹扩展等；界面的结构和性质是变化的，随物理的、力学的和环境的作用而变化，并随时间而变。

7.2.1.1　胶接接头

胶接接头是被胶接材料通过胶黏剂进行连接的部位。胶接接头的结构形式很多。从接头的使用功能、受力情况出发，有以下几种基本形式，如图7-1所示。

① 搭接接头[lap joint，图7-1(a)]：由两个被胶接部分的叠合，胶接在一起所形成的接头。

② 面接接头[surface joint 图7-1(b)]：两个被胶接物主表面胶接在一起所形成的接头。

③ 对接接头[butt joint 图7-1(c)]：被胶接物的两个端面与被胶接物主表面垂直。

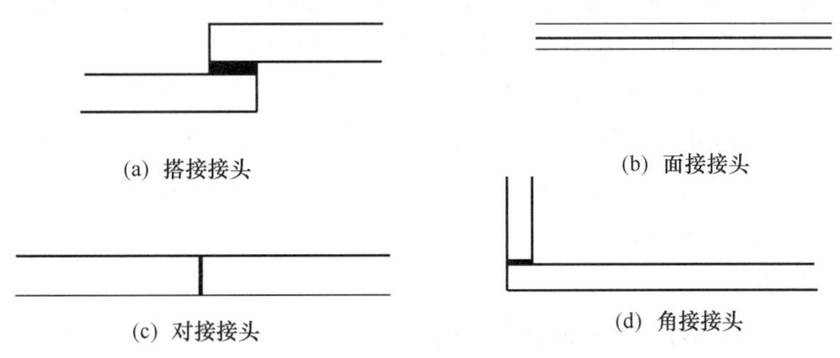

图7-1　接头的几种形式

④ 角接接头[angle joint 图 7-1(d)]：两被胶接物的主表面端部形成一定角度的胶接接头。

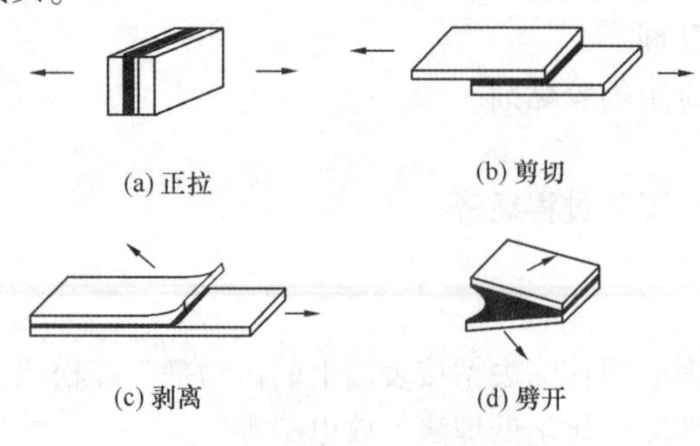

图 7-2 接头胶层受力情况

接头胶层在外力作用时，有四种受力情况。如图 7-2 所示。

接头胶层在外力作用时，有四种受力情况。

①拉应力：外力与胶接面垂直，且均匀分布于整个胶接面。

② 剪切力：外力与胶接面平行，且均匀分布于胶接面上。

③剥离力：外力与胶接面成一定角度，并集中分布在胶接面的某一线上。

④ 劈裂力(不均匀扯离力)：外力垂直于胶接面，但不均匀分布在整个胶接面上。

当接头受到外力作用时，应力就分布在接头的各个层间结构中。接头强度与接头每一部分的内在聚力及其相互间的粘附力有关。组成接头的任何一部分的破坏都将导致接头的破坏。

7.2.1.2 胶接的基本过程

(1)理想的胶接

当两个表面彼此紧密接触之后，分子间产生相互作用，达到一定程度而形成胶接键，胶接键可能是次价键或主价键，最后达到热力学平衡的状态。

(2)实际的胶接

大多数都要使用胶黏剂，才能使两个固体通过表面结合起来。聚合物处于橡胶态温度以上时(未达熔融态)，通过加压紧密接触，使两块处于橡胶态的聚合物，通过界面上分子间的扩散，生成物理结点或分子相互作用引力，这时不需要胶黏剂也可能使聚合物胶接起来。在胶接过程中，由于胶黏剂的流动性和较小的表面张力，对被粘物表面产生润湿作用，使界面分子紧密接触，胶黏剂分子通过自身的运动，建立起最合适的构型，达到吸附平衡。随后，胶黏剂分子对被粘物表面进行跨越界面的扩散作用，形成扩散界面区。

7.2.2 胶黏剂对被粘物表面的润湿

为形成良好的胶接，首先要求胶黏剂分子和被胶接材分子充分接触。为此，一般要将被胶接体表面的空气或者水蒸气等气体排除，使胶黏剂液体和被胶接材料接触。即将气-固界面转换成液-固界面，这种现象叫作润湿，其润湿能力叫作润湿性。

如果被粘物表面出现润湿不良的界面缺陷，则在缺陷的周围就会发生应力集中的局部受力状态；此外，表面未润湿的微细孔穴，粘接时未排尽或胶黏剂带入的空气泡，以及材料局部的不均匀性，都可能引起润湿不良的界面缺陷，这些都应尽量排除。

是否润湿可以从接触角(润湿角)来判断，习惯上将液体在固体表面的接触角 $\theta=90°$ 时定为润湿与否的分界点。$\theta>90°$ 为不润湿，$\theta<90°$ 为润湿，接触角 θ 越小，润湿性能越好。$\theta=0$ 时液体能在表面上自发展开。

7.2.3 粘附机理

关于胶黏剂对被粘物形成一定的粘合力的机理，至今尚不完善。现有的粘附理论，如吸附、扩散、静电、化学键理论和机械结合理论等，分别强调了某一种作用所做出的贡献。但是，各种作用的贡献大小是随着胶粘体系的变化而变化的。迄今还没有直接的实验方法可以测定各种作用对粘附强度的贡献。下面简要地介绍 5 种粘附理论。

(1)机械结合理论

这是一种较早的最直观的宏观理论。认为被粘物表面的不规则性，如高低不平的峰谷或疏松孔隙结构，有利于胶黏剂的填入，固化后胶黏剂和被粘物表面发生咬合而固定。这就是机械结合理论最简单的解释。当表面孔隙里存在空气或其他气体和水蒸气时，黏度高的胶黏剂不可能把这些空隙完全填满，界面上这种未填满的空洞将成为缺陷部分，破坏往往从这里开始。机械结合理论缺点：不能解释胶黏剂对非多孔性表面的粘合。

(2) 吸附理论

吸附理论的基本观点是：胶接是一种吸附作用，胶接产生的粘附力主要来源于胶黏剂与被粘物之间界面上两种分子之间相互作用的结果，所有的液体-固体分子之间都存在这种作用力，这些作用力包括化学键力、范德华力和氢键力。这是最早提出并被大多数科学家接受的理论。

根据计算，两个理想平面距离为 1nm 时，由于范德华力的作用，它们之间的吸引力可达10~100MPa；而距离为 0.3~0.4nm 时吸引力可达 100~1000MPa。因此，只要胶黏剂能完全润湿被粘物的表面，分子之间的范德华力就足以产生很高的粘附强度。但研究已经证明，水对高能表面的吸附热远远超过许多有机物。如果胶黏剂和被粘物之间仅仅发生物理吸附，则必然会被空气中的水所解吸。因此，除了物理吸附以外，研究其他的粘附机理是十分必要的。

(3) 静电理论

双电层理论是将胶黏剂与被粘物视作一个电容器。电容器的两块夹板就是双电层，即当两种不同的材料接触时，胶黏剂分子中官能团的电子通过分界线或一相极性基向另一相表面定向吸附，形成了双电层。由于双电层的存在，欲分离双电层的两个极板，就必须克服静电力即胶接力。

(4) 扩散理论

扩散理论是以胶黏剂与被粘物在界面处相容为依据提出的。在一定条件下，由于分子或链段的布朗运动，两者在界面上发生扩散，互溶成一个过渡层，从而达到粘接。也就是说，两聚合物的胶接是在过渡层中进行的，它不存在界面，不是表面现象。

(5) 化学键理论

该理论认为，胶接作用是由于胶黏剂与被粘物之间的化学结合力而产生的，有些胶黏剂能与被粘物表面的某些分子或基团形成化学键。化学键是分子中相邻两原子之间的强烈吸引力，一般化学键要比分子间的范德华力大一两个数量级，这种化学键的结合十分牢固。

综上所述，事实上胶接的结合力是机械、吸附、扩散、静电、化学键等因素综合作用的结果，只是对不同的胶黏剂和不同的被粘对象，这五种粘附力的贡献相对比例不同而已。

7.3 烯类高聚物胶黏剂

烯类高聚物胶黏剂是以烯类高聚物作为粘料的一大类胶黏剂。因烯类高聚物的种类不同，该类胶黏剂有很多品种，其中 20 世纪 60 年代发展起来的丙烯酸酯类胶黏剂因其色泽清浅，耐水、耐环境侵蚀、抗变色性好，性能易于调节等特点而受到重视。丙烯酸酯胶黏剂是以各种类型的丙烯酸酯为基料，经化学反应制成的胶黏剂。丙烯酸酯胶黏剂类型很多，性能各异，主要有 α-氰基丙烯酸酯胶黏剂、第二代(反应性)丙烯酸酯胶黏剂、丙烯酸酯厌氧胶、丙烯酸酯类压敏胶、丙烯酸酯乳液胶黏剂。

第一代丙烯酸酯胶黏剂(FGA)是美国 EASTMAN 公司在 1955 年合成一系列乙烯类化合物时偶然发现其黏性的。它主要由丙烯酸系单体、催化剂、弹性体(丙烯腈橡胶或丁二烯橡胶等)组成。因而其耐水性、耐溶剂性、耐热性以及耐冲击性都较差。因此在早期并没有得到广泛应用。研究者们加入各种橡胶进行改性，改善了其剥离强度，开发出了第二代丙烯酸酯胶黏剂(SGA)。

7.3.1 丙烯酸酯胶黏剂

常用的丙烯酸酯单体有丙烯酸的甲酯、乙酯、丁酯和异辛酯，甲基丙烯酸甲酯，其他尚有丙烯酸、丙烯腈和丙烯酰胺等。工业上在引发剂的存在下加热，进行自由基型聚合反应。

(1)丙烯酸酯乳液胶黏剂

这类胶黏剂的特性是胶接力强，成膜呈透明、耐光老化性好，耐皂洗、耐磨，胶膜柔软。

丙烯酸酯乳液主要用于织物方面，如作为无纺布用粘接剂，其含量在 30%左右；作为印花粘接剂的含量为 40%左右；静电植绒用粘接剂的含量在 40%左右；纤维上浆液的含固量在 15%~25%之间。

(2)丙烯酸酯溶液胶黏剂

丙烯酸酯溶液胶是以甲基丙烯酸甲酯、苯乙烯和氯乙橡胶共聚制得的溶液，再与不饱和聚酯、固化剂和促进剂配合而形成溶液型胶黏剂，能在常温或 40~60℃固化。

这类胶黏剂能粘接铝、不锈钢、耐热钢等金属材料。室温剪切强度可达 19.614×10^6Pa，耐水、耐油性好，但胶膜柔韧性较差，不宜用于经受强烈攻击的场合。使用温度可在-60~+60℃。

(3)反应性丙烯酸酯液体胶黏剂

这类胶黏剂是由(甲基)丙烯酸酯和弹性体配合，采用活性大的氧化-还原引发剂体系进行接枝聚合而成。

胶体一般是由主剂和底胶，或者均是主剂组成的双组分胶。主剂由丙烯酸酯单体、弹性体、引发体系中的还原剂和稳定剂等组成。底胶通常是引发体系中的氧化物，有的还添加成膜剂、增塑剂等。

双主剂型则是在丙烯酸酯单体、弹性体和稳定剂的组成中，一个主剂中加入引发体系中的氧化剂过氧化物，另一个主剂中加入促进剂。

改性丙烯酸酯胶黏剂具有以下特点：①室温固化快；②使用时，双组分胶剂不需称量混合，使用方便；③能粘接金属和非金属材料，甚至表面有油污的材料也可粘接；④粘接强度高，抗冲击性和剥离强度高。主要用于各种铝铭牌的粘贴、瓷砖粘贴、地板砖粘贴等，适用于钢、铜、铝、玻璃、硬质 PVC、ABS 塑料、有机玻璃等金属和非金属的粘接。

7.3.2 α-氰基丙烯酸酯胶黏剂

α-氰基丙烯酸酯俗称快干胶或瞬干胶。由于强吸电子的氰基和酯基存在，这类单体很容易在水或弱碱基的催化作用下进行阴离子型聚合，成为一类快速固化的胶黏剂。1947 年，B. F. Goodrich 公司首次合成了氰基丙烯酸酯，但并不知道它具有胶接性。直到 1950 年，Eastman Kodak 在鉴定其单体时，不小心把阿尔贝折光仪的棱镜粘在一起，才发现它是一种瞬间强力胶黏剂。

目前生产氰基丙烯酸酯胶黏剂中酯基主要有甲基、乙基、丙烯基、丁基、异丁基等。其中以乙酯(502胶)为主，占销售量的90%以上。各种α-氰基丙烯酸酯都是无色透明的液体，须在其单体中加入其他辅助成分，如：

①增稠剂：单体的黏度很低，使用时易流淌，不适用于多孔性材料及间隙较大的充填性胶接，因此需要加以增稠。常用的有聚甲基丙烯酸酯、聚丙烯酸酯、聚氰基丙烯酸酯、纤维素衍生物等。

②增塑剂：改善固化后胶层脆性，提高胶层的冲击强度。常用的有邻苯二甲酸二丁酯、邻苯二甲酸二辛酯等。

③稳定剂：阻止单体发生聚合的一些酸性物质，如二氧化硫、对苯二酚。

α-氰基丙烯酸酯胶黏剂的制备：工业上采用的方法是将氰乙酸酯与甲醛在碱性介质中进行加成缩合得到的低聚物裂解成为单体，所得单体经精制后，加入各种辅助成分就得到α-氰基丙烯酸酯胶黏剂。

$$nCH_2O+nCH_2(CN)COOR \xrightarrow{\text{碱性催化剂}} \left[CH_2-\underset{\displaystyle COOR}{\overset{\displaystyle CN}{C}} \right]_n +nH_2O$$

$$\left[CH_2-\underset{\displaystyle COOR}{\overset{\displaystyle CN}{C}} \right]_n \xrightarrow{\text{加热裂解}} nCH_2=\underset{\displaystyle COOR}{\overset{\displaystyle CN}{C}}$$

α-氰基丙烯酸酯胶黏剂的优点：①单组分、无溶剂、使用方便；②粘接速度快；③黏度低，润湿性好用胶量少，胶层透明；④对多种材料有良好的胶接强度。

α-氰基丙烯酸酯胶黏剂的缺点：①不宜大面积使用；②胶接金属、玻璃等极性表面，耐温、耐水和耐极性溶剂较差；③较脆，胶接刚性材料时不耐震动和冲击；④价格昂贵。

目前α-氰基丙烯酸酯胶黏剂广泛应用于胶接金属、玻璃、陶瓷、宝石、有机玻璃、硫化橡皮、硬质塑料等多种材料。

7.3.3 压敏胶黏剂

压敏胶黏剂(PSA)：施于被粘物即产生一层持久性黏膜的胶黏剂，简称压敏胶。压敏胶可以长期不固化而保持其永粘性。

(1)优点

①轻轻指压就能实现可靠的胶接；

②几乎对所有的材料都有一定的胶接力；

③能够重复使用；

④不污染环境，不伤害人体，使用安全；

⑤使用非常方便。

(2)缺点

①胶接强度不高；不能用于结构性胶接；

②耐热性、耐久性、耐溶剂性较差。

(3)用于制备压敏胶的单体分为三类

①主单体：丙烯酸乙酯、丙烯酸丁酯、丙烯酸-2-乙基己酯等。酯基上的分子链越长，

共聚物越柔软。

②共聚单体：乙酸乙烯酯、丙烯腈等。

③功能单体：甲基丙烯酸、丙烯酰胺、马来酸酐等。

这些单体的不同组合，所制成的压敏胶 T_g 高低不同，性能各异。

(4)丙烯酸酯压敏胶典型配方

成　分	含量/质量份	成　分	含量/质量份
丙烯酸-2-乙基己酯	116.50	甲基丙烯酸缩水甘油醚	1.25
丙烯酸丁酯	112.50	丙烯酸	7.50
乙酸乙烯酯	12.50		

通过溶液聚合而成，经过涂布、烘干、成卷制成胶带。因为胶中含有交联单体，胶接力、耐久性都较好。

7.3.4　厌氧胶黏剂

1955 年美国 GE 公司发现了丙烯酸双酯的厌氧性，20 世纪 60 年代中期由 Loctite 公司制成厌氧胶黏剂出售。厌氧胶黏剂是一类性能独特的丙烯酸酯类胶黏剂，它是一种单组分、无溶剂、室温固化液体胶黏剂，是一种引发(金属可以起促进聚合的作用，使粘接牢固)和阻聚(大量氧抑制引发剂产生游离基)共存的平衡体系。它能够在氧气存在下时以液体状态长期储存，隔绝空气后可在室温固化成为不溶不熔的固体。由于粘合力强、密封效果好、使用方便，适合于生产线使用。目前多作为锁固密封胶，如用来锁固间隙较大的螺栓、做金属与玻璃之间的密封。

(1)厌氧胶黏剂组成

包括：单体、引发剂、促进剂、稳定剂、黏度调节剂等成分。

单体：三缩四乙二醇双甲基丙烯酸酯是最常用的单体，其分子式是：$C_{16}H_{26}O_7$。

结构厌氧胶黏剂常用的单体有：二异氰酸双甲基丙烯酸烷酯或环氧树脂双甲基丙烯酸酯。

引发剂：是使胶体固化的物质，加入后会使胶液的储存期缩短。

促进剂：能使引发剂加速分解。

稳定剂：作用是延长胶液的储存期。

为了配制各种黏度规格和各种胶接强度的厌氧胶，在配方中还要添加增塑剂、增稠剂等。配成的胶液盛装与不透明的聚乙烯容器中，装入容器容积的一半，密闭储存。

(2)厌氧胶的固化

厌氧基进行自由基聚合反应时，其固化情况往往受被粘物质表面及接触氧情况的影响。被粘物表面对厌氧胶的影响可以分为三类：清洁的铜、铁、钢、硬铝等金属表面能加速厌氧胶的固化，称为活性表面；纯铝、不锈钢、锌、镉、钛等金属表面为非活性表面；某些经过阳极化、氧化或电镀处理过的金属表面对厌氧胶的固化有抑制作用。

在非活性表面和抑制性表面上使用厌氧胶时，最好先在表面上涂表面处理剂。表面处理剂主要由固化促进剂组成。热塑性塑料和多孔性材料不宜用厌氧胶黏剂胶接。

厌氧胶的固化情况还与间隙大小有关，胶接面积愈大，间隙愈小，则固化速度愈快。胶缝一般小于 0.25 mm。固化温度对厌氧胶的胶接有明显的影响。为了在低温下加速固化厌氧胶，可以在被粘物表面上先涂促进剂。

7.4　合成橡胶胶黏剂

橡胶类胶黏剂是以橡胶为基料配制而成的胶黏剂。几乎所有的天然橡胶和合成橡胶都可以用于配制胶黏剂。橡胶作为一种弹性体，不但在常温下具有显著的高弹性，而且能在很大温度范围内具有这种性质，变形性可达数倍。利用橡胶这一性质配制的胶黏剂，柔韧性优良，具有优异的耐蠕变、耐挠曲及耐冲击震动等特性，适用于不同线膨胀系数材料之间及动态状态使用的部件或制品的胶接。

按橡胶基料的组成，可分为天然橡胶胶黏剂和合成橡胶胶黏剂两大类。合成橡胶胶黏剂是以合成橡胶为基料配制的胶黏剂。常用的合成橡胶胶黏剂的品种主要有氯丁橡胶、丁腈橡胶、丁苯橡胶、硅橡胶等。其中氯丁橡胶胶黏剂是合成橡胶胶黏剂中产量最大、用途最广的一个品种。

氯丁橡胶胶黏剂的主要成分是氯丁橡胶，是氯丁二烯的聚合物，其结构比较规整，分子上又有极性较大的氯原子，故结晶性强，在室温下就有较好的胶接性能和内聚力。非常适宜作胶黏剂。

(1)氯丁橡胶胶黏剂的优点

① 具有仅次于丁腈橡胶胶黏剂的高极性，故对极性物质的胶接性能良好；

② 在常温不硫化也具有较高的内聚强度和粘附强度；

③ 具有优良的耐燃、耐臭氧、耐候、耐油、耐溶剂和化学试剂的性能；

④ 胶层弹性好，胶接体的抗冲击强度和剥离强度好；

⑤ 初黏性好，只需接触压力便能很好地胶接，特别适合于一些形状特殊的表面胶贴；

⑥ 涂覆工艺性能好，使用简便。

(2)氯丁橡胶胶黏剂的缺点

① 耐热性、耐寒性差；

② 储存稳定性较差，容易分层、凝胶和沉淀。

(3)制备方法

氯丁橡胶胶黏剂可分为溶液型、乳液型和无溶剂液体型三种。目前仍以溶液型用量最大。一般的氯丁橡胶胶黏剂是由氯丁橡胶、硫化剂、树脂、防老剂、溶剂、填充剂、促进剂等组成。氯丁橡胶胶黏剂可以用混炼法和浸泡法来制备。

①混炼法　将氯丁橡胶在炼胶机上进行塑炼，塑炼后的橡胶需加入各种配合剂进行混炼。加料次序为氯丁橡胶、促进剂、防老剂、氧化锌、氧化镁和填料等。混炼温度不宜超过60℃，混炼时间在保证各种配合剂充分混合均匀的条件下应尽量缩短。

将混炼好的胶破碎成小块放入带有搅拌的溶解池内，搅拌至溶解，需对氯丁橡胶胶黏剂进行改性时，只需将树脂与氧化镁的预反应树脂加入、搅拌均匀即可，即制得溶剂型氯丁橡胶胶黏剂。

②浸泡法　先将氯丁橡胶与混合溶剂放入密闭容器内浸泡，一般泡2~3天，使氯丁橡胶能很好溶胀，然后移至反应釜内加热至50℃左右，搅拌至溶解，加入各种配合剂，再充分搅拌均匀即可。

这两种方法就其胶接强度来说，混炼法优于浸泡法；储存性能混炼法优于浸泡法。混炼法需有开放式或密闭式炼胶机，混炼工艺相对来说比较麻烦，而浸泡法则简单。

7.5 热熔胶黏剂

热熔胶黏剂是指胶黏剂在受热熔融状态下进行粘合的一种胶黏剂。这类胶黏剂与热固性胶黏剂、溶剂型和水基型胶黏剂不同。其特点是不含溶剂，在室温下呈固态，加热到其熔点左右则呈液态，具流动性，并显出优异的粘接性能，能很快地与其他物体粘接在一起，待冷却后即形成高强度的粘接。因此该种胶黏剂在使用过程中无需挥发溶剂，不会给环境带来污染，利于资源的再生和环境的保护；而且可制成块状、薄膜状、条状或粒状，使包装、储运和使用都极为方便，在诸多行业中得到广泛的应用。

热熔胶主要由聚合物基体、增黏剂、蜡、抗氧剂、填充剂等部分组成，各部分对胶的性能有不同的影响。聚合物基体对热熔胶的性能起关键作用，赋予胶的粘接强度和韧性，并决定胶的结晶、黏度、拉伸强度、伸长率、柔性等性能。可以作为基质的有聚酰胺、聚酯、聚氨酯、丁基橡胶、纤维素等。

增黏剂用作改善胶的润湿性，使其与被粘物体充分黏合，从而提高粘接强度，并改善胶的抗冲击、剥离强度等性能，延长粘接使用寿命、提高拉伸强度，降低黏度、减小蠕变。具有环烷烃的石蜡作增黏剂可以降低胶的黏度，降低软化点，增加组分的相容性，从而提高热熔胶的粘接强度。

7.5.1 热熔胶的技术指标

熔融指数(*MI*)：是指热塑性高聚物在规定的温度、压力条件下，熔体在10min内通过标准毛细管的质量值，单位g/10min。体现热熔胶流动性能大小的性能指标。

软化点：是指以一定形式施以一定负荷，并按规定升温速率加热到试样变形达到规定值的温度。它是热熔胶开始流动的温度，可作为衡量胶的耐热性、熔化难易和晾置时间的大致指标。

晾置时间：是指热熔胶从涂布到冷却失去润湿能力前的时间，即可操作时间。

固化时间：是指热熔胶涂布后从两个粘接面压合到粘接牢固的时间。

7.5.2 乙烯-乙酸乙烯(EVA)型热熔胶黏剂

EVA热熔胶是以EVA为基料的一类热熔胶，作为目前用量最大的热熔胶品种，其具有优异的粘接性、柔软性、加热流动性和耐寒性等，粘附力强、膜强度高、用途广，能粘附许多不同性质的基材，熔融黏度低，施胶方便。根据不同的配方，制成具有不同特性的胶黏剂。

7.5.3 聚酰胺热熔胶

聚酰胺热熔胶最突出的优点是熔融范围窄，在熔点以下不软化，温度稍高于熔点立即融化，与其他热塑性树脂相比，当它在加热或冷却时，树脂的熔融或固化都在较窄的温度范围内发生，这一特点使聚酰胺热熔胶可用于对固化速度要求很高的场合。由于其分子结构中含有氨基、羧基和酰氨基等极性基团，对许多极性材料都有很好的粘接性，再加上其优良的耐油、耐溶剂性，使得它在胶黏剂行业中有着特殊的地位。是一种公认的高档胶黏剂。

【实例】 取相近物质的量的二胺和羧酸混合，并将含有单体总质量的10%~25%水加入不锈钢压力反应釜中加热，在氮气保护下于2.5h内加热，一直到温度为320℃为止。混合物在此温度下及内压为2068~4137kPa左右下加热1h左右，经过0.5h放出挥发物质。慢慢通入氮气洗涤0.5h，最后在减压(一般在2667Pa)下反应1.5h。熔融的聚合物产物借氮气的压力挤入水浴中，残留在反应釜中的聚合物待冷却到室温后取出，与挤出骤冷的聚合物混合，磨碎，使用时熔化，涂在基材之间，黏合后冷却。

7.5.4 聚氨酯热熔胶

聚氨酯热熔胶受热后会失去分子中由于氢键作用而产生的物理交联，变成熔融的黏稠液，冷却后又恢复原来的物性。因此，聚氨酯热熔胶具有优异的弹性和强度，粘接强度高，耐溶剂、耐磨，适用于各种材料的粘接，特别适合于粘接鞋类和织物，但成本比其他几类热熔胶高。此外由于不含溶剂，使用时不污染环境，属环境友好材料，因此深受人们青睐。该胶可用于纺织、制鞋、书籍无线装订、食品包装、木材加工、建筑、汽车构件粘接等。

7.5.5 反应型热熔胶

反应型热熔胶无溶剂，室温下为单组分固态物质，使用前加热到熔融状态，然后以一种热的黏性状分散到结构件上，当涂好的基质冷却至室温时粘合强度迅速增加，胶黏剂与吸附在涂好的结构件中的湿气反应形成高度关联的网状物质。固化后的结构件比传统的单组分热熔胶显示出更好的耐热性。但初粘强度不如传统热熔胶。

7.6 无机胶黏剂与天然胶黏剂

原料来源于天然物质制成的胶黏剂称为天然胶黏剂。天然胶黏剂按天然物质的来源可分为植物胶黏剂、动物胶黏剂和矿物胶黏剂，按其化学结构可分为葡萄糖衍生物、氨基酸衍生物和其他天然树脂等。

植物胶黏剂：包括淀粉类、纤维素类、大豆蛋白类、单宁类、木素类、树胶类(阿拉伯胶)、树脂类(松香树脂)、天然橡胶及其他碳水化合物制成的胶黏剂。

动物胶黏剂：包括甲壳素、明胶(皮胶、骨胶等)、酪蛋白胶、虫胶、仿声胶等制成的胶黏剂。

矿物胶黏剂：包括硅酸盐、磷酸盐等制成的胶黏剂。

天然胶黏剂的特点：①原料易得，可以直接取自于大自然；②价格低廉；③生产工艺简单；④使用方便；⑤大多为低毒或无毒；⑥能够降解，不产生公害。

7.6.1 淀粉胶黏剂

最早将淀粉作为胶黏剂使用的是埃及人，他们用含淀粉的胶黏剂粘接纸草条。目前，淀粉作为胶黏剂应用主要是在纸及纸制品中，如纸盒和纸箱的封糊、贴标签、平面上胶、粘信封、多层纸袋粘合等。进入21世纪以后，世界胶黏剂工业生产技术正朝着节省能源、低成本、无公害、高黏性和无溶剂化方向发展。淀粉胶黏剂作为一种绿色环保产品，已引起胶黏剂行业的广泛关注和高度重视。就淀粉胶黏剂的应用和发展看，采用玉米淀粉氧化的淀粉胶黏剂的前景看好，研究应用最多。

淀粉是高分子碳水化合物，是由单一类型的糖单元组成的多糖，其分子式为 $(C_6H_{10}O_5)_n$。1940年，瑞士 K. H. Meyer 和 T. Schoch 将淀粉团粒完全分散于热的水溶液中，发现淀粉颗粒可分为两部分，形成结晶沉淀析出的部分为直链淀粉(amylose)，留存在母液中的部分为支链淀粉(amylopectin)。直链淀粉是以 α-1,4-甙键连接的线型聚合物。支链淀粉是淀粉链上具有 α-1,6-甙键连接的侧链结构。

天然淀粉中一般同时含有直链淀粉和支链淀粉。直链淀粉是一种线型聚合物，通过分子内氢键的作用卷曲成螺旋型。这种紧密堆集的线圈式结构不利于水分子接近，故不溶于冷水。支链淀粉有许多支链，这些短链容易与水分子形成氢键，故支链淀粉易溶于冷水。淀粉之所以能够成为一种良好的胶黏剂，就是因为具备了可生成糊的支链淀粉，而另一部分直链淀粉又能促进其发生胶凝作用的缘故。

淀粉胶是应用历史最为悠久的一种天然胶黏剂，但由于其耐水性差、储存期短、初粘接力低等缺点限制了其应用范围。淀粉分子中化学性质较为活泼的羟基和α-1，4-糖苷键易被各种氧化剂氧化。C_2、C_3、C_6位上的醇羟基很容易被氧化，在不同的条件下羟基被氧化为醛基、羧基，分子中的苷键部分发生断裂，使淀粉分子聚合度降低，氧化后的淀粉是含有醛基和羧基的聚合度低的改性淀粉的混合物。这种淀粉与水在氧化剂的作用下经加热糊化或室温糊化而制成氧化淀粉胶黏剂。氧化剂主要有双氧水、高锰酸钾、次氯酸钠。

不同的氧化剂氧化机理不同，制成的氧化淀粉胶黏剂也不同。在酸性介质中，过氧化氢氧化性最强，次氯酸钠最弱；而在碱性介质中，次氯酸钠氧化性最强。在碱性介质中，淀粉颗粒溶胀、氧化反应不仅在非结晶内进行，而且也能在结晶内进行，淀粉的氧化和碎裂容易进行，用次氯酸钠容易制得低黏度、高固体分、抗凝沉的氧化淀粉。因此，工业上常用次氯酸钠作氧化剂。

高锰酸钾氧化作用主要发生在淀粉非结晶区的C_6原子上。用高锰酸钾氧化淀粉氧化程度高，羧基含量高，解聚少，容易控制，自身可作指示剂。缺点是产品色泽相对较深 。

用次氯酸钠(NaClO)氧化淀粉主要发生在C_2、C_3和C_6原子上，它不但发生在非结晶区，而且渗透到分子内部，并有少量葡萄糖单元在C_2和C_3处开环形成羧酸。这种作用方式使NaClO氧化淀粉胶黏剂的透明度、渗透性和抗凝聚性都较高，但胶接力较低。

用双氧水氧化也主要发生在C_6原子上，反应进行到一定程度后，淀粉开始发生糖苷键断裂，是一个氧化降解过程。所得胶黏剂具有良好的水溶性和流动性。过量氧化剂可分解为水和氧气，对环境无污染。但初粘性和储存稳定性较差，价格也比较贵，反应较难控制。

氧化程度主要通过氧化剂、氧化时间和黏度来控制。如果氧化程度过高，降解太厉害，黏度太低，胶接力下降。如果氧化程度不够，黏度太大，润湿性不好，胶接力也很低。

7.6.2　纤维素类胶黏剂

纤维素是构成植物细胞壁的主要成分，是由许多吡喃型*D*-葡萄糖基，在1-4位置上彼此以β-甙键联接而成的链状高分子化合物。结晶部分多，不溶于水，可酯化和醚化，生成多种衍生物。用作胶黏剂的纤维素醚类衍生物主要有甲基纤维素、乙基纤维素、羟乙基纤维素、羧甲基纤维素等。纤维素酯类衍生物主要有硝酸纤维素和醋酸纤维素。

(1)纤维素醚类衍生物

甲基纤维素(MC)：在冷水中有溶解能力，在热水中是不溶的。当温度升高时，甲基纤维素多半从水溶液中析出，或者是溶液发生胶凝现象。不同条件制备的各种醚化度的甲基纤维素，聚合度不同，在水中的溶解度也并不一致。水溶性产品作为胶黏剂、增粘剂和乳胶稳定剂。

乙基纤维素(EC)：是一种热塑性、非水溶性、非离子型的纤维素烷基醚。化学稳定性好，耐酸碱，电绝缘性和机械强度优良，具有在高温和低温保持强度和柔韧性等特性。易与蜡、树脂、增塑剂等相容，作为纸、橡胶、皮革、织物的胶黏剂。

羧甲基纤维素(CMC)：为离子型纤维素醚。其吸湿力强，在湿度为50%时可吸收18%的水分；在湿度为70%时，吸收32%的水分。不同醚化度的产物溶解度不同，因此其应用十分广泛。羧甲基纤维素有酸型和盐型之分。酸型在水中不溶解，工业生产的商品为盐型，有良好的水溶性。作为胶黏剂，用于制造铅笔、纸盒、纸袋、壁纸及人造木材等方面。

(2) 纤维素酯类衍生物

硝酸纤维素：又称纤维素硝酸酯，因酯化程度不同，其氮含量一般在10%~14%之间。

含量高者俗称火棉，曾用于无烟及胶质火药制造。含量低者俗称胶棉，不溶于水，但溶于乙醇-乙醚混合溶剂，溶液即为火棉胶。因火棉胶溶剂挥发后会形成一层坚韧薄膜，所以常用于瓶口密封、创伤防护及制造历史上第一个塑料赛璐珞。若在其中加适量醇酸树脂作改性剂、适量樟脑作增韧剂，则成为硝化纤维素胶黏剂，常用于纸张、布匹、皮革、玻璃、金属及陶瓷的粘接。

醋酸纤维素：又称纤维素醋酸酯。在硫酸催化剂存在下，用乙酸和乙酐混合液使纤维素乙酰化，然后加稀乙酸水解到所需酯化度的产物。醋酸纤维素可用于配制溶剂型胶黏剂，粘接眼镜、玩具等塑料制品。与硝酸纤维素相比，耐燃性和耐久性极好，但耐粘性、耐湿性和耐候性较差。

7.6.3 蛋白质胶黏剂

蛋白质胶黏剂主要包括动物胶(皮胶、骨胶和鱼胶)、酪素胶、血胶及植物蛋白胶(如豆胶)等几种。蛋白质胶黏剂除了皮胶、骨胶可不加成胶剂直接使用外，其他均需要在蛋白质原料中加入成胶剂，经调制后才能使用。

蛋白质胶黏剂的组成如下：

①水：溶解蛋白质。

②氢氧化钙：提高胶接强度、耐水性及凝胶速度。蛋白质在氢氧化钙溶液中能生成蛋白质的钙盐，不溶于水，使蛋白质凝固。

③氢氧化钠：促进蛋白质成胶。常用浓度为30%的水溶液。蛋白质在氢氧化钠溶液中能生成钠盐，溶于水。

④硅酸钠：增加胶液黏度，延长胶的适用期。

⑤防腐剂：硫酸钠、氯化铜、硫化物。

⑥改性剂：甲醛、三聚甲醛、糠醛等，提高耐水性和耐腐性。

植物蛋白不仅是重要的食品原料，而且在非食品领域也有广泛的应用。就大豆蛋白胶黏剂而言，早在1923年，Johnson申请了大豆蛋白胶黏剂的专利。1930年，杜邦公司的大豆蛋白脲醛树脂用作木板胶黏剂，由于胶接强度较弱及生产成本过高，未能大量使用。近几十年来，由于胶黏剂市场的扩展，全球石油资源的有限性和环境污染问题日益受到关注，使得胶黏剂工业重新考虑新型天然胶黏剂，致使大豆蛋白胶黏剂再次成为研究热点。

表7-1 大豆蛋白胶黏剂典型配方

配方组成	用量/质量份	各组分作用
豆粉(粒度100目)	100	粘附作用
水	300	溶解蛋白质
石灰乳	20	促使蛋白质成胶，提高凝胶速度
氢氧化钠(30%)	20	作用同上
硅酸钠	适量	增加胶液黏度，延长适用期

大豆蛋白胶黏剂的制备方法：按照表7-1配方，先将水加入调胶机，然后边搅拌边加豆粉(或豆蛋白)，加完后搅拌15min(要求细腻均匀，无块状物)，每隔1min，依次加入石灰乳、氢氧化钠、水玻璃，最后搅拌5~15min即可使用。如需加防腐剂，在加水玻璃后加入。

7.6.4 单宁胶黏剂

单宁是一种含有多元酚基的有机化合物，广泛存在于植物的干、皮、根、叶和果实中。主要来源于木材加工中树皮下脚料和单宁含量较高的植物。单宁胶黏剂是利用从植物的皮、叶和果实中的抽提物与其他化工原料经加工而配制成的胶黏剂。单宁可以分为两大类，即水解类单宁和凝缩类单宁。

水解类单宁：是简单酚化合物(如焦棓酚、鞣花酸等)和糖的酯(主要是葡萄糖与棓酸和双棓酸生成的酯)的混合物。水解类单宁可以代替部分苯酚制造酚醛树脂。由于其亲核性较低，与甲醛反应速度很慢，产量也有限等，作为化学原料资源开发的经济意义不大。

凝缩类单宁：占世界单宁产量的90%，在胶黏剂和树脂的生产方面作为化学原料具有经济开发价值。凝缩类单宁在自然界分布较广，特别是在金合欢、白破斧木、铁杉以及漆树等树种的树皮或木材中大量存在。凝缩类单宁是由缩合度不同的类黄酮单体、碳水化合物以及微量的氨基酸和亚氨基酸按固定的结构方式构成的。

单宁胶黏剂制备：将单宁、甲醛与水混合，加热，制得单宁树脂，然后加入固化剂和填料，搅拌均匀即得到单宁胶黏剂。单宁胶黏剂具有良好的耐湿热老化性能，胶接木材性能与酚醛胶黏剂相似，主要用于木材等的胶接。

7.6.5 阿拉伯树胶胶黏剂

阿拉伯胶(Arabic gum)也称金合欢树胶，是一种野生刺槐科树上的流出胶液。由于多产于阿拉伯国家而得名。阿拉伯胶为白色至深红色硬脆固体，相对密度在1.3~1.4之间，能溶于水及甘油，不溶于有机溶剂。

阿拉伯胶主要由相对分子质量较低的多糖和相对分子质量较高的阿拉伯胶糖蛋白组成。多糖中包括D-半乳糖、L-阿拉伯糖、L-鼠李糖和D-葡萄糖醛酸。尽管阿拉伯胶相对分子质量很大，但其溶解度却在各种多糖聚合物中居首位，是一种独特的亲水胶体。随着温度增加，溶解性增加，可以配制出含50%~55%阿拉伯胶的溶液。

阿拉伯树胶胶黏剂涂覆后，经干燥能形成坚固的薄膜，但脆性较大。加入增塑剂可增加韧性，常用的有乙二醇、甘油、聚乙二醇等，但干燥速度有所减慢。

阿拉伯胶的化学组成如下：

组成	阿拉伯糖	L-鼠李糖	D-半乳糖	D-葡萄糖醛酸	总糖量	蛋白质
含量/%	28.4	13.0	37.5	19.3	98.2	2.0

阿拉伯树胶胶黏剂典型配方如下：

配　方	组成/份	配　方	组成/份
阿拉伯树胶	100	淀粉	2.0
氯化钠	2.5	水	130
甘油	2.0		

由于阿拉伯树胶的水溶性好，因此配制十分简单，既不需要加热也不需要促进剂。阿拉伯胶液干燥极快。可用于光学镜片的粘接、邮票上胶、商标标签的粘贴、食品包装的粘接和印染助剂等。

7.6.6 无机胶黏剂

以无机物(如磷酸盐、硅酸盐、硫酸盐、硼酸盐、金属氧化物等)为粘料配制成的胶黏剂称为无机胶黏剂。随着航天、航空技术的飞速发展，迫切需要具有耐高温性能的新型材料，促进了无机胶黏剂的研究及其开发应用。

(1)无机胶黏剂的特点

①耐高温，可承受1000℃或更高温度；

②抗老化性好；

③收缩率小；

④脆性大，弹性模量比有机胶黏剂高一个数量级；

⑤抗水、耐酸碱性差。

(2)无机胶黏剂的类型

按固化方式可将无机胶黏剂分为四类：

①空气干燥型：如水玻璃、黏土等；

②水固化型：如石膏、水泥等；

③熔融型：如低熔点金属、玻璃胶黏剂等；

④化学反应型：如硅酸盐、磷酸盐等胶黏剂。

硅酸盐类胶黏剂：以碱金属以及季铵、叔胺等的硅酸盐为粘料，按实际情况需要适当加入固化剂和填料调和而成。固化剂主要包括二氧化硅、氧化镁、氧化锌、氢氧化铝、硼酸盐、磷酸盐等。硅酸盐类胶黏剂胶接强度较高，耐热、耐水性能较好，但耐酸、碱性能较差。可广泛应用于金属、玻璃、陶瓷等多种材料的胶接。

磷酸盐类胶黏剂：以浓缩磷酸为粘料的一类胶黏剂，主要有硅酸盐-磷酸、酸式磷酸盐、氧化物-磷酸盐等众多品种。可用于胶接金属、陶瓷、玻璃等众多材料。与硅酸盐类胶黏剂相比，具有耐水性更好、固化收缩率更小、高温强度较大以及可在较低温度下固化等优点。其中氧化铜-磷酸盐胶黏剂是开发最早、应用最广的无机胶黏剂之一，现代其应用最广泛的领域是耐高温材料的胶接上。据考证，秦俑博物馆出土的秦代大型彩绘铜车马中，银件连接处就使用了无机胶黏剂，其成分与现代的磷酸盐胶黏剂基本相同。

思　考　题

1. 如何判断润湿性？
2. 几种胶接理论的主要观点？
3. 氯丁橡胶胶黏剂的特点？
4. 天然胶黏剂的种类、特点？
5. 蛋白质胶黏剂的组成及各组分作用？
6. 无机胶黏剂的特点？
7. 热熔胶的特点？组成？
8. 热熔胶的软化点、晾置时间、固化时间？

第8章 农　　药

自人类开始从事农业种植活动以来，各种病、虫、草害严重威胁农业生产，使农作物的产量和质量降低，成为发展农业生产的一大障碍。农药(pesticide)是指能够防治危害农、林、牧、渔业产品和环境卫生等方面的害虫、螨、病菌、杂草、鼠等有害生物以及调节植物生长的药物及加工制剂。利用农药进行化学防治是目前农业生产中一项很重要的防治措施，它具有作用迅速、效果显著、方法简便等优点，对农业生产有极其重大的作用，可以确保农作物高产、稳产、优质。农药通常按作用对象分为杀虫剂、杀菌剂、杀螨剂、杀鼠剂、除草剂、植物生长调节剂等几大类。

本章介绍农药种类中常用的杀虫剂、杀菌剂、除草剂及植物生长调节剂。

8.1 概　　述

农药的使用可追溯到公元前1000年。在古希腊，已有用硫黄熏蒸害虫及防病的记录。到17世纪，已发现了某些真正具有使用价值的农用药物，人们把烟草、松脂、除虫菊、鱼腾等杀虫植物加工成制剂作为农药使用。1882年法国的Millardet在波尔多地区发现，用硫酸铜与石灰水的混合液有防治葡萄霉菌的效果，由此出现了波尔多液。在无机杀虫剂中，砷酸钙、砷酸钠等被大量用作杀虫剂，亚砷酸盐、硼酸盐、氯酸盐等则被用作灭生性除草剂，亚砷酸、黄磷、硫酸铊、碳酸铜、磷化锌也被用作杀鼠剂。这是以天然药物及无机化合物为主的天然植物农药及无机农药时期。从20世纪初期开始，随着有机合成化学的发展，农药进入有机合成时代。有机合成农药时代又可分成两个时期，即有机合成农药的前期和当代有机合成农药时期。

有机合成农药前期首先是从有机氯开始的。1939年，瑞士米勒(Parl Müller)发现滴滴涕(DDT)的杀虫活性，当时1kg DDT足以保护1公顷作物，是人类有史以来首次发现的最强大的人工合成杀虫剂。第二次世界大战后，出现了有机磷类杀虫剂，50年代又发展了氨基甲酸酯类杀虫剂。这两类农药成了当时杀虫剂的两大支柱。此外，有关杀菌剂、除草剂、植物生长调节剂等农药也得到了发展。这一时期，是有机合成农药迅速发展的重要阶段。

当代有机合成农药时期是由于高残留农药环境污染问题的出现，而环境保护又受到特别的关注而发展的。从20世纪70年代开始，许多国家陆续禁用滴滴涕、六六六等高残留的有机氯农药和有机汞农药，并建立了环境保护机构以加强对农药的管理。特别是美国于1970年制定了环境保护法，并把农药登记审批工作由原来农业部划归给环境保护局管理，同时把慢性毒性和对生态环境的影响列为考察农药的首位因素。从此，人们把新农药的开发目标转向易降解、低残留、高活性、对环境有益及生物比较安全的发展方向。在杀虫剂方面，仿生农药如拟除虫菊酯类杀虫剂的开发，被认为是杀虫剂类农药的一个新突破。另外还开发了不少能抑制昆虫生长的调节剂(又称之为第三代杀虫剂)和昆虫行为调节剂(称之为第四代杀虫剂)。在杀菌剂方面，开发出许多含氮杂环化合物，其中以三唑类杀菌剂的开发最为突出。

在除草剂方面，高活性的磺酰脲类和唑啉酮类除草剂的开发，可谓是除草剂领域的一大革命。在这一时期，植物生长调节剂的发展也十分引人瞩目。

我国是农药生产和使用大国，目前已形成了包括农药原药生产、制剂加工、原料中间体生产及科研开发在内的完整工业体系。全国现有农药企业 2600 多家，其中原药生产厂 500 多家。近些年我国农药品种及产量一直处于上升状态，据国家统计局统计，2007 年我国原药合成能力 1730kt/a(折 100%)，超过了世界农药生产大国美国。我国每年通过使用各种农药，可防治土地面积 58 亿亩次，挽回粮食损失 58000kt、棉花 1500kt、油料 2300kt、蔬菜 50000kt、水果 6900kt。

8.2 杀 虫 剂

8.2.1 概述

用于杀灭或控制害虫危害水平的农药，统称为杀虫剂(insecticide)。这类药剂使用广泛，品种较多。早先的杀虫剂多为无机化合物，到了 20 世纪 40 年代已基本淘汰，进入了有机合成农药的新时代。因为采用有机合成的方法可以合成出无数高效的杀虫剂，并且有机合成杀虫剂的作用方式和原理比无机化合物更为多元化和多样化，剂型和制剂的加工方法更是变化无穷。杀虫剂按作用对象分为杀虫剂、杀螨剂、杀线虫剂、杀鼠剂、杀软体动物剂等。按结构分为有机氯杀虫剂、磷酸酯类杀虫剂、氨基甲酸酯杀虫剂和拟除虫菊酯杀虫剂等。

8.2.2 有机氯杀虫剂

有机氯杀虫剂是指一类含氯原子的、用于防治害虫的有机合成杀虫剂，由碳、氢、氯 3 种元素组成。这类杀虫剂主要是以苯或环戊二烯为原料合成的系列多氯化合物，又称多氯联苯杀虫剂。有机氯杀虫剂主要包括 DDT、DDD、三氯杀螨醇、艾氏剂、狄氏剂、氯丹、七丹、毒杀芬等。

DDT 是有机氯杀虫剂中最早使用的合成农药，学名为 2,2-双(对氯苯)-1,1,1-三氯乙烷(p, p'-dichlorophenyl trichloro-ethane，缩写 DDT)，由氯苯和三氯乙醛在浓硫酸存在下缩合制成。由于 Paul Muller 在 1939 年发现了有机氯农药 DDT 的高效杀虫力，九年后获得了诺贝尔奖。

有机氯杀虫剂制造方便，价格便宜，杀虫范围广、残效期较长，对许多昆虫都有效，对人、畜口服毒性小，在防治害虫上起了重要作用。DDT 和六六六可按下式合成：

$$2\,Cl{-}C_6H_5 + Cl_3C{-}CHO \xrightarrow[-H_2O]{H^{\oplus}} Cl{-}C_6H_4{-}CH(CCl_3){-}C_6H_4{-}Cl\ (70\%) + (o{-}Cl{-}C_6H_4){-}CH(CCl_3){-}C_6H_4{-}Cl\ (20\%)$$

$$C_6H_6 + 3Cl_2 \xrightarrow[25\sim35℃]{hv} C_6H_6Cl_6$$

但是在长期使用过程中，人们发现许多昆虫对有机氯杀虫剂产生了抗性，又由于有机氯杀虫剂中大多数成员的分子中只含有 C—C、C—H 和 C—Cl 键，具有较高的化学稳定性，在正常环境中不易分解，在作物、土壤里能残留很久，在世界许多地方的空气和水中，能够检出微量有机氯的存在，造成土壤、水域和空气污染，破坏生态平衡。另一个方面，大多数有机氯杀虫剂具有极低的水溶性，在常温下为蜡状固体物质，有很强的亲脂性，因而易于通过食物链在生物体脂肪中富集和积累，造成人、畜体内的积累，威胁人类健康，世界上许多国家或地区已禁止或限制使用这类农药。

20 世纪 80 年代以前，我国农药一直是以有机氯农药占首位(占农药总产量的 60%左右)，最高时达 80%。2001 年 5 月，我国签署了《关于持久性污染的斯德哥尔摩公约》，2004 年 11 月 1 日，《关于持久性污染的斯德哥尔摩公约》正式对中国生效。部分有机氯农药品种，包括艾氏剂、氯丹、滴滴涕、狄氏剂、异狄氏剂、七氯、毒杀芬、六氯苯、灭蚁灵等有机氯农药已被列入急需采取行动解决的 POPs(持久性有机污染物)品种。目前，在我国登记有效期内的有机氯类农药原药品种有：百菌清、三氯杀螨醇、硫丹、四螨嗪、四氯苯酞、林丹和三氯杀虫酯。其中，百菌清、三氯杀螨醇产量较大，约占有机氯类农药原药总产量的 90%以上。这里主要介绍杀螨虫的三氯杀螨醇。

三氯杀螨醇又叫开乐散，是美国 Rohm & Hass 公司于 20 世纪 50 年代开发的低毒有机氯类杀螨剂。三氯杀螨醇杀螨谱广，杀螨活性较高，成本低，使用后基本无抗药性产生，是果园常用的有机氯类杀螨剂。

三氯杀螨醇生产是由工业品滴滴涕在偶氮二异丁腈的催化下氯化，氯化物再经甲酸催化水解而得。其反应原理如下：

$$\underset{\text{DDT}}{(4\text{-}ClC_6H_4)_2CH(CCl_3)} \xrightarrow{Cl_2} (4\text{-}ClC_6H_4)_2CCl(CCl_3) \xrightarrow[\text{硫酸}100\sim125^{\circ}C]{90\%\text{甲酸}} (4\text{-}ClC_6H_4)_2C(OH)(CCl_3)$$

三氯杀螨醇生产工艺如下：

①在缩合釜中投入 1mol 三氯乙醛、2mol 氯苯，搅拌下滴加发烟硫酸。缩合反应后的物料静置分层，放净废酸，酸性滴滴涕氯苯溶液用热水洗涤，再用氢氧化钠溶液洗涤，然后蒸馏回收氯苯，残留物冷却结晶得滴滴涕。

反应式如下：

$$Cl_3CCHO + 2\,C_6H_5Cl \xrightarrow{H_2SO_4} (4\text{-}ClC_6H_4)_2CH(CCl_3)$$

②将滴滴涕以二氯乙烷为溶剂，加 1%偶氮二异丁腈作催化剂，于 80~90℃通入氯气反应 2h，减压蒸出溶剂。然后水解，氯化产物水解反应在对甲苯磺酸 33%、硫酸 33%、水 33%的混合酸性介质中进行，并以芳基磺酸或低级烷基磺酸为促进剂，于 135~150℃反应 5~6h，而后加入适量低沸点溶剂二氯乙烷和水，形成油水两层，提取油层，并用稀碱液和

水洗涤后，减压蒸出溶剂，即得三氯杀螨醇原药。

8.2.3 有机磷杀虫剂

具有杀虫效能的含磷有机化合物叫作有机磷杀虫剂(organophosphours insecticide)。有机磷杀虫剂的中文通用名绝大部分均用“磷”字作后缀，如甲胺磷、甲基异硫磷、辛硫磷等，少数则用“畏”字作后缀，如敌敌畏、毒虫畏等。其化学结构通式为：

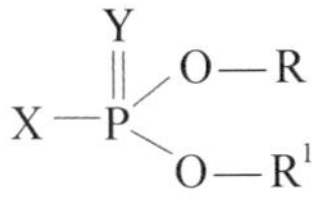

$$X-\overset{\overset{\displaystyle Y}{\|}}{P}\begin{matrix}\diagup O-R \\ \diagdown O-R^1\end{matrix}$$

式中的 R 和 R^1 为烷基、芳基、羟基和其他基团，大部分两个 R 基是对称的。X 为烷氧基、丙基或其他取代基，Y 为氧或硫原子。由于取代基团的不同，可以产生多种多样的化合物。这些物质化学结构与毒性存在如下的关系：

① 双键上 O 与 S 原子与毒性的关系：O>S；

② 烷基(RO—)与毒性的关系：乙基>甲基>丙基>丁基；

③ 酸性基团(X)与毒性的关系：$NO_2>CN>Cl>H>CH_3>SCH_3$。

根据有机磷杀虫剂化学结构的不同分为以下三类：

①磷酸酯类。如敌敌畏、对氧磷、二氯磷、磷胺、绿芬磷(毒虫畏)等。

②硫代磷酸酯类。如对硫磷(1605)、内吸磷(1059)、硫特普(苏化 203)、乐果(4049)、甲拌磷(3911)、马拉硫磷、亚胺硫磷、敌百虫、稻瘟净、甲基对硫磷、克瘟散等。

③焦化磷酸酯类。如特普、八甲磷等。

有机磷杀虫剂属于磷酸酯类化合物，分子中含有可以水解的 C—O—P 键，一般易于水解，稳定性差，不宜与碱性药剂混用。磷酸酯类杀虫剂除个别品种外，在水中的溶解度都很小，所以大多数都可加工成乳剂。正因为磷酸酯易溶于有机溶剂及油脂中，增加了它与昆虫体内脂肪组织的亲和力，杀虫力效果较好。自从发现有机磷类杀虫剂以来，由于它具有药效高、使用方便，其中不少品种有内吸作用、容易在自然条件下降解等优点，因此从品种到产量均长期占据杀虫剂首位。

有机磷杀虫剂也是我国目前使用最广泛、用量最大的一类杀虫剂。据统计，我国有机磷杀虫剂的产量占杀虫剂总产量的70%左右。在有机磷品种中，2007 年 1 月 1 日起 5 个高毒农药品种甲胺磷、久效磷、对硫磷、甲基对硫磷、氧乐果已经全面禁止在国内销售和使用。不过，目前有机磷杀虫剂仍占世界杀虫剂市场的 1/3，占各类农药之首，至少在近期内仍会具有稳定的市场。根据我国的实际国情，今后还会保持和开发一些高效、低毒的有机磷农药品种。

8.2.3.1 乐果

乐果化学名为二硫代磷酸 *O*，*O*-二甲基-*S*-(2-甲氨基-2-氧代乙基)酯，结构式为：

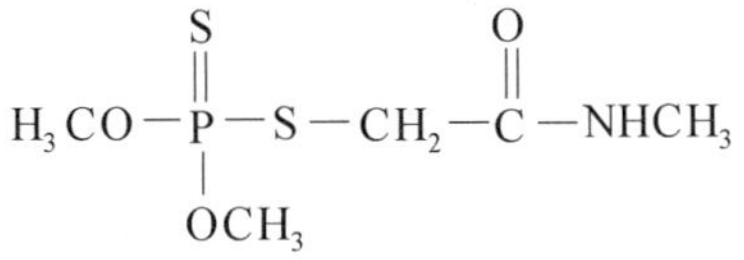

$$H_3CO-\underset{\underset{\displaystyle OCH_3}{|}}{\overset{\overset{\displaystyle S}{\|}}{P}}-S-CH_2-\overset{\overset{\displaystyle O}{\|}}{C}-NHCH_3$$

乐果易溶于水，在酸性溶液中较稳定，在碱性溶液中迅速水解，能溶于多种有机溶剂，性能不稳定，储藏时可缓慢分解。本品为高效、低毒、低残留、广谱性杀虫剂。它具有强烈的触杀、内吸、胃毒作用。

工业上生产乐果的方法，通常采用 P_2S_5 与 CH_3OH 作用制备 *O*,*O*-二甲基二硫代磷酸(简称甲基硫代物)，甲醇适当过量，反应温度 55~60℃，为强放热反应，操作时要特别注意安全。O,O-二甲基二硫代磷酸与碳酸钠(铵)或碳酸氢钠在常温下反应，控制终点 pH 值成盐，制备 O,O-二甲基二硫代磷酸盐。再将 O,O-二甲基二硫代磷酸钠与氯乙酸甲酯作用制得 O,O-二甲基-S-(乙酸甲酯)二硫代磷酸酯，原料配比为1：1.7，反应温度55℃，若采用连续化生产工艺，预热温度60~70℃，反应温度(80±5)℃。最后将O,O-二甲基-S-(乙酸甲酯)二硫代磷酸酯与甲胺作用合成乐果，原料配比为 1：(1.2~1.3)，反应温度-5~0℃。反应结束加苯(或三氯乙烯)萃取反应液中乐果，加盐酸调节 pH 值为 7，加适量水，以促进分层。

反应式如下：

$$P_2S_5 + CH_3OH \longrightarrow CH_3S{-}P(=S)(OCH_3)_2 \xrightarrow{Na_2CO_3} NaS{-}P(=S)(OCH_3)_2 \xrightarrow{CH_3COOCH_3}$$

$$CH_3O{-}P(=S)(OCH_3){-}S{-}CH_2{-}C(=O){-}OCH_3 \xrightarrow{CH_3NH_2} CH_3O{-}P(=S)(OCH_3){-}S{-}CH_2{-}C(=O){-}NHCH_3$$

8.2.3.2 马拉硫磷

马拉硫磷又名马拉松，化学名 O，O-二甲基-S-(1，2-二羰乙氧基乙基)二硫代磷酸酯。结构式为：

$$H_3CO{-}P(=S)(OCH_3){-}S{-}CH(CH_2COOC_2H_5){-}COOC_2H_5$$

马拉硫磷在中性介质中稳定，遇酸、碱均易分解。马拉硫磷对人、畜毒性较低，对害虫具有触杀、胃毒和微弱的熏蒸作用。它残效期短，在低温情况下施药效果较差，宜适当提高药液浓度。

马拉硫磷生产工艺为顺丁烯二酸(或酐)与乙醇在硫酸催化下生成顺丁烯二酸二乙酯。采用苯作溶剂，利用苯、乙醇、水三元共沸脱水，以利于酯化反应进行。然后将顺丁烯二酸二乙酯(以 100%计为 380kg)投入 1000L 搪玻璃反应锅内搅拌，控制温度在 45℃以下，投入 350kg 五硫化二磷。慢慢滴加甲醇，控制温度为 48~55℃，约 2h 加完 250kg 甲醇。加毕，保持 65~75℃反应 8h。反应产生硫化氢和逸出甲醇蒸气，经冷凝器使甲醇回流，硫化氢则用碱液吸收。反应过程在负压下进行。反应完成后，冷却至 40~50℃，静置分层使杂质沉淀。上层原油先后进行水洗、碱洗、水洗，然后在真空脱水锅进行脱水，在 85℃以下(真空度 93.3kPa)使原油中的水分蒸发 1.5~2h，得马拉硫磷原油。

反应式如下：

$$HOOC{-}CH{=}CH{-}COOH + 2CH_3CH_2OH \xrightarrow{H_2SO_4} H_3COOC{-}CH{=}CH{-}COOCH_3 \xrightarrow[CH_3OH]{P_2S_5}$$

$$CH_3O{-}P(=S)(OCH_3){-}S{-}CH(CH_2COOCH_2CH_3){-}CH_2COOCH_2CH_3$$

8.2.3.3　毒死蜱

毒死蜱又名乐斯本，*O*,*O*-二乙基 *O*-3,5,6-三氯-2-吡啶基磷酸酯。结构式为：

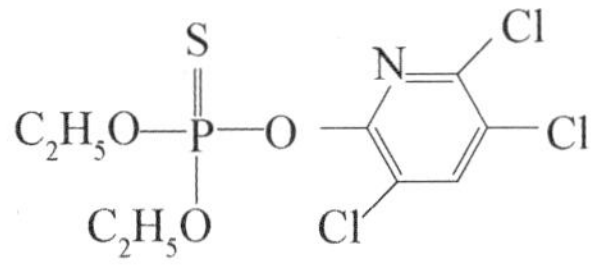

毒死蜱具有触杀、胃毒和熏蒸作用，系高效、中毒农药。适于防治各种鳞翅目害虫，对蚜虫、害螨、潜叶蝇也有较好的防治效果，在土壤中残留期长，也可防治地下害虫。

毒死蜱合成：将 2-羟基-3,5,6-三氯吡啶在 NaOH 水溶液中溶解，降温，加入少量氯化钠、氢氧化钠、硼酸、苄基三乙基氯化铵(相转移催化剂)、1-甲基咪唑及溶剂二氯甲烷，加热至42℃，在搅拌下加入 *O*,*O*-二乙基硫代磷酰氯，加毕回流 1.5h，分去水相，有机层经水洗、减压脱溶，得毒死蜱，含量 90.3%。用乙醇重结晶得白色固体，m.p. 42.5~43℃。也可将 *O*,*O*-二乙基硫代磷酰氯与 2-羟钠-3,5,6-三氯吡啶在惰性溶剂中于60~65℃缩合制得毒死蜱。

反应式如下：

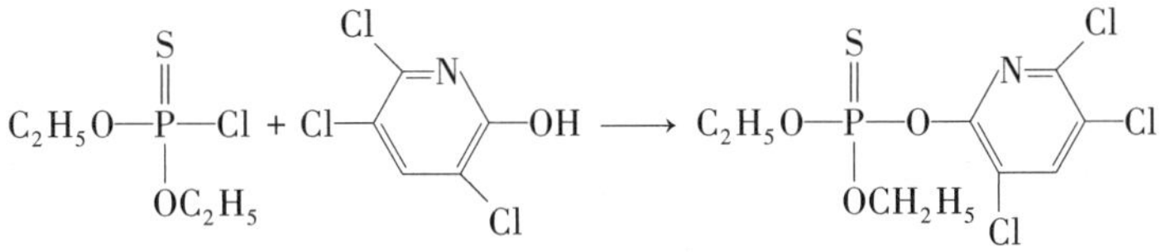

8.2.3.4　三唑磷(Triazophos)

化学名：*O*,*O*-二乙基-*O*-(1-苯基-1,2,4-三唑-3-基)硫代磷酸酯，结构式为：

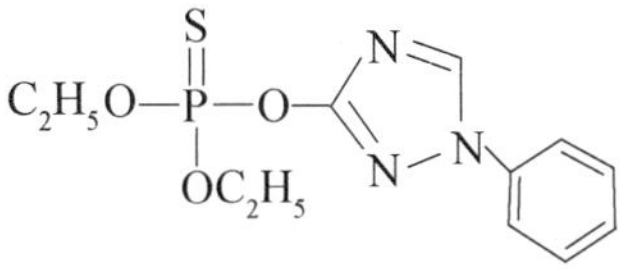

三唑磷是高效广谱性杀虫杀螨剂，具有一定的杀线虫作用，对鳞翅目(蝶类、蛾类)昆虫卵的灭杀作用突出。有较强的触杀和胃毒作用，通过抑制昆虫体内神经组织中的"乙酰胆碱酯酶"或"胆碱酯酶"的活性而破坏正常的神经传导，引起一系列急性中毒症状，直至死亡。它对粮、棉、果树、蔬菜等主要农作物上的许多重要害虫，如螟虫、稻飞虱、蚜虫、红蜘蛛、棉铃虫、菜青虫、线虫等，都有优良的防效。

合成方法：以苯肼和三氯化磷为起始原料合成三唑磷。将苯肼、盐酸和尿素混合，搅拌加热至 150~160℃，反应产生氨气，得黄色产物。冷却、水洗、过滤，用乙醇重结晶，得到1-苯基氨基脲(熔点 172℃)。将 1-苯基氨基脲、原甲酸三乙酯和甲苯一起搅拌加热，蒸去反应生成的乙醇，直至无乙醇蒸出为止。反应毕，冷却、过滤、洗涤，得 1-苯基-3-羟基-1,2,4-三唑(熔点 269~273℃)。在有 32.2g(0.2 mol)1-苯基-3-羟基-1,2,4-三唑的 250mL 丙酮悬浮液中，加入 38g(0.2mol)*O*,*O*-二乙基硫代磷酰氯，接着滴加 22g(0.22mol)三乙胺，混合物约在 50℃搅拌 6h，冷却，过滤除去三乙胺盐酸盐，蒸除溶剂，得 60g 三唑磷。反应式如下：

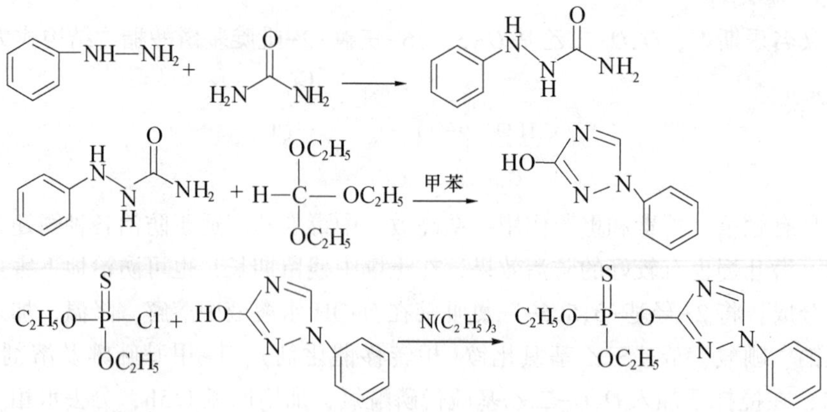

8.2.3.5　杀螟松

杀螟松又名速灭虫，化学名 *O*,*O*-二甲基-*O*-(3-甲基-4-硝基苯基)硫代磷酸酯，化学结构式为：

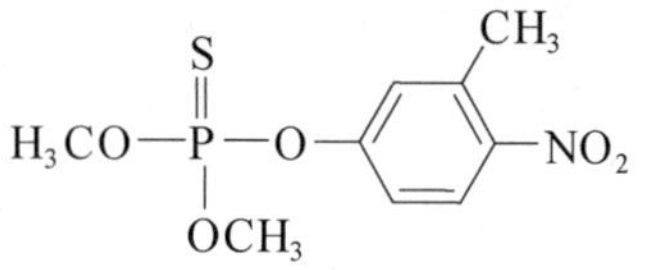

杀螟松是一种高效、广谱、使用安全的触杀性杀虫剂，可广泛应用于防治水稻、棉、大豆、果树、蔬菜、烟草、茶等多种作物的害虫，尤以防治稻螟有特效。

合成方法：以间甲基酚、亚硝酸钠及硝酸经亚硝化、氧化反应，生成4-硝基间甲酚。然后在甲苯中，氯化亚铜和碳酸钠存在下，于90~100℃，*O*,*O*-二甲基硫代磷酸酰氯与4-硝基间甲酚反应3h，经过滤，取甲苯层依次用NaOH水溶液、水洗涤，减压蒸馏回收甲苯后，得杀螟松原油，含量90%，收率95%以上。反应式如下：

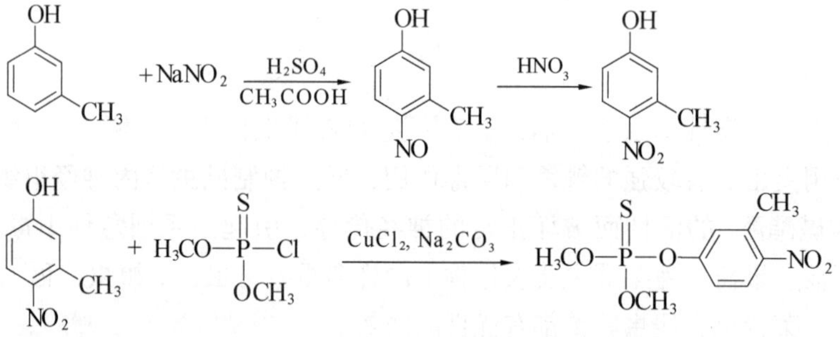

8.2.4　氨基甲酸酯类杀虫剂

1930年英格哈特发现毒扁豆碱及其类似物具有抑制胆碱酯酶的作用。从20世纪50年代后期开始，人们陆续开发了一系列具有 *N*-甲基的氨基甲酸酯类杀虫剂。在70年代末就成为和有机磷、拟除虫菊酯并驾齐驱的三大农药之一。氨基甲酸酯类杀虫剂(carbamate insecticides)具有选择性强、杀虫广谱、低毒、结构简单、易于合成等特点。氨基甲酸酯类杀虫剂主要有芳酯、肟酯和杂环酯等类型，主要品种有克百威、灭多威和苯氧威。

8.2.4.1　*克百威*(carbofuran)

化学名为：2,3-二氢-2,2二甲基-7-苯并呋喃基-*N*-甲基氨基甲酸酯，别名呋喃丹，结构式为：

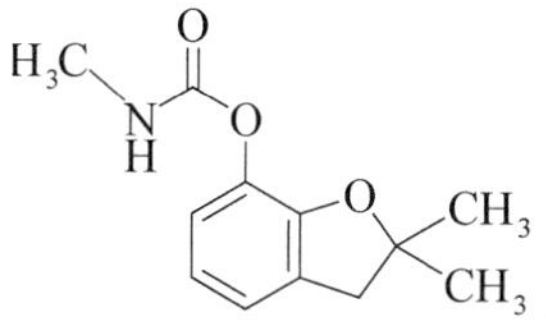

本品为广谱内吸性杀虫、杀螨和杀线虫剂，具有胃毒、触杀等作用，是防治棉花害虫的优良药剂，对烟草、甘蔗、马铃薯、花生、玉米等作物的害虫也有效。

合成方法：邻硝基酚与 3-氯异丁烯反应，生成 2-异丁烯基氧基硝基苯，然后在 175~195℃进行克莱森转位重排，150~190 ℃环化反应(三氯化铁为催化剂)，生成 2,3-二氢-2,2 二甲基-7-苯并呋喃，加氢还原硝基为氨基，再重氮化，加热水解成 2,3-二氢-2,2 二甲基-7-羟基苯并呋喃，最后与甲基异氰酸酯反应而得产品。

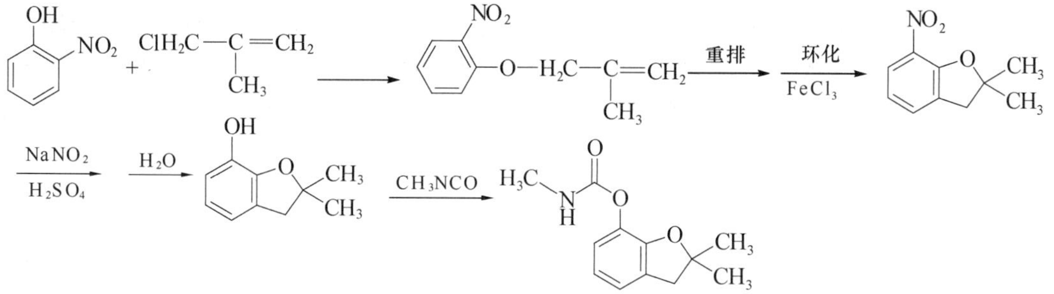

重排 环化 $FeCl_3$

$NaNO_2$ H_2SO_4 H_2O CH_3NCO

8.2.4.2 灭多威(methomyl)

又名乙肟威，化学名：1-(甲硫基)亚乙基氨甲基氨基甲酸酯，结构式为：

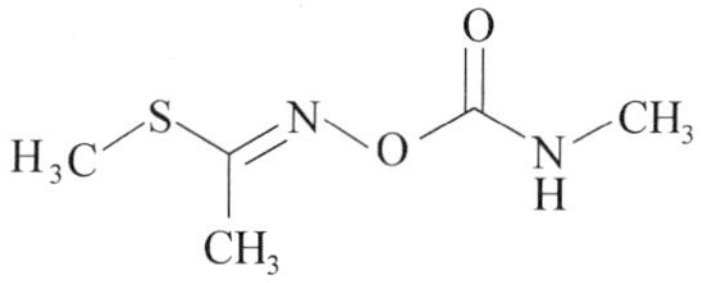

本品是速效性农药，兼有熏蒸、触杀和内吸作用，它对人和温血动物低毒。可防治多种害虫，可用于水稻、棉花、果树、蔬菜、烟草、苜蓿、草坪等。

合成方法：以硝基乙烷、甲硫醇钾、甲氨基甲酰氯为原料，硝基乙烷先与甲硫醇钾反应，生成灭多威肟，然后与甲氨基甲酰氯反应，生成灭多威。或者由甲醛合成乙醛肟，再依次与甲硫醇、异氰酸甲酯反应，制得灭多威。

反应式如下：

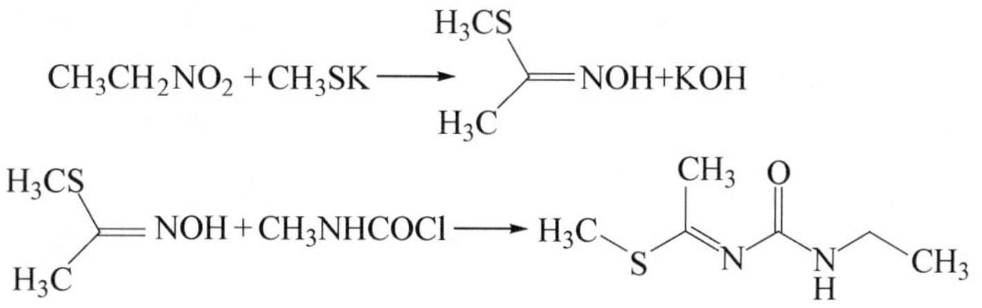

$$CH_3CH_2NO_2 + CH_3SK \longrightarrow (H_3CS)(H_3C)C{=}NOH + KOH$$

$$(H_3CS)(H_3C)C{=}NOH + CH_3NHCOCl \longrightarrow H_3C{-}S{-}C(CH_3){=}N{-}C(=O){-}NH{-}CH_2CH_3$$

8.2.4.3 苯氧威

苯氧威又名双氧威、苯醚威，化学名称：2-(4-苯氧基苯氧基)乙基氨基甲酸乙酯。苯氧威最早由瑞士 Ciba-Gaigy 公司在 20 世纪 90 年代开发，是具有保幼激素活性的非萜烯类昆虫生长调节剂类杀虫剂，兼具氨基甲酸酯类和类保幼激素的特点，对多种害虫表现出活性，对蜜蜂和有益生物无害。结构式为：

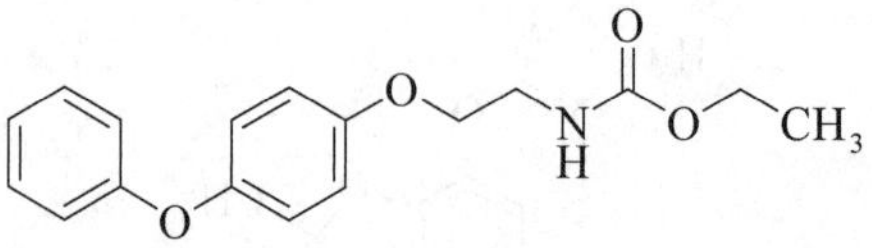

用对苯氧基苯酚与2-氯乙基氨基甲酸乙酯在碱性催化剂和溶剂存在下合成苯氧威，工艺如下：

①将一定量的乙醇胺，溶剂，加入500mL四口瓶中，降温到10℃以下，滴加浓盐酸，加完后保温1h。回流分水，分水结束后，滴加氯化亚砜，控制温度在75~80℃之间，滴加时间约为3h，加完氯化亚砜后保温2h。反应结束后，加入水萃取生成的盐。

②将第一步生成的盐，加入500mL四口瓶中，加入一定量的溶剂，同时滴加氯甲酸乙酯和碱液，温度在10℃以下。滴完后保温2h。

③将第二步生成的产物加入500mL四口瓶中，加入一定量的溶剂、对苯氧基苯酚、碳酸钾，加热到90~130℃，反应6h，即得苯氧威。反应的收率和条件与所用催化剂和溶剂有关，在碱性催化剂、DMF作溶剂条件下，反应温度80~110℃，反应时间为1~18h，反应收率可达80%。

反应式如下：

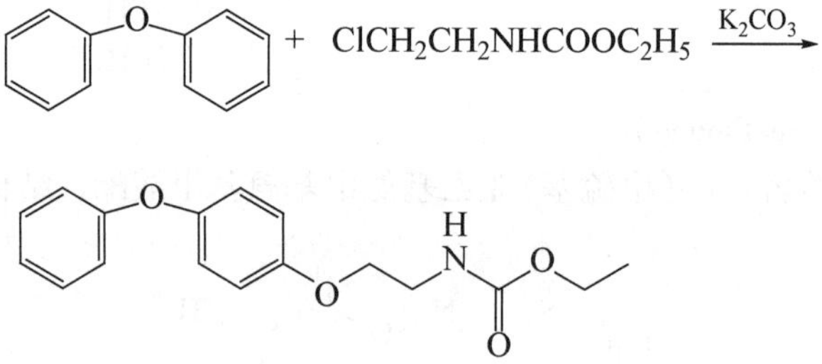

$$+\ ClCH_2CH_2NHCOOC_2H_5 \xrightarrow{K_2CO_3}$$

8.2.5 拟除虫菊酯类杀虫剂

除虫菊是指菊科菊属除虫菊亚属的若干种植物。古代波斯人发现红花除虫菊花有杀虫活性，1840年，发现白花除虫菊花杀虫毒力更高。人们通过大量栽培除虫菊以制作粉剂、油剂或乳剂，广泛应用于防治家居、畜舍、仓储等的害虫，并且对哺乳动物无害。拟除虫菊酯类杀虫剂(pyrethroid insecticides)是根据天然除虫菊素的化学结构而仿制成的一类超高效杀虫剂，它是合成农药杀虫剂发展史上继有机氯杀虫剂、有机磷杀虫剂、氨基甲酸酯杀虫剂后，于20世纪70年代由国外公司开发的一类仿生杀虫剂，它的开发是杀虫剂农药的一个新的突破，是杀虫剂历史上的第三个里程碑。近几年，在拟除虫菊酯导入氟原子，提高了杀虫活性，而且对螨也表现高毒效。

根据应用范围，拟除虫菊酯类杀虫剂可分为农用拟除虫菊酯和卫生用拟除虫菊酯两大类。农用拟除虫菊酯包括氯氰菊酯、溴氰菊酯、甲氰菊酯、氰戊菊酯、氯氟氰菊酯、氟氯氰菊酯、联苯菊酯等；卫生用拟除虫菊酯包括丙烯菊酯、胺菊酯、丙炔菊酯、氯菊酯、苯醚菊酯等。在我国，农用菊酯类杀虫剂主要用在棉花、蔬菜、果树、茶叶、烟草以及油料、糖料和部分粮食作物上，是国家提倡推广的农药产品。

拟除虫菊酯类杀虫剂有如下特点：

①高效。其杀虫效力一般比常用杀虫剂高10~50倍，且速效性好，击倒力强。例如，溴氰菊酯每亩用药量仅1/15g左右，是迄今药效最高的杀虫剂之一。菊酯的分子含有多种立体异构体，毒力相差很大，分离或合成其中的高毒性异构体甚为重要。

②广谱。对农林、园艺、仓库、畜牧、卫生等多种害虫，包括咀嚼式口器和刺吸式口器的害虫均有良好的防治效果。早期开发的品种对螨的毒性较差，但目前已出现一些能兼治螨类的品种，如甲氰菊酯、氟氰菊酯，并有能当杀螨剂使用的氟丙菊酯。早期的品种由于对鱼、贝、甲壳类水生生物的毒性高，不允许用于水稻田，目前已开发出对鱼虾毒性较低的，如醚菊酯、乙氰菊酯，可在稻田使用。

③这类药剂的常用品种对害虫只有触杀和胃毒作用，且触杀作用强于胃毒作用，要求喷药均匀。

④低毒、低残留。对人畜毒性比一般有机磷和氨基甲酸酯类杀虫剂低，用量少，使用安全性高。由于在自然界易分解，使用后不易污染环境。

⑤极易诱发害虫产生抗药性，而且抗药程度很高。

8.2.5.1 氯氰菊酯(高效氯氰菊酯)

氯氰菊酯(cypermethrin，灭百可，兴棉宝，安绿宝)，化学名称为(*RS*)-(α-氰基-3-苯氧基苄基)(*RS*)-3-(2,2-二氯乙烯基)-2,2-二甲基环丙烷羧酸酯，结构式如下：

高效氯氰菊酯是由顺反氯氰菊酯通过差向异构化反应使其低效异构体(β体)转化为高效体(α体)，使其高效体含量及药效比转化前原药提高一倍以上，高效体含量达95%以上，1989年由匈牙利Chinoin Pharmaceutical Chemical Works Co. Ltd实行工业化生产。氯氰菊酯具有高效、广谱、中毒、低残留、对光和热稳定的特点，目前是我国农药产量最大的菊酯类农药。氯氰菊酯具有触杀和胃毒作用，无内吸和熏蒸作用，其杀虫谱广，作用迅速，对防治鳞翅目、鞘翅目害虫非常有效，主要用于防治棉花、烟草、大豆、蔬菜、玉米、果树、林木、葡萄等农作物害虫，也可用于防治牲畜体外寄生虫、居室卫生和工业害虫。

氯氰菊酯的生产以二氯菊酸(顺、反比为3：7)为起始原料，经顺反分离后得顺式菊酸(含量大于93%，顺反式比为8：2)，用醚醛-氯酰法合成富顺式氯氰菊酯(含量82%)，再经差向异构法，获得高顺氯氰菊酯(含量92%)。其生产工艺如下：

(1)二氯菊酸的合成

(±)顺式二氯菊酸可以用(±)顺反二氯菊酸酯加入氢氧化钠溶液调节pH值至一定值，然后在该溶液中通二氧化碳，(±)顺式二氯菊酸析出，过滤、干燥，得(±)顺式二氯菊酸。如图8-1所示。

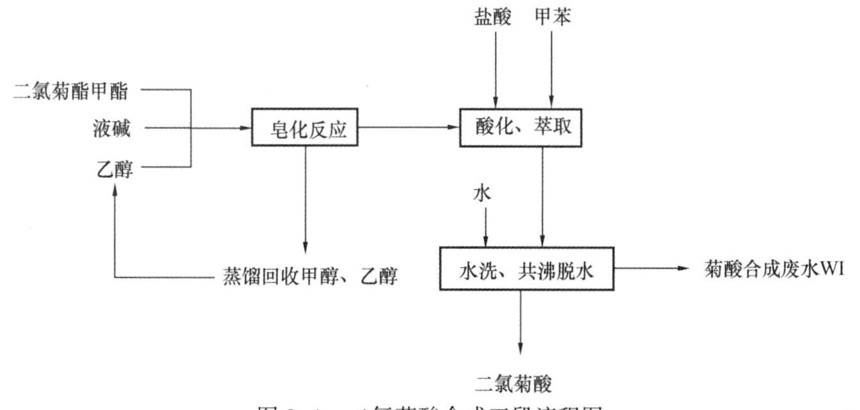

图8-1 二氯菊酸合成工段流程图

(2)二氯菊酰氯的合成

二氯菊酸用氯化亚砜或光气氯化，生成二氯菊酰氯。见图 8-2。

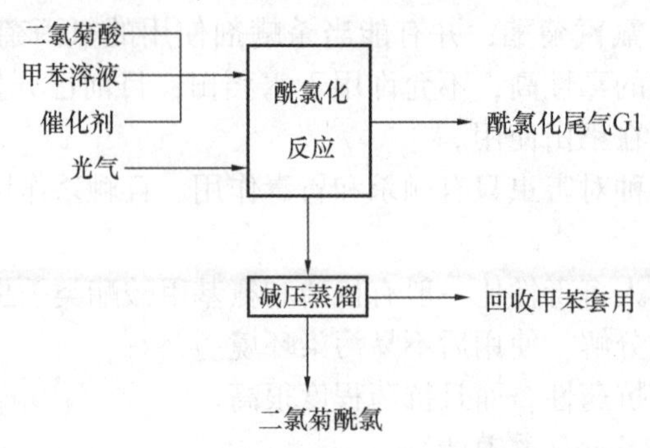

图 8-2　二氯菊酰氯合成工段流程图

(3)氯氰菊酯的合成

二氯菊酰氯与间苯氧基苯甲醛、氰化钠在相转移催化剂存在下，于水-有机溶剂中反应，即得氯氰菊酯。原油有效成分含量≥85.0%。工艺流程如图 8-3 所示。

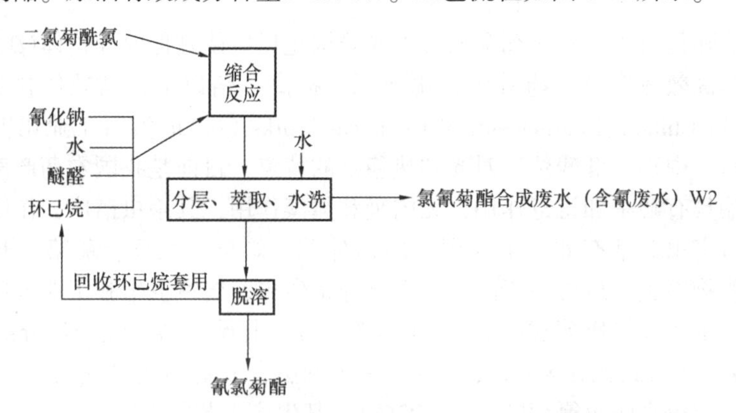

图 8-3　氯氰菊酯合成工段(酰氯-醚醛法)流程图

反应式如下：

二氯菊酸 $+ COCl_2 \longrightarrow$ 二氯菊酰氯

二氯菊酰氯 $+$ 间苯氧基苯甲醛 $+ NaCN \xrightarrow{\text{催化剂}}$ 氯氰菊酯

8.2.5.2　非经典结构的拟除虫菊酯

以上所述的拟除虫菊酯属于烯基环丙烷羧酸的衍生物，结构上和天然除虫菊酯较类似。

人们在研究上述品种的基础上，进一步改变结构，合成各种结构上与上述品种差异较大的新产品，同样具有优良的杀虫功效和低毒的性质，这些产品也称为拟除虫菊酯，如：氰戊菊酯（杀灭菊酯，速灭杀丁），是对氯苯基异戊酯代替菊酸部分（包括三碳环），但分子构型相似。

氰戊菊酯

氰戊菊酯生产工艺如下：

（1）对氯苯乙腈烷基化

将氯氰苄、氯代异丙烷、氢氧化钠按摩尔比 1∶1.1∶3 配料加入石油醚中，在 70℃左右搅拌反应 12h。经水洗、干燥、脱溶剂后再进行减压蒸馏，收集 100～110℃（0.04～0.08kPa）馏分，即得 α-异丙基对氯苯基乙腈。含量 90%，收率 92%。工艺流程如图 8-4 所示。

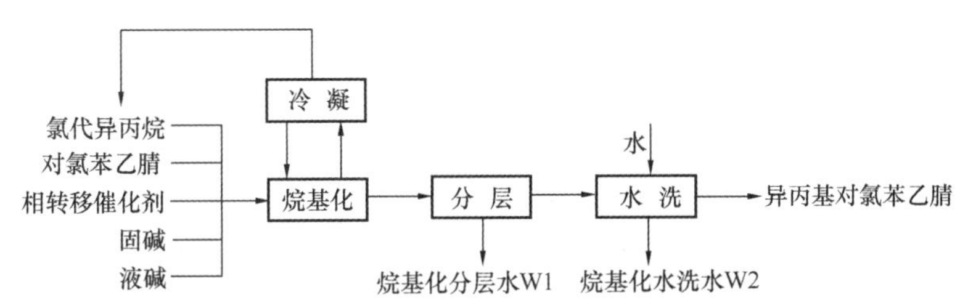

图 8-4　对氯苯乙腈烷基化合成工段流程图

（2）异丙基对氯苯乙腈水解

α-异丙基对氯苯基乙腈与 65%的硫酸按摩尔比 1∶1.3 混合，加热至 140～145℃反应 11h。用溶剂萃取，分除酸层，再经水洗，脱溶，冷却结晶得 α-异丙基对氯苯基乙酸，含量 90%，熔点 85～87℃，收率 90%。如图 8-5 所示。

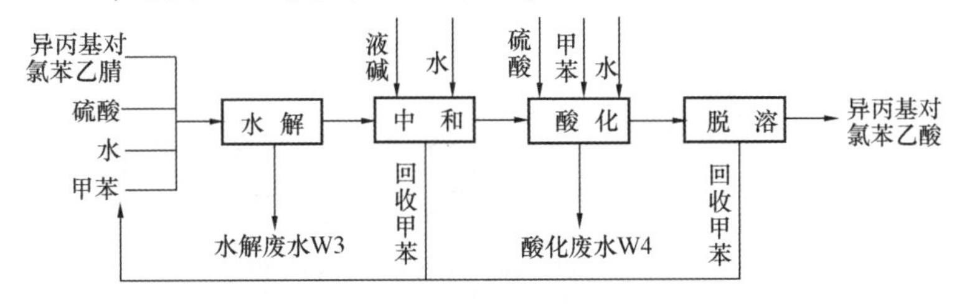

图 8-5　异丙基对氯苯基乙腈合成工段流程图

（3）异丙基对氯苯乙酸酰氯化

异丙基对氯苯乙酸和五氯化磷按摩尔比 1∶1.1 混合，搅拌升温到 130℃，在 130～140℃反应 1h。冷却排除生成的氯化氢，蒸出副产的三氯氧磷后，减压蒸馏，收集 100～103℃（0.4～0.47kPa）馏分，即得 α-异丙基对氯苯基乙酰氯，含量 95%以上，收率 95%以上。如图 8-6 所示。

（4）氰戊菊酯的合成

将氰化钠、间苯氧基苯甲醛、α-异丙基对氯苯基乙酰氯按摩尔比 1.1∶1∶1.05 依次投

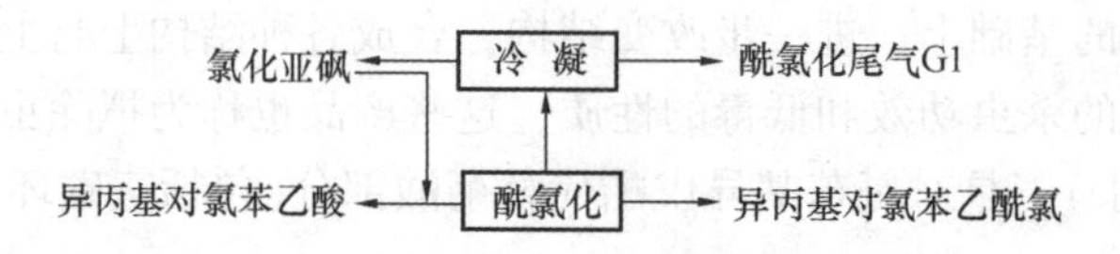

图 8-6　异丙基对氯苯基乙酰氯合成工段流程图

入水中，使氰化钠水溶液的浓度为 25%。在 30~35℃搅拌反应 12h。用溶剂萃取、水洗、干燥、减压脱除溶剂后即得氰戊菊酯，原油含量 90%以上，收率 90%以上。工艺流程如图 8-7 所示。

反应式如下：

$$\mathrm{Cl{-}C_6H_4{-}CH_2CN} + \mathrm{(H_3C)_2CH{-}Cl} \xrightarrow{\mathrm{NaOH}} \mathrm{Cl{-}C_6H_4{-}CH(CH(CH_3)_2){-}CN}$$

$$\xrightarrow{\mathrm{H_2SO_4}} \mathrm{Cl{-}C_6H_4{-}CH(CH(CH_3)_2){-}COOH} \xrightarrow{\mathrm{SOCl_2}} \mathrm{Cl{-}C_6H_4{-}CH(CH(CH_3)_2){-}COCl}$$

$$\mathrm{Cl{-}C_6H_4{-}CH(CH(CH_3)_2){-}COCl} + \mathrm{C_6H_5{-}O{-}C_6H_4{-}CHO} + \mathrm{NaCN} + \mathrm{H_2O}$$

$$\xrightarrow{\mathrm{PTC}} \mathrm{Cl{-}C_6H_4{-}CH(CH(CH_3)_2){-}C(=O){-}O{-}CH(CN){-}C_6H_4{-}O{-}C_6H_5}$$

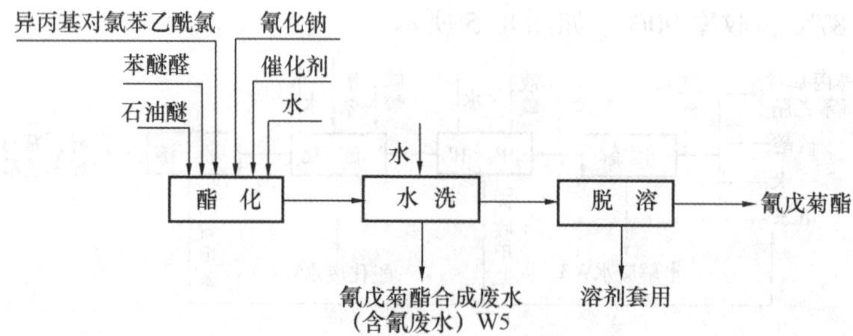

图 8-7　氰戊菊酯合成工段流程图

8.2.6　其他类型杀虫剂

8.2.6.1　氮杂环杀虫剂

当前化学农药的开发热点是杂环化合物，尤其是含氮原子杂环化合物。杂环化合物的优点是对温血动物毒性低；对鸟类、鱼类比较安全；药效好，特别是对蚜虫、飞虱、叶蝉、蓟马等个体小和繁殖力强的害虫防治效果好；用量少，一般用量为 0.05~0.1g/m^2；在环境中易于降解，有些还有促进作物生长的作用。含氮杂环新杀虫剂的品种较多，其中包括吡啶类、吡咯类、嘧啶类、吡唑类、三唑类、酰肼类、烟碱类等杂环化合物。典型品种有下列三种：

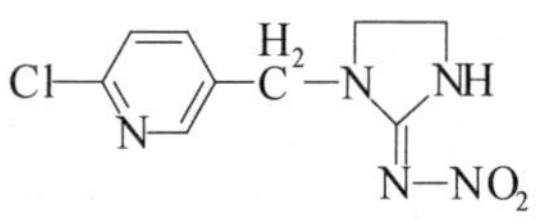

吡虫啉 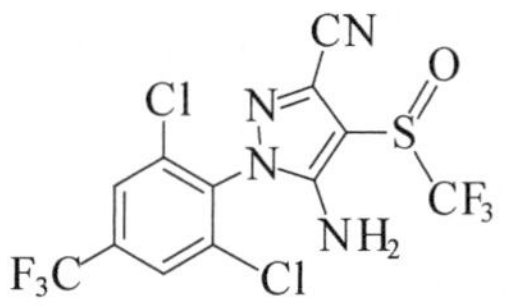　　　　**锐劲特** 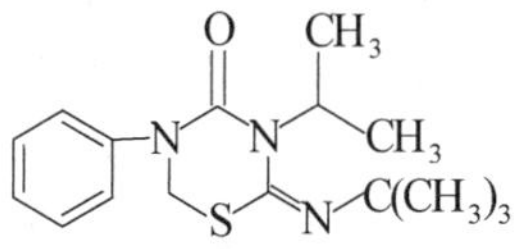　　　　**噻嗪酮**

吡虫啉是由德国拜耳公司和日本特殊农药公司共同开发，于 1992 年商品化的新品种，化学名称为 1-(6-氯-3-吡啶甲基)*N*-硝基-2-咪唑啉亚胺，它是烟酸乙酰胆碱酯酶受体的作用体，可抑制烟酸乙酰胆碱，从而干扰昆虫运动神经系统，使化学信号传递失灵。害虫接触药剂后，中枢神经正常传导受阻，使其麻痹死亡。速效性好，药后 1 天即有较高的防效，残留期长达 25 天左右。药效和温度呈正相关，温度高，杀虫效果好。吡虫啉具有用量少、活性高、持效期长、杀虫谱广、与常规农药无交互抗性、低毒等优点，对拟除虫菊酯及有机磷农药已产生抗药性的害虫具有良好的防治效果，可广泛用于水稻、小麦、果树、蔬菜、棉花、烟草、马铃薯等作物，用于防治叶蝉、飞虱、蚜虫等多种害虫。

吡虫啉生产的早期，国内主要采用 3-甲基吡啶、2-氨基-5-甲基吡啶或苄胺为原料的路线，随着技术进步以及原料价格和产品质量、成本方面的因素，目前吡虫啉生产企业多采用环戊二烯为原料，通过关环反应直接制备 2-氯-5-氯甲基吡啶，使得吡虫啉生产成本大幅度降低，原药含量也可达到 95%以上，大大提高了产品的市场竞争力。

噻嗪酮的化学名是 2-叔丁亚氨基-3-异丙基-5-苯基-3,4,5,6-四氢-2H-1,3,5-噻二嗪-4-酮。本品为新型高选择性杀虫剂，杀虫活性高，接触药剂的害虫死于蜕皮期，推荐剂量不能直接杀死成虫，但能减少产卵和卵孵化，使子代大大减少。与其他种类杀虫剂无交互抗性问题。能有效防治稻和蔬菜上的飞虱、叶蝉、温室粉虱等害虫及果树和茶树上的介壳虫等害虫。

噻嗪酮生产是以 *N*-甲基苯氨为起始原料，与光气、氯气反应，制得中间体 *N*-氯甲基-*N*-苯基氨基甲酰氯；在酸存在下，叔丁醇与硫氰酸铵反应，再经转位反应，得异氰酸叔丁酯，再与异丙胺反应，制得 1-异丙基-3-叔丁基硫脲。在碱存在下，*N*-氯甲基-*N*-苯基氨基甲酰氯与 1-异丙基-3-叔丁基硫脲反应，制得噻嗪酮。反应式如下：

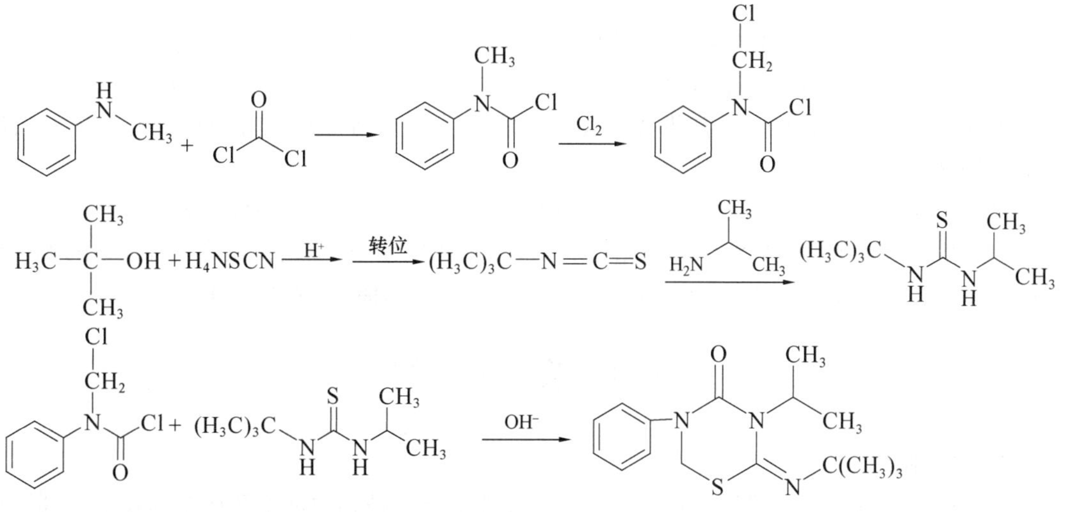

8.2.6.2 含氟杀虫剂

由于氟原子半径小，又具有较大的电负性，它所形成的 C—F 键键能比 C—H 键键能要大得多，明显地增加了有机氟化合物的稳定性和生理活性，另外含氟有机化合物还具有较高的脂溶性和疏水性，促进其在生物体内吸收与传递速度，使生理作用发生变化。所以很多含氟农药具有用量少、毒性低、药效高等特点，目前含氟农药开发成为当今新农药的创制主体，在世界上千种农药品种中，含氟农药占15%左右，据不完全统计，近十年来所开发的农药新品种中，含氟化合物更高达 50%以上，含氟杀虫剂已成为农药行业开发与应用的主导品种之一。

含氟杀虫剂主要有拟除虫菊酯类和苯甲酰脲类。芳环上含有氟原子结构的拟除虫菊酯主要品种有五氟苯菊酯、四氟菊酯、七氟菊酯、氟氯苯菊酯、氟氯氰菊酯、三氟醚菊酯等；烷碳链上含氟原子的拟除虫菊酯有氯氟氰菊酯、联苯菊酯、氟酯菊酯、三氟醚菊酯等；芳环上含有—OCF_3、—CHF_2、—$OCHF_2$ 等基团的拟除虫菊酯有氟氰戊菊酯、氟溴醚菊酯、F-1327 等。目前国内能够生产的品种有四氟菊酯、五氟苯菊酯、七氟菊酯、氟氯苯菊酯、氟氯氰菊酯、氯氟氰菊酯、联苯菊酯等。苯甲酰脲类杀虫剂目前已成为杀虫剂重要品种之一，而且大部分为含氟化合物，主要品种有除虫脲、氟铃脲、氟幼脲、伏虫隆、氟虫脲、杀虫隆、啶蜱脲、氟酰脲、氟螨脲等。

8.2.7 生物杀虫剂

针对化学农药的种种弊病，世界上不少国家已研制出一系列选择性强、效率高、成本低、不污染环境、对人畜无害的生物农药。生物农药定义为用来防治病、虫、草等有害生物的生物活体及其代谢产物和转基因产物，并可以制成商品上市流通的生物源制剂，包括细菌、病毒、真菌、线虫、植物生长调节剂和抗病虫草害的转基因植物等。生物农药主要分为植物源、动物源和微生物源三大类型。

植物源农药以在自然环境中易降解、无公害的优势，现已成为绿色生物农药首选之一，主要包括植物源杀虫剂、植物源杀菌剂、植物源除草剂及植物光活化毒素等。到目前，自然界已发现的具有农药活性的植物源杀虫剂有杀虫杀菌系列、除虫菊素、烟碱和鱼藤酮等。

动物源农药主要包括动物毒素，如蜘蛛毒素、黄蜂毒素、沙蚕毒素等。目前，昆虫病毒杀虫剂在美国、英国、法国、俄罗斯、日本及印度等国已大量施用，国际上已有 40 多种昆虫病毒杀虫剂注册、生产和应用。

微生物源农药是利用微生物或其代谢物作为防治农业有害物质的生物制剂。最常用的细菌是苏云金杆菌(B. t.)，它是目前世界上用途最广、开发时间最长、产量最大、应用最成功的生物杀虫剂，药效比化学农药高 55%；而病毒杀虫剂则可有效防治斜纹夜蛾核多角体病毒(SLNPV)等难症。

阿维菌素是近几年发展最快的一种大环内酯抗生素，至 2000 年年底，国内已有 198 家企业获得批准生产阿维菌素单剂或以阿维菌素为原料的混配制剂的登记，该药具有很强的触杀活性和胃毒活性，能防治柑橘、林业、棉花、蔬菜、烟草、水稻等多种作物上的多种害虫。

8.3 杀 菌 剂

8.3.1 概述

能够抑制病菌生长、保护植物不受侵害，或能够渗进植物内部杀死病菌的化学药剂统称为杀菌剂(fungicid)，它主要包括杀真菌剂和杀细菌剂。杀菌剂可根据有机化学组成进行分类：

①有机硫杀菌剂：如代森铵、敌锈钠、福美锌、代森锌、代森锰锌、福美双等。

②有机磷、砷杀菌剂：如稻瘟净、克瘟散、乙磷铝、甲基立枯磷、退菌特、稻脚青等。

③取代苯类杀菌剂：如甲基托布津、百菌清、敌克松、五氯硝基苯等。

④唑类杀菌剂：如粉锈宁、多菌灵、恶霉灵、苯菌灵、噻菌灵等。

⑤抗菌素类杀菌剂：井冈霉素、多抗霉素、春雷霉素、农用链霉素、抗霉菌素 120 等。

⑥复配杀菌剂：如灭病威、双效灵、炭疽福美、杀毒矾 M8、甲霜铜、DT 杀菌剂、甲霜灵-锰锌、拌种灵-锰锌、甲基硫菌灵-锰锌、广灭菌乳粉、甲霜灵-福美双可湿性粉剂等。

⑦其他杀菌剂：如甲霜灵、菌核利、腐霉利、扑海因、灭菌丹、克菌丹、特富灵、敌菌灵、瑞枯霉、福尔马林、高脂膜、菌毒清、霜霉威、喹菌酮、烯酰吗啉-锰锌等。

8.3.2 有机硫杀菌剂

有机硫杀菌剂是开发应用较早、品种最多的一类杀菌剂，它是由无机杀菌剂发展到有机杀菌剂的一个标志，在替代铜、汞制剂方面起了很大的作用。20 世纪 30~40 年代问世，先后开发成功的有“福美”类和“代森”类系列产品。到 20 世纪 60 年代，有机硫即二硫芳氨基甲酸盐杀菌剂发展成为全世界产量最大的一类杀菌剂，现在仍然是我国主要生产的一类杀菌剂。该类药具有高效、低毒，对人畜植物安全、防病谱广等特点。它使用上不像有机磷那样易使菌类产生抗药性，价格又便宜，故在内吸杀菌剂广泛使用的基础上，这类药在杀菌剂中仍占有重要的位置。常用品种可分为三大类：二硫代氨基甲酸盐类、三氯甲硫基类和氨基磺酸类。

8.3.2.1 二硫代氨基甲酸盐类(代森类)

代森类是联接氮原子上的两个氢原子仍保留一个不被取代。代森系列有机硫农药生产工艺路线有钠法、氨法两种。

(1) 钠法

① 代森钠生产工艺。在反应釜中加入清水及定量的乙二胺，滴加二硫化碳，反应结束后分批加入氢氧化钠溶液，达到反应终点后静置分层，将未反应的二硫化碳分离套用，反应方程式如下：

$$\begin{matrix} CH_2NH_2 \\ | \\ CH_2NH_2 \end{matrix} + CS_2 \longrightarrow \begin{matrix} CH_2CSSH\cdot H_2N—CH_2 \\ | \qquad\qquad\quad | \\ CH_2CSSH\cdot H_2N—CH_2 \end{matrix} \xrightarrow{CS_2+2NaOH} \begin{matrix} CH_2NHCSSNa \\ | \\ CH_2NHCSSNa \end{matrix} + 2H_2O$$

② 代森锰。将代森钠水溶液投入代森锰合成釜，用 5%硫酸水溶液中和过量的氢氧化钠(中和时产生的硫化氢气体进入吸收塔，吸收处理)。加入 25%硫酸锰水溶液，反应结束后离心过滤，并水洗得到黄色固体代森锰。反应方程式如下：

$$\begin{matrix} CH_2NHCSSNa \\ | \\ CH_2NHCSSNa \end{matrix} + MnSO_4 \longrightarrow \begin{matrix} CH_2—NH—\overset{\overset{S}{\|}}{C}—S \\ | \\ CH_2—NH—\underset{\underset{S}{\|}}{C}—S \end{matrix} \!\!>\! Mn + Na_2SO_4$$

③代森锰锌合成。在反应釜中加入定量清水使氯化锌溶解，将代森锰投入釜中进行络合反应，反应结束离心分离，甩干出料，干燥后即得代森锰锌，所得母液循环套用。反应方程式如下：

$$\begin{array}{l} \quad\ \ \ S \\ \quad\ \ \ \| \\ CH_2NHCS \diagdown \\ | \qquad\qquad\quad Mn \\ CH_2NHCS \diagup \\ \quad\ \ \ \| \\ \quad\ \ \ S \end{array} \xrightarrow{ZnCl_2} \left[-S-CSNH(CH_2)_2-NHC(S)SMn\right]_x(Zn)_y$$

(2)氨法

①代森铵的合成。25~28℃下将乙二胺加入稀氨水中，维持上述温度滴加 CS_2，并控制反应温度不低于35℃，反应1h，反应终点pH值为7~8，且无 CS_2 油珠，收率达97%。反应结束后将未反应的二硫化碳分离，回收套用。反应方程式如下：

$$\begin{array}{l} CH_2NH_2 \\ | \\ CH_2NH_2 \end{array} + 2CS_2 + 2NH_4OH \longrightarrow \begin{array}{l} CH_2NHCSSNH_2 \\ | \\ CH_2NHCSSNH_2 \end{array} + 2H_2O$$

②代森锰、代森锌及代森锰锌的合成。向代森铵溶液中分别投加定量的硫酸锰，经反应后生成代森锰。在该反应釜中投加定量的氯化锌、焦亚硫酸钠，合成代森锰锌，反应结束后离心分离，并用清水洗涤，甩干出料，干燥后即得代森锰锌。反应方程式如下：

$$\begin{array}{l} CH_2NHCSSHNH_3 \\ | \\ CH_2NHCSSHNH_3 \end{array} + MnSO_4 \longrightarrow \begin{array}{l} \qquad\qquad\quad S \\ \qquad\qquad\quad \| \\ CH_2-NH-C-S \diagdown \\ | \qquad\qquad\qquad\qquad Mn \\ CH_2-NH-C-S \diagup \\ \qquad\qquad\quad \| \\ \qquad\qquad\quad S \end{array} + (NH_4)_2SO_4$$

$$\begin{array}{l} CH_2NHCSSHNH_3 \\ | \\ CH_2NHCSSHNH_3 \end{array} + ZnSO_4 \longrightarrow \begin{array}{l} \qquad\qquad\quad S \\ \qquad\qquad\quad \| \\ CH_2-NH-C-S \diagdown \\ | \qquad\qquad\qquad\qquad Zn \\ CH_2-NH-C-S \diagup \\ \qquad\qquad\quad \| \\ \qquad\qquad\quad S \end{array} + (NH_4)_2SO_4$$

$$\begin{array}{l} \quad\ \ \ S \\ \quad\ \ \ \| \\ CH_2NHCS \diagdown \\ | \qquad\qquad\quad Mn \\ CH_2NHCS \diagup \\ \quad\ \ \ \| \\ \quad\ \ \ S \end{array} \xrightarrow{ZnCl_2} \left[-S-CSNH(CH_2)_2-NHC(S)SMn\right]_x(Zn)_y$$

由上述生产工艺路线可知，代森类杀菌剂生产工艺有钠法和氨法两种，其区别在于，钠法是由代森钠与硫酸锌(硫酸锰)合成生成代森锌(代森锰)，而氨法则是由代森铵与硫酸锌(硫酸锰)合成代森锌(代森锰)，所用原料前者为30%液碱，后者为20%~25%氨水。代森锰锌的后续生产工艺均为代森锰与氯化锌(硫酸锌)络合生成代森锰锌，两条工艺路线所用的主要原料基本相同，消耗定额略有区别。

钠法生产工艺过程复杂，较难控制，在代森钠的合成中需分两步进行，滴加二硫化碳后还需分批向反应釜中加入氢氧化钠溶液，以控制pH值在要求的范围内，否则反应副产物将增加。另外反应生成的代森锰需离心脱水后，再进入络合釜与锌盐进行代森锰锌的合成。该法产品含量较低，流程较长且操作比较复杂。而氨法生产代森锰锌生产工艺简单，便于控制，生成的代森锰不必过滤，与锌盐在同一釜直接进行络合反应。相对钠法，该法收率较高，产品含量较钠法高，因此国内大部分生产厂采用氨法生产。

二硫代氨基甲酸盐杀菌剂大量应用于苹果、土豆和蔬菜，其中最重要的是用于土豆，可用于防治马铃薯晚疫病，果树与蔬菜的霜霉病、炭疽病，麦类锈病，苹果和梨的黑星病，葡萄褐斑病、黑痘病等病害。

8.3.2.2　二甲基二硫代氨基甲酸盐类(福美类)

福美类是氮原子上两个氢原子都被取代。

(1)福美锌

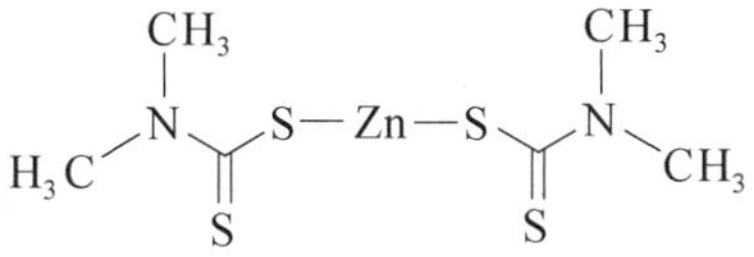

福美锌

即二甲基二硫代氨基甲酸锌，是由二甲基二硫代氨基甲酸钠盐与可溶性锌盐反应制得的，用于水果和蔬菜的防治。

(2)福美双

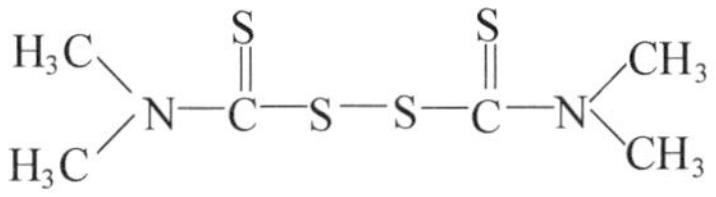

双(二甲基二硫代氨基甲酰基)二硫化物，遇酸易分解，不能与含铜药剂混用。剂型为50%可湿性粉剂，使用倍数为500~800倍。主要用于防治葡萄白腐病、炭疽病，对梨黑星病、草莓灰霉病、瓜菜霜霉病也有效。

8.3.3　有机磷杀菌剂

(1)稻瘟净

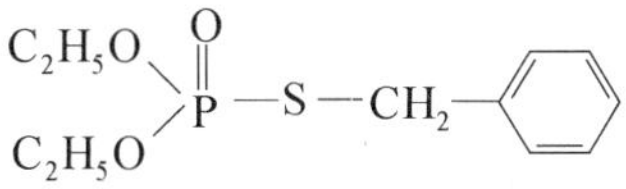

纯品为无色透明液体，稍具特殊臭味，难溶于水，易溶于乙醇、乙醚、二甲苯中，对光稳定，遇碱易分解。

有内吸、治疗和保护作用，主要用于防治稻瘟病，对水稻小粒菌核病、纹枯病、颖枯病和玉米大小斑病也有效，并可兼治稻飞虱、叶蝉。对人畜中等毒性，对鱼毒性较低。

(2)异稻瘟净

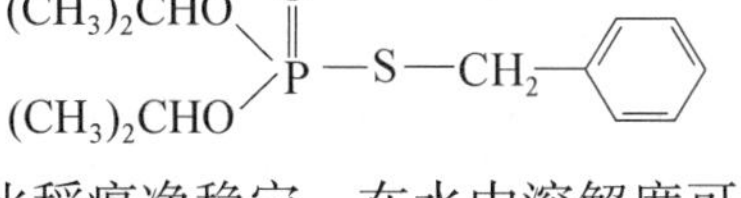

黄色液体，遇碱易分解，比稻瘟净稳定，在水中溶解度可高达500mg/L。

内吸性杀菌剂，防病作用与稻瘟净相同，主要用于防稻瘟病。

(3)克瘟散

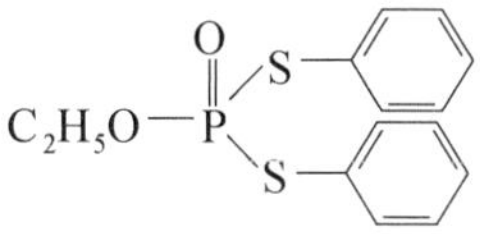

原药为黄色液体，带特殊臭味，易溶于丙酮及二甲苯，难溶于水，在水中溶解度只有5mg/L，且水溶液不稳定，经1天后分解失效。

内吸性杀菌剂，用途与稻瘟净、异稻瘟净相同，对稻瘟孢子触杀性比稻瘟净、异稻瘟净好，但治疗作用不及异稻瘟净。中等毒性，对蜜蜂无毒，对叶蝉有兼治作用。

(4)甲基立枯磷(甲基立枯灵，利克磷)，*O*-(2,6-二氯-对-甲苯基)-*O*,*O*-二甲基硫代磷酸酯

纯品为无色晶体，原药为浅棕色固体，熔点78~80℃，23℃水中溶解度为0.3~0.4mg/L，对光、热和潮湿均较稳定。

甲基立枯灵是内吸性杀菌剂，对罗氏白绢病、丝核菌属、玉米黑粉病、灰霉病、核盘菌、禾谷类全蚀病、青霉病有高效，但对疫霉菌、腐霉菌、镰刀菌和黄萎轮枝菌无效。甲基立枯灵可使病菌孢子不能形成或萌芽，会破坏肌丝功能，影响孢子游动和导致体细胞分裂不正常。可防多种作物的苗立枯病、菌核病、雪腐病，防丝核菌引起的马铃薯茎溃疡病和茎腐烂病。

(5)三唑磷胺(威菌磷，triamiphos)

原药为白色无味固体，熔点为167~168℃，中性或弱酸性条件下稳定，可与其他农药混用，用以防白粉病，有内吸杀虫杀螨性。

8.3.4 杂环类杀菌剂

8.3.4.1 多菌灵

化学名是苯并咪唑-2-氨基甲酸甲酯，为苯并咪唑类杀菌剂，遇酸、遇碱易分解。可用于防治由子囊菌亚门和半知菌亚门真菌引起的多种植物病害，例如苹果、梨轮纹病，苹果炭疽病、褐斑病，葡萄炭疽病、黑痘病，黄瓜炭疽病，番茄早疫病，茄子褐纹病等。因此它能防治花生、小麦、谷类、苹果、梨、葡萄、桃、烟草、番茄、甘蔗、甜菜、水稻上的多种病害，是一个国内需求量在10kt以上的品种。

多菌灵的特点是使用浓度低、防治效果好、残效长，增产效果显著，使用中对人畜安全，可用来防治麦类赤霉病、水稻稻瘟病、棉花苗期病及花生倒秧病等，并对麦类赤霉病有特效。然而由于连年使用，已发现对多菌灵产生抗性的灰霉病。

多菌灵是由氰胺基甲酸甲酯与邻苯二胺反应得到，反应式如下：

$$CaCN_2 \xrightarrow{H_2O} H_2NCN \xrightarrow{ClCOOCH_3} CH_3OOCNHCN$$

$$CH_3OOCNHCN + C_6H_4(NH_2)_2 \longrightarrow C_7H_5N_2\text{-}NHCOOCH_3$$

多菌灵

8.3.4.2 三唑酮

$$(CH_3)_3C-\overset{O}{\overset{\|}{C}}-\underset{\text{1,2,4-三唑-1-基}}{CH}-O-C_6H_4-Cl$$

又名粉锈宁，对酸碱都较稳定，主要用于治疗各种植物的白粉病和锈病。例如苹果、梨白粉病、锈病，瓜类白粉病，菜豆锈病。此外，对葡萄白腐病也有较好的效果。三唑酮是高效、广谱、安全的内吸性杀菌剂，具有预防和治疗作用，对小麦锈病、白粉病、黑穗病，高粱丝黑穗病，玉米圆斑病、黑穗病等难治病害有最佳的防治效果，对小麦全蚀病、腥黑穗病、散黑穗病、水稻纹枯病及瓜类、果树、蔬菜、花卉、烟草等植物的白粉病和锈病均有特效。

三唑酮的制法：首先由叔戊醇与甲醛在酸性条件下加热反应，制得频哪酮，用水蒸气蒸馏，频哪酮用氯气氯化，生成二氯频哪酮。水合肼与甲酰胺加热反应，生成1,2,4-三唑(甲酰胺法)，最后在碳酸钾存在下，对氯苯酚与二氯频哪酮，1,2,4-三唑加热反应，即得三唑酮。

$$H_3C-C(CH_3)_2-CH_2OH + HCHO \xrightarrow{H^+} H_3C-C(CH_3)_2-\overset{O}{\overset{\|}{C}}-CH_3 \xrightarrow{Cl_2} H_3C-C(CH_3)_2-\overset{O}{\overset{\|}{C}}-CHCl_2$$

$$H_3C-C(CH_3)_2-\overset{O}{\overset{\|}{C}}-CHCl_2 + HO-C_6H_4-Cl + \text{1H-1,2,4-三唑} \xrightarrow{K_2CO_3} Cl-C_6H_4-O-CH(\text{1,2,4-三唑-1-基})-\overset{O}{\overset{\|}{C}}-C(CH_3)_3$$

8.3.4.3 丙环唑

丙环唑[1-(2,4-二氯苯基-4-丙基-1,3-二氧戊环-2-甲基)-1氢-1,2,4三唑]，结构式：

$$\text{(2,4-}Cl_2C_6H_3\text{)}-\underset{\text{1,3-二氧戊环（4-}C_3H_7\text{）}}{C}-CH_2-\text{1,2,4-三唑-1-基}$$

它是一种具有保护和治疗作用的内吸性三唑类杀菌剂，可被根、茎、叶部吸收，并能很快地在植物株体内向上传导，可防治子囊菌、担子菌和半知菌引起的病害，特别对小麦全蚀病、白粉病、锈病、根腐病，水稻恶菌病，香蕉叶斑病具有较好的防治效果。它的生产工艺分如下四步：

①环合。由2,4-二氯苯基甲酮与1,2-戊二醇在催化剂对甲苯磺酸的存在下加热脱水(80℃±2℃)、反应终点控制2,4-二氯苯基甲酮 ≤2%。

$$\text{2,4-}Cl_2C_6H_3-\overset{O}{\overset{\|}{C}}-CH_3 + H_3C-CH_2-CH_2-CH(OH)-CH_2OH \xrightarrow{H_3C-C_6H_4-SO_3H} \text{2,4-}Cl_2C_6H_3-\underset{\text{1,3-二氧戊环（4-}C_3H_7\text{）}}{C}-CH_3 + H_2O$$

②溴化。环化合格后的产品在引发剂碳酸钠存在下控温 35~45℃，与溴素进行溴化反应。反应终点控制方式是环合物≤1%。反应结束后洗涤，脱水，出料。

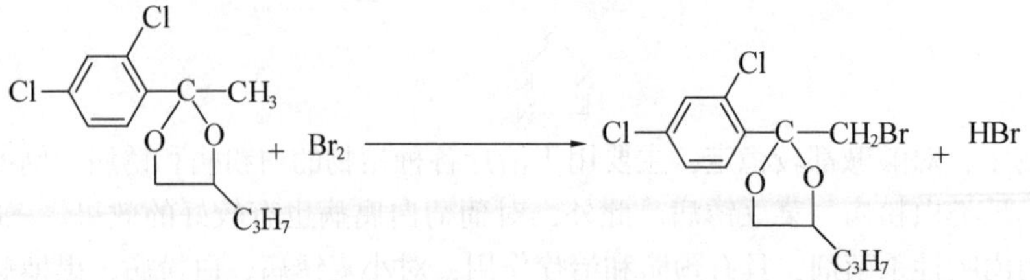

③缩合。溴化物在溶剂二甲基甲酰胺中与 1H-1,2,4-三唑于 140~145℃下反应。色谱跟踪控制终点，当溴化物 ≤1.5%，制得丙环唑粗品。此外，回收 DMF 必须控制水分 <0.5%。

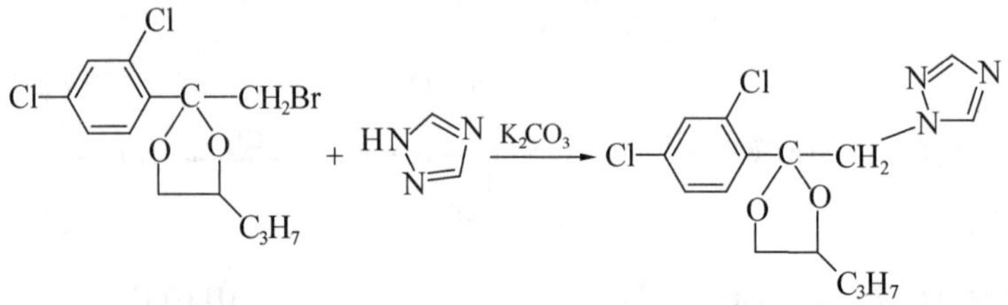

④精制。将粗品溶解在甲醇中，于 8~15℃滴加硝酸成盐并从体系中析出，将盐过滤收集。30%的无水甲醇用来溶解粗品，自第二批起母液套用，不足的量需补充无水甲醇，母液套用 3~4 批后视色泽和含量确定是否继续套用。将硝酸盐溶于水，加 25%氢氧化钠溶液碱化得浅黄色丙环唑成品。

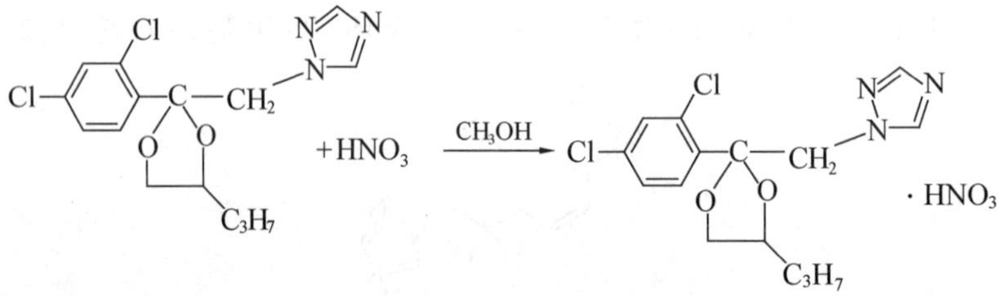

8.3.5 取代苯类杀菌剂

8.3.5.1 百菌清

百菌清化学名为 4-氯间苯二腈，不溶于水，溶于有机溶剂。耐雨水冲刷，不耐强碱。百菌清是 1962 年由英国 Diamond Sharmrock Chemical Company 合成，是目前国际上优良的保护型、低毒杀菌剂，具有杀菌谱广、高效、低毒、无抗药性、无药害，并可与多种农药复配的优点，特别是它顺应了农药由传统杀虫剂向高效、低毒品种转变的产品结构调整方向。百菌清对多种作物的真菌病害具有良好的防治作用，广泛应用于蔬菜、果树、经济作物等多种作物病害的防治，它的生产工艺主要有以下两种：

①以间苯甲酸和氯化亚砜为原料，经氯化反应生成间苯甲酰氯，然后通入氯气，氯化生成四氯间苯二甲酰氯，再通入氨气反应制得四氯间苯甲酰胺，最后加入五氧化二磷或三氯氧磷或亚硫酰氯进行反应得到产品百菌清。

②以间二甲苯、氨和空气为原料，经氨氧化反应生成中间产品间苯二甲腈，然后间苯二甲腈与氯气发生氯化反应最终生成百菌清产品。

目前，国际上百菌清生产企业大多采用间苯二甲腈作为原料，直接经氯化合成百菌清。

具有代表性的间苯二甲腈生产技术是日本昭和电工公司采用的固定床反应器工艺和日本三菱瓦斯化学公司采用的自由型流化床反应器工艺。

（1）以间苯甲酸为原料的百菌清具体合成路线

①原料间苯甲酸和氯化亚砜进行氯化反应，生成间苯甲酰氯。

$$C_6H_4(COOH)\text{—}COOH + SOCl_2 \longrightarrow C_6H_4(COCl)\text{—}COCl + H_2SO_3$$

②产物间苯甲酰氯通入氯气继续进行氯化反应，生成四氯间苯二甲酰氯。

$$C_6H_4(COCl)\text{—}COCl + 2Cl_2 \longrightarrow C_6Cl_4(ClOC)\text{—}COCl$$

③将四氯间苯二甲酰氯通入氨气进行氨化反应，制得四氯间苯甲酰胺。

$$C_6Cl_4(ClOC)\text{—}COCl + NH_3 \longrightarrow C_6Cl_4(NH_2OC)\text{—}CONH_2 + 2HCl$$

④最后加入五氧化二磷进行反应，得到最终产品百菌清。

$$C_6Cl_4(NH_2OC)\text{—}CONH_2 + \frac{2}{3}P_2O_5 \longrightarrow C_6Cl_4(NC)\text{—}CN + \frac{4}{3}H_3PO_4$$

以间苯甲酸为原料的百菌清合成生产工艺流程见图 8-8：

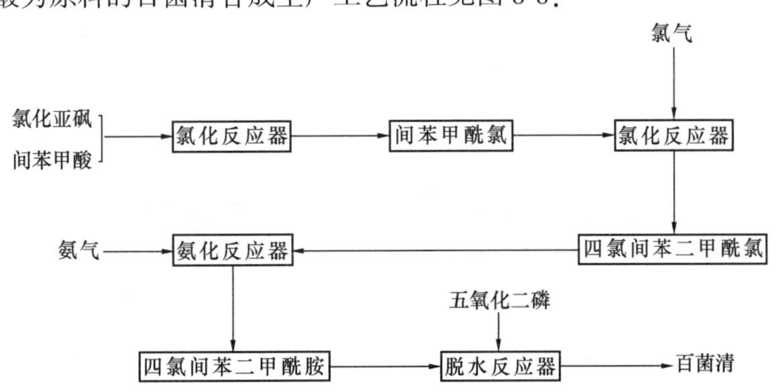

图 8-8　以间苯甲酸为原料的百菌清合成工艺流程图

（2）以间二甲苯为原料的百菌清具体合成路线

①原料间二甲苯、氨、空气在氨氧化炉内发生催化反应，生成中间产品间苯二甲腈（简称二腈，代号 TRN）。

$$\text{C}_6\text{H}_4(\text{CH}_3)_2 + 2NH_3 + 3O_2 \xrightarrow[\text{催化剂}]{420℃\pm5℃} \text{C}_6\text{H}_4(\text{CN})_2 + 6H_2O$$

②中间产品二腈和氯气在“流化床-固定床”复合反应器内发生置换反应，生成最终产品四氯间苯二甲腈(俗称百菌清，代号 TPN)。

$$\text{C}_6\text{H}_4(\text{CN})_2 + 4Cl_2 \xrightarrow[\text{催化剂}]{280\sim300℃} \text{C}_6\text{Cl}_4(\text{CN})_2 + 4HCl$$

间苯二腈经熔融后送入汽化器汽化或直接与部分气流(N_2)通过喷嘴雾化进入反应器。氯气经干燥预热后与气态间苯二腈混合，氮气作为稀释气用于间苯二腈汽化或雾化和调节反应物浓度。反应器采用流化床或其他形式，反应后气体进入捕集器，百菌清凝华析出并被连续送出即为产品，收率 90%。尾气主要是氯、氯化氢和氮气，可部分循环或全部去尾气回收处理系统。也可采用将液态四氯化碳喷入捕集器中，在与反应气接触后，百菌清凝华析出。四氯化碳则汽化，与尾气一同排出，经进一步冷却至-6℃，四氯化碳冷凝循环使用。

以间二甲苯为原料的百菌清合成生产工艺流程图如图 8-9 所示。

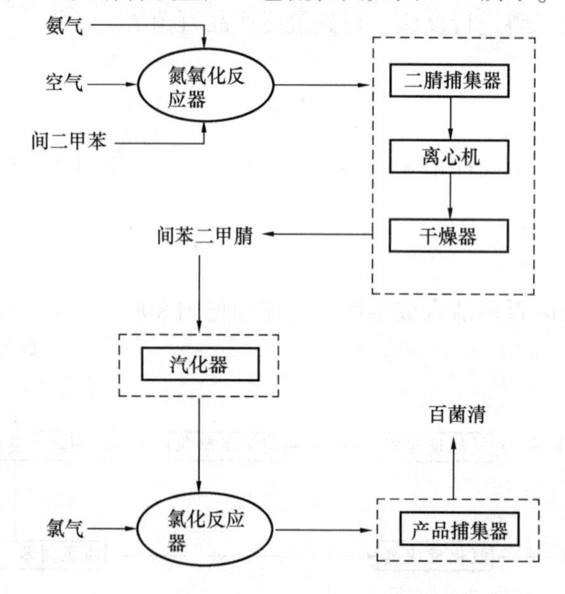

图 8-9　以间二甲苯为原料的百菌清合成生产工艺流程图

8.4 除 草 剂

8.4.1　概述

杂草是农作物生长的天敌，它同作物争夺阳光、水分、肥料和空间等生长条件，而且又是传播病虫害的媒介。因此杂草的滋生妨碍作物生长，严重影响农产品的产量和质量，必须进行防治。全世界的农业杂草共有 8000 多种，其中 250 余种是重要杂草。我国的农田杂草种类共有 600 多种，其中旱地杂草 400 余种，造成严重危害的有 80 余种。水田杂草 200 余种，造成严重危害的有 30 余种。这些杂草广泛分布于全国各地。用于除草的化学药剂叫除草剂(herbicide)，也叫除锈剂。化学除草具有效果好、效率高、省工省力的优点，适应农业现代化的需要，因此倍受重视。自 1944 年美国科学家成功研制出选择性激素类除草剂 2,4-D 以来，各种用途的除草剂便不断问世，近几十年来除草剂的生产及应用有了迅速的发展。纵观当今世界的农药发展动态，除草剂是其中研究最多、发展最快的一类农用化学品，它是新农药研究开发的重点。

8.4.2 除草剂的分类

除草剂按其在植物体内的移动性可分为触杀型除草剂和内吸型除草剂。触杀型除草剂被植物吸收后，不能在植物体内移动或移动范围很小，因而主要在接触部位发生作用。这类除草剂只有喷洒均匀，才能收到较好的除草效果。一般用于叶面处理，以杀死杂草的地上部分。内吸型除草剂被茎叶或根系吸收后，能在植物体内输导，因而对地下根茎类杂草具有较好的除草效果，既可叶面喷施，也可土壤处理。

在除草剂中，习惯上又常分为选择性除草剂和灭生性除草剂。选择性除草剂是在一定的浓度和剂量范围内杀死或抑制部分植物(如杂草)而对另外一些植物(作物)安全的药剂，如只杀稗草不伤害稻苗的敌稗；只杀野燕麦而不伤害麦苗的燕麦敌；只杀双子叶杂草而不伤害禾谷类作物的 2,4-D 等。灭生性除草剂又称非选择性除草剂，在常用剂量下可以杀死所有接触到药剂的绿色植物体(包括作物和杂草)的药剂，如五氯酚钠。灭生性除草剂在播种前处理土壤，可以杀死所有的地面杂草，但因药剂进入土壤后很快就失效，因此用药后 3~4 天即可播种或移栽。选择性与灭生性是相对而言的，有些选择性除草剂在高剂量应用时也可成为灭生性除草剂。如应用于棉田、玉米地和果园中的选择性除草剂敌草隆，当高剂量应用时，可作为路边和工业场地的灭生性除草。

除草剂的功能与其成分是密切相关的，根据除草剂的化学成分进行分类，也是常用的方法。除草剂的不同化学结构类型及同类化合物上的不同取代基对除草剂的生物活性具有规律性的影响。现有的除草剂大致分为酚类、苯氧羧酸类(如二甲四氯)、苯甲酸类、二苯醚类、联吡啶类、氨基甲酸酯类(燕麦灵等)、硫代氨基甲酸酯类、酰胺类、取代脲类(如绿麦隆、敌草隆、异丙隆等)、均三氮苯类(西玛津、扑草净、阿特拉津等)、二硝基苯胺类、有机磷类(草甘膦)、苯氧基及杂环氧基苯氧基丙酸酯类(如盖草能、禾草灵、稳杀得等)、磺酰脲类(巨星、农得时等)、咪唑啉酮类以及其他杂环类等。

8.4.3 苯氧羧酸类除草剂

苯氧羧酸类除草剂是第一类投入商业生产的选择性除草剂，其基本的化学结构是：

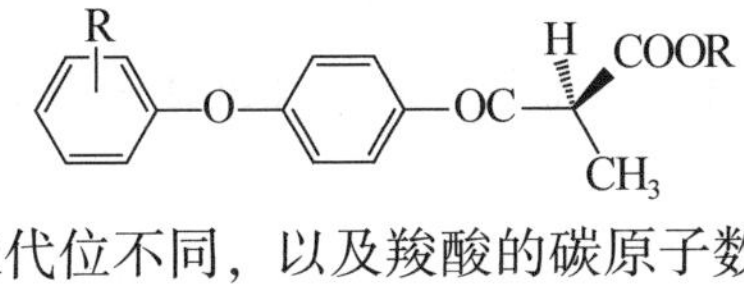

由于在苯环上取代基和取代位不同，以及羧酸的碳原子数目不同，形成了不同苯氧羧酸类除草剂品种。如果对位是芳氧基时即为重要的芳氧苯氧类除草剂，其基本的化学结构是：

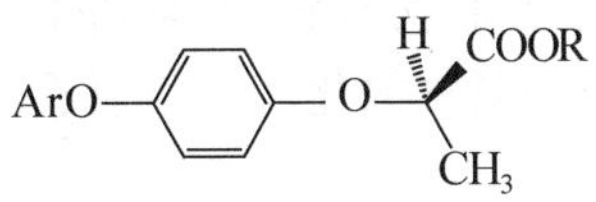

当 Ar 为苯环时，应该为 2,4-二氯取代或 2-氯-4-三氟甲基取代，活性最高，无取代时无活性；Ar 为杂环时，活性往往高于苯环，并且需含有吸电子取代基。手性中心中R-异构体的活性高于 S-异构体。R 可以为多种基团。桥链苯环：对位取代时活性最高，其他取代无活性。芳氧苯氧类除草剂既可进行茎叶处理，也可进行土壤处理。进行茎叶处理时，R-构型异构体有活性，S -构型异构体无活性；但进行土壤处理时，土壤微生物可以将无活性的 S-构型异构体转化为有活性的 R-构型异构体。因此，茎叶处理时，R-构型异构体的活性是消旋体的 2 倍；土壤处理时，R-构型异构体与消旋体的活性没有差别。

目前，在我国广泛生产和使用的苯氧羧酸类除草剂有 2,4-滴系列和 2 甲 4 氯系列。2,4-滴系列除草剂的生产品种主要有 2,4-滴酸、2,4-滴丁酯(异辛酯)、2,4-滴二甲胺盐、2,4-滴钠盐等。2 甲 4 氯系列除草剂的生产品种主要有 2 甲 4 氯酸、2 甲 4 氯钠盐、2 甲 4 氯胺盐和 2 甲 4 氯酯等。苯氧羧酸类除草剂主要用作茎叶处理剂，施用于禾谷类作物田、针叶树林、非耕地、牧草场、草坪等，防除一年生和多年生的阔叶杂草，如苋、藜、苍耳、田旋花、马齿苋、大巢菜、波斯婆婆纳、播娘蒿等。大多数阔叶作物，特别是棉花和葡萄等对这类除草剂很敏感。

苯氧羧酸类除草剂易被植物的根、叶吸收，通过木质部或韧皮部在植物体内上下传导，在分生组织积累。这类除草剂具有植物生长素的作用，植物吸收这类除草剂后，体内的生长素浓度高于正常值，从而打破了植物体内的激素平衡，影响到植物的正常代谢，导致敏感杂草的一系列生理变化，组织异常和损伤。其选择性主要是由植物的形态结构、吸收运转、降解方式等差异决定的。

苯氧羧酸类除草剂常被加工成酯、酸、盐等不同剂型。不同剂型的除草活性大小为：酯>酸>盐；在盐类中，胺盐>铵盐>钠盐(钾盐)。剂型为低链酯时，具有较强的挥发性。酯和酸制剂在土壤中的迁移性很小，而盐制剂在沙土中则易产生迁移，但在黏土中迁移性也很小。

8.4.3.1　2 甲 4 氯酸

2 甲 4 氯酸，化学名称：4-氯-邻甲基苯氧乙酸。生产工艺为邻甲酚与氯乙酸缩合，再进行氯化。将邻甲酚、水、35%液碱投入反应釜，反应温度不超过 70℃。将氯乙酸溶于水中，在 25℃下慢慢加入 35%液碱，使 pH 值达到 7~8，配成氯乙酸钠溶液。在搅拌下，将配好的氯乙酸钠水溶液均匀地加入到反应釜中，保持 100~105℃的反应温度 1.5h，缩合反应即完成。将缩合反应液移入脱酚釜，加适量的盐酸调节 pH 值至 5 左右，在 90~95℃进行脱酚，除去尚未反应的邻甲酚。脱酚完成后，将反应液移入氯化釜，加盐酸调节 pH 值约 1~2，在 60℃左右通氯气进行氯化，至终点后冷却、过滤、水洗即得产品。

反应式如下：

$$\text{(2-}CH_3\text{-}C_6H_4\text{)-OH} + ClCH_2COOH \longrightarrow \text{(2-}CH_3\text{-}C_6H_4\text{)-}OCH_2COOH \xrightarrow{Cl_2} Cl\text{-(3-}CH_3\text{-}C_6H_3\text{)-}OCH_2COOH$$

工艺流程如图 8-10 所示。

8.4.3.2　2,4-滴酸

2,4-滴酸，化学名称：2,4-二氯苯氧乙酸(2,4-dichlorophenoxy acetic acid)。合成工艺路线主要有两条：一条路线为苯酚用氯气氯化，再与氯乙酸缩合；另一条为苯酚先与氯乙酸缩合，再进行氯化。

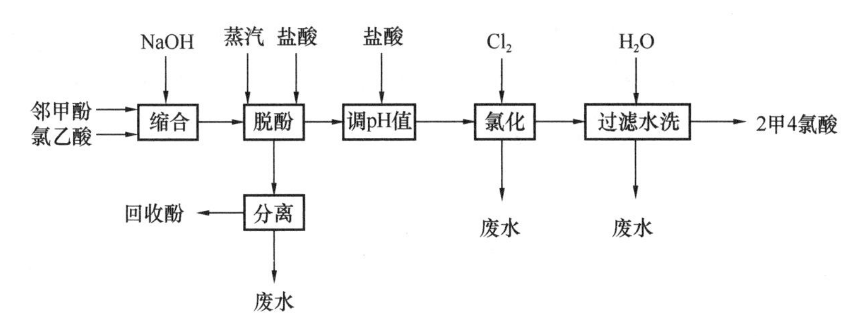

图 8-10 4-氯-邻甲基苯氧乙酸生产工艺流程图

(1)先氯化后缩合工艺

①氯化。向氯化釜中加入计量的苯酚，搅拌下升温至 50~60℃，通入定量的氯气，控制通氯时间为 7~9h，使氯化液相对密度达到 1.406(40℃)，容积增加 30%~33%，取样分析控制 2,4-二氯酚含量在 90%以上，作为氯化终点。

②缩合。氯化完毕，放入中和釜，加入 30%NaOH 水溶液，调节 pH 值至 11，加热使其溶解。将氯乙酸用水溶解后，滴入氢氧化钠水溶液中和至 pH 值 8~9。将氯乙酸钠溶液和二氯酚钠溶液加入缩合釜中，升温至 100~110℃进行缩合反应 2h，反应完毕，加盐酸调节 pH 值后用溶剂萃取未反应的二氯酚。水层为 2,4-滴钠盐，用酸调至 pH 值为 1，降温过滤，干燥得到 2,4-滴酸。

反应式如下：

$$C_6H_5-OH + Cl_2 \rightarrow Cl-C_6H_3(Cl)-OH \xrightarrow{NaOH} Cl-C_6H_3(Cl)-ONa \qquad ClCH_2COOH + NaOH \longrightarrow ClCH_2COONa + H_2O$$

$$Cl-C_6H_3(Cl)-ONa + ClCH_2COONa \longrightarrow Cl-C_6H_3(Cl)-OCH_2COONa \xrightarrow{H^+} Cl-C_6H_3(Cl)-OCH_2COOH$$

工艺流程如图 8-11 所示。

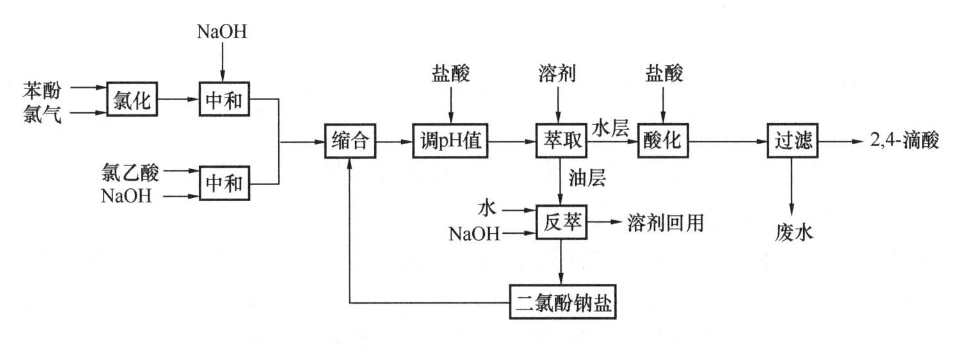

图 8-11 2,4-滴酸先氯化后缩合生产工艺流程图

(2) 先缩合后氯化工艺

①缩合。将苯酚加入缩合釜中，加等摩尔氢氧化钠水溶液，在 100~110℃分别滴加氯乙酸和氢氧化钠水溶液，保持反应液 pH 值为 10~11。滴加完毕，在 100~110℃反应 30min，加盐酸中和，pH=1~2，析出苯氧乙酸。冷却至 20℃以下，离心过滤得固体苯氧乙酸白色粉末。

②氯化。将苯氧乙酸送入氯化釜中，加入循环母液，升温至50~60℃。通氯气氯化，控制通氯速度及通氯量，再升温至88℃，在此温度下反应3h。反应完成后冷却至15℃，析出结晶，过滤、洗涤、干燥，即得2,4-滴酸。

反应式如下：

$$C_6H_5{-}OH + ClCH_2COOH \xrightarrow{NaOH} C_6H_5{-}OCH_2COONa \xrightarrow{H^+}$$

$$C_6H_5{-}OCH_2COOH \xrightarrow{Cl_2} 2,4\text{-}Cl_2C_6H_3{-}OCH_2COOH$$

工艺流程如图8-12所示。

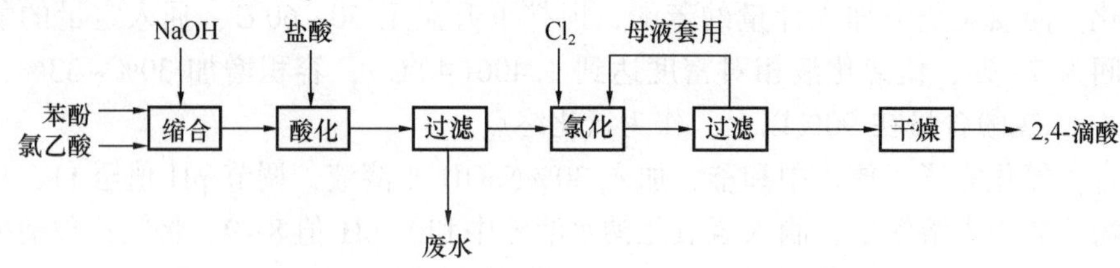

图8-12　2,4-滴酸先缩合后氯化生产工艺流程图

其中第一条路线苯酚氯化终点不易控制，中间体2,4-二氯酚中有一氯或三氯苯酚副产物。与氯乙酸缩合时2,4-二氯酚反应不完全，产品中含酚量较高。同时，二氯酚容易树脂化，所以产品含量偏低。第二条路线从工艺上看比较合理，污染物产生量少，但目前还存在一些技术问题，所以国内企业目前大多采用第一条路线。

2,4-滴系列产品一般从2,4-滴酸出发合成。如2,4-滴酸与丁醇或异辛醇酯化可生成2,4-滴丁酯或2,4-滴异辛酯；2,4-滴酸与二甲胺反应生成2,4-滴胺盐；如由先氯化后缩合工艺合成2,4-滴酸过程中，不进行酸化，则生成2,4-滴钠盐。

8.4.4　酰胺类除草剂

酰胺类除草剂是目前国际上大量使用的除草剂之一，孟山都公司于1956年成功开发此类除草剂的第一个品种——旱田除草剂二丙烯草胺。此后，酰胺类除草剂有较大的发展，陆续开发出一系列品种，到目前已有53个品种商品化，成为近代使用最广泛的除草剂类别之一。近年来，酰胺类除草剂发展迅速，产量逐年增长，至2006年，年产量、应用范围与使用面积仅次于有机磷类除草剂，居世界第二位。在国际市场中，销售量最大的酰胺类除草剂品种分别是乙草胺、甲草胺、丁草胺。

我国20世纪70年代在黑龙江省首先引进甲草胺，其后是异丙甲草胺。80年代随着乙草胺国产化以及药效、成本等因素影响，在我国的酰胺类除草剂市场中，乙草胺占据绝对优势的份额，丁草胺、甲草胺也在相应的应用范围和地域拥有一定的市场。

酰胺类除草剂是芽前土壤处理剂，可抑制脂肪酸、脂类、蛋白质、类异戊二烯(包括赤霉素)、类黄酮的生物合成，能有效地防除未出苗的一年生禾本科杂草和一些小粒种子阔叶杂草，对已出苗杂草无效。甲草胺、乙草胺和异丙甲草胺是旱地除草剂，其活性大小为：乙草胺>异丙甲草胺>甲草胺。丁草胺主要用在稻田，防除稗草。酰胺类除草剂的选择性主要是由植物的代谢(共轭和降解)差异所决定的。杂草和农作物根部所处的深度不一样以及种子结构不同也是影响酰胺类土壤处理剂选择性的因素。酰胺类除草剂的药效受土壤影响较大，如果在土壤干燥时施药，且施药后长期无雨，则不利于药效发挥。甲草胺、乙草胺、丙草胺、丁草胺和异丙甲草胺等除草剂在土壤中的持效期为 1～3 个月，对下茬作物无影响。由于酰胺类除草剂主要防除禾本科杂草，在应用中，常常和防除阔叶杂草的除草剂混用，以便扩大杀草谱。如玉米地施用的乙阿(乙草胺+阿特拉津)、都阿(异丙甲草胺+阿特拉津)，稻田用的丁苄(丁草胺+苄磺隆)等。

8.4.4.1　乙草胺

乙草胺化学名 2′-乙基-6′-甲基-*N*-(乙氧基甲基)-2-氯代-*N*-乙酰苯胺，结构式为：

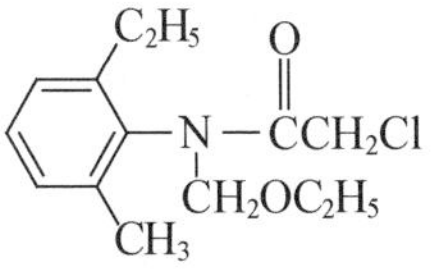

C_2H_5　O
N—$\overset{\|}{C}CH_2Cl$
$CH_2OC_2H_5$
CH_3

乙草胺是美国孟山都公司开发，随后在世界 10 多个国家注册登记。乙草胺是选择性芽前土壤处理除草剂，禾本科杂草主要由幼芽吸收，阔叶杂草主要通过根吸收，其次是幼芽，其作用机制是抑制、破坏发芽种子细胞的蛋白酶。

本品为选择性旱田芽前除草剂，在土壤中持效期在 8 周以上，一次施药可控制作物在整个生育期无杂草危害。可防除一年生禾本科杂草，但对多年生杂草无效。杂草对乙草胺的主要吸收部位是芽鞘，因此必须在杂草出土前施用，可用于花生、玉米、大豆、棉花、油菜、芝麻、马铃薯、甘蔗、向日葵、果园及豆科、十字花科、茄科、菊科和伞形花科等多种蔬菜。黄瓜、水稻、菠菜、小麦、韭菜、谷子、高粱等作物对乙草胺敏感，不宜使用。

乙草胺的生产主要采用的工艺有两种：三氯氧磷工艺和氯乙酰氯工艺。

（1）三氯氧磷工艺

本工艺生产乙草胺主要分为三步：酰化工段、醚化工段和缩合工段，具体工艺如下：

①酰化。2，6-甲乙基苯胺与氯乙酸和三氯化磷进行反应，生成 2，6-甲乙基-氯代乙酰替苯胺，反应方程式如下：

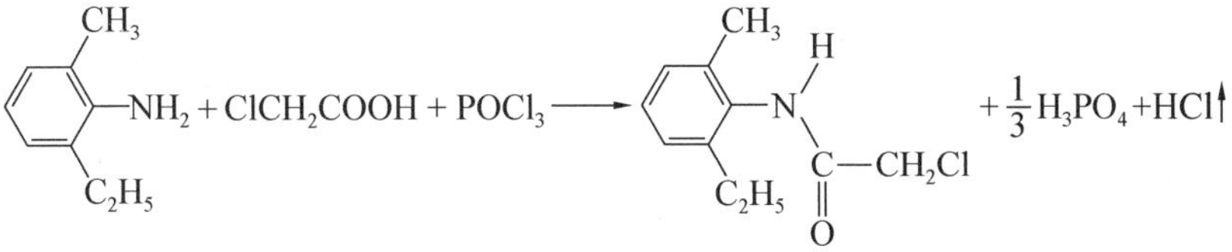

CH_3 / C_2H_5 —$NH_2 + ClCH_2COOH + POCl_3 \longrightarrow$ CH_3 / C_2H_5 —N(H)—$\underset{\underset{O}{\|}}{C}—CH_2Cl$ $+\frac{1}{3}H_3PO_4 + HCl\uparrow$

反应生成氯化氢气体直接用管道输送至醚化工段使用，反应结束后加水分层，上层溶剂相供缩合工段使用，转化率≥99%，收率约 97%。下层为磷酸废液。

②醚化。乙醇和多聚甲醛、氯化氢气体在一定温度下进行醚化，反应至终点，静止分层，上层为氯甲基乙基醚，供缩合工序使用，收率≥95%(以甲醛计)，下层为废盐酸。反应方程式如下：

$$3C_2H_5OH+(CH_2O)_3+3HCl \longrightarrow 3ClCH_2OC_2H_5+3H_2O$$

③缩合。酰化工段生成的伯酰胺、醚化工段生成的氯甲基乙基醚、氢氧化钠在溶剂中进行缩合反应，至终点后加水分层，转化率≥99%，收率约 93%。上层有机相经脱溶后得乙草胺原油，或加入适量乳化剂配制成乙草胺乳油，下层为废碱液。反应方程式如下：

$$\text{(2-甲基-6-乙基苯基)-NH-CO-CH}_2\text{Cl} + ClCH_2OC_2H_5 \xrightarrow{NaOH} \text{(2-甲基-6-乙基苯基)-N(CH}_2OC_2H_5\text{)(COCH}_2\text{Cl)} + NaCl + H_2O$$

（2）氯乙酰氯工艺

氯乙酰氯工艺生产乙草胺也主要分为酰化、醚化和缩合三步。

①酰化。2-甲基-6-乙基苯胺、氯乙酰氯在溶剂中进行酰化反应，生产的伯酰胺备下一步进行缩合反应；生成氯化氢气体供醚化工序使用，转化率≥99.9%，收率≥99%。反应方程式如下：

$$\text{(2-甲基-6-乙基苯基)-NH}_2 + ClCH_2COCl \longrightarrow \text{(2-甲基-6-乙基苯基)-NH-CO-CH}_2\text{Cl} + HCl\uparrow$$

②醚化。乙醇和多聚甲醛、氯化氢气体在一定温度下反应，反应至终点静止分层，上层为氯甲基乙基醚，供缩合反应用，收率≥95%(以甲醛计)，下层为废盐酸。反应方程式如下：

$$3C_2H_5OH+(CH_2O)_3+3HCl \longrightarrow ClCH_2OC_2H_5+H_2O$$

③缩合。酰化工段生成的伯酰胺、醚化工段生产的氯甲基乙基醚和氢氧化钠在溶剂中进行缩合反应，至终点后加水分层，转化率≥98.5%，收率约96%。上层有机相经脱溶后得乙草胺原油，或加入适量乳化剂配制成乙草胺乳油，下层为废碱液。反应方程式如下：

$$\text{(2-甲基-6-乙基苯基)-NH-CO-CH}_2\text{Cl} + ClCH_2OC_2H_5 \xrightarrow{NaOH} \text{(2-甲基-6-乙基苯基)-N(CH}_2\text{-O-C}_2H_5\text{)(CO-CH}_2\text{Cl)} + NaCl + H_2O$$

8.4.4.2　苯噻草胺

苯噻草胺化学名是2-(1，3-苯骈噻唑-2-氧基)-*N*-甲基乙酰苯胺，是由拜耳公司研制开发的低毒水稻田高活性杀稗除草剂，在日本的投放面积已达110万公顷以上。国内许多研究单位和生产厂家纷纷对此产品进行仿制，提出合成新工艺。新的工艺路线由以下三步组成：

(1) $$C_6H_5NHCH_3 + ClCH_2COOH \longrightarrow C_6H_5N(CH_3)COCH_2Cl \xrightarrow[Na_2CO_3]{CH_3COOH} C_6H_5N(CH_3)COCH_2OCOCH_3 \xrightarrow[\text{酯交换}]{CH_3OH} C_6H_5N(CH_3)COCH_2OH$$

(2) $$\text{2-巯基苯并噻唑(-SH)} + COCl_2 \xrightarrow{cat.} \text{2-氯苯并噻唑(-Cl)}$$

(3) $$C_6H_5N(CH_3)COCH_2OH + \text{2-氯苯并噻唑(-Cl)} \xrightarrow[\text{浓碱}]{\text{催化剂}} \text{苯噻草胺}$$

苯噻草胺

新工艺的优点是原料易得、成本较低、反应条件温和、产品质量好，苯噻草胺的收率在75%以上(按 *N*-甲基苯胺计)。

8.4.5 磺酰脲类除草剂

磺酰脲类除草剂结构如下：

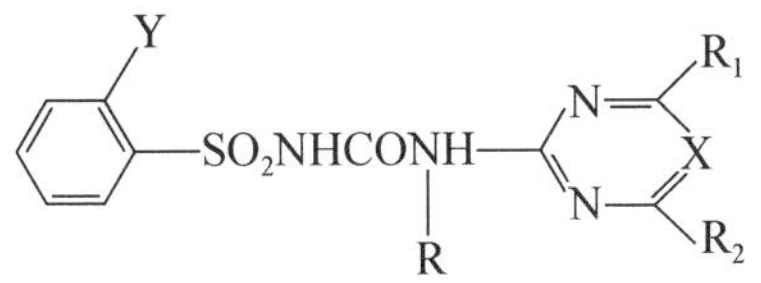

Y, $SO_2NHCONH$, R, N, N, X, R_1, R_2

由磺酰脲化合物的结构可知，磺酰脲类除草剂是由芳香基、磺酰脲桥和杂环三部分组成，不同磺酰脲类除草剂其官能团各不相同。1982 年杜邦公司研制出第一个应用于小麦与大麦田的磺酰脲类除草剂商品(绿黄隆)，此后，经过结构改造与修饰，汽巴精化又相继开发出醚苯磺隆、醚磺隆、氟嘧磺隆；日产公司开发出吡嘧磺隆(草克星)；石原公司开发出啶嘧磺隆、烟嘧磺隆(玉农乐)；组合化学公司开发出唑嘧磺隆。这类除草剂有很高的除草效力，用量很低，其用药量由传统除草剂的公斤级降为以克为单位，用量一般为 0.02~1g/m^2，比传统除草剂的除草效率提高 100~1000 倍，属于超高效除草剂。该类除草剂对动物低毒，在生物体内几乎不积累，在土壤中可通过化学和生物过程降解，滞留时间不长。根据我国农作物的特点，常用的品种有绿磺隆、甲磺隆、氯嘧磺隆(豆磺隆)、胺苯磺隆(油磺隆)、苄嘧磺隆(苄黄隆)、苯磺隆等。

磺酰脲类农药为选择性内吸传导型除草剂，它对杂草的作用机制是抑制杂草的侧链氨基酸合成(ALS 抑制剂)，阻碍植株中必需氨基酸，从而阻止细胞的分裂和生长，达到除草的目的。

磺酰脲类农药有二十几个品种，其生产工艺皆为磺酰胺与嘧啶或三嗪(品种不同所用的原料不同)进行缩合反应而得到磺酰脲农药产品，其工艺路线与原材料消耗定额大致相同。下面以国内产量较大的苄嘧磺隆和氯黄隆为例，对磺酰脲农药的生产工艺路线进行说明。

8.4.5.1 苄嘧磺隆

苄嘧磺隆化学名称 2-[[[[(4,6-二甲氧基嘧啶-2-基)氨基]羰基]氨基]磺酰基]苯甲酸甲酯，结构式如下：

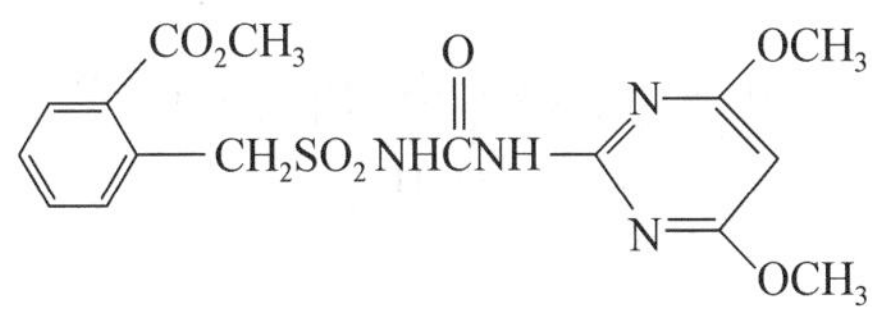

CO_2CH_3, O, CH_2SO_2NHCNH, N, N, OCH_3, OCH_3

苄嘧磺隆是 20 世纪 80 年代出现的一种新型、广谱、高效、低毒、安全的水田除草剂。由于水稻在我国的农作物中占有极大比例，因此苄嘧磺隆的应用也十分广泛。苄嘧磺隆生产工艺如下：

异氰酸酯原料和溶剂分别按投料比投入反应釜。通过加料仓加入氨基二甲氧基嘧啶，进行缩合反应后，得苄嘧磺隆。反应后的浆料经离心机分离，母液进入废溶剂储槽，滤饼进入干燥器真空干燥，然后烘干、包装，即得产品。

反应方程式如下：

$$\text{C}_6\text{H}_4(\text{COOCH}_3)\text{CH}_2\text{SO}_2\text{NCO} + \text{H}_2\text{N-C}_4\text{HN}_2(\text{OCH}_3)_2 \longrightarrow \text{C}_6\text{H}_4(\text{CO}_2\text{CH}_3)\text{CH}_2\text{SO}_2\text{NHC(=O)NH-C}_4\text{HN}_2(\text{OCH}_3)_2$$

工艺流程见图 8-13。

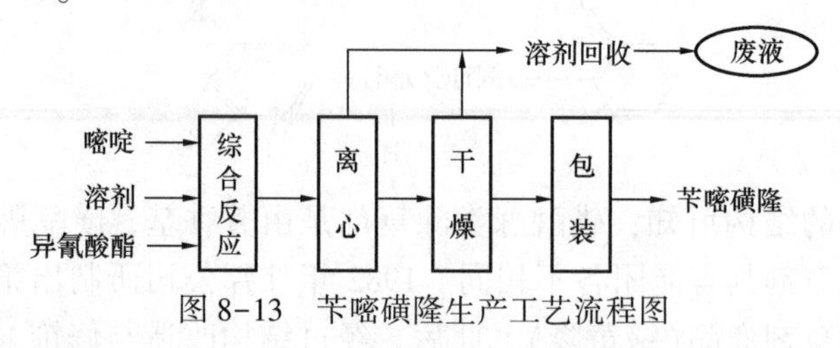

图 8-13　苄嘧磺隆生产工艺流程图

8.4.5.2　氯黄隆

氯黄隆化学名1-(2-氯苯基磺酰)-3-(4-甲氧基-6-甲基-1,3,5-三嗪-2-基)脲，结构式为：

$$\text{2-Cl-C}_6\text{H}_4\text{-SO}_2\text{-NH-C(=O)-NH-C}_3\text{N}_3(\text{CH}_3)(\text{OCH}_3)$$

主要用于小麦、大麦、燕麦和亚麻田，防除绝大多数阔叶杂草，也可防除稗草、早熟禾、狗尾草等禾本科杂草。

氯黄隆制法：第一种生产工艺路线由邻氯苯磺酰基异氰酸酯与2-氨基-4-甲基-6-甲氧基均三嗪加成而得；第二种生产工艺路线是邻氯苯磺酰胺与4-甲基-6-甲氧基均三嗪基-2-异氰酸酯加成而得。

这里介绍第一条路线，如下所示：

$$\text{2-Cl-C}_6\text{H}_4\text{NH}_2 \xrightarrow[\text{盐酸}]{\text{NaNO}_2} \text{2-Cl-C}_6\text{H}_4\text{N}_2^+\text{Cl}^- \xrightarrow[\text{CuSO}_4]{\text{NaHSO}_3} \text{2-Cl-C}_6\text{H}_4\text{SO}_2\text{Cl} \xrightarrow{\text{氨水}} \text{2-Cl-C}_6\text{H}_4\text{SO}_2\text{NH}_2$$

$$\xrightarrow{\text{Cl-C(=O)-Cl}} \text{2-Cl-C}_6\text{H}_4\text{SO}_2\text{N=C=O}$$

$$\underset{\text{双氰胺}}{\text{H}_2\text{N-C(=NH)-NH-CN}} + \text{CH}_3\text{OH} \xrightarrow[\triangle]{\text{ZnCl}_2} [\text{H}_2\text{N-C(=NH)-NH-C(OCH}_3\text{)=NH}]_2\cdot\text{ZnCl}_2 \xrightarrow[\triangle]{\text{H}_2\text{O}} \text{H}_2\text{N-C(=NH)-NH-C(OCH}_3\text{)=NH}\cdot\text{HCl}$$

$$\text{H}_2\text{N-C(=NH)-NH-C(OCH}_3\text{)=NH}\cdot\text{HCl} + \text{CH}_3\text{COCl} \xrightarrow{\text{NaOH}} \text{H}_2\text{N-C}_3\text{N}_3(\text{CH}_3)(\text{OCH}_3)$$

$$\text{2-Cl-C}_6\text{H}_4\text{-SO}_2\text{-N=C=O} + \text{H}_2\text{N-C}_3\text{N}_3(\text{CH}_3)(\text{OCH}_3) \xrightarrow{\text{CH}_3\text{CN}} \text{2-Cl-C}_6\text{H}_4\text{-SO}_2\text{-NH-C(=O)-NH-C}_3\text{N}_3(\text{CH}_3)(\text{OCH}_3)$$

8.4.6 有机膦类除草剂

草甘膦，化学名为 *N*-(膦羧甲基)甘氨酸，结构式是：

$$HOOC-CH_2-NH-CH_2-P(=O)(OH)_2$$

草甘膦是中国发展最快、产量最高、出口量最大的农药热门品种，为内吸传导型广谱灭生性除草剂，可用于玉米、棉花、大豆田和非耕地，防除一年生和多年生禾本科、莎草科、阔叶杂草、藻类、蕨类和杂灌木丛，对茅草、香附子、狗牙根等恶性杂草的防效也很好。它能有效防除20多个科的200多种单双子叶、莎草科一年生和多年生杂草，我国农田常见的十大恶性杂草都在它的有效防除范围之内。草甘膦内吸传导性极强，对普通机械化和人工无法达到的土壤深层的杂草的地下根茎组织破坏力极强，即使分布深度超过1m的根茎，草甘膦仍有斩草除根的功效，因而可有效解决多年生深根杂草(如香附子、白茅、芦苇等)的危害。草甘膦是入土即失效的叶面处理剂，不具残留活性，对土壤内潜藏的种子不具杀伤力，因而不会对后茬作物造成残留危害，便于作物适时播种，争取农时。

草甘膦现在常用常压法(亚氨基二乙酸法)和亚磷酸二烷基酯法进行生产。

(1) 常压法(亚氨基二乙酸法)

以氯乙酸、氨水、氢氧化钙为原料，合成亚氨基二乙酸，然后与三氯化磷反应，生成双甘膦，双甘膦氧化生成草甘膦，氧化剂可采用浓硫酸和其他氧化剂。

反应式如下：

$$ClCH_2COOH+NH_3\cdot H_2O+Ca(OH)_2 \longrightarrow NH(CH_2COOH)_2 \xrightarrow{PCl_3}$$

$$(HOOC-CH_2)_2N-CH_2-P(=O)(OH)_2 \xrightarrow{[O]} HOOC-CH_2-NH-CH_2-P(=O)(OH)_2$$

(2) 亚磷酸二烷基酯法

以甘氨酸、亚磷酸二烷基酯、多聚甲醛为原料，经缩合反应后进行皂化、酸化后即得固体草甘膦，纯度95%左右，收率80%。具体过程：在合成釜中，加入溶剂(如甲醇等)、多聚甲醛和甘氨酸以及催化剂，搅拌加热至一定温度后，加入亚磷酸二甲酯，加毕，回流反应30~60min，缩合反应结束。上述反应液移至水解釜，搅拌下慢慢加入盐酸，然后加热至一定温度后反应1h，减压脱酸后，冷却、结晶、过滤、干燥，得纯度95%以上的白色粉末状产品。

反应式如下：

$$\text{-}\!\!\left(CH_2O\right)\!\!\text{-}_n+NH_2CH_2COOH \longrightarrow (HOCH_2)_2NCH_2COOH \xrightarrow{(CH_3O)_2POH}$$

$$(CH_3O)_2P(=O)CH_2N(CH_2OH)CH_2COOH \rightarrow HOOC-CH_2-NH-CH_2-P(=O)(OH)_2$$

8.5 植物生长调节剂

8.5.1 概述

植物生长调节剂(plant growth regulator)是指人工合成(或从微生物中提取)的，由外部施用于植物，可以调节植物生长发育的非营养的化学物质。植物内源激素是在20世纪20年代开始相继发现的，它们是吲哚乙酸、赤霉素、细胞激动素、脱落酸、乙烯等。细胞的分裂、生长、分化，叶子的衰老、脱落，种子或芽的休眠等生理过程，都受激素的控制。激素是植物体内广泛存在的化合物，虽然它的含量只有百万分之几，但是作用却十分巨大。自从知道了激素的化学结构之后，用人工方法模拟合成出数量更多、效力更强的化合物，它们促进或抑制植物的生长发育，有不少在农业生产上已广泛应用。

植物生长调节剂具有调节植物某些生理机能、改变植物形态、控制植物生长的功能，最终达到增产、优质或有利于收获和储藏的目的。因此，不同的植物生长调节剂作用于不同的作物可分别达到增进或抑制发芽、生根、花芽分化、开花、结实、落叶或增强植物抗寒、抗旱、抗盐碱的能力，或有利于收获、储存等目的。

植物生长调节剂的种类有：类生长素、类赤霉素、乙烯类、类细胞分裂素、类细胞激动素、生长抑制剂和生长延缓剂。

8.5.2 类生长素

生长素(auxin)是最早发现的植物激素，1880年英国的达尔文父子(C. Darwin 和 F. Darwin)在研究金丝雀草胚芽鞘的向光性时，认为单向光引起的胚芽鞘向光弯曲是由于某种物质由鞘尖向下传递，造成背光面和向光面生长快慢不同所致。1928年荷兰的温特(Went)用琼胶收集胚芽鞘的生长物质并建立了生长素的测定方法——燕麦试法，证明了达尔文父子的设想。1934年Kogl等从燕麦胚芽鞘分离和纯化出刺激生长的物质，经鉴定是3-吲哚乙酸(简称IAA)，结构式如下所示。

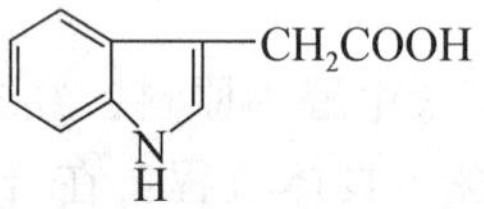

(吲哚环结构式，3位取代基 CH_2COOH，N—H)

生长素可促进细胞的伸长，促进叶片扩大，促使侧芽发出枝条，还可以增加某些植物雌花的数量，促进坐果和果实长大等。改变3-吲哚乙酸的化学结构，可以得到一系列有生长素活性的类似物。其中活性最强的有吲哚丁酸。生长素类是农业上应用最早的生长调节剂。最早应用的是吲哚丙酸和吲哚丁酸，它们和吲哚乙酸一样都具有吲哚环，只是侧链的长度不同。以后又发现没有吲哚环而具有萘环的化合物，如 α-萘乙酸以及具有苯环的化合物，如2，4-二氯苯氧乙酸也都有与吲哚乙酸相似的生理活性。用萘环代替吲哚环得到萘乙酸，活性较3-吲哚乙酸强。

另外，萘氧乙酸、2，4，5-三氯苯氧乙酸、4-碘苯氧乙酸等及其衍生物都有生理效应。生长素类的主要生理作用为促进植物器官生长、防止器官脱落、促进坐果、诱导花芽分化。在园艺植物上主要用于插枝生根、防止落花落果、促进结实、控制性别分化、改变枝条角度、促进开花等。

8.5.3 类细胞激动素

细胞分裂素类是以促进细胞分裂为主的一类植物生长调节剂，都为腺嘌呤的衍生物。常见的人工合成的细胞分裂素有：激动素(KT)、6-苄基腺嘌呤(6-benzyladenine，BA.6-BA)和四氢吡喃苄基腺嘌呤(tetrahydropyranylbenzyladenine，又称多氯苯甲酸，简称 PBA)等。在园艺生产上应用最广的是激动素和 6-苄基腺嘌呤，使用时先用少量酒精溶解，再用清水稀释。激动素在酸液中易被破坏，配制时应加入少量的碱。细胞分类素类主要的生理作用是促进细胞分裂、诱导芽分化、促进侧芽发育、消除顶端优势、抑制器官衰老、增加坐果和改善果实品质等。此外，有的化学物质虽然不具有腺嘌呤结构，但也具有细胞分裂素的生理作用，如二苯基脲(diphenyluea)。苯并咪唑的结构与细胞激动素相似，它在保绿方面的作用也与之相似。

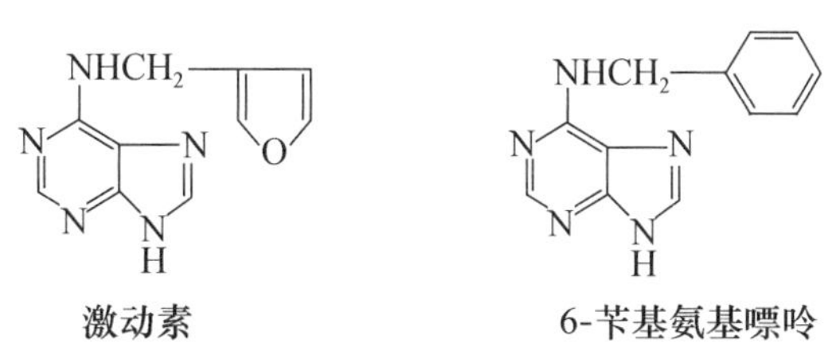

激动素　　　　6-苄基氨基嘌呤

8.5.4 生长抑制剂和生长延缓剂

生长抑制剂是抑制植物顶端分生组织生长的生长调节剂，可使细胞的分裂减慢，伸长和分化受到抑制，能促进侧枝的分化和生长，破坏顶端优势，增加侧枝数目，使植株形态发生很大变化。有些生长抑制剂还能使叶片变小，生殖器官发育受到影响。外施生长素等可以逆转这种抑制效应。生长素传导抑制剂能阻碍内源激素的运输，使激素在局部积累，而影响植物的生长发育。常见的生长抑制剂有三碘苯甲酸(TIBA)、青鲜素(MH)、整形素(morphactin)等。

(1)三碘苯甲酸

三碘苯甲酸(TIBA)是一种阻止生长素运输的物质，抑制顶端分生组织，促使植株矮化，增加分枝，提高结荚率，农业生产上多用于大豆。

(2)马来酰肼

马来酰肼(MH)，又叫青鲜素，化学名称是顺丁烯二酰肼，其作用正好和 IAA 相反，因为它的结构与 RNA 的组成成分尿嘧啶非常相似，MH 进入植物体内可替代尿嘧啶的位置，但不能起代谢作用，破坏了 RNA 的生物合成，从而抑制了生长。最初，MH 常用于马铃薯和洋葱的储藏，抑制发芽。MH 还能抑制烟草腋芽生长，不过，据报告 MH 可能致癌和使动物染色体畸变，应该慎用。

(3)整形素

化学名称为 9-羟芴-9-羧酸，常用于木本植物。它抑制茎的伸长，腋芽滋生、使植株发育成矮小灌木形状。

生长延缓剂是抑制植物亚顶端分生组织生长的生长调节剂，使植物的节间缩短、株形紧凑、植株矮小，但不影响顶端分生组织的生长、叶片的发育和数目及花的发育。亚顶端分生组织细胞的伸长主要是赤霉素在此起作用，所以外施赤霉素可以逆转这种效应。常见的生长延缓剂有矮壮素(CCC)、助壮素(Pix)、多效唑(PP333)、烯效唑(S-3307)、比久(B9)等。

矮壮素俗称 CCC，是常用的一种生长延缓剂，它的化学名称是 2-氯乙基三甲基氯化铵。

CCC 抑制青霉素(GA)的生物合成(抑制贝壳杉烯以后的步骤)，因此抑制细胞伸长，抑制茎叶生长，促使植株矮化，茎秆粗壮，叶色浓绿，提高抗性，抗倒伏。农业生产上，CCC 多用于小麦、棉花，防止徒长和倒伏。其合成工艺过程如下：

将 2000kg 三甲胺盐酸盐打入高位槽，再加入带有冷凝器的反应釜内，启动搅拌并升温到 70～80℃。将 240kg30%NaOH 溶液以 30～40kg/h 的速度加入三甲胺盐酸盐中(一般6～8h 内加完)，釜内保持压强为$(2\sim3)\times10^4$Pa。碱加完后，升温到 100℃使三甲胺气体完全放出，并将其压入储罐。生成的三甲胺通过缓冲罐通入盛有 240kg 二氯乙烷的吸收釜内，釜内保持室温，吸收 6～8h 后(此时二氯乙烷中三甲胺的含量应达到 15%)，封闭反应釜，慢慢升温，使釜内压强保持 2×10^4Pa。反应 12h 后，釜内温度达到 112℃时表明反应已到达终点，加水并将二氯乙烷蒸出，过滤即得到产品。

多效唑俗称 PP333，也称氯丁唑，化学名称是 1-(对-氯苯基)-2-(1，2，4-三唑-1-基)-4，4-二甲基-戊烷-3 醇，抑制 GA 的生物合成，减缓细胞的分裂与伸长，使茎秆粗壮，叶色浓绿。PP333 对营养生长的抑制能力比 CCC 更大。PP333 广泛用于果树、花卉、蔬菜和大田作物，效果显著。

烯效唑又名 S-3307、优康唑、高效唑，化学名称为(E)-(对-氯苯基)-2-(1，2，4-三唑-1-基)-4，4-1-戊烯-3-醇。能抑制赤霉素的生物合成，有强烈的抑制细胞伸长的效果，有矮化植株、抗倒伏、增产、除杂草和杀菌(黑霉菌，青霉菌)等作用。

8.5.5 赤霉素类

赤霉素种类很多，已发现有 121 种，都是以赤霉烷(gibberellane)为骨架的衍生物。商品赤霉素主要是通过大规模培养遗传上不同的赤霉菌的无性世代而获得的，其产品有赤霉酸(GA3)及 GA4 和 GA7 的混合物。还有些化合物不具有赤霉素的基本结构，但也具有赤霉素的生理活性，如长孺孢醇、贝壳杉酸等。目前市场供应的多为 GA3，又称 920，难溶于水，易溶于醇类、丙酮、冰醋酸等有机溶剂，在低温和酸性条件下较稳定，遇碱中和而失效，所以配制使用时应加以注意。赤霉素类主要的生理作用是促进细胞伸长、防止离层形成、解除休眠、打破块茎和鳞茎等器官的休眠，也可以诱导开花、增加某些植物坐果和单性结实、增加雄花分化比例等。

8.5.6 乙烯类植物生长调节剂

很久以前，我国果农就知道在室内燃烧一柱香有促使果实成熟的作用，在 19 世纪中叶就有关于燃气街灯漏气会促进附近的树落叶的报道，到 20 世纪初(1901 年)俄国植物学家 Neljubow 才首先证实是乙烯在起作用。直到 1934 年英国 Gane 才首先证明乙烯是植物的天然产物。1966 年正式确定乙烯是一种植物生长调节剂，它和生长素、赤霉素等一样，都是植物激素，不少植物器官都能生成极微量的乙烯。人为的应用乙烯，可起到和植物体生成的乙烯同样的效果。乙烯因在常温下呈气态而不便使用，常用的为各种乙烯发生剂，它们被植物吸收后，能在植物体内释放出乙烯。乙烯发生剂有乙烯利(CEPA)、Alsol、CGA－15281、ACC、环己亚胺等，生产上应用最多的是乙烯利，化学名称为 2-氯乙基膦酸。在植物体内乙烯利释放乙烯的化学反应是：

$$(HO)_2P(=O)-CH_2-CH_2-Cl \xrightarrow{H_2O} H_3PO_4+CH_2=CH_2\uparrow+HCl$$

乙烯利是一种水溶性的强酸性溶液，在 pH＝4 时，可以分解释放出乙烯，pH 值愈高，产生的乙烯愈多。乙烯利易被植物的茎、叶和果实吸收。由于植物细胞的 pH 值一般大于 5，乙烯利进入组织细胞后不需酶的参与即可水解放出乙烯，从而对植物的生长发育起调控作用。乙烯利在生产上的主要作用是催熟果实、促进开花和雌花分化、促进脱落、促进次生物质分泌等。乙烯抑制剂，如氨基乙氧基乙烯基甘氨酸(AVG)、氨基氧乙酸(AOA)、硫代硫酸银(STS)、硝酸银(银硝)等，在生产上用于抑制乙烯的产生或作用，减少果实脱落，抑制果实后熟，延长果实和切花保鲜寿命等。乙烯利的生产有 4 种方法。

(1) 氯乙烯路线

亚磷酸二乙酯加热至 90℃，通氮 30min。加入少许引发剂，通入氯乙烯，控制加成反应温度，得 2-氯乙基亚膦酸二乙酯。然后将加成产物加入浓盐酸水解，于 120~130℃，回流 24h，制得乙烯利，蒸出部分水分，即得粗品，可配制剂型。该法原料易得，设备简单，投资少，三废少，操作简便，未反应原料易回收，以三氯化磷计总收率 60%。反应式如下：

$$H-P(=O)(OCHCH_2Cl_2)_2 + ClCH=CH_2 \longrightarrow ClCH_2CH_2-P(=O)(OCHCH_2Cl)_2 \xrightarrow{HCl} ClCH_2CH_2P(=O)(OH)_2$$

(2) 环氧乙烷路线

由三氯化磷与环氧乙烷直接加成，经分子重排、酸解合成乙烯利。加成温度 20~25℃，分子比 1∶3(环氧乙烷过量)，重排反应 220~230℃，酸解温度 160~170℃。此法为国内主要生产方法。产物中混有一些杂质，但生产要求不高。反应式如下：

$$3\,\underset{O}{\triangle} + PCl_3 \longrightarrow P(OCHCH_2Cl)_2 \xrightarrow{重排} ClCH_2CH_2-P(=O)(OCHCH_2Cl)_2 \xrightarrow{HCl} ClCH_2CH_2P(=O)(OH)_2 + ClCH_2CH_2Cl$$

(3) 乙烯路线

由乙烯、三氯化磷和空气(或氧气)，在低温或高压下直接合成 $ClCH_2CH_2P(O)Cl_2$，水解得乙烯利。此法生产过程简单，成本低，但设备要求较高，操作要求严格。反应式如下：

$$CH_2=CH_2 + PCl_3 + O_2 \rightarrow ClCH_2CH_2-P(=O)Cl_2 \xrightarrow{水解} ClCH_2CH_2P(=O)(OH)_2$$

(4) 二氯乙烷路线

由二氯乙烷和三氯化磷在无水 $AlCl_3$ 催化下形成络合物，加水分解 $ClCH_2CH_2P(O)Cl_2$，进一步加水生成乙烯利。此法产品纯度较高，但操作复杂，收率尚低。反应式如下：

$$ClCH_2CH_2Cl + PCl_3 \xrightarrow[2)\,H_2O]{1)\,AlCl_3} ClCH_2CH_2-P(=O)Cl_2 \xrightarrow{水解} ClCH_2CH_2P(=O)(OH)_2$$

8.6 农药的发展趋势

21世纪国内外化学农药将进入一个超高效、低毒化、无污染的新时期，农药工业将会发生大的变革，具体表现在如下四个方面：

①重视设计生物合理性农药，着手开发生物农药，大力推广基因工程产品。在细菌农药中，使用最广泛的为苏云金杆菌(Bt)，用于防治柿、苹果等150多种鳞翅目及其他多种害虫，对各种尺蠖、舟蛾、刺蛾、天蛾、夜蛾、螟蛾、枯叶蛾、蚕蛾和蝶类等幼虫均有理想的防治效果。常用的真菌杀虫剂为白僵菌和绿僵菌，能防治200种左右害虫。

②含氮杂环化合物仍为化学农药研究重点，含氟化合物在农药上得到广泛的应用。目前，在超高效的农药中约有70%为含氮杂环，而在含氮杂环化合物中几乎有70%的为含氟化合物。含氟化合物的生物特异活性，使原有的杀虫杀菌、除草和植物生长调节剂增添了新的活性，具有选择性好、活性高、用量少、毒性低的特性，受到人们的重视。

③光学活性异构体的合成与分离技术尤其重要，手性农药的使用更加普遍。进入20世纪90年代后，出于提高有效活性同时又保护环境的考虑，农药行政管理部门只登记认可有效的单一光学活性异构体，不允许将无效的异构体施放到环境中去污染环境。

④倡导绿色农药，大力开发绿色化学技术和绿色农药制剂。目前国内外农药剂型发展的趋势，正朝着水性、粒状、缓释、多功能和省力化的方向发展。

思考题

1. 农药包括哪些种类？谈谈你对今后农药发展趋势的看法。
2. 有机磷类杀虫剂有何特点？写出杀螟松、三唑磷的合成方法。
3. 拟除虫菊酯类农药有何特点？
4. 氯氟氰菊酯是如何制备的？
5. 氮杂环杀虫剂有何特点？
6. 目前除草剂主要有哪些种类？
7. 杀菌剂分哪些类型？各有什么特点？

第9章　染料与颜料

染料是一种能使纤维和其他材料着色的物质，分天然和合成两大类。早期的染料主要来自天然动植物，目前合成染料已经取代天然染料，品种达8600多种。染料已不局限于纺织物的染色和印花，在油漆、塑料、纸张、皮革、光电通讯、食品等许多行业也得以应用。

本章主要介绍染料的命名、化学结构，讨论染料的化学分类方法，概述染料的应用特性、功能染料，并简要介绍有机颜料的性能与化学结构的关系以及分类。

9.1　概　　述

9.1.1　染料与颜料

染料是有颜色的物质，但有颜色的物质并不一定是染料。作为染料，必须能够使一定颜色附着在纤维上，且不易脱落、变色。若期望获得某一种色彩的产品，可通过添加着色剂完成。着色剂通常指染料和颜料。区别染料和颜料：从外观上看，染料和颜料多为粉状，分子结构也是非常相似；但是他们在使用特性和方式上显著不同。染料和颜料基本是依据它们的溶解性差别来区分：染料是可溶的，颜料则不溶。

最初的染料多数是溶于水中染色到纤维制品。随着电子和复印技术的迅速发展，涌现出许多非织物的染料，它们溶于有机化合物而不溶于水。与染料不同颜料是完全不溶于水的着色剂，传统的颜料应用在绘画、印刷和塑料中，如今也应用于水泥、混凝土、陶瓷和玻璃着色。颜料可以用在分散工艺的介质中，减少固体颗粒转变为细小颗粒的聚集，主要分散在固体颗粒的晶格中保持较好的机械性能。

9.1.2　染料和颜料的基本属性

(1) 颜色

当光线射入物体后，其中的染料和颜料等有色化合物发生选择性吸收，并反射一定波长的光线，从而显示出颜色。有色分子吸收的可见光能促进分子中电子从低能量状态或是基态转变为高能量状态或是激发态。颜色分子经过激发进入电子的跃迁，由普朗克定律可知其能量差

$$\Delta E = h\nu$$

$$E = hc/\lambda$$

式中，h 为普朗克常数，6.62×10^{-34} J·s；c 为光速，3×10^{8} m/s。

染料和颜料分子有发色基团(chromophores)和助色基团(auxochromes)。发色基团是与颜色形成有关的分子基团，大凡是分子中含有能吸收紫外-可见光而产生电子跃迁结构的基团，都含有不饱和键和孤对电子。如偶氮基(—N═N—)、羰基(—CO—)、硝基($—NO_2$)、次甲基(—CH═)。助色基团(auxochrome group)是具有将生色基团的吸收峰移向长波并增加其强度的基团，其本身在紫外线区不产生吸收峰，它还能使色原体(即含有生色基团的有机化合物)变成染料或加深其颜色。颜料分子成色与助色基团的功能活性有关。助色基团一般是含有孤对 p 电子的羟基—OH、氨基$—NH_2$、二甲胺基$—N(CH_3)_2$等，例如，偶氮苯(结

构式为 $C_6H_5N=N—C_6H_5$）中引入氨基即成苯胺黄染料（结构式为 $C_6H_5—N=N—C_6H_4—NH_3$）；黄色的蒽醌 $C_4H_6O_2$ 引入羟基后即成红色的 1，2-二羟基蒽醌 $C_{14}H_8O_4$。

（2）亲和力

染料分子的亲和力是指染料与着色物质之间的分子吸引力。在纺织印染中，染料分子与纤维分子之间拥有的亲和力可抵抗水洗纤维的褪色。而颜料是以固体形式分散到纤维中，颜料分子与介质之间的吸引力非常弱，颜料分子之间在晶格中形成强大的分子间作用力。

（3）坚牢度

所有着色剂在加工和使用中要有一定的牢固度，它是指在光、热、化学试剂作用下保持染料原来色泽的能力。丝织染色主要具有耐洗、汗渍、摩擦、耐光、气体升华等牢固度的要求，颜料要求对光和热的作用保持不褪色。

9.2 染料分类与命名

染料按它们的化学结构和应用性能有两种分类方法。前者根据染料发色体的结构进行分类，后者根据染料的应用性质、使用对象、应用方法分类。同一种结构类型的染料，在不同的染色条件下具有不同的染色性质，从而成为不同类型的染料；同一应用类型的染料，其发色体系也不尽相同。

9.2.1 染料的化学结构分类

染料按它们的化学结构特征分类，最重要的有偶氮染料、羰基染料与颜料、酞菁染料、芳甲烷染料、次甲基染料、硝基和亚硝基染料、硫染料等。

（1）偶氮染料（azo）

偶氮染料是合成染料中品种最多的一类，约占合成染料品种的 60%～70%，在染料分子结构中，凡是含有偶氮基且两侧都连有芳香环的有机物统称为偶氮染料。它们能够赋予多种颜色和亮度，更容易成红色、橙色和黄色而较少呈绿色和蓝色，广泛用于多种天然和合成纤维的染色和印花，也用于油漆、塑料、橡胶等的着色。常见偶氮染料有苏丹红、分散黄 E-G、直接湖蓝 6B。

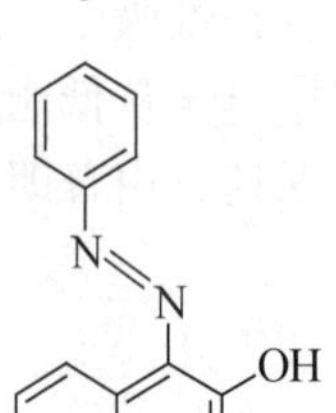

苏丹红 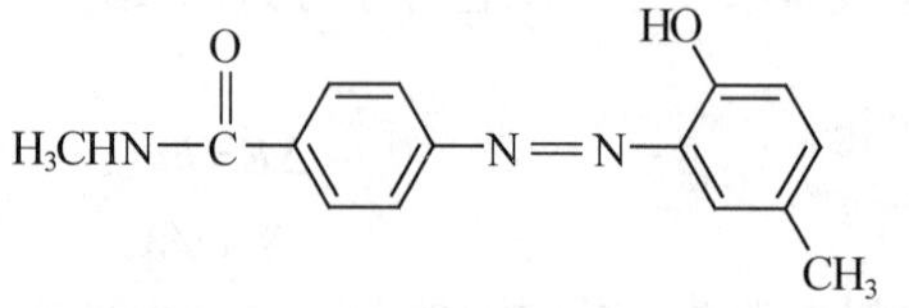　　单偶氮染料:分散黄E-G(C.I.分散黄3, 11855)

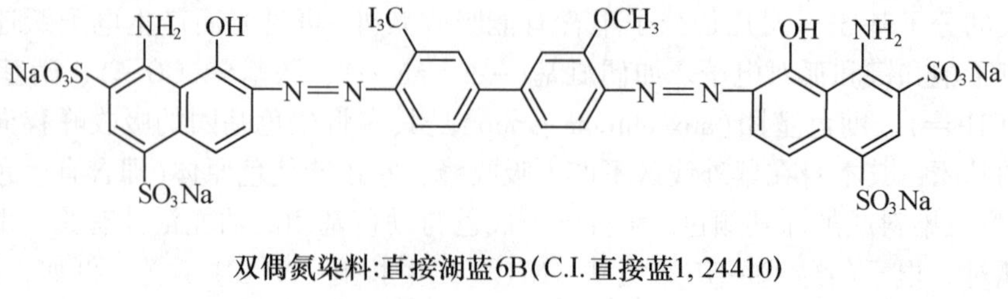

双偶氮染料:直接湖蓝6B(C.I.直接蓝1, 24410)

（2）羰基染料与颜料

羰基染料与颜料的化学特征是含有羰基(—CO—)基团。通常是 2~3 个羰基联成的含有芳香环的共轭体系。最重要的羰基染料是蒽醌染料(anthraquinone)，它是由 3 个线型稠合的六元环，中心环含有羰基，如分散绿。除了蒽醌染料作为羰基染料外，还有分散绿、靛蓝(indigo)、喹丫啶(quinacridone)，羰基染料与颜料色谱齐全，坚牢度(fastness)优于偶氮染料，然而由于合成蒽醌染料的价格昂贵，使得蒽醌染料的商业应用不太广泛。

纺织品的染色中，羰基染料的应用仅次于偶氮染料，它们补充偶氮染料的蓝、绿色调(shade)，但它们通常作为纤维制品的还原染料，特别是棉织品，羰基可以还原成水溶性使用。偶氮染料不适合做还原染料，因为偶氮还原后就变得不稳定。

几种典型的羰基染料与颜料如下所示：

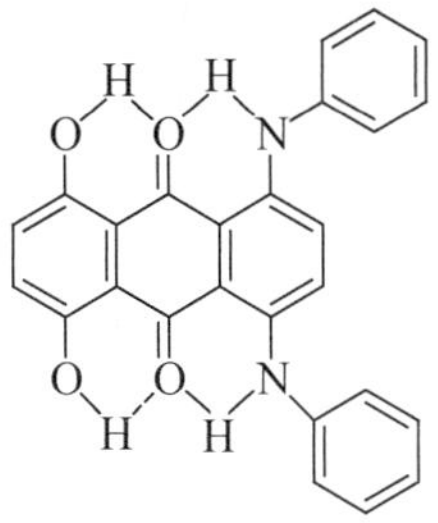

C.I.分散绿 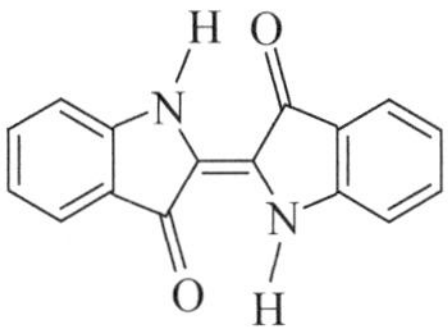　　　　靛蓝 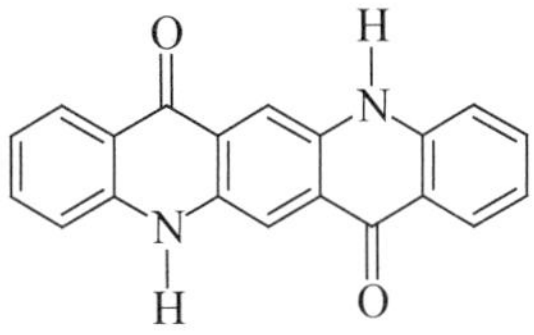　　　　喹丫啶

（3）酞菁染料(phthalocyanines)

酞菁染料是含有酞菁母体的染料。酞菁是一个复杂的环状架构，由 16 元碳和氮交替环和 4 个外苯环组成，酞菁颜色限于蓝色和绿色，纺织品中应用铜酞菁用于绘画、印刷和塑料中染色。具有鲜艳的蓝色，在光、热、溶剂和化学药品作用下具有优异的不褪色性能，此外它价格低廉，铜酞菁的外苯环被氯和溴取代可成为性能好的绿色染料。

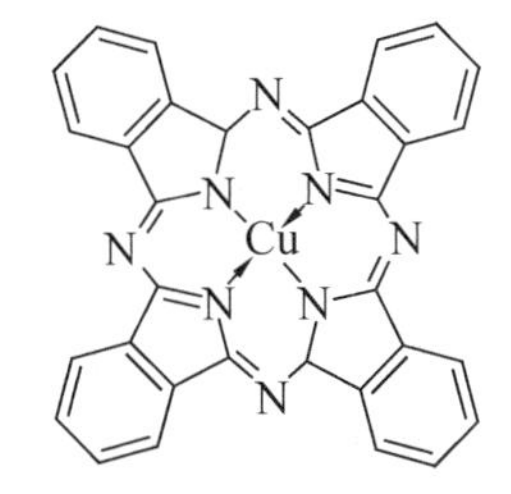

铜酞菁的结构式

（4）芳甲烷染料(arylcarboniumion)

芳甲烷染料曾经是纺织品中使用的第一种合成染料。现在使用量不大，主要应用在阳离子染料与颜料。他们价格较低，在全色调中有强度和亮度。技术特性弱于偶氮染料、蒽醌染料和酞菁染料。最为人熟知的芳甲烷染料——苹果绿(malachite green)如下所示：

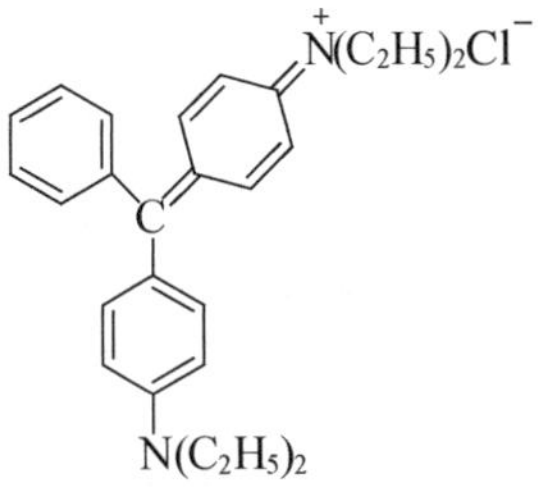

苹果绿的结构式

(5) 次甲基染料(mathine)

次甲基染料包含一个或多个次甲基(—CH ═)基团或聚次甲基，这种基团染料可以提供多色调，通常用于彩色相片，在纺织品中只作为分散染料和碱性黄染料(basic)，此外还有如甲川和多甲川类、二苯乙烯类以及杂环类等其他结构的染料。

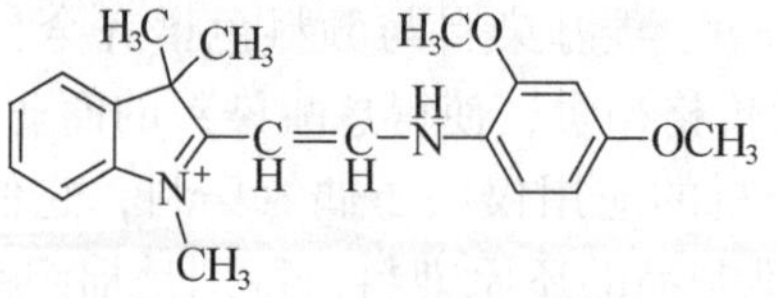

次甲基 C.I碱性黄染料

(6) 硝基和亚硝基染料(nitro)

含有硝基(—NO_2)的染料称为硝基染料；含有亚硝基(—NO)的染料称为亚硝基染料，主要作为分散染料和半还原毛发染料。C. I. 分散黄 42 是硝基染料的一种，可作为亮黄、橙黄和红色调，光牢固性好，颜色较弱。

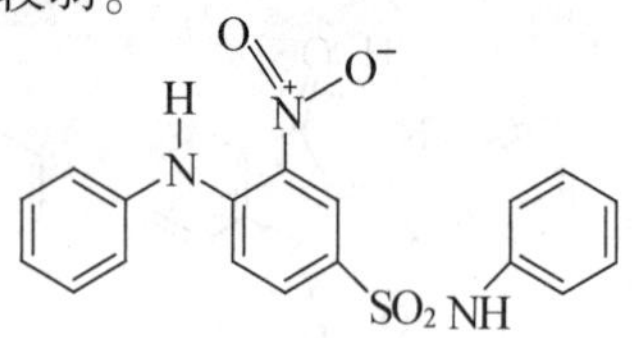

硝基染料C.I.分散黄

(7) 硫染料(sulphur dyes)

硫染料在纤维制品中染色用量较少，硫黑是常用的一个品种，硫染料在聚酯的混合物中还有以硫(—S—)，二硫(—S—S—)和聚硫键(—S_n—)形式存在，这类染料与还原染料一样，也是先前不溶于水的染料。染色时，它们在硫化碱溶液中被还原成可溶状态，染入纤维后，经过氧化又变成不溶状态固着在纤维上。由于硫染料残留在染液的排放液中，污染环境，使它的使用受到很大限制。

9.2.2 染料的应用性能分类

用于纺织品染色的染料按应用对象可分为以下几类：

(1) 酸性染料(acid dyes)

这是一类可溶于水的阴离子染料。染料分子中含磺酸基、羧基等酸性基团，常用于蛋白质纤维(如蚕丝、羊毛)和尼龙(聚酰胺纤维)以及皮革的染色。染色在酸性染液中进行，故称为酸性染料。

(2) 活性染料(reactive dyes)

活性染料又称反应染料，其分子中含有反应性基团，染色时能够与纤维分子中的羟基、氨基发生化学反应，生成染料——纤维共价键，主要用于纤维素的染色和印花，也用于羊毛和锦纶纤维的染色。

(3) 分散染料(disperse dyes)

这类染料分子中不含水溶性基团，染色时染料以分散体形式对纤维进行染色，故称为分散染料，主要用于合成纤维(如涤纶、锦纶、醋酸纤维等)的染色。虽然在表观上它们不溶于水，但是在染色的条件下，借助于分散剂它们在水中可具有满足染色需要的溶解度。

(4) 还原染料(vat dyes)

这类染料本身不溶于水，染色时，需要在含有还原剂的碱性溶液中将它们还原成可溶性的隐色体钠盐，后者能直接上染到纤维上，随后再经氧化剂氧化或空气氧化在纤维上重新成为不溶性染料。主要用于纤维素的染色、印花，少量用于丝、毛的染色，各项应用牢度十分优越。

（5）阳离子染料(cationic dyes)

这是一类可溶于水且染料母体呈阳离子状态的染料，称阳离子染料，主要用于腈纶(聚丙烯腈纤维)的染色。早期的此类染料分子中，具有碱性基团，常以盐形式存在，可溶于水，能与蚕丝等蛋白质纤维分子以离子键形式相结合，故又称为碱性染料或盐基染料。

（6）直接染料(direct dyes)

这是一类可溶于水的阴离子染料。染料分子呈线型且含有多个磺酸基团，主要用于纤维素纤维的染色，也可用于蚕丝、纸张、皮革的染色。染料分子与纤维素分子之间主要依靠范德华力与氢键相结合。

（7）冰染染料(azoic dyes)

其是不溶性的偶氮染料，染色时一般在冰水中(0~5℃)进行，由重氮组分(色基)和偶合组分(色酚)直接在纤维上反应生成沉淀而染色，主要用于纤维素纤维的染色和印花。

（8）缩聚染料(polycondensation dyes)

这是20世纪80年代发展起来的一类染料，可溶于水。它们在纤维上能脱去水溶性基团而发生分子间的缩聚反应，成为相对分子质量较大的不溶性染料而固着在纤维上，主要用于纤维素纤维的染色和印花，也可用于维纶的染色。

9.2.3　染料命名和索引

(1)染料命名

在生产和流通中一般采用的命名方法是将染料名称分为三部分，第一部分为冠称，表示染料的应用类别；第二部分是色称，表示染料的色泽；第三部分是尾称，以英文字母或数字符号表示染料的色光、形态及特殊性能和用途。

①冠称　冠称是根据染料的应用对象、染色方法以及性能来确定，我国的冠称有：直接、直接耐晒、直接铜盐、直接重氮、酸性、弱酸性、酸性络合、酸性媒介、中性、阳离子、活性、毛用活性、还原、可溶性还原、分散、硫化、可溶性硫化、色基、色酚、色盐、色淀、快色素、氧化、缩聚、混纺等。

②色称　色称表示染料的基本颜色。我国采用的色泽名称有：嫩黄、黄、金黄、深黄、橙、大红、红、桃红、玫红、品红、红紫、枣红、紫、翠蓝、湖蓝、艳蓝、深蓝、绿、艳绿、深绿、黄棕、红棕、棕、深棕、橄榄绿、草绿、灰、黑等。由于习惯，有时还以天然物的颜色来形容染料的颜色，如“天蓝”、“果绿”、“玫瑰红”等。

③尾称　尾称表示染料的色光、牢度等应用性能的差异。常用的尾称意义如下：

表示色光和色的品质常用下列三个字母来表示：B(blue)——带蓝光或青光；G(德语中gruen为绿色，gelb为黄色)——带黄光或绿光；R(red)——带红光。另外用下列三个符号表示颜色的品质：F(fine)表示色光纯；D(dark)表示深色或色光稍暗；T(talish)表示深。

表示性质和用途采用下列符号来表示：C (chlorine，cotton)——耐抓，棉用；I (indanthren)——相当于士林还原染料坚牢度；K(德语kalt)——冷染(国产活性染料中K代表热染型)；W(wight)——耐晒牢度或匀染性好(leveling)；M (mixture)——混合物(国产染料M表示含双活性基)；N(new，normal)——新型或标准；P(printing)——适用于印花；X(extra)——高浓度(国产染料中X代表冷染型)。有时可用数字与字母组合来表明色光的强弱或性能差异的程度，如2B，3B，其中2B较B色光稍蓝，3B较2B更稍蓝。同样，2L比L有更高的耐晒性能。需要指出的是，各国或各企业间由于标准不同，故各厂商之间所用的符号不具有可比性。

表明染料形态、强度(力份)，有些国家还用一些符号表示染料形态，而我国一般较少采用，例如 Pd(powder)——粉状；Gr(grains)——粒状；Liq(liquid)——液状；Pst(paste)——浆状；S. f.(super fine)——超细粉。染料强度(力份)是按一定浓度的染料作标准，以某一标准为100%。若染料的强度比标准染料高一倍，则其强度为200%，依次类推，所以染料的强度通常是一个相对数字。

目前我国企业对染料的命名比较混乱，许多词尾符号不具有统一的意义，有的企业直接借用国外厂商的商品牌号，有的则自成体系。各企业对同样化学结构染料的命名随意性很大，进行商业活动时必须注明所产染料的染料索引号，否则不能满足国内商业流通的需要。

(2)染料索引

染料索引(Colour Index，缩写为C. I.)，由英国染色和印染工作者协会以及美国纺织化学和印染工作者协会合编出版。它是一部国际性的染料、颜料品种汇编，将各主要染料厂生产的商品，分别按照它们的应用性质和化学结构归纳、分类、编号，逐一说明它们的应用分类类别、色调、应用特性、合成方法、化学结构、用途，并附有相同结构的各种商品名称对照表。

《染料索引》的前一部分以应用类属按染料对吸收光谱波长进行排序，黄、橙、红、紫、蓝、绿、棕、灰、黑的顺序排列，再在同一色称下对不同染料品种编排序号，称为“染料索引应用类属名称编号”，如：C. I. 酸性黄1(C. I. Acid Yellow 1)；C. I. 直接红28(C. I. Direct Red 28)。《染料索引》的后一部分，对已明确化学结构的染料品种，按化学结构分别另外给以“染料索引化学结构编号”。如：C. I. 酸性黄1的化学结构编号是C. I. 10316；C. I. 直接红28的化学结构编号是C. I. 22120。现在各国书刊及技术资料中均广泛采用染料索引号来代表某一染料。

9.3 染料的应用

9.3.1 酸性染料

酸性染料主要有强酸性、弱酸性、中性、酸性媒介、酸性络合染料等。但中性染料和酸性络合染料结构类似，是由酸性络合染料发展而成的。本节主要介绍强酸性、弱酸性染料。

9.3.1.1 强酸性染料

强酸性染色的酸性染料分子结构简单，较易合成。弱酸性和中性染色的染料分子结构复杂一些，合成也难些。酸性染料在水溶液中离子化，染料本身成为阴离子，可用 $D\text{-}SO_3^-Na^+$ 来表示。在硫酸溶液中，羊毛首先与硫酸结合：

$$H_3\overset{+}{N}\text{-}W\text{-}COO^- + H_2SO_4 \longrightarrow {}^-HSO_4 \cdot \overset{+}{N}H_3\text{-}W\text{-}COOH$$

然后 HSO_4^- 再与染料阴离子发生置换反应：

$${}^-HSO_4 \cdot \overset{+}{N}H_3\text{-}W\text{-}COOH + D\text{-}SO_3^- \longrightarrow {}^-DSO_4 \cdot \overset{+}{N}H_3\text{-}W\text{-}COOH + HSO_4^-$$

酸性染料和羊毛通过盐式键结合，酸性越强，形成的带正电荷的羊毛纤维也越多，上染也越快。上染时酸起促染作用。

强酸性染料又可分为：偶氮型、蒽醌型、芳甲烷型。偶氮类酸性染料是常用的染料，包括黄、橙、红及蓝等色谱。早期的偶氮类酸性染料都属单偶氮类，湿处理牢度较差；后来通过在单偶氮染料分子的适当位置引入长链烷基、磺酸酯、苄醚等，可使染料相对分子质量增大，提高染料对纤维的直接性，湿处理牢度有了很大的提高。最早期的酸性染料，如酸性橙2、酸性红 G、酸性蓝黑 10B，湿处理牢度均差。而黄色单偶氮酸性染料色泽鲜艳，耐晒牢度和匀染性都较好，例如酸性嫩黄 2G 匀染性好，色光鲜艳，需要在强酸性染浴中进行染色。

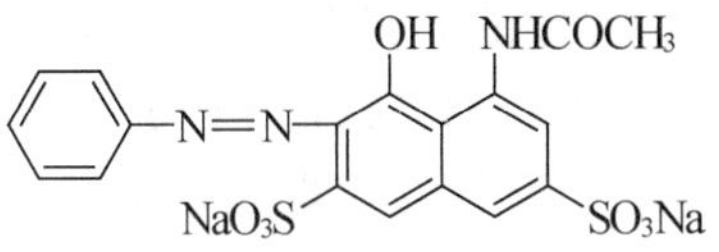

偶氮型: 酸性大红G

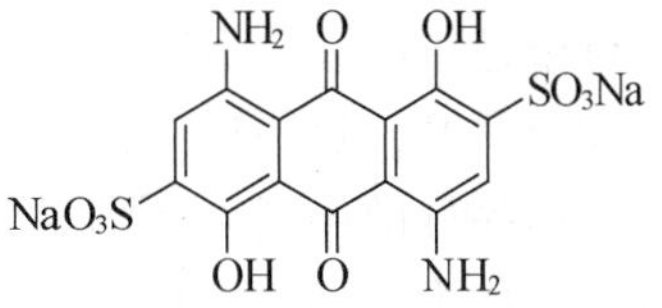

蒽醌型: 酸性蓝R

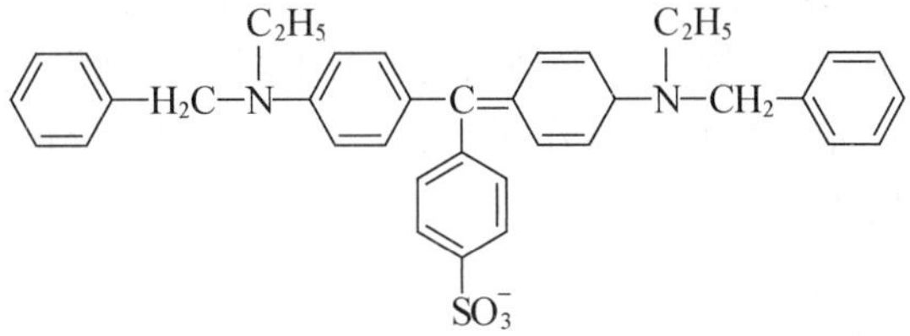

芳甲烷型: 酸性湖蓝A

9.3.1.2　弱酸性染料

弱酸性染料是一类分子相对较大、共轭体系较长的酸性染料，对蛋白质纤维的亲和力较大。在弱酸性介质中染蛋白质纤维，染色牢度相对较高，广泛地用于羊毛、尼龙、毛涤、聚酰胺纤维染色及蚕丝染色。与羊毛一样，聚酰胺纤维和蚕丝，都含有氨基和羧基，在溶液中以两性离子形式存在。弱酸性染料可在弱酸性和中性染浴进行染色，染浴 pH 值一般为 5～6，纤维上 H_3^+N 可以和染料阴离子结合，染料吸附量达到饱和值。同一种染料染锦纶的饱和值比染羊毛的饱和值低得多，但对应的上染 pH 值却高得多。在弱酸性染浴中染色匀染效果好。弱酸性染料染色时除生成盐式键外，主要通过范德华引力而上染。

弱酸性染料分子中具有一个磺酸基时，其相对分子质量要求 400～500，两个磺酸基时相对分子质量为 800 左右，这样的弱酸性染料染聚酰胺纤维最好，相对分子质量太大不能匀染，相对分子质量过小，湿处理牢度下降。酸性染料染羊毛和聚酰胺纤维的匀染性和湿处理牢度不完全一致，染聚酰胺纤维的匀染性较差，湿处理羊毛好，染蚕丝的湿处理牢度却比染羊毛差。

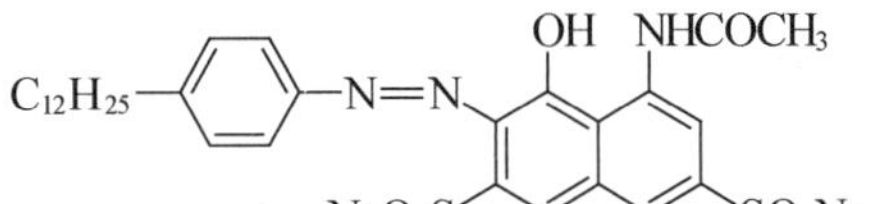

酸性桃红BS

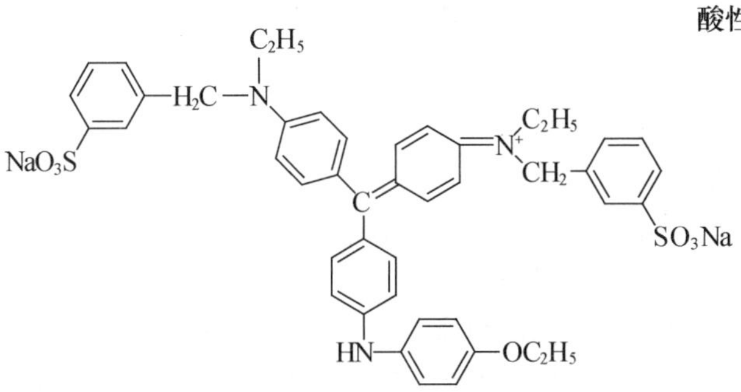

弱酸艳蓝6B

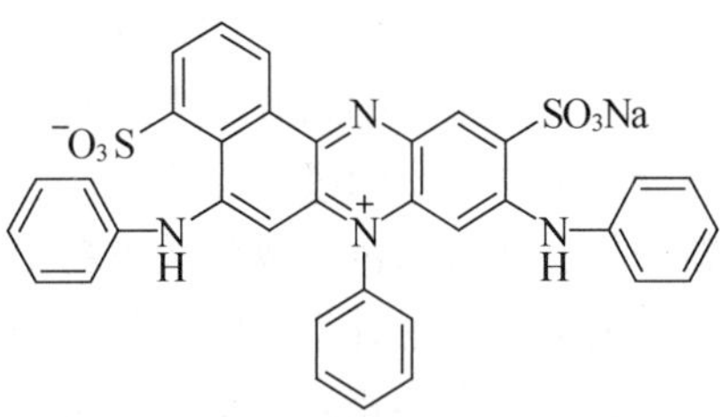

弱酸蓝BL

9.3.2 分散染料

分散染料结构简单，溶解度很低，必须借助分散剂将染料均匀地分散在染液中，才能对各类合成纤维进行染色。因此分散染料出厂前，通常必须进行商品化处理。分散染料最主要的加工是将染料充分研磨，选择适当的助剂(主要为分散剂)制成易于成高度分散和稳定悬浮液的染料商品。商品分散染料必须满足分散性、细度及稳定性三个方面的要求，即：染料在水中能迅速分散，成为均匀稳定的胶体状悬浮液；染料颗粒直径在 1μm 左右；染料在放置及高温染色时，不发生凝聚或焦油化现象。为了达到上述要求，必须适当控制研磨时的浓度、温度及分散剂的用量。常用的分散剂是萘磺酸与甲醛的缩合产物，例如分散剂 NNO。木质素磺酸钠也是常用的一种分散剂，它是用亚硫酸纸浆废液制得的。它的相对分子质量比分散剂 NNO 高，还具有一定的保护胶体作用。在砂磨过程中，分散剂的作用一方面促使粗颗粒分散，另一方面防止细颗粒的再凝。在染色过程中，分散剂还起到稳定的作用，保证染液处于高度分散的悬浮液状态。

9.3.2.1 分散染料的结构分类

分散染料的化学结构以偶氮类和蒽醌类为主，近年来杂环类分散染料的数量也有很大的增长。常见的偶氮类染料如分散黄棕 2RFL(单偶氮型)，分散黄 RGFL(双偶氮型)；蒽醌类染料色光鲜艳，匀染性能良好，日晒牢度优良。鲜艳度良好是蒽醌类染料的一个突出优点。从化学结构来说，它较偶氮类更为耐晒、耐热和耐还原，所以更加稳定。但如果遇到一氧化氮、二氧化氮，染料便会产生变色，这在梅雨季节更为显著。蒽醌类和单偶氮类分散染料相似，取代基对染色牢度和染色性能有影响，但规律性较差。增大相对分子质量比导入极性基团更能提高耐晒和耐升华牢度，但增大相对分子质量有一定的极限，否则会影响染色性能。

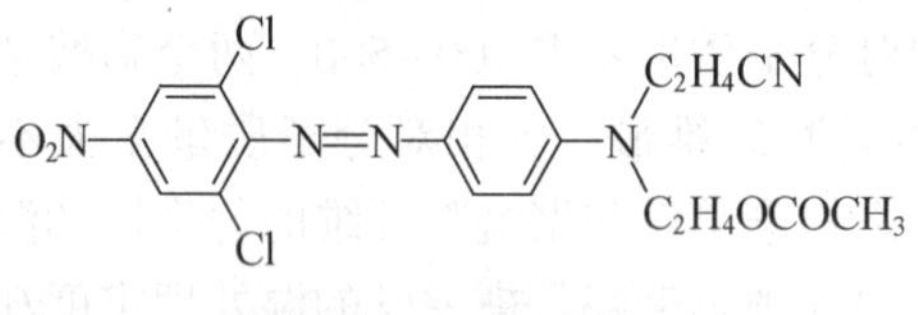

分散黄棕2RFL的结构

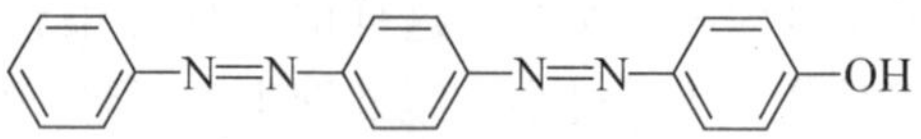

分散黄RGFL的结构

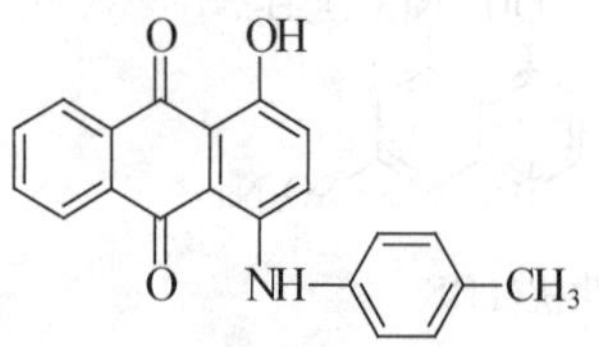

分散蓝RRL

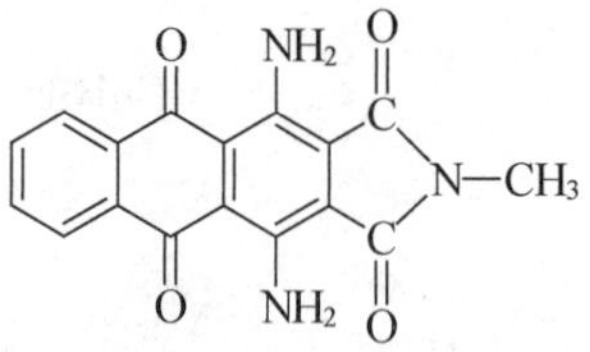

分散翠蓝HBF

9.3.2.2 分散染料的化学结构与性能的关系

(1) 分散染料的耐升华牢度和化学结构间的关系

分散染料分子间吸引力不大，能升华。温度升高，升华趋势增大。在热溶染色时，部分染料升华，造成沾色，故分散染料要求具有较高的耐升华牢度。

分散染料的耐升华牢度，与分子间吸引力有关，也即与染料分子大小、染料分子的偶极矩大小有关。染料相对分子质量增加，分子间范德华力加大，不易升华；染料分子的极性增加，也不易升华。由于分散染料分子的极性相差不太大，所以染料的相对分子质量、染料分布的状态直接影响耐升华牢度。染料相对分子质量越大，对纤维的结合力越强，耐升华牢度也越好。

(2) 分散染料的耐晒牢度与化学结构间的关系

①偶氮型分散染料　偶氮染料的光褪色为一种光氧化反应，首先生成氧化偶氮苯衍生物，再在光的作用下，发生分子重排、水解、分解等反应，生成肼及邻苯二醌。

偶氮染料分子中引入给电子取代基，将加速光氧化反应，降低染料耐光牢度。若分子中引入吸电子取代基，能阻止光氧化反应的发生，从而提高染料的耐光牢度。

偶氮分散染料重氮组分为杂环的染料，其耐晒牢度一般较高，杂环上若具有吸电子取代基，则染料的耐晒牢度更高。

②蒽醌型分散染料　这类染料的耐光牢度比偶氮型分散染料为高。耐光牢度取决于 α-氨基蒽醌的 4 位取代基的性质、分子的相对分子质量及 α 位氨基数量的多少。α-氨基的 4 位上，引入给电子取代基，耐光牢度下降。在 α-氨基的 β 位引入吸电子取代基，耐光牢度提高。

9.3.3　阳离子染料

阳离子染料是一类最早生产的合成染料。1856 年，英国 W. H. Perkin 合成的苯胺紫和随后出现的结晶紫和孔雀石绿，都是阳离子染料。这类染料以前被称为盐基性染料，可以染蛋白质纤维及用单宁酸、吐酒石处理过的纤维素纤维，具有艳丽的色泽，但不耐晒，被后来开发的直接染料、还原染料和酸性染料等替代。20 世纪 50 年代腈纶工业化生产以后，情况有了很大的变化。在腈纶上，阳离子染料不仅具有很高的直接性和浓艳的色泽，而且染色牢度比在蛋白质纤维和纤维素纤维上的高很多，因而重新引起了人们的兴趣。

9.3.3.1　阳离子染料的分类

染料分子中带正电荷的基团与共轭体系以一定方式连接，再与阴离子基团成盐。根据带正电荷基团在共轭系统中的位置，阳离子染料可以分为隔离型和共轭型两大类。

(1) 隔离型阳离子染料

隔离型阳离子染料母体和带正电荷的基团通过隔离基相连接，正电荷是定域的，相似于分散染料的分子末端引入季铵基。可用下式表示：

$$DH_2CH_2C-\overset{+}{N}(CH_3)_3$$

因正电荷集中，容易和纤维结合，上染百分率和上染速率都比较高，但匀染性欠佳。一般色光偏暗，摩尔吸光度较低，色光不够浓艳，但耐热和耐晒性能优良，牢度很高，常用于染中、淡色。典型的品种有：

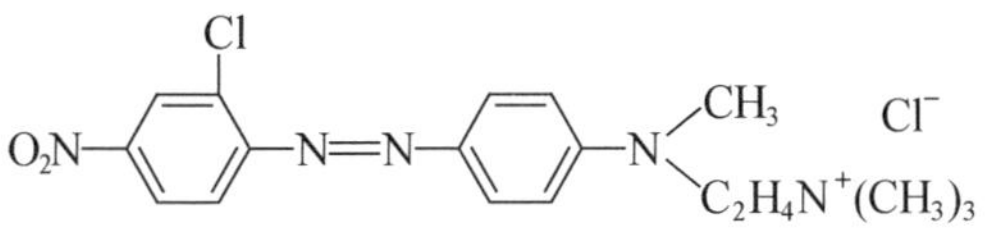

$$O_2N-C_6H_3(Cl)-N{=}N-C_6H_4-N(CH_3)C_2H_4N^+(CH_3)_3\ Cl^-$$

阳离子红GTL

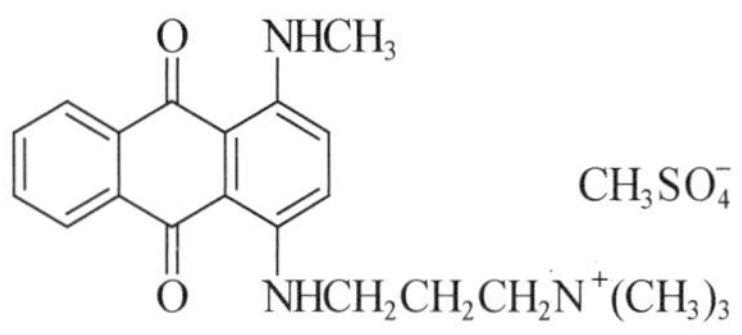

1-$NHCH_3$-4-$NHCH_2CH_2CH_2N^+(CH_3)_3$-蒽醌 $CH_3SO_4^-$

阳离子蓝FGL

(2) 共轭型阳离子染料

共轭型阳离子染料的正电荷基团直接连在染料的共轭体系上，正电荷是离域的。这类染料的色泽十分艳丽，摩尔吸光度较高，但有些品种耐光性、耐热性较差。在使用种类中，共轭型的占 90% 以上。共轭型阳离子染料的品种较多，主要有三芳甲烷、噁嗪、多甲川结构等。

9.3.3.2　阳离子染料的溶解性

染色介质中如果有阴离子化合物，如阴离子型表面活性剂和阴离子染料，也会与阳离子染料结合形成沉淀。毛腈、涤腈等混纺织物不能用普通阳离子染料与酸性、活性、分散等染料同浴染色，否则将产生沉淀。一般用加入防沉淀剂的方法来解决此类问题。

9.3.3.3　对 pH 值的敏感性

一般阳离子染料稳定的 pH 值范围是 2.5~5.5。当 pH 值较低时，染料分子中的氨基被质子化，由给电子基转变为吸电子基，引起染料颜色发生变化；若 pH 值较高，阳离子染料可能形成季铵碱，或结构被破坏，染料发生沉淀、变色或者褪色现象。如噁嗪染料在碱性介质中转变为非阳离子染料，失去对腈纶的亲和力而不能上染。

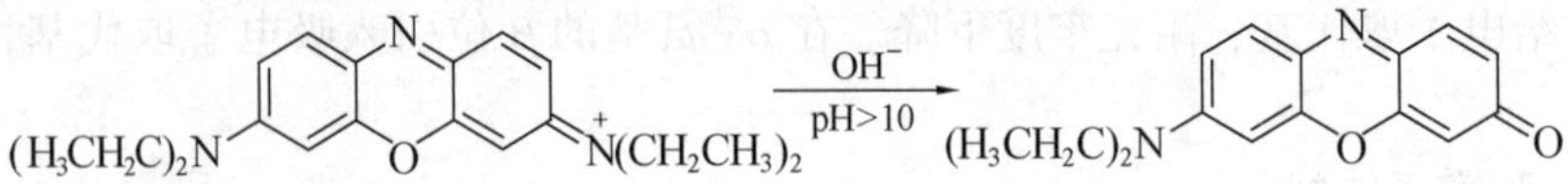

$$(H_3CH_2C)_2N-[\text{oxazine}]=\overset{+}{N}(CH_2CH_3)_2 \xrightarrow[pH>10]{OH^-} (H_3CH_2C)_2N-[\text{oxazine}]=O$$

9.3.3.4　阳离子染料的配伍性

阳离子染料对腈纶的亲和力比较大，在纤维中的迁移性能不好，难以匀染。不同染料对同一纤维的亲和力不同，在纤维内部的扩散速率也不相同，当上染速率差别较大的染料进行拼混时，染色过程中容易发生色泽变化、染色不匀的现象；而上染速率接近的染料拼混时，它们在染浴里浓度比例基本不变，使产品的色泽保持一致，染色比较均匀。这种染料拼染的性能称为染料的配伍性。

为了使用方便，人们用数值表示染料的配伍性能，通常用 K 值表示。采用黄、蓝两色标准染料各一套，每套由五个上染速率不同的染料组成，共有五个配伍值（1，2，3，4，5），上染速率大的染料配伍值小，染料的迁移性和匀染性差；上染速率小的染料其配伍值大，染料的迁移性和匀染性较好。将待测染料与标准染料逐一进行拼染，然后对染色效果给予评价，定出待测染料的配伍值。

染料的配伍值和其分子结构存在一定的关系：

①染料分子中引入亲水性基团，水溶性增加，对纤维的亲和力下降，染色速率降低、配伍值增大，在纤维上的迁移性和匀染性提高，给色量降低。

$$H_3CO-[\text{benzothiazolium}, N^+-R]-C-N=N-C_6H_4-N(CH_3)_2 \quad Cl^-$$

式中：

R	K
$-CH_3$	1.5
$-H_2C-CH(OH)-CH_3$	3.5
$-CH_2CH_2COOH$	5

②染料分子中引入疏水性基团，水溶性下降，染料对纤维的亲和力上升，上染速率提高，配伍值减小，在纤维上的迁移性和匀染性降低，给色量增加。

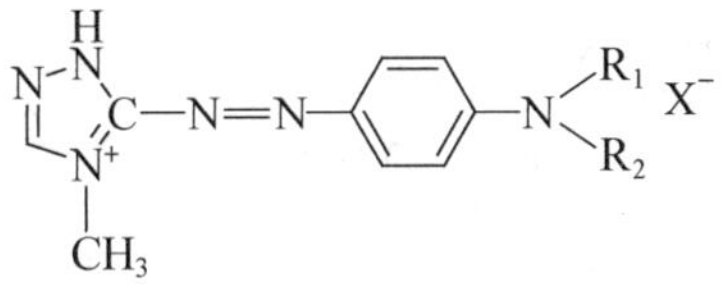

式中：

R_1	R_2	K
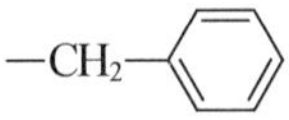 $-CH_2-C_6H_5$	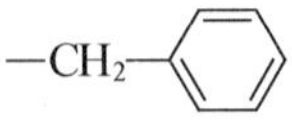 $-CH_2-C_6H_5$	2.0
$-C_2H_5$	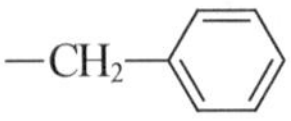 $-CH_2-C_6H_5$	3.0
$-C_2H_5$	$-C_2H_5$	5.0

9.3.4 活性染料

活性染料又称反应性染料。染料结构中，反应性基团可与纤维中的某些基团，如纤维素纤维中的羟基、蛋白质和聚酰胺纤维中的氨基等发生化学反应，使染料与纤维间形成共价键结合，从而固着在纤维上。由于染料与纤维成为同一个大分子，故湿处理牢度、耐摩擦牢度较其他纤维素纤维用染料有了很大的提高。另外活性染料色谱齐全、颜色鲜艳、匀染性好、成本低廉、应用方便，是纤维素纤维用染料的重要品种。目前，年产量占全部染料的20%以上，在蛋白质纤维和聚酰胺纤维中也得到了应用。

(1) 结构特点

活性染料的结构可用下列通式表示：

W-D-B-R

式中　W——水溶性基团，如磺酸基等，赋予染料水溶性；

D——染料母体(发色体)，使染料具有不同的色泽；

B——桥基(连接基)，把母体染料与活性基连接起来的基团；

R——活性基，与纤维中的某些基团发生化学反应形成共价键的基团。

活性染料组成中的四个部分，各自发挥着不同的作用，缺一不可，是一个统一的整体。其中，活性基对染料的反应性、固色率、染色牢度和染色工艺条件等，起着非常重要的作用，成为染料的核心部分。

(2) 活性基

活性基有均三嗪类活性基、嘧啶活性基、乙烯砜活性基和复合活性基。

①均三嗪类活性基：均三嗪类是最早出现的活性基，由于具有较大的适应性和反应活性，所以在活性染料中占主要地位，其中，二氯均三嗪(国产X型，Procion MX)和一氯均三嗪(国产K型，Procion H)是最普通的两种活性染料。

二氯均三嗪活性染料与纤维的反应能力强，在较低温度(25~45℃)和碱性较弱的条件下即可反应，故也称为普通型或冷染型活性染料。

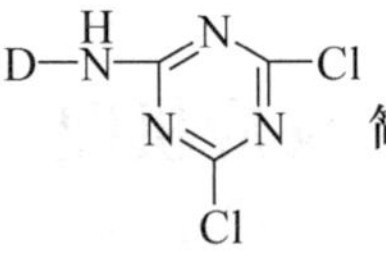

D—NH—(二氯均三嗪环) 简写为 D—NH—(三角形, Cl, Cl)

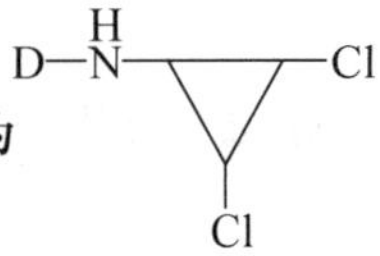

二氯均三嗪(X型)

一氯均三嗪染料与纤维的反应能力较弱，必须在较高温度(90℃以上)与纤维反应，故也称为热固型活性染料。

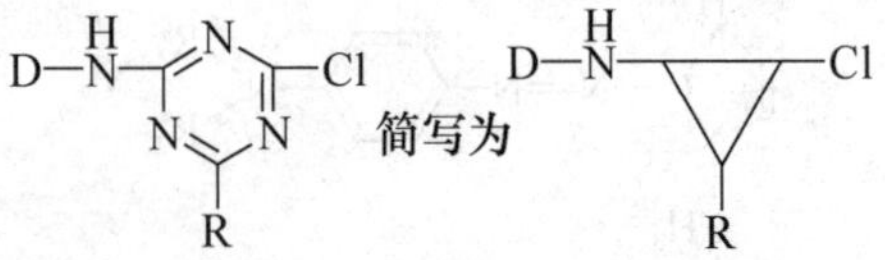

一氯均三嗪(K型)

以均三嗪型为例，其反应如下：

首先纤维素纤维在碱性条件下离子化，生成纤维素负离子(亲核试剂)：

$$\text{CellOH} \xrightarrow{OH^-} \text{Cell—O}^-$$

然后纤维素负离子进攻活性基上电子云密度最低的碳原子，发生亲核取代反应。

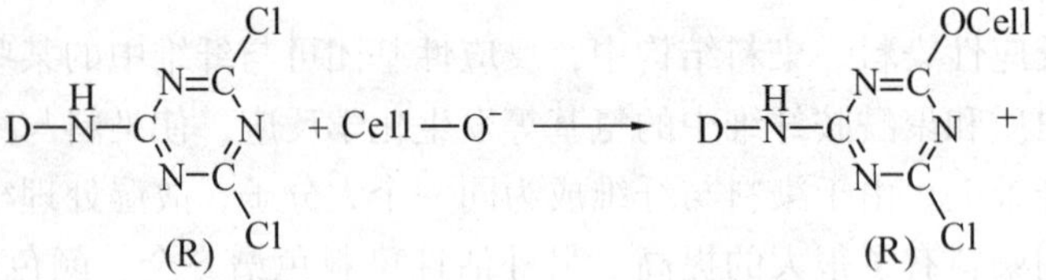

②嘧啶活性染料：嘧啶型活性染料的结构如下：

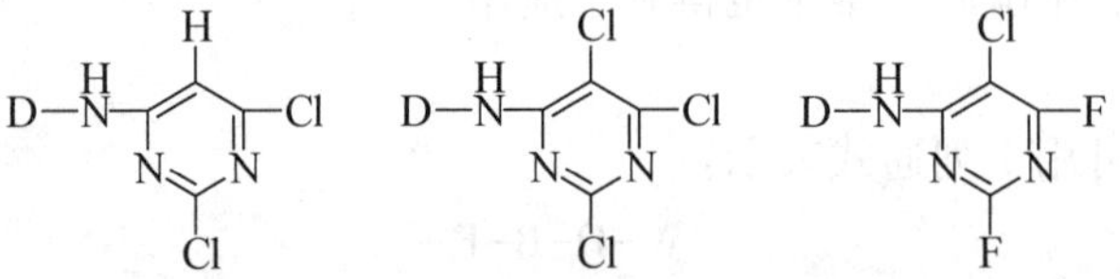

二氯嘧啶型　　三氯嘧啶型　　二氟一氯嘧啶型

这类活性基由于是二嗪结构，核上碳原子的正电性较弱，故而反应活性比均三嗪结构的低，但稳定性较高，尤其是“染料-纤维”键的稳定性高，不易水解，因此适合于高温染色。

③乙烯砜活性染料：我国生产的KN型活性染料，国外的Remazol、Sumifix等染料都含β-乙烯砜硫酸酯基。它在微碱性介质(pH=8)中转化成乙烯砜基而具有高反应性，与纤维素纤维形成稳定的共价键结合。

β-乙基砜硫酸酯类活性染料与纤维素反应属于亲核加成反应。染色时，在碱的作用下，β-硫酸酯与α-氢发生消除反应，生成含活泼双键的乙烯砜基，然后与纤维素纤维发生亲核加成反应。

④复合活性染料：一般只含一个活性基的活性染料，在印染加工中由于水解副反应的原因，其固色率较低(50%~70%)，既浪费了染料，又增加了污水处理的难度。为提高活性染料的固色率，除对活性基进行改进外，就是生产复合活性基的活性染料，可使固色率提高至80%~90%。

9.4　偶氮染料反应机理

在偶氮染料的生产中，重氮化与偶合是两个主要工序及基本反应。也有少量偶氮染料是通过氧化缩合的方法，而不是通过重氮盐的偶合反应合成的。对染整工作者来说，重氮化和偶合是两个很重要的反应，人们常用这两个反应进行染色和印花。

重氮化和偶合反应基本过程如下所示：

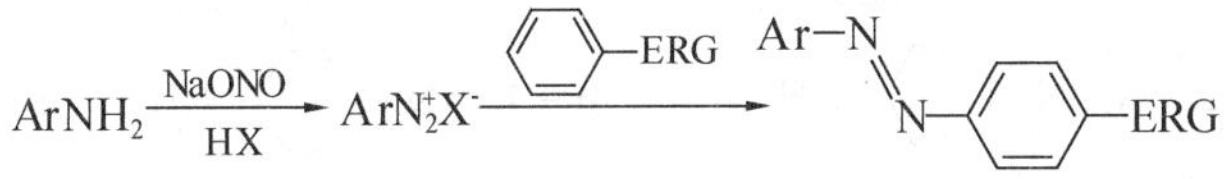

$$ArNH_2 \xrightarrow[HX]{NaONO} ArN_2^+X^- \xrightarrow{C_6H_5\text{—ERG}} Ar\text{—}N{=}N\text{—}C_6H_4\text{—ERG}$$

ERG：斥电子基团或供电子集团

（1）重氮化反应

芳香族伯胺和亚硝酸作用生成重氮盐的反应称为重氮化反应，芳伯胺常称重氮组分，亚硝酸为重氮化试剂。因为亚硝酸不稳定，通常使用亚硝酸钠和盐酸或硫酸，使反应时生成的亚硝酸立即与芳伯胺反应，避免亚硝酸的分解，重氮化反应后生成重氮盐。

影响重氮化反应的因素：

①酸的用量和浓度　在重氮化反应中，无机酸的作用是：首先使芳胺溶解，次之和亚硝酸钠生成亚硝酸，最后与芳胺作用生成重氮盐。重氮盐一般是容易分解的，只有在过量的酸液中才比较稳定。所以，尽管按反应式计算，一个氮基的重氮化仅需要 2mol 的酸；但要使反应得以顺利进行，酸量必须适当过量。酸过量的多少取决于芳伯胺的碱性。碱性越弱，过量越多，一般是 25%～100%。有的过量更多，甚至需在浓硫酸中进行。

②亚硝酸的用量　按重氮化反应方程式，一个氨基的重氮化需要 1mol 的亚硝酸钠。重氮化反应进行时，自始至终必须保持亚硝酸稍过量，否则会引起自偶合反应。这可由加入亚硝酸溶液的速度来控制。加料速度过慢，未重氮化的芳胺会和重氮盐作用发生自偶合反应。加料速度过快，溶液中产生大量亚硝酸会分解或产生其他副反应。反应时，鉴定亚硝酸过量的方法是用淀粉-碘。

过量的亚硝酸对下一步偶合反应不利，会使偶合组分亚硝化、氧化或产生其他反应。所以，常加入尿素或氨基磺酸以分解过量的亚硝酸。

③反应温度　重氮化反应一般在 0～5℃ 时进行，这是因为大部分重氮盐在低温下较稳定。

④芳胺的碱性　在酸的浓度很低时，芳胺的碱性越强，反应速率越快。在酸的浓度较高时，酸性较弱的芳胺重氮化速率快。

（2）偶合反应

芳香族重氮盐与酚类和芳胺等作用，生成偶氮化合物的反应称为偶合反应。酚类和芳胺等称为偶合组分。

重要的偶合组分有：

①酚类：苯酚、萘酚及其衍生物。

②芳胺类：苯胺、萘胺及其衍生物。

③氨基萘酚磺酸类：H 酸、J 酸、γ 酸等。

④活泼的亚甲基化合物：如乙酰苯胺、吡唑啉酮等。

偶合反应机理：偶合反应条件对反应过程影响的研究结果表明，偶合反应是一个芳环亲电取代反应。在反应过程中，第一步是重氮盐阳离子和偶合组分结合形成一种中间产物；第二步是中间产物释放质子给质子接受体，生成偶氮化合物。反应基本方程式如下所示：

$$Ar-N\equiv\overset{+}{N} + C_6H_5NH_2 \rightleftharpoons Ar-N=N-\underset{H}{C_6H_5}=\overset{+}{N}H_2$$

$$Ar-N=N-\underset{\underset{B}{\vdots}}{\underset{H}{C_6H_5}}=\overset{+}{N}H_2 \longrightarrow Ar-N=N-C_6H_4-NH_2 + HB$$

影响偶合反应的因素：

①重氮盐。偶合反应是芳香族亲电取代反应。重氮盐芳核上有吸电子取代基存在时，加强了重氮盐亲电子性，偶合活泼性高；反之，芳核上有给电子取代基存在时，减弱了重氮盐的亲电子性，偶合活泼性低。不同的对位取代基苯胺重氮盐和酚类偶合时的相对活泼性如下所示：

$$O_2N-C_6H_4-N\equiv N^+ > HO_3S-C_6H_4-N\equiv N^+ > Cl-C_6H_4-N\equiv N^+ > C_6H_5-N\equiv N^+ > H_3C-C_6H_4-N\equiv N^+ >$$

$$H_3CO-C_6H_4-N\equiv N^+$$

②偶合组分的性质。偶合组分芳环上的取代基性质，对偶合活泼性有显著的影响。

③偶合介质的 pH 值。

pH<4.5~5，芳胺转成铵盐，不易形成重氮盐正离子；pH=9，偶合速度最大，反应式为

$$ArOH+OH \longrightarrow ArO^-+H_2O$$

$$ArN_2+ArO^- \longrightarrow Ar-N=N-Ar-O^-$$

④偶合反应的温度。偶合反应一般在较低温度下进行，由于重氮盐极易分解，故而在偶合反应中同时存在重氮盐的分解副反应。根据活化能推断。重氮盐的分解活化能为 95.3~138.8kJ/mol，而偶合反应的活化能为 59.3~71.9kJ/mol。提高偶合温度，则重氮盐的分解速度大于偶合反应速度。

⑤盐效应 氯化钠加速偶合反应。

⑥催化剂存在的影响。重氮组成与偶合组成分电荷相同，加速偶合。酸不宜过多。

9.5 功 能 染 料

近年来，由于各种新型技术的发展，对染料提出了某些特殊的要求，因此发展了功能染料。其表现为对光的吸收性和反射性，光导电性和光敏性，可逆变化性(如热、光、pH 值可逆变化)，生物活性(如抑菌作用、结合蛋白作用、酶催化等)，化学活性(如单纯态氮、催化剂等)。目前，功能性染料已被一些国家广泛地应用于液晶显示、热敏压敏记录、光盘记录、光化学催化、光化学治疗等高新技术领域。

功能染料主要有两种开发途径：一是筛选原有染料，利用传统的染料和颜料的某些潜在性能；二是改变传统染料的发色体系，使其具有新的功能。

9.5.1 功能性染料的分类

功能性染料正处在迅速发展的阶段，有关它的分类还不统一，按照功能可将其分类如下：

①变色异构染料：光变色、热变色、电变色、湿变色、感压(压敏)变色染料。

②能量转化染料：发光、太阳能转化、激光、有机非线性光学材料用染料等。

③信息及显示纪录用染料：液晶、滤色片、光信息记录用、电子复印、喷墨打印(印花)用染料等

④生化及医用染料：生物着色用、医用染料等。

⑤化学反应用染料：催化用、链中止用染料等。

9.5.2 功能染料的应用

(1) 光变色染料

具有“光致变色(即物质颜色随光照而变化)性”的化合物被称为“光变色染料(颜料)”。微胶囊技术包埋光变染料、耐光牢度得到了提高，已在家纺、防伪材料，装饰装潢行业中应用。初始光变染料结构为闭环型，即印在织物上没有色泽，在紫外线照射下变成有色(紫色、蓝色、黄色、红色)。在应用中可将光变色染料和一般色涂料拼混合一起印花。例如用光变色染料红与涂料蓝拼混后印花，在织物表面呈现蓝色，当紫外光照射时变为蓝紫色。值得注意的是有些极性较强的色涂料会把光变染料开环后的结构稳定住，不再可逆。随着科技的发展，运用光致变色染料和长余辉发光粉与纤维进行混合，经湿法纺丝后，制备出具有光致变色功能的纤维素长余辉发光纤维。

(2) 荧光染料

荧光染料的定义还不统一，一般将能在可见光范围强烈吸收和辐射出荧光的染料称为荧光染料，是一种可放出大于吸收光波的特殊功能性材料，可使染色织物获得较高的饱和度及鲜艳度，可用于安全服饰、防晒服饰。所用荧光染料种类主要有荧烷衍生物类、1，8-萘酰亚胺类和香豆素类。

(3) 激光染料

激光染料是一种高量子产率的荧光染料，如下列结构的染料可用作激光染料：

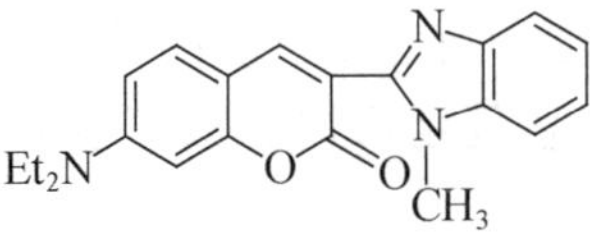

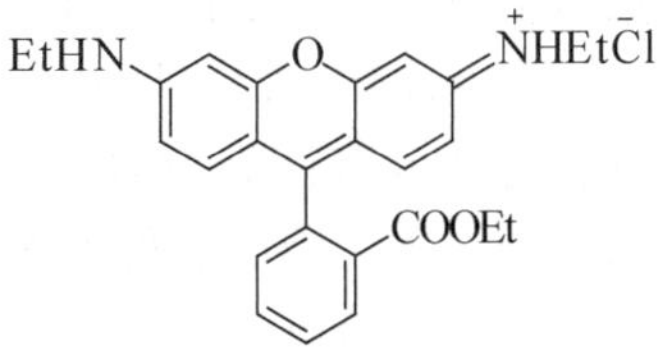

Et_2N O O N N CH_3　　EtHN O $\overset{+}{N}HEt\overset{-}{Cl}$ COOEt

(4) 红外线吸收染料和红外线伪装染料

红外线吸收染料是指对红外线有较强吸收的染料，和通常染料一样，这些染料也有特定的 π-电子共轭体系，所不同的，它们的第一激发能量比较低，吸收的不是可见光而是波长更长的红外线。红外线伪装染料(或颜料)指的是红外线吸收特性和自然环境相似的一些具有特定颜色的染料，与普通染料的区别在于它们的红外线吸收特性和自然界环境相似，可以伪装所染物体，使物体不易被红外线观察所发现。

近年来，近红外吸收染料和纺织染整密切关系的是被用于太阳能转换和贮存。用这种染料(或颜料)加工制成的塑料薄膜或纺织服装，在工业、农业和服装上均有很好的应用前景。如下列结构的染料：

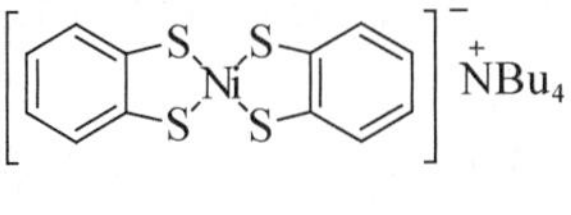

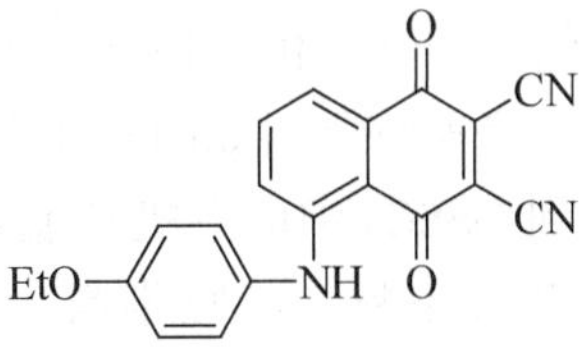

$\left[\text{S S Ni S S} \right]^{-} \overset{+}{N}Bu_4$　　O CN CN O EtO NH

(5) 热变色染料

具有“热敏变色性”的染料被称为热变色染料。较早用于纺织品变色印花。

热变色染料具有在低温时显蓝紫色，高温时显无色的功能。这种颜色的变化是由于热敏紫和双酚 A 之间的得失电子情况造成的。其变色反应如下：

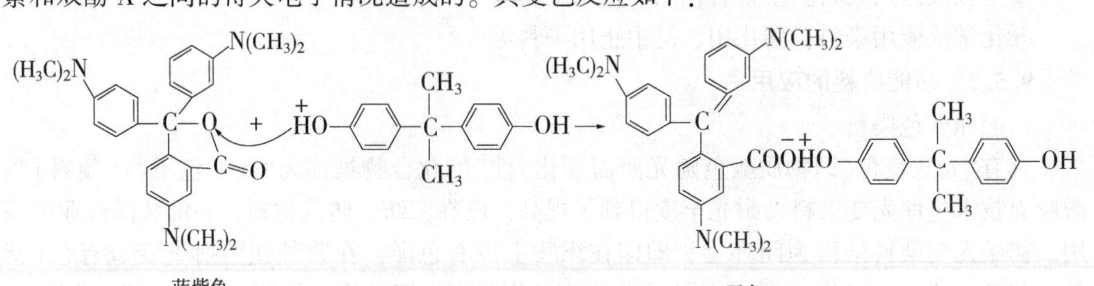

蓝紫色　　　　无色

(6) 电致变色染料

当染料的瞬间偶极矩方向被电场改变时，其颜色也随电场改变的一类染料被称作电致变色染料，或称电敏染料。如果用纺织材料为基材，将这种电控变色的功能染料制成所需的产品，例如大型彩色显示器、遮光材料等，为了得到彩色显示还必须要有与液晶配合的双向性染料，如下列结构的染料：

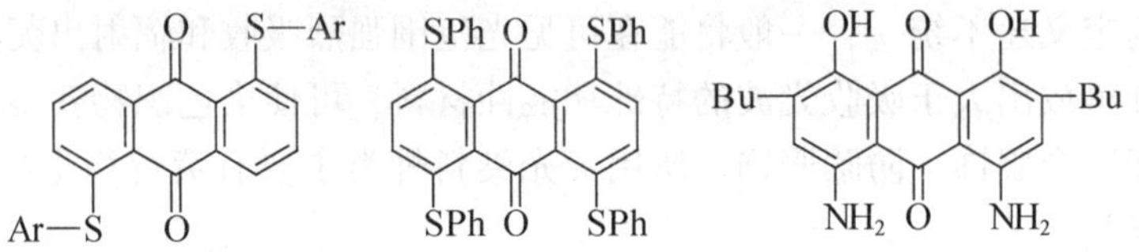

黄色　　　　红色　　　　蓝色

(7) 有色聚合物

有色聚合物是指本身具有发色体系的分子聚合物。事实上，有色聚合物可用于塑料或纤维的原液中着色。同理，涂层、涂料印花和染色发泡印花应该可以使用该种有色体。聚合物色素兼具颜料着色和溶剂可溶性染料着色的优点，它甚至可以和被着色的高分子物发生反应，通过共价键结合为一体，因而值得更深入的研究。

(8) 金属离子、溶剂变色染料

金属离子变色染料是指可以和金属离子螯合引起颜色变化的一类染料。溶剂变色染料是指颜色可随溶剂的极性不同而变化的一类染料。金属离子变色染料因其变色特性而使获得多色的染色或印花产品成为可能，在纺织和服装工业中具备一定应用前景；溶剂变色染料可用于织物、服装的着色，使这些纺织品遇水或其他溶剂产生变色效应，开发前景乐观。

(9) 染料敏化剂-染料敏化太阳能电池

染料敏化太阳能电池(DSSCs)是利用染料分子吸收太阳光，从而将太阳能转换成电能的一种新型太阳能电池。这类染料敏化电极对太阳光的利用率特别低，光电转换效率一直无法提高。直至 1991 年，Grätzel 应用比表面积很大的纳米晶多孔膜作为光电极，使电池的效率提高，染料敏化太阳能电池的研究因此取得突破性进展。1993 年，进一步对二氧化钛纳米多孔膜电池进行优化，光电转化率提高至 10%。2011 年，基于钌染料的染料敏化电池光电转化率提高至 12%。经典钌染料如图 9-1 所示。

迄今为止应用到 DSSCs 中的有机功能染料种类繁多，包括香豆素染料、吲哚啉染料、四氢喹啉染料、三芳胺染料、咔唑染料、*N*，*N*-二烷基苯胺染料、半菁染料、部花青染料、菁染料、方酸染料、苝染料、蒽醌染料等。虽然功能染料的种类多样，但从结构上分析，性能较好的染料敏化剂一般由电子给体、π 共轭桥和电子受体组成，目前效果较好的电子给体有三苯胺、吲哚啉、二甲基芴取代苯胺、吩噻嗪等，这些给体单元对染料吸

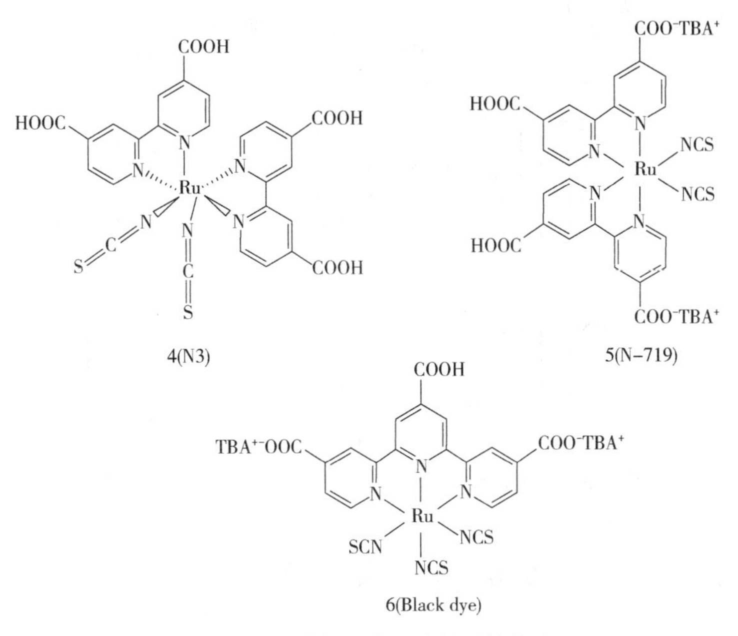

图 9-1 经典钌配合物染料的结构式

收光谱和分子能级都具有调节作用；常用的 π 共轭桥有甲川链、噻吩、呋喃、吡咯、苯等；分子右端的受体基团最常用的是含羧基基团，如氰基乙酸、单宁酸等。染料可通过羧基与 TiO_2 相连。对于敏化材料的设计和合成主要集中在不断拓宽其吸收光谱和提高电荷迁移率以及材料的稳定性上。

染料敏化太阳能电池的工作原理(图 9-2、图 9-3)：在染料敏化太阳能电池中，光的捕获和光生载流子的传递是分开进行的。光的捕获由染料敏化剂完成，受光照激发后，染料分子形成电荷分离态；若染料分子的激发态能级与半导体的导带底能级匹配，即前者高于后者，则电子便会从染料的激发态注入半导体的导带中；随后，电子便在半导体中进行传输并沿着外电路到达对电极。

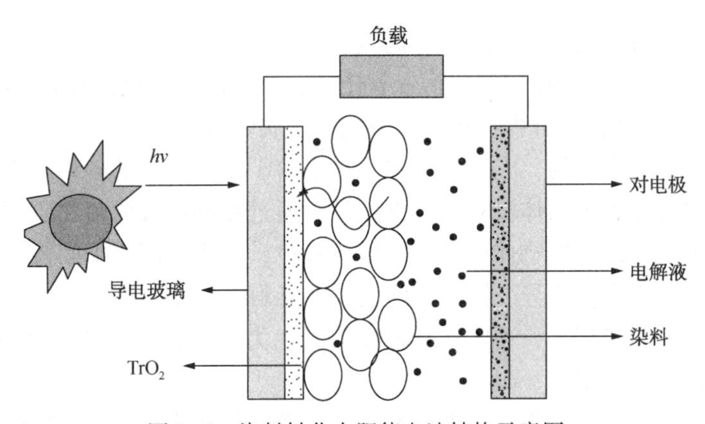

图 9-2 染料敏化太阳能电池结构示意图

如何提高有机染料敏化太阳能电池的光电转换效率及稳定性是目前在染料敏化电池研究领域的关键问题。

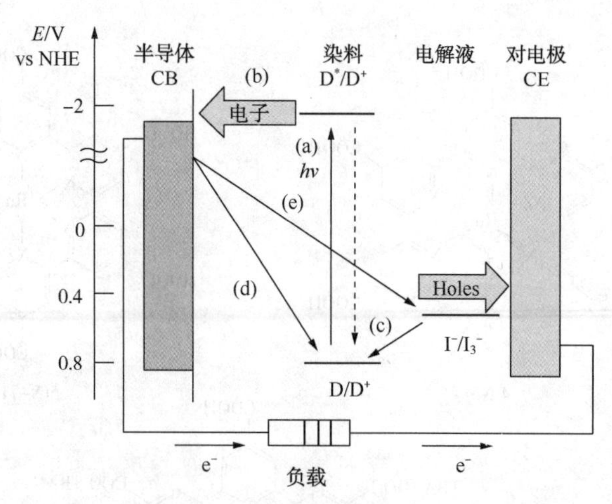

图 9-3　染料敏化太阳能电池的能级分布和工作原理图

9.6 有 机 颜 料

9.6.1 颜料概述

颜料是一种有色的细颗粒粉状物质，一般不溶于水、油、溶剂和树脂等介质中，但能在分散剂存在下稳定分散于介质中。它具有一定的遮盖力、着色力，对光相对稳定，常用于配制涂料、油墨以及着色塑料和橡胶，因此又称为着色剂。颜料不同于染料之处在于一般染料能溶解于水和溶剂，而颜料不溶于水。不过这种区分也并不十分清楚，有机颜料的化学结构同有机染料有相似之处，因此通常视为染料的一个分支。颜料占染料量的 1/4。

颜料根据化学组成来分类，可分成无机颜料与有机颜料两大类；就其来源又可分为天然颜料和合成颜料。天然颜料以矿石为来源，如朱砂、红土、雄黄、孔雀绿以及重质碳酸钙、滑石粉、云母粉、高岭土等；以生物为来源的，如来自动物的胭脂虫红、天然鱼鳞粉等；来自植物的有藤黄、茜素红、靛青等。合成颜料通过人工合成，如钛白、锌钡白、铅铬黄、铁黄、铁红、红丹等无机颜料以及大红粉、偶氮黄、酞菁蓝等有机颜料。

常用无机颜料包括氧化物(主要包括二氧化钛、氧化铁、氧化铬等)、铬酸盐(主要包括铬酸锌、铬酸锶和铬酸钙)、群青、炭黑、磷酸盐金属颜料等。

有机颜料为不溶性有机物，它不溶于水，也不溶于使用它们的各种底物中。有机颜料与染抖的差别在于它与被着色物体没有亲和力，只有通过胶黏剂或成膜物质才能将有机颜料机械地固着在物体表面，或混在物体内部，使物体着色。其生产所需中间体、生产设备以及合成过程均与染料的生产大同小异，因此常将它放在染料工厂中生产。

有机颜料与无机颜料相比，通常具有较高的着色力，颗粒容易研磨和分散，不易沉淀，色彩比较鲜艳，但耐晒、耐热、耐气候性能较差。

有机颜料普遍用于油墨、涂料、橡胶制品、文教用品和建筑材料的着色，还用于合成纤维的原浆着色，织物涂料印花和染色。目前，用于纺织品染色与印花的涂料，一般由有机颜料和一定比例的甘油、匀染剂、乳化剂以及水配成浆状，然后再配以一定量的增稠剂、消泡剂和交联剂所组成，使用时利用粘接剂将颜料牢固地粘着在纤维表面，以达到染色或印花之目的。

9.6.2 有机颜料性能与化学结构的关系

（1）颜料分子结构中氢键结构的形成与性能的关系

在偶氮颜料中，重氮组分在氨基邻、对位有硝基、磺酸基、羧酸基、氯等吸电子取代基，偶合组分中酰氨基苯环的邻、对位有甲基、乙基、甲氧基、乙氧基等供电子取代基时，都有加强氢键形成倾向，使颜料具有更好的坚牢度。如耐晒黄 G、永固红 FGR 等都能形成分子内氢键结构，因此都有较好的耐晒牢度。苯并咪唑酮系偶氮颜料，能形成分子间的氢键结构，因此耐光、耐热、耐溶剂、耐迁移性能更为优良。

颜料黄 1(耐晒黄 G)，其结构式为：

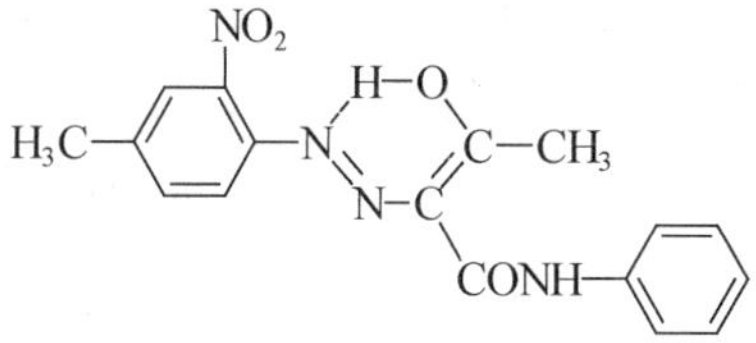

（2）增大颜料相对分子质量与性能的关系

增大颜料相对分子质量能改进各项性能，例如在耐热、耐溶剂、耐迁移等性能上联苯胺黄比耐晒黄更好些。一般单偶氮颜料相对分子质量只有 300~500，而缩合型偶氮颜料相对分子质量在 800~1100 之间，因此耐光、耐热、耐溶剂、耐迁移性有很大的改进。

9.6.3 有机颜料的分类

（1）偶氮颜料

偶氮颜料是指化学结构中含有偶氮基(—N ═N—)的有机颜料。它是有机颜料中主要的大类，产量约占有机颜料总产量 60%。偶氮颜料色谱分布较广，有黄、橙、红、棕、蓝等颜色。色泽鲜艳，着色力强、密度小、质软、耐光性较好，因此广泛使用于油墨、涂料、橡胶、涂料印花等。按化学结构可划分为不溶性偶氮颜料、偶氮染料色淀和缩合型偶氮颜料等三类。

（2）酞菁颜料

酞菁颜料占有机颜料总量的 25%，为有机颜料主要大类之一。作为着色颜料，酞菁颜料具有性能优良、制造方便、价格低廉等优点，因此用量急速上升。酞菁是含有四个吡咯而具有四氮杂卟吩结构的化合物，酞菁的化学结构式如下：

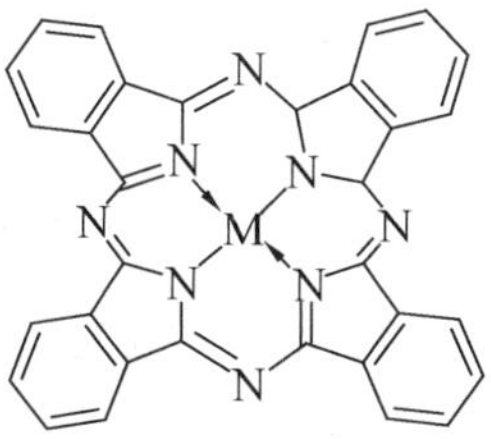

酞菁的物理和化学性质：与酞菁以价键方式结合的金属有钠、钾、钙、钡、镉、汞等。金属酞菁几乎不溶于一般有机溶剂，用稀无机酸处理能脱除金属生成无金属酞菁。金属酞菁以共价键方式结合，其中稳定性较好的有铜、镍、锌、钴等。大多数情况下这些金属酞菁在 400~500℃真空中或惰性气体中升华而不发生变化。其中稳定性好的酞菁颜料，如铜酞菁，即使长期与无机酸接触，也不会脱去金属。

酞菁一般不溶于水，但能溶于浓硫酸等形成酸式盐。所有酞菁都会被强氧化剂如硝酸、高锰酸钾水溶液破坏，生成邻苯二甲酰亚胺。钴酞菁及其衍生物能被保险粉还原生成水溶性产物，可以再氧化恢复原来的蓝色，因此被用作还原染料，用于染棉可得鲜艳的蓝色，但不耐次氯酸钠和过氧化氢漂白。酞菁的耐光性能各不相同，其中以铜酞菁、钴钛菁、镍酞菁耐光性最佳。

(3) 多环颜料

多环颜料包括异吲哚啉酮类颜料、喹吖啶酮类颜料、咔唑二噁、嗪紫颜料、苝系颜料、蒽醌(衍生物)型还原颜料、硫靛类颜料和喹酞酮类颜料。

9.6.4 有机颜料大红粉的生产工艺举例

颜料大红粉为鲜艳红色粉末。色光鲜艳浓厚，着色点极佳，遮盖力优良，而且耐晒、耐酸、耐碱性均好。为涂料工业主要红色颜料之一，大量用于各类红色磁漆的着色剂，还适用于漆布、皮革、乳胶制品的着色，也用于制造水彩、油料颜料、印泥、印油、墙粉、铅笔、蜡笔及化妆品等。大红粉的生产是由苯胺经重氮化，再与色酚 AS 钠盐偶合而得。其生产工艺流程见图 9-4。

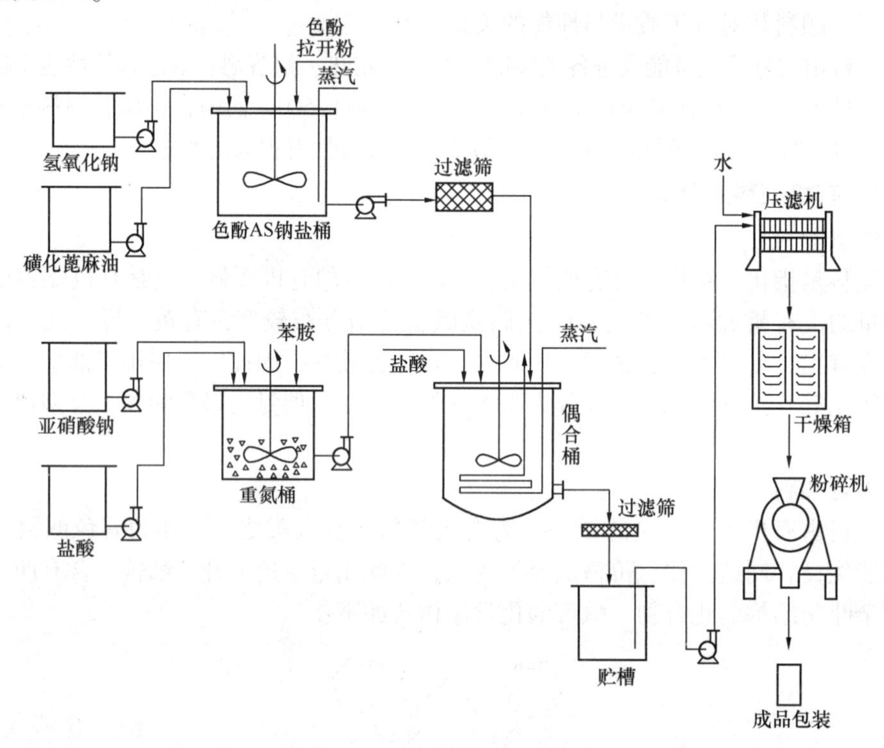

图 9-4 大红粉生产工艺流程

原料配比(质量)：苯胺：色酚 AS：亚硝酸钠：盐酸：氢氧化钠=1：2.90：0.81：3.34：2.20

生产过程：

①重氮化　在重氮化锅内放水 2000～2700L，加冰降温至 3～5℃，加入 30%的盐酸 751.8kg，在搅拌下，慢慢加入苯胺 246.4kg，搅拌均匀后，以水调整体积为 5400L，温度保持在 3～5℃，于 23～30min 内，在搅拌条件下均匀加入亚硝酸钠溶液 659kg 到重氮化锅内进行反应。确定终点到达后，停止搅拌，静置反应 0.5h，温度控制在 8℃，待用。

②色酚 AS 钠盐的制备　在色酚 AS 钠盐桶内，放清水 1675L，加入 30%的 NaOH 541kg，40%的磺化蓖麻油 228.5kg，搅拌均匀后，再加入 14.3kg 拉开粉，升温到 80℃左右，在搅拌

下徐徐加入色酚 AS 714.3kg，搅拌至完全透明为止，待用。

③偶合　在偶合锅内，预先放清水 4050L，并将溶解好的色酚 AS 溶液过筛放入偶合锅内，搅拌，并调整总体积至 8950～9450L，使得温度为 35～38℃，在搅拌下，将重氮盐在 30～40min内均匀地注入偶合锅内，进行偶合反应，重氮盐加完后 pH 值为 8，温度约为 31℃。偶合完毕后，再搅拌 0.5h，加入 30%盐酸 71.6kg 进行酸化，酸化后再搅拌 1h，徐徐升温到 100℃。保温 2h，然后过滤，用水漂洗至 pH＝6.5～7.0，滤饼在 80℃进行干燥，即为大红粉成品。

思 考 题

1. 染料和颜料有哪些异同点？
2. 什么是《染料索引》？包含哪些内容？
3. 染料的结构与颜色之间有何关系？
4. 强酸性染料和弱酸性染料化学结构上有什么异同？染色应用性能上有什么差别？
5. 分散染料的耐升华牢度、耐日晒牢度分别与结构有何关系？
6. 何谓阳离子染料的配伍值？配伍值有何应用价值？
7. 什么是活性染料？与其他染料有什么区别？

第10章　合成材料助剂

合成材料助剂指合成材料和产品(制品)在生产和加工过程中，用以改善生产工艺和提高产品性能所添加的各种辅助化学品。助剂不仅在加工过程中可以改善聚合物的工艺性能，影响加工条件，提高加工效率，而且可以改进制品的性能，提高它们的使用价值和寿命。助剂能赋予聚合物多种多样的性能。采用助剂将聚合物改性，是一种比较简单而有效的方法。在合成树脂等生产过程中所添加的助剂，如阻聚剂、引发剂、相对分子质量调节剂、终止剂、乳化剂、分散剂等称为合成助剂。将树脂或生胶加工成制品过程中添加的助剂称为加工助剂。大部分的助剂是在加工过程中添加于材料或产品中，因此，助剂也常称为添加剂或配合剂。合成助剂的品种与数量都比较少，而且与聚合工艺有极密切的关系，本章主要介绍加工助剂。

10.1　合成材料助剂的作用与分类

助剂和聚合物的关系是互为依存的关系，助剂的用量虽小，但作用显著，甚至可以使某些性能缺陷较大或加工很困难而几乎失去实用价值的聚合物变成宝贵的材料。聚合物只有在具备适当的助剂和加工技术的条件下，才有广泛的用途。如聚丙烯，是一种极易老化的合成树脂，纯聚丙烯薄片在150℃下只需0.5h就脆化，如果在树脂中加入适量的抗氧剂和稳定剂后，在同一温度下就可经受2000h的老化考验，这样就可使聚丙烯成为十分有用的通用塑料；如果没有各类热稳定剂，聚氯乙烯就成为不可加工的树脂而失去实用价值，没有增塑剂就不存在软质聚氯乙烯制品，不加光稳定剂和抗氧化剂则聚丙烯和聚乙烯在室外的使用寿命大为缩短；没有阻燃剂塑料就不能广泛地应用于房屋建筑、汽车、飞机、船舶等领域；没有玻璃纤维等增强剂就不存在玻璃钢等增强塑料；不加颜料或染料之类的着色剂，所有的塑料制品只呈单调的本色。

合成材料助剂按功用来分大类，在功用相同的类型中依作用机理或化学结构来区分小类。具体类别如下：

① 提高制品稳定性的助剂：热稳定剂、抗氧化剂、光稳定剂、抗菌剂。

② 提高机械强度或降低成本的助剂：硫化剂、硫化促进剂、抗冲击剂、偶联剂、改性剂、填充剂。

③ 提高加工性能的助剂：润滑剂、脱模剂。

④ 柔软化与轻质化的助剂：增塑剂、发泡剂。

⑤ 改进表面性能与外观的助剂：抗静电剂、防雾剂、着色剂。

⑥ 改进阻燃性能的助剂：阻燃剂。

10.2　增　塑　剂

一些常用的热塑性聚合物具有高于室温的玻璃化转变温度(T_g)，在此温度以下，聚合物表现为类似玻璃的脆化状态，在此温度以上，则呈现较大的回弹性、柔韧性和冲击强度。要使聚合物具有实用价值，就必须使其玻璃化转变温度达到使用温度以上。凡添加到聚合物体系中，能使聚合物体系塑性增加的物质就是增塑剂(plasticizer)。它可以改善树脂在加工成型时的流动性，并使制品具有柔韧性，通常是一些高沸点、难以挥发的黏稠液体或低熔点的固体，一般不与树脂发生化学反应。

10.2.1 增塑剂的分类

(1) 按相容性的差异分为主增塑剂和辅助增塑剂

主增塑剂是指能与树脂充分相容的增塑剂，或称溶剂型增塑剂。它的分子不仅能进入树脂分子链的无定型区，也能进入分子链的结晶区，因而它不会渗出、喷霜等，可以单独使用。辅助增塑剂即非溶剂型增塑剂，一般不能进入树脂分子链的结晶区，只能与主增塑剂配合使用，所以也称增量剂。

(2) 按作用方式分为内增塑剂和外增塑剂

通常，内增塑剂是在聚合过程中加入的第二单体，通过共聚对聚合物进行改性。如氯乙烯-醋酸乙烯共聚物比氯乙烯均聚物更加柔软。外增塑剂通常是高沸点、难挥发的液体或低熔点固体，将其添加到需要增塑的聚合物中，可以增加聚合物的塑性。外增塑剂不与聚合物发生化学反应，和聚合物的相互作用主要是在升高温度时的溶胀作用，与聚合物形成一种固体溶液。

(3) 按分子的化学结构分为单体型和聚合物型

绝大多数增塑剂为单体型，有固定的相对分子质量，如邻苯二甲酸酯类、脂肪族二元酸酯类等，也有相对分子质量不固定的单体增塑剂，如环氧大豆油。由二元酸与二元醇缩聚而得的聚酯(M 为 1000~6000)是聚合型增塑剂。

(4) 按增塑剂的应用特性分为通用型和特殊型

一些增塑剂性能比较全面，但没有特殊的性能，称之为通用型增塑剂，如邻苯二甲酸酯类；一些增塑剂除了增塑作用外，尚有其他功能，如脂肪族二元酸酯类等，具有良好的低温柔曲性能，称为耐寒增塑剂；而磷酸酯类有阻燃性能，称为阻燃增塑剂。

(5) 按化学结构分

分为邻苯二甲酸酯、脂肪族二元酸酯、磷酸酯、环氧化合物、聚合型（如：己二酸丙二醇聚酯)、苯多酸酯、含氯增塑剂、烷基磺酸酯、多元醇酯增塑剂和其他增塑剂。

10.2.2 增塑机理

关于增塑剂的增塑机理已经争论了近半个世纪。人们用润滑、凝胶、自由体积等理论来给予解释。

10.2.2.1 润滑理论

增塑剂起界面润滑剂的作用，是因聚合物大分子间具有作用力，增塑剂的加入能促进聚合物大分子间或链段间的运动，甚至当大分子的某些部分缔结成凝胶网状时，增塑剂也能起润滑作用而降低分子间的摩擦力，使大分子链能相互滑移，即增塑剂产生了内部润滑作用。

此理论能解释增塑剂的加入使聚合物黏度减小、流动性增加、易于成型加工以及聚合物的性质不会明显改变的原因，但单纯的润滑理论，还不能说明增塑过程的复杂机理，而且还可能与塑料的润滑作用原理相混淆。

10.2.2.2 凝胶理论

凝胶理论认为，聚合物抗形变是由于内部存在着三维蜂窝状结构或者凝胶所致。这种凝胶是聚合物分子链间或多或少发生粘着而形成的。由于分子吸附点常集中在一块，因此软质塑料或者硬质塑料中的蜂窝是很小的。这种蜂窝弹性极小，很难通过物体内部的移动使其变形。增塑剂进入树脂中，沿高分子链产生许多吸附点，通过新的吸附而破坏原来的吸引力，并替代了聚合物分子内的引力中心，使分子容易移动。

10.2.2.3 自由体积理论

增塑剂加入后会增加聚合物的自由体积。所有聚合物在玻璃化温度 T_g 时的自由体积是一定的，增塑剂的加入使大分子间距离增大，体系的自由体积增加，聚合物的黏度和 T_g 下降，塑性增大。

显然增塑的效果与加入增塑剂的体积成正比，但它不能解释许多聚合物在增塑剂量低时所发生的反增塑现象等。

上述三种理论在一定范围内解释了增塑原理，但迄今还没有一套完整的理论来解释增塑的复杂原理。普遍认为高分子材料的增塑是增塑剂分子插入到聚合物分子链间，削弱了聚合物分子链间的引力即范德华力，增加了聚合物分子链的移动性，降低了聚合物分子链的结晶度，从而使聚合物的塑性增加。表现为聚合物的硬度、软化温度和玻璃化温度下降，而伸长率、曲挠性和柔韧性提高。

以邻苯二甲酸二丁酯 DBP 为例，当聚合物中加入增塑剂时，在聚合物-增塑剂体系中，存在着如下几种作用力：

① 聚合物分子与聚合物分子间的作用力；

② 增塑剂本身分子间的作用力；

③ 增塑剂与聚合物分子间的作用力。

通常，增塑剂系小分子，其分子间作用力很小，可不考虑。关键在于聚合物分子间作用力的大小。若是非极性聚合物，则其分子间作用力也很小，增塑剂易插入其间，并能增大聚合物分子间距离，削弱分子间作用力，起到很好的增塑作用；反之，若是极性聚合物，则其分子间作用力很大，增塑剂不易插入，需通过选用带极性基团的增塑剂，让其极性基团与聚合物的极性基团作用，代替聚合物极性分子间作用，使增塑剂与聚合物分子间的作用力增大，从而削弱大分子间的作用力，达到增塑的目的。

10.2.3 苯二甲酸酯增塑剂

苯二甲酸酯包括邻苯二甲酸酯、间苯二甲酸酯和对苯二甲酸酯，这是最重要且产量和用量最大的种类，约占增塑剂总量的80%~85%。属通用增塑剂，常被用做主增塑剂。与其他增塑剂相比，这类增塑剂一般都具有适度的极性，具有相容性好且适用性广、化学性质稳定、生产工艺简单、原料易得且成本较低的优点。它们色泽浅、毒性低、发挥性小、增塑效率高，耐紫外光，耐水抽出，迁移性小，而且耐寒性、柔软性和电性能等也良好，是一类比较理想的增塑剂。其中又以邻苯二甲酸酯最重要。

邻苯二甲酸酯是性能全面的无毒或者低毒的主增塑剂。其中邻苯二甲酸二甲酯（DMP）和邻苯二甲酸二乙酯（DEP）因挥发性大，且具有刺激性，不宜在 PVC 中使用。邻苯二甲酸二丁酯（DBP）虽然挥发性大，耐久性差，但兼容性好，塑化效率高，因此有部分使用。邻苯二甲酸酯中应用最多的还是 $C_6 \sim C_{13}$ 的高碳醇酯，其中常用的有邻苯二甲酸二辛酯（DOP）、邻苯二甲酸二庚酯（DHP）、邻苯二甲酸二异辛酯（DIOP）、邻苯二甲酸二异壬酯（DINP）、邻苯二甲酸二异癸酯(DIDP)等。

下面以 DOP 为例，介绍邻苯二甲酸酯的反应机理。

原料苯酐和异辛醇(ROH)在酸性催化剂(如 H_2SO_4)存在的条件下进行反应。酸性催化剂是传统的酯化催化剂，它具有较高的活性，而且价格便宜，容易得到，其缺点是容易引起副反应。酯化反应首先是一个苯酐分子和一个醇分子形成邻苯二甲酸单辛酯，此反应不需催化剂，是放热反应，一般在 150℃反应趋于完成。反应式如下：

$$C_6H_4(CO)_2O + ROH \longrightarrow C_6H_4(COOR)(COOH)$$

单辛酯在 H^+的作用下和一个醇分子反应生成二辛酯，生成单辛酯的反应是不可逆的，而由单辛酯生成二辛酯的反应是一平衡反应，是可逆的。反应式如下：

$$C_6H_4(COOR)(COOH) + ROH \xrightarrow{H_2SO_4} C_6H_4(COOR)_2 + H_2O$$

由于反应是一种平衡反应，因此增加醇的浓度或减小水的浓度，以及取走反应热，都有利于二辛酯的生成。在实际生产中为提高二辛酯的浓度，控制在合适的温度(140~145℃)下，使辛醇适当过量，并及时除去反应生成的水。

10.2.3.1 间歇式生产工艺

间歇式生产装置，即所谓"万能"生产装置，美国赖克霍德化学公司的一套生产装置就是这种生产装置的典型例子。该装置可以处理 60 种以上的原料，除能生产一般邻苯二甲酸酯以外，还能生产脂肪族二元酸酯等其他种类的增塑剂。邻苯二甲酸酯的间歇式生产，工艺条件大同小异，随原料醇和产物的性质不同而略有不同。以生产 DOP 为例，其生产工艺如图 10-1 所示。

在反应釜中加入 30kg 邻苯二甲酸酐和 25kg 异辛醇，加热至 200℃，回流 2h。冷却至 100℃，加酸性催化剂 2. 5kg 硫酸，再升温至 200℃，补加 27kg 异辛醇，回流 12h，冷却，用碳酸钠溶液洗去醇和酸。于 1333Pa 下减压蒸馏除去水和残余的醇得到粗产品。粗产品先后用稀氢氧化钠溶液洗涤、亚硫酸氢钠洗涤、活性炭脱色后蒸馏脱水，再用无水氯化钙干燥，然后减压蒸馏得纯品。

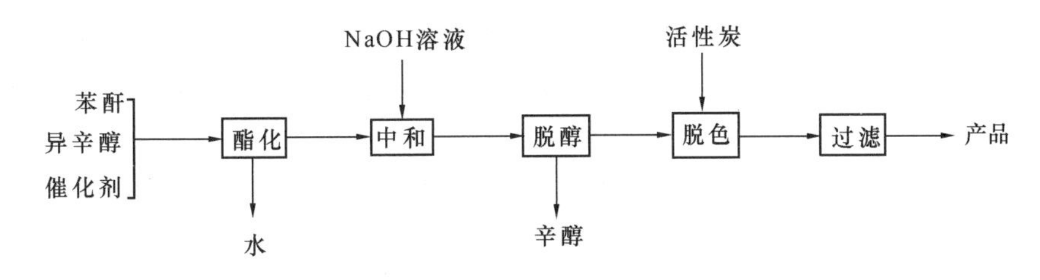

图 10-1　DOP 生产工艺流程图

间歇式生产工艺五个工序(酯化、中和、脱醇、脱色、过滤)均为间歇式操作。间歇式生产的优点是投资少，建设快；产品切换容易，可生产多种增塑剂；工艺技术简单，人员素质易满足。缺点是产品质量波动大，不太稳定；工艺落后，劳动强度大；能耗物耗高。间歇式生产工艺适合于小规模、多种增塑剂的生产，投资少见效快。

10.2.3.2　连续化生产工艺

由于DOP、DBP增塑剂的需要量很大，因此以DOP、DBP为主的连续化生产工艺已普遍采用，目前我国最大DOP单线年生产能力为50kt，最大DBP单线年生产能力为2kt。连续化DOP生产工艺如下。

将邻苯二甲酸酐和异辛醇按质量比为1.25 ∶ 1的量加入不锈钢反应釜内，反应釜连接回流冷凝器和醇水分离器。再向釜内加入总物料0.3%的催化剂硫酸和总物料0.2%的活性炭(起吸附氧气和脱色作用)。将蒸汽通入釜夹套，间接加热至釜内邻苯二甲酸酐完全溶解，然后直接从釜底通蒸汽，加热约10~20min，至塔顶温度达120℃左右停止通入蒸汽。改通釜夹套蒸汽，继续加热，维持釜内温度140~150℃，进行酯化反应4~5h。此阶段反应物料沸腾，不断蒸出醇水恒沸物，经冷凝器冷凝后进入醇水分离器，上层的异辛醇溢流回酯化釜，下层水排入计量槽。当冷凝器内冷凝液不再出现水珠，反应物料的温度上升到170℃时，取样测定，若每克样品含2mg游离酸则为终点。将物料冷却至70℃，用5%纯碱中和至中性，并搅拌0.5h，静置1h，分层后排出水相，粗酯用70~80℃热水洗涤1~2次。然后经真空蒸馏，除去过量的异辛醇和低沸物。在150℃、真空度为0.0079MPa下进行蒸馏，至物料达160℃以上时，停止蒸馏。物料经压滤后即制得邻苯二甲酸二异辛酯成品。

连续式生产的优点是产品质量好，且质量稳定；能耗、物耗低，经济效益好；工艺先进，劳动生产率高；自动化水平高，劳动强度小。缺点是建设周期长，一次性投资大；主要设备制作加工比较困难；产品切换困难，不适合多品种增塑剂的生产；对工人的素质要求高。连续式生产工艺适合原料来源有保证、有较高生产管理水平和较高人员素质的大规模生产。

10.2.3.3　半连续化生产工艺

所谓半连续化生产是指酯化工序采用间歇式，酯化以后的工序(中和、脱醇、脱色、过滤)采用连续式。半连续化生产工艺是间歇式生产工艺到连续化生产工艺的一个过渡阶段。国内DOP、DBP等主要邻苯二甲酸酯类增塑剂的生产多采用半连续化生产工艺。其规模一般在10~20kt/a。半连续化生产工艺较适合于规模适中、多品种增塑剂的生产。生产品种灵活是半连续式生产的一大优点。

10.2.4　脂肪族二元酸酯

脂肪族二元酸酯的化学结构通式为$R_1OOC(CH_2)_nCOOR_2$

式中n一般为2~11，即由丙二酸至十三烷二酸。R_1、R_2一般为C_4~C_{11}烷基或环烷基，R_1与R_2可以相同也可以不同。常用长链二元酸与短链一元醇或用短链二元酸与长链一元醇进行酯化反应，使总碳数在18~26之间，以保证增塑剂与树脂获得较好的相容性和低挥发性。

脂肪族二元酸酯多用低温增塑剂，它与聚氯乙烯的相容性较差，故只能用做耐寒的副增塑剂，与邻苯二甲酸酯类并用。脂肪族二元酸酯增塑剂约为增塑剂产量的5%。其中己二酸二(2-乙基己)酯(DOA)系耐寒性良好的增塑剂，与PVC有良好的兼容性，有一定耐热、耐光和耐水性，且无毒。在PVC挤出过程中显示出良好的润滑性，制品手感好。抗油性差，通常与DOP、DIDP并用于耐寒配方。壬二酸二(2-乙基己)酯(DOZ)近乎白色的透明液体，是乙烯基树脂优良的耐寒增塑剂，黏度低，沸点高，增塑效率高，挥发性和迁移性小，且具有优良的耐光热性、电绝缘性，耐寒性也优于DOA。癸二酸二(2-乙基己)酯(DOS)淡黄色或者无色透明油状液体，能在高温下安全加工，耐水性优于 DOA，但耐氧化性、耐候性、耐抽出性差。使用时与主增塑剂配合，用量不得大于主增塑剂的 1/3。

脂肪族二元酸酯生产工艺分为常压法和减压法，我国多采用减压法。用减压酯化法生产的工艺最后不经蒸馏而用压滤脱色法制得产品。例如 DOA 的生产是将己二酸和异辛醇以质量比为 1 : 16 的配比在硫酸催化剂作用下进行减压反应。硫酸用量为物料重量的 0.3%，同时加入物料量的 0.1% 的活性炭。酯化时真空度 100kPa，温度为 130~140℃，时间 3~5h。粗酯用碱液中和，然后在 70~80℃ 水洗，再于 720~730mmHg 真空度下脱醇，最后经压滤得到产品。其工艺流程图见图 10-2。

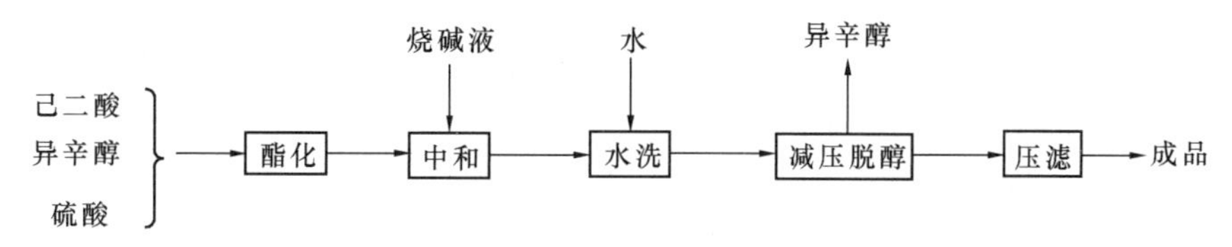

图 10-2　酯化法生产 DOA 工艺流程图

DOA 的耐寒性和塑化效率优于 DOP，可赋予制品优良的低温柔软性，并具有一定的光热稳定性和耐水性。DOA 无毒，可用于食品包装材料。DOA 多与主增塑剂并用于耐寒的农业用薄膜、电线、薄板、人造革、户外用水管和冷冻食品的包装薄膜。

10.2.5　磷酸酯

磷酸酯是广泛使用的阻燃性增塑剂品种，可作为主增塑剂使用，属于多功能新产品，通常按化学结构分为四类：磷酸三烷基酯、磷酸三芳基酯、磷酸烷基芳基酯和含氯磷酸酯，分子通式为：

$$R_1-\underset{\displaystyle R_2}{\underset{|}{\overset{\displaystyle O}{\overset{\|}{P}}}}-R_3$$

式中 R_1、R_2、R_3 可以相同，也可以不同，为烷基或芳基。常用的有磷酸三(2-乙基己)酯(TOP)、磷酸二苯一辛酯(ODP)、磷酸甲苯二苯酯(CDP)、磷酸三甲苯酯(TCP)等。

磷酸酯和常用的阻燃剂(例如 Sb_2O_3 等)有对抗作用，二者不能配合使用。磷酸酯生产方法有两种：

① 热法($POCl_3$ 法)。脂肪醇和三氯氧磷在低温液相进行酯化，用铝、镁、钛或锡的氧化物作为催化剂。

② 冷法(PCl_3 法)。苯酚或烷基酚与三氯化磷于低温下酯化。冷法生产成本更低。

例如，磷酸三(2-乙基己)酯(TOP)生产工艺如图 10-3 所示。

10.2.6　环氧化物类

环氧增塑剂是含有三元环氧环的增塑剂。大多环氧增塑剂可以作为 PVC 的辅助稳定剂使用。加入少量就可改善制品对光热稳定性。其主要性能有：

① 环氧增塑剂用量过高时，会产生兼容性差的问题。

② 光热稳定性能优良。

③ 耐久性好。在常用的环氧增塑剂，环氧大豆油挥发性最小，耐迁移性非常好。环氧增塑剂的耐抽出性优于 DOP。

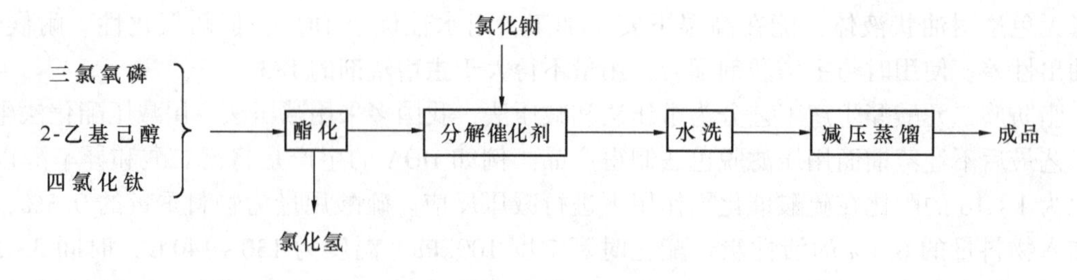

图 10-3　磷酸三(2-乙基己)酯(OP)生产工艺流程图

④ 毒性低。

目前所用的环氧增塑剂主要有三类，即环氧化油、环氧脂肪酸单酯和环氧四氢邻苯二甲酸酯。现以环氧化油为例说明其生产工艺。

环氧化油化学结构为环氧甘油三羟酸酯，是使用最多的一类环氧增塑剂，主要品种有环氧大豆油和环氧亚麻仁油。环氧大豆油主要成分为十八碳的不饱和脂肪酸，来源不同组成差异很大。环氧大豆油挥发性低，迁移性小，具有优良的热稳定性和光稳定性，耐水性和耐油性也较好，并可赋予制品良好的机械强度、耐候性和电性能。与聚酯类增塑剂并用，可减少聚酯的迁移，与热稳定剂并用，显示良好的协同效应。该工艺利用双氧水具有的微酸性，在一定温度下起引发作用，将合成的过氧化剂与植物油原料进行反应，由于植物油中主要含有油酸甘油酯和亚油酸酯，它们在分子结构中都具有双键，过氧化剂与 C═C 双键发生作用生成相应的环氧化产物。并对生成的过氧甲酸或乙酸起稳定作用，保证过氧甲酸/乙酸释放出的氧原子能与大豆油中的不饱和键充分接触，从而使环氧化反应向产物的方向进行，反应方程式为：

$$HCOOH + H_2O_2 \longrightarrow HCOOOH + H_2O$$

$$\begin{array}{l} CH_2COOR_1CH{=}CHR \\ | \\ CHCOOR_1CH{=}CHR \\ | \\ CH_2COOR_1CH{=}CHR \end{array} + 3HCOOOH \longrightarrow \begin{array}{l} CH_2COOR_1CH\overset{O}{\frown}CHR \\ | \\ CHCOOR_1CH\overset{O}{\frown}CHR \\ | \\ CH_2COOR_1CH\overset{O}{\frown}CHR \end{array} + 3HCOOH$$

(1) 溶剂法生产工艺

传统的工艺以苯(或其同系物)为溶剂、以硫酸为催化剂，大豆油、甲酸、硫酸和苯配制成混合液，在搅拌下滴加双氧水进行环氧化反应。反应完成后静置分除废酸水，油层用稀碱液和软水洗至中性。油水分离后将油层进行蒸馏，蒸馏出苯/水混合物经冷凝分离，苯回收重复使用，釜液进行减压蒸馏，截取成品馏分。该工艺流程复杂，环境易受污染，产品质量差，基本被淘汰，其工艺流程见图 10-4。

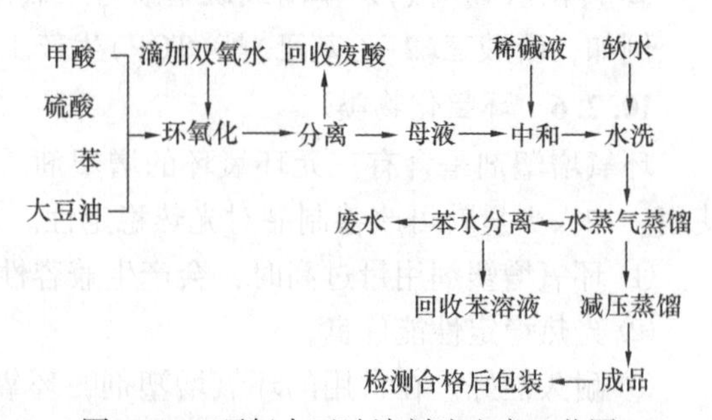

图 10-4　环氧大豆油溶剂法生产工艺图

(2) 无溶剂法生产工艺

在不加任何溶剂的条件下，向环氧化釜

中加入天然植物大豆油。甲酸或乙酸在催化剂作用下与低浓度的过氧化氢反应生成环氧化剂，在一定的温度、时间、配比等条件下，将环氧化剂滴加到大豆油中，因整个体系为放热反应，因此要用冷却水来控制反应温度，使其在60~70℃之间进行环氧化反应。反应结束后，静置分层，分去母液后用稀碱液进行碱洗、水洗至中性，油层抽至脱水釜中，真空减压蒸馏脱除油中所含水分后，即可得到一种新型环氧大豆油产品，其工艺流程见图10-5。

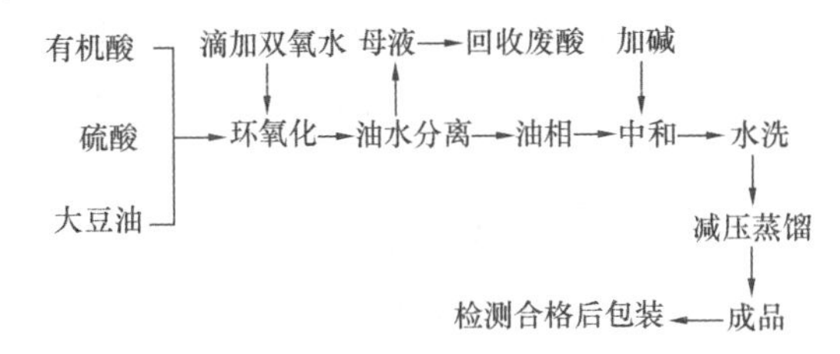

图10-5　环氧大豆油无溶剂法生产工艺图

该工艺不用溶剂，流程短，反应温度低，反应时间短，副产物少，产品质量高。

10.2.7　聚酯类增塑剂

聚酯增塑剂主要用于耐久性要求特别高的制品，可用作主增塑剂，但通常需要同邻苯二甲酸酯类主增塑剂并用。制备聚酯增塑剂常用的二元酸有己二酸、癸二酸、壬二酸、邻苯二甲酸酐等，常用的二元醇主要有1,2-丙二醇、1,3-丁二醇、一缩二乙二醇等。封端用的一元醇包括2-乙基己醇、丁醇等，封端用的一元酸包括月桂酸、辛酸等。考虑到上述原材料的不同组合和相对分子质量之间的差异，聚酯增塑剂的品种很多，性能差别也较大。

同传统增塑剂相比，聚酯增塑剂主要表现为以下几个方面的特点：

① 兼容性较差。一般己二酸聚酯增塑剂兼容性较差，而癸二酸和邻苯二甲酸聚酯增塑剂的兼容性稍好一些。

② 塑化效果不如DOP。

③ 挥发性小，挥发损失少。

④ 聚酯增塑剂在PVC中扩散速度小，因此迁移性小于DOP。

⑤ 耐各种溶剂的抽提。

⑥ 电性能略低于邻苯二甲酸酯。

⑦ 毒性低。

聚酯增塑剂化学结构对性能的影响如下：

① 化学结构对兼容性的影响。低碳二元酸制成的聚酯增塑剂兼容性差，容易产生渗出；高碳二元酸无此现象。当二元酸固定时，具有侧链的二元醇可得到较好的兼容性。

② 化学结构对机械性能的影响。当二元醇固定时，PVC制品的拉伸强度随二元酸中碳原子数的增加而提高；当二元酸固定时，拉伸强度随二元醇中碳原子数的增加而降低。

③ 化学结构对抽出性的影响。二元醇中碳原子数增加，则聚酯增塑剂在PVC中被汽油抽出增加。使用有侧链的二元醇时，汽油抽出较少。肥皂水的抽出与之相反。

④ 相对分子质量的影响。聚酯增塑剂相对分子质量增加，产品黏度增大，塑化效率降低，兼容性和加工性变差，抽出性和挥发性则降低。

聚酯增塑剂一般塑化效率都较低，黏度大，加工性和低温性都不好，但挥发性低，迁移性小，耐油和耐肥皂水抽出，因此是很好的耐久性增塑剂。

10.3　热　稳　定　剂

合成材料在成型加工中因摩擦、剪切等生热作用以及使用过程中因光照射而受热等外界条件作用而发生降解，从而使制品性能变坏甚至失去使用价值，为了抑制这些作用须添加热稳定剂(heat stabilizer)。所以说，热稳定剂是一类能防止或减少聚合物在加工使用过程中受热而发生降解或交联，延长复合材料使用寿命的添加剂。比如，塑料加工是在150℃以上的温度下进行的，对于结构不稳定的聚合物受热就会产生分解，特别是聚氯乙烯树脂，由于PVC结构中含有双键、支化点和引发剂残基等，它的黏流态温度和分解温度非常接近，加热到100℃即伴随着脱氯化氢反应降解，在加工温度(170℃或者更高)下，降解反应加快，如果不添加热稳定剂就无法进行加工，所以聚氯乙烯加工时必须添加热稳定剂。常用的热稳定剂按照主要成分可分为铅盐、金属皂、有机锡化合物、复合型热稳定剂及纯有机化合物五类。

10.3.1 盐基性铅盐

盐基性铅盐是用于聚氯乙烯最早也是最广泛的一种热稳定剂，呈碱性，故能与产生的HCl反应而起稳定作用。从毒性、抗污性和制品透明性来看，铅盐并不理想。但它的稳定效果好、价格低廉，大量用于廉价的PVC挤出和压延制品中。它的作用原理是含盐基(PbO)的铅盐中和PVC降解生成的HCl，反应如下：

$$3PbO \cdot PbSO_4 \cdot H_2O + 6HCl \longrightarrow 3PbCl_2 + PbSO_4 + H_2O$$

$$PbO + 2HCl \longrightarrow PbCl_2 + H_2O$$

其中主要产品三盐基硫酸铅(也称三碱式硫酸铅)是白色粉末，相对密度7.10，甜味有毒，易吸湿，无可燃性和腐蚀性。不溶于水，但能溶于热的醋酸胺，潮湿时受光后会变色分解，折射率2.1，常用作电绝缘产品的稳定剂。

生产方法(氧化铅法)：先将氧化铅加适量水调浆后送至合成器，再加少量醋酸作催化剂，在搅拌下以$Pb : H_2SO_4 = 100 : 12.6$加入硫酸(92.5%)进行反应，1h后检验含量，料浆经干燥、粉碎，制得三碱式硫酸铅。其反应式如下：

$$2PbO + 2CH_3COOH \longrightarrow Pb(CH_3COO)_2 + Pb(OH)_2$$

$$Pb(CH_3COO)_2 + Pb(OH)_2 + 2H_2SO_4 \longrightarrow 2PbSO_4 + 2CH_3COOH + 2H_2O$$

$$3PbO + PbSO_4 + H_2O \longrightarrow 3PbO \cdot PbSO_4 \cdot H_2O$$

10.3.2 金属皂类

金属皂类也是一类广泛使用的聚氯乙烯热稳定剂。以羧酸钡、羧酸镉、羧酸锌、羧酸钙的单一物或混合物使用。其稳定作用是由于它能在聚氯乙烯分子链上开始分解的地方起酯化作用。稳定作用的强弱与金属皂中的金属比、羧酸类型以及配方中是否存在诸如亚磷酸酯、环氧化油、抗氧剂等协合剂有关。其中镉皂和锌皂的稳定作用最大。金属皂与HCl的反应是热稳定剂的基本作用原理，羟酸金属皂中的金属一般为二价，所以有两步反应：

$$Me(COOR)_2 + HCl \longrightarrow Me(ClCOOR) + HCOOR$$

$$Me(ClCOOR) + HCl \longrightarrow MeCl_2 + HCOOR$$

金属皂在聚合物中烯丙基比链上其他地方的仲氯具有更高的反应活性，使得烯丙基与不稳定的锌中间物结合在一起。对于镉皂来说，也是按类似反应进行的，故锌皂和镉皂有较好的初期稳定性。对于钡和钙，几乎不能与聚合物链上的氯原子形成共价键，而是由于配位数的变化产生不稳定的二聚体。它可通过其他途径，使钙的原来配位数得到再生。故钡皂和钙皂具有优良的长期稳定性。

工业生产的主要方法是复分解法和直接法。例如硬脂酸锌合成工艺，复分解法的主要工艺过程是：首先在80℃以上的水介质中由硬脂酸与烧碱反应生成稀钠皂溶液，然后加入稀金属盐溶液反应生成金属皂沉淀，沉淀经洗涤、甩干、干燥得产品。反应原理可用下面的反应式表达。

$$C_{16}H_{33}COOH + NaOH \longrightarrow C_{16}H_{33}COONa + H_2O$$

$$2C_{16}H_{33}COONa + ZnA \longrightarrow (C_{16}H_{33}COO)_2Zn\downarrow + Na_2A$$

式中，A 代表酸根离子。

该法具有产品色泽好、纯度高的优点，但存在生产效率低且排放含大量可溶性盐（NaCl，Na_2SO_4 等）废液的缺点。

直接法即熔融法，它的主要工艺过程是：在高于原料和产物熔点的温度下（一般为120~200℃）由脂肪酸和金属氢氧化物、氧化物或碳酸盐直接熔融反应生成金属皂，熔融态产物经冷却粉碎或造粒得到产品。

$$2RCOOH + M_2O_n \longrightarrow 2(RCOO)_nM + nH_2O\uparrow$$

$$或\ RCOOH(R') + M(OH)_n \longrightarrow (RCOO)_nM + nH_2O\uparrow$$

$$或\ 2RCOOH + M_2(CO_3)_n \longrightarrow 2(RCOO)_nM + nH_2O\uparrow + nCO_2\uparrow$$

该法生产效率较高，不存在废液排放问题，但由于反应必须在较高温度下进行而会发生氧化等副反应，产品色泽和纯度较差。直到目前为止，由于直接法产品质量难于控制，国内工业上主要采用复分解法生产金属皂。但是，随着金属皂产量持续增长，复分解法排放大量含盐废水对环境造成的不利影响日趋严重，因而直接法工艺的改进研究重新引起重视。在具体实施过程中，不同的文献提出了不同的见解，主要在催化剂或者是反应条件和设备等方面，如添加一定量的水、双氧水、一元或多元醇或酸及其盐、表面活性剂作为催化剂，或在加压条件下进行反应以提高反应速率，促进反应进行完全并改进产品色泽；在特殊的高速搅拌混合设备中进行反应以直接得到色泽较好的粉状产品。

常用的硬脂酸类有硬脂酸铅、硬脂酸钡、硬脂酸镉、硬脂酸钙、硬脂酸锌、硬脂酸镁等；蓖麻酸类有蓖麻酸钡、蓖麻酸镉和蓖麻酸钙；此外还有 2-乙基己酸铅和水杨酸铅等金属皂类热稳定剂。

10.3.3 有机锡稳定剂

有机锡稳定剂是各种羧酸锡和硫醇锡的衍生物，有机锡稳定剂一般可用以下结构表示：

$$Y-\underset{R}{\overset{R}{\underset{|}{\overset{|}{Sn}}}}\left(X-\underset{R}{\overset{R}{\underset{|}{\overset{|}{Sn}}}}\right)_n Y \qquad (n=1\sim3)$$

其中，X 基团可以是烷基，如甲基、丁基、辛基，也可以是酯基。根据 X 基团的不同，有机锡稳定剂可分为烷基锡和酯基锡，烷基锡又可根据烷基的不同分为甲基锡、丁基锡、辛基锡等。Y 可以是脂肪酸根，如马来酸根、月桂酸根，也可以是硫醇根。根据 Y 基团的不同，有机锡稳定剂可分为有机锡马来酸盐、有机锡月桂酸盐、有机锡硫醇盐等。他们润滑性优良，耐候性和透明性优良，又因其在常温下为液体，故在塑料中的分散性较固体稳定剂好。该品主要用于软质透明制品或半软质制品，一般用量为 1%~2%，与硬脂酸镉、硬脂酸钡等金属皂或环氧化合物并用有协同效应。在硬质制品中，该品可作为润滑剂，与马来酸有机锡或硫醇系有机锡并用，改善树脂料的流动性。一般是在纯品中加入月桂酸之类的脂肪酸，有的还加入环氧酯或其他金属皂类稳定剂等。

有机锡类稳定剂的作用原理主要有五种：

① 有机锡类稳定剂与氯化氢反应。不论是羧酸有机锡还是硫醇有机锡都可以和 PVC 降解产生的 HCl 反应。

② 有机锡类稳定剂与不稳定的氯原子反应。烷基锡能与不稳定氯原子发生反应，这样就限制了脱 HCl 作用的引发区，防止大共轭结构的形成。硫醇有机锡也能置换 PVC 中不稳定的氯原子。

③ 有机锡类稳定剂共轭双键的加成。马来酸锡容易与 PVC 分子中的共轭双键发生“双烯加成”反应，结果使共轭双键被双键固定而抑制了共轭链的增长。硫醇有机锡与 HCl 反应生成的硫醇，也能与共轭双键进行加成反应。

④ 有机锡具有捕获自由基的能力。当它与大分子自由基反应之后，使自由基终止，而其本身也成为较稳定的自由基。

⑤ 有机锡类稳定剂分解氢过氧化物。含硫有机锡具有抗氧化作用，能分解氢过氧化物，防止氢过氧化物热解产生新的自由基，降低体系中自由基的浓度而起稳定作用。

有机锡稳定剂的制法，一般是首先制备卤代烷基锡，然后与 NaOH 作用生成氧化烷基锡，最后与羧酸或马来酸酐、硫醇等反应即可得到有机锡的脂肪酸盐、马来酸盐、硫醇盐等。整个过程中最重要的是卤代烷基锡的合成。例如二月桂酸二丁基锡，其合成反应式(直接法)为：

$$2C_4H_9I + Sn \longrightarrow (C_4H_9)_2SnI_2$$

$$(C_4H_9)_2SnI_2 + 2RCOONa \longrightarrow (C_4H_9)_2Sn(OOCR)_2 + 2NaI$$

其生产工艺流程如图 10-6 所示。

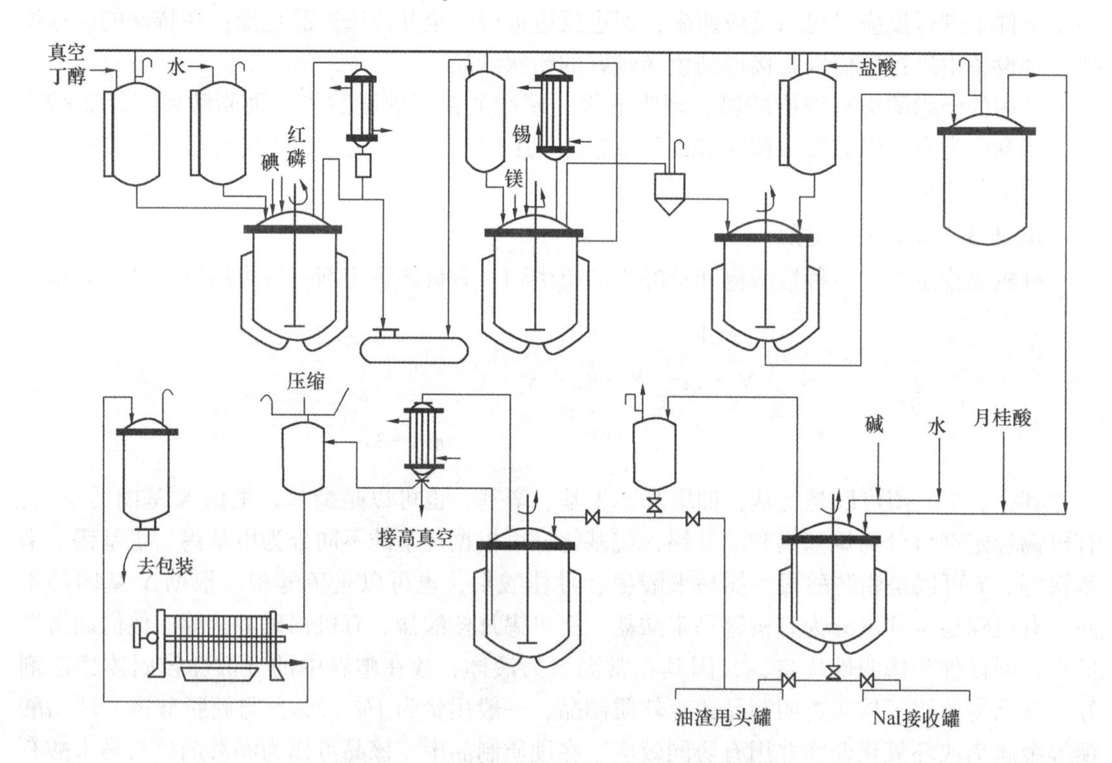

图 10-6　二月桂酸二丁基锡生产工艺流程图

常温下将红磷和丁醇投入碘丁烷反应釜，然后分批加入碘。加热使反应温度逐渐上升，当温度达到 127℃左右时停止反应，水洗蒸馏得到精制碘丁烷。再将规定配比的碘丁烷、正丁醇、镁粉、锡粉加入锡化反应釜内，强烈搅拌下于120~140℃反应一定时间，蒸出正丁醇和未反应的碘丁烷，得到碘代丁基锡粗品。粗品在酸洗釜内用稀盐酸于60~90℃洗涤得精制二碘代二正丁基锡。在缩合釜中加入水、液碱，升温到30~40℃时逐渐加入月桂酸。加完后再加入二碘代二正丁基锡，于80~90℃下反应1.5h后静置10~15min，分出碘化钠，将反应液送往脱水釜减压脱水、冷却、压滤即得成品。

二月桂酸二丁基锡是有机锡类稳定剂中使用最早的品种，可用作聚氯乙烯的热稳定剂，耐热不及马来酸丁基锡，但润滑性优良，耐候性和透明性亦可，与增塑剂有良好的相容性，不喷霜，无硫化污染性，对印刷性无不良影响。又因其在常温下为液体，故在塑料中的分散性较固体稳定剂好。该品主要用于软质透明制品或半软质制品，一般用量为1%~2%。与硬脂酸镉、硬脂酸钡等金属皂或环氧化合物并用有协同效应。在硬质制品中，该品可作为润滑剂，与马来酸有机锡或硫醇系有机锡并用，改善树脂料的流动性。与其他有机锡相比，该品的初期着色性较大，会造成发黄变色。该品还可以用作聚氨酯材料合成时的催化剂、硅橡胶的熟化剂。为了提高本品的热稳定性、透明性、与树脂的相容性，以及提高其用于硬质制品时的冲击强度等性能，现已发展了许多改性品种。一般是在纯品中加入月桂酸之类的脂肪酸，有的还加入环氧酯或其他金属皂类稳定剂。

马来酸二丁基锡是一种白色非晶形粉末，熔点随聚合度而异，约在100~140℃之间，主要用于要求高软化点和高冲击强度的硬质透明制品，因无润滑作用故常与二月桂酸二丁基锡并用，用量0.5~2份。马来酸二丁基锡由氧化二丁基锡和马来酸酐反应而得。

10.3.4 复合稳定剂

复合稳定剂现在仍以各种金属盐类作为主稳定剂，利用其复合化的协同作用和加合效应，同时配以多种辅助稳定剂，进一步提高金属盐体系的稳定效果。在液体复合稳定剂的组分设计中，一般控制金属盐类的质量分数为2%~15%（以金属离子计），亚磷酸酯10%~50%(质量分数，下同)，抗氧剂1%~4%，润滑剂1%~10%，溶剂20%~40%。液体工业复合稳定剂生产主要有主稳定剂的制备、稳定剂与稳定促进剂、助剂混合、脱色、过滤等工序。固体稳定剂一般可用PVC树脂和加工改性剂如氯化聚氯乙烯(CPE)、乙烯-醋酸乙烯共聚物(EVA)等作为载体，控制金属盐质量分数10%~50%(以金属离子计)，润滑剂质量分数5%~15%，辅助稳定剂质量分数5%~10%。固体工业复合稳定剂生产主要有主稳定剂的制备、稳定剂与稳定促进剂、助剂混合、造粒等工序。例如液体钡镉和液体钡镉锌复合稳定剂，这类复合稳定剂主要用于软质PVC制品的加工中，基本组分包括：

① 钡盐。可以是烷基酚钡、2-乙基己酸钡、月桂酸钡、苯甲酸和取代苯甲酸钡、新癸酸钡等。钡盐在复合物中占6%~7%。

② 镉盐。可以是2-乙基己酸镉、月桂酸镉、油酸镉、苯基酸和取代苯甲酸镉、环烷酸镉、新癸酸镉等。镉盐在复合物中约占3%~4%。

③ 锌盐。可以是2-乙基己酸锌、月桂酸锌、环烷酸锌、新癸酸锌、苯甲酸和取代苯甲酸锌等。锌盐在复合物中占0.5%~1%。

④ 亚磷酸脂。可以是亚磷酸三苯酯、亚磷酸二苯一辛酯、亚磷酸二苯一癸酯、亚磷酸三(壬基苯酯)等。亚磷酸酯在复合物中约占15%~20%，用作螯合剂。

⑤ 其他。包括少量2，6-二特丁基对甲酚、双酚A、壬基苯酚等酚类抗氧剂及紫外线吸收剂，以及液体石蜡、白油、柴油、锭子油等矿物油作溶剂，另外还需加入少量高级醇等消泡剂。

液体钡镉锌复合稳定剂由于组成不同，性质也各异。但一般是浅黄色至黄色清澈液体，常温下相对密度0.95~1.02，黏度小于100cp，凝点在-15℃左右。液体钡镉和液体钡镉锌相似，都有优良的光热稳定性，初期着色性小，良好的透明性和色泽稳定性。它们的稳定作用较固体的复合皂类强，故用量可减少，一般为2~3份，不会发生粉尘中毒，且在一般增塑剂中完全溶解，有良好的分散性，析出倾向小。其中液体钡镉锌的初期着色性比液体钡镉更小些。

此外还有液体钡锌复合物和液体钙锌复合物。无毒液体钙锌稳定剂的主要成分有硬脂酸钙、蓖麻油酸钙、硬脂酸锌、蓖麻油酸锌，以及环氧大豆油、紫外线吸收剂等。液体钙锌稳定剂一般都选用较易溶于有机溶剂的碳数较少的脂肪钙盐和锌盐。由于组分不同，性质各异，一般是浅黄色至黄色的清澈油状液体，常温下相对密度为1.0~1.05。它是PVC的无毒稳定剂，主要用作食品包装薄膜、器皿和泡沫人造革的稳定剂。

10.3.5 热稳定剂的协同机理

(1) 金属皂的协同作用

根据金属皂在阻止PVC降解中的活性机理，可将金属皂分为两类：一类仅能吸收HCl，防止其对脱HCl反应的催化作用，最具有代表性的例子是钡皂和钙皂。这类金属热稳定性一般，初期稳定性不好，但长期受热PVC稳定性变化不大。其稳定化过程中生成的金属氯化物对脱HCl基本无催化作用。另一类不仅能吸收HCl，还能够与烯丙基氯反应，从而使PVC稳定，最具有代表性的例子是锌皂和镉皂。这类金属皂初期着色性很好，但长期受热，制品急剧变色。尤其是锌皂，极容易出现急剧化，产生所谓的“锌烧”现象。这是因为锌皂和镉皂在稳定化过程中生成的氯化物$CdCl_2$、$ZnCl_2$是极强的Lewis酸，系脱HCl反应的催化剂。基于上述特点，单独使用任何一类金属皂，都很难达到满意的效果。若将活性高的镉、锌皂与活性差的钡、钙并用，则可以使初期着色性和长期稳定性都得以改善。例如，钡皂与镉皂并用时，镉皂首先与PVC分子中的烯丙基氯发生酯化反应，生成的$CdCl_2$与钡皂发生复分解反应，使镉得以再生，并使$CdCl_2$无害化。钙、锌皂之间，钡、锌皂之间都基于相同原理。

(2) 亚磷酸酯与金属皂的协同作用

亚磷酸酯与金属皂并用时，可以与金属氯化物反应而抑制其对脱HCl的催化作用，从而提高体系的热稳定效能。

(3) 多元醇与金属皂的协同效应

多元醇与金属皂并用可以明显延长脱HCl的诱导期，并能抑制树脂变色。一般认为，多元醇是通过与金属氯化物的络合，抑制其对脱HCl的催化作用而发挥协同效应的。

(4) β-二酮化合物与金属皂的协同效应

β-二酮化合物能够通过碳烷基作用与PVC发生反应，从而使其稳定，但反应速度缓慢。若与钙/锌等体系并用，则可大大提高稳定化反应的速度。金属锌皂的离子化势能较高，与烯丙基氯反应，使PVC酯化而稳定。而作为其副产物的$ZnCl_2$是脱HCl的催化剂，它的存在是有害的。但是$ZnCl_2$同样是碳烷基化的催化剂，β-二酮化合物加入，正好利用$ZnCl_2$的这种催化作用，使得烯丙基氯的碳烷基化反应得以迅速进行。β-二酮化合物与钡/锌的协同作用与此类似。

(5) 稀土稳定剂与锌皂的协同效应

稀土稳定剂本身具有置换烯丙基氯的效果，但单独使用时PVC制品呈现黄色。配合使用锌皂后，锌皂稳定化过程产生的$ZnCl_2$与稀土离子产生交换反应，生成危害较小的$ReCl_3$。

另外稀土优先与 HCl 反应生成稀土氯化物，降低了 $ZnCl_2$ 对脱 HCl 的催化作用。两组分配合使用，得到了较好的初期着色，也使长期稳定性大大提高。

10.4 光 稳 定 剂

高分子材料长期暴露在日光或短期置于强荧光下，由于吸收了紫外线能量，引起了自动氧化反应，导致聚合物降解，使得制品变色、发脆、性能下降，以致无法再用。这一过程称为光氧化还原或光老化。光老化中最主要的是紫外线。紫外线也能穿过人体皮肤表层，破坏皮肤细胞，使皮肤真皮逐渐变硬而失去弹性，加快衰老和出现皱纹。凡能屏障或抑制光氧化或光老化过程而加入的一些物质称为光稳定剂(Light Stabilizer)。按作用机理可分为光屏蔽剂、紫外线吸收剂、猝灭剂、自由基捕获剂。按化学结构可分为水杨酸酯类、二苯甲酮类、苯并三唑类、三嗪类、取代丙烯腈类、草酰胺类、有机镍化合物类、受阻胺类等。

10.4.1 光屏蔽剂

又称遮光剂，是一类能够吸收或反射紫外光的物质。这类稳定剂主要有炭黑、二氧化钛、氧化锌、锌钡等。炭黑是吸附剂，而氧化锌和二氧化钛稳定剂为白色颜料，可使光反射而呈现白色。其中效力最大的是炭黑，在聚丙烯中加入2%的炭黑，寿命可达30年以上。在炭黑的结构中，具有苯醌结构及多核芳烃结构，它们具有光屏蔽作用。由于炭黑表面含有苯酚基团，故又具有抗氧化性，在橡胶中由于大量使用了炭黑(作补强剂)，所以其光稳定性能比较好，没有必要再加其他光稳定剂。

10.4.2 紫外线吸收剂

这是目前应用最广的一类光稳定剂，它能强烈地、选择性地吸收高能量的紫外光，并以能量转换形式，将吸收的能量以热能或无害的低能辐射释放出来或耗掉，从而防止聚合物中的发色团吸收紫外线。具有这种作用的物质称为紫外线吸收剂。

紫外线吸收剂所包括的化合物类型比较广泛，但工业上应用最多的当属二苯甲酮类、水杨酸酯类和苯并三唑类等。常见的紫外线吸收剂有水杨酸苯酯、紫外线吸收剂 UV-P(邻硝基苯胺、对甲苯酚的反应产物)、紫外线吸收剂 UV-O(2,4-二羟基二苯甲酮)、紫外线吸收剂 UV-9(2-羟基-4-甲氧基二苯甲酮)，紫外线吸收剂 UV-531(2-羟基-4-正辛氧基二苯甲酮)，紫外线吸收剂 UVP-327(2-(2′-羟基-3′，5′-二叔苯基)-5-氯化苯并三唑)、紫外线吸收剂 RMB(单苯甲酸间苯二酚酯)、光稳定剂 AM-101[2，2′-硫代双(4-叔辛基酚氧基)镍]、光稳定剂 GW-540[三(1，2，2，6，6-五甲哌啶基)亚磷酸酯]、光稳定剂 744(4-苯甲酰氧基-2，2，6，6-四甲基哌啶)、光稳定剂 HPT(六甲基磷酰三胺)。

10.4.2.1 紫外线吸收剂 UV-9

紫外线吸收剂 UV-9 的生产工艺：用混合酸作催化剂，三氯甲基苯和间苯二酚在水相中缩合成中间体 2，4-二羟基二苯基甲酮，然后在相转移催化剂的作用下，用硫酸二甲酯醚化为目的产物 UV-9。

$$C_6H_5CCl_3 + C_6H_4(OH)_2 \xrightarrow{H_2O} C_6H_5COC_6H_3(OH)_2 \xrightarrow{(CH_3)_2SO_4} C_6H_5COC_6H_3(OH)(OCH_3)$$

10.4.2.2 紫外线吸收剂 UV-531

一步法生产紫外线吸收剂 UV-531 生产工艺为：苯甲酰氯、间苯二酚、正辛醇在相转移催化剂作用下，升温至 157~185℃，由苯甲酰氯和间苯二酚反应产生的氯化氢气体使反应釜内压力达到 2.0MPa 左右的条件下，经 6h 的反应，得到 UV-531 粗品；粗品 UV-531 经提纯、溶解、结晶、烘干得到成品。

10.4.2.3 紫外线吸收剂 UV-326

紫外线吸收剂 UV-326 化学名 2-(3′-叔丁基-2′-羟基-5′-甲基苯基)-5-氯苯并三唑，是苯并三唑类紫外线吸收剂的通用品种之一，对 270~380nm 区域的紫外线有强吸收作用，主要适用于聚烯烃、聚氯乙烯、聚酰胺、ABS、聚氨酯、不饱和树脂、环氧树脂及纤维素树脂等热塑性和热固性塑料。其生产工艺为：

① 首先将 2-硝基-5-氯苯胺投入反应釜，再加入盐酸，搅拌溶解。冷却至 0~5℃，将 25%~30%的亚硝酸钠溶液缓缓加入，并保持 5℃以下，进行重氮化反应，产物为 2-硝基-5-氯重氮苯盐酸盐。

② 将 50%浓度的烧碱溶液和 2-叔丁基对甲酚加入反应釜，搅拌溶解，即获得 2-叔丁基对甲酚钠。将上述制备的 2-硝基-5-氯重氮苯盐酸盐溶液加入釜中，控制温度 15℃左右，搅拌下加入碳酸钠溶液，加完后继续搅拌，维持 15℃进行偶合反应。当反应物料中的碱度不再降低时，停止反应，进行过滤。

③ 上述制备的偶合反应产物加入反应釜，再加入适量 50%浓度的碱液，搅拌均匀。一边搅拌，一边缓缓加入锌粉，控制温度 40~45℃，进行还原反应。还原反应完全后，过滤，除去锌粉等渣物，送入反应釜。常温下，边搅拌边加入盐酸进行酸化得粗品。

④ 粗品用碱液溶解，溶解过程要适当加热，然后趁热过滤。滤液经酸化、结晶、过滤、水洗、甩干、溶入热汽油、活性炭脱色、过滤、冷却、结晶、过滤即得成品。

10.4.3 猝灭剂

又称减活剂或消光剂，或称激发态猝灭剂、能量猝灭剂。它主要是一类镍、钴的络合物，它的有机部分是取代酚和硫代双酚等。这类稳定剂本身对紫外光的吸收能力很低(只有二苯甲酮类的 1/10~1/20)，在稳定过程中不发生较大的化学变化，它能通过共振转移能量而起光稳定作用。比如它能转移聚合物分子因吸收紫外线后所产生的激发态能，从而防止聚合物因吸收紫外线而产生的游离基。

常见的猝灭剂有 3,5-二特丁基-4-羟基苄基膦酸单乙酯镍、2,2′硫代双(4-特辛基苯酚)镍、二丁基二硫代氨基甲酸镍(光稳定剂 NBC)。

二丁基二硫代氨基甲酸镍生产方法：二丁胺、二硫化碳和烧碱以 1.02∶1∶1(摩尔)的配比在 25~30℃反应生成二丁基二硫代氨基甲酸钠溶液，在此溶液中加入浓度为 40%~50%的氯化镍溶液，在 20~30℃进行复分解反应，生成的沉淀经水洗、干燥、粉碎得光稳定剂 NBC。

10.4.4 自由基捕获剂

自由基捕获剂是近 20 年来新开发的一类具有空间位阻效应的哌啶衍生物类光稳定剂，简称为受阻胺类光稳定剂(HALS)。此类化合物几乎不吸收紫外线，但通过捕获自由基、分解过氧化物、传递激发态能量等多种途径，赋予聚合物以高度的稳定性。光屏蔽剂、紫外线吸收剂和猝灭剂所构成的光稳定过程都是从阻止光引发的角度赋予聚合物光稳定性功能，而自由基捕获剂作为第四道防线则是以清除自由基、切断自动氧化链反应的方式实现光稳定目的。

受阻胺光稳定剂是目前公认的高效光稳定剂。20 世纪 70 年代以来，有关其光稳定机理的研究异常活跃。尽管迄今仍有许多观点未能取得一致，但受阻胺作为自由基捕获剂和氢过氧化物分解剂的功能却毋庸置疑。常见的自由基捕获剂有 4-苯甲酸基-2, 2, 6, 6-四甲基哌啶(光稳定剂 744)、癸二酸(2, 2, 6, 6-四甲基哌啶)酯(光稳定剂 770)、三(1, 2, 2, 6, 6-五甲基哌啶基)亚磷酸酯(简称 GW540)、4-(对甲苯磺酰胺基)-2, 2, 6, 6-四甲基哌啶(简称 GW310)和双(1, 2, 2, 6, 6-五甲基哌啶)癸二酸酯(简称 GW508)等。

光稳定剂 770 的生产：在 $NaOCH_3$ 为催化剂、正庚烷为溶剂、常压(后期一般负压反应)及回流温度下，用癸二酸二甲酯与 2, 2, 6, 6-四甲基-4-哌啶醇进行酯交换反应 4~5h，得目的产物，其收率在 97%以上。

$$\text{HN-ring-OH} + CH_3COO(CH_2)_8COOCH_3 \longrightarrow$$

$$\text{HN-ring-}OCO(CH_2)_8\text{—}COO\text{-ring-}NH + 2CH_3OH$$

10.5 抗 氧 剂

高分子材料在加工、储存和使用过程中，不可避免地会与氧接触，发生氧化降解，从而使高分子材料的强度降低，外观发生变化，物理、化学、机械性能变坏，甚至不能使用。加入抗氧剂可以抑制和延缓这一过程，这是防止高分子材料氧化降解的最有效和最常用的方法。抗氧剂(antioxidants)是一些能够抑制或者延缓高聚物和其他有机化合物在空气中热氧化的有机化合物。在橡胶工业中，抗氧剂也称为防老剂。

10.5.1 酚类抗氧剂

酚类抗氧剂是塑料中应用最为广泛、用量最大的抗氧剂，其分子都带有受阻酚的结构，包括烷基化单酚、烷基化多酚及硫代双酚等类型，此外还有多元酚及氨基酚衍生物。是一类不变色无污染的抗氧剂，主要用于制品色度要求较高或浅色制品。抗氧剂 264 是通用型重要的酚类抗氧剂之一，化学名称是 2，6-二叔丁基-4-甲基苯酚，是以对甲酚、异丁醇为原料，以浓硫酸作为催化剂，氧化铝为脱水剂，反应生成 2，6-二叔丁基对甲酚。

$$H_3C\text{—}CH(CH_3)\text{—}CH_2OH \xrightarrow{H_2SO_4} H_3C\text{—}C(CH_3){=}CH_2 + H_2O$$

$$\text{HO-C}_6\text{H}_4\text{-CH}_3 + H_3C\text{—}C(CH_3){=}CH_2 \longrightarrow (H_3C)_3C,\ C(CH_3)_3,\ OH,\ CH_3\ \text{(2,6-二叔丁基对甲酚)}$$

当前作为酚类抗氧剂基本品种 2, 6-二叔丁基酚，由于相对分子质量低、挥发性大，且有泛黄变色等缺点，目前用量正逐年减少。以 1010、1076 为代表的高相对分子质量受阻酚品种消费比例逐年提高，成为酚类抗氧剂市场上主导产品。其中抗氧剂 1010 的生产采用二步法，首先利用加成反应合成中间体 3, 5-二叔丁基-4-羟基苯丙酸甲酯；第二步，进行酯交换反应，简单工艺路线如下。

（1）加成反应

在甲醇钠的催化作用下，2，6-二叔丁基苯酚与丙烯酸甲酯进行加成反应得3，5-二叔丁基-4-羟基苯丙酸甲酯。

$$\text{OH} \quad + CH_2{=}CHCOOCH_3 \xrightarrow{CH_3ONa} \quad \text{OH} \quad CH_2CH_2COOCH_3$$

将定量的2，6-二叔丁基苯酚、叔丁醇、氢氧化钾加入反应釜中，密封加料口，在高纯氮气保护下加入丙烯酸甲酯，搅拌升温维持反应条件，反应结束后蒸除溶剂叔丁醇，再在高纯氮气的保护下恢复常压，得到中间体，不进行精制，直接进行下一步反应。

（2）酯交换反应

3, 5-二叔丁基-4-羟基苯丙酸甲酯与季戊四醇在甲醇钠的催化作用下进行酯交换反应。

$$\text{OH} \quad CH_2CH_2COOCH_3 + C(CH_2OH)_4 \xrightarrow[(CH_3)_2SO]{CH_3ONa} \left[\text{OH} \quad CH_2CH_2COOCH_2 \right]_4 C$$

在中间体中加入季戊四醇的DMF溶液，进行酯交换反应，反应中蒸除的含甲醇溶剂经冷却收集，待分离出甲醇之后复用，副产物甲醇经二次冷却收集。反应温度控制在90～145℃，时间8h，压力4～1kPa，即得成品。

10. 5. 2 胺类抗氧剂

胺类抗氧剂广泛应用于橡胶工业中，是一类发展最早、效果最好的防老剂，它不仅对氧，而且对臭氧均有很好的防护作用，对光、热、曲挠、铜害的防护也很突出。胺类抗氧剂为芳香族仲胺的衍生物，主要有二芳基仲胺、对苯二胺、酮胺和醛胺。胺类抗氧剂最大的缺点是具有变色性和污染性，会使聚合物变色，限制了它的应用范围。所以胺类抗氧剂大都应用于对制品颜色要求不高的材料中，如深色或黑色的橡胶和塑料制品中。如防老剂4010NA（化学名称是*N*-异丙基-*N′*-苯基对苯二胺），由对氨基二苯胺与丙酮在铜-铬催化剂的存在下，在200℃左右，氢气压力15. 2～20. 3MPa下反应制得。

$$C_6H_5{-}NH{-}C_6H_4{-}NH_2 + (CH_3)_2CO \longrightarrow C_6H_5{-}NH{-}C_6H_4{-}NH{-}CH(CH_3)_2 + H_2O$$

10. 5. 3 含磷抗氧剂

该类抗氧剂主要是亚磷酸酯，其他还有亚磷酸盐和亚磷酸盐的络合物，具有低毒、不污染、挥发性低等特点。亚磷酸酯是一类过氧化物分解剂，它们具有分解氢过氧化物产生结构稳定物质的作用，通常称之为辅助抗氧剂。其中抗氧剂亚磷酸三-(2，4-二叔丁基苯酯)是一种性能优异的亚磷酸酯抗氧剂，它是由2, 4-二叔丁基苯酚与 PCl_3 直接反应制备的。

$$2,4\text{-}[(H_3C)_3C]_2C_6H_3OH + PCl_3 \longrightarrow \left[(H_3C)_3C-C_6H_3(C(CH_3)_3)-O- \right]_3 P$$

10.5.4 含硫抗氧剂

含硫抗氧剂又称硫酯类抗氧剂，也称硫醚类或硫类抗氧剂，是目前国内外产销量仅次于亚磷酸酯类的两大类辅助抗氧剂之一。

硫代二丙酸二月桂酯，商品名称为抗氧剂 DLTP，其英文缩写为 DLTDP，所以也称为抗氧剂 DLTDP。它是20世纪40年代国外工业化的硫代酯类抗氧剂最重要的品种，因其能分解聚合物中氢过氧化物，给予聚合物苛刻条件下的热氧老化和颜色稳定方面的保护，和受阻酚类抗氧剂配合使用产生良好的协同效应，具有很好的性能价格比，所以广泛地应用于聚烯烃、聚苯乙烯、ABS 树脂和橡胶中。

抗氧剂 DLTP 生产工艺：第一步是在催化剂存在下，用丙烯酸甲酯和硫化氢缩合得到硫代二丙酸二甲酯粗品。

$$2CH_2CHCOOCH_3+H_2S \longrightarrow S(CH_2\ CH_2COOCH_3)_2$$

反应可以在常压下进行，也可以在加压下反应，加压反应速度较快，产物收率高，设备利用率高，副产物少。缩合后得到的硫代二丙酸二甲酯粗品，经精制后，含量达到99%的液体硫代二丙酸二甲酯。

第二步是在催化剂存在下和月桂醇酯交换，得到 DLTDP。

$$S(CH_2\ CH_2COOCH_3)_2+\ 2C_{12}H_{25}OH \longrightarrow S(CH_2CH_2COOC_{12}H_{25})_2+2CH_3OH$$

10.6 阻　燃　剂

有机聚合物通常是可燃的，阻燃性成为聚合物材料越来越重要的性能。阻燃剂(flame retardants)是一类可以提高聚合物材料难燃性的助剂，一般还包括发烟抑制剂和有毒气体捕捉剂。除了开发本身具有阻燃性质的新型聚合物材料外，添加阻燃助剂依然是最有效而简便的阻燃方法。阻燃的目的是为了提高制品的难燃程度，减少发生火灾的可能性。在高分子材料中加入阻燃剂，能使高分子材料接触火焰时，燃烧迅速变慢，减少高分子材料的可燃性，离开火源后能较快地自熄。当然，含有阻燃剂的材料并不是不燃材料，它们只能减少火灾危险，而不能消除火灾危险，阻燃后的聚合物在大火中仍能猛烈燃烧。

阻燃剂按照起阻燃作用的主要元素还可分为卤素系阻燃剂、磷系阻燃剂以及铝、锑、硼、钼等金属氧化物阻燃剂；也可以按大的类别分为反应型和添加型阻燃剂。反应型阻燃剂与树脂起一定的化学反应，即阻燃剂与树脂之间有键的结合，因此反应型阻燃剂在树脂中比较稳定，它对火焰的抑制作用通常比添加型的持久，对材料的性能影响较小，但操作和加工工艺较为复杂。而添加型阻燃剂只是与树脂物理混合，没有化学反应，使用量较大，操作也比较方便，因此成为一种广泛采用的阻燃剂体系。

10.6.1 聚合物的燃烧性

聚合物的燃烧是一个非常复杂的急剧氧化过程，从材料的吸热分解到剧烈的氧化发光发热，包括一系列的物理变化和化学变化。聚合物在受到外部热源的作用时，首先被加热、进而降解、生成挥发性的可燃气体和其他热分解产物。随着可燃性气体浓度的增大，当达到某一极限时聚合物开始燃烧。这一燃烧模式中，聚合物在热源的作用下，首先分解产生可燃性气体，可燃性气体从固相扩散到气相，气相中可燃性气体与氧气反应而开始燃烧，燃烧产生的热量向聚合物表面辐射并传至聚合物内部，聚合物由于热的作用继续分解，形成燃烧的循环过程。不同聚合物热分解生成的产物决定了聚合物燃烧的难易程度，因此不同的聚合物具有不同的燃烧性能。同一聚合物由于加入不同的助剂其燃烧的难易程度也有变化，当 PVC 中加入增塑剂后，制品往往变得容易燃烧，而加入阻燃剂则使制品难以燃烧。聚合物的燃烧性可用燃烧速度和氧指数来表示。氧指数是指试样像蜡烛状持续燃烧时，在氮-氧混合气流中所必须的最低氧含量。

$$氧指数=O_2/(O_2+N_2)$$

氧指数愈高，表示燃烧愈难。以 0.21 为可在空气中燃烧的分类标准，以 0.27 为自熄性材料标准。

燃烧速度是指试样单位时间内燃烧的长度。燃烧速度是用水平燃烧法和垂直燃烧法等来测得。

10.6.2 阻燃机理

燃烧过程通常具有可燃物、氧、热三个要素，阻燃剂主要是通过物理和化学的途径来切断燃烧循环。不同阻燃剂的阻燃作用各不相同。相同的阻燃剂在不同的聚合物中的阻燃机理有时也存在一定的差异。它们能对燃烧的某一个或多个阶段的速度加以抑制，最好能将燃烧抑制在萌芽状态，即截断某一阶段燃烧要素来源或中断连锁反应，停止游离基的产生。其作用机理和影响因素可归纳为以下几个方面。

① 抑制效应。捕获聚合物燃烧生成的活性自由基，从而抑制产生活性自由基的连锁反应，使燃烧减弱；

② 链转移效应。转移效应是指由于阻燃剂的存在改变了聚合物材料热分解模式，使其不停留在产生可燃气体阶段而是一直分解到炭，从而抑制了可燃性气体的产生，达到阻燃目的；

③ 覆盖隔离效应。阻燃剂受热释放出的惰性气体在气相中隔绝可燃性气体与氧的接触，或者聚合物表面形成固态的炭层或液体的膜，阻止可燃性气体的逸出；

④ 稀释效应。阻燃剂受热分解产生的不可燃性气体稀释氧和可燃性气体的浓度，使其达不到继续燃烧所必需的条件；无机类阻燃剂同时兼作填充剂使用，填充量大，在一定程度上稀释了固相中可燃物质的浓度，提高了聚合物材料的阻燃性。

⑤ 吸热效应。阻燃剂受热分解吸收大量燃烧热，使聚合物材料温度上升困难。

阻燃剂的作用往往是上述多种效应的综合结果。

10.6.3 磷系阻燃剂

磷系阻燃剂的阻燃性能良好，在全球阻燃剂非卤化动向的驱使下，国外对此进行了大量的研究。磷系阻燃剂在燃烧时，有机磷化物分解成磷酸、偏磷酸、聚偏磷酸。磷酸形成非燃性液膜，沸点达 300℃；偏磷酸、聚偏磷酸为强酸性，可使炭化物凝成保护性隔离膜，因此磷系阻燃剂具有覆盖隔离效应和转移效应双重作用，同时具有抑烟作用。

磷系阻燃剂阻燃效果好，添加量小，含 1%磷阻燃剂的效果相当于含溴 4%~7%，含氯 10%~30%阻燃剂的效果。含卤磷酸酯的分子中同时含有卤、磷两种阻燃元素，由于协同效应，阻燃效果优良，代表品种有磷酸三-(β-氯乙）酯、磷酸三-(β-溴乙）酯、磷酸三-(2, 3-二氯丙）酯和磷酸三-(2, 3-二溴丙）酯等。含溴磷酸酯由于对其致癌性的怀疑目前已很少使用。磷系阻燃剂大多是液体，而挥发性低、耐热性差是小分子磷系阻燃剂的主要缺点。

(1) 磷酸三(α-氯乙基)酯

磷酸三(α-氯乙基)酯(TECP)为添加型阻燃剂，为无色透明液体，不溶于脂肪烃，微溶于水。磷酸三(α-氯乙基)酯具有优异的阻燃性、优良的抗低温性和抗紫外线性。其蒸气只有在225℃用直接火焰才能点燃，且移走火焰后即自熄。以TECP为阻燃剂，不仅可以提高被阻燃材料的阻燃级别，还可以提高其耐水性、耐酸性、耐寒性及抗静电性。TECP在阻燃不饱和聚酯中用10%~20%，在软质PVC中作为辅助增塑阻燃剂使用时为5%~10%。

(2) 磷酸三(2, 3-二氯丙基)酯

为添加型阻燃剂，在软质PVC中的添加量不超过15%。

(3) 亚磷酸酯

以亚磷酸三苯酯(TPP)和亚磷酸二苯异辛酯(DPIOP)为主。

10.6.4 卤系阻燃剂

10.6.4.1 溴系阻燃剂

溴系阻燃剂是卤素阻燃剂中最重要和最有效的一种，由于溴系阻燃剂具有阻燃效果好、添加量少、兼容性好、热稳定性能优异、对阻燃制品性能影响小、具有价格优势等优点，一直很受市场欢迎。不过溴系阻燃剂也有严重的缺点，即降低了被阻燃材料的抗紫外线光稳定性，燃烧时生成较多的烟、腐蚀性气体和有毒气体。溴系阻燃剂品种繁多，如溴代二苯醚类(如十溴二苯醚)、溴代邻苯二甲酸酐类、三(2，3-二溴丙基)异三聚氰酸酯(TBC)等。其中溴代二苯醚类均为添加型阻燃剂，溴代多元醇均为反应型阻燃剂，而其他类型则同时包含添加型和反应型两类。

十溴二苯醚的溴含量高，热稳定性优异且价廉，熔点为304~309℃，溴含量为83.3%。十溴联苯醚是由二苯醚和溴素在催化剂存在下反应制得。在生产工艺上分为溶剂法和过量溴法。由二苯醚在沸腾的四氯乙烯中以铁作催化剂溴化制备为溶剂法。目前，国内均采用过量溴法生产。同溶剂法相比，该法操作简便，产品溴含量高，热稳定性好，对设备要求低。主要反应式如下：

$$C_6H_5-O-C_6H_5 + 10Br_2 \longrightarrow C_6Br_5-O-C_6Br_5$$

首先，将过量溴素(过量100%~150%)真空加入合成釜中，之后，加入适量三氯化铝催化剂(为二苯醚质量的1%~10%)，然后根据事先计算出来的原料按$n(Br_2)$：n(二苯醚)为1：(0.071~0.077)的比例在搅拌下缓慢均匀地向合成釜中滴加二苯醚，在加入二苯醚的过程中始终将反应体系温度保持在30℃左右，直至加完二苯醚，在搅拌状态下继续保温反应1~2h，然后根据溴化氢放出的多少，不断地将反应体系温度提高到59~60℃，并继续反应4h。反应阶段结束后，将合成半成品转移入洗涤沉降器，之后，加入1%的稀盐酸和一定量的二溴乙烯，并充分搅拌后通入乙烯，使过量的溴和乙烯反应生成二溴乙烷之后，离心脱水将有机溶剂脱除后供循环使用，甩干后用去离子水将成品洗至中性，离心干燥即得成品。

10.6.4.2 氯系阻燃剂

氯系阻燃剂阻燃机理与溴系阻燃剂相同，就阻燃效率而言，氯系阻燃剂远远逊色于溴系阻燃剂。通常使用的是氯化石蜡。氯含量为70%的氯化石蜡是一种白色粉末，化学稳定性好，常温下不溶于水和低级醇。氯含量为52%的氯化石蜡为油状液体，在气相中起阻燃作用。氯化石蜡通常和三氧化二锑协同使用，因其价格低廉，并有良好的可塑剂性能，尤其适用于考虑成本和产品加工性的场合，适用于硬质和软质制品。但氯化石蜡不宜多加，否则容易溢出。此外，双(六氯环戊二烯)环辛烷是一种添加型阻燃剂，该品优点极多，例如初期着色性好、电性能优异、阻燃性能好、热稳定性高、低生烟量、抗紫外线、耐水解、无毒等，故又名“得克隆”或“敌可燃”，可由六氯环戊二烯与环辛二烯加成制得。

10.6.5 无机阻燃剂

10.6.5.1 硼酸锌阻燃剂

无机阻燃剂中硼酸锌是最早使用的阻燃剂之一，它最早是由美国硼砂与化学品公司在20世纪70年代开发成功的，简称FB阻燃剂。硼酸锌阻燃剂的特点为热稳定性好、毒性低、消烟，与其他阻燃剂复配效果良好，添加后明显减少材料燃烧烟浓度。主要品种有3.5水和7水两种，其分子式通常为$2ZnO \cdot 3B_2O_3 \cdot 3.5H_2O$或$2ZnO \cdot 3B_2O_3 \cdot 7H_2O$。通常所说的硼酸锌一般是指$2ZnO \cdot 3B_2O_3 \cdot 3.5H_2O$，为无规则或者菱形白色粉末，熔点980℃，300 ℃以上开始失去结晶水。其中Firebrake ZB为标准阻燃剂硼酸锌，Firebrake ZB-XF为超细粉，Firebrake415为高脱水硼酸锌。硼酸锌在软质PVC制品中阻燃效果较差，最好与氧化锑(Sb_2O_3)并用。硼酸锌具有较强的成炭性，可降低材料的发烟量，也是一种有效的抑烟剂。硼酸锌与氢氧化铝具有极强的协同作用，两者在硬质PVC中并用代替氧化锑，烟密度显著下降。实际使用过程中，硼酸锌往往与其他阻燃剂并用，以发挥阻燃协同作用和抑烟功能。PVC硬制品中，硼酸锌可全部代替氧化锑达到相近的阻燃效果。以50%的硼酸锌取代氧化锑，烟密度显著下降，但氧指数变化很小。在仅以磷酸酯增塑的软PVC中，当硼酸锌由0.5PHR增加到5PHR时，不仅材料作用密度大大下降，而且氧指数也随硼酸锌用量的增加而升高，说明此时单一的硼酸锌也同时具有阻燃和抑烟作用。在大多数无卤阻燃体系中，硼酸锌与氢氧化镁并用可提高阻燃性能。

硼酸锌的生产根据使用的原料不同，主要有氧化锌法、氢氧化锌法、硼砂-硫酸锌复分解法。

(1) 氢氧化锌法

氢氧化锌法合成硼酸锌的反应式为：

$$2Zn(OH)_2 + 6H_3BO_3 = 2ZnO \cdot 3B_2O_3 \cdot 3.5H_2O + 7.5H_2O$$

氢氧化锌法生产硼酸锌的合成条件与氧化锌法基本相同。该路线的优点就是产品单一、无三废、硼酸的利用率较高。而该法的缺点是所用氢氧化锌需要现场制备，因此不可避免地产生了副产物和废水。

(2) 氧化锌法

氧化锌法合成硼酸锌的反应式为：

$$2ZnO + 6H_3BO_3 = 2ZnO \cdot 3B_2O_3 \cdot 3.5H_2O + 5.5H_2O$$

将氧化锌与硼酸按一定配比投入反应器，在一定的液固比下，于90~100℃反应5~7h，然后将其过滤、洗涤、干燥即得硼酸锌产品。此法的制备条件和硼酸-氢氧化锌法差不多，并且消除了硼酸-氢氧化锌法带来的麻烦，具有工艺简单、工序少、产品单一等优点，母液可以直接循环使用。但是该法的缺点是硼酸和氧化锌的价格都比较高，所以成本比较高。

（3）硼砂-硫酸锌复分解法

硼砂-硫酸锌复分解法合成硼酸锌的反应式为：

$$3.5ZnSO_4+3.5Na_2B_4O_7+0.5ZnO+10H_2O \xlongequal{} 2(2ZnO\cdot3B_2O_3\cdot3.5H_2O)+3.5Na_2SO_4+2H_3BO_3$$

该法合成硼酸锌反应温度为90℃左右，合成时间约8h。此法硼砂、锌盐原料易得，成本较低，在粒度控制上有一定的优势。但是该法的缺点是反应条件比较苛刻。硼砂是强碱弱酸盐，使得体系溶液显碱性，锌以氢氧化锌微溶物形式存在，使得复分解反应速度减慢，反应时间延长，在一定程度上增加了能耗，提高了产品成本。另外，此方法生成硼酸和硫酸钠两种副产物，要将两种副产物分离出来，母液循环使用，处理工序相当繁杂。

从以上三种制备硼酸锌的路线来看，由于硼酸-氢氧化锌法所用的氢氧化锌需要现场制备，实际生产中需要增加氢氧化锌制备工序，使得该法生产的步骤增多，增加了成本，故该路线现在已经基本不用。至于硼酸-氧化锌路线，使用的氧化锌和硼酸比较贵，在市场上没有竞争力。工业生产一般使用硼砂-硫酸锌复分解法，该法虽存在缺点，但由于原料易得，成本较低，各生产厂家和研究单位更倾向于用该法进行生产和研究。

10.6.5.2　红磷和包覆红磷

红磷和聚磷酸铵是磷系阻燃剂中具有独特性能的两种阻燃剂。随着近年来膨胀型阻燃剂的发展，聚磷酸铵已成为其中不可或缺的重要组分，而红磷由于其优异的阻燃、低毒性能和与多种阻燃剂的协同作用，成为非卤阻燃剂中的重要品种。红磷由于仅含有磷元素，因此比其他磷系阻燃剂阻燃效率高、添加量低，较少降低材料的力学性能。红磷作为阻燃剂缺点也较突出：

① 红磷在空气中很容易吸收水分，生成磷酸、亚磷酸等物质，因此红磷在聚合物中经过较长时间后，制品表面的红磷吸潮氧化，使制品表面被腐蚀而失去光泽和原有的性能，并慢慢向内层深化，尤其对电子组件的绝缘性能影响更大。

② 红磷与树脂兼容性差，不仅难以分散，而且会出现离析沉降，使树脂的黏度上升，给树脂的操作带来困难，导致性能下降。

③ 红磷长期与空气接触的过程中，除生成各种酸外，还会释放出有剧毒的 PH_3 气体。

④ 红磷易为冲击所引燃，干燥的红磷粉尘有燃烧及爆炸危险。

⑤ 红磷的紫红色易使被阻燃物着色。

为了克服以上缺点，将红磷用有机物或者无机物包覆起来，为包覆红磷。红磷包覆按照包覆的材料分为三种：无机包覆、有机包覆、有机-无机复合包覆。无机包覆法是以无机材料为包覆材料的方法，例如以氢氧化铝包覆时，可将红磷悬浮于含硫酸铝的水溶液中，再加入氢氧化钠调节溶液的 pH 值，以生成氢氧化铝沉淀在红磷表面并形成均一而致密的保护层。无机包覆红磷在着火点、吸湿性和 PH_3 发生量等方面都得到了不同程度的改善，但仍与树脂兼容性差，着火点不够高，仍产生一定量的 PH_3。无机包覆材料还可以是氢氧化镁、氢氧化锌等。有机包覆法是以有机物包覆红磷，目前多采用热固性树脂，如环氧树脂进行包覆。有机-无机复合包覆是指先包覆一层无机物，再包覆一层有机物。包覆红磷对制品的物理、机械性能影响小，赋予被阻燃材料较好的抗冲击性能，改善了与树脂的兼容性；同时包覆红磷的热稳定性好，可用于某些需要高温加工成型高聚物制品，且低烟、低毒，与树脂混合时不放出 PH_3，也不易被冲击引燃，粉尘爆炸危险性大为减少；此外包覆红磷在耐候性、电气性能、稳定性等方面也有较好表现。除包覆外，铝锌也能降低红磷氧化速度。金属氢化物是红磷氧化的抑制剂，因此红磷中常常加入氢氧化铝以使红磷稳定化。红磷的阻燃效果与被阻燃物有关。例如红磷阻燃非含氧聚合物 HDPE 的氧指数与红磷的用量成正比，而阻燃含氧聚合物 PET 的氧指数与红磷用量的平方根成反比。红磷在聚合物的用量有一极限值，通常在 8%~10%之间，用量再高可能引起阻燃性能的下降。红磷虽然有较高的阻燃效率，但单独使用红磷很难达到阻燃要求，所以通常与其他阻燃剂配合使用。聚酰胺是红磷阻燃的主要对象之一。

10.7 发 泡 剂

发泡剂(vesicant)是掺进聚合物体系，通过加工过程中适时释放出气体，使高分子材料形成微孔的一类助剂。发泡剂在工业上的应用可以追溯到橡胶工业的早期，Hancock 等在 1846 年就发表了一系列的专利，用碳酸铵和挥发性液体作为发泡剂以生产天然橡胶的开孔海绵制品。直到 20 世纪 20 年代，各种碳酸盐仍是最普遍的化学发泡剂。从 30 年代到 50 年代，人们开发了利用压缩氮气在高压下进行膨胀以制造闭孔海绵橡胶的方法，即 Rubatex 法，并广泛地应用于工业生产中。

在发泡过程中根据气孔产生的方式不同，发泡剂可分为化学发泡剂、物理发泡剂和表面活性剂三大类。表面活性剂具有较高的表面活性，能有效降低液体的表面张力，并在液膜表面双电子层排列而包围空气，形成气泡，再由单个气泡组成泡沫。表面活性剂内容前面章节单独有介绍，这里不再叙述。

10.7.1 物理发泡剂

泡沫细孔是通过某一种物质的物理形态的变化，即通过压缩气体的膨胀、液体的挥发或固体的溶解而形成，那么这种物质就称作物理发泡剂。常用的物理发泡剂有低沸点的烷烃和氟碳化合物。如正戊烷、正己烷、正庚烷、石油醚(石脑油)、三氯氟甲烷(简称 Freon 11)、二氯二氟甲烷(简称 Freon 12)和二氯四氟乙烷(简称 Freon 114)。采用氯氟烃类化合物(CFCS)，由于会破坏大气臭氧层，多年来国内外一直在寻求和开发理想的替代产品。PU 硬质泡沫方面，研究表明，环戊烷因具有优越的物理性能、脱模时间短和优良的绝热绝缘性能、臭氧损耗值(ODP)为零等优点被国内外广泛应用。PE/PS 泡沫塑料行业则采用氮气、二氧化碳、丁烷等替代原来的 CFCS。

10.7.2 化学发泡剂

化学发泡剂是那些经加热分解后能释放出二氧化碳和氮气等气体，并在聚合物组成中形成细孔的化合物。化学发泡剂又有无机发泡剂和有机发泡剂之分。

无机发泡剂主要有碳酸氢钠、碳酸铵、碳酸氢铵、叠氮化合物、硼氢化钠和镁、铝等轻金属。它们主要用于橡胶制品，但在 PVC、PS 等低发泡型材、片材等挤出工艺中有一定的市场。一些能释放 CO_2 的无机发泡剂与有机发泡剂配合，在低发泡注塑中可形成刚性表面层的功能而有其应用前景。

有机发泡剂为放热性发泡剂，多为易燃物，主要有：偶氮化合物、肼衍生物、脲氨基化合物、叠氢化合物、亚硝基化合物和三唑类化合物等。主要发泡剂品种有偶氮二甲酰胺(ADC)、发泡剂 DPT、OBSH(4，4′-氧代双苯磺酰肼)等，其中 ADC 在国外占化学发泡剂消费量的 90%，在我国占 95%以上。我国是全球最大的 ADC 生产国与供应国，年生产能力达到 15 万吨，约占全球总生产能力的近 50%左右。发泡剂 ADC 生产工艺如下：

① 缩合。将尿素溶于2%水合肼溶液，加到反应锅。在搅拌下加硫酸使料液pH值达到1~2，加热，使pH值转为2~5，再缓缓加入硫酸，保持pH值2~5反应数小时后，取样测定终点(用0.1mol/L碘溶液滴定含肼量)。缩合成的联二脲，滤出硫酸铵母液后，用热水洗涤，供氧化工序用。

② 氧化。将联二脲放入反应锅用水溶解，加入溴化钠，通入氯气，反应温度控制在30~50℃，制得的偶氮二甲酰胺先用温水洗至中性，经离心机甩干干燥后，得成品。氧化工序对发泡剂AC的产品质量和生产成本影响最大。早期采用硝酸法和铬酸法，由于成本和污染的原因，已趋于淘汰。氯气-溴为氧化剂取代铬盐氧化联二脲生产发泡剂AC的方法，使产品成本降低很多。

ADC产品的改性就是对发泡剂的发气量、颗粒度、颜色、热分解温度进行优化，其途径主要有在制备过程中改变一定反应条件或添加一定的助剂、ADC粒子微细化、在ADC原粉中加入添加剂、将不同类型的发泡剂复配以达到改性效果。目前主要的改性产品类型有：

① 粒子微细化型：主要是将发泡剂的原粉进行粉碎、分级就可以。国内目前ADC粒子粗、牌号少，国外按颗粒度不同有多种牌号，以适应于不同合成材料的发泡需要。

② 低温型：普通ADC分解温度一般高于200℃，对于许多软化点低和受热易老化的树脂，希望能够有低温分解型的产品，目前开发低温型ADC是其改性领域的主要研究课题之一。改性方法是选择一种或多种活化剂与ADC以一定比例组合。活化剂可选用铬、锌、铅等金属化合物、尿素衍生物和硝基胍等，改性后ADC发泡剂最低分解温度可达到80℃。

③ 高分散性型：要得到均匀无孔洞、表面光滑的聚合物，就要求发泡剂在聚合物内能完全按比例分散开。一般ADC发泡剂易受静电等因素影响附聚成团，影响产品质量。因此开发高分散性的产品非常重要，可将ADC发泡剂与某些惰性无机化合物的细粉混合，另外可以在ADC产品中添加表面活性剂等制得高分散型产品。

④ 抑制发泡型：二元羧酸及其酰肼、酚类、胺类和三唑类等物质能抑制ADC的分解，当有金属离子型活化剂时其抑制效果更好。如加入抑制发泡型发泡剂材料，会因发泡效果的差异而造成凹凸不平花纹，由此生产发泡墙纸等室内装潢材料。

⑤ 复合型：ADC的复合可以把具有特定功能的其他助剂与ADC混合或几种发泡剂互相混合，是目前塑料助剂工业发展的主流。

⑥ 发泡剂母粒：与其他合成材料助剂的发展趋势一样，母粒化已成为发泡剂ADC的改性趋势之一。将ADC、发泡助剂、聚合物进行混炼得到母粒，可以有效解决分散性和粉尘污染等问题。目前国内尚没有开发，国外如世界上最著名的发泡剂母粒生产商Americhem公司目前有Supercell牌号的专用ADC产品系列可供；美国Henly公司推出的Exocerol等系列发泡剂也以母粒形式出现，如Exocero1232和LAB010是吸热/放热型共混物，AO38是几种放热发泡剂的混合物等。

10.8 偶 联 剂

为了提高塑料的某些性能并降低成本，有效的办法是填充改性。但在树脂中添加无机填料后熔融指数会大大降低，聚合物复合材料的黏度显著提高，使材料的加工性能受到影响，以致无法注射成型而且表观性能也不佳，所以如何能在聚合物中添加大量的填料而塑料制品又有良好的表观性能，这一问题是很受人们重视的。偶联剂(coupling agent)是指能改善填料与高分子材料之间界面特性的一类物质，其分子结构中存在两种官能团，一种可与高分子基体发生化学反应或至少有好的相容性；另一种可与无机填料形成化学键，从而改善高分子材料与填料之间的界面性能，提高界面的粘合性，改善填充或增强后的高分子材料的性能。

偶联剂按照化学结构分为硅烷类、钛酸酯类、铝酸酯类、有机铬络合物、硼化物、磷酸酯、锆酸酯、锡酸酯等。在偶联剂市场方面，以硅烷系的需求量最大。硅烷偶联剂主要用于玻璃、二氧化硅类填充剂为中心的复合强化材料；而钛酸酯偶联剂则用于以塑料、橡胶为中心的复合强化材料，以改善加工性，提高填充剂用量与分散性，并赋予可挠性。锆系虽比钛酸酯系的价格高，但因具有不变黄、着色性好等特点，所以用于树脂的改性涂料与油墨、催化剂等方面。铝系主要用于涂料与油墨，以发挥其对炭黑分散性好的性能，近年来还在各种填料方面得到应用。

10.8.1 偶联剂的作用机理

界面上极少量的偶联剂为什么会对复合材料的性能产生如此显著的影响，现在还没有一套完整的偶联机理来解释。其中，化学键合理论是最早却又是迄今为止被认为是比较成功的一种理论。

10.8.1.1 化学键合理论

该理论认为偶联剂含有一种化学官能团，能与玻璃纤维表面的硅醇基团或其他无机填料表面的分子作用形成共价键。

此外，偶联剂还含有至少一种别的不同的官能团与聚合分子键合，以获得良好的界面结合，偶联剂就起着在无机相与有机相之间相互连接的桥梁似的作用。

例如氨丙基三乙氧基硅烷 $NH_2CH_2CH_2CH_2Si(OC_2H_5)_3$，当用它处理无机填料时(如玻璃纤维等)，硅烷首先水解变成硅醇，接着硅醇基与无机填料表面发生脱水反应，进行化学键连接：

$$H_2NCH_2CH_2CH_2Si(OH)_2\text{—}OH + OH\text{—}Si\text{— 玻璃} \longrightarrow H_2NCH_2CH_2CH_2Si(OH)_2\text{—}OOSi\text{— 玻璃} + H_2O$$

经偶联剂处理的无机填料进行填充制备复合材料时，偶联剂中的活性基团将和有机高聚物相互作用，最终搭起无机填料和有机物间的桥梁，如和环氧树脂的偶联作用。

$$H_2NCH_2CH_2CH_2Si(OH)_2\text{—}OSi\text{—玻璃} + \underset{\backslash O /}{H_2C\text{—}CH}\sim\sim \longrightarrow \sim\sim\underset{|\atop OH}{CH}CH_2HNCH_2CH_2CH_2Si(OH)_2\text{—}OSi\text{—玻璃}$$

通过以上两反应，硅烷偶联剂通过化学键结合改善了复合材料中高聚物和无机填料之间的粘接性，使其性能大大改善。

10.8.1.2 浸润效应和表面能理论

1963 年，Zisman 在回顾与粘合有关的表面化学和表面能的已知方面内容时，曾得出结论，在复合材料的制造中，液态树脂对被粘物的良好浸润是头等重要的，如果能获得完全的浸润，那么树脂对高能表面的物理吸附将提供高于有机树脂的内聚强度和粘接强度。

10.8.1.3 可变形层理论

为了缓和复合材料冷却时由于树脂和填料之间热收缩率的不同而产生的界面应力，就希望与处理过的无机物邻接的树脂界面是一个柔曲性的可变形相，这样复合材料的韧性最大。

偶联剂处理过的无机物表面可能会择优吸收树脂中的某一配合剂，可能导致一个比偶联剂在聚合物与填料之间的多分子层厚得多的挠性树脂层，这一层就被称为可变形层。该层能松弛界面应力，阻止界面裂缝的扩展，因而改善了界面的结合强度，提高了复合材料的机械性能。

10.8.1.4　约束层理论

与可变形层理论相对，约束层理论认为在无机填料区域内的树脂应具有某种介于无机填料和基质树脂之间的模量，而偶联剂的功能就在于将聚合物结构“紧束”在相间区域内。

从增强后的复合材料的性能来看，要获得最大的粘接力和耐水解性能，需要在界面处有一约束层。

至于钛酸酯系偶联剂，其在热塑体系中及含填料的热固性复合物中与有机聚合物的结合，主要以长链烷基的相容和相互缠绕为主，并和无机填料形成共价键。

10.8.2　硅烷类偶联剂

硅烷偶联剂是一类应用广泛的表面改性剂。目前硅烷偶联剂主要用于增加无机粒子在有机材料中的分散性和稳定性，改善和提高有机-无机复合材料的性能。这类偶联剂的通式可写为 $YSiX_3$，其中 Y 是与聚合物分子有亲和力和反应能力的活性官能团，如乙烯基氯丙基、环氧基、甲基丙烯酰基、胺基和巯基等。X 为能够水解的烷氧基，如甲氧基、乙氧基等。硅烷的偶联作用常常被简单地描述成排列整齐的硅烷系分子层在聚合物和填料之间形成共价键桥。

10.8.2.1　硅烷偶联剂的合成

硅烷的“偶联作用”机理决定于 X_3SiY 结构中的有机官能团 Y 和可水解基团 X 之间的稳定联接。

有机官能团 Y 的选择，要求做到对聚合物呈现反应性或相容性，而可水解基团 X 仅仅是生成硅醇基团过程中的中间体，借以对无机物表面形成粘接键。因此硅烷偶联剂的合成，关键在于在硅原子上有选择地引入 X 及 Y 两类基团。

硅烷分子 X_3SiY 中的两个端基都可能参加化学反应，而且它们既可能单独参加各自的反应，也可能同时起反应。通过对反应条件的适当控制，可以在不改变 Y 基团的前提下取代 X 基团，或者在保留 X 基团的情况下，使 Y 基团改性。

硅烷偶联剂主要是利用硅氯仿($HSiCl_3$)和带有反应性基团的不饱和烯烃在铂氯酸催化下加成，再经醇解而得。

10.8.2.2　硅原子上可水解基团 X 的引入

(1) 烷氧基

这类基团是硅烷偶联剂应用最多的一种。烷氧基硅烷通常是通过氯硅烷的烷氧基化反应而制备的。这个反应很容易发生，无需催化剂，但是要求能有效地除去反应中放出的氯化氢。

工业生产中最好采用无水氯化氢的排放和回收措施。实验室制备时，可采用诸如叔胺或醇钠之类的氯化氢吸收剂。一种简单的实现完全烷氧基化的方法是，在乙醇存在的条件下将氯硅烷与适当的原甲酸酯一起共热。

为了在中性条件下能有效地进行 $RSi(OR)_3$ 的烷氧基互换反应，可以选择无机酸、路易斯酸或强碱作催化剂，但反应条件必须适合于硅原子上的有机官能团。

(2) 乙酰氧基

在无水溶剂中，氯硅烷与乙酸钠反应，生成乙酰氧基硅烷。

$$RSiCl_3 + 3NaOAc \longrightarrow RSi(OAc)_3 + 3NaCl$$

氯硅烷与乙酸酐一起共热并除去挥发性的乙酰氯，可避免生成盐的沉淀。

$$RSiCl_3 + 3Ac_2O \longrightarrow RSi(OAc)_3 + 3AcCl$$

10.8.2.3 硅原子上有机官能团Y的引入

(1) 卤代烷基

把三氯硅烷加到烯丙基溴中便可以制备3-溴丙基硅烷。

$$HSiCl_3 + CH_2{=}CHCH_2Br \longrightarrow Cl_3SiCH_2CH_2CH_2Br$$

以三氯硅烷与乙烯基氯苯的双键加成，可以制得高活性的含氯官能团硅烷。

$$HSiCl_3 + CH_2{=}CHC_6H_4CH_2Cl \xrightarrow{Pt} Cl_3SiCH_2CH_2C_6H_4CH_2Cl$$

在复合材料的生产温度下含卤代烷基的硅烷能与树脂发生反应，可作为偶联剂使用。

例如，氯丙烷基硅烷对于聚苯乙烯(极少量 $FeCl_3$ 存在)或高温固化的环氧树脂都是有效的偶联剂。但由于它很易与氨或胺反应，生成胺基官能团硅烷，与硫化氢反应生成含硫基硅烷，或发生取代反应及裂解反应生成异氰酸酯等反应性基团，因此卤代烷基硅烷一般作为合成偶联剂的重要中间体而广泛应用。

(2) 不饱和烷基

乙烯基三氯硅烷是通过三氯硅烷对乙炔的单分子加成而制备的。这一反应中要采用过量的乙炔，尽量减少双分子加成反应的发生。高温条件下，三氯硅烷也会与烯丙基氯或乙烯基氯反应，生成不饱和硅烷。

不饱和硅烷主要用作偶联剂，但也可以用作制造化工产品的中间体。

乙烯基官能团硅烷作为工业用不饱和聚酯的偶联剂，通常被甲基丙烯酸酯官能团硅烷所取代，但它仍广泛地应用于含填料的聚乙烯中，它能改善电缆包覆层的电绝缘性能。

由乙烯苄基氯制得的阳离子型苯乙烯官能团硅烷，其独特之处是它对几乎所有的热固性树脂和热塑性树脂都是有效的偶联剂。

(3) 胺烷基

商品牌号为A-1100的氨丙基三烷氧基硅烷可由三烷氧基硅烷与烯丙胺的加成反应制备。由于烯丙胺的毒性很大，因此制取这种硅烷的比较方便的方法是对氰乙基硅烷加氢或借助于氯丙基三甲氧基硅烷与氨或胺反应。

氨基官能团硅烷可以用作几乎所有缩合型热固性聚合物(诸如环氧、酚醛、嘧胺、呋喃异氰酸酯等树脂)的偶联剂，但却不适合于不饱和聚酯树脂。

至于芳香烃和脂肪烃含氨基的硅烷，虽然前者有更好的热稳定性，但作为耐高温偶联剂并无多大的优越性。

(4) 环氧基

这类有机基团可通过硅烷与不饱和环氧化物的加成反应或与含双键的不饱和硅烷的环氧化反应来制备。例如，商品牌号为A-187的γ-(2，3-环氧丙氧基)丙基三甲氧基硅烷和丙烯氧基环氧丙烷反应制备。

10.8.3 钛酸酯偶联剂

钛酸酯偶联剂对于热塑型聚合物和干燥的填料，有良好的偶联效果，这类偶联剂可用通式 $ROO_{(4-n)}Ti(OXR'Y)_n (n=2, 3)$ 表示。

其中RO—是可水解的短碳链烷氧基，能与无机物表面羟基起反应，从而达到化学偶联的目的；—OX 可以是羧基、烷氧基、磺酸基、磷基等，这些基团很重要，决定钛酸酯所具有的特殊性能。磺酸基赋予有机聚合物一定的触变性；焦磷酰氧基有阻燃、防锈和增强粘接的性能；亚磷酰氧基可提供抗氧、耐燃性能等，因此通过—OX 的选择，可使钛酸酯兼具偶联和其他特殊性能；R′是长碳链烷烃基，它比较柔软，能和有机聚合物进行弯曲缠结，使有机物和无机物的相容性得到改善，提高材料的抗冲击强度；Y 是羟基、氨基、环氧基或含双键基团等，这些基团连接在钛酸酯分子的末端，可与有机聚合物进行化学反应而结合在一起。

钛酸酯偶联剂的合成方法一般分为两步：

第一步四烷基钛酸酯的合成。四烷基钛酸酯有多种合成方法，其中最常用的是直接法，即由四氯化钛和相应的醇直接反应而合成；

第二步为成品偶联剂的合成，由四烷基钛酸酯进一步和不同的脂肪酸反应，即可得到不同类型的钛酸酯偶联剂。

例如合成异丙基三油酰氧基钛酸酯的生产工艺为：

将对-9-十八碳一烯酸加入搅拌反应釜，搅拌并于室温下滴加钛酸四异丙酯进行反应。由于反应为放热反应，所以反应体系的温度逐渐升高并有异丙醇回流液产生。当滴加完钛酸四异丙酯后，加热至 90℃，并保持温度继续反应 0.5h 。反应完成后抽真空脱出异丙醇，气体异丙醇经釜外冷凝器冷凝后，流入异丙醇储槽，用于合成钛酸四异丙酯。脱去异丙醇的产物经冷却、出料即得成品，主反应式如下：

$$\left[H_3C\overset{\overset{\displaystyle CH_3}{|}}{C}HO\right]_4 Ti + 3HOOC(CH_2)_7CH{=}CH(CH_2)_7CH_3 \longrightarrow$$

$$H_3C\overset{\overset{\displaystyle CH_3}{|}}{C}HO{-}Ti\left[OOC(CH_2)_7CH{=}CH(CH_2)_7CH_3\right]_3 + 3H_3C\overset{\overset{\displaystyle CH_3}{|}}{C}HOH$$

10.9 助剂的发展趋势

① 大吨位品种趋于大型集约化生产。这主要是指使用量大的增塑剂、橡胶助剂等。如 DOP 年生产能力最大的已达到 100kt。

② 新功能助剂研究继续活跃。新功能性助剂就是发展前人没有发现或存在但没有用助剂化学的规律去研究与生产的新的助剂。助剂也是不断发展的科学，随着材料科学的发展，新的要求不断出现，如有紫外线吸收剂，现在又出现了红外线吸收剂，它用于农用塑料薄膜保温。

③ 助剂分子结构日益完善。现有的助剂在结构上存在不足，在分子结构上引入新的官能团以赋予助剂更完美的性能。低毒和高效能的品种所占比重逐步提高。

④ 助剂多功能化趋势。也就是指助剂“一剂多能”，如抗静电增塑剂等。

⑤ 复配型助剂和集装化技术进展迅速。根据各助剂相互协同性，将它们复配或集装于一体，以提高助剂的效能。

⑥ 助剂高相对分子质量化趋势。要提高助剂的稳定性，重要的方法就是助剂的高分子化，它一方面提高了助剂的耐热稳定性，另一方面提高了助剂的耐迁移性和低抽出性。这里

的高相对分子质量是相对值，其相对分子质量的大小取决于与材料的相容性。

⑦ 反应型助剂稳步发展。如果助剂中含有能与材料反应的官能团，而又不影响材料的性能，因为它与材料结合了，其添加量少、不迁移、持久性好，这种反应型助剂又叫活性助剂。

思 考 题

1. 简述合成材料加工助剂的定义及其主要类别？
2. 什么是抗氧化剂、热稳定剂、光稳定剂？
3. 简述紫外线吸收剂的结构特征和作用机理及其相关的化学反应式。
4. 简述增塑剂的作用机理。
5. 说明阻燃剂的作用机理。

第 11 章　食品添加剂

食品添加剂(food additives)是指为改善食品品质和色、香、味以及为防腐和加工工艺的需要而加入食品中的化学合成或天然物质。我国许可使用的食品添加剂的品种数为 2047 种，其中合成物质 252 种，可在各类食品中按生产需要适量使用的食品添加剂 55 种，食品用香料 1531 种(其中食品用天然香料 329 种，天然等同香料 1009 种，人工合成香料 193 种)，食品加工助剂 114 种，食品酶制剂 44 种，胶姆糖基础剂 51 种。

本章着重介绍防腐剂、增稠剂、着色剂、抗氧化剂、乳化剂等食品添加剂。

11.1　概　　述

11.1.1　食品添加剂的分类

我国食品添加剂按功能作用的不同分为：酸度调节剂、抗结剂、消泡剂、抗氧化剂、漂白剂、膨松剂、胶姆糖基础剂、着色剂、护色剂、乳化剂、酶制剂、增味剂、面粉处理剂、被膜剂、水分保持剂、营养强化剂、防腐剂、稳定和凝固剂、甜味剂、增稠剂、加工助剂和食品香料等，共 22 类。

11.1.2　食品添加剂的一般要求

我国新修订的《中华人民共和国食品添加剂使用卫生标准(GB2760—2014)》明确规定了使用食品添加剂的基本要求：①不应对人体产生任何健康危害；②不应掩盖食品腐败变质；③ 不应掩盖食品本身或加工过程中的质量缺陷或以掺杂、掺假、伪造为目的而使用食品添加剂；④不应降低食品本身的营养价值；⑤在达到预期效果的前提下尽可能降低在食品中的使用量。修改了硫酸铝钾、硫酸铝铵、赤藓红及其铝色淀、靛蓝及其铝色淀、亮蓝及其铝色淀、柠檬黄及其铝色淀、日落黄及其铝色淀、胭脂红及其铝色淀、诱惑红及其铝色淀、焦糖色(加氨生产)、焦糖色(亚硫酸铵法)、山梨醇酐单月桂酸酯、山梨醇酐单棕榈酸酯、山梨醇酐单硬脂酸酯、山梨醇酐三硬脂酸酯、山梨醇酐单油酸酯、甜菊糖苷、胭脂虫红的使用规定；增加了 L(+)-酒石酸、dl-酒石酸、纽甜、β-胡萝卜素、β-环状糊精、双乙酰酒石酸单双甘油酯、阿斯巴甜等食品添加剂的使用范围和最大使用量.

11.1.3　食品添加剂的安全性

食品添加剂的使用存在着不安全性的因素，因为有些食品添加剂不是传统食品的成分，对其生理生化作用我们还不太了解，或还未作长期全面的毒理学试验等。

任何一种新型食品添加剂都应对其进行毒理学评价，我国卫生部公布了《食品安全性毒理学评价程序》，分为四个阶段：

第一阶段急性毒性试验。

第二阶段蓄积毒性试验、致突变试验及代谢试验。

第三阶段亚慢性毒性试验(包括繁殖、致畸试验)。

第四阶段慢性毒性试验(包括致癌试验)。

急性毒性试验是指给予一次较大的剂量后，对动物产生的作用进行判断。通过急性毒性试验可以考查摄入该物质后在短时间内所呈现的毒性，从而判断对动物的致死量(LD)或半数致死量(LD_{50})。半数致死量是通常用来粗略地衡量急性毒性高低的一个指标，是指能使一群试验动物中毒死亡数达到一半所需的剂量，其单位是 mg/kg 体重。对于食品添加剂来说，主要采用经口服的半数致死量。受试物质的毒性分级如表 11-1 所示。

表 11-1　经口服半数致死量与毒性分级　　mg/kg

毒 性 级 别	LD_{50}大白鼠	毒 性 级 别	LD_{50}大白鼠
极剧毒	小于 1	低毒	501～5000
剧毒	1～50	相对无毒	5001～15000
中毒	51～500	实际无毒	大于 15000

慢性毒性试验是指少量受试物质长期作用下所呈现的毒性，从而可确定受试物质的最大无作用量和中毒阈剂量。慢性毒性试验在毒理研究中占有十分重要的地位，对于确定受试物质能否作为食品添加剂使用具有决定性的作用。最大无作用量(MNL)又称最大无效量、最大耐受量或最大安全量，是指长期摄入该物质仍无任何中毒表现的每日最大摄入剂量，其单位是 mg/kg 体重。

11.2　食品防腐剂

食品防腐剂(food preservative)是用于保持食品原有品质和营养价值为目的的食品添加剂，它能抑制微生物的生长繁殖，防止食品腐败变质而延长保质期。

11.2.1　食品防腐剂的作用原理

食品防腐剂的防腐原理，大致有如下 4 种：① 能使微生物的蛋白质凝固或变性，从而干扰其生长和繁殖；②防腐剂对微生物细胞壁、细胞膜产生作用。由于能破坏或损伤细胞壁，或能干扰细胞壁合成的机理，致使胞内物质外泄，或影响与膜有关的呼吸链电子传递系统，从而具有抗微生物的作用；③作用于遗传物质或遗传微粒结构，进而影响到遗传物质的复制、转录、蛋白质的翻译等；④作用于微生物体内的酶系，抑制酶的活性，干扰其正常代谢。

11.2.2　食品防腐剂的主要种类

食品防腐剂按作用分为杀菌剂和抑菌剂，二者常因浓度、作用时间和微生物性质等的不同而不易区分。按其来源分为化学合成、微生物代谢和天然提取物三大类。此外还有乳酸链球菌素，是一种由乳链球菌产生的含 34 个氨基酸的肽类抗菌素。目前世界各国所用的食品防腐剂约有 30 多种。食品防腐剂在中国被划定为第 17 类，有 28 个品种。

凡能抑制微生物的生长活动，延长食品腐败变质或生物代谢的化学制品都是化学防腐剂。目前常用的有酸性防腐剂、酯型防腐剂、无机防腐剂等类型。

11.2.2.1　化学合成防腐剂

(1) 苯甲酸及其钠盐(benzoic acid，sodium benzoate)

苯甲酸又称为安息香酸，天然存在于蔓越橘、洋李和丁香等植物中。纯品为白色有丝光的鳞片或针状结晶，质轻，无臭或微带安息香气味，相对密度为 1.2659，沸点 249.2℃，熔点 121~123℃，100℃开始升华，在酸性条件下容易随同水蒸气挥发，微溶于水，易溶于乙醇。由于苯甲酸难溶于水，一般在应用中都是使用其钠盐，加入食品后，在酸性条件下苯甲酸钠转变成具有抗微生物活性的苯甲酸。苯甲酸作为食品防腐剂被广泛使用，pH=3 时抑菌作用最强，在 pH=5.5 以上时，对很多霉菌和酵母菌没有什么效果，抗微生物活性的最适 pH 范围是 2.5~4.0。因此，它最适合使用于像碳酸饮料、果汁、果酒、腌菜和酸泡菜等食品。在 pH=4.5 时对一般微生物的完全抑制的最小浓度为 0.05%~0.1%。苯甲酸对酵母和细菌很有效，而对霉菌活性稍差。

苯甲酸钠的 LD_{50} 为 2700mg/kg(大白鼠经口)。ADI 为 0~5mg/kg(以苯甲酸计)。苯甲酸进入机体后，大部分在 9~15h 内与甘氨酸化合成马尿酸，剩余部分与葡萄醛酸结合形成葡萄糖苷酸，并全部从尿中排出。用 C_{14} 示踪试验证明，苯甲酸不会在人体内蓄积，由于解毒过程在肝脏中进行，因此苯甲酸对肝功能衰弱的人可能是不适宜的。

$$C_6H_5COOH + NH_2CH_2COOH \longrightarrow C_6H_5CO-NH-CH_2-COOH$$

苯甲酸　甘氨酸　　马尿酸

(2) 山梨酸及其钾盐(sorbic acid, potassium sorbate)

山梨酸的化学名称为己二烯-[2,4]-酸，又名花楸酸。1859 年从花揪浆果树的果实(rowanberry tree fruit)中首次分离出山梨酸，它的抗微生物活性是在 1939~1949 年被发现的。山梨酸为无色针状结晶体，无臭或稍带刺激性气味，耐光，耐热，但在空气中长期放置易被氧化变色而降低防腐效果。沸点 228℃(分解)，熔点 133~135℃，微溶于冷水，而易溶于乙醇和冰醋酸，其钾盐易溶于水。

$$CH_3-CH=CH-CH=CH-COOH$$

山梨酸

山梨酸对霉菌、酵母菌及好气性菌均有抑制作用，但对嫌气性芽孢形成菌与嗜酸杆菌几乎无效，其防腐效果随 pH 值升高而降低。山梨酸能与微生物酶系统中巯基结合，从而破坏许多重要酶系，达到抑制微生物增殖及防腐的目的。一般而言，pH 值高至 6.5 时，山梨酸仍然有效，这个 pH 值远高于丙酸和苯甲酸的有效 pH 值范围。然而一些霉菌在山梨酸浓度高达 5300mg/kg 时仍然能够生长，并且可将山梨酸降解产生 1，3-戊二烯，使食品带有烃的气味。

山梨酸阈值较大，在使用浓度(最高达重量的 0.3%，即 3000mg/kg)时，对风味几乎无影响。山梨酸是一种不饱和脂肪酸，在机体内正常地参加代谢作用，被氧化生成二氧化碳和水，所以几乎无毒性。FAO/WHO 专家委员会已确定山梨酸的每日允许摄入量(ADI)为 25mg/kg 体重。山梨酸及它的钠、钾和钙盐已被所有的国家允许作为添加剂使用。

(3) 丙酸及其盐类

丙酸(Propionic Acid)的抑菌作用较弱，但对霉菌、需氧芽孢杆菌及革兰氏阴性杆菌有效，其抑菌的最小浓度为0.01%，pH=5.0；最小抑菌浓度为0.5%，pH=6.5。丙酸防腐剂对酵母菌不起作用，所以主要用于面包和糕点的防霉。

丙酸和丙酸盐具有轻微的干酪风味，能与许多食品的风味相容。丙酸盐易溶于水，钠盐(150g/100mL H_2O，100℃)的溶解度大于钙盐(55.8 g/100mL H_2O，100℃)。

丙酸钙为白色颗粒或粉末，有轻微丙酸气味，对光热稳定。160℃以下很少破坏，有吸湿性，易溶于水，20℃时可达40%。在酸性条件下具有抗菌性，pH 值小于5.5时抑制霉菌较强，但比山梨酸弱。在pH=5.0时具有最佳抑菌效果。丙酸钠 $C_3H_5O_2Na$ 极易溶于水，易潮解，水溶液呈碱性，常用于西点。

丙酸盐常被用于防止面包和其他烘焙食品中霉菌的生长和干酪产品中霉菌的生长。丙酸在烘焙食品中的使用量为0.32%(白面包，以面粉计)和0.38%(全麦产品，以小麦粉计)，在干酪产品中的用量不超过0.3%，除烘焙食品外，建议将丙酸用于不同类型的蛋糕、馅饼的皮和馅、白脱包装材料的处理、麦芽汁、糖酱、经热烫的苹果汁和豌豆。丙酸盐也可作为抗霉菌剂用于果酱、果冻和蜜饯。在哺乳动物中，丙酸的代谢则与其他脂肪酸类似，按照目前的使用量，尚未发现任何有毒效应。丙酸的大白鼠 LD_{50} 为5160 mg/kg，属于相对无毒。国外一些国家无最大使用量规定，而定为“按正常生产需要”使用。

(4) 脱氢乙酸(dehydroacetic acid)

系统命名是3-乙酰基-6-甲基-二氢吡喃-2,4-(3H)二酮，无色到白色结晶状粉末，有弱酸味，饱和溶液pH=4。极难溶于水(小于0.1%)，为酸性防腐剂，pH=7~8时溶解度较大，有吸湿性，热、碱性时易被破坏。对细菌、霉菌、酵母菌均有一定作用，而对中性食品基本无效，pH=5时抑制霉菌是苯甲酸的2倍，在水中逐渐降解为乙酸。LD_{50} 为1000~1200mg/kg。常使用在腐乳、什锦酱菜、原汁桔浆等，最大使用量0.3g/kg。

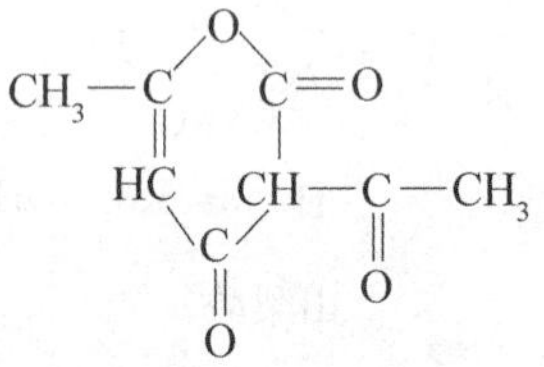

```
         O
CH3—C       C=O
    ‖       |
    HC     CH—C—CH3
       C       ‖
       ‖       O
       O
```

脱氢乙酸

(5) 对羟基苯甲酸酯类(*p*-hydroxybenzoate alkyl ester)

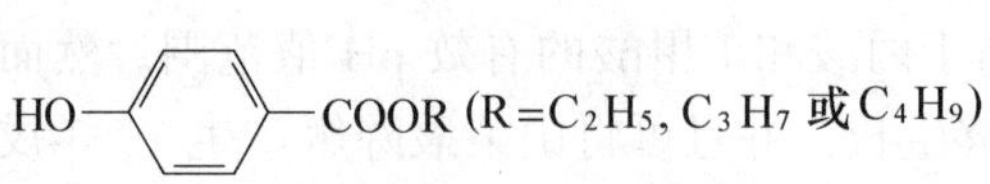

HO—⟨苯环⟩—COOR (R=C_2H_5, C_3H_7 或 C_4H_9)

羟基苯甲酸酯类

对羟基苯甲酸酯又叫尼泊金酯类，是食品、药品和化妆品中广泛使用的抗微生物剂。我国允许使用的是尼泊金乙酯和丙酯。美国许可使用对羟基苯甲酸的甲酯、丙酯和庚酯。对羟基苯甲酸酯为无色结晶或白色结晶粉末，稍有涩味，难溶于水，可溶于氢氧化钠溶液及乙醇、乙醚、丙酮、冰醋酸、丙二醇等溶剂。

对羟基苯甲酸酯类对霉菌、酵母和细菌有广泛的抗菌作用。其对霉菌、酵母的作用较强，但对细菌特别是对革兰氏阴性杆菌及乳酸菌的作用较弱。对羟基苯甲酸酯在烘焙食品、软饮料、啤酒、橄榄、酸、果酱和果冻以及糖浆中被广泛使用。它们对风味几乎无影响，但能有效地抑制霉菌和酵母(0.05%~0.1%，按质量计)。随着对羟基苯甲酸酯的碳链的增长，其抗微生物活性增加，但水溶性下降，碳链较短的对羟基苯甲酸酯因溶解度较高而被广泛地使用。与其他防腐剂不同，对羟基苯甲酸酯类的抑菌作用不像苯甲酸类和山梨酸类那样受 pH 值的影响。在 pH=7 或更高时，对羟基苯甲酸酯仍具活性，这显然是因为它们在这些 pH 值时仍能保持未离解状态的缘故。苯酚官能团使分子产生微弱的酸性。即使在杀菌温度，对羟基苯甲酸酯的酯键也是稳定的。对羟基苯甲酸酯具有很多与苯甲酸相同的性质，它们也常常一起使用。

11.2.2.2　微生物防腐剂

微生物防腐剂以其天然、安全、健康而受到研究者们的青睐，目前各国都对其展开了广泛的研究，我国批准使用的微生物防腐剂有乳链球菌和纳他霉素。

(1) 乳链球菌素乳(nisin)

乳链球菌素乳是蛋白质原料经过发酵生物合成的由 34 个氨基酸组成的小肽，其中碱性氨基酸含量高，因此带正电荷。它对革兰氏阳性菌，如葡萄球菌属、链球菌属、乳酸杆菌属、梭状芽孢杆菌属的细菌，特别是金黄色葡萄球菌、溶血链球菌、肉毒杆菌作用明显，对革兰氏阴性细菌、酵母菌、霉菌的抑制效果不好。但当它与 EDTA、柠檬酸等络合剂共同使用时，对部分革兰氏阴性细菌也有效，与现有的化学防腐剂结合使用可降低化学防腐剂的用量。乳链球菌素食用后易被消化道中的一些蛋白霉所降解，不会在体内蓄积而引起不良反应，也不会改变肠道内的正常菌群。对乳链球菌素的致癌性、血液化学、胃功能、脑功能等研究都证明它对人体无害。

(2) 纳他霉素(natamycin)

纳他霉素又名匹马霉素，是由纳他链霉素发酵产生的多烯烃大环内酯化合物，无臭无味，几乎不溶于水、高级醇、醚、酯，微溶于冰醋酸和二甲基亚砜。其作用机理是与麦角甾醇基团结合，阻碍麦角甾醇的生物合成，从而使细胞膜畸变，导致渗漏，使细胞死亡。因此纳他霉素对细胞膜中没有麦角甾醇的细菌、病毒无效，而对酵母、霉菌等真菌有效。与乳链球菌素共同作用时，抗菌谱互补。纳他霉素毒性低，使用安全。

11.2.2.3　天然提取物防腐剂

(1) 植物提取防腐剂

① 茶多酚(tea polyphenol)

茶多酚是从茶叶中提取出来的多酚类复合体，约占茶叶干物质重量的 25%，主要成分是儿茶素及其衍生物。茶多酚对枯草杆菌、大肠杆菌、金黄色葡萄球菌、普通变形杆菌、伤寒沙门氏杆菌等有抑制作用。

② 山苍子油(litsea cubeba oil)

山苍子油是从山苍子树的鲜果、树皮及叶子中提取的芳香精油，主要成分是柠檬醛。由于具有特殊的柠檬香味会影响食品原有的风味，故不可能广泛用作食品的天然防腐剂，但它特别适合作易受霉菌及黄曲霉素污染的花生、玉米等食品。如花生蛋白饮料以及快餐玉米的防腐剂。

③ 芦荟提取物(aloe extrac)

芦荟是百合科植物，现已研究清楚的化学成分有 100 多种，其中芦荟酊、芦荟素 A 等具有很强的抑菌作用。

④ 竹叶提取液(bamboo leaves extract)

研究表明竹叶防腐剂的活性成分主要是有机酸类和酚类化合物，对细菌、霉菌、酵母菌均有强烈的抑制作用，其中对细菌的抑制作用更为显著，可作为广谱抗菌剂。而且它在中性条件下就可抑菌，而山梨酸钾和苯甲酸钠等只能在酸性条件下才能抑菌相比具有明显优势。

⑤ 香辛料和中草药(spices, herbs)

许多香辛料和中草药如辣椒、花椒、生姜、大蒜、黑胡椒、丁香、芥末、薄荷、百部、竹荪、百里香、迷迭香、甘草、大黄、黄连、黄芩、连翘、金银花、金钱草等都具有抑菌防腐作用。其抑菌成分有醛、酮、酯、醚、酸、萜类、内酯等，若将这些成分协同起来将得到效果更好的防腐剂。

(2) 动物性原料防腐剂

①壳聚糖(chitosan)

壳聚糖(*N*-乙酰氨基葡萄糖) 是由虾、蟹壳制取的甲壳素经浓碱部分或全部脱乙酰后制得的。壳聚糖属天然产物，无毒害、无异味，具有防腐功能。

②鱼精蛋白(protamine)

由成熟的鱼精细胞中提出，除去 DNA 后的一种碱性蛋白质，具有阻凝血、阻血糖、血压升高的作用，主要有鲑鱼精蛋白和鲱鱼精蛋白。对 G^+菌有明显抑制作用，对 G^-菌几乎没有作用。适合于 pH =6 以上的食品，和山梨酸协同可使 pH 值范围扩大为 4~10，高温加热抑菌性下降，但在 210℃，90min 仍有一定活性，实际用量为 0.05%~0.1%。

③ 溶菌酶(lysozme)

溶菌酶又称细胞质酶，广泛存在于哺乳动物的乳汁、体液、家禽的蛋清及部分植物、微生物体内，是一种碱性球蛋白，易溶于水，不溶于乙醚、丙酮。溶菌酶具有溶菌作用，尤其对革兰氏阳性菌如藤黄微球菌或溶壁微球菌、枯草杆菌等杀菌效果很好，但对革兰氏阴性菌效果不好，若与 EDTA 协同作用可提高防腐效果。研究表明，溶菌酶还能杀死肠道腐败菌，增加抗感染能力，很适合用作婴儿食品、饮料的添加剂。在食品工业上广泛用作清酒、香肠、奶油、糕点的防腐剂。

11.2.3 化学合成防腐剂典型生产工艺实例

11.2.3.1 苯甲酸钠生产工艺实例

(1) 技术路线

$$\text{甲苯}\xrightarrow{O_2}\text{苯甲酸}\xrightarrow{\text{碱中和}}\text{苯甲酸钠}$$

(2) 生产工艺

工艺流程图如图 11-1 所示。

① 甲苯氧化。将甲苯 2200kg、萘酸钴 2.2kg 用泵送入氧化塔内，通入夹套蒸汽加热到 120℃，使得甲苯沸腾。启动空压机，压缩空气经缓冲罐自塔的底部进入甲苯溶液中发生氧化反应。反应为放热反应，反应温度上升，通过停止加热及切换冷却水，控制温度不能超过 170℃。反应产生的大量甲苯蒸气及水蒸气从塔顶排出，经过冷凝后进入分水器，甲苯由分水器上部返回氧化塔，水从分水器下部分出。分水器上盖有尾气排出管，尾气经排出管至缓冲罐进入活性吸收塔，以吸附其中的甲苯。甲苯在 170℃ 时氧化时间为 12~16h，甲苯转化

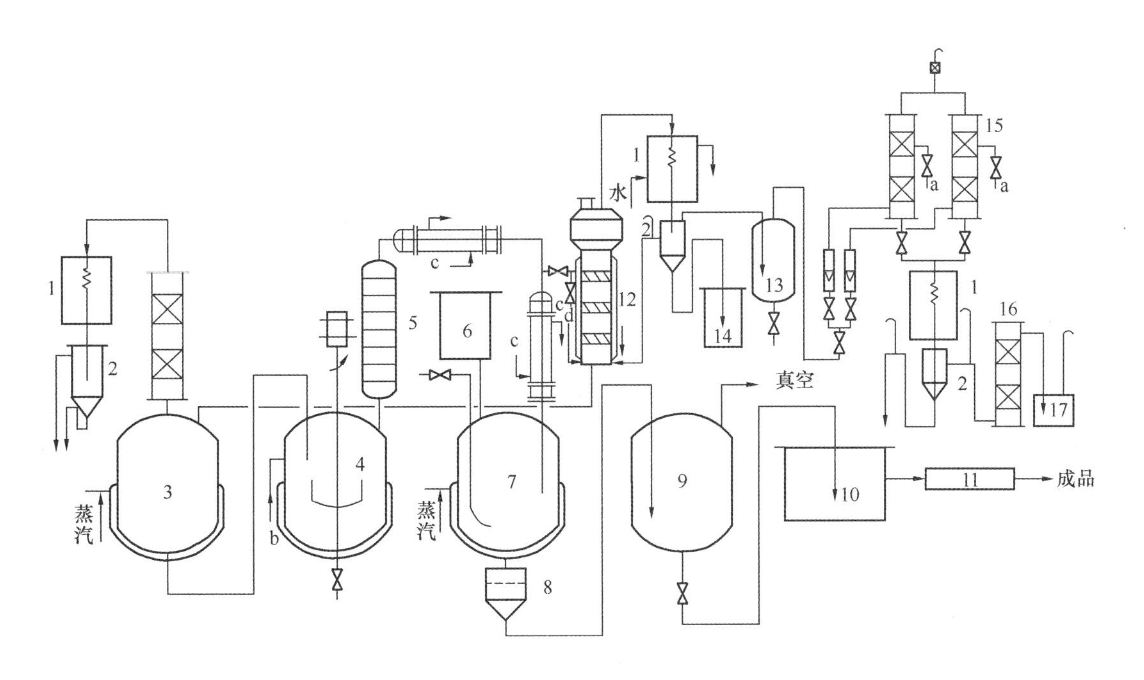

图 11-1　苯甲酸钠生产工艺流程图

1—冷凝器；2—分水器；3—脱苯釜；4—蒸馏釜；5—蒸馏塔；6—计量罐；7—中和釜；8—过滤器；9—滤液槽；10—苯甲酸钠储槽；11—滚筒干燥机；12—氧化器；13—缓冲罐；14—水计量槽；15—吸收塔；16—干燥器；17—甲苯储槽；a—蒸汽；b—电加热；c—水；d—压缩空气

率可达 70%以上。

② 脱苯。氧化液放入脱苯釜，在 0.08MPa 真空下通夹套蒸汽加热至 100~110℃，用压缩空气鼓泡的办法将未反应的甲苯蒸出，经冷凝后进入分水器回收再用。

③ 蒸馏。脱苯后的苯甲酸还含有杂质及有机色素，需再进行蒸馏。将料液放入蒸馏釜，加热并控制料液温度为 190℃，苯甲酸便蒸出而进入蒸馏塔，控制塔顶温度为 160℃，流出物经套管冷却进入中和釜，便得到纯净的苯甲酸。

④ 中和。苯甲酸进入中和釜后，及时加入预先配好的纯碱溶液中和，中和温度控制在 70℃，中和物料以 pH 值 7.5 为终点。为除杂色，加入中和物料千分之三的活性炭脱色，然后通过真空吸滤，即得无色透明的苯甲酸钠溶液(含量 50%)。

⑤ 干燥。将苯甲酸钠溶液经滚筒干燥或箱式喷雾干燥即成粉状成品。

11.2.3.2　山梨酸钾生产工艺实例

(1) 技术路线

山梨酸及其钾盐的合成技术路线有四种：以巴豆醛(即丁烯醛)和乙烯酮为原料；以巴豆醛和丙二酸为原料；以巴豆醛与丙酮为原料；以山梨醛为原料。

(2) 以巴豆醛和丙二酸为原料的生产工艺

生产工艺流程图如图 11-2 所示。反应方程式如下：

$$H_3CHC{=}CHCHO+CH_2(COOH)_2 \xrightarrow[90\sim100℃]{吡啶} H_3CHC{=}CHCH{=}CHCOOH$$

在反应罐中依次投入 175kg 巴豆醛、250kg 丙二酸、250kg 吡啶，室温搅拌 1h 后，

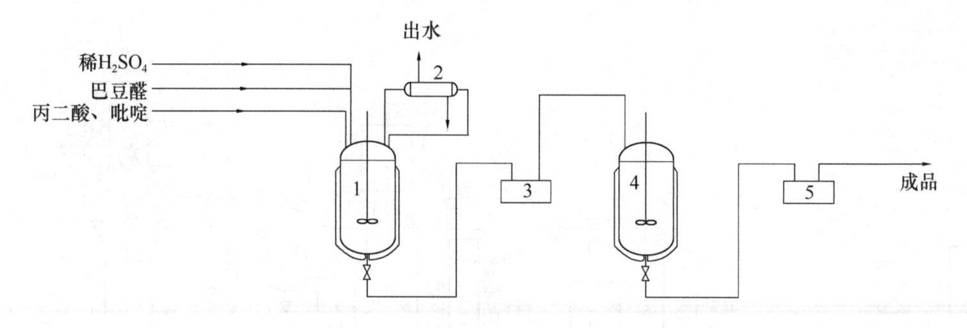

图 11-2　山梨酸钾生产工艺流程图

1—反应釜；2—冷凝器；3、5—离心机；4—结晶釜

缓慢加热升温至 90℃，维持 90~100℃反应 5h，反应完毕后降至 10℃以下，缓慢加入 10%稀硫酸，控制温度不超过 20℃，至反应物呈弱酸性，pH 值约 4~5，冷冻过夜，过滤、结晶、水洗后得山梨酸粗品。再用 3~4 倍量 60%乙醇重结晶，得山梨酸约 75kg。用碳酸钾或氢氧化钾中和即得山梨酸钾。

11.2.3.3　对羟基苯甲酸甲酯生产工艺实例

(1)技术路线

对羟基苯甲酸酯可由酯化法生产，其生产工艺流程如图 11-3 所示，反应方程式如下：

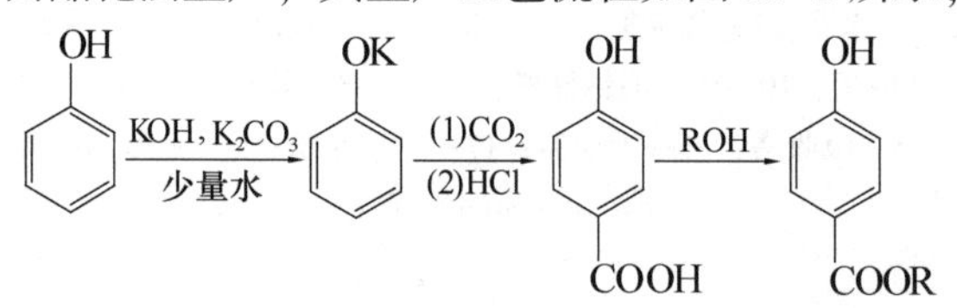

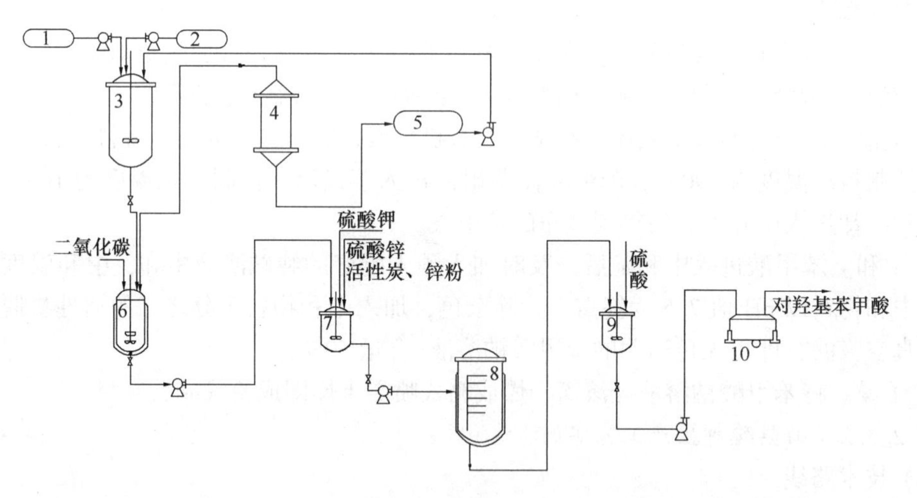

图 11-3　对羟基苯甲酸酯生产工艺流程

1—苯酚储槽；2—氢氧化钾储槽；3—混合器；4—冷凝器；5—回收苯储槽；6—高压釜；7—脱色槽；8—压滤器；9—沉淀槽；10—离心机

(2)生产工艺

从储槽来的苯酚在铁制混合器中与氢氧化钾、碳酸钾和少量水混合，加热生成苯酚钾，然后送到高压釜中，在真空下加热至 130~140℃，完全除去过剩的苯酚和水分，得到干燥的苯酚钾盐，并通入 CO_2，进入羧基化反应，开始时因反应剧烈，反应热可通过冷却水除去，

后期反应减弱，需要外部加热，温度控制在 180～210℃，反应 6～8h。反应结束后，除去 CO_2，通入热水溶解得到对羟基苯甲酸钾溶液，溶液经木制脱色槽用活性炭和锌粉脱色，趁热用压滤器过滤后，在木制沉淀槽中用盐酸析出对羟基苯甲酸。析出的浆液经离心分离、洗涤、干燥后即得工业用对羟基苯甲酸。

再将对羟基苯甲酸、乙醇、苯和浓硫酸一次加入到酯化釜内，搅拌并加热，蒸汽通过冷凝器冷凝后进入分水层，上层苯回流入酯化釜内，当馏出液不再含水时，即为酯化终点。切换冷凝液流出开关，蒸出参与反应的苯和乙醇，当反应釜内温度升至 100℃后，保持 10min 左右，当无冷凝液流出时趁热将反应液放入装有水并不断快速搅拌的清洗锅内。加入 NaOH，洗去未反应的对羟基苯甲酸。离心过滤后的结晶再回到清洗锅内用清水洗两次，移入脱色锅用乙醇加热溶解后，加入活性炭脱色，趁热进行压滤，滤液进入结晶槽结晶，结晶过夜后即得产品。

11.2.4 食品防腐剂的发展趋势

基于大多数化学食品防腐剂在体内有残留、有一定的毒性和特殊气味等原因，我国对于食品防腐剂的安全问题越来越重视，能用于食品防腐剂的化学防腐剂越来越受到限制，这对食品生产、运输、储存已经产生了很大的阻碍，迫切需要研究和开发出高效、无毒的天然食品防腐剂。随着生物技术的不断发展，利用植物、动物或微生物的代谢产物等为原料，经提取、酶法转化或者发酵等技术生产的天然生物型食品防腐剂逐渐受到人们的重视，是今后我国防腐剂市场的主要方向。

现已发现许多天然产品含有防腐成分，国内外研究非常活跃，如发现一些植物精油具有防腐作用，大蒜、洋葱等的辛辣物质具有抗菌性，从一些昆虫中可以提取出具有杀菌能力的抗菌肽。目前的问题是多数抗菌性能还不强，抗菌性不广泛，有些纯度不够高，有异味和杂色，有些成本还太高。因此，开发高效低成本的天然食品防腐剂也是重要的研究方向。

11.3 食品增稠剂

11.3.1 概述

食品增稠剂(food thickening agents)是指能提高食品黏稠度或形成凝胶的一类食品添加剂，它们都是一类亲水胶体大分子。增稠剂广泛用于食品、涂料、胶黏剂、化妆品、洗涤剂、印染、橡胶、医药等领域，在食品中添加千分之几的食品增稠剂，具有胶凝、成膜、持水、悬浮、乳化、泡沫稳定及润滑等功效，对流态食品或冻胶食品的色、香、味、结构和食品的相对稳定性起着十分重要的作用。

增稠剂在食品中有价值的通性包括：在水中有显著的溶解度，因而具有增加水相黏度的能力；亲水大分子之间的相互作用与水的相互作用的结果，使一些亲水大分子在某些条件下具有很强的凝胶形成能力。食品中还利用亲水胶体的某些性质改善或稳定食品的质构，抑制食品中糖和冰的结晶，稳定乳状液和泡沫，以及利用增稠剂作为风味物质胶囊化的材料。由于增稠剂有多种功能，常又称为胶凝剂、乳化剂、成膜剂、持水剂、黏着剂、悬浮剂、上光剂、晶体阻碍剂、泡沫稳定剂、润滑剂、助香剂、崩解剂、填充剂等。

11.3.2 食品增稠剂的主要种类

增稠剂的化学成分大多是天然多糖及其衍生物(除明胶是由氨基酸构成外)，广泛分布于自然界。迄今世界上用于食品工业的增稠剂约有40余种，根据其来源，大致可分为五类：①动物性原料制取的增稠剂；②植物来源的增稠剂；③微生物代谢来源的增稠剂；④海藻类胶食品增稠剂；⑤以纤维素、淀粉等天然物质制成的糖类衍生物。

11.3.2.1 动物性原料制取的增稠剂

从动物原料中提取获得的食品胶种类较少，主要有蛋白质亲水胶(包括明胶、酪蛋白、酪蛋白酸钠、乳清蛋白粉等)、甲壳素和壳聚糖等。尽管动物胶在食品胶中的数量和地位远不及植物胶，但是动物胶在食品工业中应用相当广泛，随着食品工业的快速发展，动物胶在食品中的应用将会越来越广泛。

(1)明胶(gelatin)

明胶为动物的皮、骨、软骨、韧带、肌膜等含有胶原蛋白，经部分水解后得到的高分子多肽的高聚物，相对分子质量1万~7万，有碱法和酶法两种制法。明胶为白色或淡黄色、半透明、微带光泽的薄片或粉粒，有特殊的臭味，潮湿后易为细菌分解。明胶不溶于冷水，但加水后则缓慢地吸水膨胀软化，可吸收5~10倍重量的水。在热水中溶解，溶液冷却后即凝结成胶块。不溶于乙醇、乙醚、氯仿等有机溶剂，但溶于乙酸、甘油。

与琼脂相比，明胶的凝固力较弱，5%以下不能凝成胶冻。一般需15%左右，溶解温度与凝固温度相差不大，30℃以下凝胶而40℃以上呈溶胶，相对分子量越大，分子越长，杂质越少，凝胶强度越高，溶胶黏度也越高。等电点时(pH=4.7~5.0)黏度最小，略高于凝点放置，黏度最大。工业上常按黏度将明胶分级：一级品12°E、二级品8°E、三级品5°E。

我国《食品添加剂使用卫生标准》规定明胶可按生产需要适量用于各类食品。明胶在食品工业上主要应用于肉制品、肉馅、冻汁肉、各类糖果、乳制品及啤酒等食品中。

(2)鱼胶(fish gelatin)

鱼胶是自然界最洁净的天然蛋白质胶原之一。结构上，其三螺旋分子束与束之间通过氢键结合形成相互折叠、盘缠的复杂空间立体结构。商品鱼胶为白色粉粒，在中性水溶液中不能水化，但在pH小于3.0的稀酸溶液中，经过搅拌1h后即成为乳白色黏稠溶液。鱼胶可以用于酒类的澄清剂，可提高品质及增加产量，特别是作为现代化啤酒储藏期间的澄清剂。鱼胶在啤酒中广泛使用的原因是能明显改善产品的品质，具有清除啤酒中带电荷微粒的功能，可使得啤酒更加澄清、稳定，大大提高啤酒的过滤性能；同时又能形成密实的沉积物，减少滤酒损失；鱼胶还可以缩短啤酒的后熟期，提高设备的使用率，增加啤酒产量，降低操作成本，提高经济效益。

(3)酪蛋白(casein)

酪蛋白由乳腺上皮细胞合成，是哺乳动物乳中主要的蛋白质，是一种含磷、钙的蛋白质。此外，酪蛋白中还含有少量的糖、氨基酸和唾液酸等残基。酪蛋白是牛乳中的最主要的蛋白质，占牛乳中蛋白质总量的80%。所有的酪蛋白都具有含量高、分布相对均匀的脯氨酸，分子结构为随机的线型松散结构，具有两亲性及良好的表面活性。酪蛋白含有20多种蛋白质，主要的有4种，即αS_1-酪蛋白、αS_2-酪蛋白、β-酪蛋白和κ-酪蛋白。这些酪蛋白都是含磷的蛋白质，含有较多的脯氨酸残基，其中κ-酪蛋白和αS_2-酪蛋白含有两个半胱氨酸残基。

商业用酪蛋白为白色至淡黄色粉粒，有轻微奶香气及滋味。若在制造过程中因洗涤不充分而残留还原糖，在加热干燥时与酪蛋白起美拉德反应，可造成褐变。在酪蛋白等电点 pH =4.6 附近范围不溶于水，pH 值在 3.0 以下、5.5 以上能溶胀于水中形成具有一定黏度的溶液，其黏度值取决于浓度、温度、pH 值及钙离子浓度等，在 pH6.5 以上有很好的热稳定性。

(4)酪蛋白酸钠(casein acid sodium)

酪蛋白酸钠，又称酪朊酸钠、干酪素钠、酪蛋白钠，它具有很强的乳化、增稠作用。在食品工业中用来增进食品中脂肪和水的保留，有助于加工中食品各成分的均匀分布。酪蛋白酸钠是酪蛋白和钠的合成化合物，是用碱性化物处理酪蛋白凝乳，将水不溶性的酪蛋白转变成可溶性形式所得到的一种蛋白质类亲水食品胶。

酪蛋白酸钠为白色至淡黄色的微粒、粉末或片状物，无臭、无味、略有香气，不溶于醇，可溶于水，水溶液加酸产生酪蛋白质沉淀。因分子中分别具有亲水基团和疏水基团，酪蛋白酸钠具有一定的乳化性，其乳化性受一定的环境条件所影响。酪蛋白酸钠具有良好的起泡性，可广泛应用于冰淇淋等食品中，用于改善其质地和口感，钠、钙等离子的存在可以降低其起泡力，但可增加其泡沫稳定性。酪蛋白酸钠是高分子蛋白质，其水溶液有一定的黏度。

(5)甲壳素和壳聚糖(chitin，chitosan)

甲壳素又名几丁质、甲壳质、壳多糖等，是法国科学家布拉克诺 1811 年首次从蘑菇中提取的一种类似于植物纤维的六碳糖聚合体。尔后 Odier 在虾、蟹壳及昆虫外壳中也得到了同样的物质，称之为甲壳素。甲壳素脱去分子中的乙酰基就转变为壳聚糖，其溶解性大为改善，也被称为可溶性甲壳素。

甲壳素是白色或灰白色、半透明状固体，无臭、无味，含氮约 7.5%，是聚合度较小的一种几丁质。甲壳素因晶态结构不同，存在 α、β、γ 三种晶型物。由于该多聚糖分子链的强烈的包裹作用和结晶区内较强—OH—O—型和—OH—N—型氢键的作用，所以其理化性质非常稳定(特别是 α 型)，溶解性也差，不溶于水、稀酸、稀碱和一般的有机溶剂，只溶于浓盐酸、硫酸、磷酸、无水甲酸和某些配合物溶剂。甲壳素溶解的同时主链发生降解，所以限制了其应用。壳聚糖为白色或灰白色，略有珍珠光泽，半透明片状固体，壳聚糖有时也呈粉末状态，无味，不溶于水、碱溶液和有机溶剂中，但可溶于大多数稀酸，包括有机酸和无机酸中，可溶解于柠檬酸、酒石酸等多价有机酸的水溶液中。壳聚糖在加热高温时溶解，温度降低呈凝胶状，这是壳聚糖最重要、最有用的性质之一，常将其溶于稀酸中。但在稀酸中，壳聚糖会慢慢溶解，溶液的黏度逐渐降低，最后水解为氨基葡萄糖，故壳聚糖一般现配现用。

此外，壳聚糖还具有良好的吸湿性、高黏性、纺丝性、成膜性、亲和性和安全性等。

11.3.2.2 植物来源的增稠剂

植物是传统的增稠剂来源之一，从植物中获取的增稠剂主要有瓜尔胶、槐豆胶、罗望子胶、亚麻籽胶、阿拉伯胶、黄蜀葵胶、刺梧桐胶、果胶等，其中，在食品工业上具有重要应用价值的植物胶来源于豆科植物，如瓜尔豆胶、刺槐豆胶、罗望子胶等，这些植物胶已被我国和许多国际食品立法机构批准用作食品添加剂，并广泛应用于食品工业中。

(1)瓜尔胶(gugr gum)

瓜尔胶也称瓜尔豆胶、胍胶，是从瓜尔豆中分离出来的一种可食用的多糖化合物，是一种来源稳定、价格便宜、黏度高、用途广的食品增稠剂。瓜尔胶是由半乳糖残基和甘露糖残基结构单元组成的多糖化合物，一般认为半乳糖残基与甘露糖残基的比例为1∶2。食品级瓜尔胶一般含有75%~85%的多糖、5%~6%的蛋白质、2%~3%的纤维及1%的灰分。瓜尔胶的主链是由β-D-吡喃甘露糖残基与1，4-糖苷键相连的直链多糖，瓜尔胶的侧链由单个α-D-吡喃半乳糖残基通过1，6-糖苷键与主链中吡喃甘露糖的 C_6 相连，侧链是均匀间隔配置。瓜尔胶的化学结构如下所示：

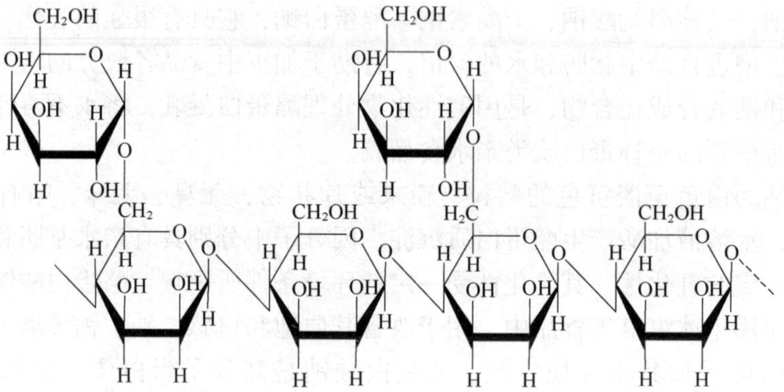

瓜尔胶

瓜尔胶及其衍生物属于水溶性聚合物，它有与大量水结合的能力，在食品工业中有广泛的应用。在食品工业中，瓜尔胶主要用作增稠剂、持水剂，通常单独或与其他食用胶复配食用，它的用途在于能以较低成本形成黏稠溶液，改善食品的加工特性和感官特性，瓜尔胶在食品加工中最大允许使用量不超过2%。

(2)槐豆胶(locust bean gum)

槐豆胶是由槐豆种子加工而成的植物胶。槐豆胶为白色或微黄色粉末，无臭或稍带臭味。在食品工业中主要用作增稠剂、乳化剂和稳定剂等。槐豆胶是一种以半乳糖和甘露糖残基为结构单元的多糖化合物。其中两结构单元的比例随植物种子来源的不同而不同，化学结构与瓜尔胶一样，是以甘露糖为主链的半乳甘露聚糖，槐豆胶一般含有75%~81%的多糖、5%~8%的蛋白质、1%~4%的纤维和1%的灰分，其相对分子质量约为30万，槐豆胶的化学结构如下所示：

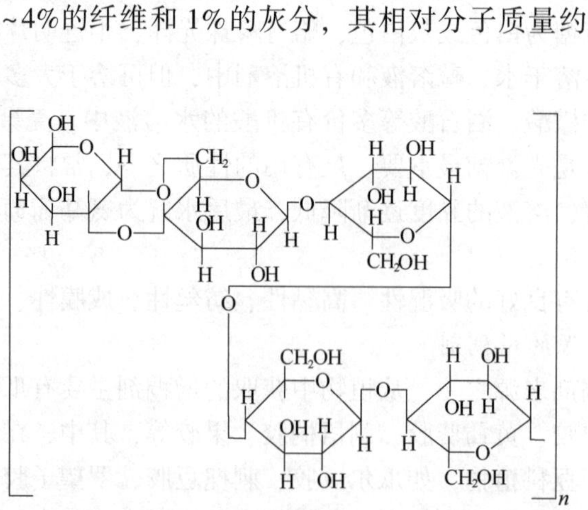

槐豆胶

在食品工业中，槐豆胶常与其他食用胶复配用作增稠剂、保水剂、黏着剂及胶凝剂等。

用槐豆胶与卡拉胶复配可形成弹性果冻，而单独使用卡拉胶则只能获得脆性果冻；槐豆胶与琼脂复配可显著提高凝胶的破裂强度；槐豆胶、海藻胶与氯化钾复配广泛用作罐头食品的复合胶凝剂；槐豆胶、卡拉胶、CMC 复配是良好的冰淇淋稳定剂，用量为 0.1%~0.2%；槐豆胶可用于乳制品及冷冻乳制品甜食中作保水剂，以增进口感，防止冰晶的形成；槐豆胶用于干酪的生产可加快奶酪的絮凝作用，不仅增加产量并且增强涂布效果；用于肉制品、西式香肠等可以改善其持水性及改进其组织结构和冷冻/融化稳定性；槐豆胶用于膨化食品，在挤压加工时起润滑作用，并且能增加产量和延长货架期；槐豆胶用于面制品，可以控制面团的吸水效果，改进面团特性及品质，延长老化时间。

(3)罗望子胶(tamarind gum)

罗望子胶是由罗望子种子的胚乳经过烘烤后粉碎，用水提取精制而成的。罗望子胶又称罗望子多糖胶，是微带褐红色、灰白色至白色的粉末，是一种水溶性植物胶。罗望子胶是由1，4-糖苷键相连接的 4 个 β-D-吡喃葡萄糖残基为一组的链节所构成，每一组中的第二、三和四个吡喃葡萄糖残基上以 1，6-糖苷键连接单个的 α-D-吡喃木糖残基，还有一个 β-D-吡喃半乳糖苷键以 1,2-糖苷键与中间的 α-D-吡喃木糖残基相连接，罗望子胶的化学结构如下所示：

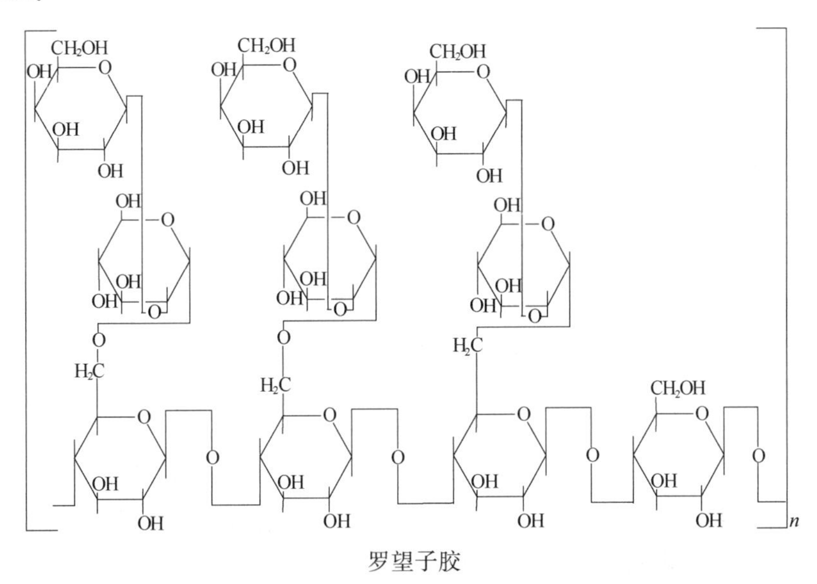

罗望子胶

罗望子胶是一种用途广泛的食用胶。可用于果汁、乳饮料及果浆等产品，起稳定作用；罗望子胶还是优良的结晶控制剂，在冰制品和糖浆中常用罗望子胶，在奶酪和冰冻食品中加入罗望子胶，可起防缩作用；与其他动植物相比，罗望子胶具有优良的化学稳定性和热稳定性，在醋酸或盐水溶液中于 97℃ 加热 1h，黏度残存率比角豆胶及瓜尔胶高 2.5 倍；用于罐头食品时，同样浓度的罗望子胶的凝胶强度是果胶的两倍。

(4)阿拉伯胶(Arabic gum)

阿拉伯胶是一种水溶性的多糖物质，属水合胶体一族。天然胶块以类似椭圆形存在，颜色为略透明的琥珀色。它有着复杂的分子结构，其中主要成分包括：D-半乳糖 44%，L-阿拉伯糖 24%，D-葡萄糖醛酸 14.5%，L-鼠李糖 13%，4-O-甲基-O-葡萄糖醛酸 1.5%等。阿拉伯胶在食品工业中被广泛用作增稠剂、乳化剂、稳定剂、润湿剂、表面上光剂等。

(5)果胶(pectin)

果胶的原料主要是采用干燥的柑橘类皮、柠檬皮及苹果皮等，甜菜、向日葵托盘、苹果渣、洋葱等也含有较多的果胶，可充当果胶生产的原料。果胶可以分为两类，高酯果胶和低酯果胶。高酯果胶是甲氧基化度值高于50%的果胶，低酯果胶是甲氧基化度值低于50%的果胶。这两类果胶的性能及对体系的要求不同，用法也不同。果胶的化学结构如下所示：

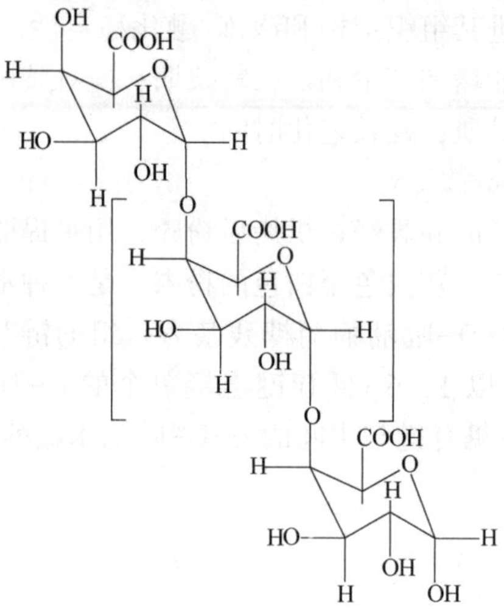

果胶

果胶大部分用于食品工业，少部分用于药品和化妆品等，在食品工业中，果胶一般用作胶凝剂、增稠剂和稳定剂等。

(6)葫芦巴胶(fenugreek gum)

葫芦巴的种子中含有大量的香豆胶，具有抗糖尿病、温肾、散寒、止痛等作用。葫芦巴胶为白色或稍带黄褐色的无定形粉状物，无臭或稍有气味，遇水浸渍溶胀，能产生很高的黏度，葫芦巴胶易溶于水，水溶液为中性，且溶液的稳定性极好，溶液的黏度受温度影响较小。葫芦巴胶溶液的特性主要与半乳甘露聚糖相对分子质量相关。

葫芦巴胶有较好的黏度和增稠特性，在食品工业用作增稠剂可以部分替代进口的瓜尔胶。葫芦巴胶是一种很好的增稠剂，可以用于焙烤食品、乳制品、饮料等，将其应用于面包粉中能提高面包和生面团的品质。葫芦巴胶在冷水中也能完全溶解，可以作为面包改良剂，能显著改善面团的性质和面包的体积及质构。此外，葫芦巴胶也可用于冷食、饮料、馅类、糕点等食品中。

11.3.2.3 微生物代谢来源的增稠剂

微生物代谢胶也称作生物合成胶。许多微生物在生长代谢的过程中，在不同的外部条件下都能够产生一定量的多糖。这些多糖通常可以分为三大类：细胞壁多糖、细胞体内多糖和细胞体外多糖。细胞壁多糖和细胞体内多糖由于提取难度很大、提取成本高等原因，开发的品种比较少，而工业化微生物代谢胶是细胞体外多糖。由于微生物代谢胶不像其他胶类那样受气候等因素的影响，国际上对各种微生物代谢多糖的研究比较热门，目前已经进行商业开发应用的主要有黄原胶、结冷胶、普鲁兰糖、凝结多糖和葡聚糖等。

(1)黄原胶(xanthan gum)

黄原胶是由甘蓝黑腐病野油菜黄单胞菌以碳水化合物为主要原料，经需氧发酵生物工程技术产生的一种高黏度水溶性微生物胞外多糖。1969 年美国 FDA 批准黄原胶可用做食品添加剂，1983 年世界卫生组织和国际粮农组织批准黄原胶可作为食品工业中的稳定剂、乳化剂、增稠剂。黄原胶不仅具有良好的理化特性，而且还有一定的免疫学特性。此外，黄原胶可作为其他食品胶的增效剂。

黄原胶作为蛋糕的品质改良剂，可以增大蛋糕的体积，改善蛋糕的结构，使蛋糕的孔隙大小均匀，富有弹性，并延迟老化，延长蛋糕的货架寿命。奶油制品、乳制品（如冰淇淋、冰冻牛奶、果子露、冰冻果汁、干酪等）中添加少量黄原胶，可改进质量，使产品结构坚实、易切片，更易于香味释放，口感细腻清爽。

(2)结冷胶(gellan gum)

结冷胶是一种微生物代谢胶，又称生物合成胶，过去称为杂多糖 PS-60，于 20 世纪 70 年代末发现，但直到 1982 年才出现有关结冷胶实验室规模发酵生产成功的报道。结冷胶在糖果中应用，主要作用是给产品提供优越的质地和结构，并缩短淀粉类软糖的胶凝时间。

(3)普鲁兰多糖(pullulan)

普鲁兰多糖是无色、无味、无臭的高分子物质，具有无毒、安全、耐热、耐盐、耐酸碱、黏度低、可塑性强、成膜性好等特点。国外已进行多年的研究，日本已工业化生产，年销售量超过万吨。我国从 20 世纪 80 年代开始，许多科研院所、大专院校进行了研究，分别在菌种诱变、选育、发酵培养基的优化、发酵动力学、发酵过程中黑色素的抑制及普鲁兰多糖的应用上做了大量的工作，多糖的原料转化率已超过 30%。普鲁兰多糖在农产品、海产品保鲜、食品加工业、环保领域、包装行业、医药、石油等方面应用前景广阔。

(4)凝结多糖(curdlan)

凝结多糖又称凝结胶、凝胶多糖、热凝胶、可德胶，是一种中性微生物胞外多糖。1966 年日本的 Harada 教授偶然发现从土壤中分离到的变异菌株可产生一种不溶的胞外多糖，即凝结多糖。20 世纪 80 年代，日本的 Takeda 化学工业公司开发出食品级的凝结多糖。1996 年 12 月，美国 FDA 批准将其用于食品工业中。在黄原胶和结冷胶之后，凝结多糖成为第 3 个被 FDA 批准用于食品的微生物胞外多糖。其结构式如下所示：

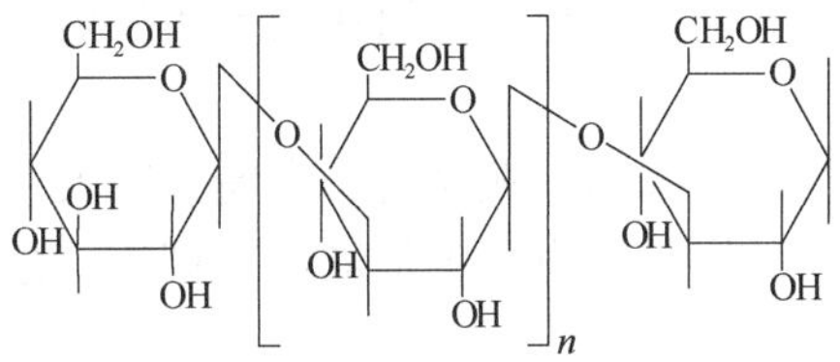

凝结多糖

鉴于其独特的理化性质，使其在食品、化工、和医药等领域得到了广泛的应用，尤其是其衍生物具有抗肿瘤和抗艾滋病毒的作用，使凝结多糖成为一种潜在的新药资源。

11.3.2.4 海藻类胶食品增稠剂

海藻类胶体是人体不可缺少的一种营养素——食用纤维，对预防结肠癌、心血管病、肥胖病以及铅、镉等在体内的积累具有辅助疗效作用，在日本被誉为“保健长寿食品”，在美国被称为“奇妙的食品添加剂”。海藻胶以其固有的理化性质，能够改善食品的性质和结构。低热无毒、易膨化、柔韧度高，添加到食品中其功能为凝固、增调、乳化、悬浮、稳定和防止食品干燥。而最主要的作用是凝胶化，即形成可以食用的凝胶体，近于固体，以保持成型的形状。因而，它是一种优良的食用添加剂。不仅可以增加食品的营养成分，提高产品质量，增加花色品种，也可以降低成本，提高企业的经济效益。

(1)卡拉胶(carrageenan)

卡拉胶，又称角叉菜胶、鹿角菜胶，是自红藻中提取的一种水溶性胶体，是世界三大海藻胶工业产品(琼胶、卡拉胶、褐藻胶)之一。作为天然食品添加剂，卡拉胶在食品行业已应用了几十年。联合国粮农组织和世界卫生组织食品添加剂专家委员会(J ECFA，Joint FAO/WHO Expert Committee on Food Additives)2001年取消了卡拉胶日允许摄取量的限制，确认它是安全、无毒、无副作用的食品添加剂。

卡拉胶是用于制作水果冻的一种极好的凝固剂，在室温下即可凝固，成型后的凝胶呈半固体状，透明度好，而且不易倒塌。也可用卡拉胶添加营养物质做成果冻粉，食用时加水溶化非常方便，还可作牛奶布丁和水果布丁的凝固剂，具有泌水性小、组织细腻、黏度低、传热好等优点。用豆沙作羊羹时，可加入卡拉胶作凝固剂。

(2)海藻酸钠(sodium alginate)

海藻酸钠，又称褐藻酸钠、藻朊酸钠、褐藻胶。白色，淡黄色粉末，几乎无臭，溶于水，有吸湿性，黏度在pH=5~10稳定，pH值小于4.5时黏度明显增长，pH值小于3时沉淀析出。单价离子可降低黏度，8%以上的氯化钠会因盐析导致失去黏性。

海藻酸钠与钙等多价离子可形成热不可逆凝胶，有耐冻性，干燥后可吸水膨胀，具有复原的特性，钙和胶的浓度越大，凝胶强度越大，胶凝形成速度可以通过pH值、钙浓度(最小1%、最大7.2%)、螯合剂而有效地控制。海藻酸钠是最常用的胶凝剂之一，海藻酸铵和海藻酸镁不能形成凝胶而只能呈膏状物。

海藻酸钠具有使胆固醇向体外排出的作用，具有抑制重金属在体内的吸收作用，具有降血糖和整肠等生理作用，不为人体所吸收，具有膳食纤维作用。我国食品添加剂使用卫生标准规定：在冰淇淋、罐头中最大使用量为0.5g/kg。冰淇淋中使用为混合原料总量的0.15~0.4左右。海藻酸钠与牛乳中的钙离子作用生成海藻酸钙，而形成均一的胶冻，这是其他稳定剂所没有的特点。海藻酸钙可以很好地保持冰淇淋的形态，特别是长期保存的冰淇淋，对防止容积收缩和组织砂化最为有效。它也可作果酱类罐头的增稠剂。

(3)琼脂(agar)

琼脂，学名琼胶，又名洋菜、冻粉、燕菜精、洋粉、寒天。琼脂在食品工业的应用中具有一种极其有用的独特性质。琼脂是由海藻中提取的多糖体，是目前世界上用途最广泛的海藻胶之一。

它在食品工业、医药工业、日用化工、生物工程等许多方面有着广泛的应用，琼脂用于食品中能明显改变食品的品质，提高食品的档次。价格很高。其特点是具有凝固性、稳定性，能与一些物质形成络合物等物理化学性质，可用作增稠剂、凝固剂、悬浮剂、乳化剂、保鲜剂和稳定剂。广泛用于制造粒粒橙及各种饮料、果冻、冰淇淋、糕点、软糖、罐头、肉制品、八宝粥、银耳燕窝、羹类食品、凉拌食品等。

11.3.2.5 *以纤维素、淀粉等天然物质制成的糖类衍生物*

这类增稠剂按其加工工艺可以分为两类：以纤维素、淀粉等为原料，在酸、碱、盐等化学原料作用下经过水解、缩合、化学修饰等工艺制得。其代表品种有羧甲基纤维素钠、变性淀粉(淀粉的变性产物有：糊精、α淀粉、氧化淀粉、变性淀粉、醋酸淀粉、磷酸淀粉、醚化淀粉、酯化淀粉、交联淀粉)、藻酸丙二醇酯等。

11.3.3　明胶生产工艺实例

明胶是国内外常用的动物来源增稠剂，工业上明胶的生产方法有碱法、酸法、盐碱法和酶法四种，其中碱法生产技术成熟，产品质量较好，但生产周期较长；酸法生产操作条件较好，但非胶原蛋白在熬胶前不易清除完全，产品质量比碱法要差些。目前国内明胶生产主要采用碱法和酸法，其中碱法占80%左右。碱法生产骨明胶的工艺流程如图11-4所示。

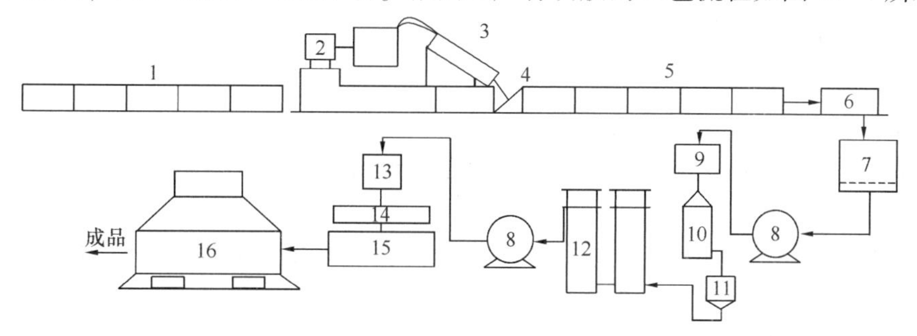

图11-4　骨明胶生产工艺流程

1—浸酸池；2—水力脱脂机；3—分离筛；4—皮带运输机；5—浸灰池；6—洗涤中和池；7—熬胶锅；8—齿轮泵；9—计量槽；10—高速离心机；11—清胶筒；12—蒸发器；13—胶槽；14—滴胶管；15—冷冻形成机；16—干燥器

生产工艺如下：

①浸酸和脱脂：生产明胶的畜骨应经过挑选，只有管状骨、肩胛骨、头骨和肋骨可以作为明胶的原料。由于畜骨中含有磷酸钙和碳酸钙等矿物质，其含量约占骨总量的70%左右，在生产明胶时应首先用盐酸除去这些物质。一般采用逆流浸渍法，浸泡用盐酸浓度约为5%，浸泡的最佳温度为15～20℃，浸泡时间为7～8d。浸酸后的骨料成为骨素，采用冷水冲击法在水力脱脂机中洗掉骨素上的油，当冲洗后的排出水pH值达4~4.5时停止洗涤。

②浸灰：浸灰是用石灰水浸泡水洗后的骨素，使骨素的结构变软、膨胀，以缩短浸灰后熬胶的时间，并进一步除去骨素中的油脂等杂质，使之变为不溶解的钙皂。将骨素放入浸灰池中，铺成一定的厚度，然后用石灰水浸泡骨素。骨素和石灰水的配比约为1∶1，第一次浸泡是用骨料量3.7%的熟石灰配成的石灰乳，浸泡5~6d后，池中水的颜色变黄时将水弃去。第二次浸泡是由骨料量2%的熟石灰与适宜水配成的石灰乳，浸泡约5d，水颜色变黄时再次排掉。第三次浸泡用的石灰乳用1%的熟石灰和水配制而成，浸泡至石灰乳的颜色变黄时，应立即更换石灰乳。如此浸灰多次，当骨素的颜色呈现洁白色时，即可结束浸灰。

③中和：浸灰后的骨素用水洗去石灰乳，洗至pH值为9时止。然后用稀盐酸调整到pH值约为7，最后用冷水洗去骨料上的盐分。

④熬胶：熬胶是用热水将骨素里面的生胶质熬煮出来的过程。首先将骨素放入熬胶锅中，加水淹没，通过控制水温及熬胶时间进行熬胶。然后将熬好的胶水放出，重新加水再熬，一般要熬4~6次。

⑤过滤：将各次熬胶得到的胶液混合，经压滤、离心等，除去其中的纤维、小块骨素等杂质，然后加入胶液量0.03%的活性炭以除去悬浮物及臭味，再进行过滤分离掉活性炭。

⑥浓缩和干燥：将过滤得到的滤液蒸发除去大部分水分，倒入铝制的矩形盘中，在温度为10℃条件使其凝固成固体状，最后在25～35℃下干燥24h，即得到骨明胶产品。

11.4 食品着色剂

食品着色剂(food colorants)是以给食品着色为主要目的的添加剂，也称食用色素。食用色素使食品具有悦目的色泽，对增加食品的嗜好性及刺激食欲有重要意义。

11.4.1 食品着色剂的分类

食品着色剂按来源可分为人工合成着色剂(人工合成色素)和天然着色剂(天然色素)。按结构，人工合成着色剂又可分为偶氮类、氧蒽类和二苯甲烷类等；天然着色剂又可分为吡咯类、多烯类、酮类、醌类和多酚类等。按着色剂的溶解性可分为脂溶性着色剂和水溶性着色剂。

天然着色剂主要是指由动、植物组织中提取的色素，多为植物色素，包括微生物色素、动物色素及无机色素。常用的天然着色剂有辣椒红、甜菜红、红曲红、胭脂虫红、高粱红、叶绿素铜钠、姜黄、栀子黄、胡萝卜素、藻蓝素、可可色素、焦糖色素等。天然着色剂色彩易受金属离子、水质、pH、氧化、光照、温度的影响，一般较难分散，染着性、着色剂间的相溶性较差，且价格较高。

人工合成色素一般较天然色素色彩鲜艳，性质稳定，着色力强，并可任意调色，使用方便，成本低廉。但合成色素不是食品的成分，在合成中还可能有其他副产物等污染，特别是早期使用的一些合成色素，多数具有致癌性，所以世界各国对食用合成色素都严格地控制，现食用合成色素使用品种逐渐减少，各国许可使用的多为一些安全性较高的品种。我国1981年允许使用的合成食用色素仅5种，经过1986年增补品种，目前允许使用的只有8种，它们是：苋菜红、胭脂红、柠檬黄、日落黄、靛蓝、亮蓝、新红、赤藓红。这些合成色素都经过了严格的毒理学试验。我国食品添加剂使用卫生标准(GB 2760—2014)列入的合成色素有胭脂红、苋菜红、日落黄、赤藓红、柠檬黄、新红、靛蓝、亮蓝等。与天然色素相比，合成色素颜色更加鲜艳，不易褪色，且价格较低。

11.4.2 人工合成着色剂

11.4.2.1 人工合成着色剂的主要种类

(1)苋菜红(amaranth)

苋菜红[1-(4′-磺基-1′-萘偶氮)-2-萘酚-3，6-二磺酸三钠盐]，属于单偶氮类色素。苋菜红为紫红色粉末，无臭，0.01% 水溶液呈玫瑰红色，不溶于油脂。耐光、耐热、耐盐、耐酸性良好，但在碱性条件下呈暗红色。对氧化还原作用敏感，所以不适用于发酵食品。大白鼠 LD_{50}(腹腔注射)大于1000mg/kg，有报道苋菜红可引起大白鼠致癌，但也有报道认为苋菜红无致癌性和致畸性，至今尚无最后定论。美国1976年禁用。

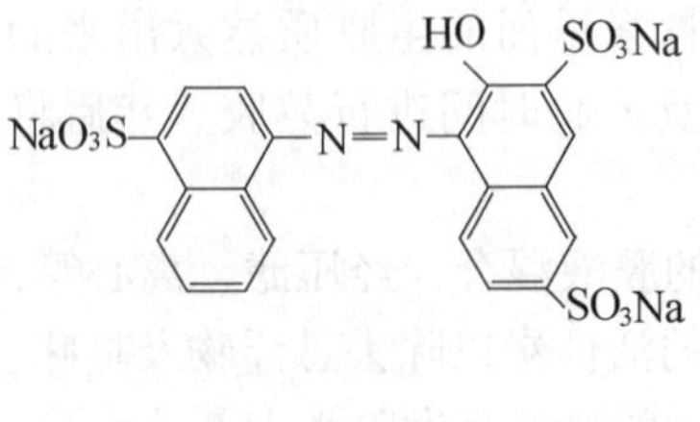

HO　SO_3Na

NaO_3S—〔萘〕—N═N—〔萘〕

SO_3Na

苋菜红

(2)胭脂红(ponceau)

胭脂红，又称丽春红4 R，属单偶氮类色素。胭脂红为红色至深红色粉末，无臭，溶于水呈红色，不溶于油脂。耐光性、耐酸性尚好，但耐热性、耐还原性相当弱，耐细菌性亦较差，遇碱会变成褐色。大白鼠经口LD_{50}大于8000mg/kg。

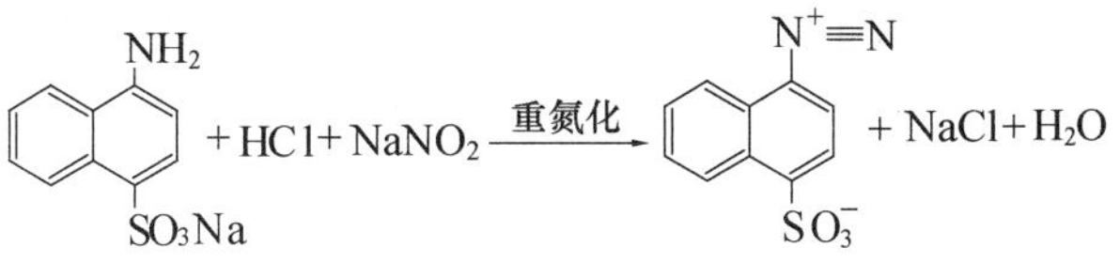

偶氮化合成胭脂红

(3)柠檬黄(tartrazine)

柠檬黄是3-羧基-5-羟基-1-(对-磺苯基)-4-(对-磺苯基偶氮)-邻氮茂的三钠盐，亦属于单偶氮类色素。柠檬黄为橙黄色粉末，无臭，0.1%水溶液呈黄色，不溶于油脂。耐酸性、耐光性、耐盐性均好，耐氧化性较差，遇碱变红，还原时褪色。大白鼠经口LD_{50}大于2000mg/kg。

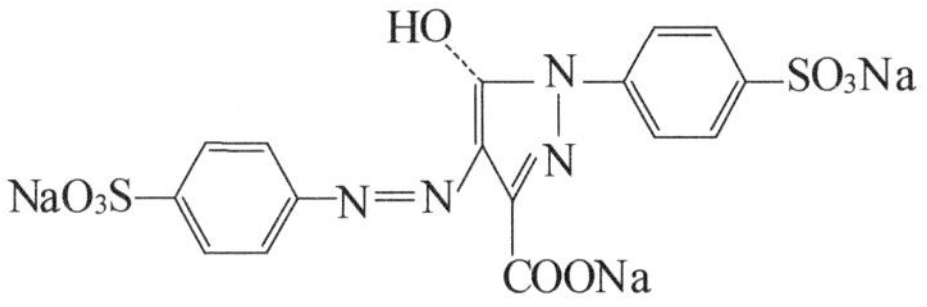

柠檬黄

(4)日落黄(sunset yellow)

日落黄又称桔黄、晚霞黄，是1-(对-磺苯基偶氮)-2-萘酚-6-磺酸的二钠盐，属单偶氮色素。日落黄为橙色颗粒或粉末，无臭，易溶于水，0.1%水溶液呈橙黄色，不溶于油脂。耐光、耐热、耐酸性非常强，耐碱性尚好，遇碱呈红褐色，还原时褪色。

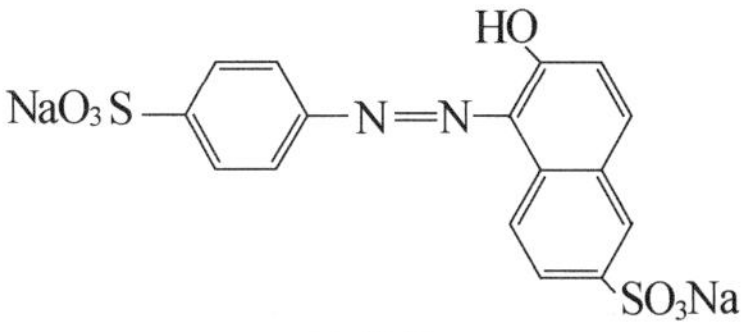

日落黄

(5)靛蓝(indigo carmine)

靛蓝，又称酸性靛蓝、磺化靛蓝、食品蓝，是5，5′-靛蓝二磺酸的二钠盐，属于靛类色素。靛蓝为蓝色均匀粉末，无臭，0.05%水溶液为深蓝色，溶解度较低，21℃水中溶解度为1.1%，不溶于油脂。稳定性较差，对热、光、酸、碱、氧化性和还原性物质都很敏感，被还原时褪色，但染着力好。大白鼠经口LD_{50}2000mg/kg。靛蓝很少单独使用，多与其他色素混合使用。

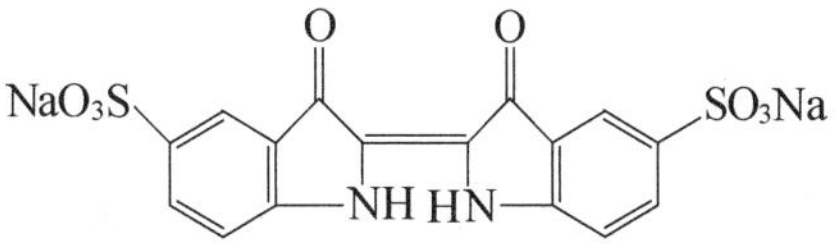

靛蓝

(6)赤藓红(erythrosine)

赤藓红，又称樱桃红，或称为2，4，5，7-四碘荧光素，由荧光素经碘化而成，属氧蒽类色素。赤藓红为红到红褐色颗粒或粉末，无臭，易溶于水，0.1%水溶液为微带蓝色的红色，不溶于油脂。染着性、耐热性、耐碱性、耐氧化还原及耐细菌性均好，但耐酸性与耐光性差，因而不宜用于酸性强的清凉饮料和水果糖着色，比较适合于高温烘烤的糕点的着色，一般用量为五万分之一到十万分之一。樱桃红的安全性较高，ADI为0~2.5mg/kg。

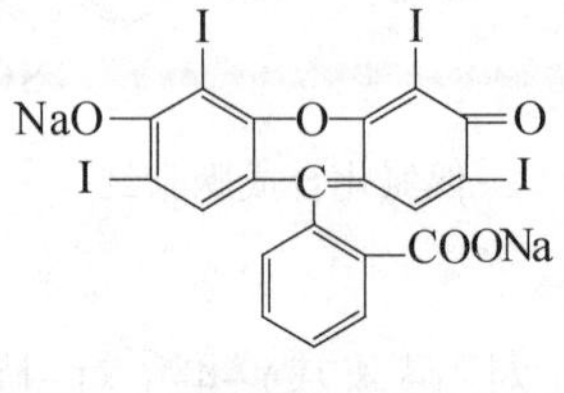

赤藓红

(7)亮蓝(brilliant blue)

亮蓝又称酸性蓝，属于三苯代甲烷类色素。亮蓝为具有金属光泽的红紫色粉末，溶于水呈蓝色，可溶于甘油及乙醇，21℃时在水中的溶解度为18.7%，耐光性、耐酸性均好。适用于糕点、糖果、清凉饮料及豆酱等的着色，用量5~10mg/kg左右，使用时可以单独或与其他色素配合成黑色、小豆色、巧克力色等应用。亮蓝安全性较高，无致癌性，ADI为12.5mg/kg。

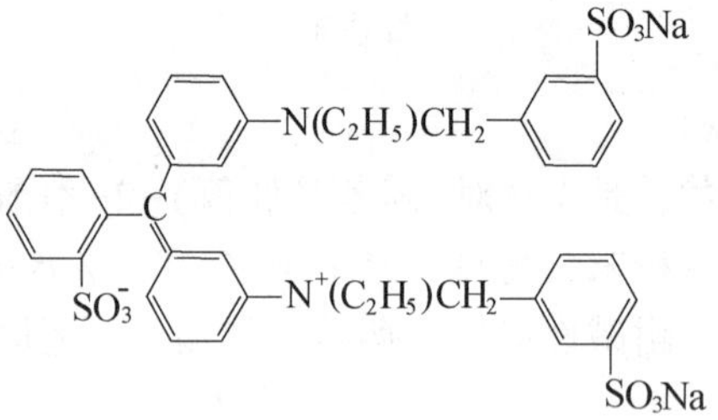

亮蓝

(8)新红(new red)

新红属于单偶氮类色素，系上海市染料研究所新近研制食用合成色素。新红为红色粉末，易溶于水，水溶液为红色澄清溶液，具有酸性染料特性。适用于糖果糕点、饮料等的着色。

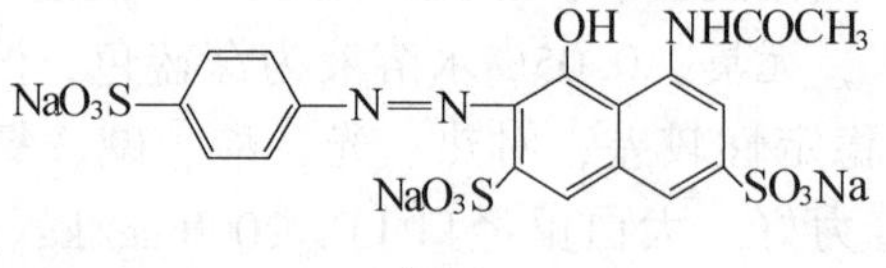

新红

11.4.2.2　食用合成色素使用注意事项

(1)色素溶液的配制

我国目前允许使用的食用合成色素多为酸性染料，溶液的pH值影响色素的溶解性能，在酸性条件下，溶解度变小，易形成色素沉淀。配制水溶液所用的水须除去多价离子，因为这些合成色素在硬水中溶解度变小。使用时一般配成1%~10%的溶液，过浓则难以调色。

（2）色调的选择和拼色

色调的选择一般应该选择与食品的名称相一致的色调。由于可以使用的色素品种不多，我们可以将它们按不同比例拼色，理论上讲，由红、黄、蓝三种基本色就可拼出各种不同的色谱来。例：草莓色（苋菜红 73%、日落黄 27%），西红柿色（胭脂红 93%、日落黄 7%），鸡蛋色（苋菜红 2%、柠檬黄 93%、日落黄 5%），但各种色素性能不同，如褪色快慢不同以及许多影响色调的因素的存在，在应用时必须通过具体实践，以便灵活掌握。

11.4.3 天然着色剂

11.4.3.1 天然着色剂的主要种类

（1）胭脂树橙（annatto）

胭脂树橙色素来源于胭脂树科植物，如胭脂树，亦称红木。水溶性胭脂树橙为红至褐色液体、块状物、粉末或糊状物，略有异臭。主要色素成分为红木素水解产物降红木素的钠盐或钾盐，染色性非常好，但耐日光性差。溶于水，水溶液为黄橙色，呈碱性。微溶于乙醇。酸性下不溶。使用时 pH 值应于 8.0 左右。油溶性胭脂树橙是红至褐色溶液或悬浮液。主要色素成分为红木素。红木素为橙紫色晶体，熔点 217℃（分解），溶于碱性溶液，酸性下不溶并可形成沉淀；不溶于水，溶于油脂、丙二醇、丙酮；不易被氧化。

（2）花青苷（anthocyanins）

花青苷又称花色素，存在于植物的花、叶、果中，可以从葡萄、红加仑和黑加仑、草莓、野草莓、苹果、樱桃、红卷心菜和茄子中得到。一般情况下花青苷色素为水溶性的，酸性呈红色、碱性呈蓝色，对光、热、氧均敏感。花青苷色素是由糖苷配基和糖组成，基本结构为 2-苯基-1-苯并吡喃镓。

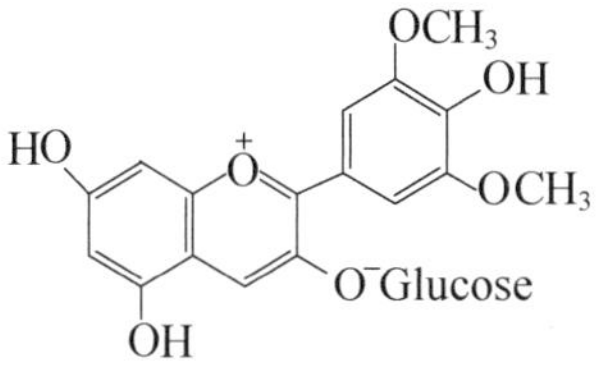

花青苷

（3）甜菜红（betanin）

甜菜红是由甜菜根植物中提取得到的，作为食品着色剂已经应用了几百年。这类色素总的也被叫作甜菜苷色素，分为红色的 β-花青素和黄色的 β-黄嘌呤（2，6-二羟基嘌呤），它们都是水溶性的。绝大多数红萝卜中都含有红色素甜菜苷，它约占色素总量的 75%～90%。其结构如下所示：

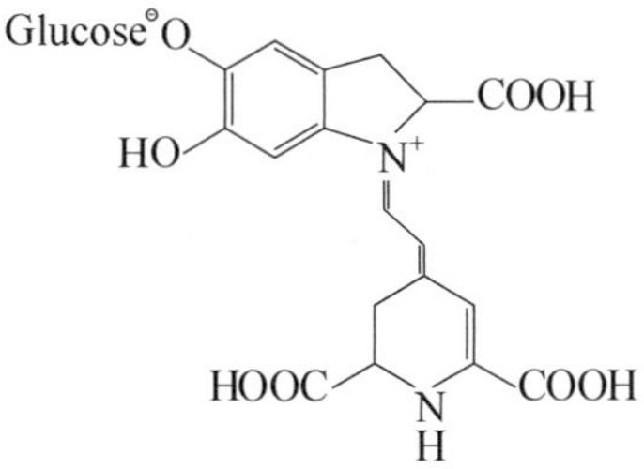

甜菜红

(4)胭脂虫红(cochineal)

胭脂虫红是胭脂红酸铝的螯合物，而胭脂红酸是从雌性介虫科的胭脂虫干燥体中，用水或乙醇提取的橙-紫红色素。其结构如下所示：

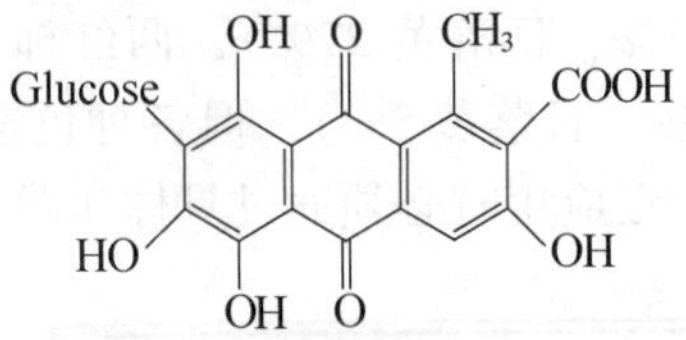

胭脂虫

几千年以前，许多种胭脂虫干品就用作为红色素，而每一种昆虫可以分别得到不同特性的色素。胭脂虫主要分布在秘鲁、墨西哥和中南美的沙漠地带，大约每年产量为300t，大部分用于生产色素胭脂虫红，其中有部分用在化妆品行业。目前从胭脂虫中提取色素的国家主要是秘鲁、法国、英国、美国和日本。

(5)姜黄(curcumin)

姜黄是姜科植物姜黄的提取物，上千年来，一直被用作调味品，目前仍然是传统咖喱粉的主要配料。姜黄是一种多酚类物质，主要产区在亚热带，如印度、中国、巴基斯坦和秘鲁等国，经干燥、磨粉后作为调味品和色素。在市场上销售的姜黄粉是不溶于水的，它的着色是通过分散在食品介质中或溶解在植物油中进行的。而其中作为色素的姜黄色素，在姜黄粉中占很小部分，也是不溶于水的。其结构如下所示：

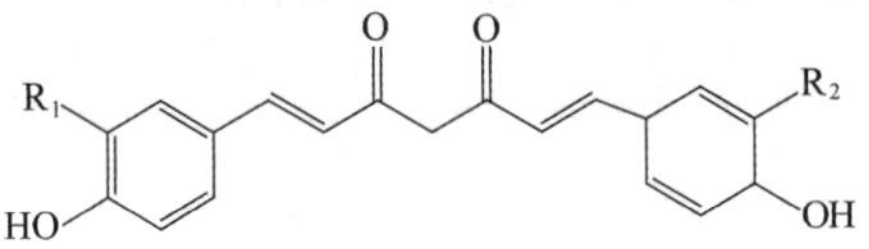

姜黄

(6)叶绿素(chlorophyll)

叶绿素是重要的天然色素，由叶绿酸、叶绿醇和甲醇三部分组成，广泛存在于所有可进行光合作用的高等植物的叶、果和藻类中，在活细胞中与蛋白质相结合形成叶绿体。在食品工业中，含有叶绿素的绿色蔬菜发挥着很大的作用，但是叶绿素单体作为色素，由于其应用稳定性较差，受光辐射发生光敏氧化，裂解为无色物质，因此很少用作食品添加剂。在美国叶绿素是不允许作为食品添加剂使用的，而在英国作为天然色素每年消耗不会低于400kg。

作为食品添加剂叶绿素是其衍生物铜钠盐，它是用铜离子取代叶绿素中的镁离子可以得到较高色光强度的稳定络合物，再进一步用稀碱水解叶绿醇键，生成水溶性叶绿酸铜络合物。这一络合物的钠盐或钾盐被广泛用作天然食品的绿色着色剂，进一步提纯酸析，除去黄色的胡萝卜素，可得到高纯度的叶绿酸铜。

(7)类胡萝卜素(carotenoids)

类胡萝卜素广泛存在于自然界中，估计全世界每秒产生3.5吨类胡萝卜素，目前被定义为类胡萝卜素并被日常应用的有400多种。除了胭脂树橙外，用得较多的类胡萝卜素有：叶黄素、β-胡萝卜素、辣椒萃取物和藏红花素。

(8)红曲红(monascus)

红曲红是世界上最早采用微生物方法生产的合成色素，它是由红曲菌属真菌发酵粮食所得的代谢产物。作为食品添加剂广泛在中国、日本和泰国等亚洲国家使用。

(9)焦糖色素(caramel)

焦糖色素是在食品中用得最广的色素。它是在压力和加热条件下用化学方法由蔗糖或葡萄糖反应而得到的。根据生产方法的不同，可分4种不同类型的焦糖色素，目前世界上用得最多的(达90%)方法是氨化或硫化法。焦糖色素根据应用领域的不同，可制成不同色强度的液体和粉体。焦糖色素是非常稳定的着色剂，但是由于焦糖分子带一负电荷，因此在正电荷存在下就可能引起沉淀。

11.4.3.2 天然色素的生产工艺

各种食用天然色素，大多存在于植物、动物和微生物体内不同器官与部位中，这些色素大多溶于水、酒精或其他有机溶剂。为了保持天然色素的固有优点和产品的稳定性、安全性，一般多采用物理方法，即添加符合食品卫生标准的一些化学药品，如食用柠檬酸、食用盐酸等。其生产工艺流程可有以下几种：①浸提法：原料筛选、清洗、浸提、过滤、浓缩、干燥粉末、添溶媒成浸膏、产品包装；②培养法：接种培养、脱水分离、除溶剂、浓缩、喷雾干燥、添加溶媒、成品包装；③直接粉碎法：原料精选、水洗、干燥、抽提、成品包装；④酶反应法：原料采集、筛选、清洁、干燥、抽提、酶解反应、再抽提、浓缩、溶媒添加、干燥粉剂、成品；⑤浓缩法：原料挑选、清洗晾干、压榨果汁、浓缩、喷雾干燥、添加溶媒、成品。

11.4.4 食品着色剂的发展趋势

天然着色剂作为食品添加剂的一种已经被人们所接受，但是随着人们对食品添加剂安全性意识的提高，食用色素的研究开发重点将转移到天然色素，而且天然色素的功能性正引起大家的重视。但是天然色素来自于天然产物，有着合成色素不具有的问题。天然色素成分复杂，其成分没有完全分离、精制和鉴定，如何搞清天然色素的主要成分的结构、性质以及它们的功能性和安全性是目前天然色素面临的主要课题。

天然色素是从植物、动物或矿物中提取、分离或其他方法衍生得到的食品着色色素。据报道，在国外使用较多并作系统研究的色素有花青素、类胡萝卜素、叶绿素、姜黄素、甜菜红素和胭脂虫素。它们除了具有着色性能外，有的本身就是一种营养素，具有保健作用，有些还有一定的药理作用，例如花青素具有明显的生化和药理作用，具有包括抗致癌、抗发炎和抗微生物的效能；类胡萝卜素具有抗氧化性，可减少动脉硬化症、癌症、关节炎等的发病率；姜黄色素是一种强抗氧化剂，能提高消化酶的活性，可以作抗细菌剂；叶绿素具有三方面的属性：促进伤口愈合、抗基因毒性和抗基因突变。因此随着功能性食品添加剂市场的不断扩大，营养、保健类功能性的开发，是目前天然色素研究的发展方向。

11.5 食品抗氧化剂

食品的劣变常常是由于微生物的生长活动、一些酶促反应和化学反应引起的，而在食品的储藏期间所发生的化学反应中以氧化反应最为广泛。特别对于含油较多的食品来说，氧化是导致食品质量变劣的主要因素之一。油脂氧化可影响食品的风味和引起褐变，破坏维生素和蛋白质，甚至还能产生有毒有害物质。食品抗氧化剂(food antioxidants)是能阻止或推迟食品氧化，提高食品稳定性和延长食品储存期的一类食品添加剂。

11.5.1 食品抗氧化剂的分类

食品抗氧化剂按来源可分为天然和人工合成。按溶解性可分为油溶性和水溶性。油溶性的抗氧化剂主要用来抗脂肪氧化，水溶性抗氧化剂主要用于食品的防氧化、防变色和防变味等。

根据作用机理可将抗氧化剂分成两类，第一类为主抗氧化剂，是一些酚型化合物，又叫酚型抗氧化剂，它们是自由基接受体，可以延迟或抑制自动氧化的引发或停止自动氧化中自由基链的传递。食品中常用的主抗氧化剂是人工合成品，包括丁基羟基茴香醚(BHA)、丁基羟基甲苯(BHT)、没食子酸丙酯(PG)以及叔丁基氢醌(TBHQ)等。有些食品中存在的天然组分也可作为主抗氧化剂，如生育酚是通常使用的天然主抗氧化剂。第二类抗氧化剂又称为次抗氧化剂，这些抗氧化剂通过各种协同作用，减慢氧化速率，也称为协同剂，如柠檬酸、抗坏血酸、酒石酸以及卵磷脂等。

11.5.2 抗氧化剂的主要种类及其合成工艺简介

11.5.2.1 常用油溶性抗氧化剂

(1)丁基羟基茴香醚(butyl-hydroxy-anisol)

丁基羟基茴香醚，又称特丁基羟基茴香醚，简称为BHA。它可由对羟基茴香醚和叔丁醇反应制备，反应生成物用水洗涤，然后用10%NaOH溶液碱洗涤，再经减压蒸馏，重结晶即得成品。

特丁基羟基茴香醚为白色或微黄色蜡样结晶状粉末，具有典型的酚味，当受到高热时，酚味就相当明显了。它通常是3-BHA和2-BHA两种异构体混合物。熔点为57~65℃，随混合比的不同而有差异，如3-BHA占95%者，熔点为62℃。

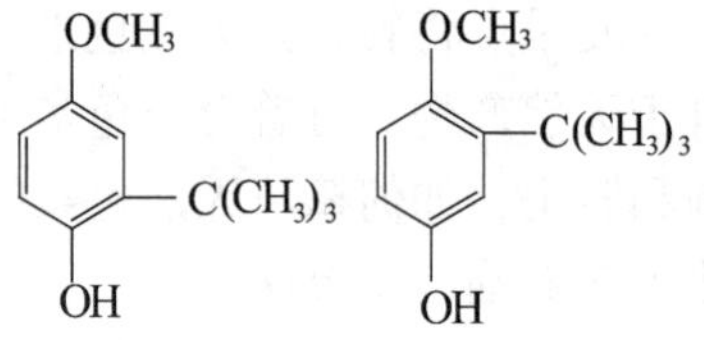

OCH_3 OCH_3
$C(CH_3)_3$ $C(CH_3)_3$
OH OH

3-BHA 2-BHA

特丁基羟基茴香醚

BHA对热相当稳定，在弱碱性的条件下不容易破坏，这就是它在焙烤食品中仍能有效使用的原因。BHA与金属离子作用不着色。3-BHA的抗氧化效果比2-BHA强1.5~2倍，两者混合后有一定的协同作用，因此，含有高比例的3-BHA混合物，其效力几乎与纯3-BHA相仿，商品BHA中3-BHA大于90%。实验证明BHA的抗氧化效果在低于0.02%时随浓度的增高而增大，而超过0.02%时，其抗氧化效果反而下降。

BHA是高含油饼干中常用的抗氧化剂之一。BHA还可延长咸干鱼类的储存期。BHA除了具有抗氧化作用外，还具有相当强的抗菌作用。最近有报道，用150mg/kg的BHA可抑制金黄色葡萄球菌，用量280mg/kg可阻止寄生曲霉孢子的生长，能阻碍黄曲霉毒素的生成，效果大于尼泊金酯。

大白鼠口服LD_{50}为2900mg/kg，每日允许摄入量(ADI)暂定为0~0.5mg/kg。食品添加剂使用卫生标准规定：以油脂量计最大使用量为0.2g/kg。

(2)二丁基羟基甲苯(dibutyl hydroxy toluene)

二丁基羟基甲苯，又称2，6-二叔丁基对甲酚，简称为BHT。BHT以对甲酚和异丁醇为原料，用硫酸、磷酸为催化剂，在加压下反应而制得。

BHT为白色结晶或结晶性粉末，无味，无臭，熔点69.5~70.5℃(其纯品为69.7℃)，沸点为265℃，不溶于水及甘油，能溶于有机溶剂。性质类似BHA，对热稳定，与金属离子不反应着色；具有升华性，加热时能与水蒸气一起挥发；抗氧化作用较强，耐热性较好，普通烹调温度对其影响不大。用于长期保存的食品与焙烤食品效果较好。价格只有BHA的1/5~1/8，为我国主要使用的合成抗氧化剂品种。

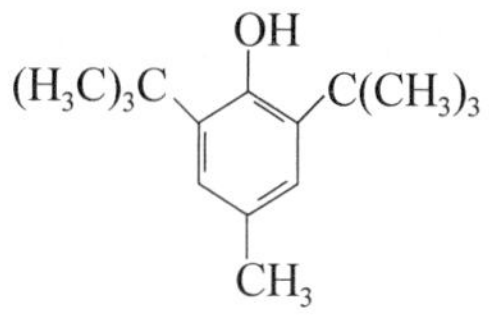

二叔丁基对甲酚

大白鼠经口LD_{50}为1.70~1.97g/kg，食品添加剂卫生使用标准规定最大使用量和BHA相同，为0.2g/kg。可用于油脂、油炸食品、干鱼制品、饼干、速煮面、干制品、罐头中。一般多和BHA混用并可以柠檬酸等有机酸作为增效剂，如在植物油的抗氧化中使用的配比为：BHT：BHA：柠檬酸=2：2：1。报道称BHT具有促进鼠肺癌作用，日本等国不用BHT。

（3）没食子酸丙酯（propyl gallate）

没食子酸丙酯又称倍酸丙酯，简称PG。用没食子酸与正丙醇，以硫酸为催化剂，加热至120℃，酯化而制得。

纯品为白色至淡褐色的针状结晶，无臭，稍有苦味，易溶于乙醇、丙酮、乙醚，难溶于水、脂肪、氯仿。其水溶液有微苦味，pH值为5.5左右，对热比较稳定，无水物熔点为146~150℃。易与铜、铁等离子反应显紫色或暗绿色，潮湿和光线均能促进其分解。

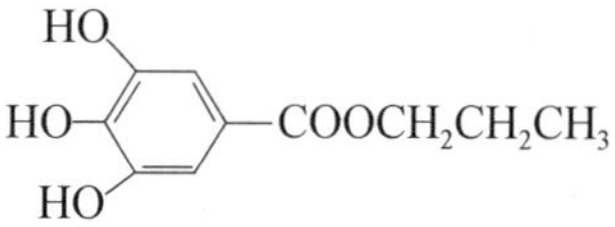

没食子酸丙酯

没食子酸丙酯对猪油抗氧化作用较BHA和BHT都强些。没食子酸丙酯加增效剂柠檬酸后使抗氧化作用更强，但不如没食子酸丙酯与BHA和BHT混合使用时的抗氧化作用强，混合使用时，再添加增效剂柠檬酸则抗氧化作用最好，但在含油面制品中抗氧化效果不如BHA和BHT。

虽然PG在防止脂肪氧化上是非常有效的，然而它难溶于脂肪给它的使用带来了麻烦。如果食品体系中存在着水相，那么PG将分配至水相，使它的效力下降。此外，如果体系含有水溶性铁盐，那么加入PG会产生蓝黑色。因此，食品工业已很少使用PG而优先使用BHA、BHT和TBHQ。

（4）生育酚混合浓缩物（d-mixed-tocopherol concentrate）

生育酚是自然界分布最广的一种抗氧化剂，它是植物油的主抗氧化剂。生育酚有8种结构，都是母生育酚甲基取代物。

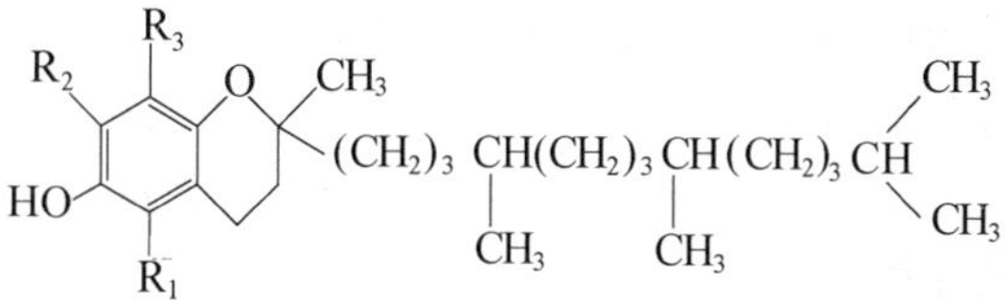

生育酚结构

已知的天然维生素 E 有 α-型(R_1、R_2、R_3 = CH_3)、β-型(R_1、R_3 = CH_3，R_2 = H)、γ-型(R_2、R_3 = CH_3，R_1 = H)、δ-型(R_1、R_2 = H，R_3 = CH_3)等七种同分异构体，作为抗氧化剂使用的是它们的混合浓缩物。生育酚存在于小麦胚芽油、大豆油、米糠油等的不可皂化物中，工业上用冷苯处理再除去沉淀，再加乙醇除去沉淀，然后经真空蒸馏制得。

生育酚混合物为黄至褐色、几乎无臭的透明黏稠液体，相对密度 0.932~0.955，溶于乙醇，不溶于水，可与油脂任意混合。对热稳定。因所用原料油与加工方法不同，成品中生育酚总浓度和组成也不一样。品质较纯的生育酚浓缩物含生育酚的总量可达 80%以上。以大豆油为原料的产品，其生育酚组成比大致为 α-型 10%~20%，γ-型 40%~60%，δ-型 25%~40%。不同组分抗氧化强弱的顺序为 α-型、β-型、γ-型、δ-型依次增强，但作为维生素 E 的生理作用则以 α-生育酚为最强。

在一般情况下，生育酚对动物油脂的抗氧化效果比对植物油的效果好。有关猪油的实验表明，生育酚的抗氧化效果几乎与 BHA 相同。

(5)叔丁基对苯二酚(tertiary butyl hydroquinone)

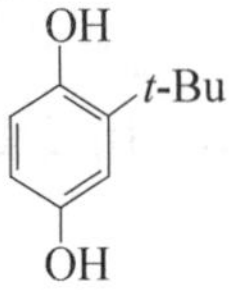

OH
t-Bu
OH

叔丁基对苯二酚

叔丁基对苯二酚简称 TBHQ。

1972 年美国批准使用，1992 年我国批准使用。TBHQ 为白色结晶，较易溶于油，微溶于水，溶于乙醇、乙醚等有机溶剂，热稳定性较好，熔点 126~128℃，抗氧化性强。虽然 BHA 或 BHT 对防止动物脂肪的氧化是有效的，但是对于防止植物油的氧化效果较差。然而，TBHQ 似乎是个例外，在植物油中的抗氧化效果比 BHA 、BHT 强 3~6 倍。它在这些高度不饱和油脂的抗氧化上比 PG 有更好的性能，此外在铁离子存在时也不会产生不良颜色。在油炸马铃薯片中使用，能保持良好的持久性。TBHQ 还具有抑菌作用，500mg/kg 可明显抑制黄曲霉毒素的产生。

食品添加剂卫生使用标准 GB 2760(0.4.007)增补品种规定：TBHQ 可用于食用油脂、油炸食品、干鱼制品、方便面、速煮米、干果罐头、腌制肉制品中，最大用量为 0.28g/kg。

11.5.2.2　常用水溶性抗氧化剂

(1)L-抗坏血酸及其钠盐

L-抗坏血酸，又称维生素 C，它可由葡萄糖合成，它的水溶液受热、遇光后易破坏，特别是在碱性及重金属存在时更能促进其破坏，因此，在使用时必须注意避免与金属和空气接触。

抗坏血酸常用作啤酒、无醇饮料、果汁等的抗氧化剂，可以防止褪色、变色、风味变劣和其他由氧化而引起质量问题。这是由于它能与氧结合而作为食品除氧剂，此外还有钝化金属离子的作用。正常剂量的抗坏血酸对人体无毒害作用。

抗坏血酸呈酸性，对于不适于添加酸性物质的食品，可改用抗坏血酸钠盐。例如牛奶等可采用抗坏血酸钠盐。由于成本等原因，一般用 D-异抗坏血酸作为食品的抗氧化剂，在油脂抗氧化中也用抗坏血酸棕榈酸酯。

抗坏血酸(钠盐)工业化生产方法包括天然提取法、化学合成或半合成法两种。比较现实的是半合成法，它又分为莱氏法和两次发酵法两种。

(2)植酸

植酸大量存在于米糠、麸皮以及很多植物种子皮层中。它是肌醇的六磷酸酯，在植物中与镁、钙或钾形成盐。它主要通过水溶液萃取法、有机溶剂萃取法或植物油提取法，经干燥、粉碎、提取、过滤、浓缩、粗制、精制等步骤而得到，也可以通过超临界萃取法获得。植酸有较强的金属螯合作用，除具有抗氧化作用外，还有调节 pH 值及缓冲作用和除去金属的作用，防止罐头特别是水产罐头产生鸟粪石与变黑等作用。植酸也是一种新型的天然抗氧化剂。

植酸为淡黄色或淡褐色的黏稠液体，易溶于水、乙醇和丙酮，几乎不溶于乙醚、苯、氯仿。对热比较稳定。其毒性用 50%植酸水溶液试验，对小白鼠经口服 LD_{50}为 4.192g/kg。植酸对植物油的抗氧化效果如表 11-2 所示。

表 11-2　植酸对植物油的抗氧化效果

植物油种类	添加 0.01%植酸的 POV	对照组的 POV
大豆油	13	64
棉籽油	14	40
花生油	0.8	270

注：POV—过氧化值。

11.5.2.3　天然抗氧化剂

许多研究工作证实氨基酸和蛋白质具有抗氧化活性，然而它们都具有极性，在脂肪中溶解度有限，因此仅显示弱抗氧化活性。许多天然产物具有抗氧化作用，一些粉末香辛料和其石油醚、乙醇萃取物的抗氧化能力都很强。比如，迷迭香粗提取物呈绿色并带有强薄荷味，它的抗氧化活性组分是一种酚酸化合物，白色，无嗅无味，按 0.02%的浓度使用时，有明显效果，如在以向日葵油作为热媒，油炸马铃薯片的过程中显示出良好的耐加工性质，这些活性组分也能推迟大豆油的氧化。

茶叶中含有大量酚类物质、儿茶素类(即黄烷醇类)、黄酮、黄酮醇、花色素、酚酸、多酚缩合物，其中儿茶素是主体成分，占茶多酚总量的 60%~80%。从茶叶中提取的茶多酚为淡黄色液体或粉剂，略带茶香，有涩味。据报道具有很强的抗氧化和抗菌能力，按脂肪量的 0.2%使用于人造奶油、植物油和烘焙食品时，抗氧化的效率相当于 0.02%BHT 所达到的水平。此外茶多酚还具有多种保健作用(降血脂、降胆固醇、降血压、防血栓、抗癌、抗辐射、延缓衰老等作用)。现已批准为食用抗氧化剂，在很多食品中得到应用。

加热单糖和氨基酸的混合物产生的褐变产物具有相当高的抗氧化活性。最有效的抗氧化剂形成于褐变反应的早期阶段，此时还没有生成典型的褐色色素。各种氨基酸和糖的组合所形成的褐变反应产物显示几乎相同的抗氧化活性。在防止人造奶油氧化时，还原糖和氨基酸的褐变反应产物与生育酚显示协同抗氧化效果。

已发现的天然抗氧化成分还有许多，但要应用于食品工业还有许多技术问题需要解决，如原料的易得性、提取技术改进、产品性能优化、成本的进一步降低等。

11.5.3 食品抗氧化剂的发展趋势

以天然抗氧化剂取代合成抗氧化剂是今后食品工业的发展趋势，开发实用、高效、成本低廉的天然抗氧化剂将是抗氧化剂研究的重点。对于抗氧化活性成分及其效果的研究仍有许多问题，单一活性成分的抗氧化效果往往弱于混合物，且某一成分的抗氧化效果的评价因实验方法的不同差异较大，应重视对抗氧化活性成分之间抗氧化协同作用的研究，注意到天然抗氧化成分在生物体中与食品抗氧化作用的差异。各种抗氧化剂的活性除与它本身的结构性质有关外，还应决定于它实用的底物、温度、溶解分散能力以及协同效应、增效效应等因素。因此生产具有协同作用的几种组分配合的“复合抗氧化剂”将有比较实际的意义。随着对食品安全性的重视及研究的深入，发现许多天然物质也有很强的毒性，因此，在确定使用某种天然抗氧化剂时仍要通过毒理、诱变、致癌等检验。

11.6 食品乳化剂

11.6.1 概述

食品乳化剂(food emulsifying agent)是一种同时具有亲水基和亲油基的表面活性剂。它能使互不相溶的两相(如油与水)相互混溶，并形成均匀分散体或乳化体，从而改变原有的物理状态。乳化剂在食品体系中可以控制脂肪球滴聚集，增加乳状液稳定性；在焙烤食品中可减少淀粉的老化趋势；与面筋蛋白相互作用强化面团特性；乳化剂具有控制脂肪结晶，改善以脂类为基质的产品的稠度等多种功用。

随着食品加工技术的提升，乳化剂在食品加工过程中扮演着相当重要的角色，受到烘焙业者广泛重视，并在烘焙产品中广为利用，进而改变产品的内部结构，提高了产品品质。

据统计，全世界每年耗用的食品乳化剂有250kt，其中甘油酯占2/3~3/4。而在甘油酯中，其衍生物约占20%，其中聚甘油酯用量最大。蔗糖酯是性能优良的食用乳化剂，但价格稍高。大豆磷脂不仅是常用的食用乳化剂还兼有保健作用。

11.6.2 食品乳化剂的主要分类及生产工艺简介

(1)甘油单硬脂肪酸酯(glycerol monostearate)

甘油单硬脂肪酸酯，又称单甘油酯、脂肪酸单甘油酯等。单甘酯HLB值约为3.8，属于W/O型乳化剂，但也可与其他乳化剂混合用于O/W型乳状液中，单甘酯不溶于水，在振荡下可分散于热水中，可溶于乙醇和热脂肪油中，在油中达20%以上时出现混浊。其酯键在酸、碱、酶催化下可以水解，和脂肪酸盐共存时，这是因为发生了酰基转移反应。

一酰基甘油的疏水特性可以通过加入各种有机酸生成一酰基甘油与羟基羧酸酯而有所增加，例如乳酰化一酰基甘油是由甘油、脂肪酸和乳酸制备而得。琥珀酸、酒石酸以及苹果酸酯可由类似方法制得。

$$\underset{\text{脂肪酸}}{RCOOH} + \underset{\text{甘油}}{\begin{array}{c} CH_2OH \\ | \\ CHOH \\ | \\ CH_2OH \end{array}} + \underset{\text{乳酸}}{\begin{array}{c} CH_3 \\ | \\ CHOH \\ | \\ COOH \end{array}} \longrightarrow \underset{\text{乳酰化一酰基甘油}}{\begin{array}{l} H_2C—OCO—R \\ \quad | \\ \quad CHOH \\ \quad | \\ H_2C—OCO—\underset{OH}{\overset{H}{C}}—CH_3 \end{array}}$$

二乙酰酒石酸甘油单、二酸酯可与油脂互相混溶，可分散于水中，与谷蛋白发生强烈的相互作用，可以改进发酵面团的持气性能，增大烘烤食品的体积及弹性。亲油性物质转溶于胶束中形成假溶液，具有助溶、增溶作用。

(2)聚甘油脂肪酸酯(polyglycerol esters)

甘油在碱性与高温条件下由 α-羟基缩合形成醚键，产生聚甘油，再与脂肪酸直接酯化生成直链聚甘油酯。

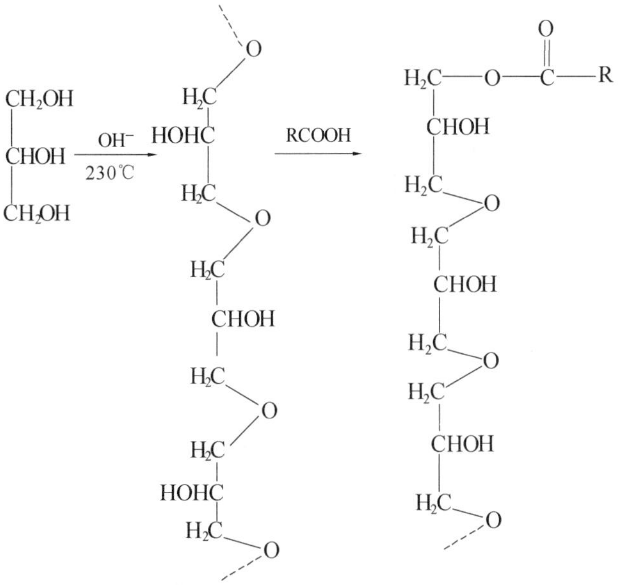

$$\begin{matrix} CH_2OH \\ | \\ CHOH \\ | \\ CH_2OH \end{matrix} \xrightarrow[230℃]{OH^-} \cdots O-H_2C-CH(OH)-H_2C-O-H_2C-CHOH-H_2C-O-H_2C-CH(OH)-H_2C-O\cdots \xrightarrow{RCOOH} R-C(=O)-O-H_2C-CHOH-H_2C-O-H_2C-CHOH-H_2C-O-H_2C-CHOH-H_2C-O\cdots$$

聚甘油酯具有较宽的 HLB 值，范围为 3~13，国外已有 20 年使用历史。目前国内也已有商品，其硬脂酸酯为固体，油酸酯为液体，具有很好的热稳定性和很好的充气性、助溶性，可用于冰淇淋、人造奶油、糖果、冷冻甜食、焙烤食品。

(3)硬脂酰乳酰乳酸钠(sodium stearoyl lactate)

硬脂酰乳酰乳酸钠是一种离子型乳化剂，它是由硬脂酸、二分子乳酸和 NaOH 相互作用而制得。它的亲水性极强，能在油滴与水之界面上形成稳定的液晶相，因而生成稳定的 O/W乳状液。由于它具有很强的复合淀粉的能力，因此通常应用于焙烤与淀粉工业。

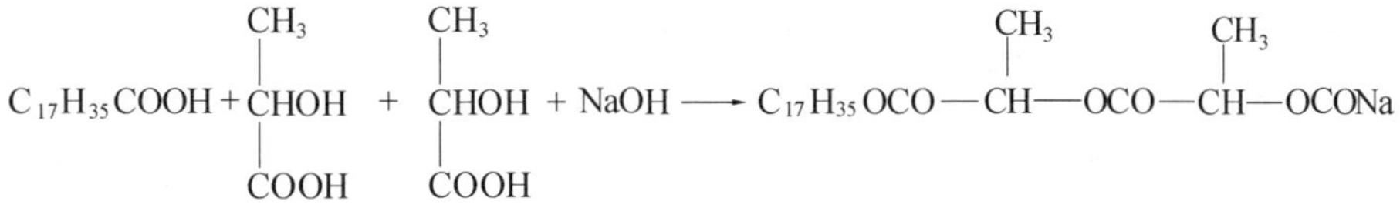

$$\underset{\text{硬脂酸}}{C_{17}H_{35}COOH} + \underset{\text{乳酸}}{CH_3-CHOH-COOH} + \underset{\text{乳酸}}{CH_3-CHOH-COOH} + NaOH \longrightarrow \underset{\text{硬脂酰乳酰乳酸钠}}{C_{17}H_{35}OCO-CH(CH_3)-OCO-CH(CH_3)-OCONa}$$

丙二醇硬脂酸一酯是通过丙二醇与硬脂酸的酯化而得到亲水性较强的丙二醇硬脂酸一酯，它也是广泛应用于焙烤工业的乳化剂。

(4)大豆磷脂(soybean pHospholipids)

大豆磷脂，又称大豆卵磷脂，实际上应用的是一些磷脂的混合物(表 11-3)，它包括磷脂酰胆碱(卵磷脂，PC)、磷脂酰乙醇胺(脑磷脂，PE)、磷脂酰肌醇(PI)以及磷脂酰丝氨酸等。它通常是以毛油为原料，经过滤、水化、离心分离、真空浓缩、烘干、丙酮浸洗、红外干燥等步骤而合成。商品粗卵磷脂一般还含有少量甘油三酯、脂肪酸、色素、碳水化合物以及甾醇。大豆磷脂是精炼大豆油的副产品，不溶于水，吸水膨润，溶于氯仿、乙醚、乙醇，不溶于丙酮，可溶于热的植物油。用作乳化剂和润湿剂。

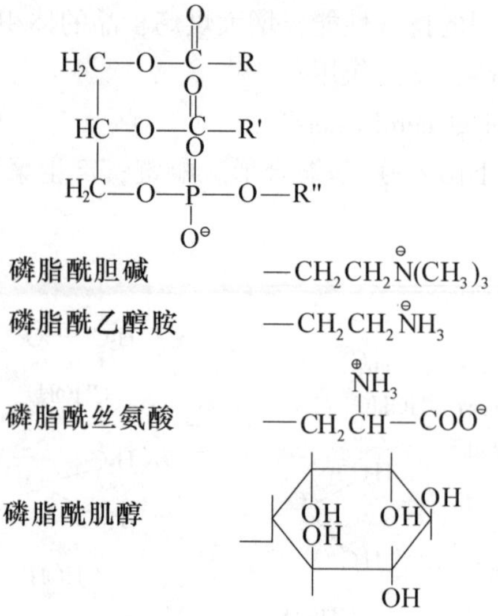

$$
\begin{array}{l}
H_2C—O—\overset{O}{\overset{\|}{C}}—R \\
\quad| \\
HC—O—\overset{O}{\overset{\|}{C}}—R' \\
\quad| \\
H_2C—O—\underset{O^{\ominus}}{\underset{|}{\overset{O}{\overset{\|}{P}}}}—O—R''
\end{array}
$$

磷脂酰胆碱 $—CH_2CH_2\overset{\oplus}{N}(CH_3)_3$

磷脂酰乙醇胺 $—CH_2CH_2\overset{\oplus}{N}H_3$

磷脂酰丝氨酸 $—CH_2\underset{}{CH}(\overset{\oplus}{N}H_3)—COO^{\ominus}$

磷脂酰肌醇 （肌醇环，OH OH OH OH OH）

大豆卵磷脂混合物的组成(仅指出 α 形式，也存在 β 形式)

注：R，R'——脂肪酸碳链。

表 11-3　大豆卵磷脂的近似组成

成　分	质量分数/%	成　分	质量分数/%
磷脂酰胆碱(PC)	20	其他磷脂	5
磷脂酰乙醇胺(PE)	15	甘油三酯	35
磷脂酰肌醇(PI)	20	碳水化合物、甾醇、甾醇甘油酯	5

(5)脂肪酸蔗糖酯(sucrose esters of fatty acids)

日本 1959 年首次生产，1969 年 WHO/FAO 批准使用。控制酯化度可得到 HLB 1~16 的产品。蔗糖单酯 HLB 值为 10~16，二酯为 7~10，三酯为 3~7，多酯为 1。市售品一般为一、二、三酸的混合物，其 HLB 值因单酯率不同而异(表 11-4)。

表 11-4　脂肪酸蔗糖酯的单酯率与 HLB 值

单酯率	20%	30%	40%	50%	55%	60%	70%	75%
HLB	3	5	7	9	11	13	15	16

蔗糖酯为白色至微黄色粉末，溶于乙醇，微溶于水，热不稳定，如脂肪酸游离、蔗糖焦糖化，酸、碱、酶均可引起水解，但 20℃ 水解作用不大。可在水中形成介晶相，具有增溶作用。具有优良充气作用，与面粉有特殊作用，可以防淀粉老化，可降低巧克力物料黏度。可应用于多种食品，用于乳化香精要选用 HLB 高的，面包中要用 HLB 大于 11 的，奶糖中用 HLB 值 5~9 的，冰淇淋中则要高、低 HLB 值的产品混合使用，并与单甘酯 1 : 1 合用。

11.6.3　国内食品乳化剂的发展趋势

国内乳化剂主要是依靠经验进行复配，带有一定的盲目性，缺乏必要的理论指导和先进测试仪器的辅助，所得产品质量和性能都不尽完善，不利于推广和应用。因此，必须加强乳化剂复配技术的理论研究。同时，这些科研工作应与食品加工企业密切协作，同市场的实际需要相结合，才能使成果迅速转化为现实生产力，更好地拓展食品乳化剂的应用空间。目前，国内食品乳化剂的发展侧重于以下几个方面：开发天然食品乳化剂；开发具有营养、保健功能乳化剂；开发使用方便、多用途、多功能的乳化剂等。

11.7 其他类型的食品添加剂

11.7.1 食品甜味剂

11.7.1.1 概述

食品甜味剂(food sweeteners)是指赋予食品以甜味的食品添加剂。目前世界上使用的甜味剂近20种，有几种不同的分类方法：按其来源可分为天然甜味剂和人工合成甜味剂；以其营养价值来分可分为营养型和非营养型甜味剂；若按其化学结构和性质分类可分为糖类和非糖类甜味剂等。在甜味剂中，蔗糖、果糖和淀粉糖通常视为食品原料，习惯上统称为糖，在我国不作为食品添加剂。糖醇类的甜度与蔗糖差不多，或因其热值较低，或因其和葡萄糖有不同的代谢过程，而有某些特殊的用途，一般被列为食品添加剂(甜味剂)。非糖类甜味剂的甜度很高，用量极少，热值很小，有些又不参与代谢过程，常称为非营养型或低热值甜味剂，是甜味剂的重要品种。理想的甜味剂应具备以下五个特点：很高的安全性；良好的味觉；较高的稳定性；较好的水溶性；较低的价格。

甜度的基准物质是蔗糖，以蔗糖的甜度为1时，得到其他甜味剂的相对甜度如表11-5所示。高强度甜味剂主要是指那些甜度较高、用量小、不给予食品以体积、黏度和质地，它们常常要和营养型甜味剂或增容剂混合使用。天然、非营养型甜味剂日益受到重视是甜味剂的发展趋势，WHO指出，糖尿病患者已达到5千万以上，美国人中有1/4以上要求低卡食物，在蔗糖替代品中，美国主要使用阿斯巴甜达90%以上。日本以甜菊糖为主，欧洲人对AK糖比较感兴趣。这三种非营养型甜味剂在我国均可使用。

表11-5 相对甜度表

甜味剂	甜 度	甜味剂	甜 度
蔗糖	1	阿斯巴甜	200
木糖醇	1~1.4	甘草酸苷	200~250
果糖	1.14~1.75	糖精	200~700
D-色氨酸	35	橙皮二氢查尔酮	1500~2000
甜蜜素	30~50	氯代蔗糖	2000
柚苷二氢查尔酮	100	紫苏糖	2000

11.7.1.2 几种高甜度的甜味剂

(1) 甜蜜素(sodium cyclamate)

环已氨基磺酸钠，甜度约为蔗糖的30倍。优点是甜味好，后苦味比糖精少，成本较低。缺点是甜度不高，用量大，易超标使用。1950年问世后，它的使用量逐渐增加，自1955年起，环已氨基磺酸盐和糖精结合在一起，在食品中的用量逐渐增加。1969年10月，美国限制环已氨基磺酸盐的使用，并且在1970年9月被禁止。英、日、加拿大等随后也禁用。

根据环已氨基磺酸盐的基本结构，有理由怀疑它们可能致癌，这是因为环已氨基磺酸盐经水解能形成环已胺，它是一个致癌物。单胃动物的消化系统中的酶显然不会产生这种结果，但是有证据表明，某些常见的肠道微生物是这个反应的媒介，从尿液中也能分离得到环己胺。环己氨基磺酸盐及被吸收的环己胺的主要排泄途径是尿，因而就使膀胱受到致癌物的威胁。FDA 最初禁用环己氨基磺酸盐就是因为它导致动物的膀胱癌。

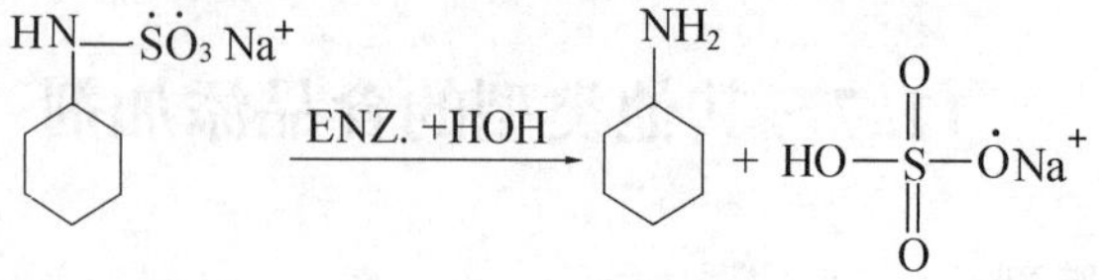

HN—$\dot{S}O_3$ Na^+　　ENZ. +HOH　　NH_2　　+ HO—S(=O)(=O)—$\dot{O}Na^+$

环己氨基磺酸钠　　　　　　环己胺

环己氨基磺酸盐水解形成环己胺

糖精的安全性问题目前尚无定论，糖精完全不代谢，从尿中排出体外，虽然从糖精的动物试验中曾发现它的摄入与动物膀胱癌的发病率有联系，然而深入的研究表明，这种联系不存在于摄入糖精的人群中。动物致癌试验不稳定，催畸、致突变性试验正常，人体观察很少致敏。所以我国目前仍可使用，最大使用量 0.15g/kg。但用量正逐年减少。

(2)安赛蜜(acesulfame-K)

安赛蜜即 6-甲基-2，2-二氧代-1，2，3-氧硫氮杂-4-环乙烯酮钾盐，这个甜味剂的化学名称极为复杂，因而人们创造了一个通俗的商品名称 Acesulfame-K，这个名称表明了其结构与乙酰乙酸和氨基磺酸的关系，也表明了它是一个钾盐，市场上也叫 AK 糖。

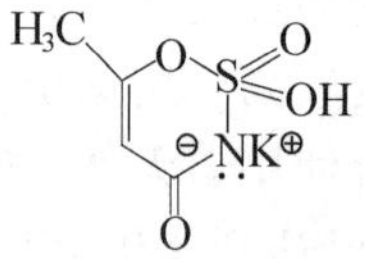

H_3C　O　S　O　OH　$NK^{\oplus}$　O

安赛蜜

AK 糖为白色无气味的结晶状物质，1967 年由德国人 Karl Clauss 博士无意间发现。本品甜味比较纯正，以 3%蔗糖溶液为比较标准时，Acesulfame-K 的甜度约为蔗糖的 200 倍，无明显后味。易溶于水，稳定性高，不吸湿，耐 225℃高温，耐 pH 2~10，光照无影响。与蔗糖、甜蜜素等合用有明显的增效作用。非代谢性，零卡路里，完全排出体外。所以安全性高，经过 20 年多个国家的独立毒理学试验，国际上已安全使用 10 年，我国 1991 年 12 月批准使用。

(3)甜叶菊苷(stevioside)

甜叶菊苷是从南美巴拉圭、巴西等地的菊科植物甜叶菊的干燥叶中抽提出的具有甜味的萜烯类配糖体，叶片中含有 6%~12%甜叶菊苷，当地人以其作茶，我国 1977 年引种成功。

甜叶菊苷为白色粉末，甜度约为蔗糖的 300 倍，水中溶解速度较慢，残味存留时间较蔗糖长，热稳定性强，日本和我国应用较普遍。

与甜叶菊甜味相似的还有甘草中提取出的非营养甜味剂——甘草酸(glycyrrhizic acid)，它不是作为甜味剂而是作为风味物质而被批准使用的。

(4)阿斯巴甜(Aspartame)

阿斯巴甜，L-天冬氨酰-L-苯丙氨酸甲酯（L - aspartyl-L-phenylalanine methyl ester)，又叫天冬甜精、二肽甜味剂，由美国 Searle 公司 1965 年在肽类药剂的研究中偶然发现。Aspartame 是商品名，国内市场上有的不正确地称其为蛋白糖。甜度为蔗糖的 200 倍，甜味和蔗糖接近，无苦后味，与糖、糖醇、糖精等合用有协同作用。阿斯巴甜为白色结晶状粉末，常温下稳定，20℃时溶解度为1g/100g水，其钠钾盐风味更好，溶解度更大。

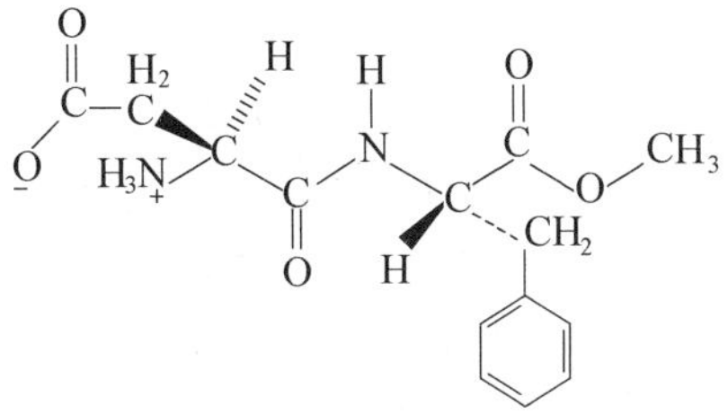

L-天冬氨酰-L-苯丙氨酸甲酯

Aspartame的二肽结构决定了它易于水解，易于发生化学反应，也易于被微生物降解，因而当将它用于水相体系时，食品的货架寿命受到限制。其水溶液受pH值、温度影响，最适宜pH值是4.2，室温下放置一个月，甜度下降严重。

1981年美国批准使用，法国、比利时、瑞士、加拿大和我国等许多国家相继批准使用。用Aspartame作为甜味剂的食品，在包装上必须有适当的警告，以提醒苯丙酮尿症患者忌用。按甜度计算，Aspartame的价格仅为蔗糖的1/4~2/4，可用于饮料、冷饮、果冻、蜜饯、医药、保健食品、日用化妆品等，在美国是主导地位的低热值甜味剂。

11.7.1.3 几种增体性的甜味剂

高甜度甜味剂不具有糖的功能性质(水分活度、质构、褐变、口感等)，所以常常和增体性甜味剂合用，如各种糖醇、淀粉糖浆、麦芽糊精等，这类甜味剂也被称为糖类甜味剂。

(1)糖醇类甜味剂

糖醇又叫多元醇(polyols)，是糖氢化后的产物，一般为白色结晶，和糖一样具有较大的溶解度，20℃时各种糖醇的溶解度(g/100g水)如下：木糖醇168、山梨醇222、蔗糖200。糖醇的甜度比蔗糖低，但有的和蔗糖相当，木糖醇1、麦芽糖醇0.9、麦芽糖醇糖浆0.7、山梨糖醇0.6、甘露醇0.4。

糖醇类甜味剂由于无活性的羰基，化学稳定性较好，150℃以下无褐变，融化时无热分解。由于糖醇溶解时吸热，所以糖醇具有清凉感，粒度越细，溶解越快，感觉越凉越甜，其中山梨醇清凉感最好，木糖醇次之。糖醇只有一部分可被小肠吸收，欧洲法规中将多元醇的热量定为2.4kcal/g。糖醇可通过非胰岛素机制进入果糖代谢途径，实验证明不会引起血糖升高，所以是糖尿病人的理想甜味剂。

糖醇不被口腔细菌代谢，具有非龋齿性。糖醇安全性好，1992年我国已批准山梨醇、麦芽糖醇、木糖醇、异麦芽糖醇等作为食品添加剂。

木糖醇是由木糖氢化而得到的糖醇，木糖是由木聚糖水解而得。木聚糖是构成半纤维素的主要成分，存在于稻草、甘蔗渣、玉米芯和种籽壳(稻壳、棉籽壳)中，经水解，用石灰中和，滤出残渣，再经浓缩、结晶、分离、精制而得木聚糖。纯品为无色针状结晶粉末，易溶于水，不溶于酒精和乙醚。木糖有似果糖的甜味，甜度为蔗糖的0.65，它不被微生物发酵，不易被人体吸收利用，可供糖尿病和高血压患者食用。木糖醇和蔗糖甜度相同，含热量也一样，具有清凉的甜味，人体对它的吸收不受胰岛素的影响，可以避免人体血糖升高，所以，木糖醇是适宜于糖尿病患者的甜味剂。

(2)果葡糖浆

果葡糖浆是由植物淀粉水解和异构化制成的淀粉糖晶，具有独特风味，是一种重要的甜味剂。因为它的组成主要是果糖和葡萄糖，故称为“果葡糖浆”。生产果葡糖浆不受地区和季节限制，设备比较简单，投资费用较低。

11.7.1.4　复合甜味剂

使用甜味剂时可根据食品的要求选择合适的甜味剂，如低热值食品中可用高甜度甜味剂。但有时要用几种甜味剂混合起来使用以达到较佳的效果，这是因为几种甜味剂并用，可提高安全性，即减少了每一单独成分的量；可提高甜度，因为不同甜味剂之间有互增甜作用，可以节省成本；改善口感，减轻一些甜味剂的后苦味，如常用高强度甜剂代替部分蔗糖而不是全部蔗糖；提高稳定性等，如使用高强度甜味剂时配合使用增体性甜味剂以给予食品体积、质量、黏度等性状。

例，两种复合甜味剂配方如下：柠檬酸钠 14.4，味精 0.6，甜菊糖和蔗糖 85，甘草 10，柠檬酸钠 18，甜菊糖 1.7，甘氨酸 60.6，dl-丙氨酸 9.3，L-天冬氨酸钠 0.4。

11.7.2　食品鲜味剂

11.7.2.1　概述

食品鲜味剂(food flavor enhancers)又叫风味增强剂。鲜味剂按其化学性质的不同主要有两类，即氨基酸类和核苷酸类。前者主要是 L-谷氨酸及其-钠盐，后者主要是 5′-肌苷酸二钠和 5′-鸟苷酸二钠。近年来，鲜味剂发展很快，目前世界上 15 个国家每年生产谷氨酸-钠(味精)约 400kt。5′-核苷酸的鲜味比味精更强，尤其是 5′-肌苷酸、5′-鸟苷与味精并用，有显著的协同作用，可大大提高味精的鲜味强度(一般增加 10 倍之多)，故目前市场上有多种强力味精和新型味精出现，并深受人们欢迎。在氨基酸类鲜味剂中，我国仅许可使用谷氨酸钠一种，国外尚许可使用 L-谷氨酸、L-谷氨酸铵、L-谷氨酸钙、L-谷氨酸钾以及 L-天门冬氨酸钠等。但是，使用最广、用量最多的还是 L-谷氨酸钠。在核苷酸中，5′-黄苷酸和 5′-腺苷酸也有一定的鲜味，其呈味强度仅分别为 5′-肌苷酸钠的 61%和 18%，故未作为鲜味剂使用。此外，近年来人们对许多天然鲜味抽提物很感兴趣，并开发了许多如肉类抽取物、酵母抽提物、水解动物蛋白和水解植物蛋白等，将其和谷氨酸钠、5′-肌苷酸钠和 5′-鸟苷酸钠等以不同的组合与配比，制成适合不同食品使用的复合鲜味料。

11.7.2.2　食品鲜味剂的主要种类

(1)谷氨酸的一钠盐(monosodium L-glutaminate)

谷氨酸的一钠盐，俗称味精。在 150℃ 失水，210℃ 发生吡咯烷酮化生成焦谷氨酸。270℃分解。pH<5 时呈酸的形式，易生成焦谷氨酸，鲜味下降。pH>7 时，以二钠盐形式存在，鲜味也下降，碱性下加热易消旋化。一般 pH＝6～8 时味感效应最强，味精的阈值为 0.012%，氯化钠是谷氨酸一钠盐的助鲜剂，味精与呈味核苷酸混合使用，可使鲜味大大增强，味精除具有鲜味外，还具有改善食品风味的作用。

1996 年 8 月 31 日，美国 FDA 宣布，中国菜中常用的味精对人体无害，可以安全食用，该机构只要求食品中较多使用时应有所说明，以防少数个别人对味精有不良反应。

$$\begin{array}{l}HOOC-CH-CH_2-CH_2-COONa \cdot H_2O \\ \qquad\quad\;\; | \\ \qquad\quad NH_2\end{array}$$

谷氨酸的一钠盐

(2)呈味核苷酸(sapidity nucleotide)

20 世纪初，日本学者从分析一些食品，如海带、蟹肉、鲜肉等的鲜味成分入手，发现了氨基酸、核苷酸是这些食品鲜味的关键成分。如牛肉鲜味的主要成分是苏氨酸、赖氨酸、谷氨酸、肌苷酸。多项研究表明食品中的鲜味成分总离不开核苷酸和氨基酸。

呈味核苷酸主要是指：5′-肌苷酸(5′-IMP)、5′-鸟苷酸(5′-GMP)。5′-GMP 的鲜味感强度大于 5′-IMP，2′-、3′-核苷酸没有鲜味感。另外 5′-磷酸酯键被磷酸酯酶水解后形成核苷也无鲜味，但该酶在 30℃以上就可失活。

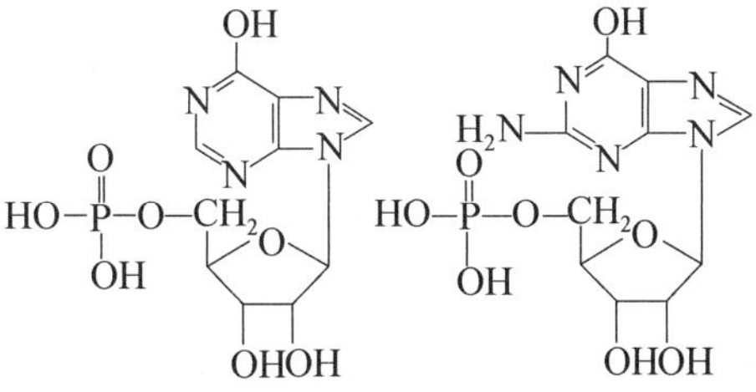

5' - IMP　　5' -GMP

呈味核苷酸

将核酸水解即可生成 5′-核苷酸，问题是大多数磷酸酯酶只能将分子的 3′-磷酸二酯键水解生成没有鲜味的 3′-核苷酸。现在已在青霉菌(penicillium)和链霉菌(streptomyces)的菌株中发现合适的酶。现已借助这些酶从酵母核酸中生产 5-核苷酸。另一方法是用发酵法生产肌苷，然后再磷酸化使产生 5′-肌苷酸。

(3)其他鲜味剂

水解动物蛋白(hydrolyzed animal protein，HAP)一般以酶法生产为主，该物可和其他化学调味剂并用，形成多种独特风味。其产品中氨基酸占 70%以上。水解植物蛋白(hydrolyzed vegetable protein，HVP)以大豆蛋白、小麦蛋白、玉米蛋白等为原料，在一定的水解度范围内(如相对分子质量小于 500)其水解产物不会有苦味，含 N 比 HAP 低。如杭州群力营养源厂的产品，为淡黄色粉末，溶于水呈黄褐色液体，可按 5%~10%用量加入调味品中。酵母提取物(yeast extract)有自溶法和酶法生产，产品富含 B 族维生素，含 19 种氨基酸，另含风味核苷酸，而后者味更好。酵母提取物不仅是鲜味剂也是增香剂，在方便面调料和火腿肠等肉制品中都有广泛的应用。如广东东莞市一品鲜调味食品公司生产的一品鲜酵母精 Y101，外观为琥珀色稠厚液体或粉末，建议用量 0.8%~5%。由于各种鲜味剂之间有协同增效作用，适当混合可以使风味更好，成本更低，如目前各类鸡精就属于混合鲜味剂。

11.7.3 食品酶制剂

11.7.3.1 概述

酶是生物细胞原生质合成的具有高度催化活性的蛋白质，因其来源于生物，通常被称作“生物催化剂”。由于酶具有催化的高效性、专一性和作用条件温和等特点，因而其应用范围已遍及工业、医药、农业、化学分析、环境保护、能源开发和生命科学理论研究等方面。从生物(包括动物、植物、微生物)中提取的具有生物催化能力的物质，辅以其他成分，用于食品加工过程和提高食品产品质量的制品，称为酶制剂。把专用于食品工业方面的酶制剂称为食品酶制剂(food enzyme preparations)。

目前，在食品行业中广泛应用的工业化生产的酶制剂约 20 多种，其中 80%以上为水解酶类。以酶品种分：蛋白酶为 60%，淀粉酶为 30%，脂肪酶为 3%，特殊酶为 7%。以用途分：淀粉加工酶所占比例仍是最大，为 15%；其次是乳制品工业占 14%。酶制剂在提高产品质量、降低成本、节约原料和能源、保护环境等方面产生了巨大的社会效益和经济效益。酶制剂作为一类绿色食品添加剂，用于改善食品品质和食品制造工艺，其应用已越来越普遍，品种也不断增多。为了达到理想的酶制剂应用效果，并帮助酶制剂客户有效方便地使用酶制剂，酶制造商针对不同的食品加工应用领域特点，已经开发出各种专用复合酶制剂，把几种酶制剂混合使用往往有协同增效作用，还可减少单一酶的使用量，其在食品中的应用方兴未艾。

11.7.3.2　几种食品酶制剂简介

（1）真菌α-淀粉酶(fungi α-amylase)

真菌α-淀粉酶由米曲霉或黑曲酶产生，它能从淀粉分子内部切开α-1，4键生成各种寡糖，在长时间作用下，还可切开这些寡糖α-1，4键而生成麦芽糖，故又称麦芽糖生成酶。在面团发酵食品制作过程中，适量加入真菌α-淀粉酶，面粉中的淀粉被水解成麦芽糖，麦芽糖又在酵母本身分泌的麦芽糖酶作用下，水解成葡萄糖供酵母利用，从而为酵母的发酵提供足够的糖源作为营养物质，使面包变得柔软，增强伸展性和保持气体的能力，容积增大，出炉后制成触感良好面包。

（2）木聚糖酶(xylanolytic enzymes)

木聚糖酶是一种戊聚糖酶，面粉中存在着非淀粉多糖戊聚糖，在面粉中添加木聚糖酶，能使水不溶性戊聚糖增溶，可提高面筋网络的弹性，增强面团稳定性，改善加工性能，改进面包瓤的结构，增大面包体积。

（3）葡萄糖氧化酶(glucose oxidase)

葡萄糖氧化酶在氧气存在的条件下能将葡萄糖转化为葡萄糖酸，同时产生过氧化氢。过氧化氢是一种很强的氧化剂，能够将面筋分子中的巯基(—SH)氧化为二硫键(—S—S—)，从而增强面筋的强度、提高面团延展性、增大面包体积，可取代对人体有致癌作用的溴酸钾($KBrO_4$)。

（4）脂肪酶(lipase)

脂肪酶能水解脂肪成单酰甘油和二酰甘油，单酰甘油能与淀粉结合形成复合粉，从而延缓淀粉的老化，在面包中使用脂肪氧化酶，能使面包增白，改善风味。在面条面团中使用脂肪酶，可使天然脂质得到改性，生成脂质和淀粉复合物，可防止直链淀粉在膨胀和煮熟过程中渗出，减少面团上出现斑点。

（5）植酸酶(phytic acid enzyme)

植酸其化学结构为肌醇六磷酸酯，由于分子中含有6个磷酸基团，具有强大的络合能力。植酸与蛋白质、钙、锰、铁等无机盐和维生素等螯合，使它们不能被利用，限制了面粉中无机盐的活性。使用植酸酶，可使面团中植酸水解，解除其螯合，消除抗营养因子，提高面粉中营养物质的利用率，生产出的面包含有较高活性的无机盐，易为人体吸收。

（6）脂肪氧合酶(lipoxygenase)

大豆脂肪氧合酶对面粉中具有戊二烯1，4双键的油脂发生氧化，形成氢过氧化物。氢过氧化物氧化蛋白质分子的巯基(—SH)形成二硫键(—S—S—)，并能诱导蛋白质分子聚合，使蛋白质分子变得更大，从而增强面筋的作用。脂肪氧合酶可通过偶合反应破坏类胡萝卜素的双键结构，从而起到漂白面粉、改善面粉色泽的作用。而脂肪氧化酶催化亚油酸生成的过氧化物，可改善面包的香气，为面包增香。由此可见，脂肪氧合酶兼具强筋和增白的功效，可减少或替代强筋剂溴酸钾及漂白剂过氧化苯甲酰的用量。

(7) 转谷氨酰胺酶(turn glutamine enzyme)

微生物的转谷氨酰胺酶能催化食品蛋白质中(如大豆蛋白、奶蛋白、鸡蛋蛋白及小麦蛋白等)谷酰基分子内或分子间的交联聚合，从而改善各种蛋白质的功能性质，如营养价值、质地结构、口感、储存期等。

(8) 蛋白酶(protease)

饼干专用粉要求面团有较大的韧性、塑性及较小的弹性，一般使用低蛋白含量的低筋粉。在饼干生产中，添加蛋白酶可有效软化面筋，使面筋链被蛋白酶水解，面粉便变为弱力粉，可降低面粉筋力，降低面团弹性，使生产的饼干疏松、易干燥，并可防止饼干收缩变形。

(9) 果胶酶(pectinase)

果胶酶本身就是一种复合酶，包括果胶酯酶(PE)、聚半乳糖醛酸酶(PG)、聚甲基半乳糖醛酸酶(PMG)、聚半乳糖醛酸裂解酶(PGL)、聚甲基半乳糖醛酸裂解酶(PMGL)等。工业生产中应用的果胶酶制剂不仅含有一种酶活性，而是多种酶的复合体，含有数量不同的各种果胶分解酶。为了提高果胶酶的破壁效果，目前大多果胶酶均为复合酶制剂，如含有纤维素酶、半纤维素酶、淀粉酶、阿拉伯聚糖酶及蛋白酶等。

11.7.4 食品酸度调节剂

食品酸度调节剂(food acidity regulator)亦称 pH 调节剂、酸味剂，是用以维持或改变食品酸碱度的物质。它主要有用以控制食品所需的酸化剂、碱剂以及具有缓冲作用的盐类。

酸化剂具有增进食品质量的许多功能特性，例如改变和维持食品的酸度并改善其风味；增进抗氧化作用，防止食品酸败；与重金属离子络合，具有阻止氧化或褪变反应、稳定颜色、降低浊度、增强胶凝特性等作用。酸均有一定的抗微生物作用，尽管单独用酸来抑菌、防腐所需浓度太大，影响食品感官特性，难以实际应用，但是当以足够的浓度、选用一定的酸化剂与其他保藏方法如冷藏、加热等并用，可以有效地延长食品的保存期。至于对不同酸的选择，取决于酸的性质及其成本等。

我国现已批准许可使用的酸度调节剂有：柠檬酸、乳酸、酒石酸、苹果酸、偏酒石酸、磷酸、乙酸、盐酸、已二酸、富马酸、氢氧化钠、碳酸钾、碳酸钠、柠檬酸钠、柠檬酸钾、碳酸氢三钠、柠檬酸一钠等 17 种。虽然我国可使用的酸度调节剂品种不少，但与国外许可使用的同类品种相比尚有一定差距，主要是缺少各种有机酸的盐。不过，当前重要的是加强应用开发，应尽量利用现有品种，针对不同食品原料，研制出具有各自不同风味特点、受人欢迎的加工食品。

二种或二种以上有机酸并用，并不一定是为了酸感强度相加，而是为了有效利用其呈味上的特性，掩盖或修饰食品呈酸的特点。如在以酸味为特征的食品中，用维生素 C 作为酸味剂的一部分，可产生天然新鲜的感觉。

有机酸在食品中的使用也常常用于食品防腐。以上各种酸味剂中，目前世界上用量最大的是柠檬酸，富马酸和苹果酸的需求将会有很大发展。

思 考 题

1. 什么是食品添加剂？其作用有哪些？
2. 对食品添加剂有哪些基本要求？
3. 举例说明食品的腐烂变质与防腐机理。

4. 现行主要防腐剂有哪些？
5. 说明苯甲酸钠生产工艺中物料（如甲苯、空气）的走向（原料→产品）。
6. 说明山梨酸钾的合成工艺。
7. 举例说明增稠剂的主要来源。
8. 举例说明抗氧化剂的生产工艺流程。
9. 天然色素和合成色素各有何特点？
10. 常用的天然色素和合成色素有哪些？
11. 常用的甜味剂有哪些？
12. 鲜味剂如何进行分类？各自有何特点？

第12章　电子化学品

电子化学品(electronic chemicals)是指为电子工业配套的精细化工产品，是电子工业的重要支撑材料之一。电子化学品种类繁多，按用途可分成光刻胶、印制电路板基板材料及配套化学品、超净高纯试剂、特种气体、液晶及其配套化学品、电子封装材料等。目前，电子化学品的品种已达上万种，它们具有质量要求高、用量小、对环境洁净度要求苛刻、产品更新换代快、资金投入量大、产品附加值高等特点，且这些特点随着微细加工技术的发展愈加明显。

本章重点介绍光刻胶、超净高纯试剂、特种气体、液晶四类主要电子化学品。

12.1　光　刻　胶

12.1.1　概述

光刻胶，又称光致抗蚀剂(protoresist)，是由成膜树脂、感光剂和溶剂三种主要成分组成的对光敏感的混合液体。它是利用成膜树脂光照后，树脂的溶解性或亲和性发生明显变化，在光刻工艺过程中，用作抗腐蚀涂层材料。半导体材料在表面加工时，采用适当的光刻胶，使表面上得到所需的图像。光刻胶按其曝光形成的图像分为正、负型两大类。涂层经曝光、显影后，曝光部分被溶解，未曝光部分保留，此类涂层材料为正型光刻胶；反之，曝光部分保留，而未曝光部分被溶解，此类涂层材料为负型光刻胶。

光刻技术作为半导体工业的“领头羊”，为整个产业的发展提供了强有力的技术支撑。随着集成电路不断地向高集成度和小型化发展，从最初的每个芯片上仅几十个器件发展到现在的每个芯片上可包含约十亿个器件。光刻胶作为集成电路制作过程中的关键材料，它的技术水平直接决定了集成电路制作工艺的成败。随着集成电路由微米级向纳米级发展，光刻技术也经历了从G线(436 nm)、I线(365 nm)，到深紫外248nm，以及目前193nm光刻的发展历程，相对应于各曝光波长的光刻胶也应运而生，其中的关键组分成膜树脂、感光剂也随之发生变化，使其更好地满足集成工艺要求。目前集成电路制作中主要使用的光刻胶见表12-1。

表12-1　目前集成电路制作中主要使用的光刻胶

光刻体系	成膜树脂	感光剂	曝光波长	主要用途
环化橡胶-双叠氮负胶	环化橡胶	双叠氮化合物	紫外全谱 300~450nm	2μm以上集成电路及半导体分立器件的制作
酚醛树脂-重氮萘醌正胶	酚醛树脂	重氮萘醌化合物	G线，436nm I线，365nm	0.5μm以上集成电路制作； 0.35~0.5μm集成电路制作
248nm光刻胶	聚对羟基苯乙烯及其衍生物	光致产酸剂	KrF，248nm	0.25~0.15μm集成电路制作
193nm光刻胶	聚脂环族丙烯酸酯及其共聚物	光致产酸剂	ArF，193nm干法 ArF，193nm浸湿法	65~130nm集成电路制作； 45nm以下集成电路制作
电子束光刻胶	甲基丙烯酸酯及其共聚物	光致产酸剂	电子束	掩膜版制作

12.1.2 光刻工艺及光刻胶的技术参数

微电子技术光刻所用的基材是大约厚 0.5mm、半径 2cm 以上的硅片(现在最大的硅片半径可达 15cm),在其表面可以覆盖上一层金属或者氧化硅、氮化硅。光刻的主要对象是二氧化硅,下面以刻蚀二氧化硅为例来说明光刻工艺的基本步骤(图 12-1)。首先在硅片上氧化或沉积一层二氧化硅(被加工表面),然后涂布一层光敏高分子材料即光刻胶,烘干后加一块有电路图形的掩模(即底片),并用紫外光曝光。由于光化学作用,曝光区和非曝光区上的光刻胶溶解度发生变化,利用合适的溶剂除去可溶部分(即显影),所得图形经烘干(后烘)后用氢氟酸将裸露二氧化硅腐蚀掉,最后除去残留的光刻胶,于是硅片上便得到一个与掩模相反或一致的图形,前者称为负图形[负胶,(a)],后者称为正图形[正胶,(b)]。

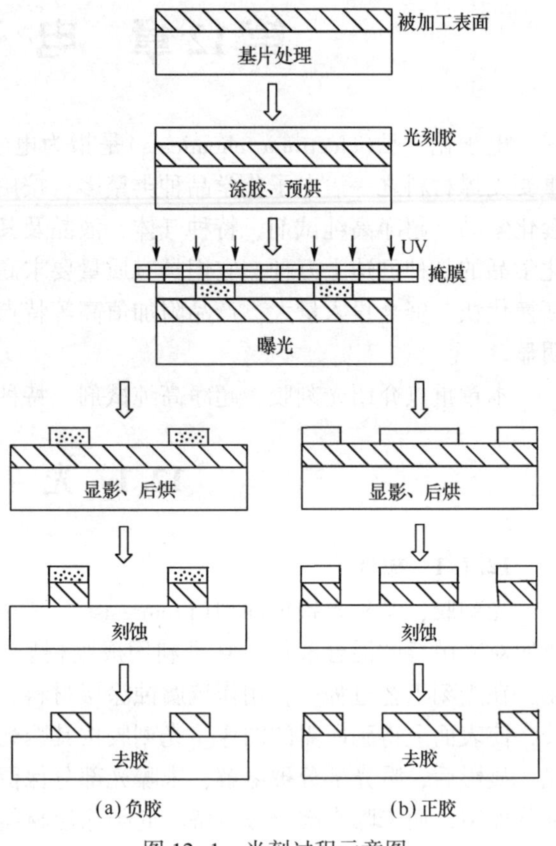

图 12-1 光刻过程示意图

光刻胶的技术参数主要包括:①分辨率:区别硅片表面相邻图形特征的能力。一般用关键尺寸来衡量分辨率。形成的关键尺寸越小,光刻胶的分辨率越好。②对比度:指光刻胶从曝光区到非曝光区过渡的陡度。对比度越好,形成图形的侧壁越陡峭,分辨率越好。③敏感度:光刻胶上产生一个良好图形所需一定波长光的最小能量值(或最小曝光量),单位为 mJ/cm^2。④黏滞性和表面张力:都是衡量光刻胶流动特性的参数。黏滞性随着光刻胶中溶剂的减少而增加;黏滞性越小,光刻胶厚度就越均匀。光刻胶应该具有比较小的表面张力,使光刻胶具有良好的流动性和覆盖。⑤粘附性:表征光刻胶粘着于衬底的强度。光刻胶的粘附性不足会导致硅片表面的图形变形。光刻胶的粘附性必须经受得住后续工艺(刻蚀、离子注入等)。⑥抗蚀性:光刻胶必须保持它的粘附性,在后续的刻蚀工序中保护衬底表面。⑦存储和传送:能量(光和热)可以激活光刻胶。应该在密闭、低温、不透光的环境中存储。同时必须规定光刻胶的闲置期限和存储温度环境,一旦超过存储时间或较高的温度范围,负胶会发生交联,正胶会发生感光延迟。

12.1.3 光刻胶的主要种类

光刻胶的品种较多,除上述的正、负型光刻胶之分外,基于成膜树脂的化学结构不同,可分为光聚合型、光分解型和光交联型光刻胶。基于其曝光光源和辐射源的不同,则可以分为紫外光刻胶(ultraviolet, UV)、远紫外光刻胶(deep ultraviolet, DUV)、极紫外光刻胶(extreme ultraviolet, EUV)电子束、X 射线及离子束光刻胶等。

12.1.3.1 紫外(UV)光刻胶

紫外光刻胶的研究历史较长,技术成熟,应用最为广泛,可分为紫外正型光刻胶和紫外负型光刻胶。

（1）紫外正型光刻胶

紫外正型光刻胶是一类采用紫外线曝光的酚醛树脂类阳图型抗蚀剂，其中线型酚醛树脂为成膜树脂，邻重氮萘醌磺酸酯为感光剂。感光剂的不同会导致曝光波长有所不同，按曝光波长的不同又可以分为宽线、G 线（436nm）、I 线（365nm），主要包括 KMP C7310、KMP C5315、BP-212、BP-215、BP-218 等系列产品。这类产品具有高感光度、高分辨率及良好的工艺宽容度等优点，主要用于集成电路和液晶显示器件等微电子技术的制作中。

下面以 BP-215 为例说明其光解反应机理和合成过程。紫外光刻胶受紫外光照射后，曝光区邻重氮萘醌磺酸酯发生分解，放出氮气形成烯酮，烯酮遇水形成茚羧酸而易溶于稀碱水。未曝光区由于碱的作用，重氮基与酚醛树脂上的酚羟基发生偶合反应。而对于多官能团的感光剂分子，重氮偶合反应会使酚醛树脂产生交联而降低碱溶解性，由此便得到了在未曝光区抗蚀膜保留的正性图形。

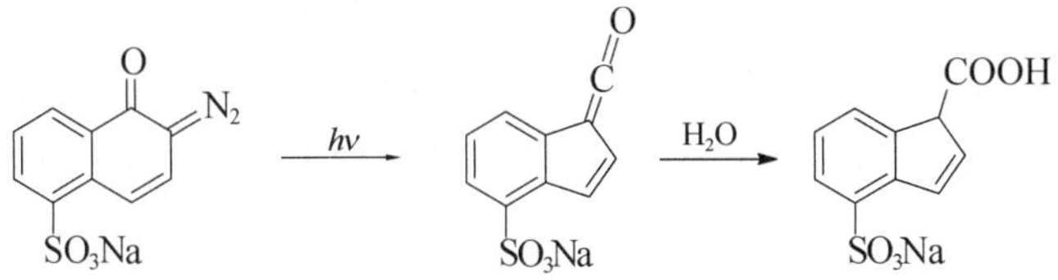

O, N_2, SO_3Na —— $h\nu$ ——→ C=O, SO_3Na —— H_2O ——→ COOH, SO_3Na

以 5-羟基-1-萘磺酸钠盐为原料经过亚硝化、还原、重氮化、酰氯化后制得 BP-215 邻重氮萘醌磺酰氯，后者与含有多羟基化合物的感光剂在碱性条件下反应，制备出一个或多个羟基氢被取代的产物邻重氮萘醌磺酸酯。

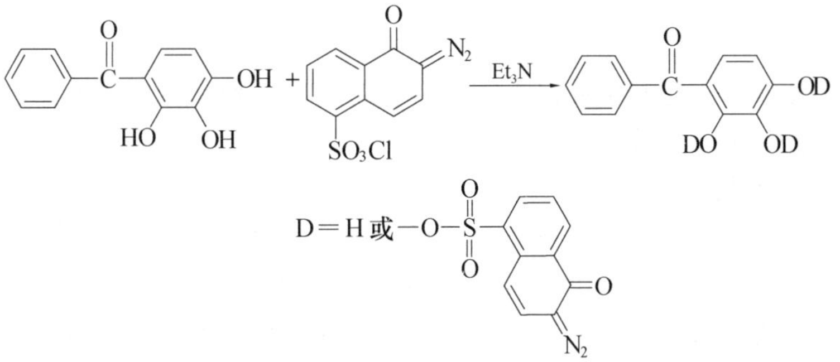

O, C, OH, HO, OH + O, N_2, SO_3Cl —— Et_3N ——→ O, C, OD, DO, OD

D＝H 或 —O—S(O)(O)—, O, N_2

能够用于感光剂合成的羟基化合物很多，如双酚 A、对甲苯酚三聚体等，近年来感光剂的发展趋势是应用含有多羟基的二苯甲酮类化合物。

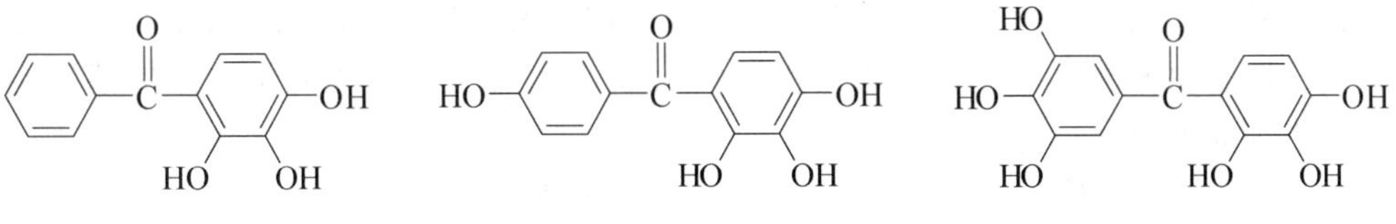

O, C, OH, HO, OH　　HO, O, C, OH, HO, OH　　HO, HO, HO, O, C, OH, HO, OH

常见多羟基化合物感光剂

（2）紫外负型光刻胶

1958 年柯达公司开发了环化橡胶-双叠氮型紫外负型光刻胶。因为该胶在硅片上具有良好的粘附性，同时具有感光速度快、抗湿法刻蚀能力强等优点，在 20 世纪 80 年代初成为电子工业的主要用胶，占当时总消费量的 90%。但由于其用有机溶剂显影，显影时胶膜会溶胀，从而限制了负胶的分辨率，因此主要用于分立器件和 5μm、2～3μm 集成电路的制作。目前，紫外负型光刻胶的生产技术已经非常完善，在我国已经实现了国产化，主要有北京科华微电子材料有限公司生产的 BN303、BN308、BN310 等系列产品。随着微电子工业加工线宽的缩小，该系列负胶在集成电路制作中的应用逐渐减少。

橡胶-叠氮型负型光刻胶以带双键基团的环化橡胶为成膜树脂，以含两个叠氮基团的化合物作为交联剂。叠氮基团在紫外线照射下分解形成氮卡宾，并释放出氮气，这种氮卡宾能以多种形式与双键乃至 C—H 单键反应，如它与双键的反应式如下：

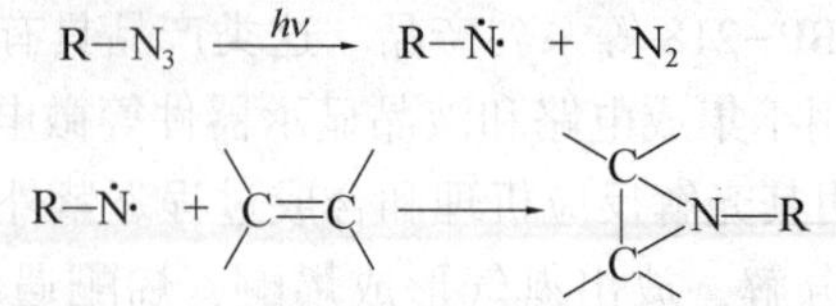

$$R{-}N_3 \xrightarrow{h\nu} R{-}\dot{N}\cdot + N_2$$

$$R{-}\dot{N}\cdot + \;\rangle C{=}C\langle \;\longrightarrow\; \text{(C—C—N—R 三元环)}$$

双叠氮化合物，如 2，6-双(4-叠氮苯亚甲基)-4-甲基环己酮，光照时可产生两个活泼的氮卡宾基，它可与橡胶上的两个双键反应，形成交联化合物。橡胶可以是天然橡胶(聚异戊二烯)或聚丁二烯。未处理的橡胶在有机溶剂如甲苯中的黏度太大，要将橡胶进行环化处理，环化橡胶在甲苯溶液中黏度很低，与叠氮化合物能很好相溶。因此该类型的光刻胶一般为环化橡胶的甲苯溶液，浓度为 8%~10%。光敏交联剂双叠氮化合物加入量不超过环化橡胶的 10%。所用双叠氮化合物不同，其感光度也不同，有的需加增感剂，如二苯甲酮或蒽酮等，加入量约为 5%。

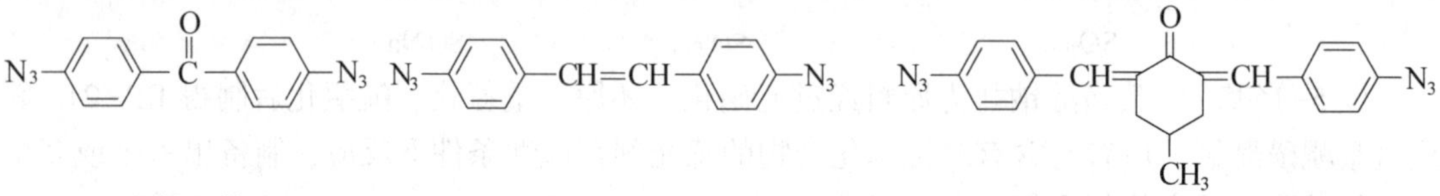

$N_3{-}C_6H_4{-}CO{-}C_6H_4{-}N_3$　4, 4′-双叠氮二苯甲酮

$N_3{-}C_6H_4{-}CH{=}CH{-}C_6H_4{-}N_3$　4, 4′-双叠氮二苯基乙烯

$N_3{-}C_6H_4{-}CH{=}$(4-CH_3-环己酮-2,6-叉)${=}CH{-}C_6H_4{-}N_3$　2, 6-双(4-叠氮苯亚甲基)-4-甲基环己酮

12.1.3.2　远紫外(DUV)光刻胶

为了使最小分辨率达到 150nm 以下，不断有新的曝光光源应用其中，如 ArF(193nm)、F_2(157nm)和极紫外(13nm)等。

(1) 248nm 远紫外光刻胶

随着稀有气体卤化物准分子激发态激光的发展，远紫外线光刻工艺成为现实。目前，248nm KrF 光刻技术已经成功应用在分辨率为 180nm 的半导体器件的制作上。248nm 光刻胶通常采用聚对羟基苯乙烯衍生物为成膜树脂，芳基碘鎓盐或硫鎓盐作为光致产酸剂，运用化学增幅技术，在光作用下光致产酸剂释放出酸，然后酸催化使聚合物交联(负胶)或发生脱保反应(正胶)，从而使感光灵敏度极大地提高，有效地延长了激光器及透镜的使用寿命。如典型的正型光刻胶成膜树脂是羟基经叔丁氧羰基保护的聚对羟基苯乙烯，在氢离子催化下脱去保护基，树脂由碱性不溶变成碱性可溶，同时又产生氢离子继续催化脱保护基反应的进行，反应机理如下所示：

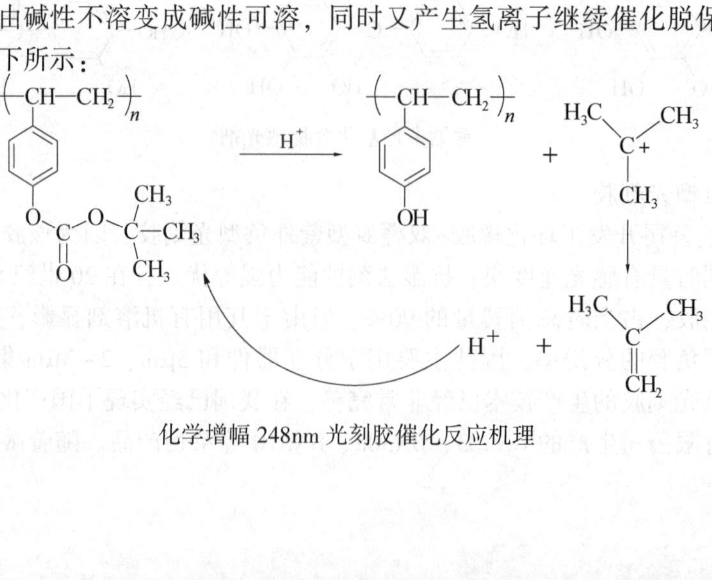

$$-(CH{-}CH_2)_n- \text{(}C_6H_4{-}O{-}CO{-}O{-}C(CH_3)_3\text{)} \xrightarrow{H^+} -(CH{-}CH_2)_n- \text{(}C_6H_4{-}OH\text{)} + (CH_3)_3C^+$$

$$(CH_3)_3C^+ \longrightarrow H^+ + (H_3C)_2C{=}CH_2$$

化学增幅 248nm 光刻胶催化反应机理

(2) 193nm 远紫外光刻胶

以 KrF 激光为光源的 248nm 光刻，已可以生产 256M-1G 的随机存储器，其最佳分辨率可达 0.15μm，而对于小于 0.15μm 的更加精细图形的加工，248nm 光刻胶已无能为力，这时需要 193nm(ArF 激光为光源)光刻。I 线光刻胶、248nm 光刻胶由于含有苯环结构，在 193nm 吸收太高而无法继续使用，因此要寻求一种在 193nm 波长下更透明的材料。用于 193nm 光刻胶制备的主体树脂主要有丙烯酸树脂、马来酸酐共聚物、环化聚合物。同时 193nm 光刻胶的成膜树脂结构中不含芳环，使碘鎓盐或硫鎓盐的产酸效率受到影响，所以光致产酸剂也需要改善。193nm 单层光刻的分辨率可达 0.15μm 左右，如用相位移掩模、OPC(光邻近效应的图形补偿)技术以及多层抗蚀剂等增强抗蚀剂的方法，193nm 光刻可以进一步提高分辨率至 0.1μm 左右。

2002 年，人们在对 193nm 浸没式光刻的研究中发现：在 193nm 曝光系统中，如果将水(折射率 $n=1.44$)作为浸没介质填充到原空气空间($n=1$)，就可以使 193nm 深紫外光刻技术达到 65nm 以下分辨率的要求。鉴于 193nm 干法光刻设备及技术均已十分成熟，如使用更高折射率液体及对工艺进行进一步改进，即可使 193nm ArF 光刻技术延伸到 45nm 乃至 32nm 节点。尼康公司于 2005 年 6 月底发布了其先进的浸没式光刻系统“NSR-S690B”，可以实现 55nm 工艺的量产和 45nm 水平研发的光刻需求。ASML 公司也于同年 7 月初发布了可支持 45nm 的浸没式光刻“XT：1700i”。

(3) 157nm 远紫外光刻胶

157nm 光刻光源采用氟气准分子激光，激发出波长 157nm 附近的真空紫外光，但由于光学镜头材料固有的反射光斑、掩模及保护膜材料、抗蚀剂以及污染控制等方面存在技术障碍而受到了巨大挑战。

2003 年 5 月英特尔公司突然宣布放弃 157nm 技术，将继续使用 193nm 浸没式光刻技术进行 65nm 及 45nm 的制程，并继续拓展 193nm 浸没式光刻技术，使之能够适应更深层次的工艺需求，同时计划采用极紫外光(EUV)来制作 22nm 以下的制程。英特尔公司此举实则将 157nm 光刻技术跳了过去，意味着其放弃了这个被称为传统意义上光学极限的光刻技术，但业界在 157nm 光刻技术的进程并没有因此停顿，至少在 32nm 光刻技术的选择方法中是一个重要的筹码，因为 157nm 也能附加浸没式技术而提高分辨率。

12.1.3.3 极紫外(EUV)光刻胶

随着光刻技术的进步，缩短波长已经成为整个行业最大的挑战，分辨率小于 157nm 光刻技术进一步发展。其中 EUV 是最有前途的方法之一，其最明显的特点是曝光波长降到 13.5nm，在如此短波长的光源下，几乎所有物质都有很强的吸收性，所以不能使用传统的穿透式光学系统，而要改用反射式的光学系统，但是反射式光学系统难以设计成大的数值孔径 NA，造成分辨率无法提高。

EUV 技术还有些其他优点，如可通用 KrF 曝光中的光刻胶以及由于短波长，不需要使用 OPC 技术等，大大降低了掩模成本。

12.1.3.4 电子束、X 射线及离子束光刻胶

为了继续缩小线宽，扩大芯片容量，人们一直在开发新的集成电路生产技术，如电子束投影光刻、X 射线接近式光刻、离子束投影光刻等。其中电子束胶极有可能在集成电路线宽降至纳米级时大显身手，目前国外电子束胶的研究水平已经达到了 0.07μm 的水平，其 0.1μm 技术用电子束胶已批量生产。电子束光刻工艺的应用研究主要分为两个方面：①电

子束曝光机的研究：研究放大功率、多光束电子曝光机，提高单位曝光速率；②电子束胶的研究：研究方向为通过化学增幅技术提高电子束胶的感光灵敏度，使感光灵敏度达到小于10μc/cm^{2}的集成电路制作的实用水平。

12.1.4 光刻胶的发展现状

目前我国光刻胶与国际先进水平相比在产品上大约相差四代以上，国外已经推出用于45nm 技术节点的商品化 193nm 浸没式光刻胶，而我国只有低档线 G 线正胶产品。高分辨 G 线、I 线正胶、248nm 和 193nm 远紫外光刻胶均需依赖进口。由北京科华微电子材料有限公司投资建设的我国第一条百吨级高档光刻胶生产线 2009 年 5 月在北京建成并投产运行，这标志着我国开始拥有了自己的高档光刻胶产品，国内微电子技术行业长期依赖进口光刻胶的局面将从此结束。

12.2 超净高纯试剂

超净高纯试剂(ultra-clean and high-purity reagents)在国际上通称为工艺化学品(process chemicals)，欧美和中国台湾地区又称湿化学品(wet chemicals)，是超大规模集成电路制作过程中的关键性基础化工材料之一，是基于微电子技术的发展而产生的，主要用于芯片的清洗和蚀刻，其纯度和洁净度对集成电路的成品率、电性能及可靠性均有十分重要的影响。超净高纯试剂具有用量大、品种多、技术含量高、腐蚀性强和储存有效期短等特点。

12.2.1 超净高纯试剂的国内外标准等级

随着微电子技术的发展，不断更新的集成电路(IC)产品需要与之相匹配的超净高纯试剂，不同线宽的集成电路必须使用不同规格的超净高纯试剂进行蚀刻和清洗。超净高纯试剂的关键在于控制其所含的金属离子的多少和试剂中尘埃颗粒的含量，对于线宽较小的集成电路，极少数金属离子或灰尘就能够毁掉整个电路。

1975 年，国际半导体设备与材料组织(SEMI)制定了国际统一的超净高纯试剂标准，按照应用范围共分为 SEMI-C1、SEMI-C7、SEMI-C8 和 SEMI-C12 四个等级，其质量规格见表 12-2。我国的超净高纯试剂也分为 MOS、BV-Ⅰ、BV-Ⅱ、BV-Ⅲ、BV-Ⅳ和BV-Ⅴ级，后三个等级分别相当于 SEMI-C7、SEMI-C8 和 SEMI-C12 的标准，其质量规格见表 12-3。

表 12-2 超净高纯试剂 SEMI 国际标准等级

SEMI 标准	SEMI-C1	SEMI-C7	SEMI-C8	SEMI-C12
金属杂质/(μg/kg)	≤1000	≤10	≤1	≤0.1
控制粒径/μm	≤1.0	≤0.5	≤0.5	≤0.2
颗粒/(个/mL)	≤25	≤25	≤5	TBD
适用 IC 线宽范围/μm	≥1.2	0.8~1.2	0.2~0.6	0.09~0.2

表 12-3 超净高纯试剂国内标准等级

SEMI 标准	MOS	BV-Ⅰ	BV-Ⅱ	BV-Ⅲ	BV-Ⅳ	BV-Ⅴ
金属杂质/(μg/kg)	≤100mg/kg	≤10	≤1	≤10	≤1	≤0.1
控制粒径/μm	≤5	≤2	≤2	≤0.5	≤0.5	≤0.2
颗粒/(个/mL)	≤27	≤3	≤2	≤25	≤5	TBD
适用 IC 线宽范围/μm	≥5	≥3	>2	0.8~1.2	0.2~0.6	0.09~0.2

12.2.2 超净高纯试剂的分类

电子微加工技术用超净高纯试剂的品种已超过 30 种，目前应用最广泛的有 10 多种。依照其用途，可以划分为光刻胶配套试剂、湿法蚀刻剂和湿法工艺试剂；依照其性质则可以分为：无机酸类、无机碱类、有机溶剂类及其他类型超净高纯试剂，如表 12-4 所示。资料显示，超净高纯试剂在半导体工业中的消耗比例大致为：硫酸约占 27%~33%，盐酸约占 3%~8%，其他酸约占 10%~20%，氨水约占 8%，有机溶剂约占 10%~15%，双氧水约占 8%~22%，其他蚀刻剂约占 12%~20%。

表 12-4 常用高净超纯试剂的分类表

种　类	品　称
无机酸类	硫酸、盐酸、硝酸、醋酸、磷酸、混酸
无机碱类	氨水、氢氧化钾溶液、氢氧化钠溶液
有机溶剂类	甲醇、乙醇、异丙醇、丙酮、丁酮、甲基异丁基酮、乙酸乙酯、乙酸丁酯、乙酸异戊酯、甲苯、二甲苯、环己烷、三氯乙烯、1，1，1-三氯乙烷、二氯甲烷、四氯化碳、*N*-甲基吡咯烷酮、丙二醇单甲醚
其他	双氧水、氟化铵蚀刻剂、硅蚀刻剂、铬蚀刻剂、ITO 蚀刻剂等

12.2.3 超净高纯化学试剂的制备技术

电子微细加工技术用超净高纯试剂的制备关键在于控制并达到其所要求的杂质含量和颗粒度。国际上目前通常采用的提纯工艺有十几种，如精馏、蒸馏、亚沸蒸馏、等温蒸馏、减压蒸馏、高效连续精馏、气体低温精馏与吸收、分子蒸馏、离子交换技术、膜处理等技术，它们各有优点，不同的提纯技术适用于不同产品的生产。下面介绍目前国际常用的几种主要超净高纯试剂的制备技术。

高效连续精馏技术是传统的比较成熟的制备技术，早期的生产主要采用此项技术，如硫酸、盐酸、硝酸、氢氟酸、异丙醇、丙酮、无水乙醇等，其特点是工艺稳定，产品质量可靠，但此项工艺也有不足之处，特别是在进行深亚微米技术用超净高纯试剂的制备中，由于对设备材质的要求非常苛刻，要生产出高质量的产品难度较大，而且高温高效连续精馏本身的能耗也比较大，导致生产成本成倍增加，但目前国内超净高纯试剂的生产厂家绝大部分还是采用此工艺进行生产。

气体低温精馏与吸收技术是生产高纯度化学试剂的可靠技术，主要用于氨水、氢氟酸、盐酸、硫酸、磷酸等产品的生产，气体吸收技术的突出优点是设备及工艺路线简单、生产能耗低、产品质量高、操作简便、产量大、可以规模化生产。

离子交换技术由于具有能耗低、产量大、产品级别高、生产操作灵活、容易控制、产品质量稳定等特点，在超净高纯试剂的生产中越来越得到重视，应用的范围也不断扩大。早期主要用于纯水的制备，后来在解决了树脂的抗氧化性之后而扩展至双氧水的生产，目前国际上双氧水的生产特别是高纯度产品主要采用离子交换技术。在有机试剂的生产过程中，早期主要采用精馏技术，但对于控制金属杂质在 10^{-9}级以下试剂的生产，精馏技术已经难以满足要求。在离子交换技术引入有机试剂的生产之初，由于有机试剂对树脂的溶胀作用而导致此项技术进展缓慢，后来通过解决树脂的抗溶胀作用而逐渐得以推广。

膜处理技术正在越来越广泛地用于超净高纯试剂的制备中，特别是与高效连续精馏技术、气体低温精馏与吸收技术等的结合使用。目前国际上在超净高纯试剂的制备中常用的分离膜主要包括反渗透膜和离子交换膜等。它们对应不同的分离机理及不同的设备，有不同的应用对象。膜本身可以由聚合物、无机材料或液体制成，其结构可以是均质或非均质的、多孔或无孔的、固体的或液体的、带电的或中性的。通过膜处理技术与精馏或气体吸收技术的结合，已经可以实现金属杂质的控制水平达到 10^{-9}级以下。对于国内的超净高纯试剂生产企业来说，由于分离膜本身的售价过高，目前还没有企业采用此项技术。

12.2.4 超净高纯试剂的应用

超净高纯试剂主要用于基片在涂胶前的湿法清洗、光刻过程中的蚀刻及最终的去胶，以及硅片本身制作过程中的清洗。硅圆片在进行工艺加工过程中，常常会被不同的杂质所沾污，这些杂质的沾污将导致集成电路的产率下降大约 50%。为了获得高质量、高产率的集成电路芯片，必须将这些沾污物去除干净。有关沾污类型、来源和常用清洗试剂见表 12-5。

表 12-5 沾污类型、来源及常用清洗试剂表

沾污类型	可 能 来 源	清洗用化学品
颗粒	设备、超净间空气、工艺气体和化学试剂、去离子水	$NH_3 \cdot H_2O$、H_2O_2、H_2O； 胆碱、H_2O_2、H_2O
金属	设备超净高纯试剂、离子注入、灰化、反应离子刻蚀	HCl、H_2O_2、H_2O； H_2SO_4、H_2O； HF、H_2O
有机物	超净间气体、光刻胶残渣、储存容器、工艺化学试剂	H_2O_2、H_2SO_4； $NH_3 \cdot H_2O$、H_2O_2、H_2O
自然氧化物	超净间湿度、去离子水冲洗	HF、H_2O； NH_4F、HF、H_2O

(1) 湿法清洗

在标准的集成电路制造工艺流程中，涉及晶圆清洗或表面预处理的工艺就超过 100 步之多，包括曝光后光刻胶的剥离、灰化残留物和本征氧化物的去除，甚至还有选择性刻蚀。尽管干法工艺不断发展，且在某些应用中独具特色，但是大多数晶圆清洗或表面预处理工艺还是湿法，即使用由多种化学物质组成的混合溶液，包括氢氟酸、盐酸、硫酸、磷酸、双氧水，以及大量用于稀释与冲洗的去离子水。通常在批浸没或批喷雾系统内对晶圆进行处理，当然还包括日益广泛使用的单晶圆清洗方法。使用更稀释的化学溶液，辅之以某种形式的机械能，如兆声波或喷射式喷雾(jet-spray)处理等是未来发展的趋势。

(2) 湿法蚀刻

蚀刻工艺是继光刻工艺之后的又一关键工艺，尽管在深亚微米和纳米工艺中干法蚀刻已经占主导地位，但在亚微米及分立器件制作过程中主要还是采用湿法蚀刻。湿法蚀刻是指借助于化学反应从硅圆片的表面去除固体物质的过程。它可发生在全部硅圆片表面或局部未被掩膜保护的表面上，其结果是导致固体表面全部或局部溶解。湿法蚀刻依据蚀刻对象的不同可分为绝缘膜、半导体膜、导体膜及有机材料等多种蚀刻，所用超净高纯试剂主要是一些混酸蚀刻液，其主要品种见表 12-6。

表 12-6 常见刻蚀层所用超净高纯试剂

蚀刻层	所用超净高纯试剂
SiO_2	氧化物缓冲蚀刻剂[HF、NH_4F/H_2O(BHF)]
Si	混酸蚀刻剂($HF/NHO_3/CH_3COOH$)
Si_3N_4	H_3PO_4
Al	磷酸蚀刻剂($H_3PO_4/HNO_3/CH_3COOH$)

12.2.5 高纯氢氟酸的生产工艺

目前国内外制备高纯氢氟酸的常用提纯技术有精馏、蒸馏、亚沸蒸馏、气体吸收等技术，这些提纯技术各有特性，各有所长。有的提纯技术如亚沸蒸馏技术只能用于制备量少的产品，而有的提纯技术如气体吸收技术可以用于大规模的生产。由于氢氟酸具有强腐蚀性，采用蒸馏工艺时所使用的蒸馏设备一般需用铂、金、银等贵金属或聚四氟乙烯等抗腐蚀性能力较强的材料来制造。

下面介绍一种精馏、吸收相结合的生产高纯氢氟酸的生产工艺。具体工艺流程见图12-2。将无水氢氟酸经过化学预处理后通过给料泵进入高位槽，再通过流量计控制进入精馏塔，通过精馏操作得到精制后的氟化氢气体，并将其送入吸收塔，精馏塔残液定期排放并制成工业级氢氟酸。在吸收塔中，通过加入经过计量后的高纯水，使精馏后的氟化氢气体形成高纯氢氟酸，并且可采用控制喷淋密度、气液比等方法使高纯氢氟酸进一步纯化，得到粗产品。随后再经过超净过滤工序，使产品进一步混合和得到过滤，保证产品的颗粒合格。最后在净化室内进行包装得到最终产品——高纯氢氟酸。

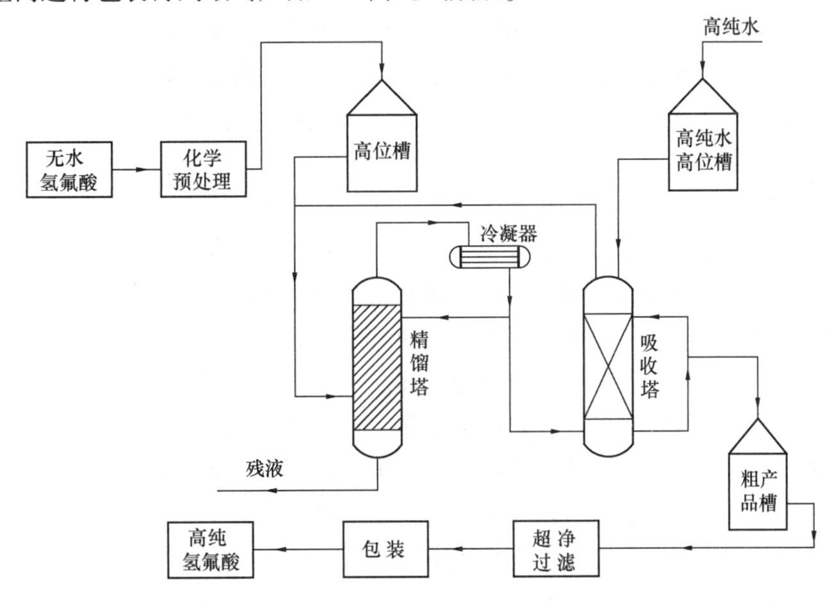

图 12-2 高纯氢氟酸工艺流程图

杂质砷是高纯氢氟酸中需要控制的一种重要杂质指标，在氢氟酸原料中砷一般以三价态形式存在，而且 AsF_3 与氢氟酸的沸点相差不大，所以仅靠精馏对其分离的效果不会十分理想。为去除杂质砷，可在精馏过程中，加入适量的强氧化剂(如高锰酸盐等)将三价态的砷进行氧化，使其在精馏过程中沉积于塔釜中而被除去。

12.2.6 超净高纯试剂的发展现状

随着集成电路制作要求的提高，对工艺中所需的液体化学品纯度的要求也不断提升。从技术趋势上看，满足纳米级集成电路加工需求是超净高纯试剂今后发展方向之一。目前，国际上制备 SEMI-C1 到 SEMI-C12 级超净高纯试剂的技术都已经趋于成熟。美国、日本、德国、韩国以及中国台湾地区已经能够大规模生产 SEMI-C8 级超净高纯试剂，SEMI-C12 级超净高纯试剂也已完成前期的工艺研究并具备相应的生产能力。而国内超净高纯试剂的研发水平及生产技术水平与国际上的先进技术水平相比尚有一定的差距。我国每年超净高纯试剂市场需求约 7 万吨，其中国有产品市场占有率只有约 18%。5μm 集成电路技术用 MOS 级试剂已经全部实现国产化；0.8~1.2μm 集成电路技术用 BV-Ⅲ级超净高纯试剂（相当于国际 SEMI-C7 水平）的产业化技术也已经成熟，但规模化生产技术有待进一步的完善；0.2~0.6μm 集成电路技术用 BV-Ⅳ级超净高纯试剂（相当于国际 SEMI 标准 C8 水平）的工艺制备技术及分析测试技术有较大的突破，但规模化生产技术的瓶颈问题还有待进一步解决；部分高档 SEMI-C8 水平及以上档次的产品则全部依赖进口。

12.3 特种气体

12.3.1 概述

特种气体（specialty gases）是指那些在特定领域中应用的，对气体有特殊要求的纯气、高纯气或由高纯单质气体配制的二元或多元混合气。特种气体门类繁多，分类标准也有所差异，根据其用途可以分为：电子工业用气，如硅烷、磷烷等；仪器仪表用气，如标准气、色谱载气等；以及其他特殊用途用气。其特点是品种繁多、市场需求量较小、价值高，纯度要求高，对其所含杂质的种类和数量有严格的限定。我国特种气体经过 20 多年的发展，在气体品种和数量上都有很大的提高，基本上满足了市场的需求。然而，其质量和生产规模仍有待提高。随着集成电路集成度的提高和工艺的改进，对特种气体的要求也越来越高，主要体现在严格控制气体中氧、水、碳氢化合物、金属离子和尘埃等有害成分的含量上。

高纯气体通常指利用现代提纯技术能达到的某个等级纯度的气体，需要满足两个条件：①主体成分含量必须大于某一定值；②各杂质的组分含量必须小于某一定值。根据分子结构的不同，可以分为有机高纯气体和无机高纯气体。对于不同类别的气体，纯度指标不同（表 12-7）。高纯气体应用领域极宽，例如在半导体工业，高纯氮、氢、氩、氦可作为运载气、保护气和配制混合气的底气；乙炔可直接用于金属切割焊接、原子吸收等；环氧乙烷可用作生产增塑剂、润滑剂等；氯乙烷可用作烟雾剂、冷冻剂、汽油抗震剂、局部麻醉剂；二甲醚可作喷气推进剂、制冷剂；甲硫醇用于合成染料、医药、农药等。

电子特种气体（electronic special gas），也称为电子气体，是配套电子信息产业重要的基础原材料之一，广泛应用于电子行业、太阳能电池、移动通信、汽车导航及车载音像系统、航空航天、军事工业等诸多领域，其产量和质量可以反映一个国家的电子化学工业水平的高低。电子气体按纯度等级和使用场合，可分为电子级、大规模集成电路级、超大规模集成电路级和特大规模集成电路级。下面简单介绍几种主要的电子特种气体，分别从其制备、用途和产品规格加以说明。

表 12-7　不同种类高纯气体的纯度指标

高纯气体	纯度/%
H_2、N_2、O_2、He、Ne、Ar、PH_3、AsH_3	≥99.999(5N)
NH_3、Cl_2、HCl、H_2S、CO、N_2O、SO_2、CH_4、C_2H_4、C_3H_4、C_3H_8、Kr、SF_6、SiH_4、B_2H_6、BF_3、CF_4	≥99.99(4N)
NO、C_3H_6、n-C_4H_{10}、i-C_4H_{10}、BCl_3、HF、CCl_3F、$CClF_3$	≥99.9(3N)
CH_2Cl_2、CH_3Cl、CH_3Br、D_2、C_2H_2、C_2F_6、C_4H_6	≥99.5(2.5N)
CH_3F、$C_2H_2F_2$、C_2HClF_2、C_4F_6	≥99.0(2N)

12.3.2　几种主要电子特种气体

12.3.2.1　高纯氨（NH_3）

（1）制备和用途

以工业氨为原料，经多级吸附、精馏，可制取纯度高于 99.999%的产品。

在电子工业中，高纯氨用作化学气相沉积氮化硅的氮源。在化工、科研等领域用作标准气，配制标准混合气、物性测定、催化剂评价等。

（2）产品规格(GB/T 14601—2009)

氨电子级产品的规格如下：氨的纯度，≥99.9995%；氧含量，<1μg/g；氮含量，<1μg/g；一氧化碳含量，<1μg/g；烃(C_1~C_3)含量，<1μg/g；水含量，<3μg/g；总杂质含量，≤5μg/g。

12.3.2.2　高纯氯化氢（HCl）

（1）制备和用途

采用吸附纯化的氯气与钯管纯化的氢气燃烧反应后，经催化转化脱除氧、氯杂质，采用净化吸附、低温精馏、液化，可得高纯液态氯化氢。或以工业氯化氢为原料净化制备。

高纯氯化氢主要应用于微电子工业半导体器件生产中单晶硅片气相抛光、外延和基座腐蚀工艺，也可用于硬质合金和玻璃表面处理、医药中间体和精细化学品制造、科学研究等领域。

（2）产品规格(GB/T 24469—2009)

氯化氢纯度≥99.999%；氮含量，≤2.0μg/g；氧+氩含量，≤1.0μg/g；甲烷+乙炔含量，≤1.0μg/g；水含量，≤1.0μg/g；一氧化碳含量，≤2.0μg/g；二氧化碳含量，≤2.0μg/g；铁含量(质量分数)，≤0.5μg/g；其他金属离子(锰、钴、锌、铜、铬、镍等)含量(质量分数)，≤0.1μg/g。

12.3.2.3　电子级三氟化氮（NF_3）

（1）制备和用途

①合成法：将氟化氢铵在镍制反应器中加热，氟气、氮气和氨通过分布器进入反应器直接氟化反应。

②电解法：在一定温度下，电解熔融的氟化氢铵，电解过程中阳极产生三氟化氮，阴极产生氢气。

三氟化氮是微电子工业中一种优良的等离子蚀刻气体，对硅和氮化硅蚀刻，尤其是在厚度小于1.5μm的集成电路材料的蚀刻中，具有非常优良的蚀刻速率和选择性，在被蚀刻物表面不留任何残留物质，无污染，同时也是非常良好的清洗剂。

(2) 产品规格(GB/T 21287—2007)

电子级三氟化氮的产品规格见表12-8。

表12-8 电子级三氟化氮的产品规格

项目		指标				
三氟化氮的纯度/%	≥	99.5	99.9	99.98	99.99	99.996
四氟化碳含量/(μg/g)	≤	1500	500	100	50	20
氮含量/(μg/g)	≤	700	50	10	10	5
氧+氩氮含量/(μg/g)	≤	700	50	10	5	3
一氧化碳含量/(μg/g)	≤	50	10	10	5	1
二氧化碳含量/(μg/g)	≤	25	10	10	5	0.5
氧化亚氮含量/(μg/g)	≤	50	10	10	5	1
六氟化硫含量/(μg/g)	≤	50	50	10	5	2
可水解氟化物(以HF计)或总酸度/(μg/g)	≤	1	1	1	1	1
水含量/(μg/g)	≤	1	1	1	1	1

12.3.2.4 电子级三氟化硼(BF_3)

(1) 制备和用途

以氟气和硼单质为原料，采用直接化合反应或以氟硼酸钠(钾)为原料热分解法后得到的三氟化硼粗品，采用吸附、蒸馏的方法提纯。

$$NaBF_4(KBF_4) \longrightarrow NaF(KF) + BF_3$$

电子工业中三氟化硼主要用于半导体器件和集成电路生产的离子注入和掺杂。

(2) 产品规格(GB/T 14603—2009)

直接反应法产品的技术指标见表12-9。

表12-9 直接反应法产品的技术指标

项目		指标	
三氟化硼的纯度/%	≥	99.999	99.995
氮含量/(μg/g)	<	2	20
氧+氩含量/(μg/g)	<	1	10
二氧化碳含量/(μg/g)	<	1	5
四氟化碳含量/(μg/g)	<	1	5
四氟化硅含量/(μg/g)	<	5	10
杂质总含量/(μg/g)	≤	10	50

热分解制备法产品的技术指标见表12-10。

表 12-10 热分解制备法产品的技术指标

项　　目		指　　标
三氟化硼的纯度/%	≥	99.995
氮+氧+氩含量/(μg/g)	<	10
二氧化碳含量/(μg/g)	<	10
二氧化硫含量/(μg/g)	<	10
四氟化硅含量/(μg/g)	<	20
硫酸盐含量/(μg/g)	<	8
杂质总含量/(μg/g)	≤	50

12.3.2.5 电子级三氯化硼（BCl_3）

（1）制备和用途

以粗制三氯化硼为原料，采用吸附、蒸馏的方法提纯。

主要用作电子工业硅半导体器件和集成电路生产所用的扩算、离子注入、干法蚀刻等工艺。

（2）产品规格(GB/T 17874—1999)

三氯化硼纯度≥99.999%；氮含量，≤4μg/g；氧+氩(以氧计)含量，≤2μg/g；一氧化碳含量，≤0.2μg/g；二氧化碳含量，≤0.2μg/g；甲烷含量，≤0.5μg/g。

12.3.2.6 电子级四氟化碳（CF_4）

（1）制备和用途

采用活性炭在高温下直接氟化法制备。

四氟化碳是目前微电子工业中用量最大的等离子蚀刻气体，在电子器件表面清洗、太阳能电池的生产、激光技术、气相绝缘、低温制冷、泄漏检验剂、控制宇宙火箭姿态、印刷电路生产中的去污剂等方面也大量使用，还广泛应用于硅、二氧化硅、氮化硅、磷硅玻璃及钨等薄膜材料的蚀刻。

（2）产品规格

四氟化碳纯度，99.999%；杂质：氮气含量，<5μg/g，氧气含量，<2μg/g，总烃含量，<1μg/g，一氧化碳含量，<1μg/g，二氧化碳含量，<1μg/g，水含量，<2μg/g。

12.3.2.7 电子级六氟化硫（SF_6）

（1）制备和用途

将硫与氟反应后，经精制和纯化得到；或是以工业六氟化硫为原料，经吸附干燥，低温固化制备。

主要用作等离子电子蚀刻剂、掺杂剂、电子元器件的外延或稀释载气等。

（2）产品规格(GB/T 18867—2002)

六氟化硫纯度，≥99.99%；空气含量，≤50.0μg/g；四氟化碳含量，≤15.0μg/g；水含量，≤8.0μg/g；酸度，≤1.0μg/g；可水解氟化物(以 HF 计)，≤1.0μg/g；其他杂质，≤15.0μg/g；杂质总和，≤100μg/g。

12.3.2.8 电子级硅烷（SiH_4）

（1）制备和用途

国外多采用氢化铝锂法，国内采用硅化镁法，即硅的化合物(如硅化镁)与工业氯化铵在液氨介质中反应得到，再经吸附-低温连续液化精馏提纯工艺，并在生成中对气体成分进行连续监控制备。

硅烷广泛用于硅的外延生长、多晶硅、氧化硅、氮化硅等，以及太阳能电池、光导纤维、有色玻璃制造和化学气相淀积。

（2）产品规格(GB/T 15909—2009)

电子级硅烷的技术指标见表 12-11。

表 12-11 电子级硅烷的技术指标

项目		指标	
硅烷的纯度/%	≥	99.994	99.95
一氧化碳+二氧化碳总含量/(μg/g)	<	0.2	5
氯化物总量(包括氯硅烷、HCl 等可离子化的氯化物，以氯离子表示)/(μg/g)	<	1	5
烃(C_1~C_3)含量/(μg/g)	<	0.2	10
氢含量/(μg/g)	<	50	400
氮含量/(μg/g)	<	—	5
氧(氩)含量/(μg/g)	<	1	1
水含量/(μg/g)	<	1	2
甲硅醚含量/(μg/g)	<	1	—
甲基硅烷含量/(μg/g)	<	1	—
乙硅烷含量/(μg/g)	<	1	—
杂质总含量/(μg/g)	≤	57.4	428

12.3.3 电子特种气体三氟化硼的生产工艺

由于原料氟硼酸钠和氟硼酸钾中有较多(2000~4000μg/g)二氧化硅杂质的存在，生成的三氟化硼会与二氧化硅反应生成四氟化硅，这使得三氟化硼气体中含有较多(约 3000μg/g 以上)的四氟化硅气体。一般要求所用三氟化硼气体中四氟化硅的含量在 20μg/g 以下，所以必须除去三氟化硼中的四氟化硅等杂质气体，否则会影响大规模集成电路中电子器件的质量。下面介绍以氟硼酸钠原料，采用低温精馏的方法分离四氟化硅等杂质而制备三氟化硼的工艺流程，见图 12-3。

① 将氟硼酸钠置于清洗并干燥过的反应器中，在整套设备安装完毕后，所有阀门的起始状态都为全闭。

② 一次抽真空。打开阀门 f_1、f_2、f_3、f_4、f_6、f_7、f_{10}、f_{11}、f_{13}，用旋片式真空泵对整个系统抽真空 3min，抽空至系统的真空度达到 100Pa 时，关闭阀门 f_1，并停止抽真空。

③ 二次抽真空。反应器的水套通入冷却水，用坩埚电阻炉加热到 300℃后恒温，打开阀 f_1，开启真空泵抽空大约 3min，抽空至整个系统的真空度达到 10Pa 时，关闭阀 f_1，并停止抽真空，关闭阀 f_5~f_7。

④ 一次升温。反应器逐渐升温到 600℃，恒温 30min，此时的产品气体中含有较多的四氟化硅成分。观察反应器和缓冲罐上的真空压力表的变化，当压力表的指针不再上升时，产品气体已经进入放有液氮冷阱经抽空处理的储气钢瓶中。

⑤ 二次升温。反应器继续升温至 700℃，恒温 40min，此时的产品气体中含有较少的四氟化硅成分。继续观察反应器和缓冲罐上的真空压力表的变化，来判断产品气体是否进入放有液氮冷阱经抽空处理的储气钢瓶中。

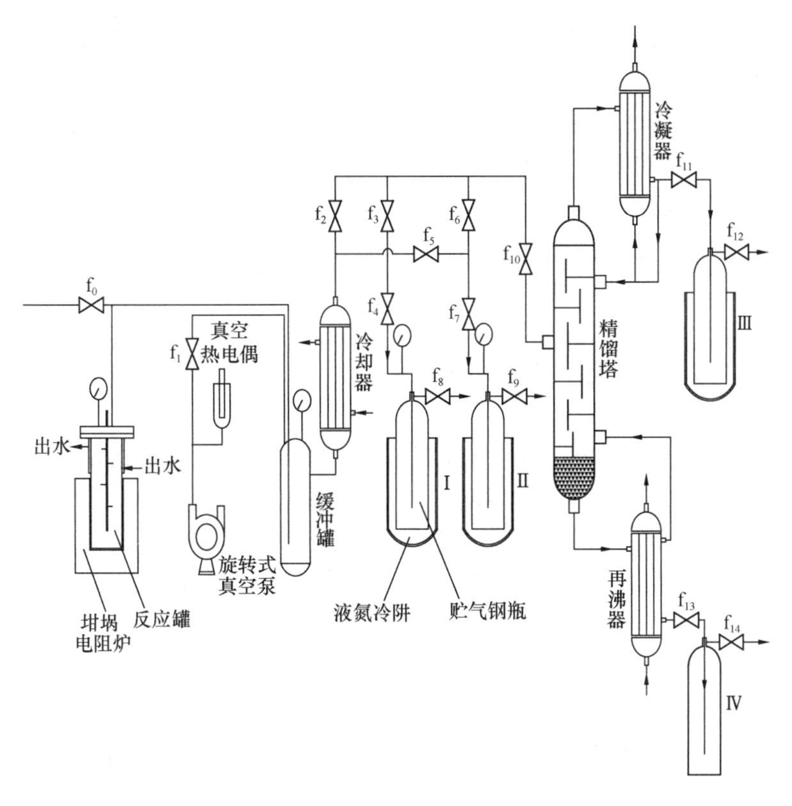

图 12-3　制备三氟化硼工艺流程图

⑥ 收集。利用温差传质法，气体进入放在液氮冷阱中并且经抽空处理的储气钢瓶中。反应维持一段时间后，观察钢瓶口附近的压力表，当压力表指针读数为正值时，表明不凝气体已经充满钢瓶，打开阀门 f_8(或阀门 f_9)，排走钢瓶上端的不凝气体，关闭阀门 f_8(或阀门 f_9)。利用称重的办法来判断钢瓶中的产品气体是否收集充满钢瓶。

⑦ 储气瓶轮换。当液态产品充满储气钢瓶Ⅰ时，关闭阀门 f_2，打开阀门 $f_5 \sim f_7$，从而实现储气钢瓶Ⅰ与Ⅱ轮换，其一收集产品气体，其二供应精馏塔进行低温精馏操作。

⑧ 低温精馏。液态的产品气体从储气钢瓶进入精馏塔，控制其温度，使精馏塔中部为-96℃左右，下部温度为-98℃左右。常压下三氟化硼的沸点是-100.0℃，而四氟化硅的沸点是-94.8℃，控制精馏塔的温度使三氟化硼以气态的形式从精馏塔的上端进入冷凝器，而四氟化硅以液态的形式从底端进入再沸器，从而进行低温精馏操作，实现两种物质的分离。分离后液态三氟化硼收集在储气钢瓶Ⅲ中，而液态的四氟化硅收集在储气钢瓶Ⅳ中。

⑨ 吹扫尾气。操作结束后，将坩埚电阻炉移开，待反应器的温度下降至室温后，打开所有阀门，将氮气瓶与氮气阀 f_0 相连并将此阀门打开，向系统中通入氮气，吹扫系统中的余气(余气回收瓶中可预置适量自来水或者稀氨水以备吸收余气)。可以使制备出的三氟化硼气体的纯度控制在99.995%以上，其四氟化硅杂质小于10μg/g。

12.4 液　　晶

12.4.1 概述

液晶(liquid crystals)是介于完全有序晶体和各向同性液体之间的一种相态。处于液晶态的物质既具有液体的流动性，又有晶体的双折射等光学各向异性，其分子排列具有一维或二维远程有序。物质通常有三种聚集状态，即气态、液态、固态，其中固态物质又分晶态和非晶态。理想晶态中分子排列具有三维远程有序，即位置有序、取向有序和构象有序。物质在晶态和液态之间，还存在某种中间状态即介晶态。根据分子排列的有序性，介晶态可分为塑性晶体、构象无序晶体和液晶三种。在液晶中，分子排列保留其取向有序性，但失去了全部位置有序性，因此又称为“取向有序液体”或“位置无序晶体”（图12-4）。

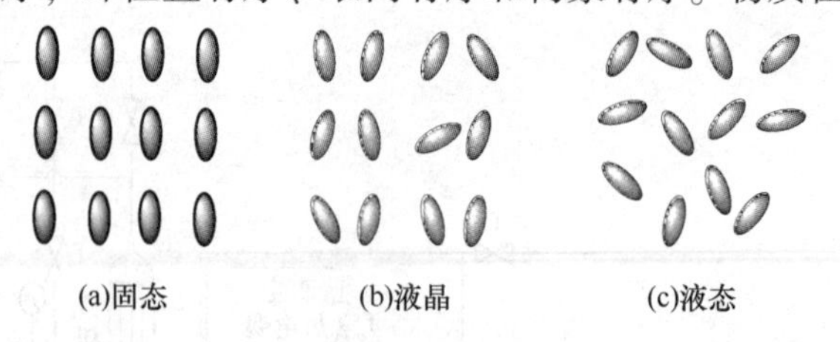

图 12-4　液晶

液晶的发现可以追溯到1880年，奥地利植物学家莱尼茨尔(F. Reinitzer)在研究胆甾醇类化合物的植物生理作用中，发现胆甾醇苯甲酸酯有两个熔点：145.5℃和178.5℃。于是莱尼茨尔将自己的发现和样品交给了当时著名的德国物理学家莱曼(O. Lehmann)进行研究。莱曼使用偏光显微镜观察胆甾醇苯甲酸酯在145.5~178.5℃范围的光学性质时，发现已熔融的混浊黏稠液体具有双折射现象，这是晶体所固有的特征。于是莱曼定义这种集液体和晶体二重性质为一体的状态为液晶态。

并非所有的物质都可以形成液晶态，通常只有那些分子形状是长形的，长径比(L/D)为(4∶1)~(8∶1)，相对分子质量在200~500道尔顿或者更高(如高分子)的材料才容易形成液晶。根据液晶态形成的条件不同，又可分为热致液晶(thermotropic mesomophism)和溶致液晶(lyotropic mesomorphism)。热致液晶是三维各向异性的晶体，在加热熔融过程中，不完全失去晶体特征，保持一定有序性构成，它只能在一定温度范围内存在，一般是单一组分；而溶致液晶是指分子在溶解过程中，在溶液中达到一定浓度时形成有序排列，产生各向异性特征，一般是由符合一定结构要求的化合物与溶剂组成。最常见的溶致液晶是由水和双亲性分子(分子结构中既含有亲水的极性基团，也含有不溶于水的非极性基团即疏水基团)所组成。

根据液晶物质的相对分子质量大小不同，可分为低分子液晶和高分子液晶两大类。

根据液晶分子排列的平移和取向有序性，可以把低分子液晶简单划分为三大类：近晶型(smectic)、向列型(nematic)和胆甾型(cholesteric)。近晶型液晶[图12-5(a)]中包含许多棒状或条状的分子，它们有序排列成层，层内分子长轴相互平行，可以前后、左右滑动，但上下层之间不能移动，其规整性近似晶体。根据分子相对于层面的取向方式的不同以及发现时间的先后，近晶型相可分为S_A、S_B、S_C、S_D、S_E、S_F、S_G、S_H、S_I九种。

向列型液晶[图12-5(b)]的棒状分子也仍然保持着与分子轴方向平行的排列状态，但没有近晶型液晶中那种层状结构。此种液晶仍然显示正的折射性。此外，与近晶型液晶相比，向列型液晶的黏度小，富于流动性。产生这种流动性的原因，主要是由于向列型液晶各个分子容易顺着长轴方向自由移动。

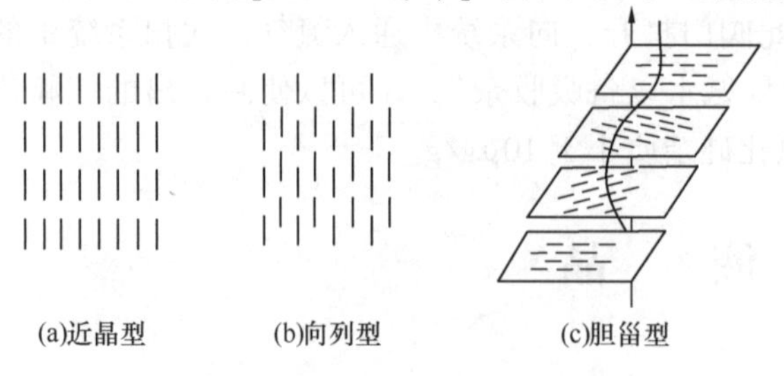

图 12-5　液晶的常见三种结构

胆甾型液晶[图12-5(c)]和近晶型液晶一样具有层状结构，但层内的分子排列却与向列型液晶类似，各层的分子轴方向与邻接层的分子轴方向都略有偏移，而液晶整体形成螺旋结构，螺距的长度是可见光波长的数量级。胆甾型液晶的旋光性、选择性光散射和圆偏振光一色性等光学性质，就是由这种特殊的螺旋结构引起的。

代表性低分子液晶结构见表 12-12。

表 12-12　代表性低分子液晶的分子结构

近　晶　型	
S_A:$C_8H_{17}O$—COO—COO— 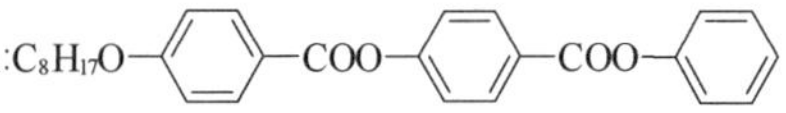	S_B:$C_8H_{17}O$—COOC_2H_5 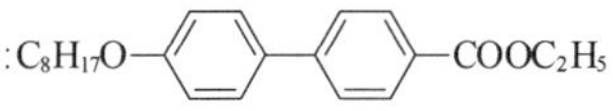
S_C : $C_8H_{17}O$—COO—OC_8H_{17} 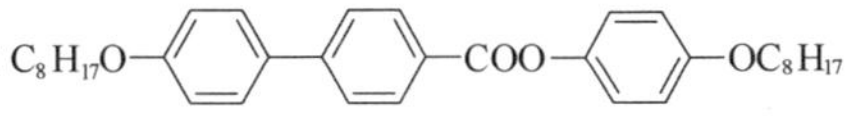	S_D:$C_nH_{2n+1}O$—COOH　R 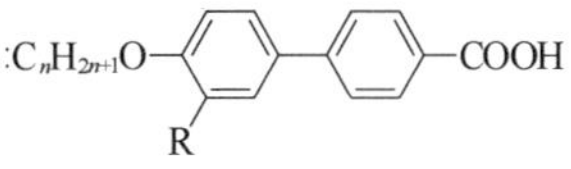
S_E:C_4H_9O—CH═N—C_8H_{17} 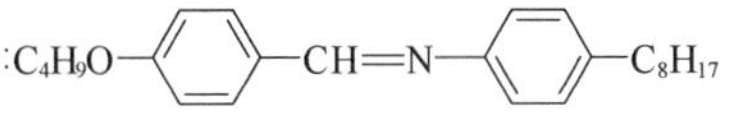	S_F : $C_9H_{19}O$—CH═N—C_4H_9 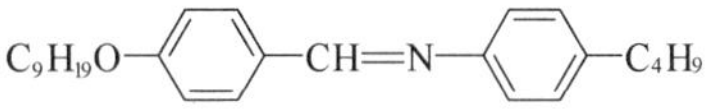
 S_G : $C_nH_{2n+1}O$—CH═N—N═CH—OC_nH_{2n+1}　(n=1~18)	
S_H 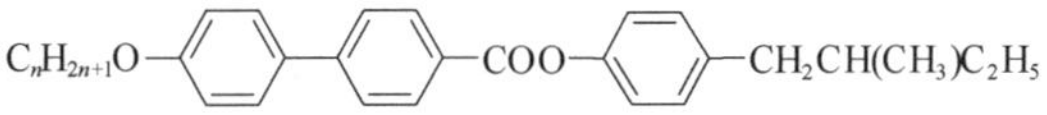 : $C_nH_{2n+1}O$—COO—$CH_2CH(CH_3)C_2H_5$　(n=1~18)	
S_I 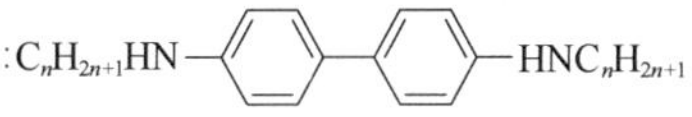 : C_nH_{2n+1}HN—HNC_nH_{2n+1}　(n=9或16)	
向　列　型	
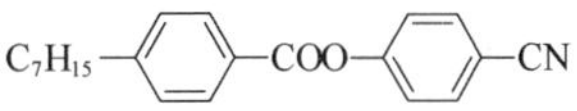 C_7H_{15}—COO—CN	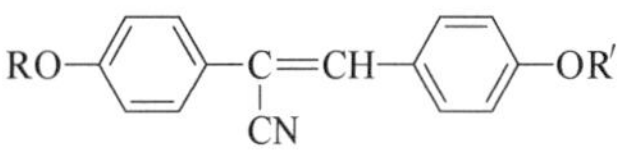 RO—C═CH—OR′　CN
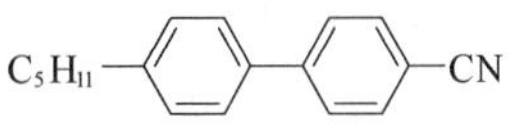 C_5H_{11}—CN	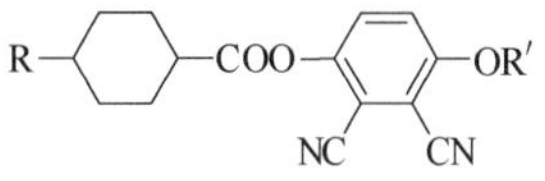 R—COO—OR′　NC　CN
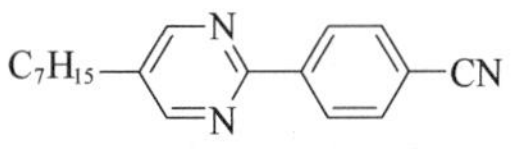 C_7H_{15}—N　N—CN	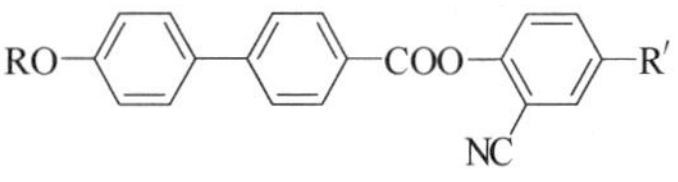 RO—COO—R′　NC
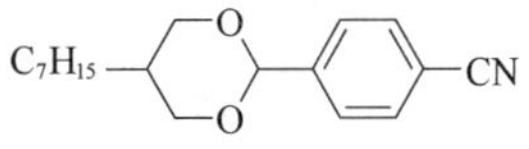 C_7H_{15}—O　O—CN	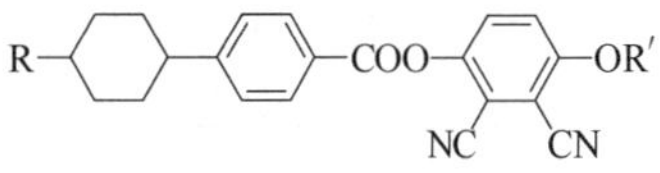 R—COO—OR′　NC　CN

续表

胆甾型	
$C_8H_{17}COO-C_6H_4-N{=}N-C_6H_4-OCH_2CH_2CH(CH_3)C_2H_5$	
$NC-C_6H_4-C_6H_4-OCH_2CH(CH_3)C_2H_5$	$C_2H_5O-C_6H_4-N{=}N-C_6H_4-CH_2CH_2CH(CH_3)C_2H_5$
$C_2H_5O-C_6H_4-CH{=}N-C_6H_4-CH_2CH(CH_3)C_2H_5$	$C_2H_5O-C_6H_4-CH{=}N-C_6H_4-CH_2CH(CH_3)C_2H_5$
CH_3 CH_3 H_3C CH_3 H_3C CH_3COO	CH_3 CH_3 H_3C CH_3 H_3C $CH_3(CH_2)_{12}COO$

12.4.2 高分子液晶

如果将液晶分子连接成大分子，或者将液晶分子连接到一个聚合物骨架上，并且仍设法保持其液晶特征，我们称这类物质为高分子液晶或聚合物液晶。

高分子液晶与低分子液晶相比，两者都具有同样的刚性分子结构和晶相结构，不同点在于后者在外力作用下可以自由旋转，而前者要受到相连接的聚合物骨架的束缚。此外，高分子液晶还具有许多小分子液晶所不具备的性质，如主链型高分子液晶的超强机械性能，树状高分子液晶在电子和光电子器件方面的应用等。

高分子液晶同低分子液晶一样可以形成向列型、近晶型、胆甾型，还可以形成另外一种类型——碟状型(discotic)。碟状型液晶直到 1977 年才被发现，构成它们的基元多为扁平碟子状。这一发现打破了以往认为液晶多为棒状结构的观念，具有十分重要的理论意义。高分子液晶中以人们感兴趣的近晶态和向列态的高分子较多。由于液晶相是一种有序结构，故凡可以用于有序结构分析的方法都能用来表征液晶性质，例如，偏光显微镜、X 射线衍射和热分析法等。

高分子液晶通常由刚性单元，也称液晶元或液晶分子基(mesogen)(多由芳香和脂肪型环状结构构成)和柔性单元(多由可以自由旋转的 σ 键连接起来的饱和链构成)两部分组成。根据液晶元连接于高分子骨架位置的不同，分为主链型高分子液晶(刚性部分处于主链上)、侧链型高分子液晶(刚性部分连接于主链的侧链上)和复合型高分子液晶。

主链型高分子液晶中液晶元处于主链中，如聚芳香酰胺类、聚肽类、聚酯类等。按液晶元的性质来看，其又可以细分为两类：一类是主链中的液晶元是由柔性分子链间隔分开，引入柔性分子链的目的是要降低聚合物的熔点，使其在未分解前就能够熔融，产生热致液晶行为；或提高聚合物的溶解性，产生溶致液晶行为。另一类是液晶元是由聚合物主链的特殊构象形成的，这一类聚合物多属天然大分子、生物大分子和一些具有溶致液晶行为的合成聚合物。

侧链型高分子液晶中液晶元处于侧链中，按液晶元的性质可分为双亲(一端亲水一端亲油）和非双亲两种。与主链型不同之处在于，其性质在较大程度上取决于液晶元，受主链性质的影响较小，可以说所有具有低分子液晶行为的液晶元均可通过适当的途径接到聚合物主链上，从而形成侧链型高分子液晶。

高分子液晶的分类示意图和代表性高分子液晶的分子结构分别见表 12-13 和表12-14。

表 12-13　高分子液晶的分类示意

高分子液晶	主链型	全刚直型 半刚直型	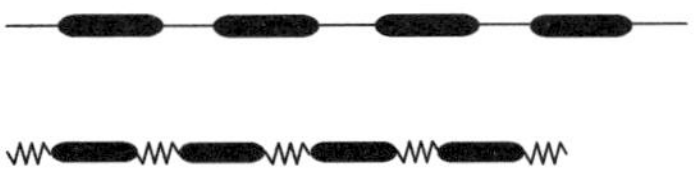
	侧链型	直接连结型 间接连结型	
	复合型		

注：液晶元或液晶分子基；柔性分子链。

表 12-14　代表性高分子液晶的分子结构

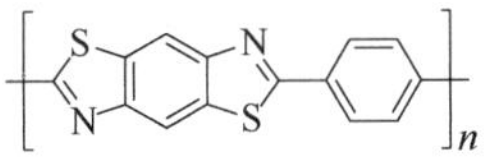 $\left[\text{(苯并双噻唑, S, N, N, S)}—C_6H_4— \right]_n$	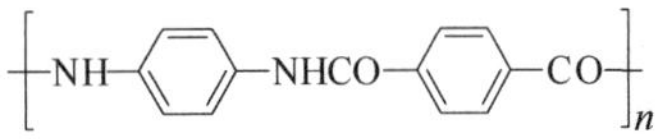 $\left[—NH—C_6H_4—NHCO—C_6H_4—CO— \right]_n$
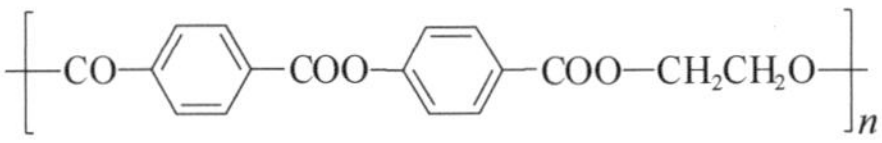 $\left[—CO—C_6H_4—COO—C_6H_4—COO—CH_2CH_2O— \right]_n$	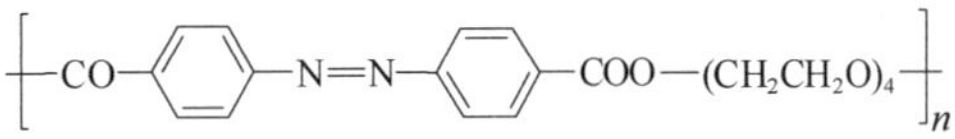 $\left[—CO—C_6H_4—N{=}N—C_6H_4—COO—(CH_2CH_2O)_4— \right]_n$
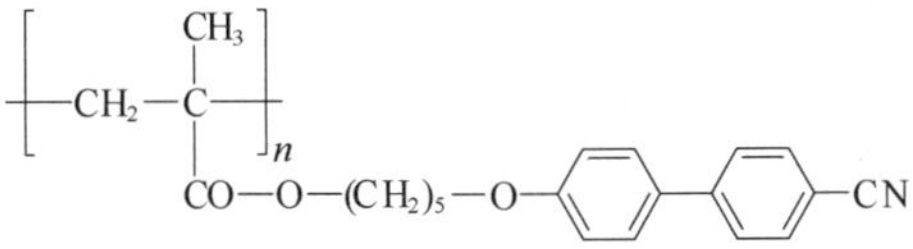 $\left[—CH_2—C(CH_3)— \right]_n$，侧基 $CO—O—(CH_2)_5—O—C_6H_4—C_6H_4—CN$	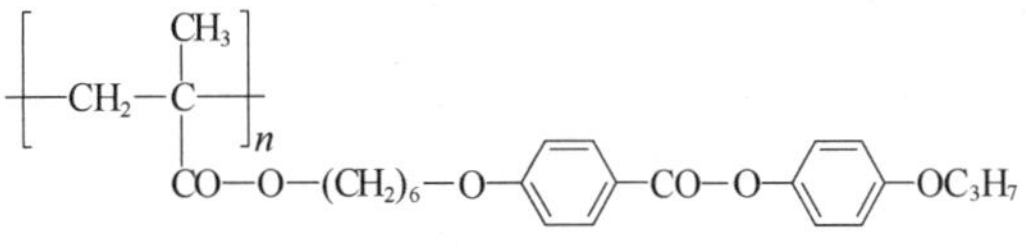 $\left[—CH_2—C(CH_3)— \right]_n$，侧基 $CO—O—(CH_2)_6—O—C_6H_4—CO—O—C_6H_4—OC_3H_7$
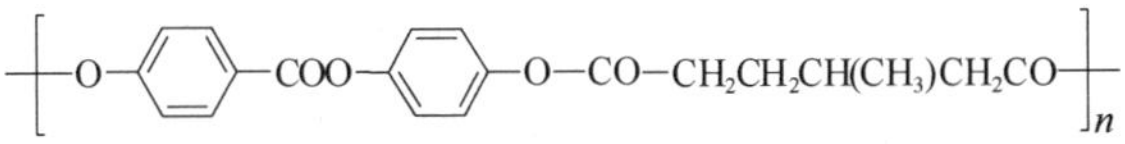 $\left[—O—C_6H_4—COO—C_6H_4—O—CO—CH_2CH_2CH(CH_3)CH_2CO— \right]_n$　(n=9或16)	

12.4.3　液晶材料的合成工艺实例

4-正戊基-4′-氰基联苯是代表性的向列型低分子液晶，其合成是以联苯为原料，经过酰化、还原、再酰化、氨解以及脱水反应来制备，具体的合成反应原理如下，下面介绍其具体的工艺路线(见图 12-6)。

① 在缩合罐(1)中加入二氯乙烷，搅拌下加入联苯，开动冷冻使其温度降低到 10℃，

$$\text{C}_6\text{H}_5\text{—C}_6\text{H}_5 \xrightarrow[\text{AlCl}_3,\text{ClCH}_2\text{CH}_2\text{Cl}]{n\text{-C}_4\text{H}_9\text{COCl}} n\text{-C}_4\text{H}_9\text{CO—C}_6\text{H}_4\text{—C}_6\text{H}_5 \xrightarrow{\text{NH}_2\text{NH}_2\cdot\text{H}_2\text{O}} n\text{-C}_5\text{H}_{11}\text{—C}_6\text{H}_4\text{—C}_6\text{H}_5$$

$$\xrightarrow[(\text{COCl})_2]{\text{AlCl}_3} n\text{-C}_5\text{H}_{11}\text{—C}_6\text{H}_4\text{—C}_6\text{H}_4\text{—COCl} \xrightarrow{\text{NH}_3\cdot\text{H}_2\text{O}} n\text{-C}_5\text{H}_{11}\text{—C}_6\text{H}_4\text{—C}_6\text{H}_4\text{—CONH}_2 \xrightarrow{\text{POCl}_3}$$

$$n\text{-C}_5\text{H}_{11}\text{—C}_6\text{H}_4\text{—C}_6\text{H}_4\text{—CN}$$

4-正戊基-4′-氰基联苯的合成路线

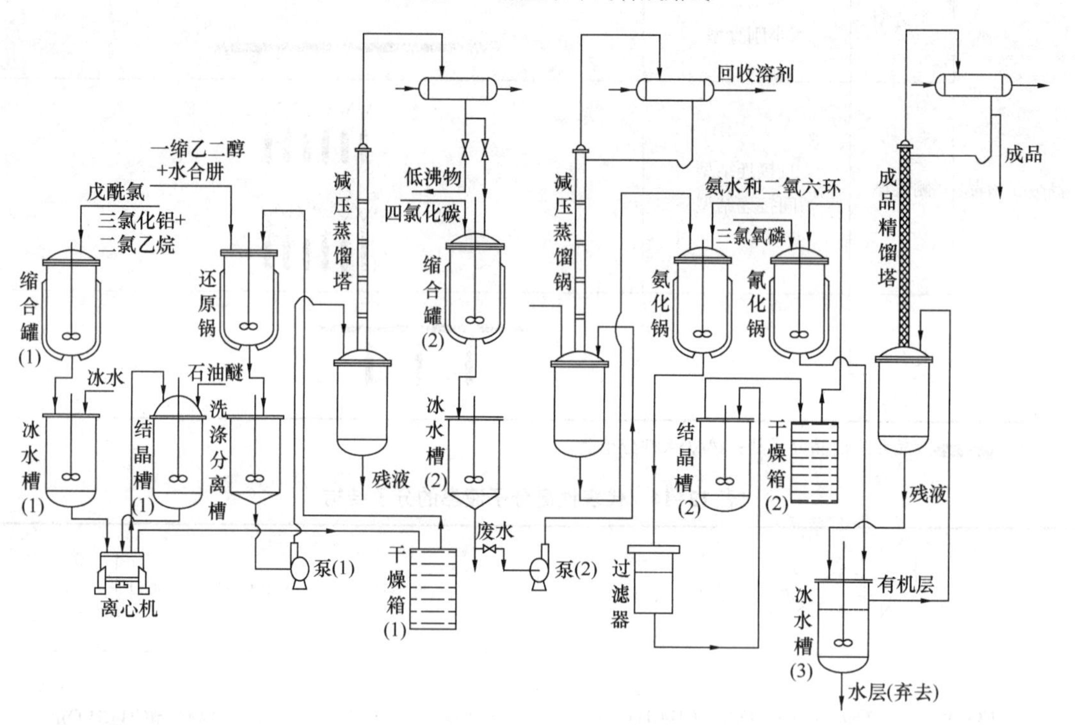

图 12-6　4-正戊基-4′-氰基联苯的合成工艺

加入无水三氯化铝，继续降温至-5℃，慢慢加入戊酰氯，并于-5℃左右反应 24h，将反应物放入冰水槽(1)中。开动搅拌将物料混匀，然后停止搅拌，静置过夜分层，放出上层有机层并将其冷却到-10℃，析出结晶，用离心机甩干，将粗品在结晶槽(1)中用石油醚重结晶，再甩干后于干燥箱中烘干得微黄色光亮结晶正戊酰联苯。

② 将干燥过的正戊酰联苯加入预先放有一缩乙二醇的还原锅中，慢慢加入水合肼并开动搅拌，加热回流，并用外回流法除去反应中的水分，升温到 200℃，保持反应 1h，冷却反应物，稍静置分层，上层产物放入洗涤分离槽中，经水洗后用硫酸处理，再用无水硫酸钠干燥，干燥的母液用过滤法除去无水硫酸钠；母液用泵(1)打入减压蒸馏釜(1)中，进行减压蒸馏，收集 148~153℃/400~433Pa 的馏分即是正戊基联苯。

③ 在缩合罐(2)中，加入四氯化碳，降温至 10℃，在搅拌下加入无水三氯化铝和草酰氯，然后慢慢加入正戊基联苯，于 13~15℃反应 1h，这时候有大量氯化氢气体冒出，待反应完后将物料放入冰水槽(2)中，同时搅拌，0.5h 后，静置分层，除去水层，有机层经泵(2)打入减压蒸馏锅中，减压蒸出溶剂得黄色固体。

④ 在氨化锅中，加入氨水，开动搅拌加入正戊基联苯甲酰氯与二氧六环的混合物，搅拌反应半小时，得黄色固体。将反应物放入过滤器中进行过滤，所得黄色固体于结晶槽(2)中进行结晶，后置于干燥箱(2)中进行干燥，干燥后的产物即为正戊基联苯甲酰胺。

⑤ 将上述中间体加入氰化锅中，加入苯及三氯氧磷，加入回流 4h，将产品放入冰槽(3)中，搅拌均匀，静置分层，上层为有机层，抽出有机层用硫酸钠干燥几个小时，过滤除去固体粗品，滤液置于精馏塔中精馏得到 4-正戊基-4′-氰基联苯。

12.4.4　液晶材料的应用及发展趋势

液晶材料是随着液晶显示(liquid crystal display，LCD)器件的发展而迅速发展的，世界液晶产业最发达的国家首推日本、韩国、德国、美国和英国等。据国际显示产业研究机构公布的数据，2003 年全球液晶显示器销售额已超过 580 亿美元。显示产业被看作是继集成电路和计算机之后，电子行业中又一次不可多得的发展机会，在一个国家的国民经济及信息化发展中，起到举足轻重的作用。

目前，各种形态的液晶材料基本上都用于开发液晶显示器，现在已开发出的有各种向列相液晶、聚合物分散液晶、双(多)稳态液晶、铁电液晶和反铁电液晶显示器等。而在液晶显示中，开发最成功、市场占有量最大、发展最快的是向列相液晶显示器。按照液晶显示模式，常见向列相显示就有 TN(扭曲向列相)模式、HTN(高扭曲向列相)模式、STN(超扭曲向列相) 模式、TFT(薄膜晶体管)模式等。

TN-LCD 材料基本上达到饱和，主要向 STN-LCD 材料和 TFT-LCD(InGaZnO)材料发展，IGZO TFT 材料已用于智能手机显示屏。我国液晶材料生产经过多年的努力，已逐步形成了相当规模的产业，由完全依赖进口转化为部分出口。虽然发展较快，但在世界液晶材料市场中所占份额非常小，仍然赶不上世界 LCD 发展的需要。到目前为止液晶显示器件与液晶材料研究开发仍以 TN 型和中低档 STN 型为主。

思　考　题

1. 电子化学品有何特点？主要包括哪些种类？
2. 讨论我国电子化学品的发展现状及发展趋势。
3. 简述光刻工艺的原理和光刻胶的主要种类。
4. 简述超净高纯试剂的国内外等级标准和分类。
5. 举例说明电子特种气体的应用。
6. 举例说明高分子液晶的类别。

第13章 皮革化学品

制革工业与人类生活和国民经济的发展息息相关，是一个具有悠久历史和重要地位的行业。制革生产过程是以动物皮为原料，通过化学、物理作用和机械加工将动物皮转化为成品革的过程，见图13-1。

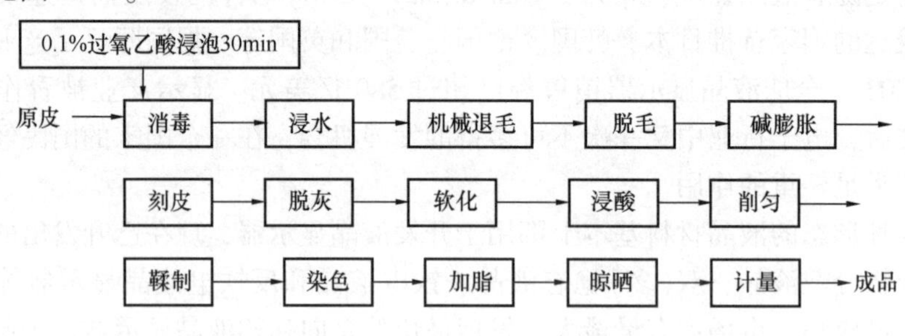

图13-1 皮革生产工艺流程图

从图13-1可知，制革可概括为三个阶段：

① 准备阶段：指原料皮从浸水到浸酸之前的工序操作。其作用在于除去制革加工不需要的各种物质，使原料皮恢复到鲜皮状态，除去表皮层、皮下组织层、毛根鞘、纤维间质等物质，适度松散真皮层胶原纤维，使裸皮处于适合鞣制状态。

② 鞣制阶段：包括鞣制和鞣后湿处理两部分。铬鞣工艺一般指鞣制到加油之前的工序操作。它是将裸皮变成革的过程，铬初鞣后的湿铬鞣革称为蓝湿革，需湿处理以增强革的粒面紧实性，提高柔软性、丰满性和弹性，并染色赋予革特殊性能。

③ 整饰阶段：包括皮革的整理和涂饰，属于皮革的干操作阶段，指在皮革表面施涂一层天然或合成的高分子薄膜的过程，常辅以磨、抛、压、摔等机械加工，以提高革的质量。

制革过程各工序相互关联，相互影响。如果制革工艺或所用材料不同，成品革的性能会有很大的差异。皮革生产过程中所使用的各类化工材料总称皮革化学品(简称皮化材料)，一般可分为鞣剂、加脂剂、涂饰剂、专用染料和专用助剂(包括表面活性剂、防腐剂、防霉剂、着色剂、防水防油剂等)五大类。皮革化学品已成为皮革工艺技术革新和皮革质量上档次的关键，已成为影响皮革工业可持续发展的重要因素，在皮革生产中起着越来越重要的作用。过去，皮革行业有一句行话“好皮出在灰缸里”，也就是说浸灰碱膨胀的好坏决定成品革质量的优劣。现在制革过程中，鞣前各工序的正确控制依然重要，但皮革鞣制和染整工艺(点金术)更为重要，鞣制和乳液加油奠定了现代制革工业的基础。

本章主要介绍皮革工业特有的鞣剂、加脂剂和涂饰剂。

13.1 皮革鞣剂

生皮中含有多种动物蛋白质，其中胶原蛋白是真皮层的主体，是构成皮革的基质。原皮经脱脂、膨胀、脱毛、复灰等工段进行膨胀后，必须用鞣制剂将原皮中的胶原纤维加以固定，以防止裸皮过度膨胀。裸皮与鞣剂反应的过程称为鞣革。这种与生皮中胶原结合使生皮转变成革所用的物质称为鞣剂(tanning agent)。鞣制后的革与原料皮有本质的不同，它在干燥后可以用机械方法使其柔软，具有较高的收缩温度，不易腐烂，耐化学药品作用，卫生性能好，丰满、富有弹性。

远古时期，人类就采用一些天然的物质，如油脂、类脂和明矾等鞣革。随着制革技术的进步，逐步发展为采用各种油鞣剂、醛鞣剂、植物鞣剂和矿物鞣剂鞣革。19 世纪中期出现的铬盐鞣革，是鞣剂发展史上的一次革命，为制革工业的形成奠定了基础。第一次世界大战期间，由于鞣剂资源匮乏，合成鞣剂应运而生，之后又出现了锆鞣剂、树脂鞣剂等，使提高革的质量和发展革的新品种成为可能。

鞣剂一般按化学组成分为无机鞣剂、有机鞣剂两大类。

13.1.1 无机鞣剂

无机鞣剂又称矿物鞣剂，是具有鞣革性能的无机物产品，如铬、铝、锆、铁、钛、铈等的碱式盐，以及非金属如磷、硅、硫等的化合物。目前，已为制革生产普遍采用的有铬鞣剂、铝鞣剂、锆鞣剂和它们的络合鞣剂。此外，钛鞣剂、偏磷酸钠、硅酸盐和稀土鞣剂等也有少量应用。在无机鞣剂中，铬盐和铁盐是使用得最早的无机鞣剂。由于铝鞣革不耐水洗，铁鞣革不耐储存，当发明了铬鞣法后，铝盐和铁盐目前只在结合鞣中使用。钛盐和锆盐都是在 20 世纪 30 年代末提出来的，在各种无机鞣剂中，最优良的是铬盐，是制造轻革的最好材料，目前还没有找到其他可以取代它的鞣剂。

13.1.1.1 铬鞣剂

铬鞣剂主要是碱式硫酸铬(也可用碱式氯化铬，但其鞣剂效果较碱式硫酸铬差)，它鞣制性能好，适合于各类皮革、各种毛皮的鞣制，是最重要的鞣剂。其制造方法是以工业葡萄糖或二氧化硫为还原剂，在硫酸溶液中将重铬酸盐还原成碱式硫酸铬，即制成铬鞣液，鞣液经浓缩、干燥后，可得到粉状铬鞣剂，俗称铬盐精或铬粉。用铬鞣剂鞣革时，三价碱式铬络合物与胶原的侧链上的羧基发生多点结合和交联，形成有鞣性的铬络合物，增强了胶原的结构稳定性，所以，铬鞣革的收缩温度高(一般超过 95℃)，抗酶和抗化学试剂能力强。它的鞣制性能的强弱可以用碱度表示。所谓碱度就是用百分率表示的铬络合物中羟基(—OH)的总摩尔数与铬的总摩尔数的比值。碱度大表示铬络合物的分子大，即与皮蛋白质的结合能力强；碱度小则表示铬络合物的分子小，与皮蛋白质结合的能力弱，但渗透能力强。所以碱度是铬鞣剂的一个重要指标。铬鞣剂的碱度一般为 33%，也可以在其中加入某种隐匿剂(有机酸或其盐类)，目的是使鞣制过程温和地进行。一方面使鞣剂与裸皮的结合不那么迅猛，因而鞣剂能迅速渗透并均匀地分布在皮内，提高皮革的质量。另一方面，隐匿剂还可以提高鞣剂耐碱的能力，在鞣制后期加碱时，鞣剂不会生成氢氧化物的沉淀，防止皮革粒面粗糙、发硬。但铬离子有毒，是制革废水的主要污染源之一。在使用中应采取适当措施，防治结合，尽量减少铬盐的浪费和对环境的污染。经铬鞣剂鞣制的湿革一般带蓝色，称蓝湿革。

重要产品碱式硫酸铬的制备有如下方法：

(1) 用糖还原红矾钠(红矾钾)

$$4Na_2Cr_2O_7+12H_2SO_4+C_6H_{12}O_6 \longrightarrow 8Cr(OH)SO_4+4Na_2SO_4+6CO_2+14H_2O$$

制备碱度为 38%的铬鞣液的方法是将红矾钠于反应釜中，用红矾钠 3 倍重的常温水充分溶解，在搅拌下缓缓加入浓硫酸，并加热至沸腾。用水将红糖(或葡萄糖)加热溶解，在搅动下缓缓加入红矾钠硫酸溶液中，加糖液的速度及加热情况以反应液不产生暴沸、溢出，维持沸腾为好。严格控制加热，以免沸腾过强，水分蒸发过快。加完糖液后，维持其沸腾 30~

50min，用玻棒蘸一滴反应液于白纸上，若浸润边缘无黄色，则反应被视为达到终点。让其自然冷却至室温，补加常温水，使所配制的铬鞣液总质量为红矾钠量的5倍。

把碱度提高1%（即提高1度），需加碳酸钠的量为铬鞣液中Cr_2O_3量的2.09%，碳酸氢钠的量为铬鞣液中Cr_2O_3量的3.32%。把碱度降低1%（即降低1度），需加硫酸（100%）的量为铬鞣液中Cr_2O_3量的1.93 %，盐酸（30%）的量为铬鞣液中Cr_2O_3量的4.08%，甲酸（85%）的量为铬鞣液中Cr_2O_3量的2.14 %。

工艺流程如图13-2所示。

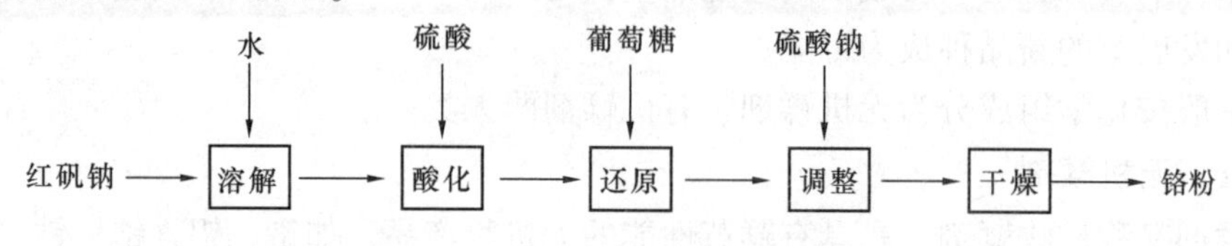

图13-2　碱式硫酸铬生产工艺流程图

（2）用二氧化硫气体作还原剂

$$Na_2Cr_2O_7 + 3SO_2 + H_2O \longrightarrow 2Cr(OH)SO_4 + Na_2SO_4$$

配制时把定量的重铬酸盐溶于3~4倍的温水中，在温度40℃时，把压缩的SO_2通入重铬酸盐溶液中，SO_2的用量按理论值计算为重铬酸盐量的65.3%，实际用量约为70%。生产上配制是在吸收塔内进行还原反应，采取SO_2气体与重铬酸钾溶液逆流循环的方式，反应效率高。可以采取连续化生产。此方法只能生产碱度为33%的铬鞣液（或铬粉）。

13.1.1.2　铝鞣剂

铝盐是最古老的矿物鞣剂之一。目前，生产的铝盐有两种。一是碱式硫酸铝，在硫酸铝溶液中加入适量的隐匿剂（柠檬酸或酒石酸、乳酸的盐），然后加碱提高到需要的碱度。二是碱式氯化铝，化学通式为$[Al_2(OH)_nCl_{6-n}]_m$，式中$m \leqslant 10$，$n=1 \sim 4$。氯化铝溶液中加入纯碱，使碱度达66%，溶液仍清澈而稳定，干燥后即制成粉状铝鞣剂。其特点是本身无色，适于鞣制白色裘皮及革；也是一种轻革的复鞣剂，能使皮革的粒面细致，纤维结构坚实，也可使绒面革的绒毛紧密，色泽鲜艳。铝鞣剂的主要原料是明矾或硫酸铝，氯化铝常用于制造高碱度铝鞣剂。铝盐的鞣性不如铬盐，因为铝鞣剂与胶原的羧基发生单点结合，不够牢固，而且碱式硫酸铝溶液不稳定，当提高鞣液碱度时极易产生沉淀，因此常与植物鞣剂或铬鞣剂配合使用，鞣制浅色革、绒面革和各种毛皮。铝鞣革成革收缩温度低、丰满、柔软、有弹性。铝鞣可节约红矾钠（钾），减少污染。近年来发展的白湿革主要用铝盐鞣制而成。

13.1.1.3　铁鞣剂

铁的化合物在地壳中蕴藏丰富，研究铁盐鞣革具有重大意义，但由于革内的铁盐易于氧化，使革质劣化，因此纯铁盐鞣法研究了200余年未获满意结果。铁盐与铬盐或其他鞣剂的结合鞣制方法具有一定的发展前途。

13.1.1.4　锆鞣剂

可用作鞣剂的锆盐有硫酸锆和氧化锆等，以硫酸锆更为常用。这些锆盐配制成锆络合物后，与胶原中碱性基的反应产生鞣制作用。锆鞣革色白、致密、吸水性大，耐光、耐洗涤性比铝鞣革好，填充性比铬鞣革好，用于白色革的鞣制和轻革的复鞣。锆鞣剂还具较强的收敛性，也用于生产皱纹革。目前是以锆英石为原料与纯碱共熔后制得，反应原理如下：

$$ZrSiO_4 + Na_2CO_3 \longrightarrow Na_2ZrSiO_5 + CO_2$$

$$Na_2ZrSiO_5 + 3H_2SO_4 \longrightarrow Na_2SO_4 + Zr(SO_4)_2 + SiO_2 + 3H_2O$$

锆鞣剂适于与铬鞣剂、植物鞣剂或合成鞣剂结合鞣制白色革和鞋面革。中国的锆资源较丰富，有开发价值。

13.1.1.5　钛鞣剂

钛盐可与其他金属盐鞣剂形成多金属络合鞣剂。利用硫酸钛酰的铵化合物[$(NH_4)_2 \cdot TiO_2 \cdot (SO_4)_2 \cdot H_2O$]，可制成耐水洗、耐光的白色革。中国钛矿蕴藏量较丰富，钛鞣剂的应用是有前途的。

13.1.1.6　硅鞣剂

在自然界中，硅的分布最广泛，其含量约占地壳总量的27%。硅鞣剂常与铬、铝、铁盐结合鞣制鞋面革。制革用硅鞣剂为硅酸钠，可由二氧化硅加碱制得。

13.1.1.7　稀土鞣剂

以铈盐为代表的稀土金属盐具有鞣性。铈盐通过铈与胶原的羧基结合产生鞣制作用，常与铬鞣剂等配合使用，进行结合鞣。稀土盐(RE)的鞣性很差，经RE鞣制的革收缩温度T_s很低，不耐水洗。但RE确有很好的助鞣作用，在铬鞣中加入少量轻稀土盐，可促进铬盐的分布与结合，使铬用量减少30%以上，废鞣液中Cr_2O_3含量从常规铬鞣的3.0~8.0g/L降至1.0g/L以下，且Cr-RE鞣成革粒面更平细，更丰满柔软，延伸率减小，得革率提高3%~5%。制革所用的稀土盐无污染，微量的轻稀土盐对农作物、植物还有益处。铬稀土结合鞣革是现有无机结合鞣法中效果较好的，以苯二甲酸钠隐匿的碱式硫酸铈鞣制的革，收缩温度达92℃，成革崩裂强度高，可制白色革。中国的稀土金属元素蕴藏丰富，有较大的发展前途。

13.1.1.8　多金属鞣剂

除上述鞣剂外，具有鞣性的还有钨、钼、钒、锡、钴、铯、铍、镁、汞等金属的盐，以及磷、氯、溴等非金属的化合物，但均无实用价值。后来发展的多金属络合鞣剂，是两种或两种以上的金属盐络合物，如铬-铝、铬-铝-锆、铝-锆等，兼具几种单一鞣剂之长处。由铬-铝形成的络合鞣剂中的铝盐不被水洗出，革的收缩温度可达100℃以上，一般用于鞣制轻革。

铬-锆-铝鞣液的配制如下：

① 按红矾钠：硫酸锆：明矾=1：4.5：1的比例配制铬-锆-铝鞣液，称取50g红矾钠，225g硫酸锆于800mL烧杯中，用300g水使其充分混溶。

② 用50g水将20g红糖(或葡萄糖)加热溶解，在搅动下缓缓加入红矾钠硫酸溶液中，加糖液的速度及加热情况以反应液不产生暴沸、溢出，维持在沸腾态为好。

③ 加入50g研细的明矾于上述鞣液中并使其完全溶解，冷却至常温。

④ 加水使鞣液的总质量为500g，搅拌均匀。

13.1.2　有机鞣剂

有机鞣剂具有鞣革性能的天然有机化合物和有机合成产品，主要有以下6种。

13.1.2.1　植物鞣剂

植物鞣剂(vegetable tanning)是以植物鞣质为主要成分的制剂，其主要成分是含于植物体内的、能使生皮变成革的多元酚化合物。它能与皮胶原通过多点的氢键结合产生鞣制作用。植物鞣革时成革纤维组织紧实、延伸性小、成型性好。

植物鞣质又称单宁，在水溶液中能使明胶发生沉淀，是植物鞣剂中的主要鞣革成分。能够提取具有工业价值的植物鞣剂的植物，称为鞣料植物。植物鞣质含于各种鞣料植物的不同部位。富含鞣质的部位，如树皮、木质、根、叶、果实、果壳等统称为植物鞣料。用水浸提出鞣质和与鞣质伴生的非鞣质，经过浓缩、干燥得到的块状、粉状或浆状物，称为植物鞣剂，又称植物浸膏，俗称栲胶。植物鞣剂的质量指标之一是纯度，鞣质含量高，纯度就高。纯度又表示鞣剂的收敛性，鞣性的强弱一般与鞣剂的收敛性成正比。

不同的植物鞣剂所含鞣质的化学组成有所不同。鞣质可按化学组成和化学键的特征分为3类。①水解类鞣质：含有这类鞣质的鞣料植物有五倍子、橡碗子、漆叶、诃子、花香果等。②凝缩类鞣质：组成鞣质的各个核彼此以共价键相结合。含有这类鞣质的鞣料植物有落叶松、坚木、栲树皮、荆树皮等。③混合类鞣质：在鞣质分子中既有共价键结合的部分，也有酯键结合的部分。含有这类鞣质的鞣料植物有杨梅、柚柑等，还有某些产地的橡碗子。此外，植物鞣质也可按没食子类、儿茶类和混合类分类。

各种植物鞣剂的制备方法都包括原料粉碎、浸提、净化、浓缩、干燥等工序。比如利用废树皮、果壳等制备栲胶，先将废树皮、果壳切成粒径约为0.5cm的碎料，装入事先准备好的竹篓或麻袋里，浸入温度为75~80℃的水锅内，可采用多锅循环浸提，不断翻搅。浸提液浓度为5~8Bé时即可送入浓缩锅，取样测定浓缩液密度为30~32Bé时，其含水量35%以下，放入干燥器中，于70~80℃加热脱水，即得含水量15%左右的固体栲胶。成品外观为棕黑色粉状或块状，略带酸性，具有涩味，溶于水、乙醇和丙酮中。

13.1.2.2 醛鞣剂

醛鞣剂含有活性醛基，能够与胶原进行键合交联。醛鞣剂的品种很多，有甲醛、戊二醛、双醛淀粉、糖醛、双醛纤维素等，其中甲醛和戊二醛应用较广。

①甲醛：是相对分子质量最小、分子结构最简单的鞣剂。甲醛鞣剂主要是指含甲醛30%~40%的水溶液，商品名为福尔马林。福尔马林可用于鞣制毛皮。制革时多与其他鞣剂配合使用。甲醛可以封闭胶原多肽链侧链上的氨基，并能在两个多肽链间通过次甲基使肽链间相邻氨基缝合，起到鞣制作用。

$$P—NH_2 + HCHO + P—NH_4 \longrightarrow P—NH—CH_2—NH—P$$

甲醛鞣性很强，能显著提高皮革的热收缩温度，但有刺激性，气味大。

② 戊二醛：一种含5个碳原子、带有两个醛基的鞣剂。戊二醛鞣剂是含戊二醛25%或50%的水溶液，可用于预鞣、结合鞣和复鞣。1980年，中国采用呋喃法试制成含量为25%的戊二醛鞣剂。

戊二醛也可以与胶原多肽链上的氨基或羟基反应，起到鞣制作用。

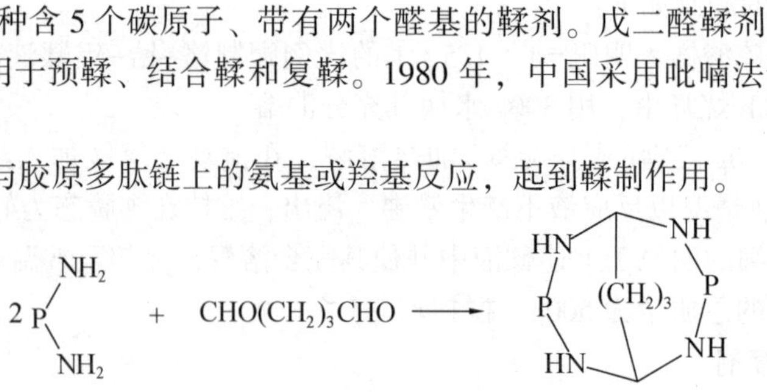

$$2\,P\begin{matrix}NH_2\\NH_2\end{matrix} + CHO(CH_2)_3CHO \longrightarrow$$

HN NH P P $(CH_2)_3$ NH HN

$$2\,P\begin{matrix}OH\\OH\end{matrix} + CHO(CH_2)_3CHO \longrightarrow$$

O O P P $(CH_2)_3$ O O

戊二醛鞣革耐汗、耐洗性能好，在酸性、中性和碱性介质中均可应用，在碱性介质中应用效果最好。戊二醛成本高，鞣制的革发黄，改性戊二醛则可以解决这些问题。改性戊二醛分为化学改性物和物理改性物两种，前者是戊二醛和甲醛发生缩合形成低聚物或环状物，后者则是将戊二醛和丙烯酸树脂复合，得到一种填充性鞣剂。

③ 双醛淀粉：由淀粉经碘酸氧化制得。鞣成的革颜色纯白、丰满、革面细，兼具铬鞣革和油鞣革的特点，但成本较高。

④ 糠醛：又称呋喃甲醛。将甘蔗渣、玉米芯等植物以稀酸水解后蒸馏制得。糠醛的鞣革机理类似甲醛。

⑤ 双醛纤维素：用过碘酸处理纤维素制得。其鞣革性能和特点与双醛淀粉相似。

13.1.2.3　油鞣剂

油鞣剂有两种，一种是天然的半干性油(如鲸鱼肝油)，另一种是由石油化工生产的烷基磺酰氯。用作油鞣剂的是碘值高(120~160)和酸值低(不大于15)的海产动物油。油鞣革成革柔软，绒毛细，透气性好，耐水洗。磺酰氯鞣剂是由含15个左右碳原子的脂肪族饱和直链烃在紫外线照射下，通入氯气和二氧化硫制得。成品为不溶于水的微黄色油状物，既有鞣性又有加脂作用。它的分子式为RSO_2Cl，其中—SO_2Cl基具有很强的反应活性，易与皮胶原上的氨基发生酰化反应。

13.1.2.4　合成鞣剂

以有机化合物为原料，通过化学合成方法制成的有机鞣剂，称为合成鞣剂(synthetic tannin)。根据植物鞣剂的主要成分(鞣质)系多元酚聚合物的启示，以苯酚、萘等芳烃为原料，先经浓硫酸磺化，再与甲醛进行缩合而制造。这些合成鞣剂能溶于水，具有鞣性或能改进其他鞣剂的性能。一般与其他鞣剂结合使用，多用于鞋面革、服装革类的预鞣或复鞣。合成鞣剂种类繁多，可按化学结构分为脂肪族合成鞣剂和芳香族合成鞣剂两大类。实用上多按用途分为以下3类。

① 辅助性合成鞣剂：分为萘型和酚型。大多数是芳香族碳氢化合物(萘、蒽)的磺化物和苯酚、甲苯酚的磺化物。它们与甲醛的缩合物鞣性很弱，但具有分散植物鞣质、促进渗透的作用。

② 替代性合成鞣剂：分为酚醛型、砜桥型、木素磺酸型、间苯二酚型、两性型、阳离子型等。由酚经过磺化或亚硫酸化后，再与甲醛缩合制得。这类鞣剂分子中带有羟基，具有鞣性，可与其他鞣剂结合鞣制各种革。脂肪族合成鞣剂中的多元醇与甲醛的缩合物和酮醛型合成鞣剂，可用于毛皮鞣制。

③ 多功能合成鞣剂：具有鞣革性能，同时又具有漂白、填充、加油、染色等一种或一种以上性能的鞣剂，是在合成鞣剂中引入特性官能基团而得到的。

随着制革工艺研究的发展，合成鞣剂广泛应用于轻革的复鞣、中和、染色和加脂等工序，种类不断增加，如中和性合成鞣剂、匀化和分散合成鞣剂、含铬合成鞣剂、白色合成鞣剂、树脂鞣剂等。现代对合成鞣剂的要求有：耐光、色泽浅以及具有改进皮革性能的作用，如使皮革粒面紧实、柔软，增进皮革的丰满弹性和粒面的蜡状感等。

13.1.2.5　树脂鞣剂

包括一大类缩聚型合成高分子材料。树脂单体透入生皮的内部后，仍继续产生聚合反应；或利用某些预聚体或初缩物，直接进入皮内，起到填充作用。树脂鞣剂也可归入合成鞣剂类，其主要作用是填充，特别是对革组织较疏松的部位，效果更为明显。

13.1.2.6　金属络合合成鞣剂

集无机化合物和有机化合物于一体的鞣剂。这类鞣剂有良好的鞣性，能改善成革的粒面强度，防止产生粗面，并可作为植物速鞣的预鞣剂和铬鞣革的复鞣剂。在制造辅助性合成鞣剂时，以氢氧化铬或氢氧化铝为中和剂，即可制得含铬或含铝的金属络合合成鞣剂。中国制造的含铬、含铝的金属络合合成鞣剂，是用磺甲基化酚醛缩合物、硫酸铝、重铬酸钠、亚硫酸化纸浆废液和乳化剂为原料制成的，鞣革性能良好。

13.2 皮 革 加 脂 剂

加脂剂是皮革化学品中用量最大的一类化工材料，其成分主要是油脂、乳化剂和少量水。轻革的加脂是用水将加脂剂稀释成一定浓度的乳液，然后引入皮革中去。要求加脂剂在水中能形成稳定的乳液。因为油脂不溶于水，必须用乳化剂将油脂乳化成稳定的乳液。制备加脂剂时，由于所用乳化剂所带电荷不同而形成阴离子、阳离子、非离子和两性加脂剂。

加脂剂中的油脂进入皮革内部，包覆在皮纤维的表面起润滑纤维的作用。油脂能使皮革的性质发生重要的变化，如柔软性、弹性、强度和耐挠曲度、防水能力、耐用性等。皮革加脂的作用是使皮革柔软、丰满、耐折、富有弹性；提高抗张强度、防水性；与铬纤维结合的加脂剂还能起到轻微的补充鞣制、填充、助染固色及减缓铬鞣剂外迁移等作用。

按加脂材料的来源分为天然加脂剂(天然动植物油)、天然油脂的化学加工品、以石油化工产品为原料的合成加脂剂和复合型多功能加脂剂。目前国外加脂剂品种中合成加脂剂约占40%，天然油脂加脂剂约占20%，多功能加脂剂约占40%；国内加脂剂产品以天然动植物油类为主，约占80%，合成加脂剂以及改性加脂剂品种不多，差距较大，这主要与我国原料结构有关。

13.2.1 天然油脂

一般将在常温下呈液态的叫做油，呈固态的叫做脂，天然油脂是甘油和高级脂肪酸所形成的甘油三酸酯混合物，外观形态的差异主要是与高级脂肪酸中所含的双键及其脂肪酸碳链长短有关。

① 动物油脂：牛蹄油、牛脂、羊脂、猪脂、马脂、鱼油、羊毛脂等。

② 植物油脂：蓖麻油、菜籽油、米糠油、豆油、花生油、棕榈油与棕榈仁油等。

13.2.2 天然油脂的化学加工品

皮革加脂剂制备时的化学处理方法有硫酸化、亚硫酸化、磷酸化、酰胺化、酯化、氯化、氯磺化、季铵化等，目的都是为了引入亲水基团或增强与革纤维的结合能力。

1875年，英国的Grum W首次制成了硫酸化蓖麻油，又称土耳其红油。1926年硫酸化蓖麻油开始用于皮革加脂。常见的硫酸化加脂剂有硫酸化蓖麻油、丰满鱼油、丰满猪油、软皮白油、硫酸化菜油等。

(1) 硫酸化蓖麻油

蓖麻油的主要成分是蓖麻油酸甘油酯，蓖麻油化学名12-烷基十八烯酸。

生产方法是将100份蓖麻油加入磺化釜中，在搅拌下于35~45℃滴加浓硫酸20~25份。硫酸加完后继续搅拌2~3h，待磺化液呈浓厚的泡沫状可取数滴于小杯中，加水分散为透明液体时，即可进行洗涤。先用40~50℃的温水洗，然后用10~15℃的 Na_2CO_3(或 NaOH)溶液中和即可。

$$—CH{=}CH + H_2SO_4 \longrightarrow —CH_2—\overset{|}{C}H—OSO_2OH$$

$$-CH_2-\overset{|}{C}H-OSO_2OH + NaOH \longrightarrow -CH_2-\overset{|}{C}H-OSO_2ONa + H_2O$$

硫酸化蓖麻油适用于各种轻革的加脂，皮革柔软、丰满，抗张强度和延伸率有所提高，常用于配制复合加脂剂，也用于揩光浆、颜料膏的配制。

(2) 硫酸化菜油加脂剂

硫酸化菜油加脂剂生产方法是将定量的菜籽油投入带有搅拌的反应釜中，按酸值加入计算量的液碱，在 65～75℃ 下碱炼 1～1.5h，然后静止分出水层。将碱炼后的菜籽油加入 2000L 带有搅拌的反应釜中，升温并控制温度在 28～32℃，加入按菜籽油质量 30 %的硫酸，反应 5～6h。按硫酸化产物质量加入 1. 2～1. 5 倍饱和盐水，在 65～75 下搅拌 1 h，静置 2～3h，分层去除盐水。按上述方法再次加入 1. 2 倍饱和盐水，搅拌 1～2h，然后静置 7～8h，分出水层，得硫酸化菜籽油。在 40～45℃ 下，按硫酸化菜籽油：氨水 = 1：(0. 1～0. 15)(质量) 加入定量氨水搅拌 1～2h 。按中和后硫酸化菜籽油质量加入定量的乳化剂 OP-10，搅拌均匀，经化验合格即为菜籽油结合型加脂剂。工艺流程如图 13-3 所示。

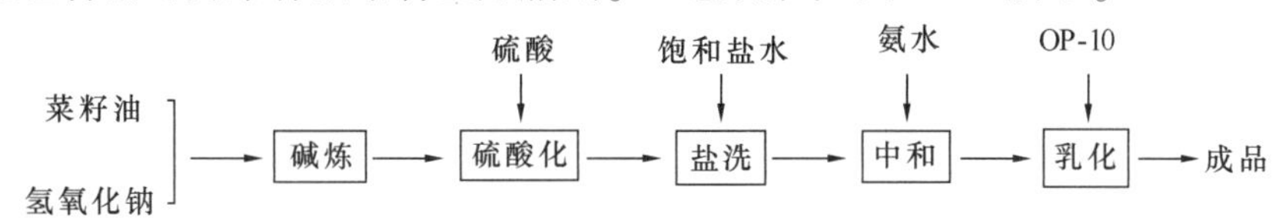

图 13-3　硫酸化菜油生产工艺流程图

硫酸化菜油的加脂效果较好，可单独用于皮革加脂，也可用于配制复合加脂剂。

特别注意的是，制备硫酸化加脂剂的关键是要控制好硫酸化部分和中性油的比例，这样才能使加脂剂乳液颗粒较细，渗透性好，加脂透彻、丰满、滋润。硫酸化部分作为乳化剂，与其中的中性油形成稳定细微的乳液，渗入革纤维之间，当 pH 值变化时，破乳而停留在纤维之间，从而起到润滑纤维的作用。硫酸化程度以结合在油脂分子上的 SO_3 的量表示，分轻度(1%～2%)、中度(2%～4%)和高度(>4%)三级。当产品中 SO_3 含量为 3%时，只有 20%的油脂分子上带有—SO_3H。

(3) 天然油脂的氯磺化及其产品

氯磺化反应：就是有机物与氯气和二氧化硫气体作用生成磺酰氯(—SO_2Cl)的反应，氯磺化反应是一个自由基取代反应，要在紫外光的照射下进行。

$$RCH_3 + SO_2 + Cl_2 \longrightarrow RCH_2SO_2Cl + HCl$$

生产方法是将净化过的猪油加热至 50～60℃，加入丁醇及硫酸，逐渐升温至 100～130℃，搅拌回流数小时，降温至 70～80℃，静置分离，倒入氯化釜中通入氯气，反应后将氯化物倒入磺化釜中，从底部通入二氧化硫转化气进行磺化反应，磺化反应后用氨水中和，最后加入双氧水搅匀即成。

(4) 天然油脂的琥珀酸酯磺酸盐

磺基琥珀酸盐按酯基个数可分为两大类：单酯盐和双酯盐。该类天然油脂加脂剂耐酸性、耐铬液性能好，具有良好的渗透性和分散纤维的能力，分子中含有羧基、磺酸基、酰胺基、羟基等多种活性基团，与铬鞣革纤维结合性好，能将其他油脂吸入皮革纤维的内部，能保持皮革的长久柔软，被称之为结合性加脂剂。从化学结构上看，实际上是用间接方法制成了亚硫酸化加脂剂，制备这类加脂剂时先用天然油脂或改性天然油脂与顺丁烯二酸酐反应形成酯，再用亚硫酸氢钠与顺丁烯二酸酐部分的双键反应引入磺酸基而得到的。

$$RCH_2OH + \text{(maleic anhydride)} \longrightarrow RCH_2OOCCH{=}CHCOOH \xrightarrow[NaOH]{NaHSO_3} RCH_2OOCCH_2{-}CH(SO_3Na)COONa$$

这类产品的典型代表是SCF结合性加脂剂，它是由中国皮革研究所在“七·五”期间以菜油为原料经过酰胺化、酯化、亚硫酸化等反应而得到的，该加脂剂加脂性能优良，应用广泛。目前结合性加脂剂的原料已从菜油发展到其他天然油脂，如猪油、鱼油、羊毛脂、棉籽油、豆油及合成脂肪酸等。结合性加脂剂的制备过程如下：

工艺流程：菜油→酰胺化→酯化→中和→亚硫酸化→调配→成品

反应及结构如下：

$$\begin{matrix} CH_2{-}OCO{-}R \\ | \\ CH{-}OCO{-}R \\ | \\ CH_2{-}OCO{-}R \end{matrix} + 3NH_2CH_2CH_2OH \longrightarrow 3RCONHCH_2CH_2OH + \begin{matrix} CH_2{-}OH \\ | \\ CH{-}OH \\ | \\ CH_2{-}OH \end{matrix}$$

$$RCONHCH_2CH_2OH + \text{(maleic anhydride)} \longrightarrow RCONHCH_2CH_2OOCCH{=}CHCOOH$$

$$\xrightarrow[NaOH]{NaHSO_3} RCONHCH_2CH_2OOCCH_2{-}CH(SO_3Na)COONa$$

13.2.3 合成加脂剂

以石油化工所得的重油及石蜡等为基本原料加工制备的皮革加脂剂。矿物油与石蜡是石油化工产品，绝大部分的分子组成为正构烷烃。用作皮革加脂剂的矿物油主要是石油的高沸点馏分($n>14$)，它们是在分馏汽油和煤油之后得到的，其中分馏温度在230~350℃范围内即碳数为$C_{14\sim21}$的组分在皮革加脂剂中应用得最多。合成加脂剂用于皮革加脂的优点：耐光性好，加脂革不会日久变黄；加脂乳液的颗粒细小，耐酸、耐盐、耐硬水性能好，耐霉菌、细菌能力强，渗透性好，加脂透彻，加脂革柔软，无油腻感。在实际的皮革生产中都是将合成加脂剂、天动植物油脂加脂剂配合起来使用。因此合成加脂剂大部分用于配制复合型加脂剂，很少单独以加脂剂的形式出现。

合成加脂剂的原料有饱和烷烃、氯代烷烃、烷基磺酰氯和合成脂肪酸及其酯。矿物油的改性手段主要有氯化、氯磺化、羰基化等。这里主要介绍烷基磺酰氯(RSO_2Cl)在开发皮革加脂剂中的应用。

(1) 烷基磺酰氯

直接用烷基磺酰氯作为加脂剂时，一般要求活性物含量较高，可高达100%。如我国生产的加脂剂CM、Trumpler公司的Resistol即属此类。

(2) 烷基磺酰胺

用活性物含量为50%的烷基磺酰氯与液氨经酰胺化反应即得烷基磺酰胺。烷基磺酰胺是烷基磺酰氯衍生物中用量最大的一种，一般不单独使用，而是和其他加脂材料复配成复合型加脂剂。上海皮革化工厂在剖析Trumpler公司的Trupon SWS、Trupon EER组分的基础上研制出了SE加脂剂，其中就含有烷基磺酰胺。这种加脂剂乳化性能好，渗透力强，可赋予皮革良好的柔软性而不显油腻，SE自生产以来一直受到皮革厂的好评。此外烷基磺酰胺还可以用来提高染色革的耐光性。

(3) 烷基磺酸钠

烷基磺酰氯经氢氧化钠皂化即为烷基磺酸钠。反应如下：

$$RSO_2Cl+2NaOH \longrightarrow RSO_3Na+NaCl+2H_2O$$

烷基磺酸钠在加脂剂中主要起乳化剂的作用，它对电解质极为稳定，能使互不相溶的加脂剂组分复配在一起而成为均相的合成或复合型加脂剂，烷基磺酸钠本身也有一定的加脂效果。

(4) 烷基磺酰胺乙酸钠

烷基磺酰胺乙酸钠是一种阴离子型加脂材料，对油和蜡具有良好的乳化能力，可与氯化石蜡等复配制备合成加脂剂。烷基磺酰胺乙酸钠可用氯乙酸与烷基磺酰胺经缩合反应制得：

$$RSO_2Cl+2NH_3 \longrightarrow RSO_2NH_2+NH_4Cl$$

$$RSO_2NH_2+ClCH_2COOH+2NaOH \longrightarrow RSO_2NHCH_2COONa+NaCl+2H_2O$$

烷基磺酰胺乙酸钠也可用下面的反应来制取，其产率更高。

$$RSO_2Cl+NH_2CH_2COOH+2NaOH \longrightarrow RSO_2NHCH_2COONa+NaCl+2H_2O$$

(5) 烷基磺酰胺的羟基衍生物

烷基磺酰氯同二乙醇胺或单乙醇胺反应可生成带有 N-羟乙基的烷基磺酰胺，这种材料可赋予皮革良好的丰满性和革面滋润感。反应式可表示如下：

$$RSO_2Cl + H\underset{}{\overset{\overset{\displaystyle A}{|}}{N}}—CH_2CH_2OH \xrightarrow{OH^-} RSO_2\overset{\overset{\displaystyle A}{|}}{N}—CH_2CH_2OH$$

$$A=—H,\ —CH_2CH_2OH$$

(6) α-氨基酸型烷基磺酰胺衍生物两性加脂材料

这种加脂材料使用多元胺与烷基磺酰氯先进行胺化反应，所得酰胺化产物再同氯乙酸缩合制得：

$$RSO_2Cl+H_2NZNH_2 \longrightarrow RSO_2NHZNH_2+HCl$$

$$RSO_2Cl+H_2NZNH_2 \longrightarrow RSO_2NHZNHO_2SR+2HCl$$

$$RSO_2NHZNH_2+ClCH_2COOH \xrightarrow{NaOH} RSO_2NHZNHCH_2COONa$$

式中的 H_2NZNH_2 为多元胺，如二乙烯三胺等。

α-氨基酸型烷基磺酰胺衍生物两性加脂材料能显著提高皮革的丰满性和革面的滋润、丝光感，同皮革结合牢固，耐久性和耐光性均很好。

13.2.4 复合加脂剂

皮革加脂时，总是将不同类型的加脂剂按一定的比例配合使用，取长补短，达到最佳的加脂效果。复合加脂剂是指由不同类型的天然动植物油、天然油脂的化学加工品、石油化工产品与表面活性剂复合而成的加脂剂，有些复合加脂剂未加表面活性剂，但其组成成分中含有表面活性剂。复合型加脂剂根据表面活性剂的种类分为阴离子型、阳离子型、两性离子型、非离子型等，它是皮革加脂剂发展的主流和方向。

(1) 阴离子型复合加脂剂

① 软皮白油。软皮白油是最早应用的复合型加脂剂，它含有动物油、植物油、矿物油等多种加脂材料，是一种典型的复合型加脂剂。软皮白油的制备可以先分别制成各组分，再进行复配，也可先将各种原料混合后再反应改性。软皮白油为棕色油状液体，易乳化，渗透性好，加脂革丰满柔软、有弹性。

② 亚硫酸化复合加脂剂。就是以亚硫酸化油为主要成分，与其他组分经适当调配而得

的一种加脂剂，主要表现亚硫酸化油的性能。亚硫酸化复合加脂剂主要生产方法是将菜油、豆油、猪油经过适度醇解，对猪油进行氯化处理，然后将这三种改性油混合后一起进行氧化亚硫酸化，再与其他组分复配。

(2) 阳离子型复合加脂剂

由于阳离子型加脂剂的合成有一定的难度以及用量较少，皮革用阳离子型加脂剂基本上是由阳离子型表面活性剂与矿物油、合成酯等组分复配而成的。阳离子表面活性剂是长碳链烃的季铵盐，常用的阳离子表面活性剂有十二烷基三甲基溴化铵(1231)、十六烷基三甲基溴化铵(1631)、十八烷基三甲基溴化铵(1831)、双长链烷基二甲基的溴化铵(如双1221、双1621、双1821)等。阳离子性是由阳离子型表面活性剂来体现的，油脂部分依然为中性。为了使乳液稳定，一般还需加入非离子型表面活性剂。阳离子加脂剂具有耐酸、耐盐的性能，可用于分步加脂，在浸酸、铬鞣时可加入1%~2%阳离子加脂剂，既可帮助渗透，也有一定的加脂作用，这样做成的革柔软性好。

(3) 两性复合加脂剂

两性加脂剂是指加脂剂中作为乳化剂的分子既带有阳离子基团又带有阴离子基团，由于两性加脂剂具有低毒性、良好的生物降解性、极好的耐硬水和耐高浓度电解质性、优异的柔软平滑性和抗静电性、一定的杀菌性和抑酶性、良好的乳化分散性以及可以和所有其他类型的加脂剂(阴离子型、阳离子型和非离子型)配伍等性能，近年来受到了人们的关注，在数量和品种上也有增加。尤其是两性加脂剂既具有好的加脂效果，又有良好的生态效应(低毒性、污染小)，是人们寄以厚望的皮革加脂剂。

两性复合加脂剂的生产方法有如下两种：

① 直接复配法。天然磷脂作为两性加脂剂较多的是运用复配法制得的。咪唑啉型两性加脂剂的生产一直采用复配的方法，即选用咪唑啉型两性表面活性剂与合成脂、合成蜡、天然油脂及适量的矿物油和非离子表面活性剂充分混合均匀后加入40%~50%的热水调配即可得到成品。如果不用合成蜡、合成醇等凝点高的组分，得到的产品流动性较好，一般两性表面活性剂的用量为5%~8%，非离子表面活性剂的用量由乳液的外观状态决定。

② 反应法。用长链脂肪胺与氯乙酸、氯乙基磺酸、环氧乙烷、丙烯酸酯、丙烯腈等反应可得到两性结构的加脂材料，如：

$$C_{12}H_{25}N(CH_3)_2 + ClCH_2COONa \longrightarrow C_{12}H_{25}-\overset{\displaystyle CH_3 \atop |}{\underset{| \atop \displaystyle CH_3}{N^+}}-CH_2COO^- + NaCl$$

$$C_{16}H_{31}NH_2+CH_2=CHCOOCH_3 \longrightarrow C_{16}H_{31}NHCH_2CH_2COOCH_3$$

$$RCOOH + nCH_2\underset{\backslash O/}{-}CH_2 \xrightarrow{催化剂} RCO(OCH_2CH_2)_nOH$$

$$C_{16}H_{31}NHCH_2CH_2COOCH_3+NaOH+H_2O \longrightarrow C_{16}H_{31}NHCH_2CH_2COONa+H_2O$$

$$C_{18}H_{37}NH_2+CH_2=CHCN \longrightarrow C_{18}H_{37}NHCH_2CH_2CN \xrightarrow{NaOH} C_{18}H_{37}NHCH_2CH_2COONa$$

然后用上述的两性材料与中性油、矿物油及适量的非离子型表面活性剂等配制复合两性加脂剂。

(4) 非离子型复合加脂剂

非离子型加脂剂的乳液不显示离子性，具有良好的分散、渗透能力，对硬水、酸、碱、盐都稳定，和阳离子型、阴离子型和两性离子型加脂剂有很好的配伍性。非离子型加脂剂和革纤维特别是铬鞣革的亲和性较差，使用时要和其他类型的加脂剂配合使用。非离子型复合加脂剂可由非离子型表面活性剂和油脂类物质混合所得或直接将天然油脂和矿物油经乙氧基化反应制得。其中合成脂肪酸酯、脂肪酸聚氧乙烯酯、脂肪醇聚氧乙烯醚、烷醇酰胺以及烷基磺酰胺和环氧乙烷的缩合物、环氧乙烷-环氧丙烷的共聚物等都可以作为非离子型加脂剂。它具有独特的柔软作用，皮革的柔软作用来源于皮纤维的有效分离及纤维上的极性基团间作用力的减弱。

生产实际中通常使用如下几种合成加脂剂产品。

① A-1 型合成加脂剂。主要由烷基磺酰胺乙酸钠(70%~75%)和氯化石蜡(25%~30%)组成，是我国第一代合成加脂剂，也被称作 1 号合成加脂剂。

② SE 系列合成加脂剂。合成加脂剂 SE 是由多种合成加脂材料与助剂混合而成的，亦属于复合型加脂剂。由烷基磺酰胺、乙二醇油酸酯、抗氧化剂、乳化剂、氯化石蜡按比例复配而成。主要组分有：较低碳链的石油烷烃，能渗入皮革内层；中等碳链长度的氯化石蜡，含氯量 20%左右，与皮纤维结合力强，使加脂革柔软丰满不油腻；油酸与二元醇的合成酯，有较长的碳链，可渗入革内或滞留表面，可赋予皮革滑爽的手感及绒面丝光效应；烷基磺酸铵阴离子表面活性剂，使油脂均匀地分散于水中形成阴离子型乳液，促使油脂渗透；斯盘型非离子表面活性剂；抗氧剂等。

13.2.5 加脂剂的性能与种类关系

(1) 加脂剂的柔软性能

矿物油及合成加脂剂由于其渗透性好，柔软性能好，但手感干枯，不滋润；天然动植物油及其改性产物的渗透性稍差，油润感强，柔软性也较好。非离子型乳化剂对皮革纤维具有特殊的柔软作用，两性离子型加脂剂如甜菜碱和咪唑啉类等的柔软性能也很好。适量中性油能使加脂剂具有良好柔软性能及丰满性。

(2) 加脂剂的填充性能

加脂剂中的中性油不同其填充性能也不同，较大分子烷烃的填充性最好，其次是牛蹄油和羊毛脂，矿物油的填充性最差。此外，聚合物型加脂剂也有很好的填充性能。在加脂剂的研究中发现，脂肪醇磷酸酯、脂肪酸酯、环烷酸酯等都具有很好的填充能力，同时能改善皮革的弹性。

(3) 加脂剂的耐光性能

加脂剂的耐光性能与加脂剂的分子结构中的双键氧化和形成自由基有关，氧化的结果使其结构发生了变化，从而显示出不必要的颜色。天然动植物油脂结构中含有较多的不饱和脂肪酸，以它们为主要原料所得的加脂剂耐光性差，而合成加脂剂以饱和矿物油为主要原料，它们的耐光性较好。克服天然动植物油脂耐光性差的方法是先将天然动植物油进行氢化和氯化，使部分双键饱和，再进行亚硫酸化、氯磺化、酰胺化、酯化等即可得到耐光性好的加脂剂。

(4) 加脂剂的防水性能

防水概念主要包括下面三种：

不润湿性：防止革纤维的表面被水润湿的性能，国外称为拒水性。

不吸水性：防止革吸收水分和防止水在革内渗透的性能，又称为抗水性。

不透水性：防止水从革的一面渗透到革另一面的性能，国外又称为防水性。

不润湿性主要指表面防水性能，宜采用涂饰和表面加脂的工艺获得。不吸水性和不透水性主要指革内层防水性能，宜采用专用的防水剂与防水性加脂剂进行处理。非防水性的革，遇到水时首先革面润湿，然后水被革吸收并向革内渗透，最后水透过革从另一面排出，这是一般水遇到皮后的情况，也是上述三种作用的连续过程。

为了提高皮革的防水性能，最初是用未经化学处理的油脂、石蜡等材料处理皮革，但它影响皮革的手感和透气性，久置后油脂易变质或迁移而使皮革干枯易断裂，现在国内外普遍使用疏水性加脂剂来提高皮革的防水性。作为防水性加脂剂主要有如下几种：

① 长链脂肪酸金属盐。这类化合物是目前用得最广泛且价格较低的防水性加脂剂。它是利用其长链烃基具有较高的拒水性，并利用化合物中金属离子同纤维中活性基团如羧基等络合，从而产生柔软和防水效果。具有代表性的产品其结构示意如下：

$$C_{17}H_{35}—C\begin{matrix} \nearrow O \rightarrow Cr \begin{matrix} Cl \\ Cl \end{matrix} \\ \searrow O — Cr \begin{matrix} OH \\ Cl \\ Cl \end{matrix} \end{matrix} \qquad C_{17}H_{35}—C\begin{matrix} \nearrow O \rightarrow Al \begin{matrix} Cl \\ Cl \end{matrix} \\ \searrow O — Cr \begin{matrix} OH \\ Cl \\ Cl \end{matrix} \end{matrix}$$

（CR产品）　　　　（AC产品）

这类产品稳定性较差，不耐强碱、强酸和高温，易水解，颜色较深，会影响染色色泽。

② 高分子石蜡乳液。这类防水性加脂剂主要是水乳性的合成酯和高分子烷烃类混合物，有浆状物与水乳液两种产品，高分子石蜡会填充在革纤维之间，产生润滑与防水作用，而且对革具有良好的丰满性。

③ 含羧基的长链脂肪族化合物。天冬氨酸、马来酸、柠檬酸、酒石酸、琥珀酸等长链醇单酯或双酯的衍生物也是非常好的防水材料。用柠檬酸与高级脂肪醇酯类对皮革进行乳液加脂，使成革具有较好的防水性能，其结构通式为：

$$\begin{array}{l} R_1OOC—CH_2 \\ \qquad\qquad\quad | \\ R_2OOC—C—OH \\ \qquad\qquad\quad | \\ \qquad\qquad COOX \end{array}$$

式中：$R_1=C_{12\sim22}$的烷烃或烯烃；$R_2=R_1$或 X；X = Na 或 NH_4。

长链烯烃丁二酸衍生物是一种防水性加脂剂，其通式为：

$$\begin{array}{l} R_1—CH{=}CH—CH—CH—COOH \\ \qquad\qquad\qquad\quad | \qquad\ | \\ \qquad\qquad\qquad\ R_2 \quad CH_2—COOH \end{array}$$

式中：R_1 = 烷烃；R_2 = H 或烷烃。当 R_2 = H 时，产品称为烯基琥珀酸(ASA)，由烯烃与马来酸酐合成烯基琥珀酸酐经减压蒸馏、水解制得。它属于油包水型表面活性剂，可降低水的表面张力，用它处理皮革的防水性是由材料的油包水的性能决定的，革中的 ASA 遇水时生产黏滞性的油包水型疏水胶乳，将纤维的间隙堵塞，阻止水向革内渗透而起到防水作用。在使用时必须用高沸点极性化合物四氢糠醛等作扩散剂，可以单独用来加油或与矿物油混合加油。应用表明，成革纤维分散性极好，防水性能很强，而且仅需少量加油或根本不需另外加油。含羧基的脂肪族类化合物应用于防水加油工序中，一般可再用铬盐或铝盐使游离的羧基进一步固定，以增强加脂防水效果。

长链的二元羧酸酯盐对铬鞣革具有鞣性、防水性和润滑性，这种二元酸可以是壬二酸、癸二酸、直链的含 $C_{12\sim19}$的二元酸或更长链的含 $C_{19\sim32}$的直链二元羧酸，双油酸、双亚油酸的碱金属盐或铵盐。在英国该类产品已用于生产，有代表性的产品如 Baven D 等。它的主要成分为混合直链二元酸，具有氨味，呈琥珀色澄清液体，处理后皮革的防水性持久，虽不含油脂却足以使成革柔软丰满、耐汗并保持透气性。

④ 有机硅系化合物。近几年有机硅及其改性产物作为皮革防水加脂剂、滑爽剂而受到了人们的广泛关注。有机硅防水剂主要由特定的硅油及其衍生物与油脂类物质缩合而成，用其处理皮革后具有良好的疏水性，并且使皮革保持良好的透气性能，且滑爽丝光感强烈。国外 20 世纪 70 年代就开始研究及应用有机硅进行防水处理，有溶剂型和水乳型两类，并以后者应用更为广泛。

⑤ 有机氟化物。有机氟类化合物是最有效的皮革防水材料，经氟系化合物处理后的皮革由于在革纤维的周围包裹形成油膜或在皮革纤维表面形成氟树脂薄层，从而使皮革具有防水、防油、抗污等特性。目前国外已经采用中等链长的全氟烷基磷酸盐对手套革和服装革进行防水、防污。有机氟材料对皮革纤维的防水、防污以及润滑效果相当明显，但是其合成难度大、有污染、成本高，目前还不能普及应用，国内还处于开发研究阶段。

（5）加脂剂的低雾值性能

加脂剂的低雾值性能是专门针对各种汽车用坐垫革而言的，汽车坐垫革是目前市场上需求增长较快的皮革品种之一。由于汽车坐垫革是在特殊环境中使用的皮革，因此对于汽车坐垫革的性能有较高的要求，其中低雾值和耐磨性最为重要。汽车内各种装饰部件包括坐垫革中均含有一些低沸点的化合物组分，在一定条件下会挥发出来，凝结在汽车挡风玻璃上形成一层薄雾，导致司机的视线模糊，这就叫起雾。表征起雾程度的数值称为雾值，雾值的大小决定着车内乘客的生命安全程度。因此雾值是坐垫革的关键指标。

（6）加脂剂的阻燃性能

汽车用革特别是高级轿车用皮革应有很好的阻燃性，用于阻燃性皮革的加脂剂一般应选含氯量高的加脂材料，如氯化石蜡、氯化烷基磺酰胺等，含氯量越大，加脂革的阻燃性能越好。

此外，对加脂材料的适当选择还可使加脂剂具有补充鞣制、复鞣、丝光、助染、防老化、芳香性、防霉、弹性等功能。

13.3 皮革涂饰剂

通过刷、揩、淋、喷等方式，将配制好的色浆覆盖在皮革表面上，形成一层漂亮的保护性薄膜(也可将薄膜直接贴在皮革上)，皮革生产这一重要工序称为皮革涂饰，这种修饰皮革的化学品一般称为皮革涂饰剂。皮革涂饰的主要目的是使革面美观，提高皮革的使用性能，遮盖皮面缺陷，修正粒面瑕疵，增加皮革花色品种。涂饰剂应具有与皮革相适应的延伸率，能在皮革表面形成具有一定机械强度的薄膜，该薄膜能与皮革牢固地粘合在一起，热时不发黏，冷时不脆裂。其组成包括成膜剂、着色剂、溶剂和助剂等，如图 13-4 所示。

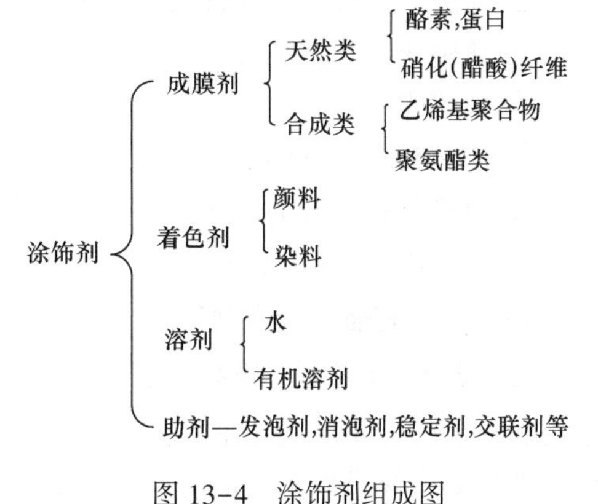

图 13-4　涂饰剂组成图

成膜剂：一般为天然或合成高分子物质，如

乳酪素、硝化纤维、丙烯酸树脂、聚氨酯等。

着色剂：覆盖型涂饰剂(颜料)、苯胺型涂饰剂(染料)。

溶剂：水性或乳液涂饰剂(水)、溶剂型涂饰剂(有机溶剂)。

助剂：渗透剂、流平剂、消泡剂、发泡剂、稳定剂、增稠剂。

13.3.1　涂饰剂要求

皮革涂饰剂又可分为底层涂饰剂、中层涂饰剂、面层或顶层涂饰剂。底层是整个涂层的基础，主要作用是粘和着色剂在皮革表面成膜以及封面(底)。中层涂饰的作用是使涂层颜色均匀一致，弥补或改善底层着色的不足，最后确定成革的色泽，形成具有所需光泽的、各项坚牢度良好的、有一定机械强度的涂层。面层的基本作用是保护涂饰层，赋予革面良好的光泽和手感。不同涂饰剂有不同要求，具体如下：

(1) 底层涂饰剂要求

要求粘着力要强，能适当渗入革内，以使涂层薄膜与革面牢固结合，并能牢固粘接着色材料；要有较强的遮盖能力、遮盖坯革的缺陷，并使其着色均匀一致，色泽鲜艳、明亮、饱满；成膜性也要好，薄膜应有较好的柔软性和延伸性，对革的天然粒纹影响小，并能将革面与中、上层涂饰层分开，使中、上层涂饰剂及其他助剂如增塑剂不会渗入革内。通常浓度较大，含固量在10%~20%之间，占整个涂层厚度的65%~70%。

(2) 中层涂饰剂要求

中层涂饰剂所形成的膜要求硬度要大、耐摩擦、手感好、色泽鲜艳；中层着色剂的分散度要大，若为效应层则着色材料常是透明的。一般中层涂饰剂的浓度较低，含固量约为10%或更低，中涂层厚度约为整个涂层厚度的20%~25%。

(3) 顶层涂饰剂要求

面层涂饰剂所形成的膜要求硬度大、不发黏、光泽好、耐摩擦、手感滑爽，抗水和一般有机溶剂，能承受各种机械作用。面层涂饰剂的浓度更低，含固量仅为2%~5%，厚度也最薄。

13.3.2　成膜物质

成膜物质又称为成膜剂、黏合剂，是涂饰剂的主要成分，能够在底物(如皮革)表面形成均匀透明的薄膜，成膜物质具有以下性质：

① 粘着力强。

② 薄膜的弹性、柔软性及延伸性应与皮革一致。

③ 薄膜应具有容纳力。

④ 薄膜光泽好。

⑤ 薄膜具有良好的卫生性能。

⑥ 薄膜具有很好的坚牢度。

下面介绍乳酪素和聚氨酯这两类涂饰剂的制备与改性。

13.3.3　乳酪素涂饰剂

乳酪素又称干酪素、酪素、酪朊，是一种含磷结合蛋白质，其分子式大致为$C_{170}H_{268}N_{42}SPO_{51}$，平均相对分子质量取决于制备方法，一般在7.5万~35万之间。乳酪素普遍存在于动物乳中，如牛奶中酪素以钙盐形式存在，其含量为4%~5%，是乳酪素的主要来源。根据凝乳方法不同，酪素可分为酶酪素和酸性酪素。制革工业中通常用的是酸性酪素和改性乳酪素。

酪素分子的极性基使其膜有较强的亲水性，吸水性强的增塑剂的加入更是加剧了这种缺陷。酪素涂饰材料亲水、性脆、易腐。改性可解决酪素薄膜脆性，一般是添加增塑剂，如甘油(保持水分，常用的增塑剂)、乙二醇、聚乙二醇、油酸三乙醇胺、硬脂酸三乙醇胺等进行物理改性，以削弱酪素分子间的作用力，使酪素薄膜在水中的膨胀性减小，较难溶于酸碱，从而提高了涂层的抗水性、耐湿擦性。乳酪素的改性方法如下。

13.3.3.1　*以己内酰胺为改性剂*

己内酰胺在碱的作用下加热开环后，具有双官能团，端基为羧基和氨基，可与乳酪素两性游离基团中的相应基团(羧基和氨基)脱水缩合，即发生缩聚反应。

$$\sim\sim NH\underset{X}{CH}\overset{O}{\overset{\|}{C}}\sim\sim + n\ \text{(己内酰胺)} \rightarrow \begin{cases} \sim\sim NH\underset{NHCO(CH_2)_5NH\sim\sim}{CH}\overset{O}{\overset{\|}{C}}\sim\sim & (X=NH_2) \\ \sim\sim NH\underset{CONH(CH_2)_5CO\sim\sim}{CH}\overset{O}{\overset{\|}{C}}\sim\sim & (X=COOH) \end{cases}$$

13.3.3.2　*以乙烯基类单体为改性剂*

(1) 在酪素肽键 α-C 原子上接枝

$$\sim\sim\underset{R}{\overset{H}{C}}-CO-NH\sim\sim \xrightarrow{K_2S_2O_8} \sim\sim\underset{R}{\dot{C}}-CO-NH\sim\sim \xrightarrow{nCH_2=CHR'} \sim\sim C(R)(CONH\sim\sim)(CH_2CHR'\sim\sim)$$

(2) 在酪素肽键 N 原子上接枝(封闭亲水性基团亚氨基)

$$\sim\sim\underset{R}{CH}-CO-\overset{H}{N}\sim\sim \xrightarrow{K_2S_2O_8} \sim\sim\underset{R}{CH}-CO-\dot{N}\sim\sim \xrightarrow{nCH_2=CHR'} \sim\sim\underset{R}{CH}-CO-N(\sim\sim)CH_2CHR'\sim\sim$$

(3) 在酪素侧链 N 原子上接枝(封闭亲水性氨基)

$$\underset{R-NH-H}{CH}-CO-NH \xrightarrow{K_2S_2O_8} \underset{R-\dot{N}H}{CH}-CO-NH \xrightarrow{nCH_2=CHR'} \underset{R-NHCH_2CHR'\sim\sim}{CH}-CO-NH$$

(4) 在酪素侧链连有羟基 C 原子上接枝

$$\underset{HO-CRR'-H}{CH}-CO-NH \xrightarrow{K_2S_2O_8} \underset{HO-\dot{C}RR'}{CH}-CO-NH \xrightarrow{nCH_2=CHR''} \underset{HO-CRR'(CH_2CHR''\sim\sim)}{CH}-CO-NH$$

改性酪素的性能优于乳酪素，它们除保持乳酪素的优点外，还较大程度改善了酪素成膜坚硬、易脆裂等缺陷，提高了涂层耐湿擦性和抗水性。

13.3.4　水性聚氨酯皮革涂饰乳液制备与改性

聚氨基甲酸酯(polyurethane)是分子结构中含有重复氨基甲酸酯基(—NHCOO—)的高分

子材料总称，简称聚氨酯(PU)，是皮革涂饰最理想的成膜物质之一。它是由多羟基化合物与多元异氰酸酯反应形成预聚体，再用二元醇或二元胺类扩链剂扩链后经过不同的后处理得到的。1972 年德国 Bayer 公司率先开发了水性聚氨酯皮革涂饰剂，虽然水性 PU 有许多优点，但涂层易吸潮，耐湿擦性不好，粘着力和光泽性降低，实际使用中一般还要对聚氨酯进行改性。

13.3.4.1 水性聚氨酯皮革涂饰剂的乳化

水性聚氨酯皮革涂饰剂为水可稀释的聚氨酯乳液，是最重要的聚氨酯(PU) 涂饰剂，分为水溶液、水分散液和水乳液。三者之间的区别在于 PU 大分子在水中的分散形态的不同，并没有不可逾越的界限。依乳化方法分为外乳化型 PU(阳离子型、阴离子型、非离子型以及两性型)和内乳化型 PU(即自乳化型，水乳化型、水分散型和水溶性)。

(1) 外乳化法

选取制成适当分子质量的 PU 预聚体或其溶液，然后加入乳化剂，在剧烈搅拌下强制性地将其分散于水中，制成 PU 乳液或分散体。预聚体的黏度愈低，愈易于乳化，加入少量可溶于水的有机溶剂也有益于乳化。其中最好的方法是在乳化剂存在下将预聚体和水混合，冷却到 5℃左右，然后在均化器中使之分散成乳液。由于此法制得的 PU 乳液中的大部分链端 NCO 基团，在相当长的时间内保持稳定，且 NCO 基团与氨基的反应比水的反应快了一个数量级，因此外乳化法在多数情况下可在水中进行扩链(常用二胺)，以生成高相对分子质量的聚氨酯-聚脲乳液。此法的关键之一是选择合适的乳化剂。此法制得的 PU 乳液粒径较大，一般大于 1.0nm，稳定性差，由于使用较多的乳化剂，使产品的成膜性不良，并影响胶膜的耐水性、强韧性和粘接性。

水性聚氨酯合成工艺：在干燥氮气保护下，将真空脱水后的低聚物多元醇(聚氧化丙烯二醇、聚己二酸一缩二乙二醇酯)、异佛尔酮二异氰酸酯按计量加入，混合均匀后升温至 90℃左右反应 1h，再加入适量二羟甲基丙酸并加几滴催化剂，90℃左右反应 1h，最后加入扩链剂，85℃反应至 NCO 含量不再变化，降温至 45℃出料。将预聚体用三乙胺中和，加水进行高速剪切乳化，然后加入异佛尔酮二胺扩链剂进行扩链 1h 得到乳液。

(2) 自乳化法

在 PU 树脂中引入部分亲水基团，使 PU 分子具有一定的亲水性，不加乳化剂，凭借这些亲水基团使之乳化。根据分子结构上亲水基团的类型，自乳化型水性 PU 可分为阳离子型、阴离子型、两性型和非离子型。阳离子型 PU 是在预聚体溶液中，使用卤素元素化合物或 *N*-烷基二醇扩链，然后经季铵化或用酸中和，从而实现自乳化。而阴离子型是采用二羟甲基丙酸(DMPA)、二氨基烷基磺酸盐等为扩链剂，引入羧基或磺酸基，再用三乙胺等进行中和并乳化。若在 PU 骨架上引入羟基、醚基、羟甲基等非离子基团，尤其是聚氧化乙烯(PEO)链段，可得到非离子型自乳化 PU。亲水基团的引入方法可采用亲水单体扩链法、聚合物反应接枝法以及将亲水单体直接引入大分子聚合物多元醇中等方法。其中，亲水单体扩链法具有简便、应用范围广等优点，是目前制备水性 PU 所采用的主要方法。而将亲水基团直接引入聚醚或聚酯多元醇分子中，是国外工业化生产中常采用的方法，具有较高的应用价值。也有用 SO_3或浓 H_2SO_4将芳香族多异氰酸酯和多元醇的预聚物磺化，在苯环上引入—SO_3H 基团，经扩链制得磺酸盐型水性 PU。

制备自乳化型水性 PU 分散体的方法很多，其共同特点是首先制备相对分子质量中等、端基为 NCO 的 PU 预聚体，不同步骤在于扩链过程。其中最重要的有 2 种：丙酮法(相转变法）和预聚体分散法（或称预聚体混合法）。

丙酮法是由德国 Bayer 公司研究成功的。先由大分子多元醇与多异氰酸酯反应，制成端基为—NCO 的高黏度的疏水型预聚体，加入低沸点溶剂如丙酮、丁酮、四氢呋喃等，用亲水单体进行扩链，在高速搅拌下加入水，通过一系列相态变化最终形成溶液，最后回收溶剂，得到稳定的 PU 乳液。因使用丙酮最多，故称丙酮法。丙酮法合成反应在均相体系中进行，易于控制，适用性广，结构及粒子大小的可变范围大（0.03～100nm），批与批间的再现性好，容易获得所需要的性质，是目前用得最多的制备方法之一。

预聚体分散法。先合成带有离子基团或亲水聚醚的端异氰酸酯预聚物，如有必要可加入少量高沸点溶剂如 *N*-甲基吡咯烷酮，降低黏度，然后与水搅拌混合即可形成分散体。扩链反应在含水的两相中进行，扩链剂通常为反应活性高的二胺或肼类化合物。该法较适用于由脂肪族多异氰酸酯（如 HDI）制备的预聚体，因为脂肪族多异氰酸酯的反应活性低，遇水反应慢，预聚物分散于水中后，用二胺扩链时受水的影响小。

此外，水性 PU 分散体的合成方法还有熔融分散法、酮亚胺和酮连氮法、保护端基乳化法、固体自乳化法等。

13.3.4.2　聚氨酯乳液的改性

PU 乳液涂膜的透气性和透水汽性比较差，作为顶层光亮剂在装饰方面仍不如溶剂性涂饰剂。在已商品化的水性 PU 中，大多是线型聚合物，常需要改性来增加膜的耐水、耐溶剂、耐化学品性以及力学性能。这些性能取决于水性 PU 的亲水性和分子结构。这些性能的改进通过接枝或嵌接其他聚合物，外加或内置交联剂以及共混合形成互穿聚合物网络等手段来实现。在各种改性手段中，接枝、嵌段和交联是最常用的。

（1）丙烯酸类改性

PU 水分散体的众多改性中，丙烯酸类改性是较重要的。人们试图将 PU 的韧性与丙烯酸树脂良好的保色性、光稳定性、硬度及较低的成本等优点结合为一体，克服各自的缺点，制备聚氨酯-聚丙烯酸酯（PUA）复合乳液。PUA 复合乳液是以 PU 树脂和聚丙烯酸（PA）树脂为基料，并以水为介质的一类涂料，具有不燃、低毒、不污染环境等优点，因此被誉为第 3 代水性 PU。用于制备 PUA 复合乳液涂饰剂的方法主要有 PUA 乳液共聚法、PUA 核壳乳液聚合法、PUA 互穿网络乳液聚合法。

① PUA 乳液共聚法。乳液共聚法是用化学键将 PU 与 PA 连在一起，两者的性能得到大幅度提高。通过选择不同的共聚途径、不同的原料以及原料配比等，来制备性能各异的 PUA 复合乳液，可以满足不同的性能需求。由于二者的聚合机理不同，PA 是通过自由基聚合，而 PU 是通过逐步聚合得到的，所以制备 PUA 复合乳液的过程比较复杂。首先要采用正确的工艺合成水性 PU，然后在合适的条件下，使丙烯酸单体在 PU 内部聚合。PU 与 PA 的复合乳液共聚有 2 种途径：不饱和单体法和不饱和化合物封端法。

② PUA 核壳乳液聚合法。此法先制备含有亲水基团的 PU，将其分散于水中形成乳液，将分散相 PU 粒子作为种子，然后将丙烯酸单体在其水乳液中接枝成较稳定的复混树脂乳液。其反应机理是：在 PU 水分散体中进行丙烯酸乳液共聚时，PU 水分散体胶粒内部憎水链段相对集中，亲水性粒子基团分布在微胶粒表面，形成一种高稳定性、高分散性的胶体体系。丙烯酸等单体溶胀到 PU 胶粒中，PU 水分散体胶粒作为聚合物，为核壳型乳液聚合提供种子乳液，加入的丙烯酸酯等单体在聚合物胶粒内部聚合，形成聚合物。通过不同的聚合工艺可以制得 PU 为壳（A/U 型）或丙烯酸为壳（U/A 型）的复合乳液。

③ PUA 互穿网络乳液聚合法。乳液互穿聚合物网络(LIPN)是一种新型的聚合物混合物，其中一种聚合物是以网络的形式存在，而另一种是以线性聚合物的形式存在，在分子水平上达到互溶和分子协同的效果。一般先用三元醇或二元醇与多或二异氰酸酯反应，经过扩链后制成含亲水基团的 PU；将 PU 分散于水中，加入丙烯酸酯单体、引发剂以及乳化剂进行乳液聚合，可制得互穿网络聚合物。

(2) 环氧树脂改性

环氧树脂具有出色的粘接能力、高模量、高强度和热稳定性好等特点，将水性 PU 与环氧树脂复合共混用作皮革涂饰剂，可提高涂饰剂对基体的黏合性、涂层光亮度、涂层的机械性能、耐热性和耐水性等。环氧树脂改性是将支化点引入 PU 主链，PU 预聚体中—NCO 还可能同环氧树脂链上的环氧基发生反应。例如选择相对分子质量适中的环氧树脂，在多异氰酸酯和聚醚多元醇反应后，加入环氧树脂和一缩二乙二醇继续反应，再加入二羟基甲基丙酸反应，用丙酮调节黏度，中和分散在水相中，脱去丙酮后加入助剂，便制得环氧改性 PU 水分散体。共聚法所得涂膜的综合性能明显优于机械共混法，但断裂伸长率有所下降。红外光谱和 DSC 分析表明，共聚法中环氧基团发生了交联反应，与 PU 形成了局部 IPN 结构；环氧树脂的加入，提高了水性 PU 的耐水性、耐溶剂性及力学性能，其综合性能优异。

(3) 硝化纤维改性

硝化纤维改性 PU 乳液，将硝化纤维的优异装饰性能与 PU 的非常好的坚牢度结合起来。1973 年 BASF 公司介绍了硝化纤维改性 PU 产品。1975~1977 年我国原轻工部皮革研究所和北京市皮革公司共同研制改性 PU 水乳液，作为皮革顶层光亮剂，是以脱醇硝化纤维溶液与 PU 溶液接枝反应后，加乳化剂乳化得到。

(4) 有机硅改性

有机硅改性的 PU 材料，有良好的低温柔顺性、介电性、表面富集性。一般采用带有活性端基的聚二甲基硅氧烷与端异氰酸酯基的化合物或预聚体，通过加成聚合和扩链反应制备有机硅改性 PU。有机硅改性 PU 乳液可提高涂层的耐水性。化工部成都有机硅研究中心研制的 NS-01 有机硅改性 PU 水乳液，用作顶层涂饰材料，其突出的优点为涂膜耐干湿擦等级高，可达 4~4.5 级，使 PU 涂膜具有良好的手感、柔软度、耐湿擦性和防水性。

13.3.5 其他成膜物质

① 干性油。干性油是碘值大于 130，含高度不饱和脂肪酸的甘油酯，如桐油、亚麻仁油等。

② 羧甲基纤维素。羧甲基纤维素是纤维素的醚类衍生物，由纤维素经碱处理，使纤维素膨胀生成纤维素碱，再与氯乙酸钠进行醚化反应得到。

③ 聚酰胺。聚酰胺是 α-氨基酸缩合聚合得到的具有相对分子质量较低的聚合物，溶于水后呈透明黏稠状，不腐败，耐电解质能力强。用于皮革涂饰，其膜有较好的物理机械性能和卫生性能，在耐挠曲和耐湿擦方面优于酪素。用于皮革涂饰封底，能防止增塑剂及染料的迁移。

④ 有机硅树脂。有机硅树脂具有优良的光亮性、滑爽性、手感，卫生性能和防水性能特别优异。但有机硅不单独作为成膜物质，除了价格昂贵外，涂层机械强度较差，不耐有机溶剂。有机硅通常作为柔软剂、滑爽剂、防水剂等助剂用于皮革的整饰。另外，将具有良好

表面性能的有机硅用于其他成膜剂如丙烯酸树脂和聚氨酯等的改性。

⑤ 阳离子成膜剂。阳离子涂饰技术发展较迟且缓慢(20 世纪 90 年代才开发出阳离子型聚氨酯)，因皮革用绝大多数材料属阴离子型，阳离子材料与这些材料的相容性较差。阳离子涂饰中阳离子电荷对于铬鞣、植鞣和合成革均有较好的亲和力。涂饰剂溶液的 pH 值接近皮革的等电点，因此涂饰剂溶液靠渗透压而被革吸收，不必借助渗透剂或溶剂就能达到良好的渗透性和粘着性。所有的阳离子产品均具有微粒细的特点，有很好的渗透性和粘着性，比阴离子同类产品柔软，成膜极薄且自然。阳离子涂饰系统可以改进纤维强度和拉力，同时又能填充皮革并使之丰满柔软，还兼具防霉杀菌和抗静电作用。

13.3.6 皮革涂饰交联剂

近年来由于环境的压力及经济的原因，皮革涂饰已基本采用水性涂饰剂，如水性丙烯酸树脂和水性聚氨酯涂饰剂。然而这些含有一定量亲水基团的线性树脂膜在机械性能、耐水和耐有机溶剂方面存在不足。因此在皮革涂饰中必须采用外加交联剂，通过延伸或交联来增强聚合物的分子结构，提高成品革的物理坚牢度，封闭树脂中的亲水基团，从而改善涂层的耐湿擦性能；涂层的抗张强度及顶层与底层的内粘力也可得到相应的提高。

皮革涂饰可选择的交联机制有热活化交联、紫外光交联及双组分交联。常用的室温交联剂有甲醛、聚碳化二亚胺、氮丙啶、环氧类及聚异氰酸酯五大类。

13.3.6.1 甲醛交联剂

$$\underset{\displaystyle R_2}{R_1\text{—}\overset{}{N}} + HCHO \longrightarrow \underset{\displaystyle R_2}{R_1\text{—}N\text{—}CH_2OH}$$

这一步反应形成 NCH_2OH 的速度较快，并可在涂层中保留较长时间而不发生变化。而后逐步完成第二步交联反应，如下式所示。

$$2R_1\text{—}\underset{R_2}{\underset{|}{N}}\text{—}CH_2OH \longrightarrow R_1\text{—}\underset{R_2}{\underset{|}{N}}\text{—}CH_2O\text{—}CH_2\text{—}\underset{R_2}{\underset{|}{N}}\text{—}R_1 + H_2O$$

基于以上甲醛交联带来的诸多缺陷，一些发达国家已以法律形式明令禁止含有甲醛的产品进入市场，这样使用甲醛交联剂就受到了限制。

13.3.6.2 氮丙啶类交联剂

氮丙啶类交联剂是目前研究得较为成熟和有效的室温交联剂，这类交联剂的交联反应速度快，效果明显。这类交联剂分子一般含有三个或三个以上的氮丙啶环，下式为一个典型的氮丙啶交联剂的结构式：

$$CH_3CH_2C\begin{cases}CH_2OCO(CH_2)_2\text{—}N\triangleleft \\ CH_2OCO(CH_2)_2\text{—}N\triangleleft \\ CH_2OCO(CH_2)_2\text{—}N\triangleleft\end{cases}$$

它是由氮丙啶与三官能度或更高官能度的多元醇缩合物缩合而形成的。氮丙啶环在结构上存在较大张力，活性较高，在常温下与羟基、羧基等发生反应而交联。具体反应如下：

$$R(N\triangleleft)_3 + 2R_1COOH + R_2OH \longrightarrow R(NHCH_2CH_2OR_2)(NHCH_2CH_2OOR_1)(NHCH_2CH_2OOR_1)$$

国外皮化公司如 Stahl、Bayer 公司开发生产的 Wu-2519、XR-2519、EX-0319 及 Quinn 公司的 AqualenAKU 都属此类交联剂，并已广泛用于皮革涂饰的操作中。

13.3.6.3　环氧类交联剂

环氧类交联剂的交联机理与氮丙啶交联剂类似，只是反应活性稍低，交联速度较慢，温度要求略高。常温下交联反应一般需 3~5 天才能完成，且交联效果不及氮丙啶类交联剂。其交联反应为：

$$R(\text{环氧基})_3 + R_1COOH + R_2OH + R_3NH_2 \longrightarrow R(CHOHCH_2OCOR_1)(CHOHCH_2OR_2)(CHOHCH_2NHR_3)$$

13.3.6.4　碳化二亚胺类交联剂

聚碳化二亚胺类交联剂具有低毒、高效等优点，在提高涂层耐湿擦性能的同时能保持涂层原有特点，是很有发展前途的一类交联剂。它是由多异氰酸酯在特殊催化剂的作用下高温歧化反应而成的，反应式为：

$$nOCN—R—NCO \longrightarrow \left[R—N=C=N \right]_n + CO_2$$

聚碳化二亚胺的累积双键(═C ═)的活性较高，可与羟基、羧基等基团在室温下进行反应，反应示意式如下：

$$\left[R—N=C=N \right]_n + R_1OH + R_2COOH \longrightarrow$$

$$—HN—C(=O)—N(R_1)—R—NH—C(=O)—N(COR_2)—$$

13.3.6.5　多(聚)异氰酸酯类交联剂

通过交联剂分子上所带反应活性很高的异氰酸根(—NCO)与涂饰剂分子中的氨基、羟基、羧基、脲基及氨基甲酸酯等含活性氢的基团反应来实现交联。

13.4　皮革化学品发展前景

近年来随着人们生活水平的日益提高以及对舒适和回归大自然的要求，真皮制品备受人们青睐，同时也对皮革质量提出了更高的要求。要求皮革轻、薄、软，有丝绸感，真皮感强，染色牢固并具有防水、防污、耐光、耐洗等特性。而要赋予皮革产品上述的质量性能，在一定程度上又取决于制革加工过程中所用的皮革化学品。今后皮革化学品的研究方向和发展趋势是：

① 发展新型高吸收、高活性铬鞣助剂。

② 发展绿色环保型新鞣剂，如改性植物鞣剂、改性淀粉鞣剂、合成树脂鞣剂、新型高分子鞣剂等。

③ 发展具有加脂、防水功能的树脂复鞣剂。

④ 发展功能性加脂剂，如防水加脂剂、耐洗加脂剂、低雾耐光性加脂剂、防油加脂剂、天然磷脂加脂剂以及生物降解加脂剂等。

⑤ 发展无致癌专用染料、耐水洗染料、高效固色剂及染色废液净化剂。

⑥ 发展水溶性聚氨酯涂饰剂、水溶性改性硝化棉光油、水溶性聚氨酯光油。

⑦ 发展高性能涂饰助剂，如代替甲醛的蛋白质成膜材料交联剂、与水溶性聚氨酯涂饰剂配套的交联剂、涂层手感改善剂等。

⑧ 发展安全无毒、可生物降解的表面活性剂、脱脂剂、高效低毒原料皮防腐剂等。

⑨ 发展制革湿加工酶制剂。如可用于浸水、脱脂、脱毛、脱灰、软化等工序的酶制剂等。

⑩ 发展适用于家具革、坐垫革生产的具有低雾、耐光、耐摩擦等性能的助剂、复鞣剂、加脂剂、涂饰剂等。

思 考 题

1. 简述制革的主要工序。
2. 皮革化学品主要分为哪几类？
3. 简述鞣制效应、鞣剂在鞣制过程中的作用。
4. 简述皮革加脂的目的。两性复合加脂剂的生产方法有哪些？
5. 铬鞣液中铬配合物的分子为什么不能过小或过大？生产上用什么办法控制分子大小？
6. 在制革过程中，涂饰剂的作用是什么？
7. 在皮革加脂过程中，硫酸化油的作用是什么？硫酸化油的生产工艺是什么？

参考文献

1. 韩长日，宋小平．食品添加剂生产与应用技术．北京：中国石化出版社，2006
2. 韩长日，宋小平．电子与信息化学品制造技术．北京：科学出版社，2001
3. 韩长日，宋小平．化妆品制造技术．北京：科学出版社，2007
4. 刘红．精细化工实验．北京：中国石化出版社，2010
5. 曾繁涤．精细化工产品及工艺学．北京：化学工业出版社，2004
6. 李明，王培义，田怀香．香料香精应用基础(第一版)．北京：中国纺织出版社，2010
7. 周立国，段洪东，刘伟．精细化学品化学(第一版)．北京：化学工业出版社，2007
8. 孙宝国，何坚．香料化学与工艺学(第2版)．北京：化学工业出版社，2004
9. 孙宝国，何坚．香精概论(第2版)．北京：化学工业出版社，2004
10. 蔡培钿，白卫东，钱敏．中国调味品，2010，35(2)：35~41
11. 朱晓华．化学教学，2010，4：50~52
12. 林惠珍，白卫东，赵文红，蔡培钿．中国调味品，2010，35(8)：29~33
13. 董银卯．化妆品配方设计与实用工艺．北京：中国纺织出版社，2007
14. 李东光．实用化妆品生产技术手册．北京：化学工业出版社，2001
15. 阎世翔．化妆品科学(上)．北京：科学技术文献出版社，1995
16. 阎世翔．化妆品科学(下)．北京：科学技术文献出版社，1998
17. 李明洋．化妆品化学．北京：科学出版社，2002
18. 封绍奎，赵小忠，蔡瑞康．化妆品的危害与防治．北京：中国协和医科大学出版社，2003
19. 唐冬雁，刘本才．化妆品配方设计与制作工艺．北京：化学工业出版社，2004
20. 裘炳毅．化妆品化学与工艺技术大全（上、下)．北京：中国轻工业出版社，2006
21. 徐宝财，周雅文，韩富．家用洗涤剂生产及配方．北京：中国纺织出版社，2008
22. 李东光．实用洗涤剂生产技术手册．北京：化学工业出版社，2003
23. 徐宝财．洗涤剂概论(第二版)．北京：化学工业出版社，2007
24. 李东光．功能性洗涤剂生产与应用．南京：江苏科学技术出版社，2005
25. 唐玉民．合成洗涤剂及其应用．北京：中国纺织出版社，2006
26. 徐燕莉．表面活性剂功能．北京：化学工业出版社，2001
27. 赵雅琴，魏玉娟．染料化学基础．中国纺织出版社，2006
28. 何瑾馨．染料化学．中国纺织出版社，2004
29. 杨杰民．上海染料，2004，(4)：31~35
30. 陈荣圻．印染，1994，(3)：35~37
31. 陈荣圻．上海染料，2005，(3)：22~30
32. 陈孔常等．有机染料合成工艺．北京：化学工业出版社，2002
33. 王菊生．染料工艺原理．北京：纺织工业出版社，1984
34. 张红鸣，徐捷．实用着色与配色技术．北京：化学工业出版社，2001
35. 何瑾馨．染料化学．北京：中国纺织出版社，2004
36. 陈荣圻．染料化学．北京：纺织工业出版社，1989
37. 章杰．禁用染料和环保型染料．北京：化学工业出版社，2001
38. 侯毓汾，程侣伯．活性染料．北京：化学工业出版社，1991
39. 周启澄等．纺织染概说．上海：东华大学出版社，2004
40. 肖刚．染料工业技术．北京：化学工业出版社，2004
41. 章杰．上海染料，2004，(3)：14~20

42. 章杰．印染，2004，30(2)：37~42
43. 李仲谨，李晓钡，牛育华．电子化学品．北京：化学工业出版社，2006
44. 孙忠贤．电子化学品．北京：化学工业出版社，2001
45. 花建丽，陈峰，孟凡顺．精细化工专业英语．北京：化学工业出版社 ，2007
46. 张跃军，王新龙．电子化学品生产与应用．南京：江苏科学技术出版社，2005
47. 顾民，吕静兰，刘江丽．电子化学品．北京：中国石油出版社，2006
48. 洪啸吟．光照下的缤纷世界——光敏高分子化学的应用．长沙：湖南教育出版社，1999
49. 曾峰，巩海洪，曾波．印刷电路板(PCB)设计与制作(第二版)．北京：电子工业出版社，2002
50. 贺曼罗．环氧树脂胶黏剂(第二版)．北京：中国石化出版社，2004
51. 张其锦．聚合物液晶导论．中国科学技术大学出版社，1994
52. 吴坚，张诚．精细与专用化学．2005，13(23)，1~7
53. 汪华，杨明．化学工程与装备．2009，3，81~82
54. 郑金红．精细与专用化学．2006，14(16)，24~30
55. 祝大同．热固性树脂．2001，16(3)，38~43
56. 宴凯，邹应全．信息记录材料．2008，9(2)，37~43
57. 沈哲瑜．中国集成电路．2008，106(3)，70~73
58. 穆启道．化学试剂，2002，24(3)，142~145
59. 柴国梁．上海化工．2000，5，40~43
60. 周祥兴．塑料技术．1997，3，43~48
61. 徐晓鹏，底楠．化工新型材料．2006，34(11)，81~83
62. 尹宇，王春梅，董桂青等．染料与染色，2003，(2)：83~85
63. 王璐，梁悦，汪子明，李丹等．分析化学，2009，37(4)：597~601
64. 张小曼．化学工程师，2010：1，58~60
65. 蔡云升．冷饮与速冻食品工业，2001，7(4)：34~36
66. 贡长生．现代化工，2003，23(12)：5~9
67. 周家华．食品添加剂(第二版)．北京：化学工业出版社，2008
68. 中国标准出版社第一编辑室．中国食品工业标准汇编．北京：中国标准出版社，2009
69. 李详．食品添加剂使用技术．北京：化学工业出版社，2011
70. 孙宝国．食品添加剂．北京：化学工业出版社，2008
71. 凌关庭，唐述潮，陶民强．食品添加剂手册．北京：化学工业出版社，2008
72. 李凤林，黄聪亮，余蕾．食品添加剂．北京：化学工业出版社，2008
73. 黄文，蒋予箭，江志君等．食品添加剂．北京：中国计量出版社，2006
74. 孙平．食品添加剂．北京：中国轻工业出版社，2009
75. 郝利平．食品添加剂．北京：中国农业大学出版社，2009
76. 标准委员会．国内外食品添加剂使用规范和限量标准．北京：中国标准出版社，2007
77. 宋启煌．精细化工工艺学．北京：化学工业出版社，2006
78. 马榴强．精细化工工艺学．北京：化学工业出版社，2008
79. 李和平．精细化工工艺学．北京：科学出版社，2007
80. 刘树兴．精细化工产品配方与生产工艺丛书：食品添加剂．北京：中国石化出版社，2003
81. 食品添加剂使用卫生标准．GB 2760—2007
82. 石立三，吴清平，吴慧清等．食品研究与开发，2008，29(3)：157~160
83. 王心礼．肉类工业，2008，(3)：47~48
84. 罗傲霜，淳泽，罗傲雪等．中国食品添加剂，2005，(4)：55~58，76
85. 王燕，车振明．食品研究与开发，2005，26(5)：167~170
86. 林科．广西轻工业，2009，(10)：9~11
87. 王盼盼．肉类研究，2009，(11)：68~74

88. 王盼盼．肉类研究，2009，(12)：67~75
89. 郭玉华，李钰金．肉类研究，2009，(10)：67~71
90. 刘骞．肉类研究，2010，(1)：64~71
91. 刘骞．肉类研究，2010，(2)：67~75
92. 乐一鸣．上海化工，2005，30(1)：33~35
93. 乐一鸣．上海化工，2005，30(2)：25~27
94. 曼罗．环氧树脂胶黏剂．北京：中国石化出版社，2004
95. 邓森元．食品抗氧化剂．广州化工，2004，32(2)：53~55
96. 阎果兰，靳利娥．山西食品工业，2005，(3)：20~22
97. 樊亚鸣，陈永亨，顾采琴等．食品科技，2009，34(9)：226~230
98. 刘艳群，刘钟楼．食品科技，2005，(2)：32~35
99. 郝涤非．生物学教学，2008，33(1)：70~71
100. 刘凌云．中国酿造，2008，(22)：4~6
101. 李敏，李拖平，赵中胜等．农产品加工：学刊，2010，(5)：61~63
102. 顾继友主编．胶黏剂与涂料．北京：中国林业出版社，1999
103. 顾继友编著．胶接理论与胶接基础．北京：科学出版社，2003
104. 李晓平编著．木材胶黏剂实用技术．哈尔滨：东北林业大学出版社，2003
105. 李晓平主编．人造板胶黏剂合成及其应用．哈尔滨：东北林业大学出版社，1997
106. 徐艳萍，杜薇薇主编．胶黏剂．北京：科学技术文献出版社，2002
107. 叶楚平，李陵岚主编．天然胶黏剂．北京：化学工业出版社，2004
108. 章军营主编．丙烯酸酯胶黏剂．北京：化学工业出版社，2006
109. 邱建辉，张继源，生楚君主编．胶黏剂实用技术．北京：化学工业出版社，2004
110. 向明，蓝方，陈宁．热熔胶黏剂．北京：化学工业出版社，2002
111. 李东光．脲醛树脂胶黏剂．北京：化学工业出版社，2002
112. 邹志云，刘建友，王涛，于鲁平，吴春华，郭宁．计算机与应用化学，2010，27 (10)：1456~1460
113. 何坚，季儒英．香料概论．北京：中国石化出版社，1993
114. 范有成．香料及其应用．北京：化学工业出版社，1990
115. 武汉大学主编．化学过程开发概要．北京：高等教育出版社，2002
116. 陈声宗主编．化工过程开发与设计．北京：化学工业出版社，2005
117. 黄英编．化工过程开发与设计．北京：化学工业出版社，2008
118. 陈鑑远．试论化学工业的技术开发(上)．化学工程，2006，34(4)
119. 陈鑑远．试论化学工业的技术开发(下)．化学工程，2006，34(5)
120. 赵地顺主编．精细有机合成原理．北京：化学工业出版社，2009
121. 乔庆东主编．精细化工工艺学．北京：中国石化出版社，2008
122. 施祺儒，施树春. 甘肃高师学报，2012，17(2)：26~28
123. 邱英华，王玉海，秦志喧等. 粮食与油脂，2012，2，23~25
124. 王晶晶，孙海娟，冯叙桥. 食品安全质量检测学报. 2014，5(2)：560~565
125. 匡建．Gemini 表面活性剂微乳液制备及对姜黄素的包载研究．浙江工商大学，2018
126. 武俊文，张汝生，贾文峰，岑学齐，陈暾暾．基于 Gemini 表面活性剂及纳米材料的高效泡排剂．化学研究与应用，2018，30(2)：263~269.
127. 陆险峰，乔婧，申桂英．日本精细化工行业的发展动向．精细与专用化学，2018，26(2)：1~4
128. 瞿三寅．基于吡咯并吡咯二酮共轭桥链的敏化染料及其性能．华东理工大学，2013
129. 黎建业．一种抗菌皂基沐浴露及其制备方法．CN104800123 B. 2016. 04. 20
130. 刘朝明．1800 吨/年桃醛生产工艺中分离工段的改进与优化设计．合肥工业大学，2014
131. 苏亮．HDI 制三聚体的工艺优化过程研究．华东理工大学，2018